中 国 国 家 标 准 汇 编

430

GB 24100～24141

（2009 年制定）

中国标准出版社　编

中 国 标 准 出 版 社

北　京

图书在版编目（CIP）数据

中国国家标准汇编：2009年制定．430：GB 24100～24141/中国标准出版社编．—北京：中国标准出版社，2010

ISBN 978-7-5066-6004-4

Ⅰ．①中… Ⅱ．①中… Ⅲ．①国家标准-汇编-中国-2009 Ⅳ．①T-652.1

中国版本图书馆CIP数据核字（2010）第165721号

中国标准出版社出版发行
北京复兴门外三里河北街16号
邮政编码：100045

网址 www.spc.net.cn
电话：68523946 68517548
中国标准出版社秦皇岛印刷厂印刷
各地新华书店经销

*

开本 880×1230 1/16 印张 38.5 字数 1 135 千字
2010年10月第一版 2010年10月第一次印刷

*

定价 220.00 元

如有印装差错 由本社发行中心调换
版权专有 侵权必究
举报电话：(010)68533533

ISBN 978-7-5066-6004-4

出 版 说 明

1.《中国国家标准汇编》是一部大型综合性国家标准全集。自1983年起，按国家标准顺序号以精装本、平装本两种装帧形式陆续分册汇编出版。它在一定程度上反映了我国建国以来标准化事业发展的基本情况和主要成就，是各级标准化管理机构，工矿企事业单位，农林牧副渔系统，科研、设计、教学等部门必不可少的工具书。

2.《中国国家标准汇编》收入我国每年正式发布的全部国家标准，分为“制定”卷和“修订”卷两种编辑版本。

“制定”卷收入上一年度我国发布的、新制定的国家标准，顺延前年度标准编号分成若干分册，封面和书脊上注明“20××年制定”字样及分册号，分册号一直连续。各分册中的标准是按照标准编号顺序连续排列的，如有标准顺序号缺号的，除特殊情况注明外，暂为空号。

“修订”卷收入上一年度我国发布的、修订的国家标准，视篇幅分设若干分册，但与“制定”卷分册号无关联，仅在封面和书脊上注明“20××年修订-1，-2，-3，……”字样。“修订”卷各分册中的标准，仍按标准编号顺序排列(但不连续)；如有遗漏的，均在当年最后一分册中补齐。需提请读者注意的是，个别非顺延前年度标准编号的新制定的国家标准没有收入在“制定”卷中，而是收入在“修订”卷中。

读者配套购买《中国国家标准汇编》“制定”卷和“修订”卷则可收齐上一年度我国制定和修订的全部国家标准。

3. 由于读者需求的变化，自1996年起，《中国国家标准汇编》仅出版精装本。

4. 2009年我国制修订国家标准共3 158项。本分册为“2009年制定”卷第430分册，收入国家标准GB 24100～24141的最新版本。

中国标准出版社

2010年8月

目　　录

ICS 87.040
G 51

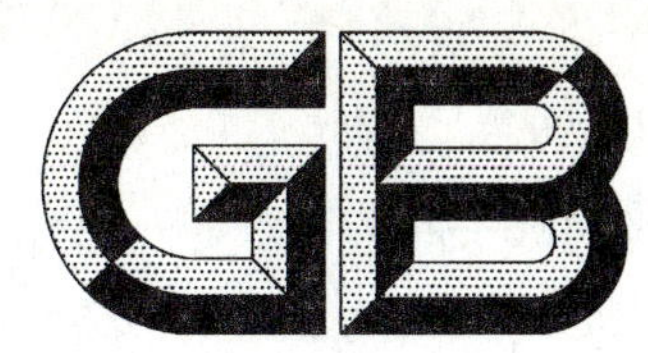

中华人民共和国国家标准

GB/T 24100—2009

X、γ 辐射屏蔽涂料

X、γ radiation shielding coating

2009-06-02 发布 2010-02-01 实施

中华人民共和国国家质量监督检验检疫总局
中国国家标准化管理委员会 发布

前　言

本标准由中国石油和化学工业协会提出。

本标准由全国涂料和颜料标准化技术委员会(SAC/TC 5)归口。

本标准起草单位:北京金铠盾防辐射技术有限公司、哈尔滨龙江劳动防护科技开发公司。

本标准主要起草人:刘冬凌、刘洪刚、刘景尧、宋文强、张海涛。

X、γ 辐射屏蔽涂料

1 范围

本标准规定了 X、γ 辐射屏蔽涂料的技术要求、检验规则、包装、标志、运输及贮存等。

本标准适用于粉状、膏状、砂浆状 X、γ 辐射屏蔽涂料，采用抹涂、刮涂的施工方法。

2 规范性引用文件

下列文件中的条款通过本标准的引用而成为本标准的条款。凡是注日期的引用文件，其随后所有的修改单(不包括勘误的内容)或修订版均不适用于本标准，然而，鼓励根据本标准达成协议的各方研究是否可使用这些文件的最新版本。凡是不注日期的引用文件，其最新版本适用于本标准。

GB/T 12573 水泥取样方法

GB/T 17671 水泥胶砂强度检验方法(ISO 法)

GB 18582—2008 室内装饰装修材料 内墙涂料中有害物质限量

GB 50212 建筑防腐蚀工程施工及验收规范

GBZ/T 147 X 射线防护材料衰减性能的测定

JGJ 70 建筑砂浆基本性能试验方法

3 术语和定义

下列术语和定义适用于本标准。

3.1

电离辐射 ionizing radiation

在辐射防护领域，指能在生物物质中产生离子对的辐射。

3.2

铅当量 lead equivalent

在相同照射条件下，具有与被测防护材料等同屏蔽能力的铅层厚度。单位以 mm Pb 表示。

3.3

体积密度 bulk density

在规定条件下，材料单位体积(包括所有孔隙在内)的质量。

3.4

挥发性有机化合物 volatile organic compounds

VOC

在 101.3 kPa 标准压力下，任何初沸点低于或等于 250 ℃的有机化合物。

3.5

挥发性有机化合物含量 volatile organic compounds content

按规定的测试方法测试产品所得到的挥发性有机化合物的含量。

4 技术要求

4.1 产品外观

无潮湿，无结块，无杂质。

4.2 **产品铅当量、物理力学性能**

产品铅当量、物理力学性能应符合表1的规定。

表1 铅当量、物理力学性能要求

项目		要求
铅当量/(mm Pb/10 mm涂层)	≥	0.9
体积密度/(kg/m^3)	≥	2 850
抗压强度/MPa	≥	20.0
抗折强度/MPa	≥	3.0
抗拉强度/MPa	≥	2.0
粘接强度(混凝土)/MPa	≥	0.20

4.3 **产品中有害物质含量**

产品中有害物质含量应符合表2的规定。

表2 有害物质含量要求

项目			要求
挥发性有机化合物(VOC)/(g/L)	≤		120
苯、甲苯、乙苯、二甲苯总和/(mg/kg)	≤		300
游离甲醛/(mg/kg)	≤		100
可溶性重金属/(mg/kg)	≤	铅 Pb	90
		镉 Cd	75
		铬 Cr	60
		汞 Hg	60

5 试验方法

5.1 **涂料取样**

按GB/T 12573的规定进行。

5.2 **外观质量**

在正常自然光或200 lx光源条件下,用目视方法观察。

5.3 **铅当量**

按JGJ 70中抗压强度试验规定,制备面积为200 mm×200 mm,厚度10 mm~20 mm试件3块,在不通风的室内自然养护,室温20 ℃±5 ℃,相对湿度60%~80%,保持试件潮湿的状态下,养护7 d,然后按GBZ/T 147的规定进行试验。管电压120 kV,2.5 mmAl过滤片。

5.4 **体积密度**

按JGJ 70中抗压强度试验规定,制备200 mm×200 mm×15 mm试件3块。将试件放入温度为105 ℃±5 ℃的烘干箱中烘干至恒重,计算出单位体积的质量,体积密度由3次试验结果的算术平均值确定。

5.5 **抗压强度**

按JGJ 70的规定进行。

5.6 **抗折强度**

按GB/T 17671的规定进行。

5.7 抗拉强度和粘接强度

按 GB 50212 的规定进行。

5.8 有害物质限量

按 GB 18582—2008 的规定进行。

6 检验规则

6.1 检验分类

6.1.1 产品检验分出厂检验和型式检验。

6.1.2 出厂检验项目包括：

本标准条款中 4.1、7.1、7.2。

6.1.3 型式检验项目包括本标准所列全部技术要求。在正常生产情况下，每年至少进行一次型式检验。有下列情况之一时，应进行型式检验：

a) 新产品定型鉴定时；

b) 产品主要原材料及用量或生产工艺重大变更时；

c) 产品停产半年后恢复生产时；

d) 国家质量监督检验机构提出型式检验要求时。

6.2 检验结果的判定

如检验结果中有某项不合格时，应重新取样进行复检，仍存在下列条款之一者，则判该产品为不合格产品。

a) 铅当量和表 2 各项中有一项不合格；

b) 表 1 各项(铅当量除外)和本标准条款中 4.1、7.1、7.2 中有两项不合格。

7 包装、标志、运输和贮存

7.1 产品外包装使用防水编织袋包装，包装袋上应有如下标志：

a) 产品名称；

b) 商标；

c) 每袋净重；

d) 执行标准号；

e) 生产日期或批号；

f) 厂名、厂址及邮政编码。

7.2 产品出厂应附有产品检验合格证和使用说明书。检验合格证包括以下内容：

a) 产品名称；

b) 生产厂名称、地址；

c) 生产日期；

d) 检验员代号等。

7.3 运输和贮存时勿日晒、雨淋。严禁与酸、碱等腐蚀物接触。

7.4 产品应贮存在干燥通风库房内，离地垫高 100 mm 以上。

7.5 产品在上述条件下，自生产之日起，产品贮存期为 6 个月。超过贮存期可按本标准进行型式试验，合格后方可销售和使用，但贮存期限最多不得超过 12 个月。

STANDARDS PRESS OF CHINA

ICS 71.100.01;87.060.10
G 55

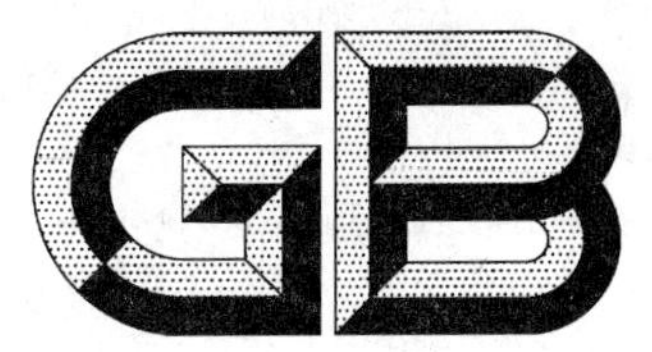

中华人民共和国国家标准

GB/T 24101—2009

染料产品中 4-氨基偶氮苯的限量及测定

Limit and determination of 4-aminoazobenzene in dye products

2009-06-02 发布　　2010-02-01 实施

中华人民共和国国家质量监督检验检疫总局
中国国家标准化管理委员会　发布

前　言

本标准的附录A为规范性附录，附录B为资料性附录。

本标准由中国石油和化学工业协会提出。

本标准由全国染料标准化技术委员会(SAC/TC 134)归口。

本标准起草单位：沈阳化工研究院、安徽省凤阳染料化工有限公司、国家染料质量监督检验中心。

本标准主要起草人：季浩、李志华、姬兰琴。

染料产品中 4-氨基偶氮苯的限量及测定

警告——使用本标准的人员应有正规实验室工作的实践经验。本标准并未指出所有可能的安全问题。使用者有责任采取适当的安全和健康措施，并保证符合国家有关法规规定的条件。

1 范围

本标准规定了染料产品中4-氨基偶氮苯的测定方法及染料产品中4-氨基偶氮苯的限量要求。

本标准适用于采用气相色谱-质谱法(GC-MS)对商品染料、染料制品、染料中间体和纺织印染助剂中4-氨基偶氮苯的测定及限量。

2 规范性引用文件

下列文件中的条款通过本标准的引用而成为本标准的条款。凡是注日期的引用文件，其随后所有的修改单(不包括勘误的内容)或修订版均不适用于本标准，然而，鼓励根据本标准达成协议的各方研究是否可使用这些文件的最新版本。凡是不注日期的引用文件，其最新版本适用于本标准。

GB/T 6682—2008 分析实验室用水规格和试验方法(ISO 3696:1987,MOD)

GB/T 8170—2008 数值修约规则与极限数值的表示和判定

3 要求

染料等产品中4-氨基偶氮苯的含量应≤150 mg/kg，其中染料制品中的液状染料、涂料色浆等的4-氨基偶氮苯的限量应按其固含量进行折算。

4 原理

染料样品在弱碱性介质中用连二亚硫酸钠还原裂解，通过控制裂解温度与裂解时间使4-氨基偶氮苯的偶氮键不断裂；裂解液用溶剂萃取溶液中的4-氨基偶氮苯，浓缩后，用气相色谱-质谱联用仪进行检测，特征离子外标法定量。

5 测定方法

5.1 一般规定

除非另有规定，仅使用确认为分析纯的试剂和GB/T 6682—2008中规定的三级水。检验结果的判定按GB/T 8170—2008中的4.3.3修约值比较法进行。

5.2 试剂和溶液

a) 氯化钠；

b) 丙酮；

c) 连二亚硫酸钠(保险粉)；

d) 无水亚硫酸钠；

e) 无水硫酸钠；

f) 无水乙醚：使用时必须净化，取500 mL乙醚，加入100 mL硫酸亚铁溶液(50 g/L水溶液)振摇，弃去水层，于全玻璃装置中重蒸馏，收集33.5 ℃～34.5 ℃馏分；

g) 乙酸乙酯；

STANDARDS PRESS OF CHINA

h) 氢氧化钠溶液:20 g/L;

i) 4-氨基偶氮苯标准品:纯度(质量分数)≥98%;

j) 标准储备溶液:称取适量4-氨基偶氮苯标准品,用甲醇溶解并配制成约1.0 mg/mL的标准储备溶液;

k) 标准工作溶液:根据需要用甲醇稀释标准储备溶液成适当浓度的标准工作溶液。

注:标准储备溶液密封并保存于0 ℃~4 ℃冰箱中,有效期6个月;标准工作溶液密封并保存于0 ℃~4 ℃冰箱中,有效期1个月。

5.3 仪器

a) 气相色谱仪:配有质量选择检测器(MSD);

b) 超声波发生器:工作频率40 kHz;

c) 微量注射器:10 μL;

d) 提取器:由硬质玻璃制成,管状,具有磨口和瓶塞,50 mL;

e) 0.45 μm聚四氟乙烯薄膜过滤头;

f) 磨口具塞离心管:10 mL;

g) 离心机:4 000 r/min。

5.4 测定步骤

5.4.1 样品前处理

准确称取0.1 g样品,精确至0.1 mg(液体样品取1 mL),于提取器中加入7 g氯化钠再加入9 mL氢氧化钠溶液,充分浸润溶解(如果样品不易溶解,可加入5 mL丙酮),摇匀后加入0.2 g保险粉,充分震荡,溶解。于(40±2)℃水浴中保温30 min,间歇摇动试管,使样品裂解。冷却至室温。用无水乙醚分三次萃取,每次10 mL,萃液收集到50 mL烧杯中,加入约0.5 mL乙酸乙酯,加入约0.5 g无水亚硫酸钠(抗氧剂)和无水硫酸钠(干燥剂)于红外灯下加热,使乙醚溶液温和均匀沸腾,所剩溶液略少于1 mL时转移到有刻度的小样品瓶中,用乙酸乙酯定容1.0 mL。标样同样条件下处理后测定回收率。

5.4.2 色谱分析

5.4.2.1 气相色谱分析条件

由于测试结果取决于所使用的仪器,因此不可能给出色谱分析的普遍参数。采用下列参数(见表1)已被证明对测试是合适的。

表1 气相色谱分析条件

控制参数	操作条件		
柱温	升温速度/(℃/min)	温度/℃	保持时间/min
	—	80	2
	5	150	0
	8	260	0
	30	280	10
色谱柱[a]	毛细管柱		
进样口温度	300 ℃		
传输线温度	280 ℃		
载气	氦气99.999%		
离子源温度	230 ℃		
流量	1.0 mL/min		

表 1（续）

控制参数	操作条件
进样体积	1.0 μL
进样方式	无分流进样
离子化方式	EI
[a] 50％苯基甲基聚硅氧烷固定相，如：DB-17MS，30 m×0.25 mm×0.25 μm 或相当者。	

5.4.2.2 **测定**

根据试样中被测物含量的情况，选取浓度相近的标准工作溶液进行测定。按上述色谱分析条件分别取 1.0 μL 试样溶液和标准工作溶液进样测定，所得的气相色谱图见附录 B，通过外标法定量。

5.4.3 **结果计算**

试样中 4-氨基偶氮苯含量以质量分数 w 计，数值用(mg/kg)表示，按式(1)计算：

$$w = \frac{A\rho V}{A_s m} \qquad \cdots\cdots (1)$$

式中：

A——试样溶液中 4-氨基偶氮苯目标离子的峰面积的数值；

A_s——标准溶液中 4-氨基偶氮苯目标离子的峰面积的数值；

ρ——标准溶液中 4-氨基偶氮苯相当的质量浓度的数值，单位为微克每毫升(μg/mL)；

V——试样溶液最终定容体积的数值，单位为毫升(mL)；

m——试样质量的数值，单位为克(g)。

计算结果表示到小数点后两位。

6 测定低限、回收率和精密度

6.1 测定低限

本方法的测定低限为 1.0 mg/kg。

6.2 回收率

采用标准加入法，将 1.0 mL 的标准工作溶液加入到 0.1 g 经本标准方法测定确定不含有 4-氨基偶氮苯的染料产品中，按本标准的第 5 章操作，测得的各种 4-氨基偶氮苯回收率应在 80％～120％之间。

6.3 精密度

在同一实验室，由同一操作者使用相同设备，按相同的测试方法，并在短时间内对同一被测对象相互独立进行的测试获得的两次独立测试结果的绝对差值不大于这两个测定值的算术平均值的 20％。

7 试验报告

试验报告至少应给出以下内容：

a) 试样描述；

b) 使用的标准；

c) 试验结果；

d) 偏离标准的差异；

e) 试验日期。

附　录　A
（规范性附录）
4-氨基偶氮苯种类

4-氨基偶氮苯种类见表 A.1。

表 A.1　4-氨基偶氮苯种类

名　称	化学文献编号 CAS RN.	分 子 式	定量离子/amu	定性离子/amu
4-氨基偶氮苯	60-09-3	$C_{12}H_{11}N_3$	92	120,197

附 录 B
（资料性附录）
4-氨基偶氮苯乙酸乙酯标准气相色谱图

1——4-氨基偶氮苯。

图 B.1 4-氨基偶氮苯标样的气相色谱-质谱总离子流图

ICS 71.100.01;87.060.10
G 55

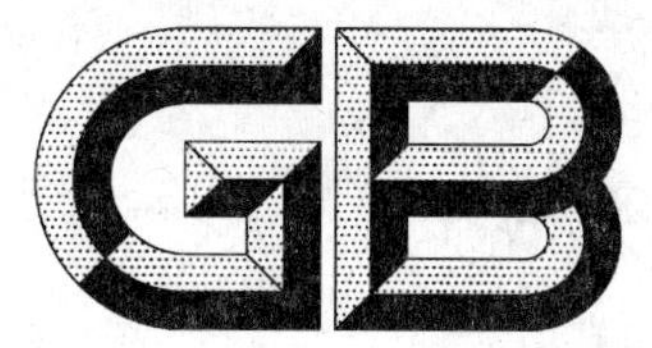

中华人民共和国国家标准

GB/T 24102—2009

染料及染料中间体产品　检验规则

Dyestuffs and intermediate of dyes—Rules for inspection

2009-06-02 发布　　2010-02-01 实施

中华人民共和国国家质量监督检验检疫总局
中国国家标准化管理委员会　发布

前　言

本标准由中国石油和化学工业协会提出。

本标准由全国染料标准化技术委员会(SAC/TC 134)归口。

本标准起草单位:沈阳化工研究院、国家染料质量监督检验中心。

本标准主要起草人:姬兰琴、沈日炯。

染料及染料中间体产品　检验规则

1　范围

本标准规定了染料及染料中间体产品的检验分类、检验依据、采样规则、产品检验和检验结果的判定。

本标准适用于染料及染料中间体产品质量检验。

2　规范性引用文件

下列文件中的条款通过本标准的引用而成为本标准的条款。凡是注日期的引用文件，其随后所有的修改单(不包括勘误的内容)或修订版均不适用于本标准，然而，鼓励根据本标准达成协议的各方研究是否可使用这些文件的最新版本。凡是不注日期的引用文件，其最新版本适用于本标准。

GB/T 6678—2003　化工产品采样总则

GB/T 6679—2003　固体化工产品采样通则

GB/T 6680—2003　液体化工产品采样通则

GB/T 8170—2008　数值修约规则与极限数值的表示和判定

GB 15258　化学品安全标签编写规定

GB/T 16483　化学品安全技术说明书　内容和项目顺序

3　检验分类

产品检验分型式检验和出厂检验两类。

3.1　型式检验

产品标准中所列的全部技术要求项目为型式检验项目。生产厂在正常生产情况下，应规定型式检验的间隔时间(周期)。有下列情况之一时要随时进行检验：

a)　新产品最初定型时；

b)　产品异地生产时；

c)　生产配方、工艺及原材料有较大改变时；

d)　停产三个月后又恢复生产时；

e)　客户提出要求时。

3.2　出厂检验

产品标准中应明确规定出厂检验项目，即产品交货时必须进行的各项试验。

4　检验依据

染料及染料中间体产品质量检验应按相应的国家标准、行业标准、企业标准或相关合同规定进行检验。

5　采样规则

5.1　组批

产品以批为单位采样。生产厂以一次拼混均匀的产品为一批。

5.2　采样数

固体产品每批采样数应符合 GB/T 6678—2003 中 7.6 的规定。膏状产品应 100%采样。液态桶装产品采样数应符合 GB/T 6678—2003 中 7.6 的规定，液态槽车装运产品按 100%采样。

STANDARDS PRESS OF CHINA

5.3 采样

抽样方法按随机抽样方法进行。根据产品状态,固体产品采样器应符合 GB/T 6679—2003 的规定,液体产品采样器应符合 GB/T 6680—2003 的规定。采样时采样器应采取产品包装容器内的上、中、下三部分样品,所采样品总量应与产品质量检验项目和要求相适应,在产品标准标准中具体规定。将采取的样品仔细混合均匀后,分装于两个清洁干燥的容器中,密封。如对分装样品容器有其他特殊要求,如避光等,在产品标准中具体规定。容器上粘贴标签,注明:产品名称、批号、生产厂名称、采样日期。分装样品一个供检验,一个保存备查。

5.4 产品检验

5.4.1 产品质量出厂检验

产品应经生产厂质检部门检验合格,附产品质量合格证明后方可出厂。生产厂应保证所有出厂的产品都符合相应的标准要求。

质量合格证书应至少包括下列内容:

a) 产品型号、名称、等级(或规格)和标准编号;

b) 生产厂名称和商标;

c) 批号及有效贮存期(如必要);

d) 检验结果或产品符合标准技术要求的证明;

e) 检验人员签名和检验专用章;

f) 检验日期。

5.4.2 安全标签和安全技术说明书

必要时,生产厂应提供详细的产品安全标签、安全技术说明书。

安全标签按 GB 15258 的规定进行编写。

安全技术说明书按 GB/T 16483 规定编写,安全技术说明书应包括但不限于如下内容:

a) 提供该产品的危险性信息;

b) 安全使用方法;

c) 运输、储存要求;

d) 防护措施;

e) 应急处理措施等。

5.4.3 包装检验

根据产品特性,按相关产品标准或其他相应要求进行检验。

5.5 验收

产品购货方有权按相应产品标准中的规定对产品进行检验并验收。对购货方有特殊要求的,按协议或合同进行验收。

5.6 复检

出厂检验中,检验结果中有一项指标不符合产品标准要求时,可重新加倍取样复检(潮品重新取样复检),如复检结果仍有一项指标不符合产品标准要求,则整批产品不能验收。

5.7 仲裁检验

需要仲裁检验时,由仲裁机构指定的产品质量监督检验机构进行仲裁检验。

6 检验结果的判定

检验结果的判定按 GB/T 8170—2008 中的 4.3.3 修约值比较法进行。

ICS 71.100.01;87.060.10
G 55

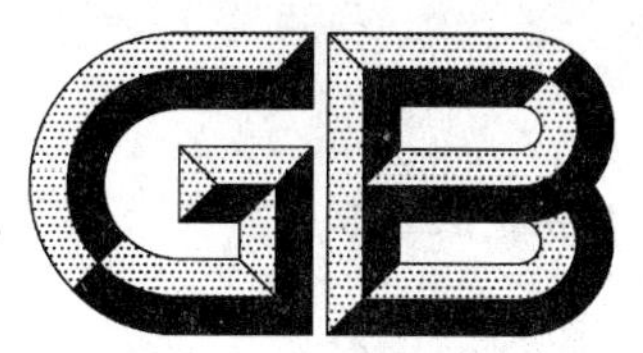

中华人民共和国国家标准

GB/T 24103—2009

染料中间体
产品标志、标签、包装、运输、贮存通则

Intermediate of dyes—General rules for logo, tag, packing, transportation, storage of products

2009-06-02 发布

2010-02-01 实施

中华人民共和国国家质量监督检验检疫总局
中国国家标准化管理委员会 发布

前　言

本标准由中国石油和化学工业协会提出。

本标准由全国染料标准化技术委员会(SAC/TC 134)归口。

本标准起草单位:沈阳化工研究院、国家染料质量监督检验中心。

本标准主要起草人:姬兰琴、沈日炯。

染料中间体
产品标志、标签、包装、运输、贮存通则

1 范围

本标准规定了染料中间体产品的标志、标签、包装、运输、贮存通则。

本标准适用于染料中间体产品。

2 规范性引用文件

下列文件中的条款通过本标准的引用而成为本标准的条款。凡是注日期的引用文件，其随后所有的修改单(不包括勘误的内容)或修订版均不适用于本标准，然而，鼓励根据本标准达成协议的各方研究是否可使用这些文件的最新版本。凡是不注日期的引用文件，其最新版本适用于本标准。

GB 190 危险货物包装标志

GB/T 191 包装储运图示标志(GB/T 191—2008,ISO 780:1997,MOD)

GB/T 4122.1 包装术语基础

GB 6944 危险货物分类及品名编号

GB/T 9174 一般货物运输包装通用技术条件

GB 12268 危险货物品名表

GB 12463 危险货物运输包装通用技术条件

GB 13690 常用危险化学品的分类及标志

GB/T 15098 危险货物运输包装类别划分原则

GB 15258 化学品安全标签编写规定

GB 15603 常用化学危险品贮存通则

GB/T 19142 出口商品包装通则

GB 19432.1—2004 危险货物大包装检验安全规范 通则

3 产品分类

染料中间体产品根据其危害性可分为一般染料中间体产品和属于危险化学品的染料中间体产品。

符合GB 13690、GB 12268、GB 6944、GB/T 15098规定的染料中间体产品为危险化学品染料中间体产品。

4 标志、标签

4.1 标志

4.1.1 染料中间体产品的每个包装容器上都应涂印耐久、清晰的标志，标志内容至少应有：

a) 产品名称；

b) 注册商标(如适用)；

c) 生产企业名称、地址；

c) 规格或等级(如适用)；

d) 生产许可证编号及标志(如适用)；

e) 净含量；

f) 产品质量检验合格证明；

g) 执行的标准编号。

4.1.2 储运图示标志应符合 GB/T 191 的规定，涂印在指定位置上。

4.1.3 危险货物的警示标志或说明应按 GB 190 的规定，涂印在醒目之处；

4.2 标签

4.2.1 一般染料中间体产品应有标签，标签上应注明产品生产批号、生产日期、检验编号、执行标准编号、规格或等级等。

4.2.2 属于危险化学品的染料中间体还应有安全标签，其编写内容和格式符合 GB 15258 的规定，随货同行。

5 包装

5.1 术语与定义

GB/T 4122.1 和 GB 19432.1—2004 确立的术语与定义适用于本标准。

5.2 包装的基本要求

5.2.1 染料中间体产品的包装（或容器）应结构合理，具有一定强度，具备防潮湿、防污染性能。

5.2.2 包装材料不应与染料中间体产品发生物理、化学作用，不能影响产品质量。

5.2.3 包装的材质、型式、规格、方法应与产品性质和用途相适应，并便于装卸、运输和贮存。

5.2.4 整个包装应密封。

5.3 包装材料

5.3.1 固体染料中间体外包装一般可选用塑料编织袋或铁桶包装，液体染料中间体一般可根据产品特性选择铁桶、塑料桶或槽罐。其他形式的包装可在满足产品运输和贮存需要的前提下选择，在产品标准中具体规定。

5.3.2 以上包装容器均需内衬塑料薄膜袋或采取其他防潮措施，可在产品标准中具体规定。

5.4 包装要求

5.4.1 一般染料中间体产品包装件应符合 GB/T 9174 的规定。

5.4.2 危险化学品染料中间体产品包装件应符合 GB 12463 的规定。

5.4.3 危险货物大包装应符合 GB 19432.1 的规定。

5.4.4 出口染料中间体产品包装应符合 GB/T 19142 的规定。

5.5 包装净含量

包装净含量应在方便运输和贮存的前提下与包装容器和材料相适应，包装净含量应在产品标准中具体规定。

5.6 包装标志

产品外包装上应涂印耐久、清晰的标志，应符合本标准 4.1 的要求。

6 运输

6.1 包装件运输应符合我国运输标准的有关规定。

6.2 运输、装卸时应轻装、轻卸，不能摔、滚、倒置等，防止包装污染和破损。

6.3 产品运输中应用遮蓬盖住，避免阳光曝晒和雨淋。

6.4 不得与使产品变质或能使包装损坏的物品混运。

6.5 包装件运输中堆码高度应不高于 3.5 m。

7 贮存

7.1 贮存场所的环境设施应与产品特性相适应。

7.2 染料中间体产品应按规格或等级、分类、分批存放于阴凉、干燥通风处，防止受潮受热。不同产品应分区存放，严禁与产品可发生反应的物品接触。

7.3 如需要，染料中间体产品的有效贮存期一律按产品生产日期起算，产品的有效贮存期在产品标准中具体规定。贮存过程中产品包装不得起封，并应符合贮存条件要求。超过贮存期，需按产品标准重新进行检验，如检验结果符合标准要求，仍可使用。

7.4 危险化学品染料中间体产品同时应满足 GB 15603 的要求。

7.5 有其他特殊要求者，在满足国家有关标准要求的同时，应在产品标准中明确规定。

ICS 67.060
P 10

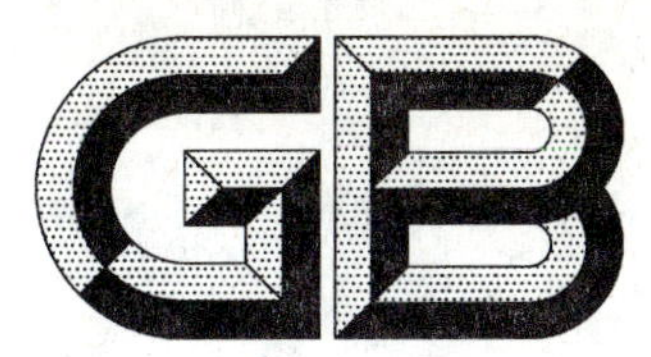

中华人民共和国国家标准

GB/T 24104—2009

岩土工程仪器型号命名方法

Method of model and nomenclature for instrument for geotechnical engineering

2009-06-12 发布　　2009-12-01 实施

中华人民共和国国家质量监督检验检疫总局
中国国家标准化管理委员会　发布

前　言

本标准在产品分类上与GB/T 21029—2007《岩土工程仪器系列型谱》基本协调一致。

本标准的附录A、附录B、附录C为规范性附录，附录D为资料性附录。

本标准由中华人民共和国水利部提出并归口。

本标准主要起草单位：水利部水文仪器及岩土工程仪器质量监督检验测试中心、常州金土木仪器有限公司、水利部南京水利水文自动化研究所。

本标准参加起草单位：全国工业产品生产许可证办公室水文仪器及岩土工程仪器审查部。

本标准主要起草人：徐海峰、陆旭、盛旭军、金玲、杨志余、吴怡、李刚。

本标准参加起草人：袁普生。

岩土工程仪器型号命名方法

1 范围

本标准规定了岩土工程仪器型号命名的编制原则和方法。

本标准适用于各类岩土工程仪器产品型号命名的编制和管理。

2 规范性引用文件

下列文件中的条款通过本标准的引用而成为本标准的条款。凡是注日期的引用文件，其随后所有的修改单(不包括勘误的内容)或修订版均不适用于本标准，然而，鼓励根据本标准达成协议的各方研究是否可使用这些文件的最新版本。凡是不注日期的引用文件，其最新版本适用于本标准。

GB/T 15406—2007 岩土工程仪器基本参数及通用技术条件

GB/T 21029—2007 岩土工程仪器系列型谱

GB/T 50279—1998 岩土工程基本术语标准

GB/T 24106—2009 岩土工程仪器术语及符号

3 术语和定义

GB/T 50279—1998、GB/T 24106—2009 确立的术语和定义适用于本标准。

4 分类

岩土工程仪器分类应符合 GB/T 21029—2007 的规定。

5 型号

5.1 组成

岩土工程仪器的型号由企业识别号、圆点符、类别号、组别号、列别号、分隔符和型别号等部分组成：

a) 企业识别号：用于标识产品的生产单位(如企业商标或代号字母)；

b) 圆点符："."，采用下圆点符；

c) 类别号：按仪器的应用领域及在要素测量中的用途划分；

d) 组别号：按仪器的测量对象、工作原理等划分；

e) 列别号：按仪器工作方式、主要规格特征、记录方式或数据采集、处理方式划分；

f) 分隔符："—"；

g) 型别号：仪器在基本用途不变的情况下，技术更新设计的次数。

5.2 组成顺序

岩土工程仪器的型号内容顺序按 5.1 中的 a)、b)、c)、d)、e)、f)、g)的次序依次排列，见图 1。

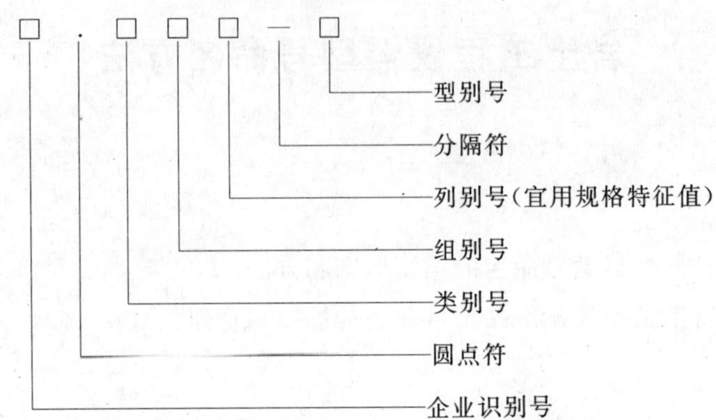

图 1　岩土工程仪器型号组成顺序图

5.3　原则

5.3.1　企业识别号

企业识别号为可选要素。

企业识别号应具有唯一性,应选用能标识生产企业的注册商标或字母代号。

5.3.2　圆点符

有企业识别号时,应使用圆点符。

圆点符用“.”表示,应置于分类号与类别号中间的下方。

5.3.3　类别号、组别号、列别号

5.3.3.1　简称汉字

类别号、组别号为必备要素。当用产品规格特征数值表示列别号时,列别号为必备要素。

类别号、组别号、列别号选用的简称汉字应具有代表性,能表征仪器特征,且应不重复。

土工试验仪器类见附录 A,大坝监测仪器类见附录 B,岩石测试仪器类见附录 C。

5.3.3.2　代号

类别号、组别号、列别号应使用代号表示,代号应满足下列要求:

a)　以汉语拼音字母(或拉丁字母)中的大写字母表示;

b)　选用简称汉字的首个汉语拼音字母;

c)　同类、同组字母有重复容易产生混淆的,允许使用第二或第三个大写汉语拼音字母作代号,以此类推。

5.3.3.3　列别号

产品列别号宜用产品主要规格特征值表示,其主要规格特征值的选用可参考 GB/T 15406—2007。

主要规格特征值用缺省量纲的数值表示,小数点以缺省方式表示。

以工作方式、记录方式或数据采集、处理方式来表示列别号时,其要求与类别号、组别号一致。

对土工试验仪器中智能化全自动仪器,列别号简称汉字选用“全”字,列别代号为“Q”,其他土工试验仪器列别代号不应使用。

5.3.3.4　缺省规则

无主要规格特征且不含记录部分的仪器或传感器可省略列别号。

5.3.4　分隔符

分隔符用一字线“—”表示,应置于列别号与型别号中间。

5.3.5　型别号

型别号采用顺序号,用阿拉伯数字顺序表示。对首次设计生产的产品,其型别号统一标注为“1”。对仪器产品其后的更新换代的型号,则依次选用:2、3、4、5……等。

对原产品在不改变基型情况下的更新设计与生产时,在其型别号后加注 A、B、C……等。

5.3.6 其他代号

本标准未给出代号的，可按下列方法选取代号：

a) 在有代表性词(或词组)中选择一个汉字作为简称；

b) 采用简称汉字的第一个汉语拼音字母作为代号；

c) 当选取的字母在同类或同组或同列中重复时，则选用简称汉字的第二个汉语拼音字母作为代号，以此类推。

6 命名

6.1 简称汉字拼音字母选用规则

简称汉字拼音字母选用规则如下：

a) 简称汉字的第一个字汉语拼音的首个拼音字母；

示例：大坝监测仪器中沉降仪，简称汉字“沉降”，汉语拼音“chenjiang”，其代码为“C”。

b) 同一类别、组别、列别中，如有代码重复时，则选用简称汉字的第一个字汉语拼音的第二个拼音字母，以此类推，其顺序为：第三个拼音字母、第四个……、第二个简称汉字的第一个拼音字母、第二个、第三个……、第三个简称汉字……。

示例：土工试验仪器中温度试验仪类湿化仪，简称汉字“湿化”，汉语拼音“shihua”，其代码为“H”。

6.2 原则

产品的命名应符合下列原则：

a) 力求简单、含义确切、合理、统一、通俗明了，并适当兼顾沿用习惯；

b) 能反映出仪器的功能及主要特征，必要时也可以加应用范围；

c) 仪器名称与仪器型号应相互补充，构成一个完整的仪器全称，反映出仪器的主要用途和特征；

d) 有两种或两种以上功能用型号不能表达的，在型号选用上只能反映一种功能，但在名称中应能全部反映出来；

e) 仪器名称宜选用 GB/T 50279—1998、GB/T 24106—2009、GB/T 21029—2007 中的标准用语。

6.3 名称的组成

仪器的名称一般由以下三个要素组成：

a) 引导要素：由表示仪器的应用领域、特征、结构特点等要素组成；

b) 主体要素：由表示仪器的类、组、列号的测量要素组成；

c) 补充要素：由表示仪器的不同性能、复杂程度等要素组成。

6.4 名称要素的缺省规则

无需要时，引导要素可省略。

6.5 其他

企业产品的型号命名，应在产品主要技术文件中(如：产品使用说明书、技术条件、企业标准等)予以说明。

6.6 示例

产品型号命名的示例参见附录 D。

STANDARDS PRESS OF CHINA

附 录 A
（规范性附录）
土工试验仪器类别、组别、列别代号

A.1 类别

土工试验仪器产品类别代号见表A.1。

表A.1

序号	类别名称	简称	代号
1	密度试验仪	密（密度）	M
2	湿度试验仪	湿（湿度）	S
3	颗粒分析仪	颗（颗粒）	K
4	渗透试验仪	渗（渗透）	H
5	压缩试验仪	压（压缩）	Y
6	强度试验仪	强（强度）	I

A.2 组别

A.2.1 密度试验仪类（M）

密度试验仪类组别代号见表A.2。

表A.2

序号	组别名称	简称	代号
1	比重瓶	瓶（瓶）	P
2	环刀	刀（环刀）	D
3	密度仪	密（密度）	M
4	击实仪	击（击实）	J

A.2.2 湿度试验仪类（S）

湿度试验仪类组别代号见表A.3。

表A.3

序号	组别名称	简称	代号
1	土壤水分速测仪	水（水分）	S
2	液限仪	液（液限）	Y
3	液塑限联合测定仪	联（液塑联合）	L
4	湿化仪	湿（湿化）	H
5	膨胀仪	膨（膨胀）	P
6	收缩仪	收（收缩）	O

A.2.3 颗粒分析仪类（K）

颗粒分析仪类组别代号见表A.4。

表 A.4

序号	组别名称	简称	代号
1	标准筛	筛(筛)	S
2	比重计	计(计)	J
3	移液管分析仪	管(管)	G

A.2.4 渗透试验仪类(H)

渗透试验仪类组别代号见表 A.5。

表 A.5

序号	组别名称	简称	代号
1	渗透仪	透(透)	T
2	渗透变形仪	变(渗变)	B
3	毛管水试验仪	管(毛管)	G

A.2.5 压缩试验仪类(Y)

压缩试验仪类组别代号见表 A.6。

表 A.6

序号	组别名称	简称	代号
1	固结仪	结(固结)	J
2	压缩仪	压(压缩)	Y
3	侧压力仪	侧(侧压力)	C

A.2.6 强度试验仪类(I)

强度试验仪类组别见表 A.7。

表 A.7

序号	组别名称	简称	代号
1	剪切仪	剪(剪切)	J
2	平面应变仪	应变(应)	Y
3	三轴仪	轴(三轴)	Z
4	承载比试验仪	承载比(承)	C
5	球形压模仪	压模(模)	M
6	天然坡角测定仪	坡角(坡)	P

A.3 列别

土工试验仪器的列别号按 5.3.3 确立的相关原则确定。

附 录 B
（规范性附录）
大坝监测(观测)仪器类别、组别、列别代号

B.1 类别

大坝监测(观测)仪器产品类别代号见表B.1。

表B.1

序 号	类别名称	简 称	代 号
1	变形监测(观测)仪器	变(变形)	B
2	应力/应变监测(观测)仪器	应(应力/应变)	Y
3	渗流监测(观测)仪器	流(渗流)	L
4	温度监测(观测)仪器	温(温度)	W
5	动态监测(观测)仪器	动(动态)	D
6	接收仪表	接(接收)	J
7	集线箱	箱(箱)	X

B.2 组别

B.2.1 变形监测(观测)仪器类(B)

变形监测(观测)仪器类组别代号见表B.2。

表B.2

序 号	组别名称	简 称	代 号
1	沉降仪	沉(沉降)	C
2	测斜仪	斜(测斜)	X
3	位移计	位(位移)	W
4	多点变位计	多(多变)	D
5	测缝计	缝(测缝)	F
6	垂线坐标仪	垂(垂线)	U
7	引张线仪	引(引张线)	Y
8	静力水准仪	静(静力)	J
9	激光准直位移测量装置	激(激光准直)	I

B.2.2 应力/应变监测(观测)仪器类(Y)

应力/应变监测(观测)仪器组别代号见表B.3。

表B.3

序 号	组别名称	简 称	代 号
1	孔隙水压力计	隙(孔隙)	X
2	土压力计	土(土压力)	T

表 B.3(续)

序　号	组别名称	简　称	代　号
3	混凝土应力计	砼(混凝土)	O
4	锚索测力计	索(锚索)	M
5	钢筋/锚杆应力计	钢(钢筋)	G
6	应变计/无应力计	应(应变/应力)	Y
7	反力计	反(反力)	F

B.2.3　渗流监测(观测)仪器类(L)

渗流监测(观测)仪器组别代号见表 B.4。

表 B.4

序　号	组别名称	简　称	代　号
1	量水堰	堰(堰)	Y
2	量水堰渗流量仪	流(渗流量)	L
3	管口渗漏量仪	管(管口)	G

B.2.4　温度监测(观测)仪器类(W)

温度监测(观测)仪器组别代号见表 B.5。

表 B.5

序　号	组别名称	简　称	代　号
1	铜电阻温度计	铜(铜)	T
2	铂电阻温度计	铂(铂)	B

B.2.5　动态监测(观测)仪器类(D)

动态监测(观测)仪器组别代号见表 B.6。

表 B.6

序　号	组别名称	简　称	代　号
1	动孔隙水压力计	隙(孔隙)	X
2	动土压力计	土(土压力)	T
3	动位移计	位(位移)	W
4	加速度计	速(加速度)	S

B.2.6　接收仪表类(J)

接收仪表类组别代号见表 B.7。

表 B.7

序　号	组别名称	简　称	代　号
1	振弦式仪器接收仪表	弦(振弦)	X
2	差动电阻式仪器接收仪表	阻(差阻)	Z
3	差动电感式仪器接收仪表	感(差感)	G
4	电阻应变片式仪器接收仪表	应(应变片)	Y
5	电位器式仪器接收仪表	位(电位器)	W

STANDARDS PRESS OF CHINA

表 B.7（续）

序　号	组 别 名 称	简　称	代　号
6	电感调频式仪器接收仪表	频（调频）	P
7	电容式仪器接收仪表	容（电容式）	R
8	步进式仪器接收仪表	步（步进式）	U
9	压阻式仪器接收仪表	压（压阻）	A
10	伺服加速度计式仪器接收仪表	速（加速度）	S
11	气压式仪器接收仪表	气（气压式）	Q
12	差动变压器式仪器接收仪表	变（变压器）	B
13	标准信号仪器接收仪表	标（标准）	I

B.2.7　集线箱类（X）

集线箱类组别代号见表 B.8。

表 B.8

序　号	组 别 名 称	简　称	代　号
1	振弦式仪器集线箱	弦（振弦）	X
2	差动电阻式仪器集线箱	阻（差阻）	Z

B.3　列别

B.3.1　变形监测（观测）仪器类（B）

B.3.1.1　沉降仪（C）组

沉降仪（C）组的列别代号见表 B.9。

表 B.9

序　号	列 别 名 称	简　称	代　号
1	水管式沉降仪	水（水管）	S
2	电磁式沉降仪	磁（电磁）	C
3	液压式沉降仪	液（液压）	Y
4	横臂式沉降仪	臂（横臂）	B

B.3.1.2　测斜仪（X）组

测斜仪（X）组的列别代号见表 B.10。

表 B.10

序　号	列 别 名 称	简　称	代　号
1	振弦式测斜仪	弦（振弦）	X
2	电阻应变片式测斜仪	阻（电阻）	Z
3	伺服加速度计式测斜仪	速（加速度）	S
4	电解液式测斜仪	电（电解液）	D
5	差动变压器式测斜仪	压（变压器）	Y
6	气泡式测斜仪	气（气泡）	Q

B.3.1.3 位移计(W)组

位移计组的列别代号见表B.11。

表B.11

序　号	列别名称	简　称	代　号
1	振弦式位移计	弦(振弦)	X
2	差动电阻式位移计	阻(电阻)	Z
3	电感式位移计	感(电感)	G
4	差动变压器式位移计	压(变压器)	Y
5	电容式位移计	容(电容)	R
6	引张线式(水平)位移计	引(引张线)	I
7	电位器式位移计	位(电位器)	W
8	步进式位移计	步(步进式)	B
9	滑动测微计	滑(滑动)	H

B.3.1.4 多点变位计(D)组

多点变位计组的列别代号见表B.12。

表B.12

序　号	列别名称	简　称	代　号
1	振弦式变位计	弦(振弦)	X
2	差动电阻式变位计	阻(电阻)	Z
3	电感式变位计	感(电感)	G
4	差动变压器式变位计	压(变压器)	Y
5	电位器式变位计	位(电位器)	W
6	电容式变位计	容(电容)	R

B.3.1.5 测缝计(F)组

测缝计组的列别代号见表B.13。

表B.13

序　号	列别名称	简　称	代　号
1	振弦式测缝计	弦(振弦)	X
2	差动电阻式测缝计	阻(电阻)	Z
3	电位器式测缝计	位(电位器)	W
4	差动变压器式测缝计	压(变压器)	Y
5	电容式测缝计	容(电容)	R

B.3.1.6 垂线坐标仪(U)组

垂线坐标仪组的列别代号见表B.14。

表B.14

序　号	列别名称	简　称	代　号
1	步进电机式垂线坐标仪	步(步进式)	B
2	电容式垂线坐标仪	容(电容)	R
3	电磁式垂线坐标仪	磁(电磁)	C
4	光电式(CCD)垂线坐标仪	光(光电)	G

B.3.1.7 引张线仪(Y)组

引张线仪组的列别代号见表B.15。

表B.15

序　号	列别名称	简　称	代　号
1	步进电机式引张线仪	步(步进式)	B
2	电容式引张线仪	容(电容)	R
3	电磁式引张线仪	磁(电磁)	C
4	光电式(CCD)引张线仪	光(光电)	G

B.3.1.8 静力水准仪(J)组

静力水准仪组的列别代号见表B.16。

表B.16

序　号	列别名称	简　称	代　号
1	光电式(CCD)静力水准仪	光(光电)	G
2	步进电机式静力水准仪	步(步进式)	B
3	电容式静力水准仪	容(电容)	R
4	差动变压器式静力水准仪	压(变压器)	Y
5	振弦式静力水准仪	弦(振弦)	X

B.3.1.9 激光准直位移测量装置(I)组

激光准直位移测量装置组的列别代号见表B.17。

表B.17

序　号	列别名称	简　称	代　号
1	大气激光准直位移测量装置	气(大气)	Q
2	真空激光准直位移测量装置	空(真空)	K

B.3.2 应力/应变监测(观测)仪器类(Y)

B.3.2.1 孔隙水压力计(X)组

孔隙水压力计组的列别代号见表B.18。

表B.18

序　号	列别名称	简　称	代　号
1	振弦式孔隙水压力计	弦(振弦)	X
2	差动电阻式孔隙水压力计	阻(电阻)	Z
3	压阻式孔隙水压力计	压(压阻)	Y
4	陶瓷电容式孔隙水压力计	陶(陶瓷)	T
5	电感式孔隙水压力计	感(电感)	G
6	双管封闭式孔隙水压力计	双(双管)	S
7	气压式孔隙水压力计	气(气压)	Q

B.3.2.2 土压力计(T)组

土压力计组的列别代号见表B.19。

表 B.19

序号	列别名称	简称	代号
1	振弦式土压力计	弦(振弦)	X
2	差动电阻式土压力计	阻(电阻)	Z
3	气压式土压力计	气(气压)	Q

B.3.2.3 混凝土应力计(O)组

混凝土应力计组的列别代号见表 B.20。

表 B.20

序号	列别名称	简称	代号
1	振弦式混凝土应力计	弦(振弦)	X
2	差动电阻式混凝土应力计	阻(电阻)	Z

B.3.2.4 锚索测力计(M)组

锚索测力计组的列别代号见表 B.21。

表 B.21

序号	列别名称	简称	代号
1	振弦式锚索测力计	弦(振弦)	X
2	差动电阻式锚索测力计	阻(电阻)	Z

B.3.2.5 钢筋/锚杆应力计(G)组

钢筋/锚杆应力计组的列别代号见表 B.22。

表 B.22

序号	列别名称	简称	代号
1	振弦式钢筋/锚杆应力计	弦(振弦)	X
2	差动电阻式钢筋/锚杆应力计	阻(电阻)	Z

B.3.2.6 应变计/无应力计(Y)组

应变计/无应力计(Y)组的列别代号见表 B.23。

表 B.23

序号	列别名称	简称	代号
1	振弦式应变计/无应力计	弦(振弦)	X
2	差动电阻式应变计/无应力计	阻(电阻)	Z

B.3.3 渗流监测(观测)仪器类(L)

B.3.3.1 量水堰(Y)组

列别号按 5.3.3 确立的相关原则确定。

B.3.3.2 量水堰渗流量仪(L)组

量水堰渗流量仪组的列别代号见表 B.24。

表 B.24

序号	列别名称	简称	代号
1	振弦式渗流量仪	弦(振弦)	X
2	压阻式渗流量仪	阻(压阻)	Z

STANDARDS PRESS OF CHINA

表 B.24（续）

序　号	列 别 名 称	简　称	代　号
3	超声波渗流量仪	声(超声波)	S
4	陶瓷电容式渗流量仪	陶(陶瓷)	T
5	电容式渗流量仪	容(电容)	R
6	差动变压器式渗流量仪	压(变压器)	Y
7	步进电机式渗流量仪	步(步进)	B
8	机械测针式渗流量仪	机(机械)	J

B.3.3.3　管口渗漏量仪(G)组

列别号按 5.3.3 确立的相关原则确定。

B.3.4　温度监测(观测)仪器类(W)

列别号按 5.3.3 确立的相关原则确定。

B.3.5　动态监测(观测)仪器类(D)

B.3.5.1　动孔隙水压力计(X)组

动孔隙水压力计组的列别代号见表 B.25。

表 B.25

序　号	列 别 名 称	简　称	代　号
1	应变片式动孔隙水压力计	应(应变)	Y
2	电感调频式动孔隙水压力计	频(调频)	P

B.3.5.2　动土压力计(T)组

动土压力计组的列别代号见表 B.26。

表 B.26

序　号	列 别 名 称	简　称	代　号
1	应变片式动土压力计	应(应变)	Y
2	压阻式动土压力计	阻(压阻)	Z

B.3.5.3　动位移计(W)组

动位移计组的列别代号见表 B.27。

表 B.27

序　号	列 别 名 称	简　称	代　号
1	电感调频式动位移计	频(调频)	P
2	差动变压器式动位移计	压(变压器)	Y

B.3.5.4　加速度计(S)组

加速度计组的列别代号见表 B.28。

表 B.28

序　号	列 别 名 称	简　称	代　号
1	应变片式加速度计	应(应变)	Y
2	压电晶体式加速度计	晶(压电晶体)	J
3	伺服式加速度计	速(加速度)	S

B.3.6　接收仪表类(J)

列别号按 5.3.3 确立的相关原则确定。

附 录 C
（规范性附录）
岩石试验（测试）仪器类别、组别、列别代号

C.1 类别

岩石试验（测试）仪器产品类别代号见表C.1。

表C.1

序　号	类 别 名 称	简　称	代　号
1	岩样加工制备设备	样（岩样）	Y
2	通用测试仪器设备	通（通用）	T
3	岩石测试仪器	石（岩石）	S
4	岩体测试仪器	体（岩体）	I
5	现场原位监测仪器	原（原位）	Y
6	岩石力学模型试验仪器设备	模（模型）	M
7	快速判断岩体质量仪器	判（判断）	P
8	波速测试仪器	波（波速）	B
9	接收仪表	接（接收）	J

C.2 组别

C.2.1 岩样加工制备设备类（Y）

岩样加工制备设备类组别代号见表C.2。

表C.2

序　号	组 别 名 称	简　称	代　号
1	室内钻石机	钻（钻石）	Z
2	室内切石机	切（切石）	Q
3	室内磨石机	磨（磨石）	M
4	现场切槽机	槽（切槽）	C
5	现场切割机	割（切割）	G
6	专用钻头	专（专用）	H

C.2.2 通用测试仪器设备类（T）

通用测试仪器设备类组别代号见表C.3。

表C.3

序　号	组 别 名 称	简　称	代　号
1	加载设备率定台	率（率定）	L
2	液压稳压器	液（液压）	Y
3	自动测记及数据处理设备	处（处理）	C

C.2.3 岩石测试仪器类(S)

岩石测试仪器类组别代号见表C.4。

表C.4

序　号	组别名称	简　称	代　号
1	直剪仪	剪(直剪)	J
2	岩石变形测试仪	变(变形)	B
3	刚性试验机	刚(刚性)	G
4	岩石三轴压力室	三(三轴)	S
5	岩石膨胀仪	膨(膨胀)	P
6	岩石崩解仪	崩(崩解)	E
7	岩石渗透仪	渗(渗透)	H

C.2.4 岩体测试仪器类(I)

岩体测试仪器类组别代号见表C.5。

表C.5

序　号	组别名称	简　称	代　号
1	承压板法试验设备	板(承压板)	A
2	载荷试验设备	荷(载荷)	H
3	狭缝法试验设备	狭(狭缝)	X
4	径向液压枕法试验设备	枕(液压枕)	Z
5	水压致裂测试设备	水(水压致裂)	S
6	钻孔弹模计	弹(弹模)	T
7	现场直剪试验设备	剪(直剪)	J
8	孔壁应变计	壁(孔壁)	B
9	孔径变形计	径(孔径)	I
10	孔底应变计	底(孔底)	D

C.2.5 现场原位监测仪器类(Y)

现场原位监测仪器类组别代号见表C.6。

表C.6

序　号	组别名称	简　称	代　号
1	多点变位计	多(多点)	D
2	收敛计	敛(收敛)	L
3	挠度计	挠(挠度)	N
4	倾斜仪	倾(倾斜)	Q

C.2.6 岩石力学模型试验仪器设备类(M)

岩石力学模型试验仪器设备类组别代号见表C.7。

表 C.7

序号	组别名称	简称	代号
1	模型试验专用小千斤顶群	顶(千斤顶)	D
2	微型压力盒	盒(压力盒)	H
3	小型位移传感器	位(位移)	W

C.2.7 快速判断岩体质量仪器类(P)

快速判断岩体质量仪器类组别代号见表 C.8。

表 C.8

序号	组别名称	简称	代号
1	点荷载仪	点(点荷载)	D
2	岩石回击锤	锤(回击锤)	Z

C.2.8 波速测试仪器类(B)

波速测试仪器类组别代号见表 C.9。

表 C.9

序号	组别名称	简称	代号
1	便携式波速仪(快速判断岩体质量仪器)	便(便携式)	B
2	岩石波速测试仪	石(岩石)	S
3	岩体波速测试仪	体(岩体)	T

C.2.9 接收仪表类(J)

接收仪表类的组别按 5.3.3 确立的相关原则确定。

C.3 列别

岩石试验(测试)仪器的列别号按 5.3.3 确立的相关原则确定。

STANDARDS PRESS OF CHINA

附 录 D
（资料性附录）
型号命名示例说明

D.1 企业识别号

企业识别号主要是用来标识产品的企业属性特征，生产企业可自主设计并标识在产品显著位置，可用文字、图形、符号等，但在产品市场上应具唯一性。

D.2 示例

某大坝安全监测仪器生产企业，其注册商标为 XY[R]，生产一种振弦式孔隙水压力计，测量范围为 0～0.6 MPa，产品首次生产。按本标准其产品型号命名的确定步骤为：

a) 企业识别号：XY[R]；在其产品出厂时应在产品铭牌、使用说明书中的产品名称前标识；

b) 类别号：查第 B.1 章，产品为应力/应变监测（观测）仪器，代号为“Y”；

c) 组别号：查 B.2.2，孔隙水压力计仪器，代号为“X”；

d) 列别号：查 B.3.2.1，振弦式，代号为“X”，同时其特征值为 0.6 MPa。

此企业的该产品的型号命名是：(XY[R])YXX06—1 型振弦式孔隙水压力计。

ICS 07.060
P 10

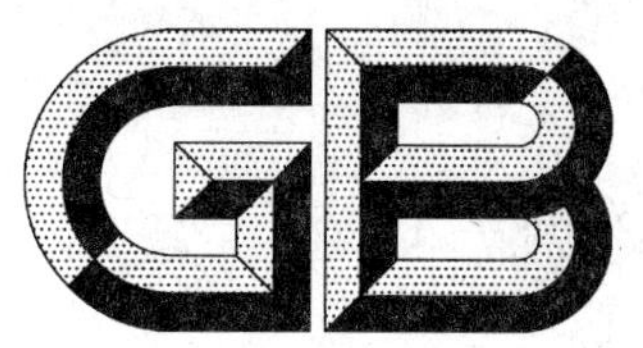

中华人民共和国国家标准

GB/T 24105—2009

岩土工程仪器基本环境试验条件及方法

Basic conditions and methods of environmental test for geotechnical engineering instrument

2009-06-12 发布　　2009-12-01 实施

中华人民共和国国家质量监督检验检疫总局
中国国家标准化管理委员会　发布

前　言

本标准与 GB/T 15406—2007《岩土工程仪器基本参数及通用技术条件》有一定的衔接关系，并在有关基本环境参数和要求方面与其保持相互协调。

本标准由中华人民共和国水利部提出并归口。

本标准主要起草单位：水利部水文仪器及岩土工程仪器质量监督检验测试中心、国网电力科学研究院、国电南京电力自动化股份有限公司、水利部南京水利水文自动化研究所。

本标准参加起草单位：全国工业产品生产许可证办公室水文仪器及岩土工程仪器审查部。

本标准主要起草人：李刚、陆旭、金旭浩、卢有清、徐晓乐、徐海峰、周克明。

本标准参加起草人：袁普生。

岩土工程仪器基本环境试验条件及方法

1 范围

本标准规定了岩土工程仪器的基本环境试验项目、参数和试验方法。

本标准适用于考核产品对使用现场工作环境、运输贮存环境的适应性。

2 规范性引用文件

下列文件中的条款通过本标准的引用而成为本标准的条款。凡是注日期的引用文件，其随后所有的修改单(不包括勘误的内容)或修订版均不适用于本标准，然而，鼓励根据本标准达成协议的各方研究是否可使用这些文件的最新版本。凡是不注日期的引用文件，其最新版本适用于本标准。

GB/T 2421 电工电子产品环境试验 第1部分:总则

GB/T 2422 电工电子产品环境试验 术语

GB 4208 外壳防护等级(IP代码)

GB/T 4796 电工电子产品环境条件分类 第1部分:环境参数及其严酷程度

3 术语和定义

GB/T 2421、GB/T 2422 和 GB/T 4796 确立的术语和定义适用于本标准。

4 试验项目及参数

4.1 试验项目

岩土工程仪器基本环境和试验项目见表1。

表1 试验项目

序号	环境分类	试验项目
1	气候环境	高温试验
		低温试验
		恒定湿度试验
2	化学环境	盐雾试验
3	防护环境	淋雨试验
		砂(粉)尘试验
4	水压环境	浸水密封试验
		耐水压试验
5	机械环境	振动试验
		冲击试验
		碰撞试验
		自由跌落试验
		运输颠振试验

STANDARDS PRESS OF CHINA

4.2 试验参数

4.2.1 通则

按照岩土工程仪器产品使用环境的不同严酷程度并参照 GB/T 4796 的规定，岩土工程仪器产品的基本试验参数及分类分级，见表 2。

对于各种产品在具体选择应用时，应根据该产品的使用要求和产品标准所规定的有关技术要求及试验方法等条文加以确定。当岩土工程仪器产品在特殊环境中使用时，应在该产品的技术标准中另行规定其试验条件和试验方法。

在进行各种环境试验之前，对试验样品，需测试的基本性能指标应在提供的产品标准(或技术条件)中有明确规定。

表 2 环境试验分类、分级表

<table>
<tr><th rowspan="2">环境分类</th><th rowspan="2" colspan="2">试验参数</th><th rowspan="2">单位</th><th colspan="3">A 类</th><th colspan="2">B 类</th><th colspan="2">C 类</th></tr>
<tr><th>A1</th><th>A2</th><th>A3</th><th>B1</th><th>B2</th><th>C1</th><th>C2</th></tr>
<tr><td rowspan="6">气候环境</td><td rowspan="2">温度</td><td>低温</td><td>℃</td><td>5</td><td>0</td><td>−10</td><td>−10</td><td>−20</td><td>0</td><td>−20</td></tr>
<tr><td>高温</td><td>℃</td><td>35</td><td>40</td><td>45</td><td>50</td><td>60</td><td>35</td><td>60</td></tr>
<tr><td>相对湿度</td><td>恒定湿热</td><td>%
℃</td><td>85
30</td><td>90
40</td><td>93
40</td><td colspan="2">95
40(凝露)</td><td colspan="2">×</td></tr>
<tr><td colspan="2">大气压</td><td>kPa</td><td colspan="7">56～106</td></tr>
<tr><td rowspan="2">贮存</td><td>温度</td><td>℃</td><td colspan="7">−40～60</td></tr>
<tr><td>相对湿度</td><td>%
℃</td><td colspan="7">85
40</td></tr>
<tr><td>化学环境</td><td colspan="2">盐雾</td><td>—</td><td colspan="2">×</td><td colspan="3">○</td><td colspan="2">×</td></tr>
<tr><td rowspan="2">防护环境</td><td colspan="2">淋雨</td><td>mm/h</td><td colspan="3">×</td><td colspan="2">√</td><td colspan="2">×</td></tr>
<tr><td colspan="2">砂(粉)尘</td><td>g/m^2</td><td colspan="3">×</td><td colspan="2">○</td><td colspan="2">×</td></tr>
<tr><td rowspan="2">水压环境</td><td colspan="2">耐水压</td><td>MPa</td><td colspan="3">×</td><td colspan="2">×</td><td colspan="2">√</td></tr>
<tr><td colspan="2">浸水密封</td><td>m</td><td colspan="3">×</td><td>○</td><td>√</td><td colspan="2">×</td></tr>
<tr><td rowspan="8">机械环境</td><td rowspan="2">振动</td><td>加速度</td><td>m/s^2</td><td colspan="7">20</td></tr>
<tr><td>频率</td><td>Hz</td><td colspan="7">自动扫频:10～150～10
人工扫频:10～50～10</td></tr>
<tr><td rowspan="2">冲击</td><td>加速度</td><td>m/s^2</td><td colspan="2">150</td><td colspan="5">300</td></tr>
<tr><td>持续时间</td><td>ms</td><td colspan="2">11</td><td colspan="5">18</td></tr>
<tr><td rowspan="2">碰撞</td><td>加速度</td><td>m/s^2</td><td colspan="3">×</td><td>250</td><td>400</td><td>250</td><td>400</td></tr>
<tr><td>持续时间</td><td>ms</td><td colspan="3">×</td><td>6</td><td>6</td><td>6</td><td>6</td></tr>
<tr><td>自由跌落</td><td>跌落高度</td><td>mm</td><td colspan="7">(25)、50、(100)、250、(500)、(1 000)</td></tr>
<tr><td>运输颠振</td><td>路程</td><td>—</td><td colspan="3">50 km
3 级公路或对应路面</td><td colspan="4">×</td></tr>
<tr><td colspan="11">注 1：“√”表示需要考虑此项，“×”表示不考虑此项，“○” 表示在产品标准中自选项目。
注 2：运输颠振只适用于大型的土工室内试验仪。
注 3：带括号的数值为优选值。</td></tr>
</table>

4.2.2 **A类**

有气候防护措施的室内使用的岩土工程仪器，如各种土工室内试验仪器、大坝监测（观测）仪器、岩石测试仪器以及各种接收仪表等，该类仪器的防护措施一般能避免风、雨、雪、尘、日照等的直接或间接侵袭。其中按环境分级为：

a） A1级：有温度、湿度控制的密闭场所（如一般空调室）。在使用和运输贮存中有轻微的振动、冲击等；

b） A2级：无温度、湿度控制的非严格密闭场所（如一般工作室）。在气温较低时（低于0 ℃），允许用加热器提高室温，在使用和运输贮存中有振动、冲击等；

c） A3级：无温度、湿度控制，可以与户外直接相通并有简单的气候防护的场所。在使用中有雾湿或盐雾，在运输贮存中有振动、冲击、碰撞、自由跌落等。

4.2.3 **B类**

无气候防护措施，简易掩蔽或野外暴露的室外使用场所的岩土工程仪器，如各种土工原位试验（测试）仪器、大坝监测（观测）仪器、岩体现场原位监测（观测）仪器等。该类仪器的防护措施一般很难避免风、雨、雪、尘、日照等的直接或间接侵袭。同时，在使用中有太阳辐射、雨淋、盐雾、砂尘等，在运输贮存中有振动、冲击、碰撞、自由跌落等。其中按环境分级为：

a） B1级：掩蔽场所。可基本防护太阳辐射、雨淋、风、雪、冰雹等的侵袭。在使用中有雾湿或盐雾、砂尘等，在运输贮存中有振动、冲击、碰撞、自由跌落等；

b） B2级：野外暴露场所。无任何气候防护措施，在现场使用中将直接承受太阳辐射、盐雾、雨淋、风、雪、冰雹等的侵袭。在运输贮存中有振动、冲击、碰撞、自由跌落等。

4.2.4 **C类**

土工原位试验（测试）仪器、大坝监测（观测）仪器、岩体现场原位监测（观测）仪器等。其中按环境分级为：

a） C1级：水下环境。在现场使用中将直接承受水压，在运输贮存中有振动、冲击、碰撞、自由跌落等；

b） C2级：砂、泥土和混凝土等环境。在现场使用中将直接承受外力作用，在运输贮存中有振动、冲击、碰撞、自由跌落等。

5 基本环境试验方法

5.1 温度试验

5.1.1 **目的**

提供一种标准试验程序，用以确定产品在规定的环境温度条件下使用、贮存的适应性。

5.1.2 **试验条件**

5.1.2.1 使用环境温度范围按表2规定的要求。试验样品处于非包装状态。

5.1.2.2 贮存环境温度范围为−40 ℃～60 ℃。试验样品处于包装状态。

5.1.3 **试验方法**

5.1.3.1 **初始检测**

按试验样品标准（技术条件）规定进行外观检查及基本性能检测。

5.1.3.2 **条件试验**

5.1.3.2.1 将处于室温下的试验样品按正常位置放入高低温试验箱内，此时高低温试验箱的温度也为室温。对于试验样品进行使用环境温度试验时，试验样品处于非包装、正常使用状态。对于试验样品进行贮存环境温度试验时，试验样品处于包装状态。

5.1.3.2.2 本标准规定岩土工程仪器产品的温度循环试验按先常温、后低温、再高温的顺序进行，特殊情况下也可直接从低温做起。

5.1.3.2.3 将高低温试验箱的温度调控到符合表2规定的温度值并保持。对于试验样品进行使用环境温度试验时，保持时间不少于2 h。对于试验样品进行贮存环境温度试验时，保持时间不少于4 h。

5.1.3.2.4 高低温试验箱内温度变化速率：0.7 ℃/min～1.0 ℃/min。

5.1.3.2.5 高低温试验箱内恒温区允许温差：±2 ℃。

5.1.3.2.6 对于试验样品进行使用环境温度试验时，在规定的温度环境条件下，进行性能和功能测试时，其测试次数应不少于3次。

5.1.3.3 恢复

使试验样品随高低温试验箱自然回温至常温，在正常大气条件下恢复1 h。

注：本标准规定的正常大气条件是：

——环境温度：15 ℃～35 ℃；

——相对湿度：45%～75%；

——气压：56 kPa～106 kPa。

5.1.3.4 最后检测

试验结束后，按产品标准(技术条件)规定对试验样品进行外观检查及基本性能检测。

5.2 湿度试验

5.2.1 目的

提供一种标准试验程序，用以确定产品在规定的环境湿度条件下使用、贮存的适应性。本标准规定的湿度试验方法为恒定湿热试验。

5.2.2 试验条件

5.2.2.1 使用环境湿度范围按表2规定的要求。试验样品处于非包装状态。

5.2.2.2 贮存环境相对湿度不大于85%、40 ℃时。试验样品处于包装状态。

5.2.3 试验方法

5.2.3.1 初始检测

按试验样品标准(技术条件)规定进行外观检查及基本性能检测。

5.2.3.2 条件试验

5.2.3.2.1 将处于正常大气条件下的试验样品按正常位置放入恒定湿热试验箱内。对于试验样品进行使用环境湿度试验时，试验样品处于非包装、正常使用状态。对于试验样品进行贮存环境湿度试验时，试验样品处于包装状态。

5.2.3.2.2 将恒定湿热试验箱的温度、相对湿度调控到40 ℃、85%，并保持。对于试验样品进行使用环境湿度试验时，保持时间应不少于2 h。对于试验样品进行贮存环境湿度试验时，保持时间应不少于4 h。

5.2.3.2.3 在不加湿的条件下，将恒定湿热试验箱内的温度升高到40 ℃，待温度稳定后再加湿，以免对试验样品产生凝露。

5.2.3.2.4 恒定湿热试验箱在加热过程中，其温度变化速率为：0.7 ℃/min～1.0 ℃/min。

5.2.3.2.5 待恒定湿热试验箱内的温度和相对湿度达到规定值并稳定后，开始计算试验持续时间。

5.2.3.2.6 恒定湿热试验箱内恒温区允许温差：±2 ℃。

5.2.3.2.7 恒定湿热试验箱内相对湿度的允许偏差：±3%。

5.2.3.2.8 对于试验样品进行使用环境湿度试验时，在规定值的温度和相对湿度条件下，进行性能和功能测试时，其测试次数应不少于3次。

5.2.3.3 恢复

5.2.3.3.1 条件试验之后，先将恒定湿热试验箱内的相对湿度在0.5 h内调节到73%～77%。再将恒定湿热试验箱内的温度在0.5 h内调控到15 ℃～35 ℃。

5.2.3.3.2 恢复时间从规定的恢复条件达到时算起一般为1 h～2 h，对较大试验样品进行恢复处理的时间可适当加长，要足以使它达到温度稳定。

5.2.3.4 最后检测

试验结束后，按产品标准（技术条件）规定对试验样品进行外观检查及基本性能检测。

5.3 盐雾试验

5.3.1 目的

提供一种标准试验程序，用以确定产品在盐雾环境中的抗蚀性能。

5.3.2 试验条件

5.3.2.1 试验设备

进行盐雾试验的设备应满足以下要求：

a) 用于制造试验设备的材料应耐盐雾腐蚀和不影响试验结果；

b) 试验设备有足够大的容积，并能提供所需的各种试验参数条件；

c) 试验设备产生的盐雾不应直接喷射到受试产品上，工作内壁和顶部以及其他部位冷凝液也不应滴落在受试产品上；

d) 试验设备内外气压应保持平衡。

5.3.2.2 试验溶液

进行盐雾试验的溶液应满足以下要求：

a) 盐溶液采用氯化钠（化学纯、分析纯）和蒸馏水或去离子水配制，其浓度为 5%±0.1%（质量百分比）。雾化后的收集液，除挡回部分外，不应重复使用；

b) 雾化前的盐溶液的 pH 值在 6.5～7.2 之间。配制盐溶液时，采用化学纯的盐酸稀溶液和氢氧化钠稀溶液调整 pH 值，但是调整后盐溶液的浓度仍须符合 5.3.2.2a）的规定。

5.3.2.3 试验环境条件

5.3.2.3.1 放置受试产品的有效试验空间的温度为 35 ℃±2 ℃。

5.3.2.3.2 在试验空间内任一位置，用面积为 80 cm^2 的漏斗收集连续雾化 16 h 的盐雾沉降量，平均每小时收集到 1.0 mL～2.0 mL 的溶液。

5.3.2.3.3 采用连续喷雾方式，推荐的试验持续时间为 16 h、24 h、48 h、96 h、336 h、672 h。

5.3.2.3.4 雾化时应防止油污、灰尘等有害杂质和喷射空气的温、湿度影响试验条件。

5.3.3 试验方法

5.3.3.1 初始检测

试验前，受试产品应进行外观检查和基本性能检测，表面应干净、无油污、无临时性的防护层和其他弊病。

5.3.3.2 预处理

对受试产品进行清洁，所用清洁方法应不影响盐雾对受试产品作用，试验前应尽量避免用手直接触摸受试产品表面。

5.3.3.3 条件试验

5.3.3.3.1 受试产品放置位置由有关标准确定，一般按使用状态平行放置（包括外罩等）。对于板状受试产品需使受试面与垂直方向成 30°角。

5.3.3.3.2 受试产品不应互相接触，其间隔距离以不影响盐雾自由降落在样品上及样品上的盐溶液不应滴在任何其他样品上为准。

5.3.3.3.3 试验持续时间按有关标准规定从 16 h、24 h、48 h、96 h、336 h、672 h 中选取。

5.3.3.4 恢复

试验结束后，用流动水轻轻洗去受试产品表面盐沉积物，再用蒸馏水漂洗，漂洗水的温度不应超过 35 ℃，在正常大气条件下恢复 1 h～2 h，或按产品标准（技术条件）规定的其他恢复条件和恢复时间。

STANDARDS PRESS OF CHINA

5.3.3.5 **最后检测**

试验结束后，按产品标准(技术条件)规定对试验样品进行外观检查及基本性能检测。

5.4 **淋水(雨)试验**

5.4.1 **目的**

提供一种标准试验程序，用以确定岩土工程仪器产品在规定的露天场所在非包装状态下对淋水(雨)环境的适应性。

5.4.2 **试验条件**

5.4.2.1 降水方式采用人造雨法。

5.4.2.2 人造雨法的滴水试验设备是由一个或多个内有实芯锥体的喷水嘴组成。

5.4.2.3 固定装置底座面积应低于试验样品的底座面积，支撑台面应开有适当的小孔，同时还应能支承试验样品使其呈工作状态，底座平面可自由调节最大为90°。

5.4.2.4 人造雨水应是清洁的自来水，为避免喷嘴堵塞，水应过滤并进行水质软化处理，水温和试验样品温度大致相同为宜，以防产品内部产生凝水。

5.4.2.5 试验的淋水(雨)强度、水滴尺寸、持续时间和喷射或倾斜角度要求宜由表3中选取。

表3 人造雨试验严酷等级

降雨强度/(mm/h)	水滴尺寸/mm	持续时间/min	喷射或倾斜角度/(°)
10±5	1.9±0.2	10,30,60,120	0,15,30,60,90
100±20	2.9±0.3		
400±50	3.8±0.4		

5.4.3 **试验方法**

5.4.3.1 **初始检测**

在正常大气条件下，按试验样品标准(技术条件)规定进行外观检查，包括表面处理、外壳或密封件的密封检查，并作基本性能的检测。

5.4.3.2 **条件试验**

5.4.3.2.1 试验样品应按表2中规定的等级进行人造雨试验。

5.4.3.2.2 试验样品应固定安装在试验装置上。

试验样品可选用下述任一状态进行安装：

a) 以正常工作状态；

b) 相对于正常工作状态倾斜一角度。

5.4.3.2.3 试验样品在一垂直于倾斜的平面上转动，转动可采用自动旋转台或在试验过程中不时地人工改变试验样品位置。

5.4.3.2.4 停止降水(雨)后，从试验台上取下试验样品并清除其外部积水。

5.4.3.3 **最后检测**

试验结束后，按产品标准(技术条件)规定对试验样品进行外观检查及基本性能检测。

5.5 **砂(粉)尘试验**

5.5.1 **目的**

提供一种标准试验程序，用以确定岩土工程仪器产品的外壳对固体微粒的密封性能。

岩土工程仪器产品的防护环境试验，主要适用于GB 4208中规定的IP5X和IP6X两个等级。

5.5.2 **试验箱(室)要求**

试验箱(室)应满足下列要求：

a) 试验时应能提供非层流状的载灰尘的垂直循环气流；

b) 试验时应具有循环使用灰尘的功能；

c） 试验时应具有良好的密封性；

d） 试验时应能观察灰尘的循环状况；

e） 内壁应平滑、防静电。

5.5.3 试验条件

试验应具备下列条件：

a） 能通过筛孔为 75 μm，金属丝直径为 50 μm 的方孔筛的干燥滑石粉；

b） 试验时试验箱（室）内的灰尘浓度为 2 kg/m^3；

c） 应保证试验用灰尘均匀缓慢沉降在试验样品上，但最大值不应超过 2 m/s；

d） 试验过程中，试验箱（室）内的温度在 15 ℃～35 ℃范围内、相对湿度在 45%～75%范围内；

e） 试验持续时间为 8 h。

5.5.4 试验方法

5.5.4.1 预处理

试验样品在试验设备开机前，一般应置于正常大气条件下不少于 2 h。

5.5.4.2 初始检测

按产品标准的规定，对试验样品进行外观检查、机械性能及电气性能检测并检查所有密封部件是否安装正确。

5.5.4.3 条件试验

5.5.4.3.1 试验样品一般应在非包装、不通电、“准备使用”状态下，放入试验箱（室）内。其体积总和不应超过放入试验箱（室）的有效空间的 1/3，底面积不超过有效水平面积的 1/2，试验样品之间及与试验箱（室）内壁距离应不小于 100 mm。

5.5.4.3.2 根据有关标准的规定，试验样品也可在使用状态下进行试验。

5.5.4.3.3 停止吹风后，待灰尘完全沉降，方可取出试验样品。

5.5.4.4 中间检测

按有关标准的规定，可在试验期间对试验样品进行检测。检测时不应取出试验样品。

5.5.4.5 恢复

试验样品取出后，一般应置于正常大气条件下 1 h～2 h。

5.5.4.6 最后检测

试验结束后，按产品标准（技术条件）规定对试验样品进行外观检查及基本性能检测。

5.6 浸水密封试验

5.6.1 目的

提供一种标准试验程序，用以确定岩土工程仪器产品的外壳对液体的密封性能。

5.6.2 试验条件

5.6.2.1 试验方法为水箱法。

5.6.2.2 试验样品在规定深度的水箱中承受规定的浸水压力。

5.6.2.3 浸水试验严酷等级见表 4。

表 4 浸水试验严酷等级表

浸水深度/ m	持续时间/ h
1.0	0.5,1,2,8
2.0	
5.0	
10.0	

5.6.3 **试验方法**

5.6.3.1 **初始检测**

按产品标准的规定，对试验样品进行外观检查和基本性能检测并检查所有密封部件是否安装正确。

5.6.3.2 **条件试验**

5.6.3.2.1 按表4规定进行浸水试验。

5.6.3.2.2 规定水深应从液面到试验样品的最高点间进行计算。

5.6.3.2.3 试验样品按技术条件规定的状态，全部浸入水箱中，为便于显示泄漏，允许在水中加入可溶性染料。

5.6.3.2.4 试验用水通常是自来水，水温一般与试验样品的温度一致，如比试验样品温度低，其温差应不超过5℃，此时水温最高不应超过35℃。

5.6.3.2.5 无特殊规定时，试验期间试验样品均处于非工作、断路状态。

5.6.3.3 **恢复**

试验结束后，应拭净试验样品表面的水迹并晾干。

5.6.3.4 **最后检测**

试验结束后，按产品标准(技术条件)规定对试验样品进行外观检查及基本性能检测。

5.7 **耐水压试验(静)**

5.7.1 **目的**

提供一种标准试验程序，用以确定在水下所使用的岩土工程仪器产品的水密元件结构或壳体对静水压力的适应能力。

5.7.2 **试验条件**

5.7.2.1 试验方法为注水容器加压法。

5.7.2.2 试验样品在注水容器中承受规定的静水压力试验。

5.7.2.3 加压速率应控制在10 kPa/min范围内。压力表的量程选择应以试验压力的1.5倍为宜。

5.7.2.4 当压力升到额定试验压力时，保持时间可选择0.5 h、1 h、2 h或8 h。保持时间最少不应少于0.5 h。

5.7.2.5 试验用水通常是自来水，水温一般与试验样品的温度一致，如比试验样品温度低，其温差应不超过5℃，此时水温最高不应超过35℃。

5.7.2.6 耐水压严酷等级见表5。

表5 耐水压严酷等级表

静水压/ MPa	持续时间/ h
0.2	0.5,1,2,8
0.5	
1.0	
2.0	
5.0	
8.0	
10.0	

5.7.3 **试验方法**

5.7.3.1 **初始检测**

按产品标准的规定，对试验样品进行外观检查和基本性能检测并检查所有密封部件是否安装正确。

5.7.3.2 **条件试验**

5.7.3.2.1 试验样品按技术条件规定的状态，全部浸入水箱中。

5.7.3.2.2 加压试验过程按各产品标准(技术条件)的规定进行。

5.7.3.3 **恢复**

试验结束后，取出受试样品，拭净试验样品表面的水迹并晾干，在正常大气条件下恢复0.5 h。

5.7.3.4 **最后检测**

试验结束后，按产品标准(技术条件)规定对试验样品进行外观检查及基本性能检测。

5.8 **振动(正弦)试验**

5.8.1 **目的**

提供一种标准试验程序，用以确定岩土工程仪器产品在包装状态下，在运输、搬运过程中经受振动(正弦)的适应性。

5.8.2 **试验条件**

5.8.2.1 试验方法为耐久扫频振动试验法。

5.8.2.2 试验样品应经受三个轴向上的振动试验。若因振动设备限制，不能实现三个轴向的振动试验时，对于允许改变正常放置位置的产品，可借助于改变放置位置予以实现。

5.8.2.3 对于不允许改变正常放置位置的产品，则延长一倍振动时间。

5.8.2.4 检查固定支架自身应无共振，然后固定试验样品，应模拟产品正常包装时的位置并紧固在振动台上，试验样品的重心应位于振动台面的中心区域。

5.8.2.5 应避免紧固试验样品的装置(螺栓、压板、压条等)在振动试验中产生自身共振。

5.8.2.6 试验样品振动(正弦)试验参数见表6。

表6 振动(正弦)试验参数

试验条件	单位	A类			B类		C类	
		A1	A2	A3	B1	B2	C1	C2
自动扫频范围	Hz	10～150～10						
人工扫频范围	Hz	10～50～10						
扫频速度	频程/min	1倍						
加速度	m/s²	5			20			

5.8.3 **试验方法**

5.8.3.1 **初始检测**

按产品标准(技术条件)规定对试验样品进行外观检查及基本性能检测。

5.8.3.2 **条件试验**

5.8.3.2.1 试验样品按其正常包装状态紧固在振动试验台上。

5.8.3.2.2 对试验样品分别在三个轴向上进行耐久扫频试验。

5.8.3.3 **恢复**

试验样品在正常大气压条件下进行恢复，恢复时间不应少于1 h。

5.8.3.4 **最后检测**

试验结束后，按产品标准(技术条件)规定对试验样品进行外观检查及基本性能检测。

5.9 **冲击试验**

5.9.1 **目的**

确定包装状态下的试验样品，在装卸运输过程中承受非多次重复性机械冲击的适应能力及结构的完好性。

STANDARDS PRESS OF CHINA

5.9.2 **试验条件**

5.9.2.1 冲击试验脉冲加速度、相应标称持续时间和相应的速度变化量见表7。

5.9.2.2 冲击试验脉冲波形为后峰锯齿半正弦梯形。

5.9.2.3 对试验样品的三个互相垂直的轴线，每个面连续冲击3次，共18次。

表7 冲击试验脉冲加速度、相应标称持续时间和相应的速度变化量

试验条件	单位	A类			B类		C类	
		A1	A2	A3	B1	B2	C1	C2
峰值加速度	m/s^2	150		300				
相应标称持续时间	ms	11		18				
相应的速度变化量	m/s	0.8		2.6				

5.9.3 **试验方法**

5.9.3.1 **初始测量**

按产品标准(技术条件)规定对试验样品进行外观检查及基本性能检测。

5.9.3.2 **条件试验**

5.9.3.2.1 试验样品按其正常安装方式紧固在冲击台上，对带有减震器的产品，应连同减震器一道进行试验。

5.9.3.2.2 对三个互相垂直的轴线，每个面连续冲击3次，共18次。结构和性能完全对称的试验样品，允许减少一个相应的面或因重力作用、只有一个受试面时，总冲击次数仍为18次。但应在产品标准中加以规定。

5.9.3.3 **最后检测**

试验结束后，按产品标准(技术条件)规定对试验样品进行外观检查及基本性能检测。

5.10 **碰撞试验**

5.10.1 **目的**

提供一种标准试验程序，用以确定岩土工程仪器产品在包装状态下，在装卸运输过程中承受多次重复性冲击的适应性。

5.10.2 **试验条件**

5.10.2.1 碰撞试验脉冲加速度、相应标称持续时间和相应的速度变化量见表8。

5.10.2.2 每方向的碰撞次数应从100±5、1 000±10、4 000±10中选取。

5.10.2.3 碰撞重复频率为:10次/min～80次/min。

表8 碰撞试验脉冲加速度、相应标称持续时间和相应的速度变化量

试验条件	单位	B类		C类	
		B1	B2	C1	C2
峰值加速度	m/s^2	250	400	250	400
相应标称持续时间	ms	6	6	6	6
相应的速度变化量	m/s	0.9	1.5	0.9	1.5

5.10.3 **试验方法**

5.10.3.1 **初始检测**

按产品标准(技术条件)规定对试验样品进行外观检查及基本性能检测。

5.10.3.2 **条件试验**

5.10.3.2.1 试验样品处于包装运输状态，将试验样品牢固固定在碰撞试验台上。

5.10.3.2.2 当运输和安装方式为已知时，而且碰撞的最大作用力是沿垂直方向时，则按该方向安装试验；当有两个以上安装位置时，应按相互垂直的轴向方向分别安装进行试验。

5.10.3.3 **最后检测**

试验结束后，按产品标准（技术条件）规定对试验样品进行外观检查及基本性能检测。

5.11 **自由跌落试验**

5.11.1 **目的**

提供一种标准试验程序，用以确定岩土工程仪器产品在包装状态下，在搬运期间由于粗鲁装卸遭到跌落的适应性。

5.11.2 **试验条件**

5.11.2.1 试验表面为平滑、坚硬的混凝土面或钢质面。必要时，有关产品标准可以规定其他表面。

5.11.2.2 试验跌落次数为：每一轴向 3 次。

5.11.2.3 试验样品的跌落高度应按产品标准的规定，应从（25 mm）、50 mm、（100 mm）、250 mm、（500 mm）、（1 000 mm）中选取，其中带括号的数值为优选值。

5.11.2.4 试验严酷等级见表 9。

表 9 自由跌落试验严酷等级表

跌落高度/mm	试验样品在完整的包装箱中的质量/kg	备注
25	>500	跌落高度选择应与试验样品的自重成反比。
50	≤500	
100	≤200	
250	≤100	
500	≤50	
1 000	≤20	

5.11.3 **试验方法**

5.11.3.1 **初始检测**

按产品标准（技术条件）规定对试验样品进行外观检查及基本性能检测。

5.11.3.2 **条件试验**

5.11.3.2.1 试验样品处于正常搬运状态，按产品标准（技术条件）规定的高度，置于试验装置上，自由跌落。

5.11.3.2.2 释放时，要使干扰最小。

5.11.3.3 **最后检测**

试验结束后，按产品标准（技术条件）规定对试验样品进行外观检查及基本性能检测。

5.12 **运输颠振试验**

5.12.1 **目的**

提供一种标准试验程序，用以确定岩土工程仪器中某些体积庞大、笨重的试验样品在包装状态下，在运输及搬运过程中经受运输颠振的适应性。

5.12.2 **试验条件**

5.12.2.1 试验方式采用汽车运输而产生颠振。

5.12.2.2 试验样品应经受运输过程中来自多个方向上的振动或碰撞的颠振试验。

5.12.2.3 对于不允许改变正常放置位置的产品，则应将试验样品置于运输载体的中部或后部。

5.12.2.4 检查固定试验样品的约束条件，保证其不会发生横向窜动。

5.12.2.5 试验样品的重心应位于运输载体台面的中心区域。

5.12.2.6 试验样品运输颠振试验条件见表 10。

表 10 运输颠振试验条件

试验条件	A类
路程长度	50 km
路面糙度	3级公路或相应路面

5.12.3 试验方法

5.12.3.1 初始检测

按有关标准的规定对试验样品进行外观检查及基本性能检测。

5.12.3.2 条件试验

5.12.3.2.1 路振考核:按表10中规定的试验条件对包装状态下的试验样品进行运输颠振试验。

5.12.3.2.2 当多台试验样品同时进行路振考核时,应避免相互间产生冲击、碰撞。

5.12.3.3 最后检测

运输颠振试验结束后,按产品标准(技术条件)规定对试验样品进行外观检查及基本性能检测。

ICS 07.060
P 10

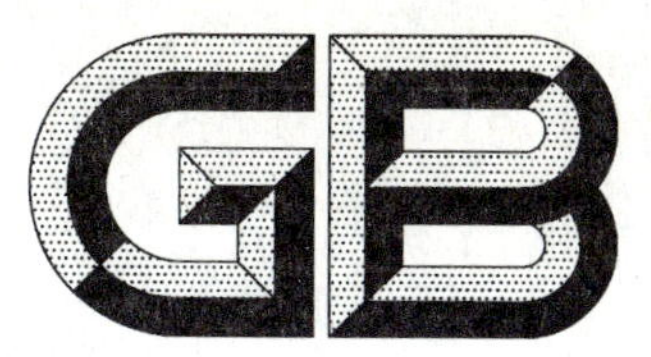

中华人民共和国国家标准

GB/T 24106—2009

岩土工程仪器术语及符号

Terms and symbols for geotechnical engineering instruments

2009-06-12 发布　　　　2009-12-01 实施

中华人民共和国国家质量监督检验检疫总局
中国国家标准化管理委员会　发布

前　言

本标准在参考了 GB/T 21029—2007《岩土工程仪器系列型谱》和 GB/T 15406—2007《岩土工程仪器基本参数及通用技术条件》等标准的产品分类排序的基础上，确认了岩土工程仪器的一般性术语和专用术语及其分类和排序，并且对应给出术语的英语对应词。本标准包括一般术语 33 条、土工试验仪器术语 59 条、大坝观测仪器术语 135 条、岩石测试仪器术语 31 条。

本标准由中华人民共和国水利部提出并归口。

本标准主要起草单位：水利部水文仪器及岩土工程仪器质量监督检验测试中心、南京水利科学研究院、南京水利水文自动化研究所。

本标准参加起草单位：全国工业产品生产许可证办公室水文仪器及岩土工程仪器审查部。

本标准主要起草人：张玉成、李泽崇、陆旭、陆伟佳、方卫华。

本标准参加起草人：石明华。

岩土工程仪器术语及符号

1 范围

本标准规定了岩土工程仪器专业范畴内使用的常用术语和符号。本标准只选取与仪器相关的最基本术语，在岩土工程仪器专业范畴内广泛使用的其他专业的名词术语不再列入。

本标准适用于岩土工程专业领域的各类仪器、仪表、设备和装置。

2 一般术语

2.1

岩土工程仪器　geotechnical engineering instrument

土木工程中涉及岩石测试、土工试验、大坝等土木工程结构物监测或观测等技术活动中使用的各类仪器、仪表、设备、装置的统称。

2.2

土工试验仪器　soil test apparatus

在试验室内或工程现场进行土的物理性和力学性指标试验、测试的仪器。

2.3

室内试验仪器　lab test apparatus

试验室内用于测定岩土样的物理性和力学性指标的仪器。

2.4

原位测试仪器　in-situ test apparatus

在现场的原位应力条件下进行有关岩土体物理力学性指标测试的仪器。

2.5

原型监测仪器　prototype monitoring instrument

对土木工程结构物的性状及变化规律进行监测(或观测)的仪器。

2.6

大坝监测仪器　dam monitoring instrument

对大坝等结构物的性状及变化规律进行监测(或观测)的仪器。

2.7

岩石测试仪器　rock test apparatus

进行有关岩石、岩体物理力学性指标测试或试验的仪器。

2.8 **常用传感器基本术语**

2.8.1

差动电阻式传感器　Carlson transducer

以一组差动变化的敏感元件测量相关参数的传感器。

2.8.2

振弦式传感器　vibrating wire transducer

利用振弦的固有频率变化测量相关参数的传感器。

2.8.3

电感式传感器　inductive transducer

将被测量变化转换成电感量变化的传感器。

2.8.4

差动变压器式传感器 differential transformer transducer

利用差动变压器作为转换元件,将被测量变化转换成可输出信号的传感器。

2.8.5

电容式传感器 capacitive transducer

将被测量变化转换成电容量变化的传感器。

2.8.6

电位器式传感器 potentiometric transducer

利用电阻体上可动触点位置的变化,将被测量变化转换成电压比变化的传感器。

2.8.7

电阻式传感器 resistive transducer

将被测量变化转换成电阻变化的传感器。

2.8.8

电磁式传感器 electromagnetic transducer

利用磁通量变化,将被测量变化转换成导体中感生电信号变化的传感器。

2.8.9

频率模数 frequency modulus

F

振弦式传感器输出频率的平方除以1 000获得的值。

2.8.10

满量程输出 full-span output

FS

在规定条件下,传感器测量范围的上限和下限输出值之间的代数差。

2.8.11

最小读数 minimum reading

f

差动电阻式传感器在全量程内相应于输出电阻比变化0.01%时的被测量的值。

2.8.12

分辨力 resolution

r

在测量范围内,传感器所能产生可测量的最小输出量变化值。

2.8.13

参比特性 reference characteristics

传感器用作参考和比对的输出-输入特性的直线或曲线。

2.8.14

工作特性 working characteristics

用作约定真值的**参比特性**。

2.8.15

正行程实际平均特性 up-travel actual average characteristics

传感器正行程各校准点上一组测量值的算术平均值点的连接曲线。

2.8.16

反行程实际平均特性 down-travel actual average characteristics

传感器反行程各校准点上一组测量值的算术平均值点的连接曲线。

2.8.17

正、反行程实际平均特性　up-travel and down-travel actual average characteristics

实际特性

传感器各校准点的正、反行程算术平均值的平均值点的连接曲线。

2.8.18

迟滞　hysteresis

回差

H

在输入量作满量程变化时，对于同一输入量，传感器的正、反行程输出量的最大偏差，用满量程输出的百分比表示。

2.8.19

不重复度　non-repeatability

R

传感器在一段时间间隔内，在相同的工作条件下，输入量从同一方向作满量程变化，多次趋近并到达同一校准点时所测量的一组输出量之间的分散程度，用满量程输出的百分比表示。

2.8.20

非线性度　non-linearity

L

传感器**正、反行程实际平均特性**相对于**工作特性**的最大偏差，用满量程输出的百分比表示。

2.8.21

综合误差　combined error

E_c

振弦式传感器**进程平均校准曲线**和**回程平均校准曲线**二者与**工作特性**的最大偏差中的最大者，是反映振弦式传感器的综合性能指标。用满量程输出的百分比表示。

2.8.22

端基直线　terminal-based line

连接传感器测量范围上限和下限端点的输入-输出坐标点之间的直线。

2.8.23

端基非线性度　terminal-based non-linearity

α

参比特性为**端基直线**的**非线性度**。

2.8.24

灵敏度　sensitivity

传感器系数　transducer coefficient

k

在测量范围内，传感器输出量的变化值与对应的被测量的变化值之比。

2.8.25

温度修正系数　temperature correction coefficient

b

用于修正传感器的测值中因温度变化所引起的系统误差，一般以每摄氏度(℃)需修正的被测量值表示。

STANDARDS PRESS OF CHINA

3 土工试验仪器术语

3.1 室内试验仪器术语

3.1.1 密度试验仪器术语

3.1.1.1

比重瓶 specific gravity bottle

土工试验中用于测定粒径小于等于 5 mm 的土的土粒比重的器皿。

3.1.1.2

环刀 cutting ring

土工试验仪器配套用的，具有规定直径、高度、厚度、刃角的土样制备工具。

3.1.1.3

相对密度仪 relative density test apparatus

测量砂土样的最大孔隙比和最小孔隙比的仪器。

3.1.1.4

击实仪 compaction test apparatus

测定土的最大干密度与对应的最优含水率的仪器。

3.1.2 湿度(界线含水率)试验仪器术语

3.1.2.1

土壤水分速测仪 soil moisture test apparatus

快速测定土的含水率的仪器。

3.1.2.2

液限仪 liquid limit test apparatus

测定粘性土的液限的仪器。

3.1.2.3

圆锥式液限仪 conic liquid limit test apparatus

圆锥仪

根据具有规定锥角和质量的**圆锥**在土样中的自重下沉度来测量粘性土的液限的仪器。

3.1.2.4

圆锥 cone unit

在**圆锥式液限仪**中具有规定锥角和质量的圆锥状部件。

3.1.2.5

碟式液限仪 dish liquid limit test apparatus

碟式仪

根据测记铜碟反复起落坠击于基座上的击数测定试样含水率的**液限仪**(3.1.2.2)。

3.1.2.6

液塑限联合测定仪 liquid limit and plastic limit test apparatus

可同时测定土样的液限和塑限的仪器。

3.1.2.7

光电式液塑限联合测定仪 photoelectric liquid limit and plastic limit test apparatus

采用光学投影、电磁自动落锥技术的**液塑限联合测定仪**(3.1.2.6)。

3.1.2.8

湿化仪 slaking test apparatus

用于对土样进行湿化试验的试验装置。

3.1.2.9

膨胀仪　swelling test apparatus

用于测定土样在有侧限条件下的膨胀率和膨胀力的试验装置。

3.1.2.10

收缩仪　shrink test apparatus

用于测定原状土样的线缩率、体缩率和缩限等参数的试验装置。

3.1.3　**颗粒分析试验仪器术语**

3.1.3.1

标准筛　standard sieve

具有规定系列筛孔孔径的，用于将不同大小和形状的土的颗粒进行分组的器具。

3.1.3.2

比重计　densimeter

密度计

测定土的悬液中的干土质量或悬液比重的计量器具。

3.1.3.3

移液管分析仪　pipette analysis device

根据土的各种粒径在一定温度的静水中，其下沉一定深度与所需的静置时间的关系原理，计算汲取悬液的时间和沉降距离的器具。

3.1.4　**渗透试验仪器术语**

3.1.4.1

渗透仪　permeameter

测定土的渗透系数的试验装置。

3.1.4.2

常水头渗透仪　constant head permeameter

测定无粘性土(粗粒土，渗透系数大于 10^{-4} cm/s 的土)在常水头下的渗透系数的试验装置。

3.1.4.3

变水头渗透仪　falling head permeameter

测定粘性土(细粒土，渗透系数 10^{-4} cm/s～10^{-7} cm/s 的土)在变水头下的渗透系数的试验装置。

3.1.4.4

渗透变形仪　permeation deformation test apparatus

对土样或土体进行渗透及渗透变形试验的装置。

3.1.4.5

毛管仪　capillary test apparatus

进行毛细管水上升高度试验的试验装置。

3.1.5　**压缩试验仪器术语**

3.1.5.1

固结仪　consolidometer

压缩仪　compression test apparatus

在无侧向变形条件下进行固结试验，以测量土试样的固结特性及各项参数的仪器。

3.1.5.2

杠杆式固结仪　lever-type consolidometer

利用杠杆加压形式进行无侧向变形条件下的一维固结试验的**固结仪**(3.1.5.1)。

3.1.5.3

液压式固结仪　hydraulic consolidometer

由液压装置提供向土样施加的压力，使土样产生变形的**固结仪**(3.1.5.1)。

3.1.5.4

气压式固结仪　pneumatic consolidometer

由空压装置提供向土样施加的压力，使土样产生变形的**固结仪**(3.1.5.1)。

3.1.5.5

静止侧压力系数 K_0 仪　lateral pressure coefficient K_0 apparatus

静止侧压力仪

测定土的静止侧压力系数 K_0 特性的仪器。

3.1.6　强度试验仪器术语

3.1.6.1

无侧限压缩仪　unconfined compression test apparatus

用于测定饱和软粘土的无侧限抗压强度及灵敏度的仪器。

3.1.6.1.1

应变控制式无侧限压缩仪　strain controlled unconfined compression test apparatus

以施加恒应变速率作为加荷方式的**无侧限压缩仪**。

3.1.6.1.2

应力控制式无侧限压缩仪　stress controlled unconfined compression test apparatus

以施加恒荷重速率作为加荷方式的**无侧限压缩仪**。

3.1.6.2

三轴压缩仪　triaxial compresson test apparatus

三轴仪

对土试样进行三轴压缩试验，测定其在静负荷条件下的抗剪强度和变形特性的仪器。

3.1.6.2.1

应变控制式三轴仪　strain controlled triaxial test apparatus

以施加恒应变速率作为加荷方式的**三轴仪**(3.1.6.2)。

3.1.6.2.2

应力控制式三轴仪　stress controlled triaxial test apparatus

以施加恒荷重速率作为加荷方式的**三轴仪**(3.1.6.2)。

3.1.6.2.3

真三轴仪　true triaxial test apparatus

能够模拟三向应力条件，并能独立改变三个主应力大小的**三轴仪**(3.1.6.2)。

3.1.6.2.4

平面应变仪　plane strain test apparatus

测定平面应变条件下的强度和变形特性的仪器。

3.1.6.2.5

应力路径三轴仪　stress path triaxial test apparatus

能进行不同应力路径控制的**三轴仪**(3.1.6.2)。

3.1.6.2.6

扭剪三轴仪　torsional shear triaxial test apparatus

在圆柱形或中空环状试样的上、下面上施加扭力，测定主应力轴转动对土的应力应变关系影响的仪器。

3.1.6.2.7

全自动三轴仪 automatic triaxial test apparatus

自动控制三轴试验全过程并采集、显示试验数据的**三轴仪**(3.1.6.2)。

3.1.6.3

直接剪切仪 direct shear test apparatus

直剪仪

对土试样的固定剪切面施加剪切力,测定土试样在垂直静负荷条件下的抗剪强度的仪器。

3.1.6.3.1

应变控制式直剪仪 strain controlled direct shear test apparatus

控制试样产生一定剪切位移,测定其相应的剪应力的**直剪仪**(3.1.6.3)。

3.1.6.3.2

应力控制式直剪仪 stress controlled direct shear test apparatus

对试样施加一定剪切力,测定其相应的剪切位移的**直剪仪**(3.1.6.3)。

3.1.6.3.3

环形剪切仪 ring shear test apparatus

环剪仪

环状试样剪切时产生一相对扭转剪切面,根据剪切过程中得到的系列扭转力矩和角位移换算成抗剪强度和剪切变形,从而测定土的残余剪切强度的**直剪仪**(3.1.6.3)。

3.1.6.3.4

反复直剪仪 circulation direct shear test apparatus

带有反推装置等,可反复进行直接剪切试验,以测定土的残余剪切强度的**直剪仪**(3.1.6.3)。

3.1.6.4

单剪仪 simple shear test apparatus

剪切容器为叠环式、加筋模式或刚性板式,进行单剪试验的试验装置。

3.1.6.4.1

振动单剪仪 dynamic simple shear test apparatus

带有激振设备,能对试样施加稳定的等幅动剪应力,进行动单剪试验的**单剪仪**(3.1.6.4)。

3.1.6.4.2

动扭剪仪 dynamic torsional shear test apparatus

模拟现场应力条件,在中空环状试样的顶部施加扭矩,在试样内侧和外侧分别施加侧压力的**振动单剪仪**(3.1.6.4.1)。

3.1.6.5

共振柱三轴仪 resonant column triaxial test apparatus

共振柱仪

带有激振设备,可对试样施加扭转激振力或轴向激振力,能进行共振柱试验的**三轴仪**(3.1.6.1)。

3.1.6.6

振动三轴仪 dynamic triaxial test apparatus

带有激振设备,能进行动三轴试验的**三轴仪**(3.1.6.1)。

3.1.6.6.1

惯性力式振动三轴仪 inertia force dynamic triaxial test apparatus

机械式振动三轴仪 mechanical dynamic triaxial test apparatus

以试样上的砝码在振动台振动时产生的惯性力作为动应力施加于试样的**振动三轴仪**(3.1.6.6)。

3.1.6.6.2

电磁激振式振动三轴仪　electromagnetism dynamic triaxial test apparatus

以电磁激振力为动力源产生轴向循环动应力施加于试样的**振动三轴仪**(3.1.6.6)。

3.1.6.6.3

气压激振式振动三轴仪　pneumatic dynamic triaxial test apparatus

以压缩空气为动力源产生轴向循环动应力施加于试样的**振动三轴仪**(3.1.6.6)。

3.1.6.6.4

液压伺服激振式振动三轴仪　hydraulic servo dynamic triaxial test apparatus

以液压力为动力源产生循环动应力施加于试样的**振动三轴仪**(3.1.6.6)。

3.1.6.6.5

双向振动三轴仪　biaxial dynamic triaxial test apparatus

能同时在轴向和水平向施加动应力的**振动三轴仪**(3.1.6.6)。

3.1.6.7

天然坡角测定仪　natural repose angle tester

休止角测定仪

测定无粘性土在风干状态或水下状态的天然休止角的试验装置。

3.1.6.8

承载比试验仪　CBR test apparatus

通过测定土承受标准贯入探头贯入土中时土相应的承载力,求出土样的承载比值的仪器。

3.1.6.9

球形压模仪　pressed spherical steel model shear test apparatus

以一定的压力将球形钢模压入冻土试样中,测定冻土的抗剪强度的试验装置。

3.2　原位测试仪器术语

3.2.1

灌砂法容重仪　sand cone method density test apparatus

用灌砂法进行密度试验现场测定土的密度指标的试验装置。

3.2.2

湿度密度仪　moisture and density test apparatus

快速测定原状土的天然含水率和密度的仪器。

3.2.3

核子水分-密度仪　nuclear density-moisture test apparatus

用核子射线法现场测定土的天然密度和含水率指标的仪器。

3.2.4

平板载荷试验仪　plate loading test apparatus

由承压板、加荷系统及量测系统组成的进行平板载荷试验的设备。

3.2.5

螺旋板载荷试验仪　helical plate loading test apparatus

将螺旋形的承压板旋入地面以下预定的试验深度处,通过传力杆对螺旋板施加荷载,测定承压板的压力和位移,进而测定土的承载力等参数的设备。

3.2.6

静力触探仪　static cone penetrometer

能够以静压力将一定规格的锥形探头匀速地垂直压入土层,按其所受到的阻力大小评价土层力学性,并间接估计土层各深处的承载力、变形模量和进行土层划分的**原位测试仪器**(2.4)。

3.2.7

动力触探仪 **dynamic cone penetrometer**

能够以一定质量、自由落距的击锤将一定规格的探头击入土层，根据探头沉入土层一定深度所需锤击数评价土层的性状和确定其承载力的**原位测试仪器**(2.4)。

3.2.8

便携式触探仪 **portable cone penetrometer**

能够进行单参数或多参数测定，结构相对简单、便于携带及操作的触探仪。

3.2.9

标准贯入仪 **standard penetrometer**

以规定的锤击动能将标准规格的贯入器击入钻孔底部土中至预定深度，并测量和记录相应的标准贯入击数的**原位测试仪器**(2.4)。

3.2.10

袖珍贯入仪 **pocket penetrometer**

由测头、测力装置、读数装置等部分组成，估测土的承载力，快速评价土层承载力的袖珍试验仪器。

3.2.11

加重贯入仪 **heavy penetrometer**

穿心锤的质量加重、落高加大、贯入器内外径加大的贯入仪。

3.2.12

十字板剪切仪 **vane shear test apparatus**

将十字板头插入土中，以规定的旋转速率对测头施加扭力，测出土破坏时的抵抗扭矩，计算土的不排水抗剪强度的仪器。

3.2.13

旁压仪 **lateral pressure test apparatus**

在钻孔中对测试段孔壁施加径向压力，量测其变形，根据孔壁变形与压力的关系，求取地基土的变形模量、承载力等力学参数的仪器。

3.2.13.1

预钻式旁压仪 **pre-boring lateral pressure test apparatus**

需要预先钻孔的**旁压仪**(3.2.13)。

3.2.13.2

自钻式旁压仪 **self-boring lateral pressure test apparatus**

能自行钻孔的**旁压仪**(3.2.13)。

3.2.14

波速测定仪 **wave velocity test apparatus**

测定剪切波在地层中的传播速率，间接推导土动力参数的**原位测试仪器**(2.4)。

4 原型(大坝)监测(观测)仪器术语

4.1 变形监测仪器术语

4.1.1

沉降仪 **settlement gauge**

用于监测土木工程结构物竖向位移变化的仪器。

4.1.1.1

水管式沉降仪 **hydraulic overflow settlement gauge**

利用液体溢流后在连通管两端保持同一水平面的连通管原理测量竖向位移变化的**沉降仪**(4.1.1)。

4.1.1.2

电磁式沉降仪 electromagnetic settlement gauge

通过测读测头经过测体内铁环(板)或磁环时,测头距离沉降管管口的距离来计算测点高程变化,进而测出测点沉降的**沉降仪**(4.1.1)。

4.1.1.3

电磁振荡式沉降仪 electromagnetic oscillation settlement gauge

通过测读测头经过测体内铁环(板)时,测头距离沉降管管口的距离来计算测点高程变化即测点沉降的**电磁式沉降仪**(4.1.1.2)。

4.1.1.4

干簧管式沉降仪 reed switch settlement gauge

测头内装有干簧管且测体内的沉降环是永久磁铁的**电磁式沉降仪**(4.1.1.2)。

4.1.1.5

液压式沉降仪 hydraulic settlement gauge

通过测头内压力传感器测得的液体压力变化计算测点沉降量的**沉降仪**(4.1.1)。

4.1.1.6

横臂式沉降仪 cross-arm settlement gauge

在土层内逐层埋设,利用内外管相对运动,通过测定内管上口与管顶距离变化来测量土体内部沉降的**沉降仪**(4.1.1)。

4.1.2

测斜仪 inclinometer

测量测斜管轴线与铅垂线之间夹角变化量的仪器。

4.1.2.1

活动式测斜仪 movable inclinometer

测头可在测斜管内移动,连续逐段观测各点倾斜量的**测斜仪**(4.1.2)。

4.1.2.2

固定式测斜仪 fixed inclinometer

测头固定在测斜管内或被测体的某个位置上进行连续、自动、遥控测量其所在位置倾斜角度变化量的**测斜仪**(4.1.2)。

4.1.2.3

伺服加速度计式测斜仪 servo-accelerometer inclinometer

用力平衡式伺服加速度计作为敏感元件的**测斜仪**(4.1.2)。

4.1.2.4

电阻应变片式测斜仪 resistance strain gauge inclinometer

用一应变梁及重锤组成的弹性摆作为敏感元件的**测斜仪**(4.1.2)。

4.1.2.5

振弦式测斜仪 vibrating wire inclinometer

采用振弦式传感器原理测量倾角的**测斜仪**(4.1.2)。

4.1.2.6

倾斜仪 tilt(o)meter

测定某一点转动量(水平倾角或垂直倾斜),或某一点相对于另一点垂直位移量(水平或垂直倾角变化)的仪器。

4.1.2.6.1

气泡式倾斜仪 bubble tiltmeter

以水准器作为测量和读数元件用以测量被测平面的倾斜度的**倾斜仪**(4.1.2.6)。

4.1.2.6.2

电解液式倾斜仪　electrolytic tiltmeter

以电解液传感器作为敏感元件，把角位变化转化为电压变化的**倾斜仪**(4.1.2.6)。

4.1.2.7

挠度计　deflectometer

测量地下洞室、岩质边坡等部位垂直于钻孔轴线方向岩体两点间的相对错动的仪器。

4.1.3

位移计　displacement meter

测量建筑物内部(或表面)的变形、位移的仪器。

4.1.3.1

引张线式(水平)位移计　tensional wire(horizontal)displacement meter

从测点处引出膨胀系数很小的铟钢丝至观测点，测点位移时带动钢丝移动，由测点与观测点的相对位移量计算出测点位移的**位移计**(4.1.3)。

4.1.3.2

差动电阻式位移计　Carlson displacement meter

应用差动电阻式元器件作为测量单元的**位移计**(4.1.3)。

4.1.3.3

振弦式位移计　vibrating wire displacement meter

应用振弦的自振频率变化进行位移量测量的**位移计**(4.1.3)。

4.1.3.4

电位器式位移计　potentiometer type displacement meter

用电位器作为敏感元件的**位移计**(4.1.3)。

4.1.3.5

电容式位移计　capacitance displacement meter

应用电容感应原理制成的**位移计**(4.1.3)。

4.1.3.6

电感式位移计　inductance displacement meter

应用磁性材料在差动线圈中运动时电感量发生变化的原理制成的**位移计**(4.1.3)。

4.1.3.7

差动变压器式位移计　differential transformer displacement meter

利用线圈的互感作用将位移信号转变为感应电势的变化的原理制成的**位移计**(4.1.3)。

4.1.3.8

三向位移计　three-dimensional displacement meter

测定三向(三个相互垂直方向)位移分量的**位移计**(4.1.3)。

4.1.4

基岩变位计　bedrock displacement meter

监测基岩沿钻孔轴线所发生的位移的**位移计**(4.1.3)。

4.1.4.1

多点变位计　multi-point displacement meter

监测岩体同一钻孔中沿其长度方向不同深度的轴向位移的**位移计**(4.1.3)。

4.1.4.2

滑动测微计　sliding micrometer

监测岩石、混凝土和土中沿某一测量线方向的应变和轴向位移的全部分布情况的仪器。

4.1.5

测缝计　joint meter

测量结构物结构缝或裂缝的开合量(变形)的传感器。

4.1.5.1

双向测缝计　two-dimensional joint meter

监测缝的两个相互垂直方向的位移的**测缝计**(4.1.5)。

4.1.5.2

三向测缝计　three-dimensional joint meter

监测缝的三个方向的位移的**测缝计**(4.1.5)。

4.1.5.3

差动电阻式测缝计　Carlson joint meter

量测变形的传感器为差动电阻式位移传感器的**测缝计**(4.1.5)。

4.1.5.4

振弦式测缝计　vibrating wire joint meter

量测变形的传感器为振弦式位移传感器的**测缝计**(4.1.5)。

4.1.5.5

电位器式测缝计　potentiometer joint meter

量测变形的传感器为电位器式位移传感器的**测缝计**(4.1.5)。

4.1.5.6

差动变压器式测缝计　differential transformer joint meter

量测变形的传感器为差动变压器式位移传感器的**测缝计**(4.1.5)。

4.1.5.7

电容式测缝计　capacitance joint meter

量测变形的传感器为电容式位移传感器的**测缝计**(4.1.5)。

4.1.6

收敛计　convergence meter

用于监测固定在建筑物、洞室、基坑、边坡及周边岩体锚拴测点间相对变形的仪器。

4.1.7

垂线坐标仪　pendulum coordinometer

与安装在大坝上的垂线装置配合使用,测定垂线相对于测点在 X、Y 方向坐标位置变化的仪器。

4.1.7.1

步进电机式垂线坐标仪　step motor type pendulum coordinometer

在检测仪或测控装置的控制下,利用步进电机驱动探头或传感器,测得垂线在 X、Y 轴方向的位置,并与初始位置相比求出垂线的位移量的**垂线坐标仪**(4.1.7)。

4.1.7.2

电容式垂线坐标仪　capacitance pendulum coordinometer

采用差动电容感应原理制成的**垂线坐标仪**(4.1.7)。

4.1.7.3

电磁式垂线坐标仪　electromagnetic pendulum coordinometer

应用激励电流产生磁场,接收线圈或其他元件通过磁通量变化,将激励电流所处的空间位置变化转换成相应感应电势变化,根据此原理求出垂线位移量的**垂线坐标仪**(4.1.7)。

4.1.7.4

电感式垂线坐标仪　inductance pendulum coordinometer

采用差动电感传感器和杠杆传动系统,当测点发生变位时,由垂线推动仪器传动杆,通过杠杆系统使差动电感传感器中的磁芯产生移动，将机械位移量变成电讯号输出的**垂线坐标仪**(4.1.7)。

4.1.7.5

光电式(CCD)垂线坐标仪　photoelectric (CCD) pendulum coordinometer

采用光电成像技术和计算机图像处理技术，使用电荷耦合器件线阵列图象传感器，通过把垂线及基准的阴影投射到相应的电荷耦合器件组件表面，遥测采集记录相应的投影坐标，根据此原理求出垂线位移量的**垂线坐标仪**(4.1.7)。

4.1.8

引张线仪　wire alignment transducer

与安装在直线型坝上的引张线装置配合使用，测量垂直于引张线方向的水平位移的装置。

4.1.8.1

步进电机式引张线仪　step motor type wire alignment transducer

在检测仪或测控装置的控制下，利用步进电机驱动探头或传感器，测得垂直于引张线方向的水平位置，并与初始位置相比求出位移量的**引张线仪**(4.1.8)。

4.1.8.2

电容式引张线仪　capacitance wire alignment transducer

采用差动电容感应原理制成的**引张线仪**(4.1.8)。

4.1.8.3

电磁式引张线仪　electromagnetic wire alignment transducer

采用磁场作为传递媒介，当引张线线上输入稳频稳幅的交变电流时，在引张线周围产生相应频率的交变磁场，接收点上的磁感应强度与导线距离成反比，输出的直流电压与引张线位移成正比，根据此原理求出位移量的**引张线仪**(4.1.8)。

4.1.8.4

光电式(CCD)引张线仪　photoelectric(CCD)wire alignment telemeter

采用光电成像技术和计算机图像处理技术，使用电荷耦合器件线阵列图象传感器，通过把引张线及基准的阴影投射到相应的电荷耦合器件组件表面，遥测采集记录相应的投影坐标，根据此原理求出位移量的**引张线仪**(4.1.8)。

4.1.9

静力水准仪　static level

液体静力水准仪　hydraulic overflow static level

通过测量连通容器内液体的液面高度，来测定测点之间的相对高程变化的仪器。

4.1.9.1

差动变压器式静力水准仪　differential transformer static level

采用差动变压器式传感器测定液面高程变化的**静力水准仪**(4.1.9)。

4.1.9.2

振弦式静力水准仪　vibrating wire static level

采用振弦式传感器测定液面高程变化的**静力水准仪**(4.1.9)。

4.1.9.3

电容式静力水准仪　capacitance static level

采用电容感应原理测定液面高程变化的**静力水准仪**(4.1.9)。

4.1.9.4

步进电机式静力水准仪　step motor type static level

由步进电机测针跟踪液面测定液面高程变化的**静力水准仪**(4.1.9)。

4.1.9.5

光电式(CCD)静力水准仪　photoelectric static level

由一系列含有液位传感器的容器组成,容器间由充满液体的连通管连接在一起,采用CCD器件作为核心部件,通过任何一个容器与基准容器间的高程变化都将引起相应容器内的液位变化的原理进行垂直位移或沉降监测的**静力水准仪**(4.1.9)。

4.1.10

激光准直位移测量装置　laser alignment displacement measuring device

利用激光照准技术测量大坝水平位移的装置。

4.1.10.1

大气激光准直位移测量装置　atmospheric alignment displacement measuring device

波带板激光准直位移测量装置　Fresnel zone plate laser alignment displacement measuring device

激光探测器接收激光源发出的经测点波带板上衍射后的激光束,根据三点准直原理计算测点位移量的**激光准直位移测量装置**(4.1.10)。

4.1.10.2

真空激光准直位移测量装置　vacuum laser alignment displacement measuring device

激光源发出的激光在真空管道系统中传输的**波带板激光准直位移测量装置**(4.1.10.1)。

4.1.11　光学仪器

4.1.11.1

水准仪　level

建立水平视线以测定地面两点间高差的仪器。

4.1.11.2

经纬仪　theodolite

由望远镜、度盘、水准器、读数设备和基座等部分组成,测量水平角和竖直角的仪器。

4.1.11.3

测距仪　range finder

测量空间距离宽度等的仪器。

4.1.11.4

全站仪　electronic total station

可以同时进行角度(水平角、竖直角)测量、距离(斜距、平距、高差)测量和数据处理,由机械、光学、电子元件组合而成的测量仪器。

4.1.11.5

光学坐标仪　optical coordinater

利用光学成像原理,配合瞄准系统读取测点坐标值的仪器。

4.2　压力观测仪器术语

4.2.1

孔隙水压力计　piezometer

渗压计　osmometer

测量建筑物或地基内孔隙水压力或渗透压力的传感器。

4.2.1.1

振弦式孔隙水压力计　vibrating wire piezometer

用振弦式传感器作为传感部件的**孔隙水压力计**(4.2.1)。

4.2.1.2

差动电阻式孔隙水压力计　Carlson piezometer

用差动电阻式传感器作为传感部件的**孔隙水压力计**(4.2.1)。

4.2.1.3

电感式孔隙水压力计　inductance piezometer

用电感式传感器作为传感部件的**孔隙水压力计**(4.2.1)。

4.2.1.4

陶瓷电容式孔隙水压力计　ceramic capacitive piezometer

用陶瓷电容式传感器作为传感部件的**孔隙水压力计**(4.2.1)。

4.2.1.5

压阻式孔隙水压力计　piezoresistance piezometer

用压阻式传感器作为传感部件的**孔隙水压力计**(4.2.1)。

4.2.1.6

电阻应变片式孔隙水压力计　resistance strain piezometer

应用电阻应变片式传感器作为传感部件的**孔隙水压力计**(4.2.1)。

4.2.1.7

气压式孔隙水压力计　pneumatic piezometer

利用压力平衡原理,通过测定回路管的气压值来确定孔隙水压力的**孔隙水压力计**(4.2.1)。

4.2.1.8

双管封闭式孔隙水压力计　enclosed double pipe hydrolic piezometer

由循环水系统和测读系统组成,在填筑过程中挖沟埋设,整个管路中充脱气水,从测头至压力表为封闭系统的**孔隙水压力计**(4.2.1)。

4.2.2

土压力计　soil pressure cell

测定土压力的传感器。

4.2.2.1

埋入式土压力计　embedded soil pressure cell

测量土介质中土压力的**土压力计**(4.2.2)。

4.2.2.2

边界式土压力计　boundary soil pressure cell

界面式土压力计

接触式土压力计

安装在刚性结构物表面,受压面面向土体,测量接触压力的**土压力计**(4.2.2)。

4.2.2.3

振弦式土压力计　vibrating wire soil pressure cell

用振弦式传感器作为传感部件的**土压力计**(4.2.2)。

4.2.2.4

差动电阻式土压力计　Carlson soil pressure cell

用差动电阻式传感器作为传感部件的**土压力计**(4.2.2)。

4.2.2.5

气压式土压力计　pneumatic soil pressure cell

用气压式传感器作为传感部件的**土压力计**(4.2.2)。

4.2.3

混凝土应力计　concrete stress meter

测量混凝土内部压力的传感器。

STANDARDS PRESS OF CHINA

4.2.3.1

差动电阻式混凝土应力计　Carlson concrete stress meter

用差动电阻式传感器作为传感部件的**混凝土应力计**(4.2.3)。

4.2.3.2

振弦式混凝土应力计　vibrating wire concrete　stress meter

用振弦式传感器作为传感部件的**混凝土应力计**(4.2.3)。

4.2.4

钢筋计　steel stress gauge

钢筋应力计

测量钢筋应力的传感器。

4.2.4.1

差动电阻式钢筋计　Carlson reinforced concrete meter

以一组差动变化的敏感元件测量应变量的**钢筋计**(4.2.4)。

4.2.4.2

振弦式钢筋计　vibrating wire reinforced concrete meter

采用振弦式传感器作为主要传感部件的**钢筋计**(4.2.4)。

4.2.4.3

锚杆应力计　anchor bar stress meter

测量锚杆应力的传感器。

4.2.4.4

锚杆测力计　anchor bar meter

测量锚杆荷载变化的传感器。

4.2.5

锚索计　anchor cable dynamometer

锚索测力计

监测锚索荷载变化的传感器。

4.2.5.1

差动电阻式锚索计　Carlson anchor cable dynamometer

由差动电阻式应变计作为主要传感部件的**锚索测力计**(4.2.5)。

4.2.5.2

振弦式锚索计　vibrating wire anchor cable dynamometer

用振弦式应变计作为主要传感部件的**锚索测力计**(4.2.5)。

4.2.5.3

电阻应变片式锚索计　resistance strain chip anchor cable dynamometer

应用电阻应变片式传感原理的**锚索测力计**(4.2.5)。

4.2.6

应变计　strain gauge

测量建(构)筑物测点应变的传感器。

4.2.6.1

振弦式应变计　vibrating wire strain gauge

利用振弦的固有频率变化来感测应变量的**应变计**(4.2.6)。

4.2.6.2

差动电阻式应变计　Carlson strain gauge

以一对差动变化的敏感元件测量应变量的**应变计**(4.2.6)。

4.2.7

无应力计 **non-stress gauge**

测量混凝土非应力应变(自由应变)的**应变计**(4.2.6)。

4.3 渗流监测仪器术语

4.3.1

测压管 **stand pipe piezometer**

带有透水段的用来测量透水段平均的孔隙水压力、渗透压力或地下水位的竖管。

4.3.1.1

开敞式测压管 **open stand pipe piezometer**

管口敞开直接与大气相通的**测压管**(4.3.1)。

4.3.1.2

封闭式测压管 **closed stand pipe piezometer**

管口连接测量装置(压力表)的**测压管**(4.3.1)。

4.3.2

孔内水位计 **borehole water-level probe**

测量管、孔内水位的仪器。

4.3.2.1

振弦式孔内水位计 **vibrating wire borehole water-level probe**

用振弦式传感器测量静水压力实现水深测量的**孔内水位计**(4.3.2)。

4.3.2.2

压阻式孔内水位计 **piezoresistance borehole water-level probe**

用压阻式传感器测量静水压力实现水深测量的**孔内水位计**(4.3.2)。

4.3.2.3

陶瓷电容式孔内水位计 **ceramic capacitive borehole water-level probe**

用陶瓷电容式传感器测量静水压力实现水深测量的**孔内水位计**(4.3.2)。

4.3.2.4

电感式孔内水位计 **inductance borehole water-level probe**

用电感式传感器测量静水压力实现水深测量的**孔内水位计**(4.3.2)。

4.3.2.5

电测水位计 **electric fluviograph**

根据水能导电的原理,当测头接触水面时电极在水面接通电路并触发指示器从而测得水位的仪器。

4.3.3

渗流量观测仪 **seepage gauge**

观测渗水流量的仪器。

4.3.3.1

量水堰渗流量仪 **weir flow gauge**

用于测量堰上水头,进而换算成渗流量的仪器。

4.3.3.2

振弦式渗流量仪 **vibrating wire weir flow gauge**

由振弦式液位传感器制成的**量水堰渗流量仪**(4.3.3.1)。

4.3.3.3

压阻式渗流量仪 **piezoresistance weir flow gauge**

由压阻式液位传感器制成的**量水堰渗流量仪**(4.3.3.1)。

4.3.3.4

超声波式渗流量仪　supersonic weir flow gauge

由超声波流量计制成的**量水堰渗流量仪**(4.3.3.1)。

4.3.3.5

陶瓷电容式渗流量仪　ceramic capacitive weir flow gauge

由陶瓷电容式液位传感器制成的**量水堰渗流量仪**(4.3.3.1)。

4.3.3.6

电容式渗流量仪　capacitance weir flow gauge

由差动电容感应式液位传感器制成的**量水堰渗流量仪**(4.3.3.1)。

4.3.3.7

差动变压器式渗流量仪　differential transformer weir gauge

由差动变压器式液位传感器制成的**量水堰渗流量仪**(4.3.3.1)。

4.3.3.8

步进电机式渗流量仪　step motor type weir flow gauge

由步进电机式液位传感器制成的**量水堰渗流量仪**(4.3.3.1)。

4.3.3.9

机械测针式渗流量仪　point gauge type weir flow gauge

由水位测针制成的**量水堰渗流量仪**(4.3.3.1)。

4.3.3.10

管口渗漏量仪　pipe orifice seepage gauge

管口渗流量计　pipe orifice seepage flow gauge

通过测量管口渗流流速推算渗流量的渗流监测装置。

4.4　温度观测仪器术语

4.4.1

铜电阻温度计　Cu resistance thermometer

以铜线作为感温元件的温度计。

4.4.2

振弦式温度计　vibrating wire thermometer

利用传感体与钢弦的温度膨胀系数不同的原理制成的温度计。

4.4.3

热敏电阻式温度计　thermistor thermometer

用热敏电阻作为温度敏感元件的温度计。

4.4.4

热电偶式温度计　thermocouple thermometer

利用热电偶结构原理制成的温度计。

4.4.5

电阻应变片式温度计　resistance strain chip thermometer

利用电阻应变片的电阻值在不受外力作用的条件下可随环境温度的改变而变化的特性制成的温度计。

4.5　接收仪表术语

4.5.1

振弦式读数仪　vibrating wire readout

振弦频率测定仪

测量振弦式传感器的输出的专用仪表。

4.5.2

差阻式读数仪 Carlson readout

测量差阻式传感器的输出的专用仪表。

4.5.3

数字式电桥 digital bridge

将模拟量信号转换为对应数字量，经单片机读入并换算成电阻比或电阻值，并具有显示、存储、通讯等功能的电阻比电桥。

4.5.4

电桥率定器 bridge calibrating unit

率定电阻比电桥的电阻和电阻值的专用标准仪表。

4.5.5

集线箱 terminal box

连接传感器，具有测点切换功能的专用设备。

4.5.6

电阻应变仪 strain measuring instrument

接收电阻应变片式传感器输出信号，并用应变量指示出来的专用仪表。

4.5.7

电位器式指示仪 potentiometer indicator

接收电位器式传感器输出信号的专用仪表。

4.5.8

压阻式传感器检测仪 piezoresistance transducer detector

接收压阻式传感器输出信号的专用仪表。

4.5.9

电感比例电桥 bridge for inductance transducer

接收差动电感式传感器的输出值的专用仪表。

4.5.10

电感调频式传感器检测仪 inductance frequency modulation transducer detector

接收电感调频式传感器输出信号的专用仪表。

4.5.11

差动变压器式传感器检测仪 differential transformer transducer detector

接收差动变压器式传感器的输出值的专用仪表。

4.5.12

电容式传感器检测仪 capacitance transducer detector

直接接收电容式传感器的输出值的专用仪表。

4.5.13

步进式仪器检测仪 step motor type instruments detector

测量和控制步进电机式系列仪器的专用仪表。

4.5.14

伺服加速度计式传感器检测仪 servo-accelerometer transducer detector

接收伺服加速度计式传感器的输出信号的专用仪表。

4.5.15

气压式传感器检测仪 pneumatic transducer detector

接收气压式传感器的输出值的专用仪表。

STANDARDS PRESS OF CHINA

4.5.16

标准信号仪器检测仪 standard signal receiver

接收标准的电流电压信号的专用仪表。

5 岩石测试仪器术语

5.1 岩样加工制备设备术语

5.1.1

岩芯钻机 rock boring machine

用于现场对岩石进行钻孔,取岩石样芯或埋设测试仪器或设施的专用设备。

5.1.2

室内钻石机 laboratory rock drilling machine

在实验室内用于钻取岩芯试样的设备。

5.1.3

室内切石机 laboratory core cutter

在实验室内用于切割岩芯试样的设备。

5.1.4

室内磨石机 laboratory rock grimding machine

在实验室内用于岩芯的切割和端面磨平的设备。

5.1.5

现场切槽机 in-site groove cutting machine

在现场原位测试时用于岩芯的切槽的设备。

5.1.6

现场切割机 in-site rock cutting machine

在现场原位测试时用于岩芯的切割的设备。

5.2 岩石(岩样)测试仪器术语

5.2.1

岩石三轴试验仪 rock triaxial test apparatus

由轴向和侧向两个加荷系统组成,在三向应力状态下测试岩石(岩样)强度和变形性能的专用设备。

5.2.2

岩石直剪仪 rock direct shear test apparatus

由法向和剪切向加荷系统组成,测定岩石(岩样)抗剪强度的专用设备。

5.2.3

岩石变形测试仪 rock deformation test apparatus

由加荷设备和量测设备组成,测定岩石(岩样)变形性能的专用设备。

5.2.4

岩石声波参数测试仪 rock sonic parameter test apparatus

采用脉冲超声波法测定岩石(岩样)中超声波传播时间和幅度,以获知岩石(岩样)介质的波速、动弹性参数和吸收衰减等特性的专用设备。

5.2.5

岩石膨胀仪 rock swell test apparatus

测定粘土质岩石或其他浸水后膨胀的特殊岩石的膨胀压力和膨胀变形量的专用设备。

5.2.6

岩石崩解仪 rock crumbling test apparatus

耐崩解性试验仪

测定粘土岩类岩石和风化岩石经泡水、干燥循环后，对软化及崩解作用所具有的抵抗力的专用设备。

5.2.7

岩石渗透仪　rock permeation test apparatus

测定岩石(岩样)渗透特性的专用设备。

5.3　岩体测试仪器术语

5.3.1

承压板法试验设备　plate bearing test apparatus

现场进行岩体承压板法试验，通过刚性或柔性承压板施压(一般采用千斤顶)测定岩体变形性能，进而测试岩体压力与变形的关系以及变形(弹性)模量的专用设备。

5.3.2

载荷试验设备　rock plate loading test apparatus

现场进行岩体载荷试验，在一定面积的载荷板上施加压力以原位测试法测定岩体变形性能和承载能力的专用设备。

5.3.3

狭缝法试验设备　narrow slot method test apparatus

现场用狭缝法，即通过埋设在岩体狭缝中的液压枕对狭缝两侧岩体施加压力，实现应力恢复得到岩体初始应力以测量岩体变形，进而测定岩体压力与变形的关系以及变形(弹性)模量的专用设备。

5.3.4

径向液压枕法试验设备　radial hydraulic pillow method test apparatus

现场使用液压枕及其配套仪器设备，对相应洞径条件下有自稳能力的岩体进行隧洞液压枕径向加压法试验，测定岩体压力与径向变形的关系以及变形模量、岩体抗力系数的专用设备。

5.3.5

现场直剪试验设备　in-site rock direct shear test apparatus

现场测定混凝土与岩体接触面、岩体、软弱结构面的抗剪强度的专用设备。

5.3.6

钻孔弹模计　boring elastic modulus gauge

在钻孔内测量岩体深部变形及变形模量、弹性模量的仪器。

5.3.7

孔壁应变计　borehole wall strain gauge

在钻孔内测试岩体某一点的空间应力状态的仪器。

5.3.8

孔径变形计　borehole diametral strain gauge

在钻孔内测试岩体某一点的平面应力的仪器。

5.3.9

孔底应变计　borehole bottom strain gauge

在钻孔内孔底表面测试岩体某一点的平面应力和空间应力状态(单孔)的仪器。

5.4　岩石力学模型试验仪器术语

5.4.1

模型试验专用小千斤顶群　special mini jacks

室内模型试验加荷用的成套设备。

5.4.2

微型压力盒　micro pressure cell

测定模型介质内部压应力的仪器。

5.4.3

小型位移传感器　micro displacement transducer

测量模型各部位标点的位移或变形的仪器。

5.5　快速判断岩体质量仪器术语

5.5.1

点荷载仪　concentrated load tester

现场快速测定小口径钻机岩芯或不规则试件强度的仪器。

5.5.2

岩石回击锤　rock rebound hammer

室内或现场根据岩石的回击数确定岩石硬度的便携式器具。

5.6　波速测试仪器术语

5.6.1

便携式波速仪　portable wave velocity tester

配合点荷载仪、岩石回击锤类仪器，现场快速测定小范围岩体的弹性波速的便携式仪器。

5.6.2

岩石波速测试仪　rock wave velocity tester

室内测定岩石弹性波速的仪器。

5.6.3

岩体波速测试仪　rock mass wave velocity tester

现场测定岩体的弹性波速的仪器。

6　符号

岩土工程仪器专业范畴内部分常用的符号见表1。

表1　岩土工程仪器专业范畴内常用的符号

编号	符号	名　称	说　明
1	A_E	钢筋计钢套断面积	单位：cm^2
2	b	温度修正系数	
3	D	端部直径	单位：mm
4	d	有效直径	单位：mm
5	E_c	综合误差	单位：%FS
6	E_g	应变计的弹性模数	单位：MPa
7	F	频率模数	单位：Hz^2/1 000
8	F_0	自由状态频率模数值	单位：Hz^2/1 000
9	f	频率	单位：Hz
10	f	最小读数	
11	f_0	自由状态频率值	单位：Hz
12	f_n	额定输出	
13	f_{nr}	额定荷载时的输出	
14	FS	满量程输出	
15	H	滞后	单位：%FS

表 1（续）

编号	符号	名　　称	说　　明
16	L	非直线度	单位：%FS
17	L	标距，长度	单位：mm
18	R	电阻值	单位：Ω
19	R	不重复度	单位：%FS
20	R_0	0 ℃自由状态电阻值	单位：Ω
21	r	分辨力	
22	Z	电阻比	
23	Z_0	0 ℃自由状态电阻比	
24	ε	应变量	
25	α	端基非线性度	单位：%FS

中 文 索 引

STANDARDS PRESS OF CHINA

英 文 索 引

A

B

C

D

E

F

G

H

I

STANDARDS PRESS OF CHINA

R

S

T

U

V

W

STANDARDS PRESS OF CHINA

ICS 07.060
P 10

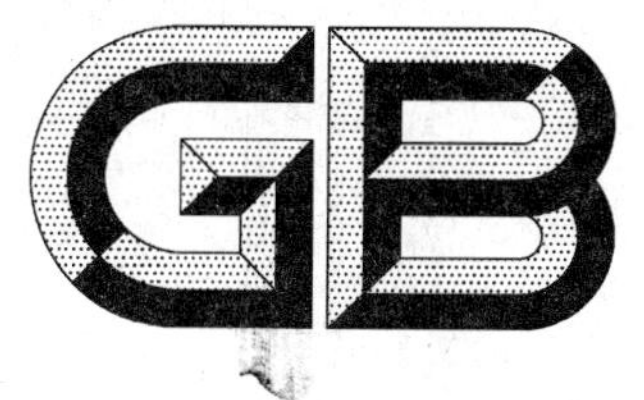

中华人民共和国国家标准

GB/T 24107.1—2009

土工试验仪器　三轴仪
第1部分:应变控制式三轴仪

Instrument for soil test—Triaxial apparatus—
Part 1:Strain controlled triaxial apparatus

2009-06-12 发布　　2009-12-01 实施

中华人民共和国国家质量监督检验检疫总局
中国国家标准化管理委员会　发布

前　言

GB/T 24107《土工试验仪器　三轴仪》分为四个部分：

——第1部分：应变控制式三轴仪；

——第2部分：应力控制式三轴仪；

——第3部分：动三轴仪；

——第4部分：真三轴仪。

本部分为GB/T 24107的第1部分。

本部分的附录A为资料性附录。

本部分由中华人民共和国水利部提出并归口。

本部分主要起草单位：水利部水文仪器及岩土工程仪器质量监督检验测试中心、国电南京电力自动化股份有限公司、浙江土工仪器制造有限公司。

本部分参加起草单位：全国工业产品生产许可证办公室水文仪器及岩土工程仪器审查部。

本部分主要起草人：彭鹤林、徐海峰、袁普生、李刚、陈志明、陆伟佳。

土工试验仪器　三轴仪
第1部分:应变控制式三轴仪

1　范围

GB/T 24107的本部分规定了应变控制式三轴仪的产品分类、结构组成及规格、技术要求、试验方法、检验规则、标志和使用说明书、包装、运输、贮存。

本部分适用于测定土样在不同排水条件下的变形及强度相关参数的应变控制式三轴试验仪器(以下简称三轴仪)。

2　规范性引用文件

下列文件中的条款通过GB/T 24107的本部分的引用而成为本部分的条款。凡是注日期的引用文件,其随后所有的修改单(不包括勘误的内容)或修订版均不适用于本部分,然而,鼓励根据本部分达成协议的各方研究是否可使用这些文件的最新版本。凡是不注日期的引用文件,其最新版本适用于本部分。

GB/T 9969　工业产品使用说明书　总则

GB/T 13384　机电产品包装通用技术条件

GB/T 15406　岩土工程仪器基本参数及通用技术条件

GB/T 50279　岩土工程基本术语标准

SL/T 152　透水板

JJG 20　标准玻璃量器检定规程

JJG 34　指示表(指针式、数显式)检定规程

JJG 455　工作测力仪检定规程

3　术语和定义

GB/T 50279确立的及下列术语和定义适用于GB/T 24107的本部分。

3.1

应变控制式三轴仪　strain controlled triaxial apparatus

以控制恒应变速率作为加荷方式进行三轴压缩试验的仪器。

3.2

周围压力　ambient pressure

施加在试样周围的流体压力。

3.3

轴向负荷　axial load

施加在试样轴线方向上的负荷。

3.4

反压力　back pressure

施加在试样内部以提高试样饱和度的水压力。

STANDARDS PRESS OF CHINA

4 产品分类、结构组成及规格

4.1 产品分类

三轴仪按试验机加荷系统可分为机械式和液压式。

4.2 产品结构组成

三轴仪主要由压力室、试验机加荷装置、测量和控制系统(轴向负荷测量装置、轴向位移测量装置、孔隙压力测量装置、体变测量装置、周围压力控制装置、反压力控制装置)及附件等部分组成。三轴仪示意图参见附录A。

4.3 产品规格

4.3.1 压力室主要规格应符合表1规定。

表1 压力室主要规格

<table>
<tr><th>试样尺寸/mm</th><th>周围压力/MPa</th><th>轴向负荷/kN</th></tr>
<tr><td rowspan="3">ϕ39.1×80</td><td>0～1.0</td><td>10</td></tr>
<tr><td>0～2.0</td><td>30</td></tr>
<tr><td>0～6.0</td><td>60</td></tr>
<tr><td rowspan="3">ϕ61.8×125</td><td>0～1.0</td><td>30</td></tr>
<tr><td>0～2.0</td><td>60</td></tr>
<tr><td>0～6.0</td><td>100</td></tr>
<tr><td rowspan="3">ϕ101×200</td><td>0～1.0</td><td>60</td></tr>
<tr><td>0～2.0</td><td>100</td></tr>
<tr><td>0～6.0</td><td>300</td></tr>
</table>

4.3.2 试验机加荷装置主要规格应符合表2规定。

表2 试验机加荷装置主要规格

<table>
<tr><th>轴向负荷/kN</th><th>升降板行程/mm</th><th>变速范围[a]/(mm/min)</th><th>负荷计量仪表的规格及测量范围/kN</th></tr>
<tr><td>10</td><td rowspan="5">0～100</td><td rowspan="5">0.002 4～4.5</td><td rowspan="5">0～1.0
0～3.0
0～6.0
0～10.0
0～30.0
0～60.0
0～100
0～300</td></tr>
<tr><td>30</td></tr>
<tr><td>60</td></tr>
<tr><td>100</td></tr>
<tr><td>300</td></tr>
<tr><td colspan="4">[a] 变速范围可为无级变速或15级以上有级变速。</td></tr>
</table>

4.3.3 测量和控制系统由轴向负荷测量装置、轴向位移测量装置、孔隙压力测量装置、体变测量装置、周围压力控制装置、反压力控制装置等组成,其主要规格应符合表3规定。

表3 测量和控制系统主要规格

<table>
<tr><th>试样尺寸/mm</th><th>周围压力/MPa</th><th>反压力/MPa</th><th>孔隙压力/MPa</th><th>体积变化量/cm^3</th><th>轴向位移/mm</th></tr>
<tr><td rowspan="3">ϕ39.1×80</td><td>0～1.0</td><td>0～1.0</td><td>0～1.0</td><td rowspan="3">0～50</td><td rowspan="3">0～30</td></tr>
<tr><td>0～2.0</td><td>0～2.0</td><td>0～2.0</td></tr>
<tr><td>0～6.0</td><td>0～2.0</td><td>0～6.0</td></tr>
</table>

表 3（续）

试样尺寸/mm	周围压力/MPa	反压力/MPa	孔隙压力/MPa	体积变化量/cm^3	轴向位移/mm
ϕ61.8×125	0～1.0	0～1.0	0～1.0	0～100	0～30
	0～2.0	0～2.0	0～2.0		
	0～6.0	0～2.0	0～6.0		
ϕ101×200	0～1.0	0～1.0	0～1.0	0～300	0～50
	0～2.0	0～2.0	0～2.0		
	0～6.0	0～2.0	0～6.0		

4.4 附件

附件包括饱和器、切土器、对开模、承模筒、击实器等，其主要规格应符合表 4 规定。

表 4 附件部分主要规格

试样尺寸/mm	饱和器	切土器		对开模		承模筒		击实器			
	内径/mm	试样高度/mm	试样直径/mm	内径/mm	高度/mm	内径/mm	高度/mm	内径/mm	高度/mm	击锤质量/kg	击锤落高/mm
ϕ39.1×80	39.1	80	39.1	40	112	42	80	39.1	80	0.3	250
ϕ61.8×125	61.8	125	61.8	63	175	66	125	61.8	125	0.7	250,300
ϕ101×200	101	200	101	102	245	104	200	101	200	2.5	300

5 技术要求

5.1 工作环境

三轴仪应能在下列环境下正常工作：

a) 温度：5 ℃～35 ℃；

b) 相对湿度：不大于 85%(30 ℃时)；

c) 大气压：56 kPa～106 kPa。

5.2 外观

外观应符合下列要求：

a) 铸件表面应无气孔和砂眼；

b) 漆层或镀层应平整、光滑、均匀和色调一致，不应有斑点、气泡、脱皮、皱纹、碰痕、划伤以及锈蚀等疵病。

5.3 压力室

5.3.1 压力室的底座与活塞同轴度应小于 ϕ0.25 mm。

5.3.2 压力室在标称压力作用下应保持压力稳定、无泄漏现象。

5.4 试验机加荷装置

5.4.1 试验机的电气设备应灵敏可靠，不接地处的绝缘电阻应不低于 1 MΩ。

5.4.2 试验机上负荷计量仪表的示值相对误差在最大负荷的 10%～30%范围内应小于 1.5%；在最大负荷的 30%～100%范围内应小于 1%。

使用荷重传感器测量，其误差应小于满量程(FS)的 0.5%。

5.4.3 试验机工作时，其噪声应低于 70 dB(A)；台面振幅应低于 0.003 mm。

5.4.4 试验机加荷至额定值时，各部件应能正常运转。

5.4.5 试验机的升降板在额定电压和负荷状态下升降速率(以每分钟行程毫米计)：多次(5 次以上)测

定的平均速率与设计标称速率的相对误差应小于10%。

5.4.6 框架式试验机的升降板与横梁中心同轴度应小于ϕ0.30 mm。

5.5 测量和控制系统

5.5.1 周围压力测量范围为0～1.0 MPa、0～2.0 MPa、0～6.0 MPa；反压力的测量范围为0～1.0 MPa、0～2.0 MPa；其示值误差均应小于±1%FS。如用压力表，其准确度等级应不低于0.4级。

5.5.2 体变测量装置的测量范围、最小分度值应符合表5规定。

表5 体变测量装置测量指标

单位为立方厘米

测量范围	0～25	0～50	0～100	0～300
最小分度值	0.05	0.10	0.20	0.60

5.5.3 轴向位移测量装置的测量范围、示值误差、最小分度值应符合表6规定。

表6 轴向位移测量装置测量指标

单位为毫米

测量范围	0～30	0～50
示值误差	0.03	0.05
最小分度值	0.01	

5.5.4 孔隙压力测量装置的测量范围及测量仪表的最小分度值应符合表7规定，其误差应为满量程(FS)的±1%。

表7 孔隙压力测量装置测量指标

单位为千帕斯卡

测量范围	0～1 000	0～2 000	0～6 000
测量仪表最小分度值	5.0	10.0	20.0

5.5.5 用传感器进行测量，体变测量装置的测量示值误差应为满量程(FS)的±1.0%，轴向位移测量装置的测量示值误差应为满量程(FS)的±0.5%，孔隙压力测量装置的测量示值误差应为满量程(FS)的±0.5%。

5.6 附件

5.6.1 饱和器、切土器、击实器等直径和高度的相对误差均应小于0.5%。

5.6.2 饱和器、切土器、击实器等内壁粗糙度均应达到*Ra*1.6。

5.6.3 透水石(板)的渗透系数应大于(1～9)×10^{-3}cm/s。

5.7 机械环境适应性

包装好的三轴仪经运输颠振后，应满足如下要求：

a) 外包装箱不得有任何损坏和变形；

b) 各项性能及功能应符合5.1～5.4的规定。

6 试验方法

6.1 主要测试设备

试验中的主要测试设备如下：

a) 绝缘电阻表(500 V)；

b) 工作测力仪；

c) 声级计(误差小于2 dB～3 dB)；

d) 拾震器；

e) 百分表；

f) 千分尺；

g) 秒表。

6.2 试验方法

6.2.1 工作环境

必要时，可参照 GB/T 15406 的相关规定进行。

6.2.2 外观

目测检查仪器外观质量。

6.2.3 压力室

6.2.3.1 将压力室置于能旋转的升降板(或与升降板同轴的板)上，在旋转时利用百分表检测其底座与活塞的同轴度。

6.2.3.2 将压力室充满液体(水)，对其施加标称压力并保持压力稳定，考核 8 h，检查压力室的工作情况。

6.2.4 试验机加荷装置

6.2.4.1 用绝缘电阻表检测电气设备不接地的绝缘电阻。

6.2.4.2 依据 JJG 455 的相关规定对负荷计量仪表进行检测；用专用力传感器检测时，应按其相关标准规定的试验方法进行。

6.2.4.3 仪器在高、低两档速率运转时，将声级计距离仪器 1 m 处进行检测。

6.2.4.4 将拾震器垂直安放在升降板上，接上指示仪表，选定高档速率，开机运转检测其振幅。

6.2.4.5 将一只耐压可变形的专用工具置于升降板上，选定高、低两档速率，加荷至额定值后，检测各部件的工作情况。

6.2.4.6 按照 6.2.4.4 方法，将量测仪表对准升降板顶，开机加荷检验其上升速率的相对误差。

多次测定的平均速率与设计标称速率的相对误差 r 由式(1)计算：

$$r=\frac{V_1-V_2}{V_1}\times 100\% \qquad \cdots\cdots(1)$$

式中：

V_1——设计标称速率，单位为毫米每分钟(mm/min)；

V_2——多次测定的平均速率，单位为毫米每分钟(mm/min)。

6.2.4.7 将横梁调到最低位置，利用专用工具使升降板(或与升降板同轴的板)能自由转动并升高约 60 mm，用量测仪表检测其对横梁中心的同轴度。

6.2.5 测量和控制系统

6.2.5.1 将周围压力及反压力测量装置置于温度(20±5)℃的环境中，加至额定压力，考核 8 h 后检测其示值误差。

6.2.5.2 采用常规的玻璃滴定管测量体变测量装置，应根据表 5 的规定选用符合 JJG 20 的滴定管；其他型式的体变测量装置的试验方法应按相关标准的规定进行。

6.2.5.3 如按表 6 的规定采用常规的百分表检测轴向位移测量装置，应参照 JJG 34。其他型式的测量仪表的试验方法应按相关标准的规定进行。

6.2.5.4 将孔隙压力测量装置置于(20±5)℃范围内的某一温度值下，分别在全量程范围内选取 10%、50%、80%三点，稳压 10 min 后，进行测量。

6.2.5.5 用专用传感器分别对体变、轴向位移、孔隙压力测量装置按其相关标准规定的试验方法进行测量。

6.2.6 附件

6.2.6.1 用专用量具和千分尺进行检测。

6.2.6.2 用表面粗糙度比对样块目测比较检测。

6.2.6.3 将透水石(板)置于专用试验容器(侧向密封，仅允许上下渗水)内，按 SL/T 152 的规定进行检测。

STANDARDS PRESS OF CHINA

6.2.7 机械环境适应性

仪器在包装状态下在三级公路上进行 50 km 运输的颠振试验。

7 检验规则

7.1 出厂检验

7.1.1 仪器出厂前必须进行出厂检验。出厂检验项目分全检和抽检两种。其中,对 5.2、5.3、5.4.1、5.4.2、5.5.1、5.5.4 应进行全检,对 5.1、5.4.3、5.4.4、5.4.5、5.4.6、5.5.2、5.5.3、5.6 应进行抽检,检验结果应完整保存、备查。

7.1.2 全检系对产品进行特定项目检验,抽检系对特定项目进行抽样检验;发现不合格品应进行返工直至合格。

7.1.3 抽检按每批产品数量的 5%～10% 随机抽样进行检验,每批最少应不少于 3 台,若产品数量少于 3 台,则应全检;当抽检项目出现不合格项时,应根据问题性质决定加倍复检或逐台试验,并应将该台产品进行返工直至合格。

7.1.4 每台仪器应经制造厂家质量检验部门检验合格并附有质量合格证方可出厂。

7.2 型式检验

7.2.1 型式检验条件

有下列情况之一时,应进行型式检验:

a) 新产品或老产品转厂生产的试制定型鉴定;

b) 定型产品在结构、工艺或使用的材料作较大改变,可能影响产品性能时;

c) 产品长期停产后,恢复生产时;

d) 出厂检验结果与上次型式检验有较大差异时;

e) 正常生产时,定期或累计一定产量后,应周期性进行一次检查;

f) 合同规定进行型式检验时。

7.2.2 型式检验内容

型式检验由制造厂质量检验部门按第 5 章规定的内容及 9.3 的 a)、b)的要求进行全性能检验。

7.2.3 抽样规则

型式检验的样品,应从经出厂检验合格的产品中随机抽取 3 台。若产品总数少于 3 台,则应全部检验。

7.2.4 检验结果评定

在型式检验中有两台以上(包括两台)不合格时,则应判该批产品不合格。有一台不合格时,则应加倍抽取该产品进行扩大抽样检验。仍有不合格时,则判该批产品为不合格;若加倍抽样产品全部合格,则该批产品应判为合格。

8 标志、使用说明书

8.1 标志

8.1.1 产品标志

在产品的显著位置应具有完整的铭牌标志,内容包括:

a) 产品型号及名称;

b) 生产单位名称、地址及商标;

c) 生产日期及出厂编号等。

8.1.2 包装标志

在产品的包装箱的适当位置,应标有显著、牢固的包装标志,内容包括:

a) 产品型号及名称;

b） 仪器数量；

c） 箱体尺寸(mm)；

d） 净重或毛重(kg)；

e） 运输作业安全标志；

f） 到站(港)及收货单位；

g） 发站(港)及发货单位。

8.1.3 箱内文件

箱内应有下列文件：

a） 装箱单；

b） 产品出厂合格证明书；

c） 产品使用说明书；

d） 负荷计量仪表的检定证书；

e） 轴向测力计(钢环变形系数)。

8.1.4 国家工业产品生产许可证标识

对于获得国家工业产品生产许可证的三轴仪，其随机文件或包装箱上应明确注明生产许可证的编号等标识。

8.1.5 文字标识

产品标识中所使用的各种文字、符号、计量单位等，均应符合有关标准的规定。

8.1.6 其他

包装上应注明产品执行标准。

8.2 使用说明书

产品的使用说明书的内容应符合 GB/T 9969 的有关规定。

9 包装、运输、贮存

9.1 包装

9.1.1 试验机、压力室、侧路和控制部件及附、备件应分箱包装。

9.1.2 包装箱选用的材料和结构应能防止风沙和雨水侵入。

9.1.3 未涂漆的零件应用油封包装。

9.1.4 产品包装后，其包装件重心应尽量靠下且居中，产品装在箱内必须予以支撑、垫平、卡紧。

9.1.5 附件箱、备件箱应尽量固定在主机箱内适当位置，装在箱内的附件、备件等也应采取相应的固定措施。

9.1.6 产品的防震、防潮、防尘等防护包装按 GB/T 13384 中的有关规定进行。

9.2 运输

包装好的产品应能适应陆运、水运和空运等各种运输方式。

9.3 贮存

三轴仪的贮存场所应满足下列要求：

a） 温度：－40 ℃～＋60 ℃；

b） 相对湿度：不大于 95％(40 ℃时)；

c） 干燥、通风、防晒，附近不应有化学侵蚀性物质。

附　录　A
（资料性附录）
三轴仪组成示意图集

A.1　常见的三轴仪组成示意图参见图 A.1。

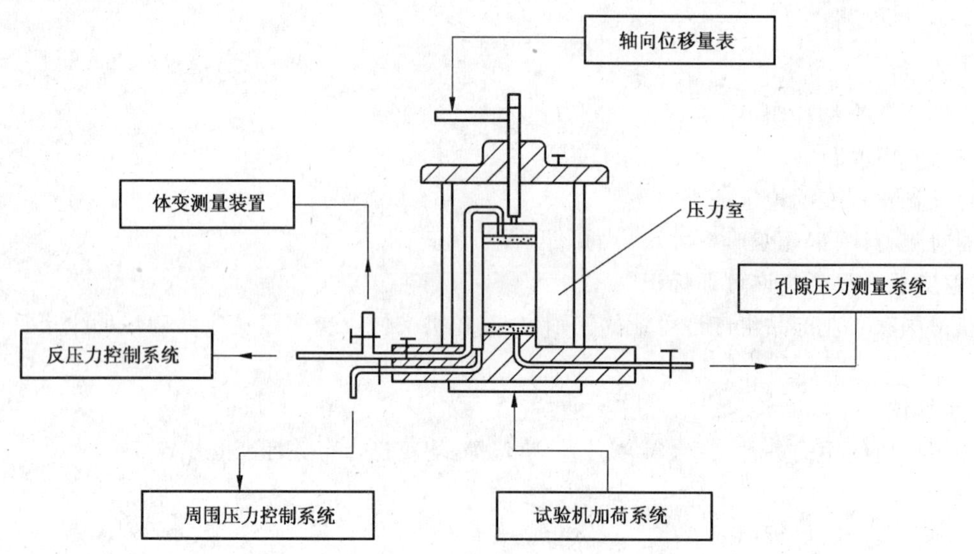

注：上图参照水电部土工试验规程 SDS01—79 上册绘制。

图 A.1　三轴仪示意图

A.2　SL 118—1995《应变控制式三轴仪校验方法》版三轴仪组成示意图参见图 A.2。

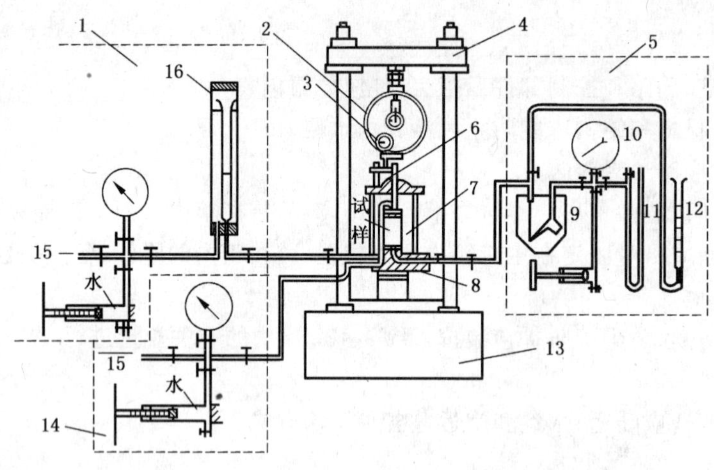

1——反压力控制系统；
2——轴向测力计；
3——轴向位移计；
4——试验机横梁；
5——孔隙压力测量系统；
6——活塞；
7——压力室；
8——升降板；
9——零位指示器；
10——压力表；
11——水银测压计；
12——量水管；
13——试验机；
14——周围压力控制系统；
15——压力源；
16——体变管。

图 A.2　三轴仪组成示意图

A.3 企业在用三轴仪组成示意图参见图 A.3。

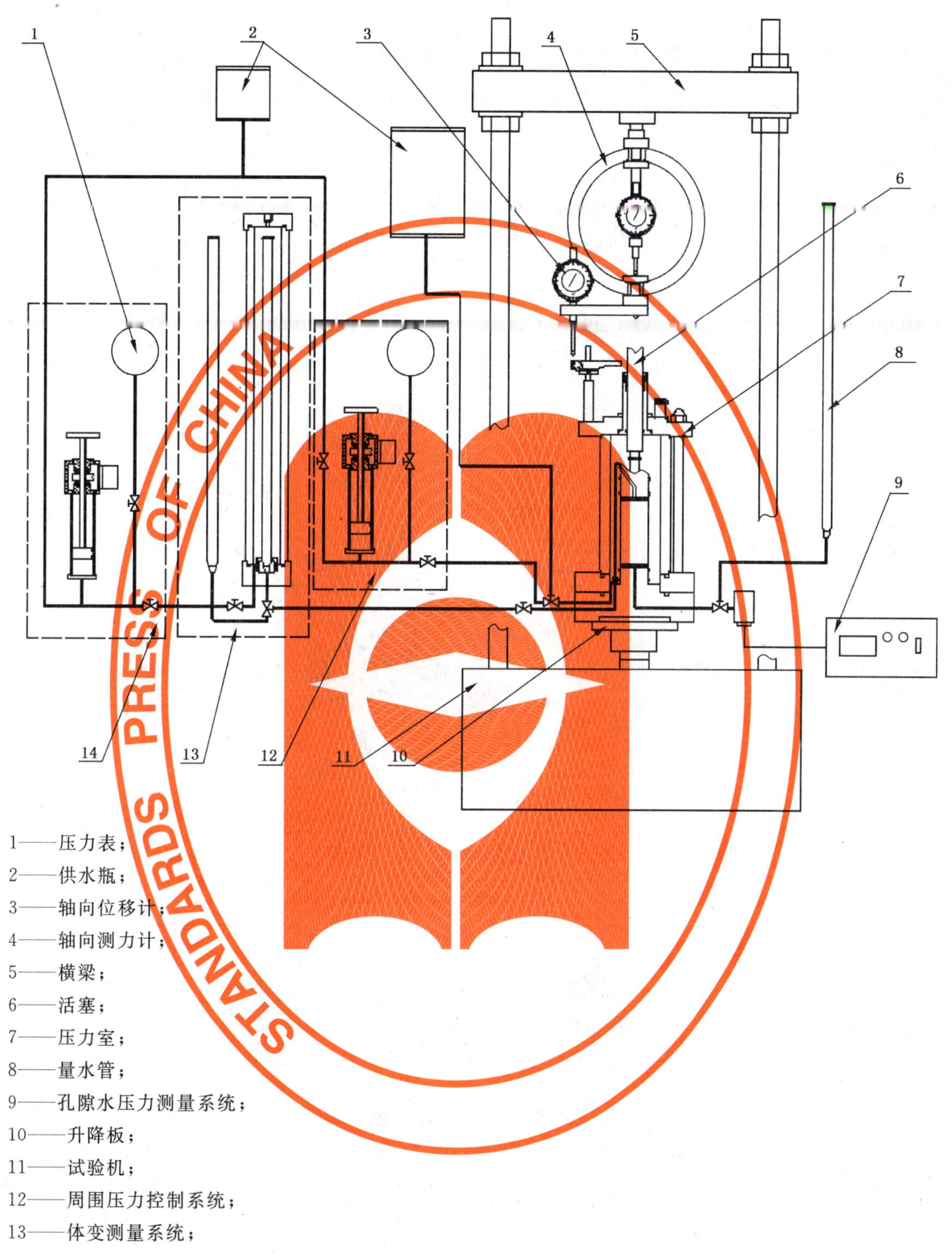

1——压力表；
2——供水瓶；
3——轴向位移计；
4——轴向测力计；
5——横梁；
6——活塞；
7——压力室；
8——量水管；
9——孔隙水压力测量系统；
10——升降板；
11——试验机；
12——周围压力控制系统；
13——体变测量系统；
14——反压力控制系统。

图 A.3 三轴仪组成示意图

STANDARDS PRESS OF CHINA

ICS 07.060
P 10

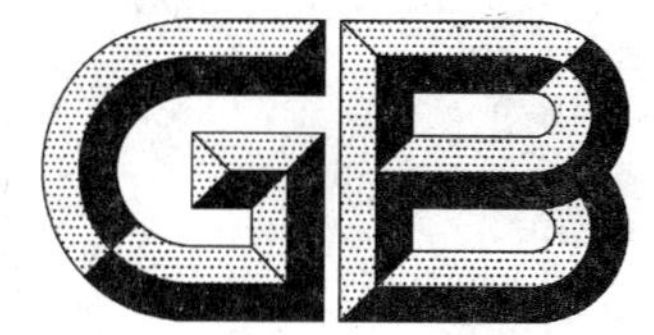

中华人民共和国国家标准

GB/T 24108—2009

岩土工程仪器可靠性技术要求

Technical requirement of reliability for geotechnical engineering instrument

2009-06-12 发布　　　　2009-12-01 实施

中华人民共和国国家质量监督检验检疫总局
中国国家标准化管理委员会　发布

前　言

本标准与 GB/T 21029—2007《岩土工程仪器系列型谱》和 GB/T 15406—2007《岩土工程仪器基本参数及通用技术条件》等标准有一定的相互衔接关系，并在技术内容上保持相互协调一致。

本标准的附录 A、附录 B、附录 C 为资料性附录。

本标准由中华人民共和国水利部提出并归口。

本标准主要起草单位：水利部水文仪器及岩土工程仪器质量监督检验测试中心、南京水利科学研究院、常州金土木工程仪器有限责任公司、水利部南京水利水文自动化研究所。

本标准参加起草单位：湖南湘银河传感科技有限公司、国家水文仪器及岩土工程仪器许可证审查部。

本标准主要起草人：陆旭、袁普生、李泽崇、张玉成、殷世华、夏康、赵越、陆伟佳。

本标准参加起草人：何向东、鲍良钝。

岩土工程仪器可靠性技术要求

1 范围

本标准规定了岩土工程仪器可靠性的总则、技术要求、抽样检验及验证考核方法、结果分析统计及故障判定、试验记录与报告等。

本标准适用于岩土工程仪器的产品设计、研制、生产和使用，是确定岩土工程仪器产品可靠性技术要求的通用原则。

2 规范性引用文件

下列文件中的条款通过本标准的引用而成为本标准的条款。凡是注日期的引用文件，其随后所有的修改单(不包括勘误的内容)或修订版均不适用于本标准，然而，鼓励根据本标准达成协议的各方研究是否可使用这些文件的最新版本。凡是不注日期的引用文件，其最新版本适用于本标准。

GB/T 2689.1　恒定应力寿命试验和加速寿命试验方法　总则

GB/T 2689.2　寿命试验和加速寿命试验的图估计法(用于威布尔分布)

GB/T 2689.3　寿命试验和加速寿命试验的简单线性无偏估计法(用于威布尔分布)

GB/T 2689.4　寿命试验和加速寿命试验的最好线性无偏估计法(用于威布尔分布)

GB/T 2829—2002　周期检验计数抽样程序及表(适用于对过程稳定性的检验)

GB/T 5080.4—1985　设备可靠性试验　可靠性测定试验的点估计和区间估计方法(指数分布)

GB/T 5080.6—1996　设备可靠性试验　恒定失效率假设的有效性检验

GB/T 5080.7—1986　设备可靠性试验　恒定失效率假设下的失效率与平均无障碍时间的验证试验方案

GB/T 5081　电子产品现场工作可靠性、有效性和维修性数据收集指南

GB/T 7288.1　设备可靠性试验　推荐的试验条件　室内便携设备　粗模拟

GB/T 7288.2　设备可靠性试验　推荐的试验条件　固定使用在有气候防护场所设备　精模拟

GB/T 13264—2008　不合格品百分数的小批计数抽样检查程序及抽样表

GB/T 18185—2000　水文仪器可靠性技术要求

3 术语和定义

GB/T 18185—2000 确立的以及下列术语和定义适用于本标准。

3.1

平均寿命　mean life

产品在交付使用后工作寿命的平均值。其具体可分为：

对不可修复或不值得修复的岩土工程仪器产品，平均寿命是指产品发生失效前工作时间的平均值，记作 MTTF。

对可修复的岩土工程仪器产品，平均寿命是指相邻两次故障间工作时间的平均值，又称为平均无故障时间，记作 MTBF。

3.2

可靠度　reliability

R

产品在规定的条件下和规定的时间内，完成规定功能的概率。

STANDARDS PRESS OF CHINA

3.3

失效率　failure rate

λ

工作到某时刻尚未失效的产品，在该时刻后单位时间内发生失效的概率。

3.4

成活率　survival rate

ψ

以群布安装埋设方式工作，且属同类的产品，在统计的时段范围内，未发生失效的仪器统计百分数。

4　总则

4.1　目的

4.1.1　为岩土工程仪器的产品科研设计、研制生产、试验考核、验收使用等各方提供一个统一的可靠性通用技术要求。

4.1.2　为岩土工程仪器的产品质量控制、可靠性增长，提供科学技术依据。

4.1.3　为岩土工程的可靠性描述、建模、预计、指标分配及指标系列划分、试验验证、故障判定等提供行业指导性技术文件。

4.2　基本原则

4.2.1　在产品设计、研制、试验及生产过程中，应明确其各阶段的可靠性目标及技术指标要求。

4.2.2　产品机电结构及电路设计、元器件数量、组装方式应简化，并应尽可能采用成熟有效的标准件、元器件模块。

4.2.3　产品采用元器件的规格品种应简化，选用新的元器件时应了解其可靠性水平。

4.2.4　必要时，产品设计中应对关键电路、部件及元器件采用可靠性冗余技术措施。

4.2.5　新产品设计时，应针对设计方案进行产品的可靠性模型分析及指标预计。

4.3　描述方法

岩土工程仪器的产品可靠性描述有广义和狭义的两种含义。

4.3.1　从广义可靠性出发，可使用有效度来表示，即：

$$A = \frac{MTBF}{MTBF + MTTR} \qquad \cdots\cdots(1)$$

式中：

A——有效度；

$MTBF$——平均无故障时间，单位为小时(h)；

$MTTR$——平均修复时间，单位为小时(h)。

4.3.2　从狭义可靠性角度出发，根据岩土工程仪器的产品门类及工作特征，推荐采用以下可靠性特征量进行描述：

a)　平均寿命 $MTTF$；

b)　无故障时间 $MTBF$；

c)　可靠度 R；

d)　失效率 λ；

e)　成活率 ψ(水利水电工程常用)。

5　技术要求

5.1　设计程序及总体要求

岩土工程仪器的可靠性设计程序及总体设计，参见附录 A。

5.2 可靠性设计要求

岩土工程仪器通常属机电一体化产品，其可靠性设计的基本要求为：

a) 在实现产品的总体设计中，先期确定预期的可靠性目标，并充分采用成熟的可靠性设计技术；

b) 可靠性设计技术主要包括产品的模型设计、元器件选用、机械结构设计、电路稳定性设计、工艺设计及维修性、安全性设计等；

c) 采用可靠性设计技术是提高产品设计质量，降低元器件失效率，提高产品使用稳定性和耐用性的有效途径。

5.3 可靠性特征量选择原则

岩土工程仪器产品的可靠性特征量选择原则，应综合考虑如下因素：

a) 用户对实际使用要求的期望值下限；

b) 目前产品可能达到的质量水平；

c) 产品使用环境，维护保养等条件；

d) 产品功能和技术性能指标；

e) 技术经济分析应用。

5.4 有效期

岩土工程仪器产品的可靠性试验或考核数据有效期一般为五年。当验证工作较困难时，有效期可延长至十年，但属于下列情况者，须重新考核：

a) 停止生产三年以上，重新投产的产品；

b) 当产品作重大修改设计，更换重要原材料、元器件，更新重要工艺等可能影响产品可靠性水平时；

c) 国家或行业主管部门认为有重新确认的必要时。

5.5 产品可靠性指标

a) 除埋设仪器外，岩土工程仪器大都为可修复产品，对连续性工作的岩土工程仪器产品，其可靠性指标通常用平均无故障工作时间($MTBF$)来表示。对间歇性工作的岩土工程仪器产品，其可靠性指标则用可靠度$R(t)$来表示。

b) 平均无故障工作时间($MTBF$)和可靠度$R(t)$是可靠性指标的不同表示形式，它们之间的关系可用如下关系式表达：

若已知产品在规定条件和规定时间内完成规定功能的概率为$R(t)$，则根据式(2)：

$$R(t)=e^{-\lambda t} \qquad \cdots\cdots(2)$$

可整理得

$$\lambda=-\frac{\ln R(t)}{t} \qquad \cdots\cdots(3)$$

故

$$MTBF=-\frac{t}{\ln R(t)} \qquad \cdots\cdots(4)$$

5.5.1 连续性工作的产品可靠性指标

5.5.1.1 产品可靠性特征量及分级

5.5.1.1.1 连续性工作产品的平均无故障工作时间($MTBF$)，可从以下系列中选取：

1 000 h，2 000 h，4 000 h，6 300 h，8 000 h，10 000 h，16 000 h，25 000 h，40 000 h，63 000 h，100 000 h，160 000 h 。

5.5.1.1.2 群布、安装埋设方式下连续性工作产品的成活率(ψ)，可从以下系列中选取：

70%；75%；80%；85%；90%；95%；98%；99% 。

5.5.1.2 连续性工作产品可靠性指标

5.5.1.2.1 土工试验仪器可靠性指标见表1。

表 1　土工试验仪器 *MTBF* 推荐值

仪器名称		*MTBF* 推荐值
土工试验数据自动采集系统设备	全自动固结仪	≥8 000 h
	全自动三轴仪	≥8 000 h
	数据采集装置	≥10 000 h
	测控处理装置	≥10 000 h

5.5.1.2.2　大坝监测仪器可靠性指标

5.5.1.2.2.1　变形监测仪器，见表 2。

表 2　变形监测仪器 *MTBF* 推荐值

仪器名称	*MTBF* 推荐值	成活率(ψ)
沉降仪	≥8 000 h	85%
测斜仪	≥8 000 h	85%
位移计	≥10 000 h	95%
测缝计	≥10 000 h	90%
垂线坐标仪	≥16 000 h	90%
引张线仪	≥16 000 h	90%

5.5.1.2.2.2　压力/应力监测仪器，见表 3。

表 3　压力/应力监测仪器 *MTBF* 推荐值

仪器名称	*MTBF* 推荐值	成活率(ψ)
孔隙水压力计	≥8 000 h	80%
土压力计	≥10 000 h	85%
应力计	≥10 000 h	85%
锚索测力计	≥10 000 h	90%
钢筋计/锚杆应力计	≥10 000 h	90%
应变计(无应力计)	≥10 000 h	85%

5.5.1.2.2.3　渗流观测仪器，见表 4。

表 4　渗流监测仪器 *MTBF* 推荐值

仪器名称	*MTBF* 推荐值
孔内水位计	≥10 000 h
量水堰渗流量仪	≥8 000 h

5.5.1.2.2.4　温度监测仪器，见表 5。

表 5　温度监测仪器 *MTBF* 推荐值

仪器名称	*MTBF* 推荐值
温度计	≥10 000 h

5.5.1.2.2.5　接收仪表，见表 6。

表 6 接收仪表 *MTBF* 推荐值

仪器名称		*MTBF* 推荐值
接收仪表	振弦式/差动电阻式	≥10 000 h
	差动电感式/电感调频式	≥10 000 h
	电位器式/电容式	≥10 000 h
	静态/动态电阻应变仪	≥8 000 h
	步进式/伺服加速度计式	≥8 000 h
	压阻式/差动变压器式	≥8 000 h
	标准信号式/气压式	≥10 000 h
集线箱	振弦式/差动电阻式	≥10 000 h

5.5.1.2.2.6 大坝安全自动监测系统设备，见表 7。

表 7 大坝安全自动监测系统设备 *MTBF* 推荐值

仪器名称		*MTBF* 推荐值
大坝安全自动监测系统设备	信号检测仪	≥8 000 h
	数据采集单元	≥10 000 h
	中间控制单元	≥10 000 h
	中央处理单元	≥16 000 h

5.5.1.2.3 岩石测试仪器

5.5.1.2.3.1 常规测试仪器可靠性指标，见表 8。

表 8 常规测试仪器 *MTBF* 推荐值

仪器名称	*MTBF* 推荐值
自动测记及数据处理设备	≥8 000 h
室内直剪仪	≥16 000 h
测试仪	≥16 000 h
岩体测试仪器	≥16 000 h
波速测试仪器	≥16 000 h

5.5.1.2.3.2 岩石(危岩)自动监测系统设备，见表 9。

表 9 岩石(危岩)自动监测系统设备 *MTBF* 推荐值

仪器名称		*MTBF* 推荐值
岩石(危岩)自动监测系统设备	数据采集单元	≥16 000 h
	中间控制单元	≥16 000 h
	中央处理单元	≥16 000 h

5.5.2 间歇性工作岩土工程仪器可靠性指标

5.5.2.1 产品可靠性特征量范围及分级

对于间歇性工作的岩土工程仪器，其产品可靠性特征量可靠度 $R(t)$ 可从以下系列中选取：0.800；0.850；0.900；0.950；0.980；0.990；0.999。

5.5.2.2 间歇性工作产品可靠性指标

5.5.2.2.1 土工试验仪器见表 10。

STANDARDS PRESS OF CHINA

表 10　土工试验仪器 $R(t)$ 推荐值

仪器名称		$R(t)$推荐值
室内试验仪器	环刀/击实仪	0.980
	密度仪/颗粒分析仪	0.950
	湿度试验仪/渗透试验仪	0.930
	压缩试验仪/强度试验仪	0.900
原位测试仪器	核子水分密度仪	0.900
	十字板剪切仪	0.900
	贯入仪/触探仪	0.950

5.5.2.2.2　大坝监测仪器见表11。

表 11　大坝监测仪器 $R(t)$ 推荐值

仪器名称	$R(t)$推荐值
水管式沉降仪	0.950
滑动测微计	0.930
机械测针式量水堰渗流量仪	0.900

5.5.2.2.3　岩石测试仪器见表12。

表 12　岩石测试仪器 $R(t)$ 推荐值

仪器名称		$R(t)$推荐值
岩样加工设备	专用钻头	0.980
通用测试设备	加载设备率定台	0.950
刚性试验设备	刚性/刚性组件试验机	0.980
	岩石三轴压力室	0.950
岩石试验设备	刚性/柔性承压板法试验设备	0.950
	载荷试验/狭缝法试验设备	0.930
	千斤顶法/液压枕法试验设备	0.930
现场原位监测仪器	收敛计/挠度计	0.930
	压力盒	0.950
现场原位监测仪器	小位移传感器/点荷载仪	0.900
	回弹仪/弹模仪	0.930

6　抽样检验及验证考核方法

6.1　适用范围

6.1.1　岩土工程仪器可靠性抽样检验及验证考核。

6.1.2　产品的定型鉴定、批量生产和外购件、半成品及成品质量检验中的抽样。

6.2　目的

规定岩土工程仪器可靠性抽样检验、验证考核应遵循的基本方法、检验方案及检验程序，使生产和使用方在鉴定、验收产品的可靠性及其他质量水平时有统一的规范。

6.3　抽样检验的基本原则

6.3.1　推荐采用计数抽样检验法(不采用百分比抽样)，并且一般采用一次抽样方案。

6.3.2 对于 $N<10$ 的小批量、孤立批和研制鉴定生产的产品，在质量检验时，只要条件允许，推荐采用全检。

6.3.3 抽样检验的产品应由同型号、等级、种类、生产条件的产品组成。

6.3.4 样品的母体不得进行特殊处理。

6.3.5 抽样时应从检查批中随机抽取，并应一次抽取全部数量，预计替换量应与样品一次抽取。其他应基本符合 GB/T 13264—2008 和 GB/T 2829 的有关规定。

6.4 产品定型鉴定检验(试验)

6.4.1 样品要求

6.4.1.1 为验证产品的设计是否达到规定技术要求，鉴定检验的产品样品应具有代表性。

6.4.1.2 产品样品的鉴定检验结果，可以作为判断产品是否达到设计(或生产)定型要求的依据。

6.4.1.3 鉴定试验的受试产品至少 3 台。

6.4.2 试验内容

除特别约定外，试验内容应包括产品规定的型式试验全部项目内容。如气候环境试验及机械敏感性环境试验等。

6.4.3 检验不合格的处置

如果检验不合格，应认真调查不合格原因，如果不合格原因属于下列情况之一，允许在纠正不合格原因(或经过筛选或修复)后重新送检：

——测试设备故障或操作错误；

——不合格的根源能立即纠正；

——造成不合格的产品能经过筛选剔除或修复。

如果不合格的原因不在上述原因以内，则应判该检验不合格。

6.5 批量生产中的验收检验

为批量生产过程中检查外购件、半成品、成品的合格品率，生产过程稳定的程度，中间及最终验收检验的结果可以作为产品或生产过程合格与否的判定依据。

在批量生产的验收检验中，根据需要可对外购件、半成品、成品进行产品可靠性的验证(及测定)试验，其抽样数量应服从 6.7.1 要求。

6.5.1 抽样方案的类型

产品在批量生产中的验收检验可采用以下三种类型：

——全检(即全部产品均逐一检验)；

——按 GB/T 13264 规定抽样；

——产品批量相对较大($N>250$)或稳定生产多年的产品可按 GB/T 2829 定期抽样检验。

6.5.2 抽样方案

6.5.2.1 方案选择程序

在批量生产中，产品的抽样验收检验应采用 GB/T 13264—2008 规定的一次抽样方案。

a) 规定生产方风险质量 P_0 和使用方风险质量 P_1：P_0 和 P_1 值的规定，应综合考虑生产能力、制造成本、质量要求、检验费和工时等；

b) 选择抽样方案：区别孤立批和连续批，应根据批量 N、P_0 和 P_1，按 6.5.2.2 或 6.5.2.3 规定的方案选择。

6.5.2.2 孤立批抽样方案

6.5.2.2.1 产品的品质类型区分

A 类为单位产品的质量特性严重不符合规定，或某些重要特性不符合规定。

B 类为单位产品的质量特性稍不符合规定，或一般特性不符合规定。

6.5.2.2.2 **不同类的不合格品可以规定的 P_0 和 P_1 值**

A类不合格品，规定 $P_0=8.4\%$，$P_1=57\%$。

B类不合格品，规定 $P_0=11\%$，$P_1=67\%$。

6.5.2.2.3 **产品的样本大小数量**

根据批量 N，从 GB/T 13264—2008 中表3、表4、表5中对应批量 N 为给定值的各列中，寻找与给定 P_0、P_1 接近的 P_0、P_1 值，则从该 P_0、P_1 值所在行的左端可得到所需样本大小，再结合经济性合理确定。

6.5.2.3 **连续批的抽样方案**

6.5.2.3.1 对不同类的不合格品分别规定合格质量水平 AQL。

6.5.2.3.2 检查可分为正常或加严检查。除非另有规定，一般开始时应进行正常检查。

6.5.2.3.3 确定正常检查一次抽样方案时，从 GB/T 18185—2000 中的表 A.1、表 A.2、表 A.3 中按批量所在列查找出一个不超过，并且最接近于 AQL%值的一个 P_0 值，如果这个 P_0 值是在表 A.1 中找到的，则从该 P_0 值所在行的左端可得到所需的样本大小 n_0 值，而合格判定数 Ac=0；如果该 P_0 值是在表 A.2 具有规定批量 N 的列中找到的，则仿上可得到所需的样本大小 n_0 值，此时 Ac=1；如果该 P_0 值是在表 A.3 中具有规定批量 N 的列中找到的，仿上可得到所需样本大小 n_0 值，但此时 Ac=2。

6.5.2.3.4 加严检查一次抽样方案可由 GB/T 13264—2008 中的表1和表2中查取。

6.5.2.3.5 转移规则如下：

——从正常检查转到加严检查，正常检查时不超过连续五批中有两批经初次检查不合格，则从下一批起转到加严检查；

——从加严检查转到正常检查，加严检查时，连续五批经初次检查合格，则从下一批起转回到正常检查；

——暂停检查，加严检查开始后，若不合格批数已计到五批，则应暂停检查。只有当供货方确实采取了措施，使提交检查批达到或超过所规定的质量要求，则经主管部门同意，可恢复检查。

6.5.2.4 **批量检验范围**

GB/T 13264—2008 适用于批量为 10～250 时的抽样检验。

当 $N<10$ 时，可采用全检或充分利用质量历史信息的质量保证方式。

当 $N>250$ 时，可采用分批检验的方法，或按6.6生产过程稳定性的周期检查方法检验。

6.5.2.5 **估计 AQL 的基本要求和方法**

6.5.2.5.1 基本要求如下：

——预期产品的平均质量不会超过此值；

——批产品的每百单位产品不合格品数不超过规定的 AQL 值，则应接收；

——AQL 值不宜过小，以免造成产品成本过高，或产品经常被拒收；

——使用方急需的产品如果生产方的质量一时难以提高，此时 AQL 可适当放大；

——不合格品对产品性能影响严重时，AQL 值应适当取小；

——零件的 AQL 值应适当小于整件的 AQL 值。

6.5.2.5.2 基本方法如下：

——工程方法，根据产品的性能、寿命、安全性和其他质量要求，把须保证的质量作为 AQL 值；

——经验方法，参考类似产品的 AQL 值；

——实验方法，暂定一个 AQL 值，根据使用情况进行调整；

——估计方法，AQL 值可选择估计的过程平均或某个略小于它的值。

6.6 **生产过程稳定性的周期检查**

为判断生产厂能否批量制造符合规定质量要求的产品，或为了判断生产厂在生产定型检查通过后能否继续保持批量制造符合要求的产品所进行的生产定型检查、定期的型式试验或其他需要的类似试验。一般能稳定生产多年或一次(或数次)批量较大($N>250$)的产品可进行该项试验。

周期检查应包括非经常性试验项目,如气候环境试验、机械敏感性环境试验等,无特殊约定下可靠性测定试验及验证试验可不再进行。周期检查的结果可以作为生产过程稳定性是否符合规定要求的依据。

岩土工程仪器的产品周期检查,一般使用 GB/T 2829—2002 中判别水平Ⅱ的一次抽样方案。特殊情况下也可使用判别水平Ⅰ的一次抽样方案。检查前,应按 GB/T 2829 制定的抽样检验方案和实施细则进行选择及程序操作。

6.7 产品可靠性的测定及验证试验

6.7.1 受试产品数量

可靠性验证试验分为可靠性鉴定(测定)试验和可靠性验收(验证)试验两种。验收试验的产品数量一般为每批受试产品中至少抽样 3 台,鉴定试验按 6.4 的规定。

产品可靠性验证试验的样品数量,取决于生产批量大小和累积试验时间的长短,一般根据生产批量大小推荐样品数,具体见表 13。

表 13 推荐的样品数

批量范围/台	最佳样本大小/台
1～8	3
9～15	5
16～26	8
26～50	13
51～90	20
91～150	32
151～280	50
注：抽样时应加上预计替换的数量(1 台～2 台)一次抽取。	

6.7.2 试验方法

6.7.2.1 岩土工程仪器的产品原理、品种繁多,实施专项产品可靠性试验投资巨大,既涉及有关试验环境、设备仪表等硬件问题,也需要花费较长时间、周期及大量人力、物力等。因此在有关可靠性试验方法上,应考虑按产品类别、结构、可靠性模型等区分,并根据实际拥有的试验条件分批或分项逐渐开展,推荐以室内单项加速试验与野外现场使用寿命数据统计相结合进行。

6.7.2.2 通常在以恒定失效率假设(即寿命服从指数分布假设)为前期作出可靠性测定试验或验证试验的结论之前,应采用 GB/T 5080.6—1996 规定的检验方法对恒定失效率假设进行统计性质的有效性检验,其中推荐小失效数情形的检验法。

6.7.2.2.1 指数分布的可靠性测定试验

本项试验估计分析方法,适用于岩土工程仪器各阶段的产品(如研制阶段、试生产阶段等)在进行可靠性试验时所进行的测定。其试验要求为:

——推荐采用定时试验或定数试验;

——数据应满足标准分析方法需要;

——允许采用过去的试验或试运转等所取得的数据;

——来源(或环境)不同的数据不允许混合使用。

此外,本项试验估计分析方法,还适用于一些事先未规定可靠性指标,但需通过可靠性测定试验来获知的产品。即用按规定的统计方法分析所得的可靠性数据来估计所关心的产品可靠性特征量,该特征量可以是一个点估计值或一个置信区间的范围值。

a） 点估计法

根据试验数据，按某种规定方法算出一个数值并作为某个总体的未知特征量的一个观测值。此即点估计法。参考示例见 GB/T 18185—2000 附录 C 中第 C.1 章。

b） 区间估计法

根据试验数据求得可靠性特征量的一个置信区间，这个区间以一定的概率（即置信水平）包括可靠性特征量未知参数的真值，此即区间估计法。参考示例见 GB/T 18185—2000 附录 C 中第 C.2 章。

6.7.2.2.2 指数分布的寿命抽样验证试验

本项试验验证方法，适用于加强岩土工程仪器产品在设计、研制和生产中的可靠性保证活动。即为保证产品达到产品标准或技术条件、合同等规范明确规定的可靠性指标要求所采取的定期验收产品的措施。其试验要求为：

——推荐采用定时（定数）截尾试验；

——应通过抽样检查方法进行；

——仅考查产品可靠性特征如失效率、平均寿命 *MTBF* 等；

——已知产品寿命分布或已作合理假设；

——应按规定的程序进行并作出合格与否的结论。

本项试验方法适用于那些理论上已知 *MTBF* 值或 $R(t)$ 值，可修复的岩土工程仪器产品所作的抽样验证验收。参考示例见 GB/T 18185—2000 附录 C 中第 C.3 章。

根据 GB/T 5080.7—1986 设计试验方案，对于生产批量较大、技术比较成熟、稳定的产品，建议优先采用 GB/T 5080.7—1986 的编号 5∶6 或 5∶7 方案；对于生产批量较小，生产方和使用方都要承担风险的新产品建议优先采用 GB/T 5080.7—1986 编号 5∶9 方案。

7 结果分析统计及故障判定

注 1：岩土工程仪器产品可靠性试验的结果统计，具体表现为对失效样品所进行的失效分析和失效统计。

注 2：产品失效，不仅与失效的形式、机理有关，同时与故障判定的有效性、数据取舍、寿命分布假设以及检验模型的建立等诸因素有关。

7.1 数据收集

7.1.1 数据收集的目的

7.1.1.1 为调查产品实际的可靠性水平提供数据，并将产品预计的可靠性特性与现场数据相比较，从而修改后继产品可靠性预测。

7.1.1.2 为改进和提高现有产品及后继再研制新产品的可靠性提供数据。

7.1.1.3 为产品维修（人员配备、备件储备等）工作的组织和管理提供数据。

7.1.2 数据收集的范围

产品可靠性数据收集，主要以专项试验（测定/验证）来获取原始数据（故障数及时间），尤以试验或验证数据以及现场使用寿命数据为确定产品寿命指标或周期的基本依据。同时应参考与该产品相似或类同的产品历史数据，以及产品设计、制造、现场长期使用的有关可靠性数据，有关现场可靠性、有效性和维修性数据收集方法应符合 GB/T 5081 等标准的规定。

进行产品可靠性测定试验或验证试验后的数据处理及可靠性指标计算时，应按 GB/T 2689.1～2689.4、GB/T 5080.4 和 GB/T 5080.7 及 GB/T 7288.1～7288.2 等标准规定的有关产品寿命试验及加速寿命试验数据处理方法进行。

7.2 失效分析

7.2.1 分析目的

7.2.1.1 评价和鉴别产品的失效模式所导致的事件顺序及效应。

7.2.1.2 根据产品的功能和性能以及对于可靠性方面的影响，确定产品每个失效模式的重要性和危害度。

7.2.1.3 按产品失效模式的可检测性、可诊断性、可测量性、构件的可更换性、补偿和运行措施（修理、维护及后勤等）及其他特性，将有关的失效模式进行分类。

7.2.1.4 在具备数据的前提下，对失效发生的概率进行估计。

7.2.2 分析基本步骤

7.2.2.1 定义产品及其功能和最低工作要求。

7.2.2.2 拟定产品功能和可靠性框图及其他图表或数学模型并作详细说明。

7.2.2.3 确定分析的基本原则和用于完成分析的相应文件。

7.2.2.4 找出失效模式、原因和效应及其重要性和顺序。

7.2.2.5 找出失效的检测、隔离措施和方法。

7.2.2.6 找出设计和制造中的预防措施，以防止意外事件发生。

7.2.2.7 确定事件的危害度（可略）。

7.2.2.8 估计产品失效的概率（可略）。

7.2.2.9 提出建议。

7.2.3 分析结果报告

分析结果报告应：

a) 提出产品各类失效模式清单；

b) 为设计、制造、维修及使用方提出建议；

c) 列举最初单独发生而又引起严重效应的典型失效；

d) 失效模式和效应分析结果被采纳的设计变更。

7.3 失效统计

7.3.1 按失效的模式分类统计

对于一些失效（故障）机理不太明确的产品，可根据失效的表现形式分类进行统计，如某一功能失效、某一性能失效、非责任性失效等。

7.3.2 按失效的机理分类统计

对于失效机理非常明确的产品，可直接根据失效的内在物理、化学变化原因分类进行统计，如常见应计入寿命计算并属于独立性失效的就有：

——信源或编码部件失效；

——显示或记录部件失效；

——信道或控制机构失效；

——自测系统或附属电路失效；

——系统软件或应用软件缺陷等。

7.3.3 失效统计原则

7.3.3.1 可靠性试验中，出现符合技术方案（或合同）所规定的失效判据中任一项时，均记作一次失效。

7.3.3.2 试验中，同时发生两个或两个以上的独立失效时，应逐个统计。

7.3.3.3 试验中，每发现并确认一次责任失效，均须记一次失效。

7.3.3.4 试验中，不得更换与失效无关部位的元器件。

7.3.3.5 试验中如出现反复失效，应采取有效措施后继续试验。反复失效中出现的每一种失效应逐个统计。

7.3.3.6 试验中，因对受试产品施加了不适当的应力或因安装、测试操作不当等失误及误判时，不应计入失效。

7.3.3.7 不连续试验中，当发现失效时刻不能进行准确的确定时，应认为该次失效是上一次检测时发生的。

7.4 失效(故障)判据

7.4.1 因下列原因所引起的误用性、偶然性、从属性或耗损性等非责任性失效,通常可判定为非关联失效,并不计入寿命计算:

a) 由使用方提供或指定生产厂家提供的产品或部件(含重要元器件等)产生独立失效而引起的产品失效;

b) 由使用方提供的软件而引起的产品失效;

c) 由使用方不当或误操作引起的产品失效;

d) 有规定寿命期限的产品,超过寿命期限后而引起的产品失效;

e) 失效原因明显并易于纠正的失效,经使用方同意,在本批产品中全部采取纠正措施后可作为非责任性失效处理。

7.4.2 因产品丧失规定功能或性能退化、参数漂移等引起的失效,属于间歇性、本质性、独立性或严重性等责任性失效,通常可判定为关联失效,其必须计入产品寿命计算。

7.5 结果评价(评估)

7.5.1 受试产品可靠性指标是否达到设计要求。

7.5.2 受试产品可靠性参数水平或试验数据统计,是否达到给定的点估计值或置信区间估计。

7.5.3 受试产品在规定的条件和使用期限内产生的责任性失效。

7.5.4 受试产品成功率的点估计和置信区间估计。

7.6 试验结果的判定

7.6.1 接收与拒收

7.6.1.1 当采用定时截尾试验方案时,若试验累计时间已达规定截止时间,而发生的责任性失效总数小于或等于试验方案判决标准规定的接收允许失效数时,则作接收;若大于或等于规定的拒收失效数时,则作拒收。若试验时间未到规定截止时间,而发生的责任失效已大于判决标准规定的拒收失效数时,也应作拒收。

7.6.1.2 当采用序贯截尾试验方案时,应根据试验方案中的判决图进行判决。判决图上按失效顺序绘出反映试验过程的失效与试验时间的阶梯曲线,当曲线穿过接收或拒收线时,可相应地作接收或拒收判决。

7.6.1.3 当采用全数试验方案时,一般与序贯截尾试验方案相同。当阶梯曲线达到边界线后,应使图形沿着边界线延伸,或采用相近的概率比序贯试验方案的双线试验方案代替全数试验方案。

7.6.2 有条件接受

当受试产品失效机理清楚,改进措施经证实有效,且试验验证的产品可靠性水平与试验方案(或合同)要求相差不大时,可按下列情况作有条件接收:

a) 改进设计和工艺;

b) 改进维修方式;

c) 改进操作方式。

7.6.3 现场实时拒收

受试产品在初检或试验过程中,如发现对操作维护人员造成危险或可能造成重大物质损失的失效,应立即中止现场试验,并且不管失效数的多少立即实时拒收。

8 试验记录与报告

8.1 可靠性试验活动结束后,生产方和承担试验单位应及时向产品使用方提供可靠性试验报告,在报告中,应列出全部试验数据和判决结果并进行可靠性分析。

8.2 对于岩土工程仪器的正式抽样样品,通常情况下凡是按照规定程序正式投入有关可靠性专项试验活动后，主持进行专项试验测试活动的受委托单位，应出具科学、公正、准确的可靠性试验报告(参见附录B)及原始记录表(参见附录C)。

8.3 产品可靠性试验报告的内容，一般除常规试验检测报告须注明的时间、地点、产品名称、制造单位、抽样数量等外，还应包括下述内容：

a) 试验计划摘要及目的，包括：
   1) 试验方案具体实施计划；
   2) 试验最终目的；
b) 失效判定标准，包括：
   1) 允许失效数；
   2) 预期置信区间；
   3) 接受置信水平；
c) 试验样品及应力的选择和试验说明，包括：
   1) 样品编号；
   2) 试验要求及过程说明。

8.4 试验和测试的设备仪器型号及精度应包括以下内容：

a) 型号规格；
b) 精度级别；
c) 计量检定周期。

8.5 试验数据处理及可靠性指标计算应包括以下内容：

a) 产品责任性失效(关联失效)数的加权处理；
b) 产品平均无故障工作时间 $MTBF$[或 $R(t)$、λ]的计算或估计。

8.6 试验原始记录及数据分析应包括以下内容：

a) 产品主要指标测试记录表；
b) 产品失效分析及检测报告表；
c) 产品反复失效分析及改正措施情况报告表；
d) 产品失效分类及定级情况说明；
e) 产品失效模式及危害性分析。

8.7 试验结论应包括以下内容：

a) 判决结果和产品平均无故障工作时间[或 $R(t)$]估计(及统计)结果；
b) 受试产品在试验中暴露的问题；
c) 累积相关可靠性信息，包括：
   1) 各级失效的平均失效间隔时间；
   2) 平均失效修复时间；
   3) 元器件消耗情况；
   4) 备件供应满足需要情况。

附 录 A
（资料性附录）
可靠性设计程序及总体要求

A.1 可靠性设计程序

A.1.1 可靠性指标的确定

因工作方式和测量要求的不同，岩土工程仪器可分为连续性工作的和间歇性工作的两大类产品，不同类别的仪器应选用不同的可靠性指标。其中：

——连续性工作的岩土工程仪器，如大坝安全监测仪器中的进行变形监测、压力或应力监测仪器、大坝安全监测自动化系统设备等，适用于连续测量岩土工程中土、混凝土基础要素随时间变化的过程，其持续的时段可以是数天、周、月、年、数年，其可靠性指标一般规定为平均无故障工作时间（$MTBF$）或成活率（ψ）；

——间歇性工作的岩土工程仪器，如土工试验仪器中进行室内或原位物理性试验、力学性试验（测试）的仪器等，适用于仅测量瞬时或某一时段岩土工程要素随时间变化的过程。其持续的时段可以是数秒、分、小时，其可靠性指标一般规定为可靠度 $R(t)$ 或失效率（λ）。

A.1.2 建立可靠性模型

A.1.2.1 一般描述

A.1.2.1.1 对岩土工程仪器的产品可靠性做出定量的分配、预计、评价以及设计分析，应建立可靠性模型。

A.1.2.1.2 可靠性模型的建立应在仪器设计阶段进行，并当产品设计、技术指标、环境要求、实验数据、工作模式发生变更时，适时修改可靠性模型。

A.1.2.1.3 岩土工程仪器的产品可靠性模型，主要包括可靠性框图和与之对应的数学模型。可靠性框图是产品组成各单元从任务可靠性角度出发，表现其逻辑关系的方框图，即表示产品在成功完成任务时，所有单元之间的相互依赖关系。

A.1.2.1.4 可靠性框图可用对应的数学模型加以描述。其应能正确反映产品各单元间在可靠性功能上的联系，以及这些单元对产品工作的影响程度，以保证产品完成其预期的功能。可靠性框图应能与产品功能结构框图、原理图相协调。其数学模型的输入、输出应与产品分析模型的输入、输出相一致。

A.1.2.2 建立可靠性框图原则

岩土工程仪器可靠性框图的建立应满足如下要求：

a) 可靠性框图中的每一个方框都是能完成某一功能的功能块，根据产品本身的复杂情况，功能块可以是一台设备、一个单元电路、一个部件或一个元器件。建立系统可靠性框图时可划分至设备。建立设备可靠性框图时可划分至功能级，特别重要的元器件、零件允许单独列出，以保证可靠性框图的简明、直观；

b) 除特殊情况外，可靠性框图的每一个方框所发生的故障都是相互独立的，即任一个方框发生的故障与其他方框是否出现故障无关；

c) 可靠性框图描述的是各单元之间的可靠性逻辑关系，不涉及单元的复杂程度、工作环境的严酷程度，以及工作时间长短等其他因素。

A.1.2.3 产品可靠性框图结构

a) 岩土工程仪器的产品可靠性框图，一般均为串联系统；

b) 对有冗余或替代工作模式的产品，从任务可靠性出发具有串并联混合系统的框图，通过有关可靠性数学理论计算，可将其并联部分简化，故其产品可靠性框图最终表现为单一的串联系统。

A.1.2.3.1 当岩土工程仪器的某型产品为单台套设备时，其典型的产品功能框图如图 A.1 所示。

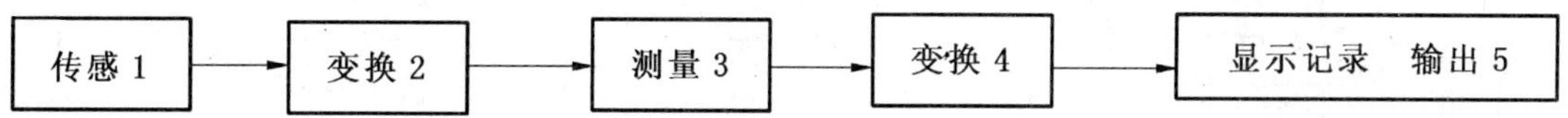

图 A.1　典型的岩土工程仪器产品功能框图

根据上述的功能框图，遵循建立产品可靠性框图的原则，典型的岩土工程仪器产品可靠性框图如图 A.2 所示。

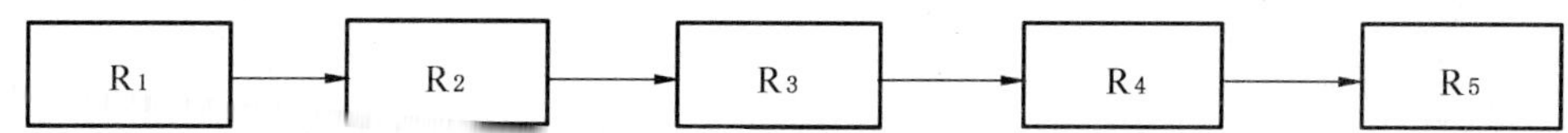

图 A.2　典型的岩土工程仪器产品可靠性框图

与之相对应的数学模型为：

$$R_s(t) = \prod_{i=1}^{n} R_i(t) \qquad \text{(A.1)}$$

式中：

$R_s(t)$——设备总可靠度；

$R_i(t)$——第 i 个单元可靠度。

对于岩土工程仪器各种单台产品，均可参照上述可靠性框图形式进行具体划分。对由若干台设备组成的系统可划分至单台设备，同样可组成串联系统可靠性框图。

A.1.2.3.2　串并联混合系统可靠性框图的简化。

a)　纯并联系统可靠性框图如图 A.3 所示：

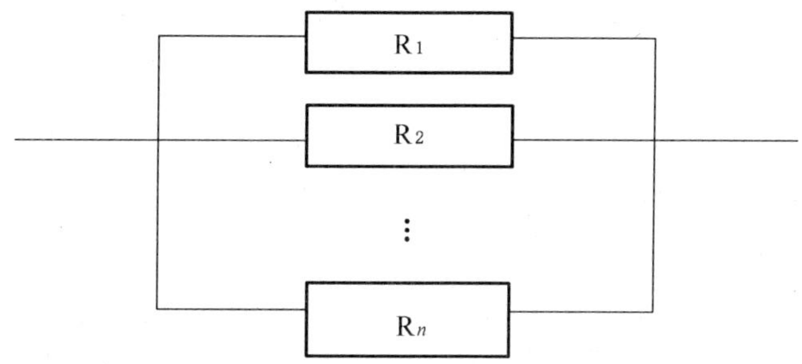

图 A.3　纯并联系统可靠性框图

其数学模型为：

$$R_s(t) = 1 - \prod_{i=1}^{n} [1 - R_i(t)] \qquad \text{(A.2)}$$

b)　串并联系统可靠性框图如图 A.4 所示：

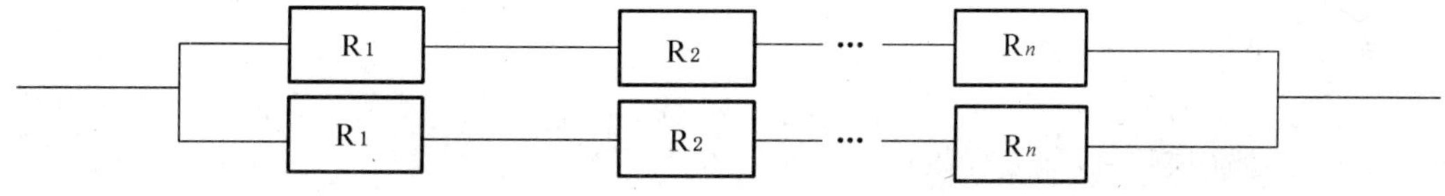

图 A.4　串并联系统可靠性框图

其数学模型为：

$$R_s(t) = 1 - [1 - \prod_{i=1}^{n} R_i(t)]^2 \qquad \text{(A.3)}$$

c)　并串联系统可靠性框图如图 A.5 所示：

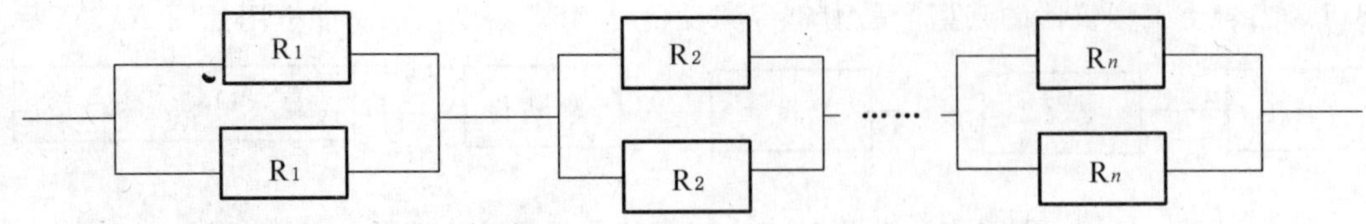

图 A.5　并串联系统可靠性框图

其数学模型为：

$$R_s(t)=\prod_{i=1}^{n}\{1-[1-R_i(t)]^2\} \qquad \text{(A.4)}$$

A.1.2.4　岩土工程仪器产品可靠性数学模型

若岩土工程仪器产品可靠性模型为单一串联系统，则：

a)　可靠性模型的可靠度 $R_s(t)$ 等于各单元可靠度 $R_i(t)$ 的乘积，见式（A.1）；

b)　可靠性模型的失效率 $\lambda_s(t)$ 等于各单元 $\lambda_i(t)$ 的和，即：

$$\lambda_s(t)=\sum_{i=1}^{n}\lambda_i(t) \qquad \text{(A.5)}$$

式中：

$\lambda_s(t)$——设备的总失效率；

$\lambda_i(t)$——第 i 个单元的失效率。

c)　若各单元失效分布服从指数分布，则仪器失效分布也服从指数分布，即：

$$R_s=e^{-\lambda_s t} \qquad \text{(A.6)}$$

A.1.3　可靠性指标的分配

a)　可靠性分配是将可靠性指标或预计所能达到的指标值加以分解，科学合理地分配到规定的产品单元上；

b)　可靠性指标的分配应根据产品可靠性框图进行划分，即每一个方框均应有相应的可靠性指标，使产品的可靠性指标得以保证。

A.1.3.1　加权因子

对岩土工程仪器产品串联系统可靠性框图进行可靠性分配，基于如下条件：

a)　组成系统的各产品或组成设备的各功能块，其故障是相互独立的；

b)　组成系统的各产品或组成设备的各功能块的失效率都是常数，即它们的寿命均服从指数分布；

c)　系统设备的失效率为常数，且是各设备(功能块)失效率的加权和。

由此，对由 $n(n\geqslant1)$ 个单元组成串联系统而言，可得：

$$\lambda_s T=\sum_{i=1}^{n}\lambda_i t_i \qquad \text{(A.7)}$$

式中：

T——系统要求执行任务时间，即任务周期；

λ_s——系统应具有的失效率指标；

n——设备或功能块数目，即方框数；

t_i——第 i 个设备或功能块在任务周期内的工作时间；

λ_i——分配给第 i 个设备或功能块的失效率。

为将总失效率指标分配到各设备或功能块，有必要引入加权因子 C_i，且有：$0\leqslant C_i\leqslant1$；$\sum C_i\equiv1$；

则可求得失效率分配方程：

$$\lambda_i=\frac{C_i T}{t_i}\lambda_s \qquad \text{(A.8)}$$

当第 i 个设备或功能块在任务周期内的工作时间等于任务周期时，则式(A.8)可为：

$$\lambda_i = C_i \lambda_s \quad \text{(A.9)}$$

由式(A.9)可见可靠性指标中的加权因子 C_i 一旦确定，则根据总失效率即可求得各相应设备或功能块失效率。

A.1.3.2 比例分配法求加权因子

符合下列条件之一者，可应用比例分配法来求解加权因子：

a) 产品结构比较简单、成熟，各功能块已做过可靠性预测，或有这方面的经验数据；

b) 有相似老产品，并具有一定的老产品历史现场失效率记录，或有这方面的实例；

c) 设备主要部分由外购件构成，且有这些外购件较完整的可靠性资料。

$$\text{令 } K_i = C_i \frac{T}{t_i}(K \text{ 为比例系数}) \quad \text{(A.10)}$$

则失效率分配方程为：

$$\lambda_i = K_i \lambda_s$$

若各功能块已作过可靠性预测，并获得先验信息，则：

$$K_i = \frac{\lambda_i}{\lambda_s}(i = 1,2\cdots\cdots n) \quad \text{(A.11)}$$

其中 λ_i、λ_s 为可靠性预测值。

若具有相似老产品历史失效记录

$$K_i = \frac{\lambda_{i,\text{old}}}{\lambda_{s,\text{old}}} \quad \text{(A.12)}$$

其中 $\lambda_{i,\text{old}}$、$\lambda_{s,\text{old}}$ 为历史失效率记录。

K_i 一旦确定，即可求得各功能块相应的失效率。

A.1.3.3 综合因子评定法求加权因子

A.1.3.3.1 符合下列条件之一者，可应用综合因子评定法，求解加权因子：

a) 有多台设备组成系统，对系统进行可靠性指标分配时；

b) 技术比较复杂，工作条件比较恶劣或采用新技术时；

c) 无相似产品时。

综合因子评定法考虑了各功能块的复杂性、重要性、环境条件、维修性、技术成熟程度、可靠性改进潜力等因素。

每一个因素给出一个定量的评价系数 K，第 i 个单元的第 j 个评价系数记作 K_{ij} ($i=1,2,\cdots\cdots n;j=1,2\cdots\cdots p$)。

则第 i 单元的综合评定值：
$$W_i = \prod_{j=1}^{p} K_{ij} \quad \text{(A.13)}$$

整个系统综合评定值：
$$W = \sum_{i=1}^{n} W_i = \sum_{i=1}^{n} \prod_{j=1}^{p} K_{ij} \quad \text{(A.14)}$$

加权因子为：
$$C_i = \frac{W_i}{W} = \prod_{j=1}^{p} K_{ij} / \sum_{i=1}^{n} \prod_{j=1}^{p} K_{ij} \quad \text{(A.15)}$$

A.1.3.3.2 评价系数 K_{ij} 可按照以下各项来确定：

a) 结构复杂程度：最简单的功能块赋值为1，最复杂的功能块为10，其余按复杂程度取1～10之间的整数；

b) 环境条件：当产品的可靠性系统各功能块单元按GB/T 15406进行划分，工作于不同环境条件下时，可按表A.1赋值。当系统内各功能块单元处于同一工作环境条件下时，可按不同功能块对环境的敏感程度及对可靠性影响分别进行赋值；

表 A.1　环境评价系数表

使用环境	室内试验仪器			室外便携仪器		现场原位仪器	现场安装仪器		现场埋设仪器		现场水下仪器
	A1	A2	A3	B1	B2	C	D1	D2	E1	E2	F
评价系数	1	2	3	4	5	6	6	7	8	9	10

c)　重要程度：重要程度最高的单元赋值为 1，重要程度最低的单元赋值为 10，其余按重要程度取 1～10 之间的整数；

d)　可修复程度：可用各功能块平均修复时间来确定评价系数，见表 A.2：

表 A.2　修复程度评价系数表

平均修复时间/h	≥24	≥10	≥8	≥4	≥2	≥1	≥0.5	<0.5
修复程度评价系数	1	3	4	5	6	7	8	10

根据产品具体情况，还可增加技术成熟程度，元器件成熟程度，可靠性改进潜力，运行工作时间等因素来确定评价系数 K_{ij}。

A.1.4　可靠性分析

A.1.4.1　绘制产品的功能逻辑框图，功能逻辑框图说明构成产品或系统的各个单元或功能块之间在功能上的依从关系。

根据岩土工程仪器的复杂程度，较简单的产品可分解到元器件，较复杂的产品可分解到单元电路或功能块，也可进行简化处理，仅分解到重要元器件或重要功能块。对于由多台产品组成的系统，应对每个产品分别进行分解。

A.1.4.2　掌握元器件或功能块的失效模式，对重要的元器件或功能块，应找出失效模式及其出现概率，其依据如下：

——该元器件首次采用，可以被认为具有类似功能结构的元器件为依据；

——常用的元器件，以过去使用时失效模式及失效率为依据；

——按经验判断，并列表表示各重要元器件或功能块失效的若干种情况及其相应出现的概率。

A.1.4.3　按照失效模式对产品造成影响的严重程度可划分为六个严酷度等级，具体见表 A.3。

表 A.3　严酷度等级表

严酷度等级	严酷程度
1	导致功能可能下降，基本性能并无影响
2	造成功能下降或测量精度不符要求，其他无影响
3	丧失部分功能，人工及时校正可得以弥补其资料缺陷
4	丧失部分功能，设备未造成重大损失
5	丧失原有功能，其结果使设备造成重大损失，但不危及人身安全
6	丧失原有功能，其结果使设备或周围环境造成重大损失，并发生危及人身安全事件

A.1.4.4　采用网络图分析法

利用网络图分析法来确定失效模式危害度大小。即以严酷度等级为纵坐标，失效模式出现概率为横坐标，确定重要元器件或功能块在网络图中的位置，其中离原点越远的元器件或功能块，其危害度越高。

A.1.4.5　提出预防措施

根据网络图分析法提示，确定需重视的元器件或功能块，采用可靠性设计办法提出预防措施，从而提高系统可靠性。

A.1.5 可靠性预计

根据产品的零件、性能、工作环境及其相互关系的经验与知识，推测该产品将来的可靠性能，这种技术称为可靠性预计。

可靠性预计的目的主要是从产品设计开始时就采取各种措施，以保证产品达到所需的可靠性要求。

应用可靠性预计方法来推测产品可能达到的可靠性水平，是产品设计的手段之一，其可为设计决策提供产品可靠性的相对量度。

A.1.5.1 可靠性预计分类

鉴于岩土工程仪器的产品生产研制特点，其产品的可靠性预计可分为两类。即Ⅰ类用于产品方案论证阶段的可行性预计，Ⅱ类用于产品设计阶段的设计预计。其中产品方案论证阶段可使用相似设备法、相似电路法与有源器件法，在产品设计阶段，则可使用计数可靠性预计法及元器件应力分析法。

A.1.5.2 可靠性预计流程

岩土工程仪器可靠性预计一般流程，见表 A.4。

表 A.4 可靠性预计一般流程

流程	产品方案论证阶段	产品设计阶段
定义产品	规定其工作方式，产品特征，性能要求	规定其工作方式，产品特征，性能要求，指标更具体，理由更充足
产品组成成分	对产品进行功能块大致划分	对产品进行结构了解，划分确定的功能块
可靠性框图	简单的串联系统	对并联部分进行简化
环境信息	规定对组成成分有影响的环境信息	规定对组成成分有影响的环境信息
应力信息	不进行	设备工作时所经受的恶劣条件下，应力、热受力和承受力工作方式
概率分布	指数分布	指数分布
失效率	利用产品可靠性预计手册或相似设备现场失效率求得	利用预计手册或相似设备现场失效率求得
建立可靠性模型	建立基本可靠性模型	同左，必要时，还可建立任务可靠性模型
预计产品可靠性	采用相似设备法，相似电路法有源器件法	采用计数可靠性预计法，元器件应力分析法
编写预计报告	按 GB/T 7289 规定执行	按 GB/T 7289 规定执行

A.1.6 可靠性设计评审

可靠性设计评审目的是审核设备设计阶段可靠性方案的合理性，一般在设计方案确定后进行。根据产品的复杂程度，也可在设计不同阶段多次进行。

岩土工程仪器的可靠性设计评审应完成如下任务：

a） 对可靠性设计情况作全面审查；

b） 对设计有分歧的问题进行研讨；

c） 提出明确的评价和改进设计具体意见。

此外，有关具体设计评审要求和内容还应符合 GB/T 7828—1987 的规定。

A.1.7 可靠性试验

可靠性试验通常分环境试验、寿命试验、筛选试验、现场使用试验和鉴定试验。其中，样机试制一般必须经历环境试验与现场使用试验，而进行环境试验的方法应符合 GB/T 15406—2007 及有关产品标准等的规定；对于批量生产的产品则应增加鉴定试验。

对于有特殊要求（如合同、协议等）的产品，应根据其具体要求进行可靠性寿命试验（测定试验/验证试验)，具体内容见本标准 6.7 的规定，有关试验要求及方法应符合 GB/T 5080.4、GB/T 5080.6 和 GB/T 5080.7 的规定。

A.2 可靠性设计要求

A.2.1 总体设计

A.2.1.1 产品的设计指标、技术性能与功能要求应明了具体。对多参数测量或多功能使用的岩土工程仪器产品，应根据实际需求进行设计。

A.2.1.2 在保证功能前提下，所设计的产品结构、线路、装配方式应尽可能简单，并宜采用集成化、一体化、模块化的设计方式。

A.2.1.3 尽可能采用成熟的标准结构件和典型单元电路等通用器件。

A.2.1.4 按系列化设计思路，在原有成熟产品基础上逐步进行扩展，在老产品的基础上借鉴或采纳新技术。

A.2.1.5 对组成系统的设备，最大限度地选用成熟的、性能价格比高的标准件、通用件。

A.2.1.6 野外工作产品应尽可能不用交流电。对于使用交流电的产品，应考虑备有备用电源，并能在交流断电时自动或手动切换。对于使用直流电的产品，应具备电源反向保护功能。

A.2.1.7 产品总体设计中除应考虑硬件的可靠性外，还应考虑软件的可靠性。

A.2.1.8 应减少元器件规格品种，提高元器件复用率，使元器件品种规格与数量比减少到最小程度。

A.2.1.9 对产品总体设计方案须进行可靠性预计，预计结果达不到可靠性指标的，应修改总体方案或另选方案。

A.2.2 元器件的选用

A.2.2.1 设计阶段应选用已被实践证明符合有关标准的优质元器件。在性能、条件相同情况下，应尽量选用低失效率的元器件。

A.2.2.2 根据电路工作参数和整机使用环境条件，应选用既能满足要求，又能使元器件在低于额定应力条件下工作。

A.2.2.3 应尽量选用功耗低、集成度高、无需调试或少调试的元器件。

A.2.2.4 应避免或少用接插件、继电器、开关件及旋转型电器零件。对插件、继电器、开关件的电气触点应有优良的镀覆层，具有一定抗腐蚀能力。

A.2.2.5 对在脉冲工作下的元器件，应留有较大的电流裕量、足够的驱动能力和良好的频率特性。

A.2.2.6 应选择密封性和防潮性较好的元器件。

A.2.2.7 应选用经过加电、老化筛选的元器件。

A.2.3 机械零部件的设计

A.2.3.1 应根据机械零部件在产品结构功能中所起作用，提出不同的目标可靠度，具体推荐见表 A.5：

表 A.5 机械零部件可靠度推荐表

序号	情　况	设计方法	可靠度推荐值
1	重要的机械零部件失效，将导致仪器完全不能工作	可靠性设计方法	0.999 991～0.999 999 0
2	比较重要的机械零部件失效，将影响仪器测量精度	可靠性设计方法	0.999 1～0.999 90
3	一般的机械零部件失效只引起可以忽略的后果	传统的设计方法	—

A.2.3.2 机械零部件设计中应充分考虑零件的疲劳、磨损、振动而造成的可靠性缺陷，并在设计过程

中予以解决。

A.2.3.3 机械零部件材料的选用应尽量考虑材料的抗腐蚀、可加工性等因素。在采用工程塑料、橡胶等作为材料时，还应考虑温度变化情况下，材料的老化、嵌件的内应力等影响可靠性的有关因素。

A.2.3.4 机械零部件的可靠性与其制造工艺关系密不可分，对每一个机械零件均应确定合理的加工工艺，并有足够的工模具配合，保证零件加工一致性。

A.2.4 电路稳定性

A.2.4.1 电路设计应选用器件手册优选推荐的、成熟的或经过实践证明高可靠性的电路，对电路的设计，要考虑到电源波动、干扰等不利影响。为避免仪器在干扰下"死循环"和"程序走飞"等情况的发生，应采取相应的硬、软件措施。

A.2.4.2 根据产品使用场合，在温、湿度变化范围内采取切实可行的措施，以确保电路工作的稳定性，如元器件的降额设计使用等。

A.2.4.3 产品的输入、输出端应具有防范雷电破坏和抗干扰措施。

A.2.4.4 产品的信号输出或数据传输，以有线传输时一般应采用良好的接地及产品的屏蔽、滤波等措施；以无线传输时则应满足专有通讯规范要求。

A.2.4.5 对本身散发热量的产品应进行热设计。

A.2.4.6 产品电磁兼容性设计应从抑制干扰源、切断或减弱干扰的传递、提高产品的抗干扰能力等方面着手，采取屏蔽、滤波、接地、电路保护、合理的布局和布线等措施。

A.2.5 结构工艺的可靠性设计

A.2.5.1 防潮湿、盐雾及霉菌设计，对产品可靠性至关重要。对在野外、廊道或近水环境工作的岩土工程仪器产品，均需采用密封、三防及一定IP防护等工艺处理。

A.2.5.2 产品结构应能适应正常运输条件下抗震要求，能抵抗一定强度的振动与冲击，不致因运输中震动，导致机械结构失效，元器件损坏。

A.2.5.3 机械零件应制定详细、合理的制造工艺；印制电路应采用计算机辅助设计，元器件排列方式应合理，锡焊工艺符合有关规定，印制板应有专门处理工艺。

A.2.5.4 产品在制造过程中应根据零部件数量，确定一个合适的工装系数。

A.2.5.5 产品的包装应保证在正常的贮运、装卸条件下，不致因包装不善，而引起产品损坏、散失、锈蚀、长霉和精度降低等。

A.2.6 维修性、安全性设计

A.2.6.1 对于岩土工程仪器中的可维修产品，为提高产品的利用率，设计要求如下：

a) 结构简单，易拆，易装，易调，易换；

b) 尽量采用标准件、通用件；

c) 采用模块化设计，以利故障的发现、判别、排除。

A.2.6.2 对于岩土工程仪器中涉及到人身或工程安全的产品，设计要求如下：

a) 防渗漏设计。工作在水下或在野外的有密封要求的产品，应有严格的密封措施，以防止渗漏；

b) 防触电设计。机外可触及部分绝不应带电，可触及部分和带电元件之间要有严格的绝缘，并需经受住电涌冲击、高温、高湿等各种严酷条件的试验。对机内高压部分，应有明显的文字警告标示，在结构设计上要求正确选用绝缘材料、绝缘层、绝缘处理；

c) 防燃烧设计。对采用蓄电池供电的产品应具有防短路和过流的措施。对个别高压元器件、发热元器件，电路中的大功率传输点，均应采取相应防护措施；

d) 防意外超载设计。对负载一定重量的零部件，如悬索、钢丝绳、钢带等，其承重能力应留较充裕余量。

附 录 B
（资料性附录）
岩土工程仪器可靠性试验报告

岩土工程仪器可靠性试验报告

产品名称：____________________

规格型号：____________________

拟　　制：____________________

批　　准：____________________

试验单位或机构

年　　月　　日

<table>
<tr><td colspan="2">产品名称</td><td colspan="2"></td><td>产品牌号</td><td></td><td>产品型号</td><td></td></tr>
<tr><td colspan="2">研制单位</td><td colspan="3"></td><td>制造日期</td><td colspan="2"></td></tr>
<tr><td colspan="2">抽样数/批量</td><td colspan="2"></td><td>产品程式</td><td colspan="3">分立、集成、混合、其他</td></tr>
<tr><td colspan="2">主要技术
性能</td><td colspan="6"></td></tr>
<tr><td colspan="2">试验目的</td><td colspan="6"></td></tr>
<tr><td colspan="2">试验要求</td><td colspan="6"></td></tr>
<tr><td colspan="2">试验时间</td><td colspan="3">年　月　日至　年　月　日</td><td>试验地点</td><td colspan="2"></td></tr>
<tr><td colspan="2">试验类别</td><td colspan="3"></td><td>预计值 θ_P</td><td colspan="2"></td></tr>
<tr><td rowspan="4">抽
样
方
案</td><td>生产方风险 d</td><td colspan="3"></td><td colspan="2">使用方风险 β</td><td></td></tr>
<tr><td>接收水平 θ_0</td><td colspan="3"></td><td colspan="2">拒收水平 θ_1</td><td></td></tr>
<tr><td>试验鉴别比 D_m</td><td colspan="3"></td><td colspan="2"></td><td></td></tr>
<tr><td>累计试验时间 T</td><td colspan="3"></td><td colspan="2"></td><td></td></tr>
<tr><td></td><td>允许故障次数 r_0</td><td colspan="3"></td><td colspan="2"></td><td></td></tr>
<tr><td rowspan="5">试
验
条
件</td><td>温度/℃</td><td></td><td>相对湿度/%</td><td></td><td colspan="2">振动(或冲击)</td><td></td></tr>
<tr><td>电压</td><td></td><td>负载条件</td><td></td><td colspan="2">信号要求</td><td></td></tr>
<tr><td>设备操作</td><td></td><td>功能模式</td><td></td><td colspan="2"></td><td></td></tr>
<tr><td></td><td></td><td></td><td></td><td colspan="2"></td><td></td></tr>
<tr><td>维护措施</td><td colspan="2"></td><td></td><td colspan="2">维护时间间隔</td><td></td></tr>
</table>

工作循环				
	测试方法		测试间隔时间	
试验情况	测试项目			
	仪表要求			
试验中的有关规定				
失效判据				

MTBF 的估计	累计试验时间		总相关失效次数 r	
	MTBF 的观察值 θ		区间置信度 C	
	MTBF 的下限因子		MTBF 的上限因子	
	MTBF 的验证值	θ=　　　　%(　　)		
分析结论				

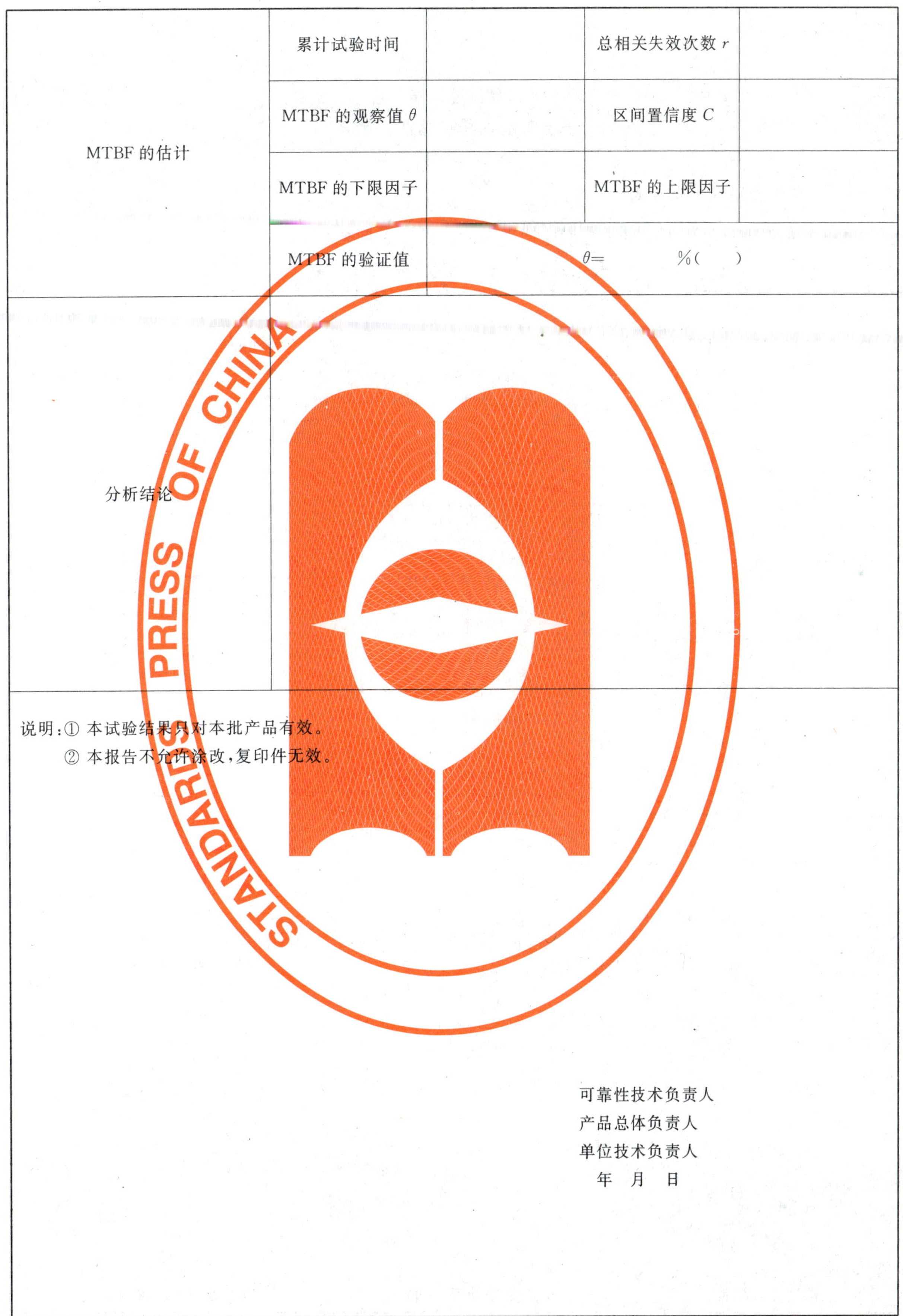

说明:① 本试验结果只对本批产品有效。

② 本报告不允许涂改,复印件无效。

可靠性技术负责人

产品总体负责人

单位技术负责人

年　月　日

附 录 C
（资料性附录）
岩土工程仪器可靠性记录表

C.1 现场使用通用故障统计表

岩土工程仪器可靠性数据采集现场使用通用故障统计表见表 C.1。

表 C.1 现场使用通用故障统计表

设备名称				型号规格	使用地点		年平均温度
统计时间	自 年 月 日至 年 月 日			年平均湿度	年极限温度		年极限湿度
故障情况	故障日期	机号	故障现象	故障部位	原因分析及处理	中断时间	维修时间
	设备总台数		在用各台设备安装日期				
	总故障数						
	总工作时间/台时						
	总维修时间/台时						
填表人姓名		填表日期		填表单位盖章			
数据处理（由工厂进行，主要包括计算公式，风险率的计算，X^2 值和结果）							
备注							
数据处理人姓名		数据处理日期		数据处理单位盖章日			

C.2 大坝监测仪器成活率原始数据统计表

大坝监测仪器(含现场传感器)可靠性数据采集现场使用通用故障统计表见表 C.2。

表 C.2 大坝监测仪器成活率原始数据统计表

系统名称		运行时间	自　年　月　日至　年　月　日			
仪器名称		型号规格				
产品制造商		系统用户				
安装地点		安装方式				
年均温、湿度		年极限温、湿度				
系统同型仪器(传感器)成活率情况/%	安装成活率		系统可靠性(关联性)分析	关联性失效	无信号数据	
	首年成活率				数据不连续	
	三年成活率				数据异常	
	五年成活率				数据超差	
	十年成活率			非关联性失效	线缆破损	
	十五年成活率				施工损毁	
	二十年成活率				操作失误	
	二十年以上成活率				人为破坏等	
系统中间测量装置(MCU)运行情况	连续工作时间/h		累计故障次数			
系统中央控制装置(CCU)运行情况	连续工作时间/h		累计故障次数			
传感器群布数量	故障台数	机器号	主要故障现象	故障时间	具体原因	备注
系统及设备可靠性基本评价:						
传感器可靠性基本评价:						
填表人姓名		填表日期		填表单位(盖章)		

参 考 文 献

[1] GB/T 7289—1987 可靠性、维修性与有效性预计报告编写指南.

[2] GB 7828—1987 可靠性设计评审.

ICS 25.040.20
J 54

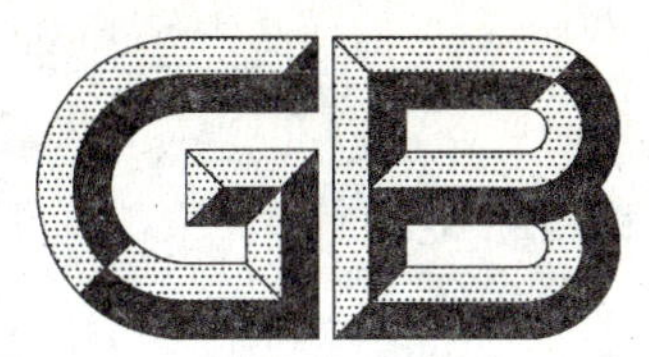

中华人民共和国国家标准

GB/T 24109—2009

数控雕铣机

CNC engraving and milling machine

2009-06-12 发布　　　　2009-12-01 实施

中华人民共和国国家质量监督检验检疫总局
中国国家标准化管理委员会　发布

前　言

本标准的附录 A 和附录 B 为资料性附录。

本标准由中国轻工业联合会提出。

本标准由全国轻工机械标准化技术委员会归口。

本标准起草单位：宁波市凯博数控机械有限公司、宁波辰光数控机械设备有限公司。

本标准主要起草人：俞永达、何枫。

数 控 雕 铣 机

1 范围

本标准规定了数控雕铣机的技术要求、试验方法和检验规则。

本标准适用于龙门式数控雕铣机床(以下简称产品),其他形式的数控雕铣机、数控雕刻机亦可参照使用。

2 规范性引用文件

下列文件中的条款通过本标准的引用而成为本标准的条款。凡是注日期的引用文件,其随后所有的修改单(不包括勘误的内容)或修订版均不适用于本标准,然而,鼓励根据本标准达成协议的各方研究是否可使用这些文件的最新版本。凡是不注日期的引用文件,其最新版本适用于本标准。

GB 5226.1 机械安全 机械电气设备 第1部分:通用技术条件

GB/T 6576 机床润滑系统

GB/T 7932 气动系统通用技术条件

GB/T 9061—2006 金属切削机床 通用技术条件

GB 15760 金属切削机床 安全防护通用技术条件

GB/T 16769—1997 金属切削机床 噪声声压级测量方法

GB/T 17421.1—1998 机床检验通则 第1部分:在无负荷或精加工条件下机床的几何精度

GB/T 17421.2—2000 机床检验通则 第2部分:数控轴线的定位精度和重复定位精度的确定

GB/T 19449.1—2004 带有法兰接触面的空心圆锥接口 第1部分:柄部—尺寸

GB/T 19449.2—2004 带有法兰接触面的空心圆锥接口 第2部分:安装孔—尺寸

JB/T 8832 机床数控系统 通用技术条件

3 术语和定义

下列术语和定义适用于本标准。

3.1

数控雕铣机 CNC engraving and milling machine

同时具有雕刻和铣削加工能力的数控机床。

3.2

高强度数控雕铣机 high strength CNC engraving and milling machine

能进行高强度切削的数控雕铣机床。

3.3

高速数控雕铣机 high speed CNC engraving and milling machine

最大进给速度不低于15 m/min的数控雕铣机床。

3.4

数控雕铣中心 CNC engraving and machining center

装有自动换刀装置(ATC)的数控雕铣机床。

3.5

高速数控雕铣中心 high speed CNC engraving and machining center

装有自动换刀装置(ATC),并且最大进给速度不低于15 m/min的数控雕铣机床。

3.6

可加工转速　spindle speed capable of machining

能长时间、不间断、稳定的加工转速。

3.7

主轴系统　main spindle system

数控雕铣机的主传动系统。

注：自动换刀装置(ATC)包括刀柄 1∶10 锥度(如:HSK 刀柄)、刀柄 7∶24 锥度(如:BT 刀柄)等。

4　技术要求

4.1　一般要求

4.1.1　产品各部件及装置应布局合理、高度适中，便于操作者观察加工区域。机床应排屑方便。

4.1.2　产品的手柄、按钮等应布局合理、操作方便，并符合有关标准的规定。

4.1.3　产品应装、拆、调整和维修方便。整体或拆分运输的机床应符合运输和装载的要求。

4.2　附件和工具

4.2.1　应随机供应的附件和工具见表 1：

表 1

名　　称	用　　途	数　　量
专用扳手	安装调整和拆、装机床	1 套
夹头	安装刀具	至少 1 只
垫脚调节块	安装机床	1 套
水箱、水泵	冷却主轴	1 套
水箱、水泵	冷却刀具	1 套
手轮	调试加工	1 套
工具箱	放置工具	1 只

4.2.2　按协议可供应下列特殊附件和工具：

a)　旋转坐标轴；

b)　工件压板；

c)　万能磨刀机；

d)　对刀仪；

e)　分中棒；

f)　风冷机(主轴冷却用)；

g)　水冷机(主轴冷却用)；

h)　制冷器(电箱冷却用)；

i)　五轴联动套件；

j)　刀库(包括 BT 系列、HSK 系列等刀库)；

k)　其他。

4.3　电气系统

应符合 GB 5226.1 的规定。

4.4　数控系统

应符合 JB/T 8832 的规定。

4.5　气动系统

应符合 GB/T 7932 的规定。

4.6 润滑系统

应符合 GB/T 6576 的规定。

4.7 冷却系统

产品的冷却系统应保证冷却充分、可靠；各部位均不应渗漏。切削冷却液不应混入润滑系统。

4.8 安全卫生

产品上有可能对人身健康或对设备易造成损伤的部分，应采取相应措施，安全防护装置和保险装置应符合 GB 15760 的规定。

4.9 噪声

空运转时，产品的整机噪声声压级不应超过 80 dB(A)。

4.10 外观质量

应符合 GB/T 9061—2006 中 3.15 的规定。

4.11 随机技术文件

产品随机技术文件应包括使用说明书、合格证明书和随机清单。

4.12 雕铣刀柄系统

应满足雕铣加工的定位精度、动平衡性、刚度和阻尼特性的要求。带松拉刀机构的产品（包括装有自动换刀装置的产品）宜采用 HSK 刀柄系统。HSK 刀柄主轴部分应符合 GB/T 19449.2—2004 的规定；HSK 刀柄部分应符合 GB/T 19449.1—2004 的规定。其他刀柄系统应符合相关标准的规定。

4.13 结构和性能

4.13.1 产品的性能和结构应能同时满足“雕”和“铣”的功能。

4.13.2 雕刻加工

主轴最高可加工转速不应低于 12 000 r/min，主轴运转时应平稳、可靠、无异常噪声和振动，主轴温度不应超过 70 ℃，温升不应超过 40 ℃。

4.13.3 铣削加工

在铣削加工中等以上强度金属材料（如：铸铁 HT200、45 号钢）时：

a) 数控雕铣机：主轴转速不高于 3 600 r/min、使用直径不小于 10 mm 的刀具时，产品的各运动机构应平稳、可靠、无异常噪声和振动，主轴温度不应超过 70 ℃，温升不应超过 40 ℃；

b) 高强度数控雕铣机：主轴转速不高于 3 000 r/min、使用直径不小于 16 mm 的 R4 刀具时，产品的各运动机构应平稳、可靠、无异常噪声和振动，主轴温度不应超过 70 ℃，温升不应超过 40 ℃；

c) 高速数控雕铣机：除应满足数控雕铣机基本的“雕”和“铣”性能外，最大进给速度应不低于 15 m/min。加工时产品的各运动机构应平稳、可靠、无异常噪声和振动，主轴温度不应超过 70 ℃，温升不应超过 40 ℃；

d) 数控雕铣中心：除包含有数控雕铣机的基本性能外，还应装有自动换刀装置（ATC）。加工时产品的各运动机构应平稳、可靠、无异常噪声和振动，主轴温度不应超过 70 ℃，温升不应超过 40 ℃；

e) 高速数控雕铣中心：除包含有高速数控雕铣机的基本性能外，还应装有自动换刀装置（ATC）。加工时产品的各运动机构应平稳、可靠、无异常噪声和振动，主轴温度不应超过 70 ℃，温升不应超过 40 ℃。

5 试验方法

5.1 一般要求

5.1.1 产品检验时，应注意防止气流、光线和热辐射的干扰。产品应防止受环境温度变化的影响，检具在使用前应与机床等温。

STANDARDS PRESS OF CHINA

5.1.2 检验与验收前,应将产品安置在适当的基础上,按照制造厂的使用说明书调平产品,并应符合相应的精度检验标准中所规定的安装要求。

5.1.3 检验过程中,不应调整影响产品精度和性能的机构和零件。

5.1.4 检验应在制造完毕的成品上进行,特殊情况下可按制造厂的使用说明书拆卸某些零、部件。

5.1.5 产品由于结构上的限制或不具备规定的测试工具时,可用与标准有同等效果的方法代替。

5.2 成套性检验

应配齐保证产品基本性能要求所必需的附件、专用工具及随机技术文件。外购件应有合格证书和保修单,对扩大使用性能的特殊附件应根据供需双方协议供应。

5.3 电气系统

应按 GB 5226.1 的要求进行检验,并符合 4.3 的规定。

5.4 数控系统

应按 JB/T 8832 的要求进行检验,并符合 4.4 的规定。

5.5 气动系统

应按 GB/T 7932 的要求进行检验,并符合 4.5 的规定。

5.6 润滑系统

应按 GB/T 6576 的要求进行检验,并符合 4.6 的规定。

5.7 冷却系统

应按相应标准进行检验,并符合 4.7 的规定。

5.8 安全卫生

安全防护装置和保险装置应按 GB 15760 的要求进行检验,并符合 4.8 的规定。

5.9 噪声

噪声声压级的测量可参照 GB/T 16769—1997 规定的方法和仪器进行。所测产品空载的噪声应符合 4.9 的规定。

5.10 外观质量

目测产品外观质量,并符合 4.10 的规定。

5.11 空运转试验

5.11.1 主轴温升试验

产品应在无负荷状态下进行空运转。试验时,主轴应从最低转速(≤3 000 r/min)起,以每级 1 000 r/min 的增速依次运转,每级速度的运转时间不应少于 2 min。在最高转速(≥12 000 r/min)下运转时间不应少于 1 h,使主轴轴承达到稳定温度。在靠近主轴轴承处检验其温度和温升,温度不应超过 60 ℃,温升不应超过 30 ℃。

5.11.2 主轴运转试验

产品应在无负荷状态下进行空运转。试验时,主轴应从最低转速(≤3 000 r/min)起,以每级 1 000 r/min 的增速依次运转至最高转速(≥12 000 r/min),逐级检验主轴的转速,主轴运转应平稳、可靠,主轴转速的实际偏差不应超过测试值的±10%。

5.11.3 进给机构运动检验

a) 空运转时,做低、中、高进给速度试验,进给机构应平稳、可靠,高速数控雕铣机和高速数控雕铣中心的最大进给速度不应低于 15 m/min;

b) 进给速度的实际偏差不应超过测试值的±10%。

5.11.4 空运转功率试验(抽查)

在主轴空运转至额定转速并稳定后,主轴的空运转功率和主轴额定功率之比不应超过 20%。

5.11.5 整机连续空运转试验

产品可在全部功能下模拟工作状态做不切削连续空运转试验,其连续运转时间应不少于 48 h。连续运转试验过程中不应发生故障,如出现异常或故障,在查明原因进行调整或排除后,应重新开始试验。试验时,自动循环应包括所有功能和全部工作范围,各次自动循环之间的休止时间应不超过 1 min。

5.12 动作试验

5.12.1 用中等速度检验主轴的起动、停止,观察反应是否灵敏可靠,连续反复操作应不少于 10 次;对有反转功能的主轴还应做正、反转检验。

5.12.2 用中等速度检验进给运动机构的正转、反转、点动,观察反应是否灵敏可靠,连续反复操作应不少于 10 次。

5.12.3 反复变换主轴转速,检查变速是否平稳、可靠和指示的准确性。

5.12.4 反复变换进给运动的速度,检查变速是否平稳、可靠和指示的准确性。

5.12.5 对装有松拉刀的主轴,应进行连续不少于 5 次的锁刀、松刀和吹气的动作试验,动作应灵活、可靠、准确。

5.12.6 高速数控雕铣中心和数控雕铣中心应对刀库以任选方式进行每把刀具不少于 2 次的自动换刀试验,刀库上刀具配置应包括设计规定的最大质量、最大长度和最大直径的刀具,要求换刀动作应灵活、可靠、准确,换刀装置的承载质量和换刀时间应符合设计规定。

5.12.7 检验装卸工件、刀具和附件等装置是否灵活、可靠。

5.12.8 对装有对刀仪、旋转坐标轴、五轴联动套件等装置的产品,应进行连接试运转,并检查是否灵活、可靠。

5.12.9 对数控系统的各项功能进行动作试验,检验是否灵活、准确、可靠。

5.13 负荷试验

5.13.1 主轴系统最大扭矩的试验

a) 在主轴可加工转速范围内,选用适当的主轴转速,采用铣削方式进行试验,通过改变进给量或切削深度,使产品达到最大扭矩,检验产品主轴系统是否平稳、可靠和运动是否准确。产品主传动系统最大扭矩的试验及近似算法参见附录 A;

b) 试验用切削刀具应使用直径不小于 10 mm 的端铣刀,其中高强度数控雕铣机应使用直径不小于 16 mm 的 R4 以上铣刀;

c) 试件材料应采用 HT200 铸铁或 45 号钢。

5.13.2 最大切削抗力的试验

a) 在主轴可加工转速范围内,选用适当的主轴转速,采用铣削方式进行试验,通过改变进给量或切削深度,使产品达到最大切削抗力,检验产品主轴系统是否灵活、可靠,过载保险装置是否正常、可靠。产品最大切削抗力的试验及近似算法参见附录 B;

b) 试验用切削刀具应使用直径不小于 10 mm 的端铣刀,其中高强度数控雕铣机应使用直径不小于 16 mm 的 R4 以上铣刀;

c) 试件材料应采用 HT200 铸铁。

5.13.3 主轴系统达到最大功率的试验(抽查)

a) 在主轴可加工转速范围内,选用适当的主轴转速,采用铣削方式进行试验,通过改变进给量或切削深度,使产品主轴达到最大功率,检验产品各部分工作状态及电气系统是否稳定、可靠,无异常噪声及振动,并记录金属切除率,单位为 cm^3/min;

b) 试验用切削刀具应使用直径不小于 10 mm 的端铣刀,其中高强度数控雕铣机应使用直径不小于 16 mm 的 R4 以上铣刀;

c) 试件材料应采用 45 号钢。

5.13.4 承载工件最大质量的运转试验(抽查)

工作台固定式产品(如:动梁龙门式产品)可不试验。

a) 用设计规定的承载工件最大质量的重物置于工作台面上,使其载荷均匀;

b) 分别以最低、最高进给速度使工作台运行。用最低进给速度运行时，一般在行程的两端和中间三处进行，工作台在每处移动距离不应少于 20 mm。用最高进给速度运行时，应在工作台的全行程上进行，分别往复一次和五次。其中高速型产品(如:高速数控雕铣机和高速数控雕铣中心)的最大快速进给速度不应低于 15 m/min。产品运行应平稳、可靠，以低进给速度运行时，工作台应无爬行现象。

5.13.5 雕铣性能检验

5.13.5.1 雕刻加工

雕刻加工性能检验宜按下列要求进行:

a) 刀具:R1.5 的 2 刃球型立铣刀；
b) 刀具材料:硬质合金；
c) 主轴转速:≥12 000 r/min；
d) 试件材料:45 号钢；
e) 试件加工表面粗糙度:加工圆弧曲面 Ra 值不应大于 2.5 μm；
f) 连续加工时间不少于 1 h，在靠近主轴轴承处检验其温度和温升，温度不应超过 70 ℃，温升不应超过 40 ℃。主轴转速应稳定，不应有异常的尖叫声和冲击声。

5.13.5.2 铣削加工

铣削加工性能检验宜按下列要求进行:

a) 刀具:直径为 10 mm 的 2 刃平底端铣刀；
b) 刀具材料:硬质合金；
c) 主轴转速:≤5 000 r/min；
d) 切削深度:0.5 mm；
e) 切削刀间距:D(刀具直径)×80%；
f) 进给速度:300 mm/min；
g) 试件材料:HT200；
h) 试件加工表面粗糙度:铣平面 Ra 值不应大于 3.2 μm；
i) 连续加工时间不少于 1 h，在靠近主轴轴承处检验其温度和温升，温度不应超过 70 ℃，温升不应超过 40 ℃。机床的各运动机构应平稳、可靠、无异常噪声和振动。

5.13.5.3 高强度铣削加工

高强度铣削加工性能检验宜按下列要求进行:

a) 刀具:直径为 16 mm 的 2 刃 R4 可转位刀片铣刀；
b) 刀具材料:硬质合金；
c) 主轴转速:≤3 000 r/min；
d) 切削深度:0.5 mm；
e) 切削刀间距:D(刀具直径)$-2R$(刀具 R 角半径)；
f) 进给速度:400 mm/min；
g) 试件材料:HT200；
h) 试件加工表面粗糙度:铣平面 Ra 值不应大于 3.2 μm；
i) 连续加工时间不少于 1 h，在靠近主轴轴承处检验其温度和温升，温度不应超过 70 ℃，温升不应超过 40 ℃。机床的各运动机构应平稳、可靠、无异常噪声和振动。

5.13.5.4 最高可加工转速检验

a) 主轴转速:按产品所规定的最高转速进行加工，最高转速不应低于 12 000 r/min；
b) 试件材料:45 号钢；
c) 试件加工表面粗糙度:加工圆弧曲面 Ra 值不应大于 2.5 μm；

d) 连续加工时间不少于1 h，在靠近主轴轴承处检验其温度和温升，温度不应超过70 ℃，温升不应超过40 ℃。主轴转速应稳定，不应有异常的尖叫声和冲击声。

5.13.5.5 最低可加工转速检验

a) 主轴转速：按产品所规定的最低转速进行加工，最低转速不得高于5 000 r/min；

b) 刀具：直径为10 mm的2刃平底端铣刀；

c) 刀具材料：硬质合金；

d) 切削深度：0.5 mm；

e) 切削刀间距：D(刀具直径)×80%；

f) 进给速度：300 mm/min；

g) 试件材料：HT200；

h) 试件加工表面粗糙度：铣平面 Ra 值不应大于3.2 μm；

i) 连续加工时间不少于1 h，在靠近主轴轴承处检验其温度和温升，温度不应超过70 ℃，温升不应超过40 ℃。机床的各运动机构应平稳、可靠、无异常噪声和振动。

5.13.5.6 高强度数控雕铣机最低可加工转速检验

a) 主轴转速：按产品所规定的最低转速进行加工，最低转速不得高于3 000 r/min；

b) 刀具：直径为16 mm的2刃平底端铣刀；

c) 刀具材料：硬质合金；

d) 切削深度：0.5 mm；

e) 切削刀间距：D(刀具直径)×80%；

f) 进给速度：300 mm/min；

g) 试件材料：HT200；

h) 试件加工表面粗糙度：铣平面 Ra 值不应大于3.2 μm；

i) 连续加工时间不少于1 h，在靠近主轴轴承处检验其温度和温升，温度不应超过70 ℃，温升不应超过40 ℃。机床的各运动机构应平稳、可靠、无异常噪声和振动。

5.14 精度检验

5.14.1 精度检验一般要求

a) 检验项目可根据需要，由用户和制造厂协商确定，但应在订货协议中明确。

b) 检验工具可使用相同指示器或具有至少相同精度的其他检验工具。指示器分辨率应不低于0.001 mm。

c) 当实测长度与本标准规定的长度不一致时，公差应根据GB/T 17421.1—1998中2.3.1.1的规定，按能够测量的长度折算。折算结果小于0.001 mm时，仍按0.001 mm计。

d) 工作精度检验应在精加工后进行。

e) 检验时，各部分运动应手动(或用低速机动)。负荷试验前后(不做负荷试验的产品在空转后)均应检验产品的几何精度。

f) 检验时，环境温度应保持在：

  1) 普通级20 ℃±20 ℃内；

  2) 精密级20 ℃±5 ℃内；

  3) 高精密级在20 ℃±2 ℃内。

g) 参照GB/T 17421.1—1998中的3.1调整机床安装水平，水平仪读数在纵向和横向的读数均不超过：

  1) 普通级为0.030/1 000；

  2) 精密级与高精密级为0.020/1 000。

h) 凡与温度有关的精度检验项目(G9、G10、G11)，应在中速稳定温度时进行检验。

5.14.2 **轴线**

a) 定梁龙门式产品:操作者站在机床的正面加工时,轴线见图 1;

b) 定梁龙门式产品:操作者站在机床的侧面加工时,轴线见图 2;

c) 动梁龙门式产品:轴线见图 3。

注:在精度检验时,凡是需要工作台移动检验的,对工作台固定的产品(如:动梁龙门式产品)应换成横梁移动。

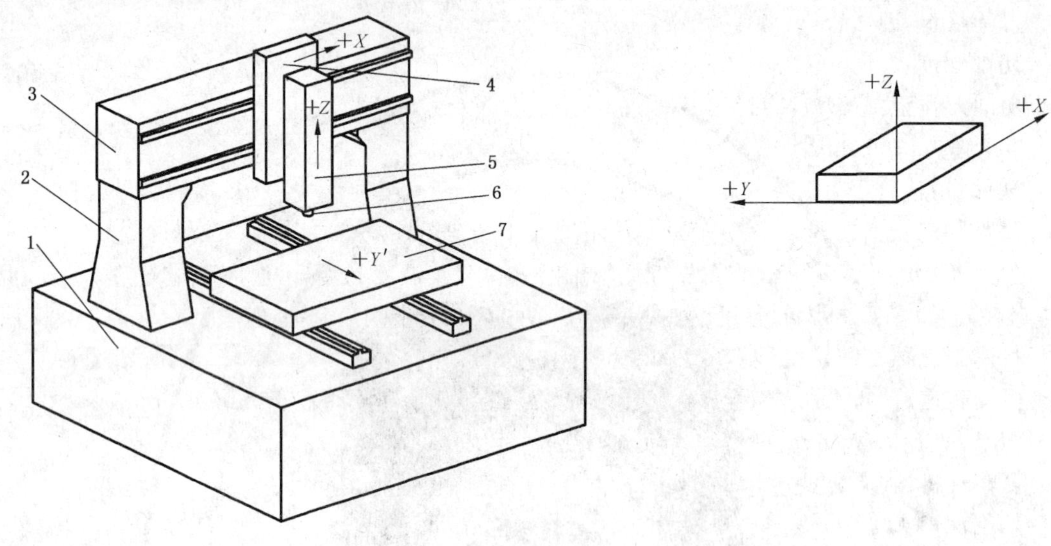

1——床身;

2——立柱;

3——横梁;

4——拖板;

5——垂直铣头;

6——主轴;

7——工作台。

图 1

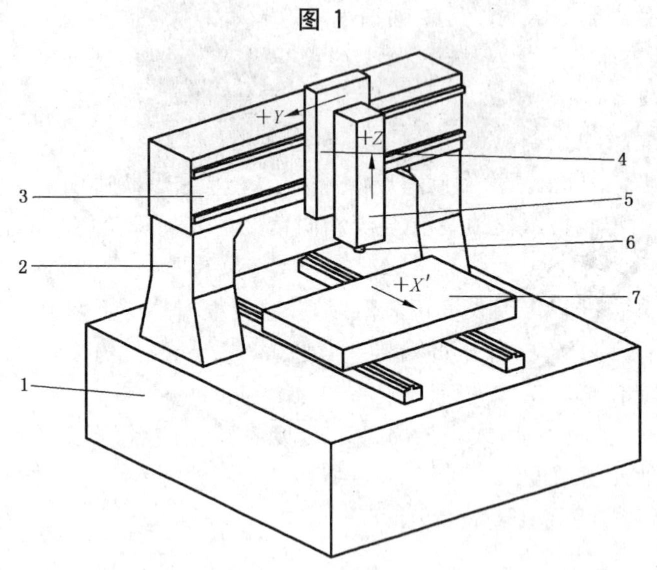

1——床身;

2——立柱;

3——横梁;

4——拖板;

5——垂直铣头;

6——主轴;

7——工作台。

图 2

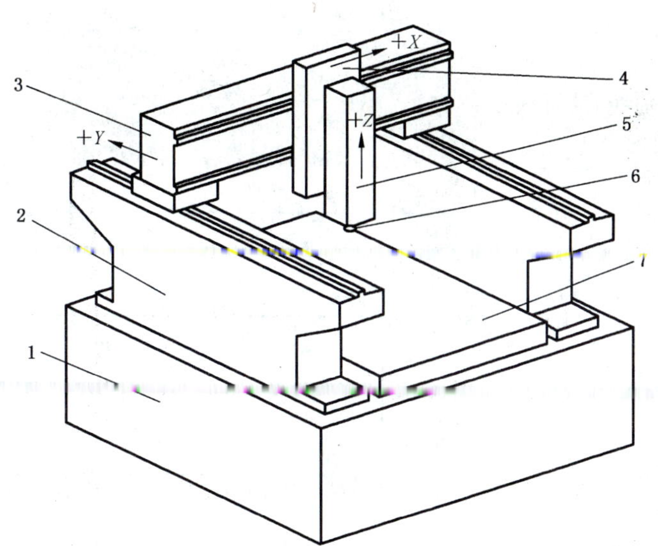

1——床身；

2——立柱；

3——横梁；

4——拖板；

5——垂直铣头；

6——主轴；

7——工作台。

图 3

5.14.3 几何精度检验

5.14.3.1 直线度

检验项目 G1

工作台面移动(*Y* 轴线)的直线度:

a) 在 *YZ* 垂直面内;

b) 在 *XY* 水平面内。

简图

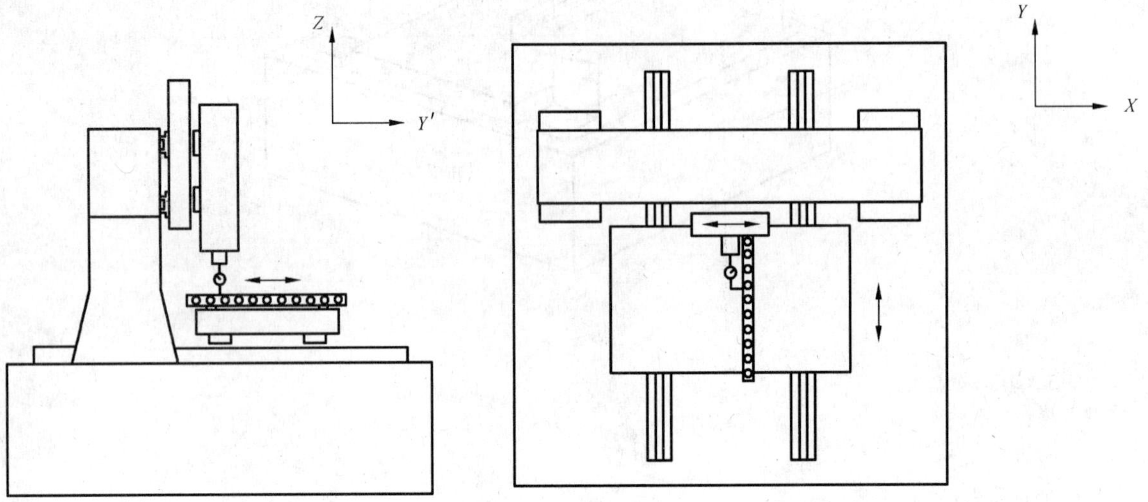

Z Y′ Y X

a) b)

图 4

允差

a) 测量长度≤1 000 mm 时:

1) 普通级:≤0.030;

2) 精密级:≤0.020;

3) 高精密级:≤0.012。

b) 测量长度超过 1 000 mm,长度每增加 1 000 mm 时:

1) 普通级:允差增加 0.010,最大允差为 0.050;

2) 精密级:允差增加 0.005,最大允差为 0.030;

3) 高精密级:允差增加 0.005,最大允差为 0.020。

c) 任意 300 mm 测量长度内:

1) 普通级:≤0.016;

2) 精密级:≤0.010;

3) 高精密级:≤0.006。

检验工具

平尺、指示器、量块、或其他光学仪器。

检验方法(参照 GB/T 17421.1—1998 的有关条文 5.2.1.2.1.1 和 5.2.1.2.1.5)

a) 在工作台面上平行于工作台移动方向,按图 4 所定位置放置平尺;

b) 调整平尺,使其在测量长度两端的读数相等;

c) 在 *Z* 轴上固定指示器,使指示器测头垂直触及平尺表面;

d) 移动工作台检验;

e) 误差以指示器读数的最大差值计。

检验项目	G2
拖板横向移动(*X* 轴线)的直线度： a) 在 *XZ* 垂直面内； b) 在 *XY* 水平面内。	

简图

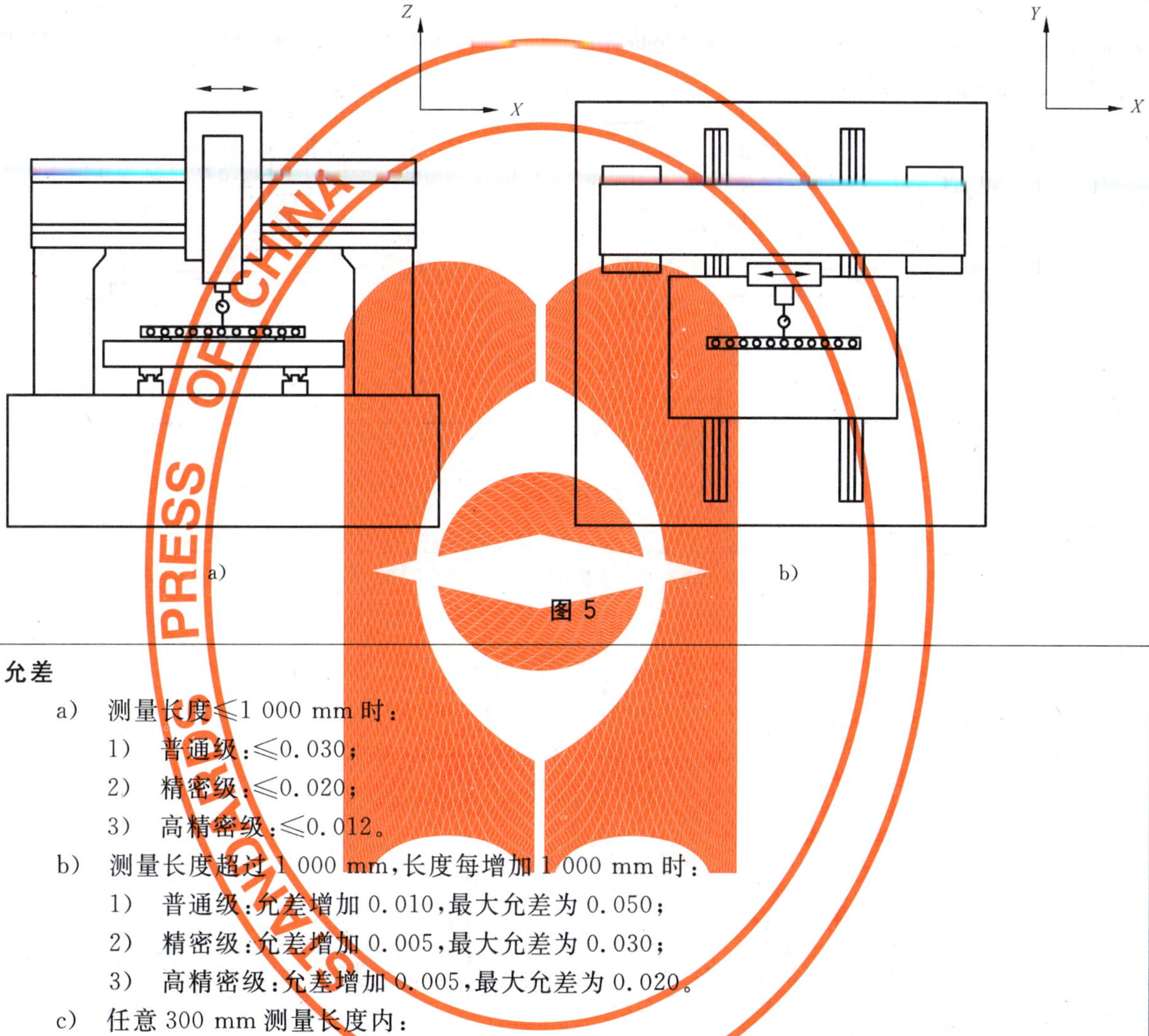

图 5

允差

a) 测量长度≤1 000 mm 时：
 1) 普通级：≤0.030；
 2) 精密级：≤0.020；
 3) 高精密级：≤0.012。

b) 测量长度超过 1 000 mm，长度每增加 1 000 mm 时：
 1) 普通级：允差增加 0.010，最大允差为 0.050；
 2) 精密级：允差增加 0.005，最大允差为 0.030；
 3) 高精密级：允差增加 0.005，最大允差为 0.020。

c) 任意 300 mm 测量长度内：
 1) 普通级：≤0.016；
 2) 精密级：≤0.010；
 3) 高精密级：≤0.006。

检验工具

平尺、指示器、量块、或其他光学仪器。

检验方法(参照 GB/T 17421.1—1998 的有关条文 5.2.1.2.1.1 和 5.2.1.2.1.5)

a) 在工作台面上平行于拖板移动方向，按图 5 所定位置放置平尺；
b) 调整平尺，使其在测量长度两端的读数相等；
c) 在拖板上固定指示器，使指示器测头垂直触及平尺表面；
d) 移动横向移动拖板(*X* 轴线)检验；
e) 误差以指示器读数的最大差值计。

STANDARDS PRESS OF CHINA

检验项目 G3

垂直铣头上下移动(*Z* 轴线)的直线度:

a) 在纵向平面(*ZY* 面)内;

b) 在横向平面(*ZX* 面)内。

简图

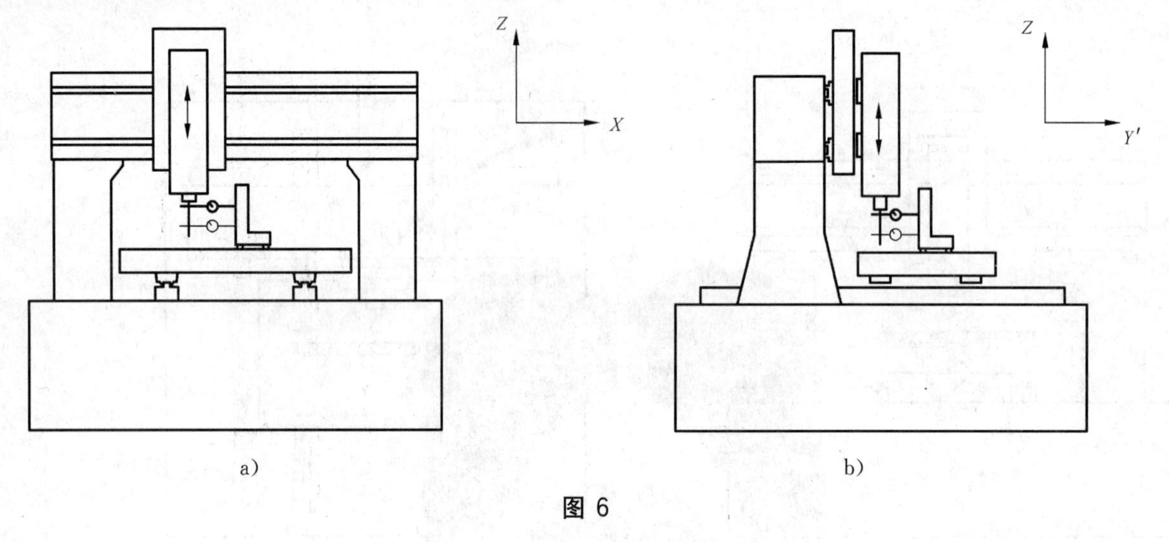

图 6

允差

a) 测量长度≤500 mm 时:

1) 普通级:≤0.020;

2) 精密级:≤0.016;

3) 高精密级:≤0.010。

b) 测量长度超过 500 mm,长度每增加 500 mm 时:

1) 普通级:允差增加 0.010,最大允差为 0.040;

2) 精密级:允差增加 0.010,最大允差为 0.030;

3) 高精密级:允差增加 0.010,最大允差为 0.020。

c) 任意 300 mm 测量长度内:

1) 普通级:≤0.016;

2) 精密级:≤0.010;

3) 高精密级:≤0.006。

检验工具

指示器、角尺、量块、或其他光学仪器。

检验方法(参照 GB/T 17421.1—1998 的有关条文 5.5.2.2.2)

a) 按图 6 所示,将角尺放在工作台面上;

b) 调整平尺,使其在测量长度两端的读数相等;

c) 在两个垂直方向上(纵向与横向)测量运动轨迹和角尺悬边间的直线度;

d) 检验项目 a)、b)误差分别计算;

e) 误差以指示器读数的最大差值计。

5.14.3.2 平面度

检验项目 G4

工作台面的平面度。

简图

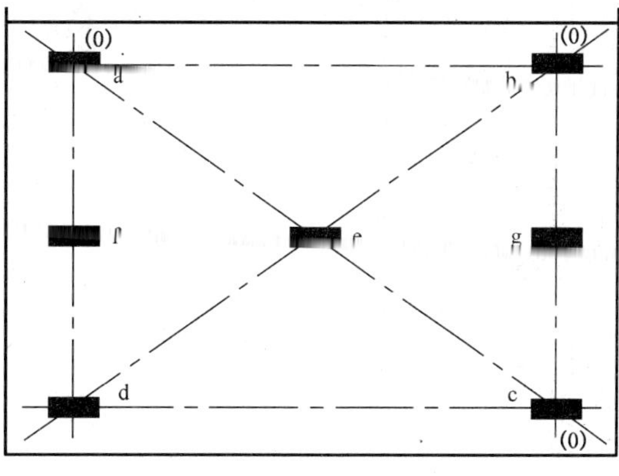

图 7

允差

a) 测量长度≤1 000 mm 时:
   1) 普通级:≤0.032(仅允许凹);
   2) 精密级:≤0.025(仅允许凹);
   3) 高精密级:≤0.020(仅允许凹)。
b) 测量长度超过 1 000 mm,长度每增加 1 000 mm 时:
   1) 普通级:允差增加 0.010,最大允差为 0.100;
   2) 精密级:允差增加 0.005,最大允差为 0.050;
   3) 高精密级:允差增加 0.005,最大允差为 0.030。
c) 任意 300 mm 测量长度内:
   1) 普通级:≤0.020;
   2) 精密级:≤0.012;
   3) 高精密级:≤0.008。

检验工具

平尺、指示器、量块、精密水平仪、或其他光学仪器。

检验方法(参照 GB/T 17421.1—1998 的有关条文 5.3.2.2 和 5.3.2.3)

a) 按图 7 所示,将工作台置于中间位置;
b) 误差以读数的最大差值计。

5.14.3.3 平行度

检验项目 G5

a) 工作台面对拖板移动(X 轴线)的平行度；

b) 工作台面对工作台移动(Y 轴线)的平行度。

简图

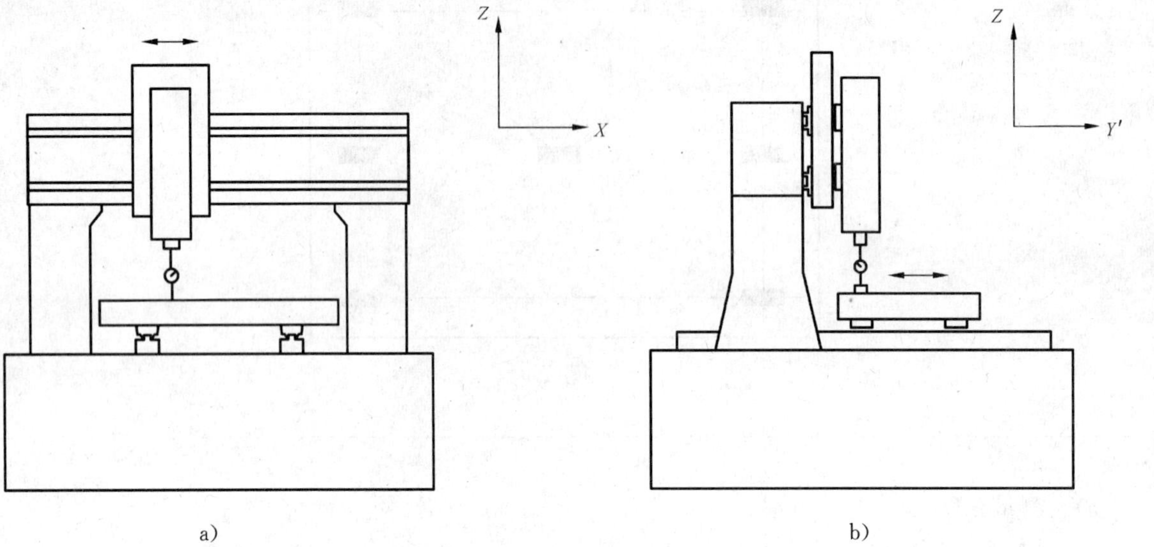

a)

b)

图 8

允差

a) 测量长度≤1 000 mm 时：

1) 普通级：≤0.030；

2) 精密级：≤0.025；

3) 高精密级：≤0.016。

b) 测量长度超过 1 000 mm，长度每增加 1 000 mm 时：

1) 普通级：允差增加 0.010，最大允差为 0.060；

2) 精密级：允差增加 0.005，最大允差为 0.030；

3) 高精密级：允差增加 0.005，最大允差为 0.020。

c) 任意 300 mm 测量长度内：

1) 普通级：≤0.020；

2) 精密级：≤0.016；

3) 高精密级：≤0.010。

检验工具

指示器、平尺、量块。

检验方法(参照 GB/T 17421.1—1998 的有关条文 5.4.2.2.2.1 和 5.4.2.2.2.2)

a) 按图 8 所示，在 Z 轴上固定指示器，指示器测头应近似地放在刀具的切削位置上；

b) 使其测头垂直触及工作台面或与工作台面上放置的平尺、量块表面：

1) 移动横梁上的拖板检验；

2) 移动工作台检验。

c) 误差以指示器读数的最大差值计。

检验项目 G6

T 形槽导向对工作台中央或基准 T 形槽的平行度。

简图

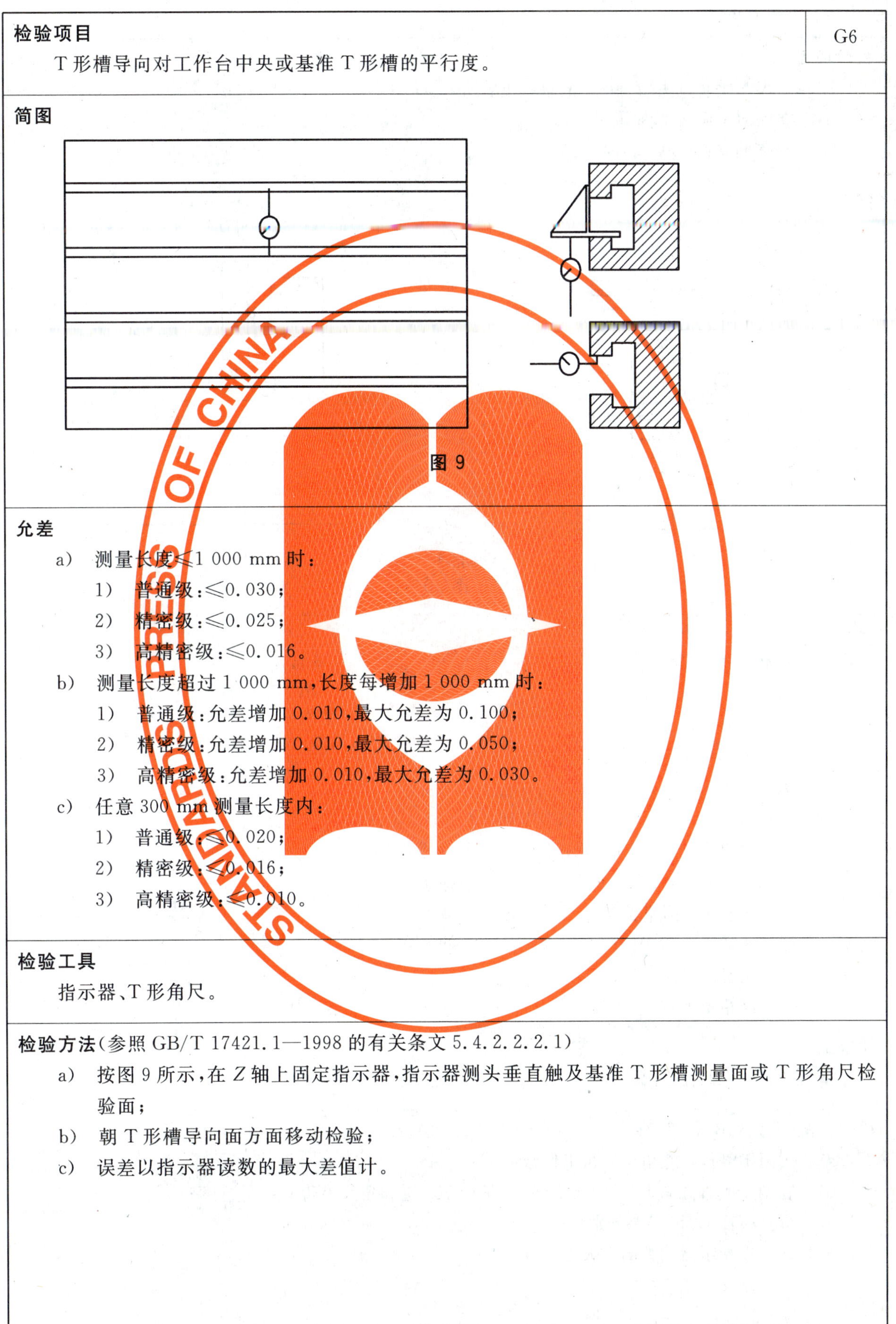

图 9

允差

a) 测量长度≤1 000 mm 时：
   1) 普通级：≤0.030；
   2) 精密级：≤0.025；
   3) 高精密级：≤0.016。
b) 测量长度超过 1 000 mm，长度每增加 1 000 mm 时：
   1) 普通级：允差增加 0.010，最大允差为 0.100；
   2) 精密级：允差增加 0.010，最大允差为 0.050；
   3) 高精密级：允差增加 0.010，最大允差为 0.030。
c) 任意 300 mm 测量长度内：
   1) 普通级：≤0.020；
   2) 精密级：≤0.016；
   3) 高精密级：≤0.010。

检验工具

指示器、T 形角尺。

检验方法(参照 GB/T 17421.1—1998 的有关条文 5.4.2.2.2.1)

a) 按图 9 所示，在 Z 轴上固定指示器，指示器测头垂直触及基准 T 形槽测量面或 T 形角尺检验面；
b) 朝 T 形槽导向面方面移动检验；
c) 误差以指示器读数的最大差值计。

STANDARDS PRESS OF CHINA

5.14.3.4 垂直度

检验项目	G7
工作台面与垂直铣头(*Z* 轴线)的垂直度： a) 在纵向平面(*ZY* 面)内； b) 在横向平面(*ZX* 面)内。	
简图 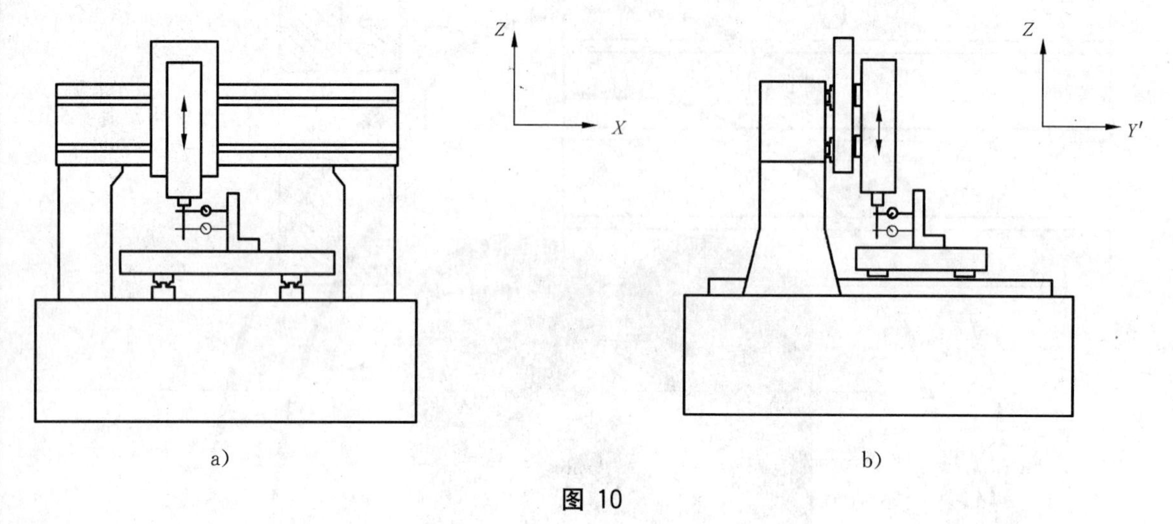 图 10	
允差 a) 测量长度≤500 mm 时： 1) 普通级：≤0.020； 2) 精密级：≤0.016； 3) 高精密级：≤0.010。 b) 测量长度超过 500 mm，长度每增加 500 mm 时： 1) 普通级：允差增加 0.010，最大允差为 0.040； 2) 精密级：允差增加 0.010，最大允差为 0.030； 3) 高精密级：允差增加 0.010，最大允差为 0.020。 c) 任意 300 mm 测量长度内： 1) 普通级：≤0.016； 2) 精密级：≤0.010； 3) 高精密级：≤0.006。	
检验工具 指示器、角尺、圆柱角尺。	
检验方法(参照 GB/T 17421.1—1998 的有关条文 5.5.2.2.2) a) 按图 10 所示，将角尺放在工作台面上； b) 在两个垂直方向上(纵向与横向)测量运动轨迹和角尺悬边间的平行度； c) 检验项目 a)、b)误差分别计算； d) 误差以指示器读数的最大差值计。	

检验项目 拖板横向移动（X 轴线）对工作台移动（Y 轴线）的垂直度。	G8

简图

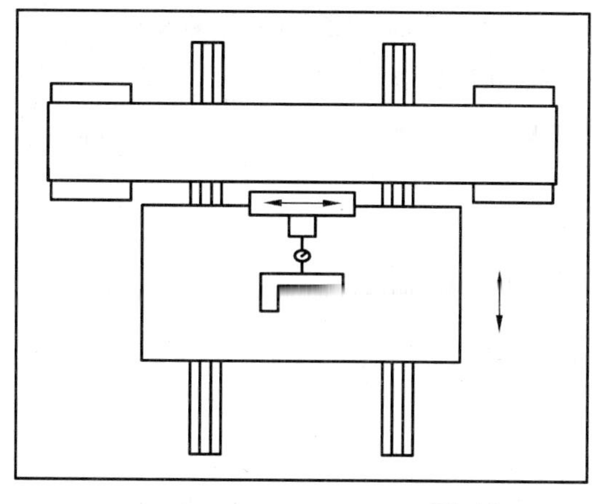

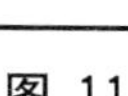

图 11

允差

a） 测量长度≤500 mm 时：
   1） 普通级：≤0.020；
   2） 精密级：≤0.016；
   3） 高精密级：≤0.010。
b） 测量长度超过 500 mm，长度每增加 500 mm 时：
   1） 普通级：允差增加 0.010，最大允差为 0.040；
   2） 精密级：允差增加 0.010，最大允差为 0.030；
   3） 高精密级：允差增加 0.010，最大允差为 0.020。
c） 任意 300 mm 测量长度内：
   1） 普通级：≤0.016；
   2） 精密级：≤0.010；
   3） 高精密级：≤0.006。

检验工具

指示器、角尺、平尺。

检验方法（参照 GB/T 17421.1—1998 的有关条文 5.5.2.2.4）

a） 按图 11 所示，将指示器固定在 Z 轴上，平尺水平放置在工作台上，并平行于工作台移动方向；
b） 将角尺的一边紧贴平尺放置，并使指示器测头触及角尺的检验面，横向移动拖板检验，记录指示器读数的最大差值；
c） 将角尺转 180°，再检验一次；
d） 误差以两次测量结果的代数和之半计；
e） 也可以不用平尺：
   1） 将角尺的长边与 X 轴运动方向平行；
   2） 检查 Y 轴与角尺短边之间的平行度。

5.14.3.5 主轴

检验项目 主轴锥孔轴线的径向跳动： a) 靠近主轴端部； b) 距主轴端部 70 mm 处(用于不带松拉刀主轴，如：ER 刀夹主轴等)； c) 距主轴端部 300 mm 处(用于带松拉刀主轴，如：HSK、BT 刀夹主轴等)。	G9
简图 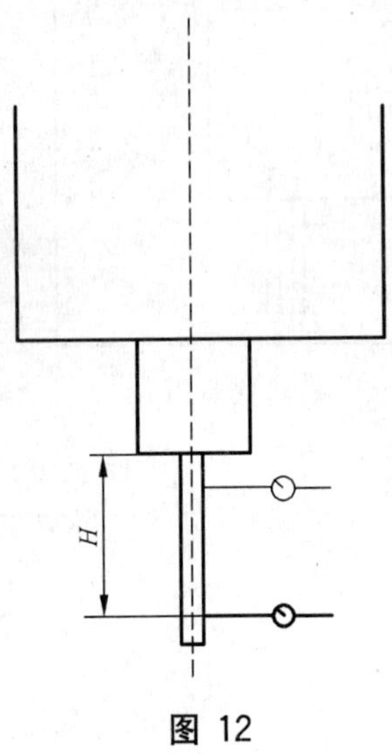 图 12	
允差 a) 不带松拉刀主轴： 1) 普通级：检验项目 a)≤0.008，检验项目 b)≤0.020； 2) 精密级：检验项目 a)≤0.005，检验项目 b) ≤0.012； 3) 高精密级：检验项目 a)≤0.003，检验项目 b) ≤0.008。 b) 带松拉刀主轴： 1) 普通级：检验项目 a)≤0.005，检验项目 c) ≤0.012； 2) 精密级：检验项目 a)≤0.003，检验项目 c) ≤0.008； 3) 高精密级：检验项目 a)≤0.002，检验项目 c) ≤0.005。	
检验工具 指示器、检验棒。	
检验方法(参照 GB/T 17421.1—1998 的有关条文 5.6.1.2.3) a) 按图 12 所示，在主轴锥孔中插入检验棒，在 Z 轴上固定指示器，使其测头触及检验棒表面； b) 旋转主轴检验； c) 拔出检验棒旋转 90°，重新插入再依次检验三次； d) 检验项目 a)、b)、c)误差分别计算，误差以四次测量结果的算术平均值计。	

检验项目	G10
a) 主轴定心轴颈的径向跳动(用于有定心轴颈的机床); b) 周期性轴向窜动; c) 主轴端面的跳动(仅在刀具对端面有要求的电主轴上进行,如:使用 HSK 刀柄的主轴)。	

简图

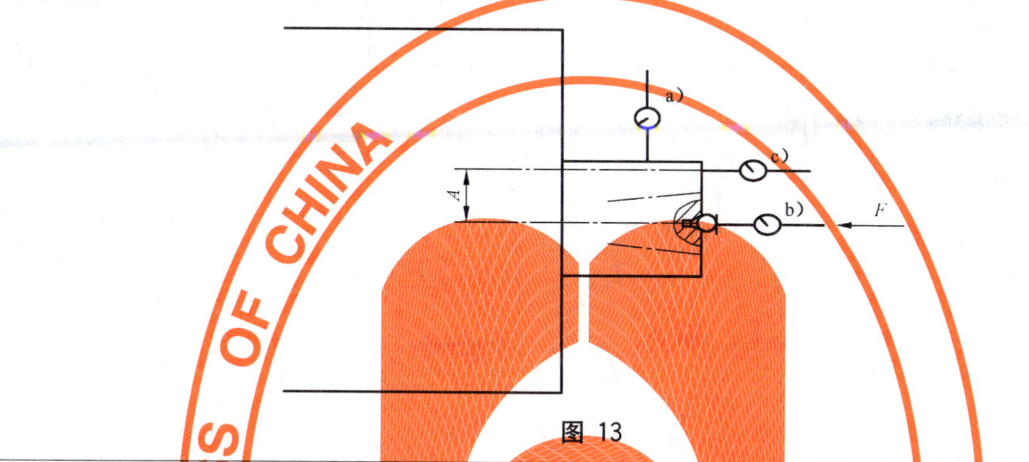

图 13

允差

a) 普通级:检验项目 a)≤0.010,检验项目 b)≤0.005,检验项目 c)≤0.005;

b) 精密级:检验项目 a)≤0.008,检验项目 b)≤0.003,检验项目 c)≤0.003;

c) 高精密级:检验项目 a)≤0.005,检验项目 b)≤0.002,检验项目 c)≤0.003。

检验工具

短平端检验棒中间放置钢球、平头指示器。

检验方法[参照 GB/T 17421.1—1998 的有关条文。a)项检验:5.6.1.2.2;b)项检验:5.6.2.2.1 和 5.6.2.2.2;c)项检验:5.6.3.2]

按图 13 所示,将指示器固定在机床的固定部件上。

检验项目 a)检验参照 GB/T 17421.1—1998 的 5.6.1.2.2:

指示器测头垂直主轴轴颈母线,旋转主轴检验,并测取读数。

检验项目 b)检验参照 GB/T 17421.1—1998 的 5.6.2.2.1 和 5.6.2.2.2:

在主轴中心孔内放置一钢球(必要时用一辅助检具)。

指示器测头触及钢球表面,旋转主轴检验,并测取读数。

检验项目 c)检验参照 GB/T 17421.1—1998 的 5.6.3.2:

指示器测头尽可能靠近主轴端面外边缘 a)处,旋转主轴检验,并测取读数。

在检验项目 b)和 c)检验时,应向壳体方向施加一个由供方/制造厂规定的力 F(对已消除轴向游隙的主轴,可不加力)。

STANDARDS PRESS OF CHINA

检验项目 G11

主轴轴线与工作台面的垂直度。

简图

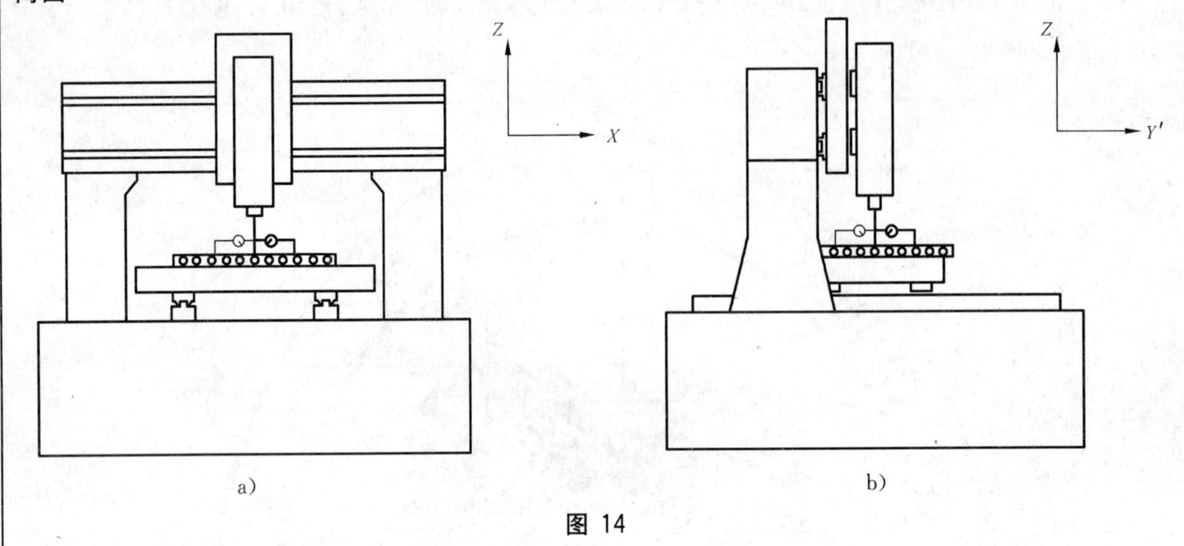

图 14

允差

a) 普通级:≤0.020/300 mm;

b) 精密级:≤0.016/300 mm;

c) 高精密级:≤0.010/300 mm。

检验工具

指示器/支架、平尺或平板。

检验方法(参照 GB/T 17421.1—1998 的有关条文 5.5.1.2.1)

a) 按图 14 所示,工作台和拖板置于行程中间;

b) 检验项目 a)在工作台中间位置且在垂直面内平行于 Y 轴线移动方向放置一平尺;

c) 在主轴锥孔中插入检验棒,固定指示器,使其测头触及平尺表面,测取读数;

d) 然后将主轴回转 180°,再测取读数。偏差以两次读数的差值除以两测点间的距离计;

e) 检验项目 b)将平尺平行于 X 轴线移动方向放置,重复上述检验。

5.14.4 **定位精度和重复定位精度检验**

检验项目

P1

线性轴线的定位精度,重复定位精度和定位反向差值的检查。

简图

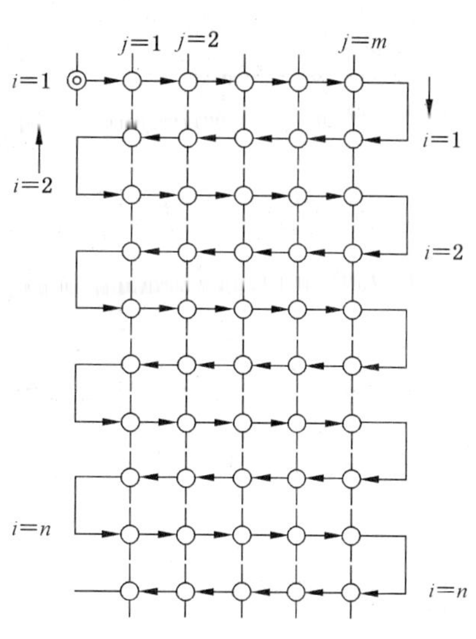

图 15

公差	测量长度								
	≤500 mm			≤1 000 mm			≥1 000 mm		
项目	普通级	精密级	高精密级	普通级	精密级	高精密级	普通级	精密级	高精密级
双向定位精度 A	0.022	0.014	0.009	0.032	0.020	0.013	0.040	0.026	0.016
双向重复定位精度 R	0.012	0.008	0.005	0.018	0.012	0.008	0.020	0.013	0.008
轴线的反向差值 B	0.010	0.006	0.004	0.013	0.008	0.005	0.016	0.010	0.006
轴线的双向平均位置偏差范围 M	0.010	0.006	0.004	0.015	0.010	0.006	0.020	0.013	0.008

检验工具

激光干涉仪。

检验方法(参照 GB/T 17421.2—2000 的有关条文)

a) 按图 15 所示,在刀具位置和工件位置之间进行测量;

b) 反射器放置在工作台上,干涉仪放置在刀具位置处,将激光测量装置的光束轴线调整得与被检轴线平行;

c) 原则上,快速进给速度是用来定位的,但如果用户和供货厂商达成协议,那么任意的进给速度均可用来定位;

d) 检验时,应记录起始点;

e) 每个线性轴线均需检验。

5.14.5 工作精度检验

检验项目 M1

对试件平面度的检验。

简图

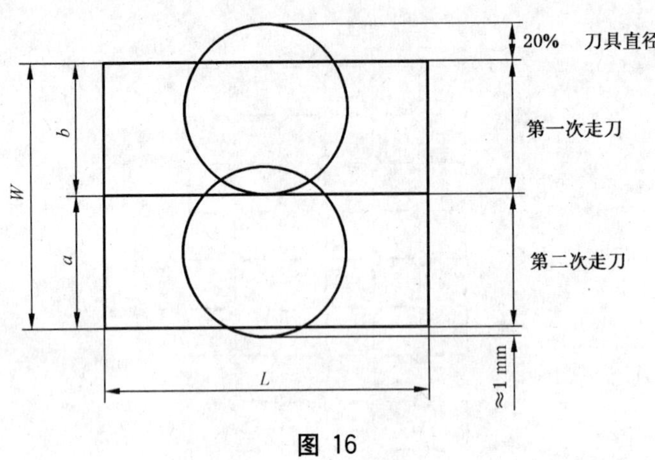

图 16

允差

a) 试件尺寸：$W \geqslant 16$ mm，$L \geqslant 30$ mm，$a = 8$ mm，$b = 8$ mm；

b) 试件的平面度：

1) 普通级：≤0.020；

2) 精密级：≤0.012；

3) 高精密级：≤0.008。

检验工具

指示器、平板、坐标测试仪。

检验方法（参照 GB/T 17421.1—1998 的有关条文 4.1、4.2、5.3 和 5.4.1.2.2）

按图 16 所示，将精加工后的工件置于平板上，用指示器检验：平面度误差以指示器读数的最大差值中的最大值计。

切削条件：

a) 刀具：直径 10 mm 的 2 刃平底端铣刀；

b) 刀具材料：硬质合金；

c) 铣削接刀处重叠约为铣刀直径的 20%；

d) 试件材料：HT200，并应具有相同的硬度；

e) 切削参数

1) 进给速度：300 mm/min；

2) 主轴转速：≤5 000 r/min；

3) 切削深度：≤0.020 mm。

f) 试件加工表面粗糙度（铣平面 Ra 值）：

1) 普通级：≤3.2 μm；

2) 精密级：≤2.5 μm；

3) 高精密级：≤1.6 μm。

检验项目	M2

用数控切削试件，并检验其平行度、垂直度和圆度：

a) 通镗位于试件中心直径为“k”的孔；

b) 加工边长为“m”的外正方形；

c) 加工位于正四方形之上边长为“r”的(倾斜45°正方形)菱形；

d) 加工位于菱形之上直径为“p”的圆；

e) 镗削直径为“q”的四个孔，这些孔的定位为试件中心孔的中心。

简图

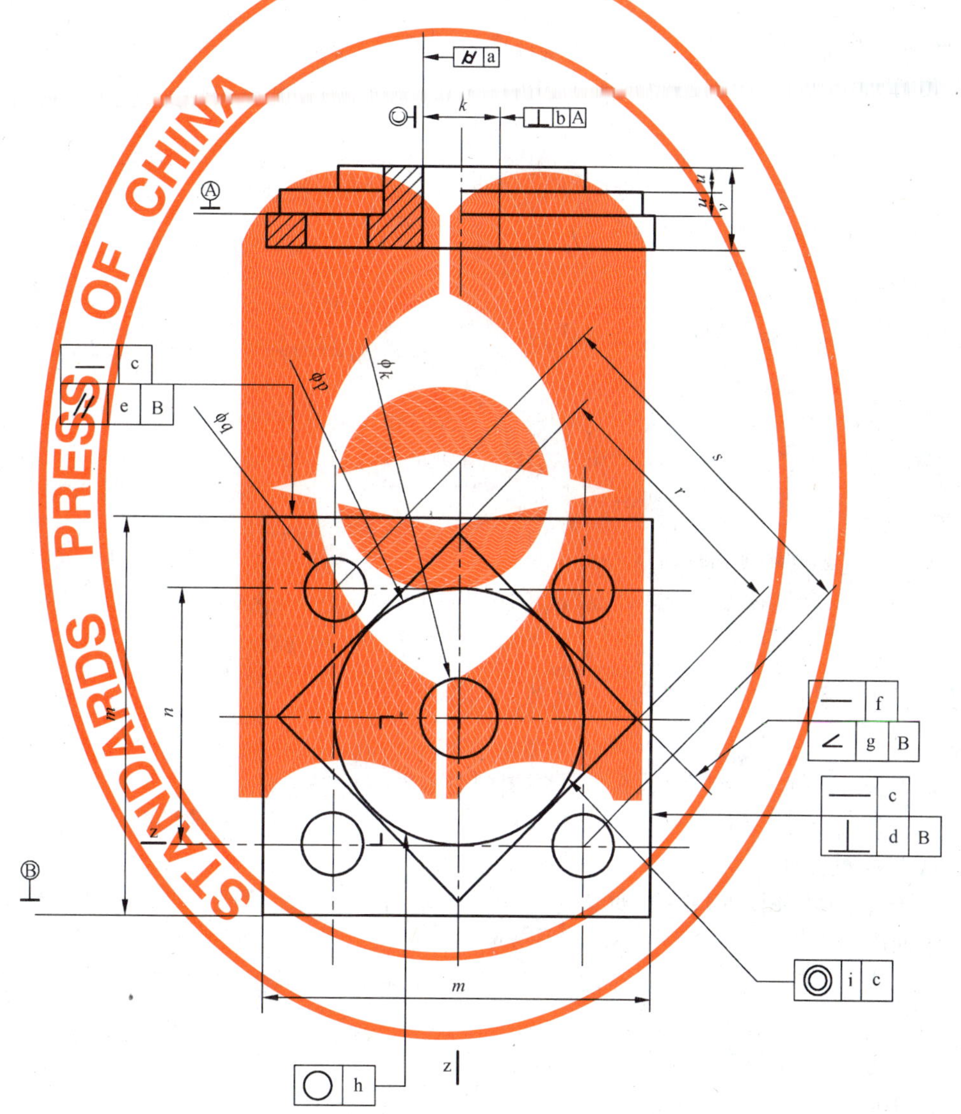

图 17

注：试件被重新使用时，其特征尺寸应保持在图中所有给出的特征尺寸的±10%以内。

尺寸/mm	k	m	r	p	q	n	s	u	v
大规格轮廓试件	30	200	136	132	20	136	192.333	8	28
小规格轮廓试件	20	100	66	64	16	64	90.510	6	20

机床行程≤1 000 mm 宜采用小规格轮廓试件，机床行程>1 000 mm 宜采用大规格轮廓试件。

STANDARDS PRESS OF CHINA

检验项目	公差					
	大规格轮廓试件			小规格轮廓试件		
	普通级	精密级	高精密级	普通级	精密级	高精密级
中心孔： a) 圆柱度； b) 孔中心轴线与基面A的垂直度。	 a) 0.015 b) 0.015	 a) 0.010 b) 0.010	 a) 0.007 b) 0.007	 a) 0.010 b) 0.010	 a) 0.007 b) 0.007	 a) 0.005 b) 0.005
正四方形： c) 侧面的直线度； d) 相邻面与基面B的垂直度； e) 相对面对基面B的平行度。	 c) 0.015 d) 0.020 e) 0.020	 c) 0.010 d) 0.013 e) 0.013	 c) 0.007 d) 0.008 e) 0.008	 c) 0.010 d) 0.010 e) 0.010	 c) 0.007 d) 0.007 e) 0.007	 c) 0.005 d) 0.005 e) 0.005
菱形： f) 侧面的直线度； g) 侧面对基面B的倾斜度。	 f) 0.015 g) 0.020	 f) 0.010 g) 0.013	 f) 0.007 g) 0.008	 f) 0.010 g) 0.010	 f) 0.007 g) 0.007	 f) 0.005 g) 0.005
圆： h) 圆度； i) 外圆与内圆孔C的同轴度。	 h) 0.025 i) 0.030	 h) 0.020 i) 0.020	 h) 0.016 i) 0.012	 h) 0.020 i) 0.025	 h) 0.016 i) 0.016	 h) 0.013 i) 0.010
镗孔： j) 4孔 *X*、*Y* 坐标方向孔距； k) 4孔对角线方向的孔距。	 j) 0.020 k) 0.025	 j) 0.012 k) 0.018	 j) 0.008 k) 0.013	 j) 0.016 k) 0.020	 j) 0.010 k) 0.013	 j) 0.007 k) 0.008

检验工具

坐标测量机或平尺、指示器、角尺、千分尺、量块。

切削条件：

a) 如果条件允许，可将试件放在坐标测量机上进行测量；

b) 对直边(正四边形和菱形)而言，为获得直线度、平行度和垂直度的偏差，测头至少在10点处触及被测表面；

c) 对于圆度(或圆柱度)检验，如果测量为非连续性的，则至少检验15个点(圆柱度在每个测量平面内)；

d) 刀具直径：用直径10 mm的同一把立铣刀加工轮廓试件检验面的所有外表面；

e) 刀具刃数：2；

f) 刀具材料：硬质合金；

g) 试件材料为HT200，并应具有相同的硬度；

h) 切削参数(推荐)

1) 进给速度：300 mm/min；

2) 主轴转速：≤3 600 r/min；

3) 切削深度：≤0.020 mm。

i) 试件加工表面粗糙度(铣平面 *Ra* 值)：

1) 普通级：≤3.2 μm；

2) 精密级：≤2.5 μm；

3) 高精密级：≤1.6 μm。

检验项目 用数控高转速切削试件，并检验其粗糙度。	M3

简图

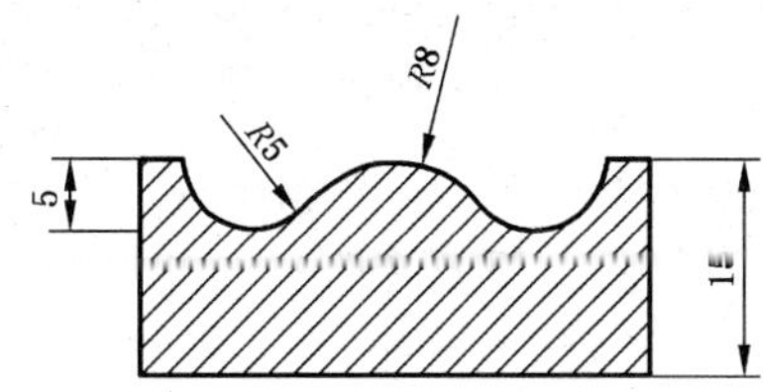

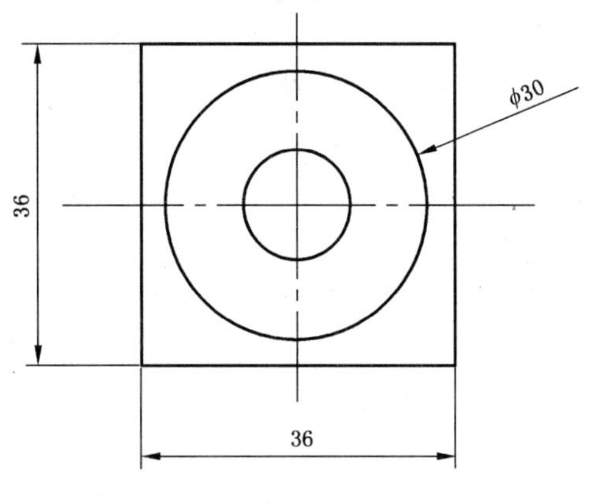

图 18

允差

试件加工表面粗糙度，圆弧曲面 *Ra* 值：

a) 普通级：≤2.5 μm；

b) 精密级：≤1.6 μm；

c) 高精密级：≤0.8 μm。

检验工具

粗糙度检测仪。

切削条件：

a) 刀具：用 *R*1.5 的 2 刃球型立铣刀加工圆弧曲面；

b) 刀具材料：硬质合金；

c) 试件材料：45 号钢，并应具有相同的硬度；

d) 主轴转速：≥12 000 r/min。

6 检验规则

6.1 检验分类

6.1.1 出厂检验

每台产品应经制造厂检验合格，并附有合格证书后方能出厂。

6.1.2 型式检验

当有下列情况之一，应进行型式检验：

a) 新产品或老产品转厂生产的试制、定型鉴定时；

b) 正式生产后，若结构、材料、工艺有较大改变，可能影响产品性能时；

c) 在正常生产的条件下，产品积累到一定产量（数量）时，应周期性进行检验一次；

d) 产品连续停产一年后，恢复生产时；

e) 出厂检验结果与上次型式检验有较大差异时；

f) 国家及省市质量监督机构提出型式检验要求时。

6.2 检验项目

6.2.1 按功能和性能分：

a) 数控雕铣机：按检验项目内容检验，特别注明除外；

b) 高强度数控雕铣机：负荷试验和雕铣性能试验时按高强度型产品指定的方法检验；

c) 高速数控雕铣机：负荷试验和空运转试验时按高速型产品指定的方法检验；

d) 高速数控雕铣中心或数控雕铣中心：除按本标准有关规定试验外，另按刀库相关的要求检验。

6.2.2 按精度等级分：

a) 普通级：按检验项目内容检验，特别注明除外；

b) 精密级：按精密级要求的条款检验；

c) 高精密级：按高精密级要求的条款检验。

6.2.3 具体检验项目见表 2。

表 2

<table>
<tr><th rowspan="2">序号</th><th colspan="2">检验项目名称</th><th colspan="2">检验类别</th><th rowspan="2">本标准所属条款</th><th rowspan="2">备注</th></tr>
<tr><th>一级检验项目</th><th>二级检验项目</th><th>型式检验</th><th>出厂检验</th></tr>
<tr><td>1</td><td>成套性检验</td><td></td><td rowspan="14">√</td><td>√</td><td>5.2</td><td></td></tr>
<tr><td>2</td><td>电气系统</td><td></td><td>√</td><td>5.3</td><td>主项</td></tr>
<tr><td>3</td><td>数控系统</td><td></td><td>√</td><td>5.4</td><td></td></tr>
<tr><td>4</td><td>气动系统</td><td></td><td>√</td><td>5.5</td><td></td></tr>
<tr><td>5</td><td>润滑系统</td><td></td><td>√</td><td>5.6</td><td></td></tr>
<tr><td>6</td><td>冷却系统</td><td></td><td>√</td><td>5.7</td><td></td></tr>
<tr><td>7</td><td>安全卫生</td><td></td><td>√</td><td>5.8</td><td>主项</td></tr>
<tr><td>8</td><td>噪声</td><td></td><td>√</td><td>5.9</td><td>主项</td></tr>
<tr><td>9</td><td>外观质量</td><td></td><td>√</td><td>5.10</td><td></td></tr>
<tr><td rowspan="5">10</td><td rowspan="5">空运转试验</td><td>主轴温升试验</td><td>√</td><td>5.11.1</td><td></td></tr>
<tr><td>主轴运转试验</td><td>—</td><td>5.11.2</td><td></td></tr>
<tr><td>进给机构运动试验</td><td>—</td><td>5.11.3</td><td></td></tr>
<tr><td>空运转功率试验</td><td>—</td><td>5.11.4</td><td></td></tr>
<tr><td>整机连续空运转试验</td><td>√</td><td>5.11.5</td><td></td></tr>
</table>

表 2（续）

序号	检验项目名称		检验类别		本标准所属条款	备注
	一级检验项目	二级检验项目	型式检验	出厂检验		
11	动作试验		√	√	5.12	
12	负荷试验	主轴系统最大扭矩的试验		—	5.13.1	
		最大切削抗力的试验		—	5.13.2	
		主轴系统达到最大功率的试验		—	5.13.3	
		承载工件最大质量的运转试验		—	5.13.4	
13	雕铣性能检验	雕刻加工		√	5.13.5.1	主项
		铣削加工		√	5.13.5.2	主项
		高强度铣削加工		√	5.13.5.3	主项
		最高可加工转速检验		√	5.13.5.4	主项
		最低可加工转速检验		√	5.13.5.5	主项
		高强度数控雕铣机最低可加工转速检验		√	5.13.5.6	主项
14	精度检验	几何精度检验		√	5.14.3	主项
		定位精度检验		—	5.14.4	
		工作精度检验		√	5.14.5	主项

6.3 抽样方法

出厂检验应逐台检验，型式检验在生产厂检验合格入库的产品批量中按 10% 抽样，但不应少于一台。

6.4 判定规则

a) 出厂检验：如有不合格项，允许进行修整、调试直到检验合格后方可出厂；经修整、调试仍不能合格的，判定该产品为不合格品。

b) 型式检验：全部项目合格即判定该产品型式检验合格，如有不合格项应重新抽检，仍不合格，则判定该产品型式检验不合格；如表 2 中主项有不合格项时，应立即判定该产品型式检验不合格，不允许复查。

STANDARDS PRESS OF CHINA

附　录　A
（资料性附录）
机床主传动系统最大扭矩的试验及近似计算法

机床主传动系统最大扭矩的试验，可用功率表和转速表分别测量机床电动机的输入功率和机床主轴转速，宜按式(A.1)近似计算出机床的扭矩，该扭矩应等于机床的最大扭矩。试验时，一般应在等于或小于机床计算转速范围内选一适当转速，通过逐级改变进给量或切削深度，使机床达到规定扭矩。

$$T \approx 9\,550(P - P_0)/n \qquad \text{(A.1)}$$

式中：

T——扭矩，单位为牛米(N·m)；

P——切削时电动机的输入功率（指电网输给电动机的功率），单位为千瓦(kW)；

P_0——机床装有工件时的空运转功率（指电网输给电动机的功率），单位为千瓦(kW)；

n——机床主轴转速，单位为转每分(r/min)。

式(A.1)仅是一种近似计算法，必要时可采用其他更精确的公式。

附 录 B
（资料性附录）
机床最大切削抗力的试验及近似计算法

机床最大切削抗力的试验，可用功率表和转速表分别测量机床电动机的输入功率和机床主轴转速，宜按式(B.1)近似计算出机床切削抗力的主分力，按主分力和刀具角度确定机床的切削抗力，该抗力应等于机床的最大切削抗力。试验时，一般应选用机床重切削时最常用的刀具，在等于或小于机床计算转速范围内选一适当转速，通过逐渐改变进给量或切削深度，使机床达到规定的切削抗力。

$$F \approx 9\ 550(P-P_0)/(r \cdot n) \qquad \cdots\cdots (B.1)$$

式中：

F——切削抗力的主分力，单位为牛(N)；

P——切削时电动机的输入功率(指电网输给电动机的功率)，单位为千瓦(kW)；

P_0——机床装有工件时的空运转功率(指电网输给电动机的功率)，单位为千瓦(kW)；

r——工件或刀具的切削半径，单位为米(m)；

n——机床主轴转速，单位为转每分(r/min)。

式(B.1)仅是一种近似计算法，必要时可采用其他更精确的公式。对于某些不适用该公式的机床，可按其他有关公式计算。

ICS 35.240.20
Y 50

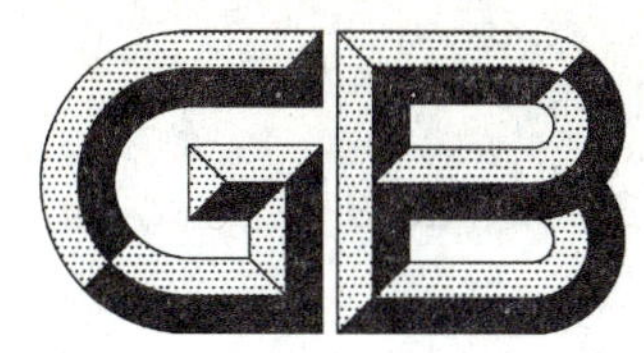

中华人民共和国国家标准

GB/T 24110—2009

STANDARDS PRESS OF CHINA

进出口笔类产品 笔帽和端盖安全要求及测试方法

Safety requirements and tests for caps and end closures of writing and marking instruments for import and export

2009-06-11 发布 2009-12-01 实施

中华人民共和国国家质量监督检验检疫总局
中国国家标准化管理委员会 发布

前　言

本标准非等效采用 BS 7272-1:2000《书写和标记笔笔帽安全要求规范》和 BS 7272-2:2000《书写和标记笔端盖安全要求规范》。

本标准的附录 A 为资料性附录。

本标准由国家认证认可监督管理委员会提出并归口。

本标准负责起草单位:中华人民共和国江苏出入境检验检疫局。

本标准参加起草单位:中华人民共和国宁波出入境检验检疫局。

本标准主要起草人：路远景、王成元、丁红春、吴晓军、房伟、韩振国。

进出口笔类产品 笔帽和端盖安全要求及测试方法

1 范围

本标准规定了进出口笔类产品笔帽和端盖的安全要求及测试方法。

本标准适用于设计或明示供14岁以下儿童使用的书写和标记笔类文具上的笔帽或笔头端盖。

本标准不适用于下列产品或部件：

a) 不是设计给或明示供14岁以下儿童使用的书写和标记笔等，如珠宝笔、贵重的钢笔、专业技术笔类等；

b) 替换笔芯的笔帽及端盖；

c) 笔端橡皮擦及其保护盖。

2 规范性引用文件

下列文件中的条款通过本标准的引用而成为本标准的条款。凡是注日期的引用文件，其随后所有的修改单(不包括勘误的内容)或修订版均不适用于本标准，然而，鼓励根据本标准达成协议的各方研究是否可使用这些文件的最新版本。凡是不注日期的引用文件、其最新版本适用于本标准。

GB 6675—2003 国家玩具安全技术规范

3 术语和定义

下列术语和定义适用于本标准。

3.1

书写和标记笔 writing and marking instruments

用于书写或标记，包括带独立容腔的墨水或其他标记液体的笔、蜡笔及彩色、石墨铅笔。

3.2

笔帽 cap

设计用于保护书写或标记笔尖的可分离的盖、帽。

3.3

端盖 end closures

正常使用过程中，不用于移取的设计用于端头封盖或塞(包括固定于可拆笔帽上的端盖)。

3.4

可抓取表面 grippable surface

端盖上沿切线与书写标记笔中心纵轴小于30°的可触及表面的任何部分。

4 安全要求

4.1 笔帽

4.1.1 一般要求

笔帽应至少符合4.1.2、4.1.3、4.1.4中的一条要求。

4.1.2 笔帽尺寸

当笔帽按其主轴方向垂直放入直径为 $16^{+0.05}_{-0.00}$ mm 厚度为 19 mm 圆环量规，笔帽部分进入量规时，在依靠其自身重量作用时，笔帽至少有 5 mm 的长度不得进入圆环量规(见图 1)。

符合本要求的笔帽被认为是足够大而不会产生吸入危险。

单位为毫米

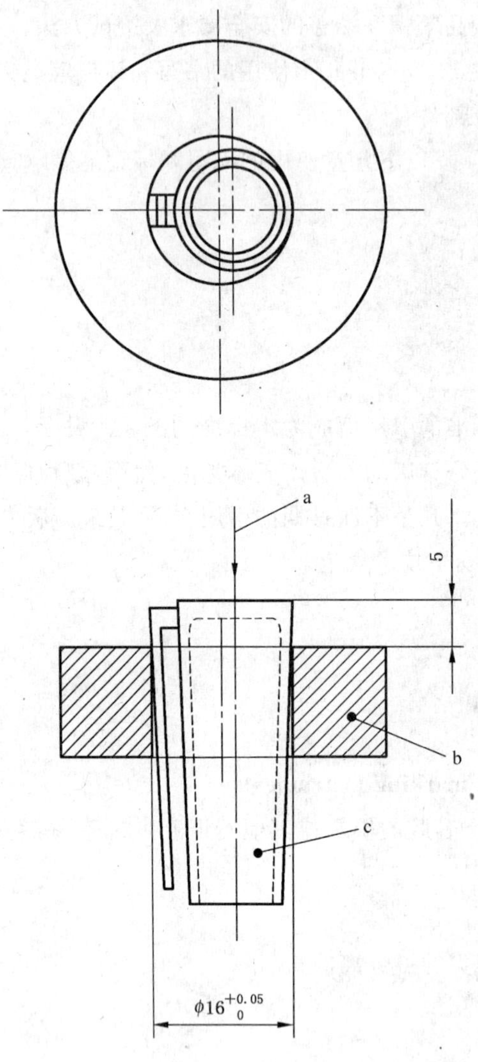

a——自由下落方向；

b——圆环规；

c——笔帽。

图 1　圆环量规测试

4.1.3 笔帽通气面积

在笔帽本体的长度上，应至少有 6.8 mm^2 的连续空气通气面积。如果笔帽外周没有完全围蔽，连续空气通气截面积应是用棉线绷紧并垂直缠绕任何部分或最大尺寸部位所形成的围蔽面积(见图 2)。在利用笔夹或其他突出部件提供空气通道时，笔夹或其他突出部件应牢固固定且其长度应延伸至不短于笔帽两端长度 2 mm 处。

单位为毫米

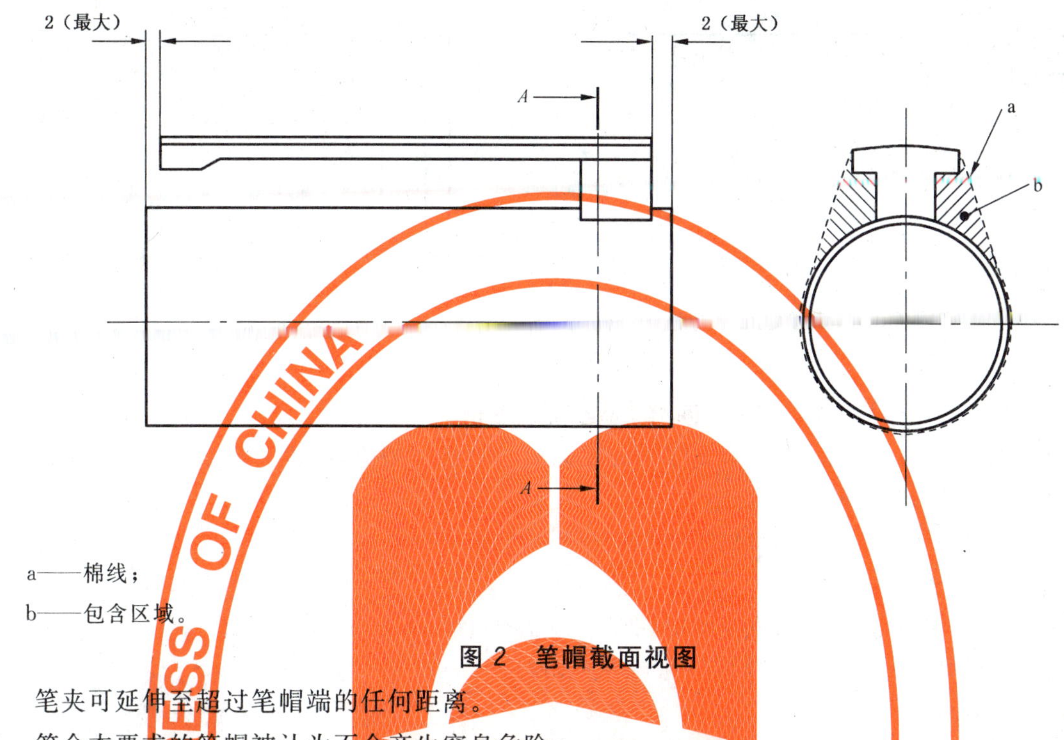

a——棉线；

b——包含区域。

图 2 笔帽截面视图

笔夹可延伸至超过笔帽端的任何距离。

符合本要求的笔帽被认为不会产生窒息危险。

4.1.4 通气笔帽的空气流量

按 5.1 测试时，在室温下，在最大压差为 1.33 kPa 时，笔帽应通过至少 8 L/min 的空气流量。

一个截面积约为 3.4 mm^2 的圆孔能够符合这个要求，但多个小孔可能会要求更大的总截面积。

符合本要求的笔帽被认为不会产生窒息危险。

4.2 端盖

4.2.1 一般要求

端盖应至少符合 4.2.2、4.2.3、4.2.4、4.2.5、4.2.6 中的一项要求，推荐附录 A 的测试顺序。

4.2.2 端盖尺寸

端盖在依靠其自身重量作用时，不得穿过直径为 $16^{+0.05}_{-0.00}$ mm、厚度为 19 mm 圆环规。

4.2.3 端盖牢度

当沿着书写工具的方向施加 50^{+2}_{0} N 的力时，端盖不得脱落。

符合本要求的端盖被认为是附着牢固而不会产生吸入危险。

4.2.4 端盖不可触及性

栓塞形状的端盖应完全凹入且适度地牢固固定，能承受平行于书写工具最小 10 N 的力。

符合本要求的端盖被认为是不可移取而不会产生吸入危险。

4.2.5 端盖最小突出要求

栓塞形状的端盖，其可抓取面不得超出书写工具端 1 mm 且整个栓塞形端盖不得超出书写工具端 3 mm（见图 3）。端盖应适度地牢固固定，能承受平行于书写工具最小 10 N 的力。

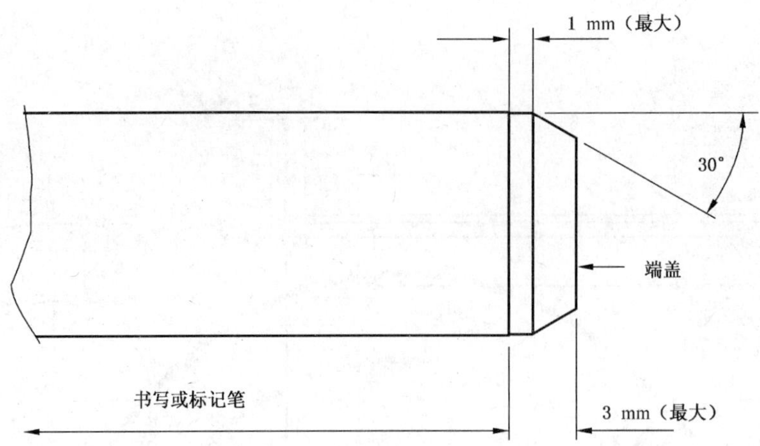

图 3　最小突出图例

最小 30°，最大 1 mm、3 mm 尺寸规定了突出的限度。在这些限界内，没有形状上的限制，如半球形、凹面、尖拱形是可以接受的。

符合本要求的端盖被认为是不可抓紧而不会产生吸入危险。

4.2.6　端盖的空气流量

端盖应符合 4.1.4 要求且应适度地固定，能承受平行于书写工具最小 10 N 的力。

注：符合本要求的端盖被认为是足够大而不会产生窒息危险。

4.3　笔帽和端盖小零件

3 岁以下儿童使用的笔类文具产品的笔帽和端盖除应符合上述 4.1 和 4.2 的要求外，还应符合 GB 6675—2003 中 A.4.4.1 的要求。

4.4　书写和标记笔笔帽及端盖中可迁移元素的最大限量要求

可迁移元素的最大限量应符合表 1 规定。

表 1　可迁移元素的最大限量要求　　单位为毫克每千克

锑 Sb	砷 As	钡 Ba	镉 Cd	铬 Cr	铅 Pb	汞 Hg	硒 Se
60	25	1 000	75	60	90	60	500

5　测试方法

5.1　总则

测试环境条件：应在温度为 21 ℃±5 ℃环境中进行。

推荐附录 A 的测试顺序。

5.2　空气流量的测定

5.2.1　原理

需要测试的笔帽被完全插入到一个直径适合、空气流通、两段有压力差的弹性软管中。

5.2.2　仪器

5.2.2.1　气源装置：在 4 kPa～50 kPa 的压力范围内，稳定流量至少是 25 L/min。

5.2.2.2　流量控制阀：能控制空气流动，精度为±0.1 L/min。

5.2.2.3　流量计：能测量空气流动在 5 L/min 和 10 L/min，精度为±0.2 L/min。

5.2.2.4　压力计：能测量至少 4.0 kPa 的压力，精度为±0.01 kPa。

5.2.2.5　弹性软管：一个内径（测量其最宽处）是笔帽圆周的 80%～85%的弹性软管。弹性软管的外壁厚度是 0.75 mm±0.25 mm，邵氏 A 硬度为 55±10。

5.2.2.6 测试装置示意见图 4。

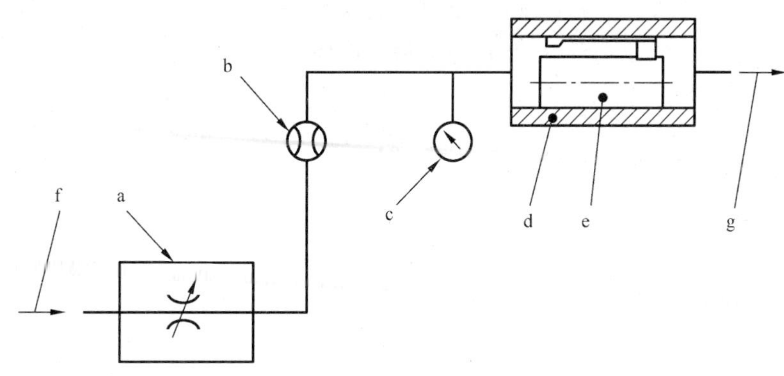

a——流量控制阀；

b——流量计；

c——压力计；

d——弹性软管；

e——笔帽或端盖；

f——气源；

g——排气。

图 4 测试装置示意图

5.2.3 测试步骤

5.2.3.1 根据计算选取适当的弹性软管，切取一段使其长度为当笔帽插入后并连接于空气流量测试仪时，笔帽两端有一个松散的直径距离。用肥皂水或其他适当的低粘度润滑剂涂满弹性软管内壁，将笔帽插入弹性软管大致中间部位，确保尽可能笔帽平行于管子的主轴方向。

5.2.3.2 用适当的接头和弹性软管连接弹性软管/笔帽组件到空气流量测试仪上（见图 4）。打开气源，调节流量阀直到压力表显示压差为 1.33 kPa，在此压力下记录流量计上流量读数。

5.2.3.3 关闭气源，移开弹性软管/笔帽组件，将弹性软管/笔帽组件反向接入空气流量测试仪，重复 5.2.3.2 的测试。将记录的两个方向的最小流量值作为测试值。

5.3 端盖承受力的测试

5.3.1 测试装置

测试装置可由连接有合适的夹钳、带子或其他附属装置的拉力测试仪器或固定负载组成。测试装置不应扭曲或损坏测试部件以致影响测试结果。

5.3.2 测试方法

固定好书写标记笔，用测试装置在测试部位施加相应的力，该力在 5 s 内逐渐地加载，并保持 10 s。检查端盖是否从书写标记工具上脱落。

5.4 可迁移元素的测试

可迁移元素的最大限量测定按 GB 6675—2003 附录 C 的规定进行。各元素分析校正系数按 GB 6675—2003 中表 C.2，将试剂 1,1,1-三氯乙烷改为正庚烷。

6 标识

书写标记工具，或其包装或随附资料上，应清晰永久标识制造商/供应商的名称、商标或其他能识别制造商/供应商的标志。

附　录　A
（资料性附录）
端盖的测试顺序

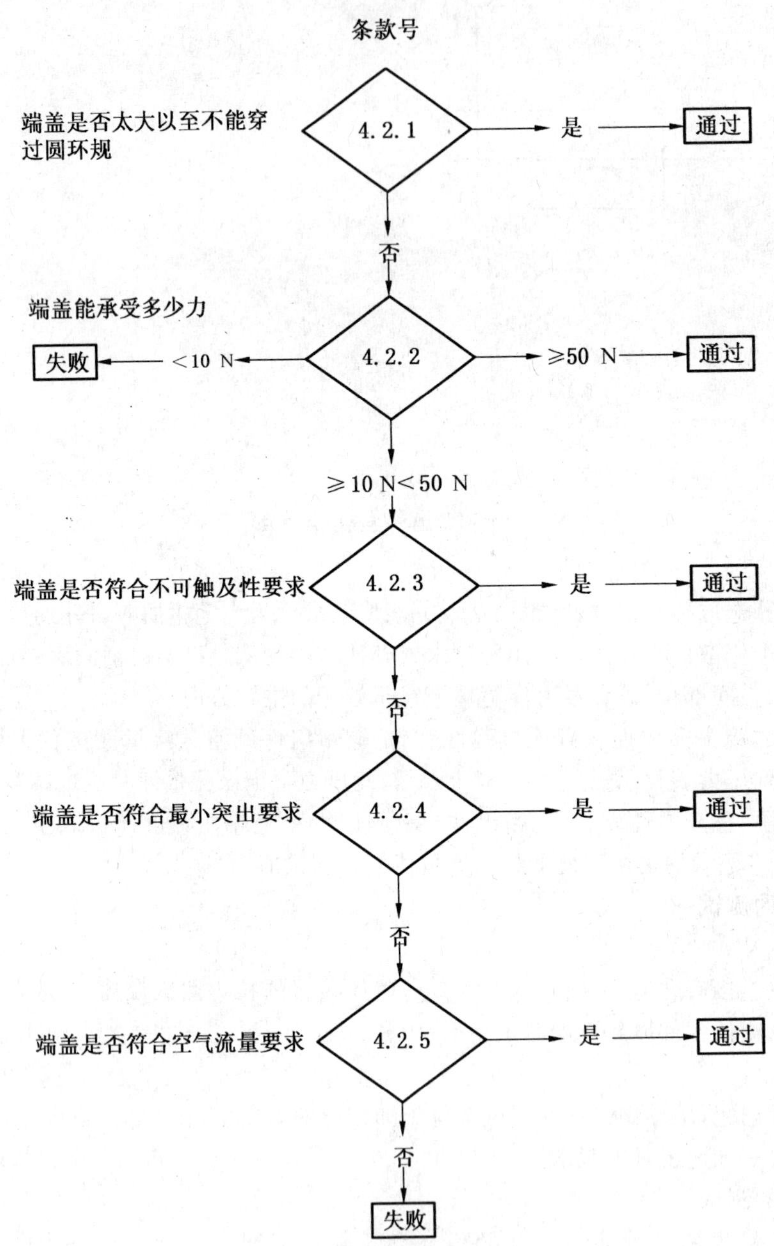

图 A.1　端盖的测试顺序

ICS 25.010;29.020
J 09

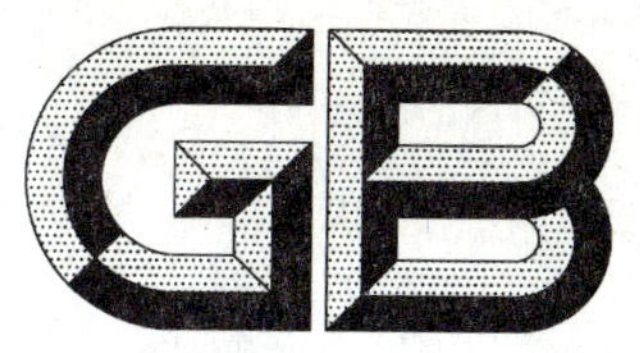

中华人民共和国国家标准

GB/T 24111—2009

工业机械电气设备
电快速瞬变脉冲群抗扰度试验规范

Electrical equipment of industrial machines—
Electrical fast transient/burst immunity test specifications

STANDARDS PRESS OF CHINA

2009-06-11 发布　　2009-11-01 实施

中华人民共和国国家质量监督检验检疫总局
中国国家标准化管理委员会　发布

前 言

本标准是在 GB/T 21067—2007《工业机械电气设备 电磁兼容 通用抗扰度要求》基础上制定的，为 GB/T 21067—2007 配套的试验方法标准之一。

本标准的附录 A 和附录 B 为资料性附录。

本标准由中国机械工业联合会提出。

本标准由全国工业机械电气系统标准化技术委员会(SAC/TC 231)归口。

本标准主要起草单位：沈阳高精数控技术有限公司、国家机床质量监督检验中心、中国科学院沈阳计算技术研究所有限公司、北京凯恩帝数控技术有限责任公司、深圳市珊星电脑有限公司、杭州机床集团有限公司。

本标准主要起草人：于东、黄祖广、尹震宇、李本忍、杨洪丽、刘建荣、陈建明、胡毅。

引　言

本标准的制定目的是建立一个具有一致性、可重复的基本试验环境及规范，以评定工业机械电气、电子设备及系统的供电电源端口、信号和控制端口在受到快速瞬变脉冲群干扰时的性能，确定一个共同的能再现的评定依据。

本标准规定了工业机械的电气、电子设备及系统对电快速脉冲群瞬变的抗扰度试验要求，试验设备和配置，试验方法和程序以及不同环境和安装条件的要求，试验结果评定和最终报告等。

本标准的制定参照了 GB 5226.1—2008/IEC 60204-1:2005《机械电气安全　机械电气设备　第1部分:通用技术条件》，GB/T 21067—2007《工业机械电气设备　电磁兼容　通用抗扰度要求》等标准。

工业机械电气设备
电快速瞬变脉冲群抗扰度试验规范

1 范围

本标准规定了工业机械电气、电子设备及系统对电快速瞬变抗扰度试验要求、试验电压波形、试验设备及配置、试验方法及程序、试验结果评定及试验报告的编写，也规定了与不同环境及安装状态有关优先选择的试验等级。

本标准的目的在于建立一个通用的、可重建的、基准的试验方法，用来评估当电气和电子设备的供电电源、信号线以及控制端口受到电快速瞬变(脉冲群)的抗扰度。本标准所建立的试验方法可作为在特定环境下评估设备或系统抗扰度的通用方法。

本标准适用于工业机械电气、电子设备及系统的电快速瞬变抗扰度试验。

2 规范性引用文件

下列文件中的条款通过本标准的引用而成为本标准的条款。凡是注日期的引用文件，其随后所有的修改单(不包括勘误的内容)或修订版均不适用于本标准，然而，鼓励根据本标准达成协议的各方研究是否可使用这些文件的最新版本。凡是不注日期的引用文件，其最新版本适用于本标准。

GB/T 4365—2003 电工术语 电磁兼容(IEC 60050(161):1990,IDT)

GB/T 17626.4—2008 电磁兼容 试验和测量技术 电快速瞬变脉冲群抗扰度试验(IEC 61000-4-4:2004,IDT)

3 术语和定义

本标准采用下列术语和定义。

3.1

脉冲群 burst

一串数量有限的清晰脉冲或一个持续时间有限的振荡。

[GB/T 4365—2003]

3.2

校正 correction

在规定条件下，基于试验说明和结果的关系，通过参考标准来进行评估校正。

注1：这个词基于“不确定性”研究。

注2：原则上，试验说明和结果的关系用校正表格来表示。

3.3

耦合 coupling

线路间的相互作用。将能量从一个线路传送到另一个线路。

[GB/T 17626.4—2008 中 3.3]

3.4

共模形式 common mode forms

所有线路同时耦合。

3.5

耦合夹 coupling clamp

在与受试线路没有任何电连接的情况下，以共模形式将干扰信号耦合到受试线路的、具有规定尺寸和特性的一种装置。

3.6

耦合网络 coupling network

用于将能量从一个线路传送到另一个线路的电路。

3.7

去耦合网络 decoupling network

用于防止施加到受试设备上的电快速瞬变电压影响到其他不被试验的装置、设备或系统的电路。

3.8

(性能)**降低 degradation** (of performance)

装置、设备或系统的工作性能与正常性能的非期望偏差。

注：术语"降低"可以指短时故障成永久性故障。

3.9

EFT/B electrical fast transient/burst

电快速瞬变脉冲群。

3.10

电磁兼容性 electromagnetic compatibility；EMC

设备或系统在其电磁环境中能正常工作且不对该环境中任何设备引入不能承受的电磁骚扰的能力。

3.11

EUT equipment under test

受试设备。

3.12

接地参考平面 ground reference plane

一块导电平面，其电位用作公共参考电位。

3.13

抗扰度 immunity (to a disturbance)

装置、设备或系统当受到电磁骚扰时其性能没有降低的能力。

3.14

端口 port

受试设备和外部电磁环境的特殊接口。

3.15

上升时间 rise time

脉冲瞬时值首次到达10%峰值时与随后到达90%峰值的瞬时之间的时间。

3.16

瞬态 transient

在两相邻稳定状态之间变化的物理量或物理现象，其变化时间小于所关注的时间尺度。

3.17

验证 authentication

用来检查受试设备系统(如：试验发生器和连接电缆)以及在技术要求下示范其功能。

注1：校验的方法和验证的方法可以不同。

注2：在6.1.2和6.2.2中的程序起到引导试验发生器正确运行的作用，以及补足试验配置以确保指定波形传递给受试设备的作用。

4 概述

电快速瞬变抗扰度试验是一种将由许多快速瞬变脉冲组成的脉冲群耦合到电气和电子设备的电源端口、信号和控制端口的试验。试验的要点是瞬变的短上升时间、重复率和瞬态的低能量值。

该试验说明电气或电子设备在其受不同形式瞬态骚扰情况下的抗扰度,这些瞬态骚扰由开关的瞬态转换产生(电感负载的切断,继电器接点跳动等)。

5 试验等级

表1中列出了对设备的供电电源、保护接地(PE)、信号和控制端口进行电快速瞬变试验时应优先采用的试验等级的范围。

表1 试验等级

开路输出试验电压(±10%)和脉冲的重复频率(±20%)				
等级	在供电电源端口,保护接地(PE)		在I/O(输入/输出)信号、数据和控制端口	
	电压峰值 kV	重复频率 kHz	电压峰值 kV	重复频率 kHz
1	0.5	5或100	0.25	5或100
2	1	5或100	0.5	5或100
3	2	5或100	1	5或100
4	4	5或100	2	5或100
×[a]	特定	特定	特定	特定
[a] "×"是一个开放等级,在专用设备技术规范中必须对这个级别加以规定。				

这些开路输出电压将显示在电快速瞬变脉冲群发生器上。有关试验等级的选择,见附录B。

6 试验设备

6.1.2和6.2.2的校验过程是用来引导试验发生器、耦合/去耦合网络以及其他一些试验配置的正确运行,从而使得将指定波形传递给受试设备。

6.1 脉冲发生器

发生器的电路简图如图1所示。电路由Cc、Rs、Rm、Cd组成,在开路情况和带有50 Ω负载的情况下,发生器传递快速瞬变。发生器的有效输出阻抗为50 Ω。

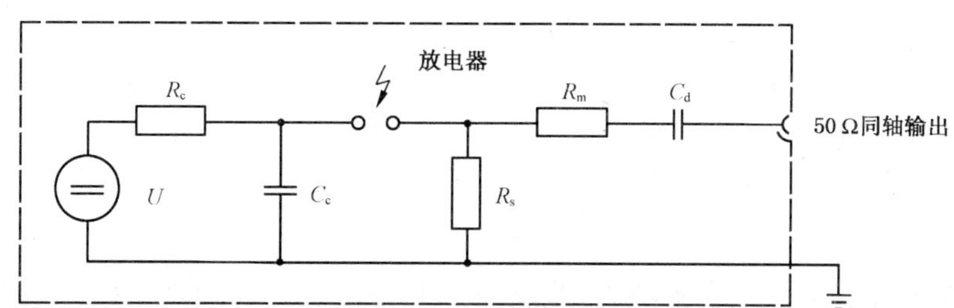

U——高压源;

R_c——充电电阻;

C_c——储能电容器;

R_s——脉冲持续时间成形电阻;

R_m——阻抗匹配电阻;

C_d——隔直电容。

图1 快速瞬变脉冲群发生器电路简图

试验发生器的主要元件是：

——高压源；

——充电电阻；

——储能电容器；

——高压开关；

——脉冲持续时间成形电阻；

——阻抗匹配电阻器；

——隔直电容。

6.1.1 快速瞬变脉冲群发生器特性

快速瞬变脉冲群发生器的特性为：

当负载为 1 000 Ω 时的输出电压范围：0.25 kV～4 kV；

当负载为 50 Ω 时的输出电压范围：0.125 kV～2 kV；

发生器应能在短路的条件下工作。

——最大能量：	4 mJ/脉冲(在 2 kV,50 Ω 负载时)
——极性：	正极性、负极性
——输出形式：	同轴输出,50 Ω
——发生器内的隔直电容：	10×(1±20%)nF
——脉冲重复频率：	(如表 2)±20%
——与供电电源的关系：	异步
——脉冲群持续时间(图 2)：	5 kHz 时为 15(1±20%)ms 100 kHz 时为 0.75×(1±20%)ms
——脉冲群周期(图 2)：	300(1±20%)ms
——脉冲波形	
50Ω 负载 (如图 3)	上升时间 t_r=5×(1±30%)ns 持续时间 t_d(到达 50%)=50×(1±30%)ns 峰值电压如表 2
1 000Ω 负载	上升时间 t_r=5×(1±30%)ns 持续时间 t_d(到达 50%)=50 ns 容许误差为－15 ns 到 100 ns 峰值电压如表 2
——试验负载阻抗	50×(1±2%)Ω

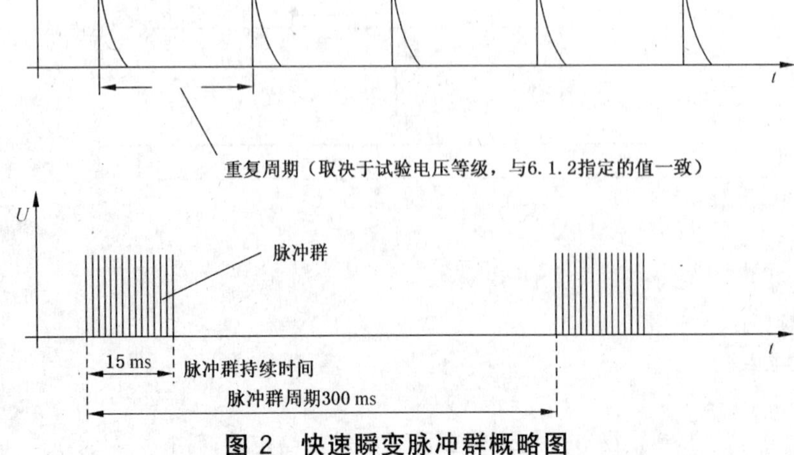

图 2 快速瞬变脉冲群概略图

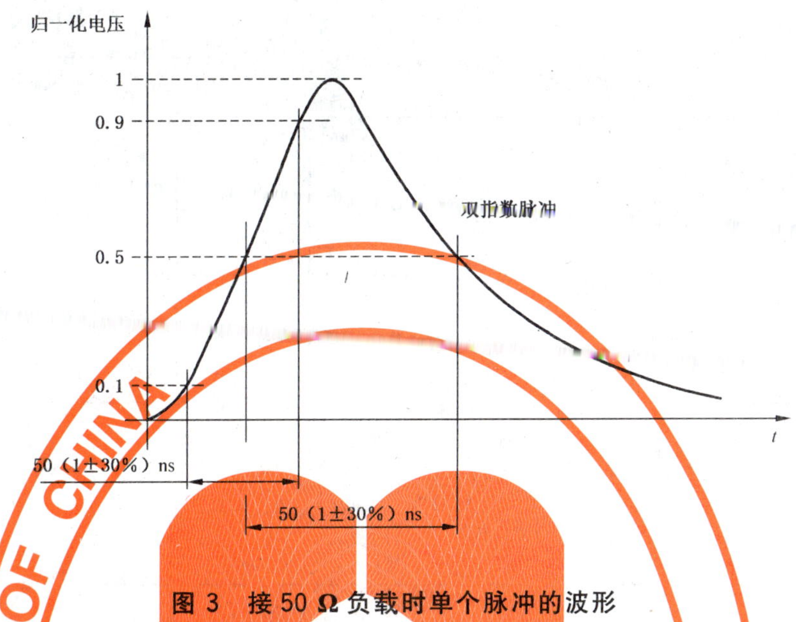

图 3　接 50 Ω 负载时单个脉冲的波形

6.1.2　快速瞬变脉冲群发生器特性的校验

为了能够建立一个适用于所有发生器的公共参考标准，应按下述过程对试验发生器的特性进行校验。

试验发生器的输出分别通过 50 Ω 和 1 000 Ω 的同轴终端接至示波器上。测量设备的带宽为 −3 dB，试验负载阻抗至少为 50 Ω，频率响应达 400 MHz。应该对一个脉冲群内的脉冲上升时间、脉冲持续时间、脉冲重复频率以及脉冲群持续时间和脉冲群周期进行监视。

对应表 2 中的每个电压设置值，在负载为 50 Ω 时测量输出电压。测量的电压值应为 $0.5V_p$(开路)×(1±10%)。

对发生器做同样的设置，当负载电阻为 1 000 Ω 时测量输出电压。测量值应为 V_p(开路)×(1±20%)。

表 2　输出电压峰值及重复率

设定电压/kV	V_p(开路)/kV	V_p(1 000 Ω)/kV	V_p(50 Ω)/kV	重复率/kHz
0.25	0.25	0.24	0.125	50 或 100
0.5	0.5	0.48	0.25	50 或 100
1	1	0.95	0.5	50 或 100
2	2	1.9	1	50 或 100
4	4	3.8	2	50 或 100

6.2　交/直流电源端口的耦合/去耦网络

在交流/直流电源端口验收试验中需要用到耦合/去耦合网络。

电路图(以三相电源为例)在图 4 中给出。

6.2.1　特性参数

——耦合电容：33 nF；

——耦合模式：共模。

6.2.2　特性参数的校验

6.1.2 中提出的要求同样适于用来校验耦合/去耦网络特性参数的测试设备。在共模方式下对带有 50 Ω 终端的耦合/去耦网络输出波形进行校验。

STANDARDS PRESS OF CHINA

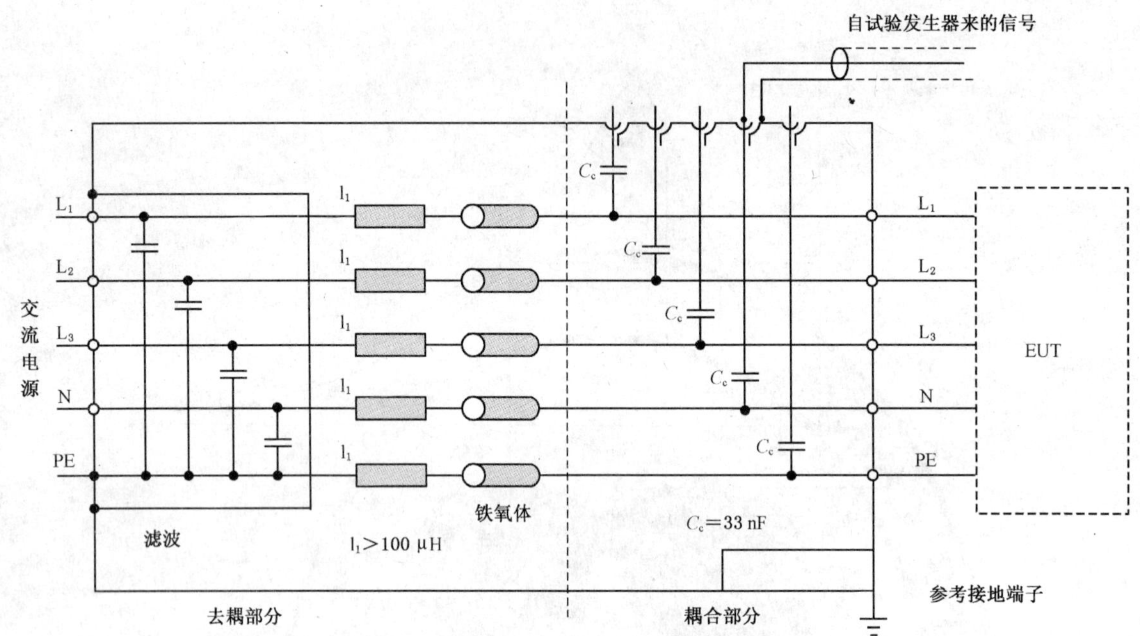

(示例:用于三相电路的耦合/去耦网络的结构。直流线路/端子应以类似方式处理。)

警告:耦合/去耦网络的结构及其应用不应违背现行的国家安全规程。

图 4 用于交流/直流电源端口/端子的耦合/去耦网络

将发生器输出电压设定为额定电压 4 kV,发生器与耦合/去耦网络的输入端相连,CDN(通常与受试设备相连)终端带有 50 Ω 负载,记录峰值电压和波形。

推荐使用单一耦合/去耦路径进行功能校验。

脉冲的上升时间应为 5×(1±30%)ns。

带有 50 Ω 负载情况下,脉冲持续时间应为 50×(1±30%)ns。

依据表 2 峰值电压×(1±10%)。

当受试设备和耦合/去耦网络断开连接时,网络的输入残余脉冲电压不得超过测试脉冲电压的 10%。

6.3 容性耦合夹

耦合夹能在与受试设备各端口的端子、电缆屏蔽层或受试设备的任何其他部分无任何电连接的情况下把快速瞬变脉冲群耦合到受试线路上。

耦合夹的耦合电容值取决于电缆的直径、材料以及电缆的屏蔽层。

该装置由安放受试线路电缆(扁平型或圆型)的夹板(用镀锌钢、黄铜、铜或铝板制成)组成,放置在接地平面上,其接触面积最小为 1 m^2,并且接地参考平面的周边至少应超出耦合夹 0.1 m。

耦合夹的两端应具有高压同轴接头,其任一端均可与试验发生器连接。发生器应连接到耦合夹距离受试设备最近的那一端。

耦合夹本身应尽可能地合拢,以提供电缆和耦合夹之间最大的耦合电容。

耦合夹的机械结构如图 5 所示,机械结构决定了频率响应、阻抗等特性。

特性参数:

——电缆和耦合夹之间典型的耦合电容:100 pF~1 000 pF;

——圆电缆可用的直径范围:4 mm~40 mm;

——绝缘耐受能力:5 kV(试验脉冲:1.2/50 μs)。

连接到输入/输出端口和通讯端口线路的验收试验要求采用耦合夹的耦合方式。交/直流电源端口在不能使用 6.2 所定义的耦合/去耦网络时,也可以使用耦合夹。

单位为毫米

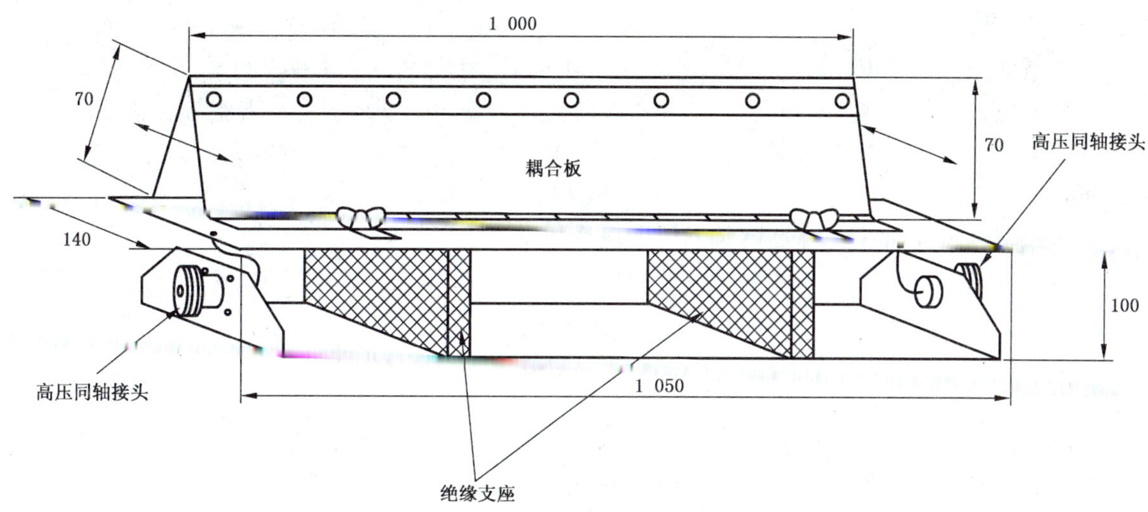

警告：耦合段与其他所有导电结构(受试电缆和接地平面除外)的间距应大于0.5 m。

图5　容性耦合夹的结构

7　试验配置

根据试验环境的不同可以定义不同类型的试验，如：

——在实验室进行的型式(符合性)试验；

——在设备最终安装条件下，对设备进行的安装后试验。

优先采用在实验室进行的型式试验。

应该按照制造厂的安装说明书(如果有的话)布置受试设备。

7.1　试验设备

试验配置包括下列设备(见图6)：

——接地参考平面；

——耦合装置(网络或耦合夹)；

——去耦网络；

——试验发生器，包括校准和测量装置。

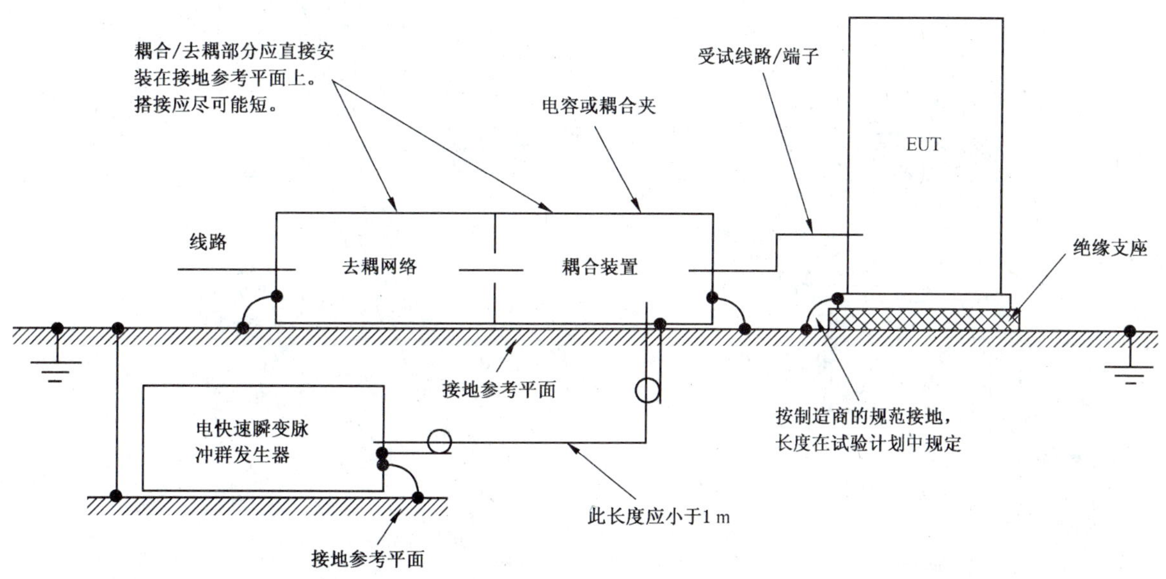

图6　电快速瞬变脉冲群抗扰度试验方框图

7.2 在实验室进行型式试验的试验配置

7.2.1 试验条件

下列要求适用于在8.1列出的标准环境条件下在实验室进行的试验。

受试设备应该放置在接地参考平面上，并用厚度为0.1 m±0.01 m的绝缘支座与之隔开(如图7)。

若受试设备为台式设备，则受试设备应放置在接地参考平面上方0.1 m±0.01 m处(见图7)。作为台式设备的受试设备通常固定在天花板或是墙壁上。

实验发生器和耦合/去耦网络应直接安装并连接到接地参考平面上。

接地参考平面应为一块厚度不小于0.25 mm的金属板(铜或铝)；也可以使用其他的金属材料，但它们的厚度至少应为0.65 mm。

接地平面的最小尺寸为1 m×1 m。其实际尺寸取决于受试设备的尺寸。

接地参考平面的各边至少应比受试设备超出0.1 m。

接地参考平面应与保护地相连接。

受试设备应该按照设备安装规范进行布置和连接，以满足它的功能要求。

除了位于受试设备下方的接地参考平面外，受试设备和所有其他导电性结构之间的最小距离应大于0.5 m。

受试设备的所有电缆应放置在接地参考平面上方0.1 m处，没有进行电快速瞬变脉冲试验的电缆应尽量减小与受试电缆之间的耦合。

受试设备应按照制造商的安装规范连接到接地系统上，不允许有额外的接地。

试验设备接地电缆与接地参考平面的连接和所有搭接所产生的电感应尽可能地小。

应使用耦合装置施加试验电压，试验电压应耦合到受试设备和去耦网络之间的线路上或与试验有关的两个设备之间的线路上。

去耦网络用来保护辅助设备及公共网络。

在使用耦合夹时，除了位于耦合夹和受试设备下方的接地平面外，耦合板和所有其他导电性结构之间的最小距离是0.5 m。

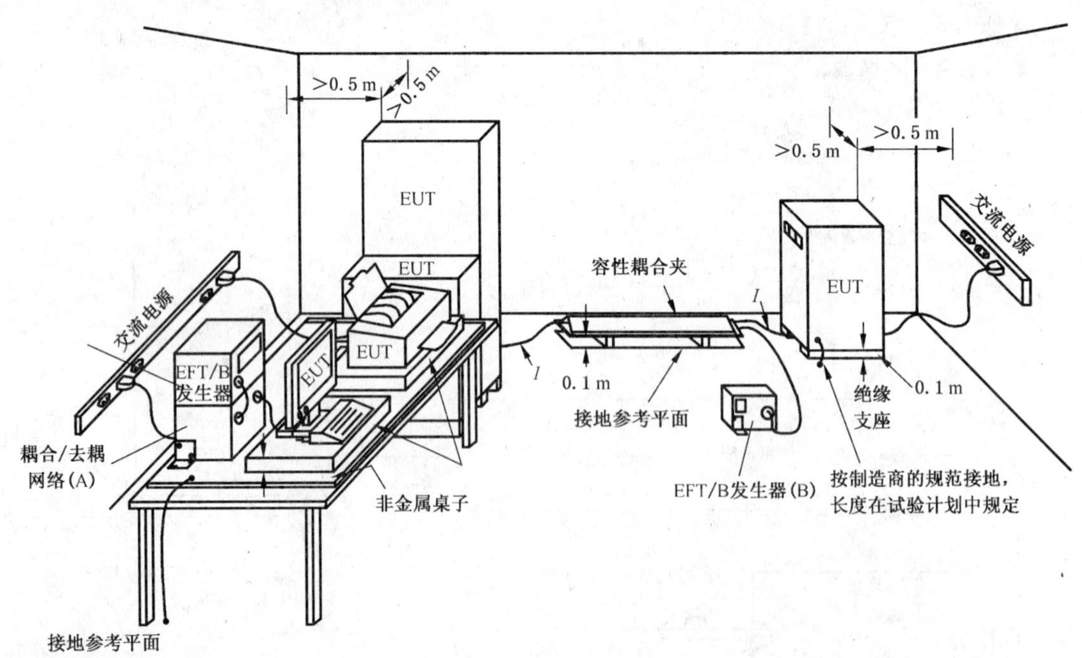

I——耦合夹与EUT之间的距离(0.5 m±0.05 m)；

(A)——电源线耦合位置；

(B)——信号线耦合位置。

图7 用于实验室型式试验的一般试验配置

耦合装置和受试设备之间的信号线和电源线的长度应为 0.5 m ±0.05 m。

如果制造商提供的与设备不可拆卸的电源电缆的长度超过 0.5 m ±0.05 m,那么超出的部分应该折起来并放置在接地参考平面上方 0.1 m 处。

图 7 给出了实验室试验配置的示例。

图 8 给出了机架式设备的一般试验配置示例。

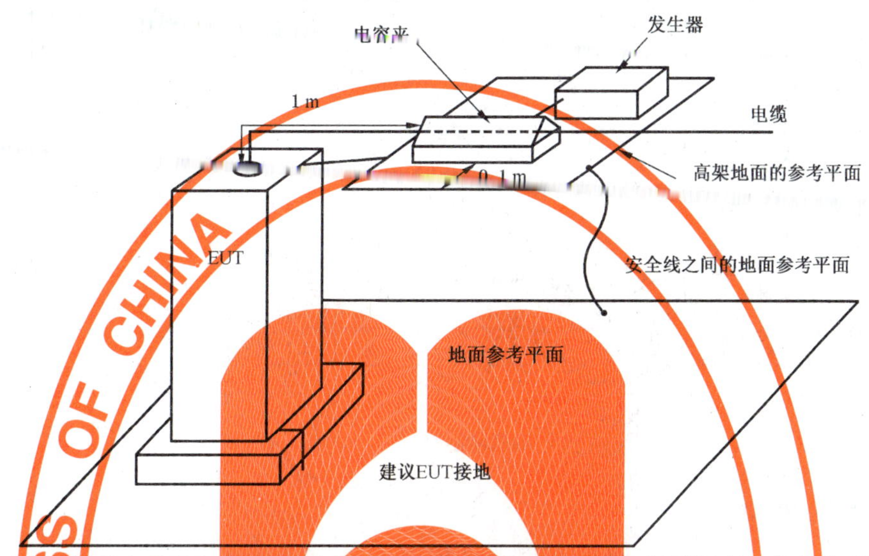

电容夹可以安装在屏蔽室的墙上或任何其他接地表面,同时连接 EUT。对于顶部连接电缆的大型置于地面的立式系统,电容夹位于 EUT 上方距离中心 10 cm 处,并且电缆通过该参考平面的中心。

图 8 用于机架式设备的一般试验配置示例

STANDARDS PRESS OF CHINA

7.2.2 把试验电压耦合到受试设备的方法

试验电压耦合到受试设备的方法取决于受试设备端口类型。

7.2.2.1 供电电源端口

图 9 给出了经过耦合/去耦网络直接将电快速瞬变脉冲群骚扰电压耦合到试验配置的实例。这是对电源端口耦合的首选方法。

如果没有适合的耦合/去耦网络,比如说电流大于 100 A,那么需要某种方法来进行转换,可以通过一个 33 nF 的耦合电容把试验电压施加到受试设备上。

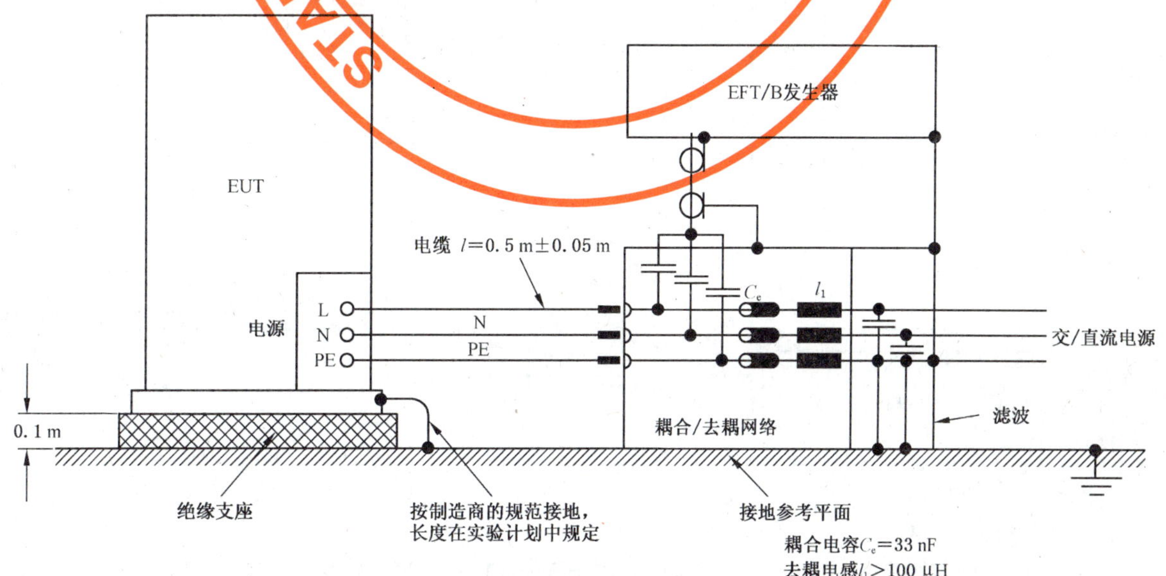

图 9 用于实验室试验的试验电压直接耦合到交流/直流电源端口/端子的试验配置示例

7.2.2.2 **I/O 端口和通信端口**

图 7 和图 10 的实例表明如何使用容性耦合夹把骚扰试验电压施加到 I/O 端口和通信端口。当使用容性耦合夹时，非受试的设备以及已经连接上的辅助设备应进行适当的去耦。

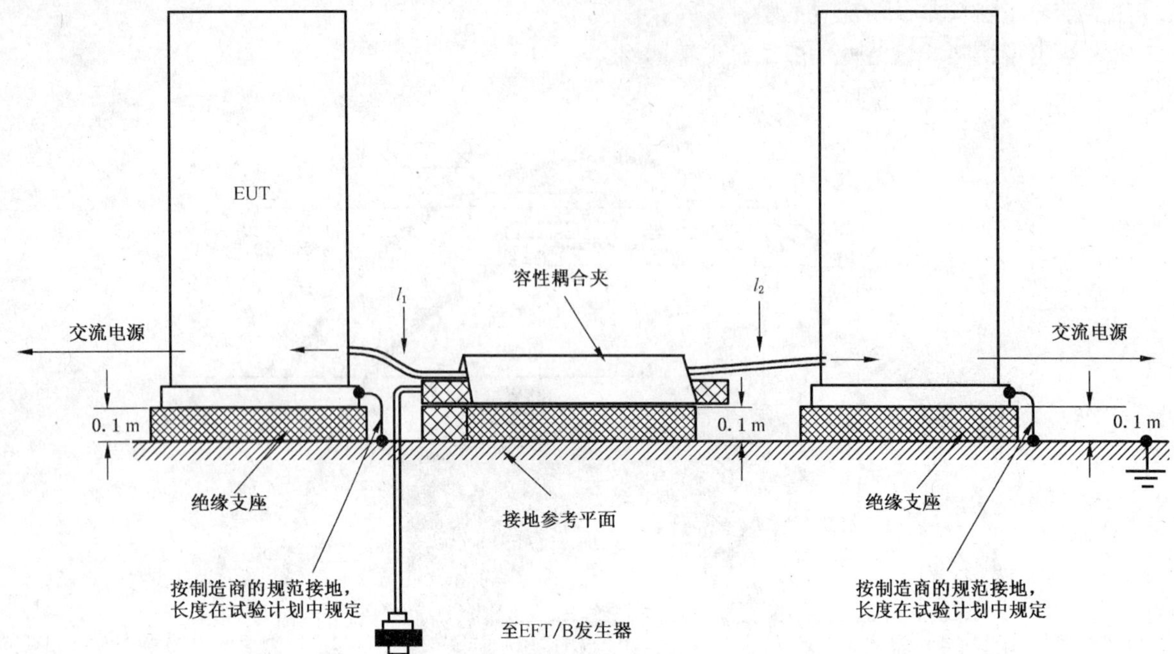

——当两台受试设备同时进行试验时，受试设备与耦合夹的距离 l_1=0.5 m±0.05 m；

——当只对一台受试设备进行试验时，去耦网络应位于容性耦合和非测试 EUT 间。

图 10 用于实验室试验的利用容性耦合夹进行试验的试验配置示例

7.2.2.3 **机柜的接地线**

机柜上的测试点应为保护接地导体的终端。

试验电压应该通过 33 nF 的耦合电容施加到保护接地(PE)线上，见图 11。

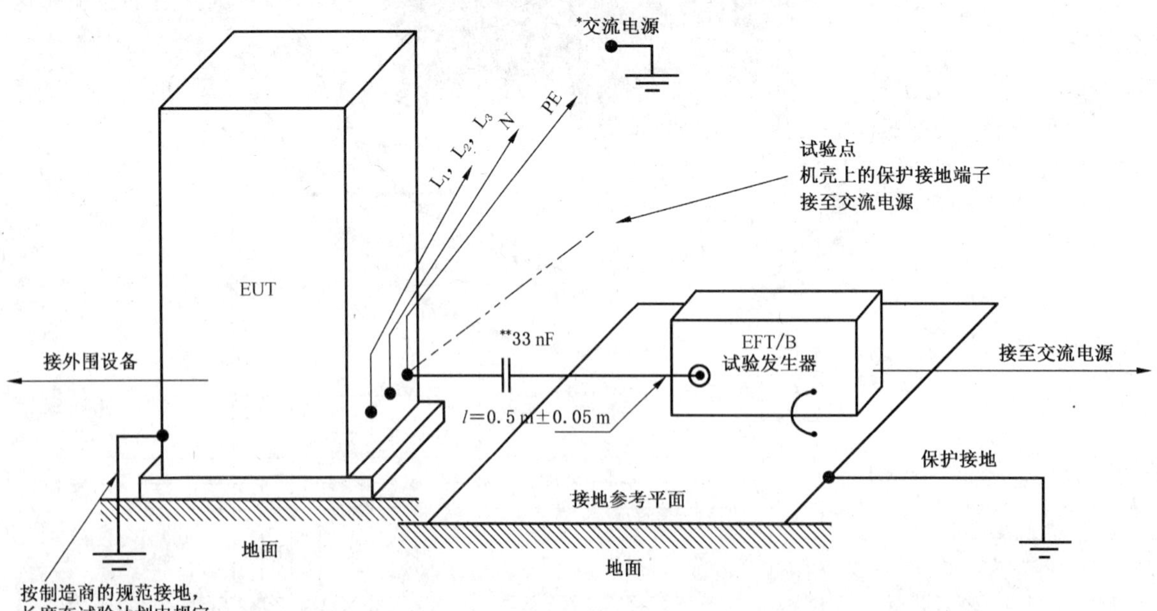

* 直流接地端子按同样方式处理。

** 必要时使用隔直电容。

图 11 固定的落地式受试设备交流/直流电源端口和保护接地端子安装后试验示例

7.3 安装后试验的试验配置

对于鉴定试验，这些试验是可选用的，而不是强制性的。只有在制造商与用户协商同意后才可进行这些试验。必须考虑到其他位于同一地点的设备可能会受到不可接受的影响。

应该按照设备或系统的最终安装状态进行试验。为了尽可能地逼真模拟实际的电磁环境，在进行安装后试验时应该不用耦合/去耦网络。

在试验过程中，除了受试设备以外，如果有其他装置受到不适当的影响，经用户和制造商双方同意可以使用去耦网络。

7.3.1 对供电电源端子和保护接地端子的试验

7.3.1.1 固定的落地式设备

试验电压应该施加在接地参考平面和每一个交流或直流供电电源的接线端子之间，以及受试设备机壳的保护接地或功能接地端子上。

有关试验配置，见图 11。

接地参考平面尺寸大约为 1 m×1 m(如 7.2.1 中所述)，应放置得靠近受试设备并与电源插座处的保护接地导线连接。

电快速瞬变脉冲群发生器应该放置在参考平面上。从电快速瞬变脉冲群发生器的同轴输出到受试设备接线端子的“带电导线”长度应为 0.5 m±0.05 m。这种连接线不应屏蔽，但应绝缘良好。如果需要使用交流/直流隔离电容，其电容量应为 33 nF。受试设备的所有其他连接应根据它的功能要求。

7.3.1.2 经软线和插头连接到电源的非固定安装的受试设备

试验电压应施加到每根电源线和连接受试设备的电源插座处的保护接地之间(见图 12)。

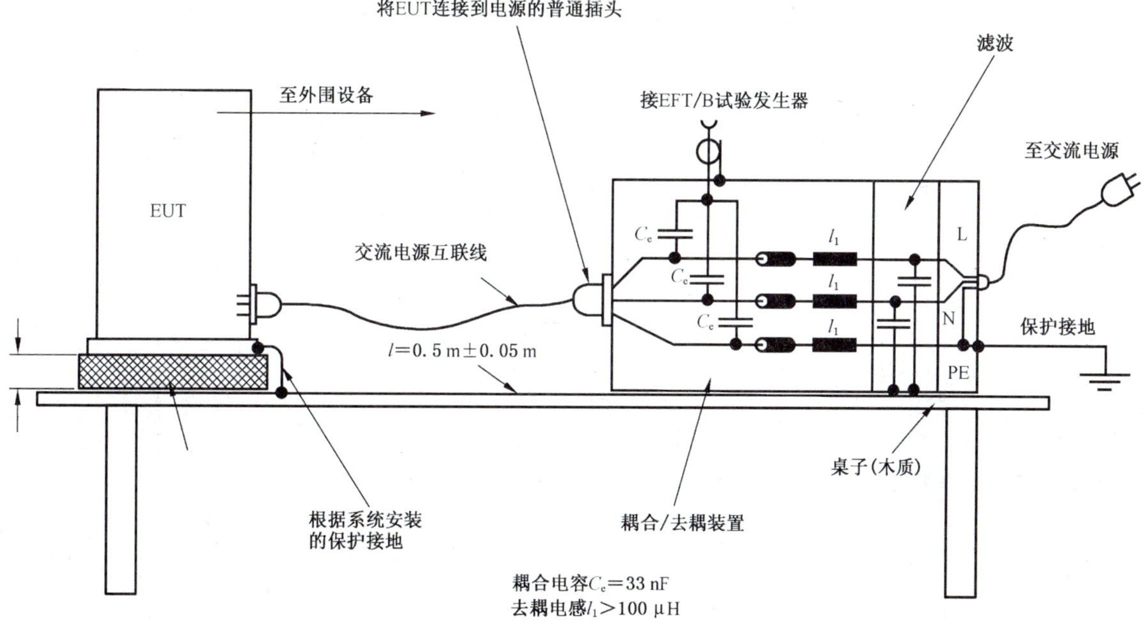

图 12 非固定式受试设备交流电源端口和保护接地端子安装后试验示例

7.3.2 对 I/O 和通信端口的试验

为了把试验电压耦合到线路上，应尽可能地使用容性耦合夹。但是，如果因为电缆敷设中机械方面的问题(尺寸、电缆布线)而不能使用耦合夹时，则可代之以金属带或导电箔来包覆被试的线路。这种带有箔或带的耦合布置的电容应该与标准耦合夹的电容相等。

在其他情况下，用分立的 100 pF 电容来代替耦合夹、导电箔或金属带的分布电容以把电快速瞬变脉冲群发生器的电压耦合到线路端子上可能是有用的。

如果受试设备有许多相似端口，制造商应选择可以清晰辨别的具有代表性的电缆。

从试验发生器引出的同轴电缆应在耦合点附近接地。不允许把试验电压施加到同轴电缆或屏蔽通信线路的接头(带电线)上。

在施加试验电压时,不应降低设备的屏蔽保护。有关进一步的说明,见图13。

用分立电容的耦合布置所得到的试验结果与用耦合夹或箔耦合方式得到的试验结果很可能不同。因此,为了考虑设备的重要安装特性,经制造商和用户双方同意,可能需要修改第5章所规定的试验等级。

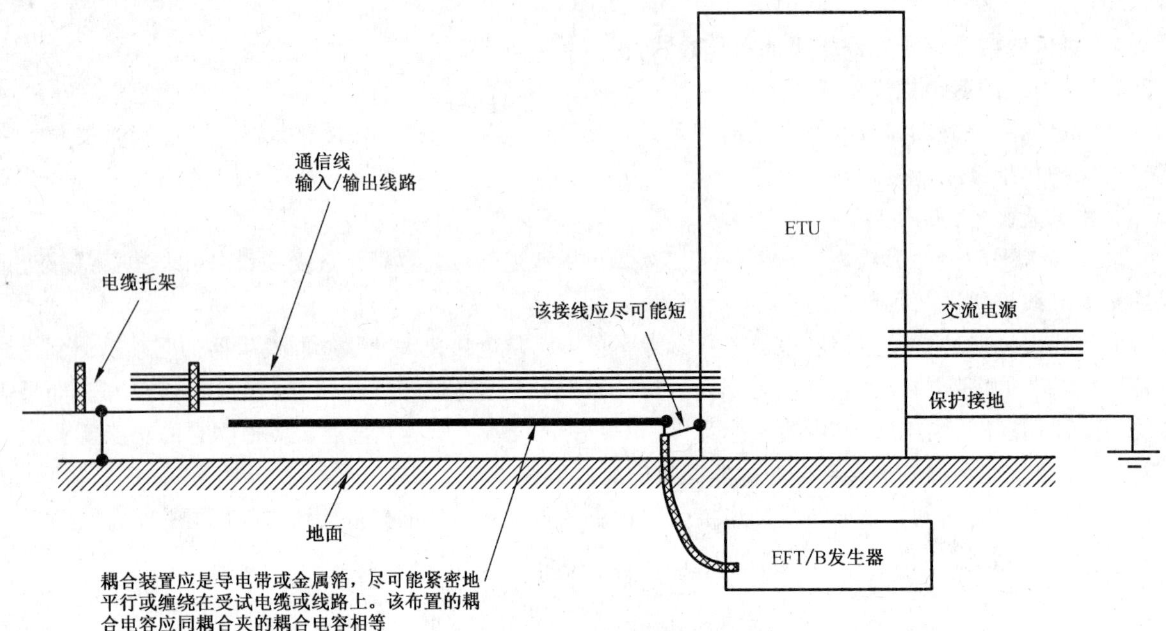

图13 不使用容性耦合夹的通信线路和输入/输出端口安装后试验示例

8 试验程序

在试验之前首先应检查试验设备的性能,这种检查通常受脉冲群的限制。

试验程序包括:

——实验室参比条件的检验;

——设备正常运行的初步检验;

——进行试验;

——试验结果的评价。

8.1 实验室参比条件

为了尽量减小环境参数对试验结果的影响,应该在8.1.1和8.1.2中所规定的气候和电磁环境参比条件下进行试验。

8.1.1 气候条件

实验室的气候条件应限制在受试设备规定的条件范围内。

如果相对湿度过高则会导致受试设备紧缩,这个时候不能进行试验。

8.1.2 电磁条件

为了不影响试验结果,实验室的电磁条件应能保证受试设备的正常工作。

8.2 进行试验

应根据试验计划进行试验,包括对技术规范所规定的受试设备性能的检验。

受试设备应处于正常的工作状态。

试验计划应该规定以下内容:

——将要进行的试验的类型；
——试验等级；
——试验电压的极性(2 种极性均为强制性)；
——内部或外部发生器激励；
——试验的持续时间，不少于 1 min；
——施加试验电压的次数；
——待试验的受试设备端口；
——受试设备的典型工作条件；
——依次对受试设备各端口或对同属于 2 个以上电路的电缆等施加试验电压的顺序；
——辅助设备。

9 试验结果评估

试验结果应依据受试设备在试验中的功能丧失或性能降低现象进行分类，相关的性能水平由设备的制造商和试验方确定，或由制造商和购买方共同达成协议。推荐按如下要求进行分类：

在制造商、委托方或购买方规定的限值内性能正常；

功能暂时丧失或性能降低，但在骚扰停止后能够自行恢复，不需要操作者干预；

功能暂时丧失或性能降低，但需操作者干预才能恢复；

因设备硬件或软件损坏，或数据丢失而造成不能恢复的功能丧失或性能降低。

某些试验项目对受试设备的性能发生影响，但是在实际使用中并不重要，制造商可以提出技术规范，规定试验结果评估时可以不受这些方面的试验结果影响。

上述分类可以作为相关产品的通用标准、产品标准和产品类标准所涉及产品的功能的规范性指南。当没有合适的通用产品或产品类标准时，可作为制造商和购买方协商的性能规范的框架。

10 试验报告

试验报告应包含能重现试验的全部信息，特别是下列内容：
——本标准中第 8 章要求的在试验计划中规定的项目内容；
——受试设备和辅助设备的标识，例如商标、产品型号、序列号；
——实验设备的标识，如商标、产品型号、序列号；
——试验进行所需的专门环境条件，如屏蔽室；
——试验进行所需的特定条件；
——制造商、委托方或购买方规定的性能水平；
——在通用、产品或产品类标准中规定的性能要求；
——试验时在骚扰施加期间及以后观察到的对受试设备的任何影响及持续时间；
——试验通过/失败的判断原因(根据通用标准、产品标准或产品类标准规定的性能判据或制造商和购买方达成的协议)；
——试验采用的特殊条件，如电缆长度或类型，屏蔽或接地，或受试设备运行条件，均要符合规定。考虑到测量的不准确性，应指定试验设备的容许误差应符合本标准；但是同时也应考虑到校准的不准确性。

STANDARDS PRESS OF CHINA

附 录 A
（资料性附录）
关于电快速瞬变脉冲群的说明

A.1 说明

电快速瞬变脉冲群(EFT)是由转换电感负载而产生的。通常把这个转换瞬变当作是快速瞬变，可以从以下几个方面进行描述：

——脉冲群持续时间：主要是由转换电感之前存储的能量来决定的；

——各个瞬变值的重复率；

——组成瞬时脉冲群的瞬变值的变化幅度：主要由转换触点的机械和电气特性决定(在开启操作中触点的速度，在打开条件下耐压能力)。

通常电快速瞬变脉冲群切换触点或者切换开关特性不是唯一参数。

A.2 尖峰脉冲幅值

在导线的导体上测量的尖峰脉冲的等级和当该导体与转换触点连接时的等级可有相同值。在电源和某些控制电路的场合，在触点近处(约 1 m 距离)为上述结论也可以是真实的。在这种场合，扰动是由感应(即电容)传递的，幅值是在触点上测试的级别的小部分。

A.3 上升时间

随着距离信号源长度的增加，波形会发生改变，这是由传播过程中的损失以及由于连接不严谨性载体弯曲而产生的反射而产生的。为测试发生器技术指标而假定的上升时间为 5 ns，这是个折中值，考虑到了在尖峰脉冲传播过程中高频部分的衰减的影响。

一个较短的上升时间，即 1 ns 将给出更保守的测试结果，并且它的合理性主要取决于连接的设备，与 EFT 源有关的现场中有短的连接。

注：在源点 EFT 的实际上升时间，对于 500 V 到 4 kV 及以上的电压范围，是非常接近于(在空气中)静电放电的上升时间，当然是相同的放电机制下。

A.4 尖峰脉冲持续时间

实际持续时间与在电路中作为感应电压测量的尖峰脉冲持续时间是一致的，因为与尖峰低频因素关系较少。

A.5 尖峰脉冲重复率

尖峰脉冲的重复率与很多参数有关，例如：

——充电电路时间常数(转换感应负载的电阻、电感及分布式电容)；

——转换电路时间常数，包括负载与转换触点连接线的阻抗；

——开启执行时触点的速度；

——转换触点的耐压性能。

重复率是可变的，其变化范围为 10 倍或是更多是很正常的。

注：在实际中，作为折中重复率，测试重复率选择 100 kHz 因为在一次测试中要包括 EFT/B 的大多数有效参数范围。

A.6 尖峰脉冲/脉冲群数量以及脉冲群持续时间

这些参数取决于转换电感负载积累的能量以及转换触点的耐压能力。

尖峰脉冲/脉冲群的数量与尖峰脉冲的重复率和脉冲群的持续时间是有直接关系的。从测量结果看，大多数脉冲群持续时间都非常接近 2 ms。这里水银湿继电器除外，因其用法与这里考虑的其他类型的继电器没有共同点。

注：选择 0.75 ms 持续时间作为在 100 kHz 上测试的参考时间，75 是尖峰脉冲/脉冲群的合成总数。

附 录 B
（资料性附录）
试验等级的选择

试验等级应按照最真实的安装和环境条件来加以选择。本标准的第5章列出了这些试验等级。

为了确定设备在预期工作环境中的性能等级，应根据这些等级进行抗扰度试验。

对于受试设备的I/O、控制、信号和数据端口，试验电压为电源端口试验电压的一半。

根据通常的安装实践，建议按照电磁环境的要求来选择电快速瞬变试验的试验等级：

a) 第1级：具有良好保护的环境

设施具有下列特性：

——在被切换的电源和控制线路中，电快速瞬变脉冲群被全部抑制；

——电源线（交流和直流）与来自属于较高严酷度等级的其他环境中的控制和测量线路分离；

——电源电缆带有屏蔽层，屏蔽层的两端在设施的接地参考平面接地，并通过滤波进行电源保护。

计算机房可作为这类环境的代表。

采用此级别对设备进行试验时，只适用于型式试验中的电源线路及安装后试验中的接地线路和设备机柜。

b) 第2级：受保护的环境

设施具有下列特性：

——仅采用继电器（无接触器）切换的电源和控制线路中，电快速瞬变脉冲群被部分抑制；

——所有线路与同较高严酷等级环境有关的其他线路分离；

——无屏蔽的电源电缆和控制电缆与信号电缆和通信电缆在结构上分离。

工厂和发电厂的控制室或终端室可作这类环境的代表。

c) 第3级：典型的工业环境

设施具有下列特性：

——仅采用继电器（无接触器）切换的电源和控制线路中，对电快速瞬变脉冲群无抑制；

——工业线路与同较高严酷等级环境有关的其他线路分离不完善；

——电源、控制、信号和通信线路采用专用电缆；

——电源、控制、信号和通信电缆之间的分离不完善；

——存在由电缆托架（同保护接地系统相连）中的导电管道、接地导体和接地网提供的接地系统。

工业过程设备的使用场所，发电厂和户外高压变电站的继电器房等可作为这类环境的代表。

d) 第4级：严酷的工业环境

设施具有下列特性：

——由继电器和接触器切换的电源和控制线路中，对电快速瞬变脉冲群无抑制；

——工业线路同较高严酷等级环境有关的其他线路不分离；

——电源、控制、信号和通信电缆之间不分离；

——控制和信号线共用多芯电缆。

未采取特定安装措施的电站工业过程设备的户外区域，露天的高压变电站配电装置和工作电压达500 kV的开关装置（采用典型的安装措施）等区域可作为这类环境的代表。

e) 第5级：需要加以分析的特殊环境

根据骚扰源与设备的电路、电缆、线路等电磁分离程度的优劣，以及安装质量，可能需要采用高于或低于上述等级的环境等级。应该指出，较高严酷等级的设备线路可以进入严酷等级较低的环境。

ICS 25.010;29.020
J 09

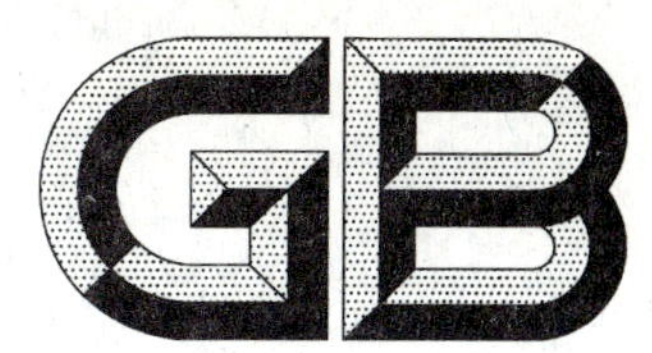

中华人民共和国国家标准

GB/T 24112—2009

工业机械电气设备 静电放电抗扰度试验规范

Electrical equipment of industrial machines—Electrostatic discharge immunity test specifications

STANDARDS PRESS OF CHINA

2009-06-11 发布　　2009-11-01 实施

中华人民共和国国家质量监督检验检疫总局
中国国家标准化管理委员会　发布

前　言

本标准是在GB/T 21067—2007《工业机械电气设备　电磁兼容　通用抗扰度要求》基础上制定的，为GB/T 21067—2007配套的试验方法标准之一。

本标准的附录A和附录B为资料性附录。

本标准由中国机械工业联合会提出。

本标准由全国工业机械电气系统标准化技术委员会(SAC/TC 231)归口。

本标准起草单位：沈阳高精数控技术有限公司、国家机床质量监督检验中心、中国科学院沈阳计算技术研究所有限公司、北京凯恩帝数控技术有限责任公司、深圳市珊星电脑有限公司、杭州机床集团有限公司。

本标准主要起草人：林浒、黄祖广、李本忍、于东、尹震宇、杨洪丽、刘建荣、陈建明、胡毅。

引　　言

本标准的目的是建立一个具有一致性、可重复的基本试验环境及规范，以评定工业机械电气、电子设备及系统在遭受静电放电时的性能。

本标准提出了工业机械的电气、电子设备及系统遭受静电放电的抗扰度试验要求，试验设备和配置，试验方法和程序以及不同环境和安装条件的要求，试验结果评定和最终报告等。

本标准的制定参照了 GB 5226.1—2008/IEC 60204-1:2005《机械电气安全　机械电气设备　第1部分:通用技术条件》、GB/T 21067—2007《工业机械电气设备　电磁兼容　通用抗扰度要求》等标准。

工业机械电气设备
静电放电抗扰度试验规范

1 范围

本标准规定了工业机械电气、电子设备及系统在遭受直接来自操作者和对邻近物体的静电放电时的抗扰度要求和试验方法，还规定了不同环境和安装条件下试验等级的范围和试验程序。

本标准的目的在于建立通用的和可重现的基准，以评估工业机械电气、电子设备遭受静电放电时的性能。

本标准适用于工业机械电气、电子设备及系统的静电放电抗扰度试验。

2 规范性引用文件

下列文件中的条款通过本标准的引用而成为本标准的条款。凡是注日期的引用文件，其随后所有的修改单(不包括勘误的内容)或修订版均不适用于本标准，然而，鼓励根据本标准达成协议的各方研究是否可使用这些文件的最新版本。凡是不注日期的引用文件，其最新版本适用于本标准。

GB/T 4365—2003 电工术语 电磁兼容(IEC 60050(161):1990,IDT)

GB/T 17626.2—2006 电磁兼容 试验和测量技术 静电放电抗扰度试验(IEC 61000-4-2:2001,IDT)

3 术语和定义

本标准采用下列术语和定义。

3.1

(性能)降低 degradation (of performance)

装置、设备和系统的工作性能与正常性能的非期望偏离。

注：“降低”一词可用于暂时失效或永久失效。

3.2

电磁兼容性 electromagnetic compatibility;EMC

设备或系统在其电磁环境中能正常工作且不对该环境中任何事务构成不能承受的电磁骚扰的能力。

[GB/T 4365—2003]

3.3

抗静电材料 antistatic material

在同种材料或与其他类似材料相互摩擦或分离时，具有产生电荷量最小的材料。

3.4

储能电容器 energy storage capacitor

静电放电发生器中的电容器，用以代表人体充电至试验电压值时的电容量，它可以是分立元件或分布电容。

3.5

EUT equipment under test

受试设备。

STANDARDS PRESS OF CHINA

3.6

接地参考平面　ground reference plane;GRP

一块导电平面,其电位用作公共参考单位。

3.7

耦合板　coupling plane

一块金属片或金属板,对其放电用来模拟对受试设备附近物体的静电放电。HCP:水平耦合板;VCP:垂直耦合板。

3.8

保持时间　holding time

放电之前,由于泄漏而使试验电压下降不大于10%的时间间隔。

[GB/T 17626.2—2006 中 4.9]

3.9

静电放电　electrostatic discharge;ESD

具有不同静电电位的物体相互靠近或直接接触引起的电荷转移。

3.10

(对骚扰的)**抗扰度　immunity** (to a disturbance)

装置、设备或系统面临电磁骚扰不降低运行性能的能力。

3.11

接触放电方法　contact discharge method

试验发生器的电极保持与受试设备的接触并由发生器内的放电开关激励放电的一种试验方法。

3.12

空气放电方法　air discharge method

将试验发生器的充电电极靠近设备并由火花对受试设备激励放电的一种试验方法。

3.13

直接放电　direct application

直接对受试设备实施放电。

3.14

间接放电　indirect application

对受试设备附近的耦合板实施放电,以模拟人员对受试设备附近的物体的放电。

4　概述

本标准所涉及的是处于极端静电放电环境中和安装条件下的装置、系统、子系统和外部设备,例如,特别干燥,使用易产生静电人造纤维地毯、乙烯基服装等,这种情况存在于同电气和电子设备有关标准的分类规定中(详细情况见附录A)。

5　试验等级

表1给出静电放电试验时,试验等级的优先选择范围。

试验还应满足表1中所列的较低等级。

有关可能影响对人体带电电压电平大小的各种参数的详细情况见附录A中的A.2。

附录A中的A.4还包括一些与环境安装等级有关的试验等级的实例。

接触放电是优先选择的试验方法,空气放电则用在不能使用接触放电的场合中。每种试验方法的电压列于表1中的1a和1b两列,由于试验方法的差别,每种方法所示的电压是不同的。两种试验方法的严酷程度并不表示相等。

附录 A 中 A.3、A.4 和 A.5 中提供了更详细的资料。

表 1 试验等级

1a 接触放电		1b 空气放电	
等级	试验电压/kV	等级	试验电压/kV
1	2	1	2
2	4	2	4
3	6	3	8
4	8	4	15
×[a]	特殊	×[a]	特殊

[a] “×”是开放等级，该等级必须在专用设备的规范中加以规定，如果规定了高于表格中的电压，则可能需要专用的试验设备。应另有相关说明。

6 试验发生器

试验发生器的主要部分包括：

——充电电阻 R_c；

——储能电容器 C_s；

——分布电容 C_d；

——放电电阻 R_d；

——电压指示器；

——放电开关；

——可更换的放电电极头(见图 4)；

——放电回路电缆；

——电源装置。

图 1 表示静电放电发生器的原理简图。发生器应满足 6.1 和 6.2 给出的要求。

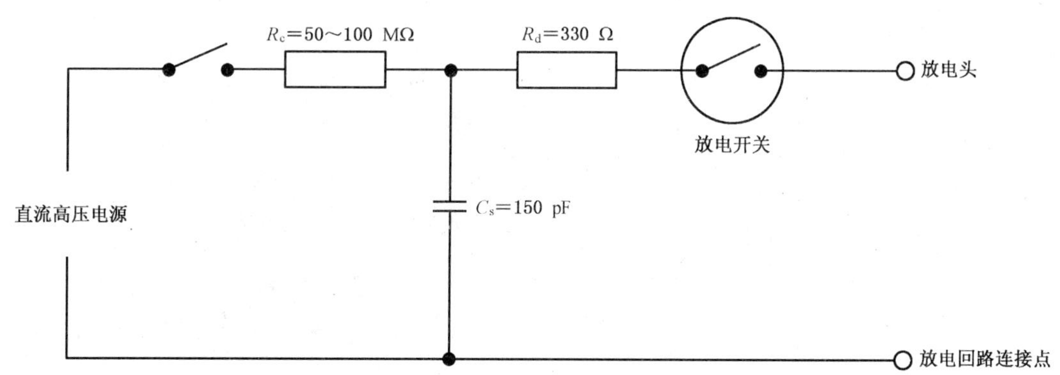

图 1 静电放电发生器简图

注：图中省略的 C_d 是存在于发生器与受试设备，接地参考平面以及耦合板之间的分布电容。由于此电容分布在整个发生器上，因此，在该回路中不可能标明。

6.1 静电放电发生器的特性

规范：

——储能电容(C_s+C_d)　　150×(1±10%)pF

——放电电阻(R_d)　　330×(1±10%)Ω

——充电电阻(R_c)　　50 MΩ 与 100 MΩ 之间

——输出电压(见注1)	接触放电 8 kV(标称值)
	空气放电 15 kV(标称值)
——输出电压示值的容许偏差	±5%
——输出电压极性	正和负极性(可切换的)
——保持时间	至少 5 s
——放电,操作方式(见注2)	单次放电(连续放电之间的时间至少 1 s)
——放电电流波形	见 6.2

注1:在储能电容器上测得的开路电压。

注2:仅为了探测的目的,发生器应能以至少 20 次/s 的重复频率产生放电。

对发生器应采取一定措施,以防止非期望的脉冲和连续形式的辐射或传导发射,以使受试设备或辅助试验设备不受额外的骚扰。其中发生器供电系统与受试设备供电系统最好隔离。

储能电容器、放电电阻以及放电开关应尽可能靠近放电电极。

图 2 提供了放电头的尺寸。

单位为毫米

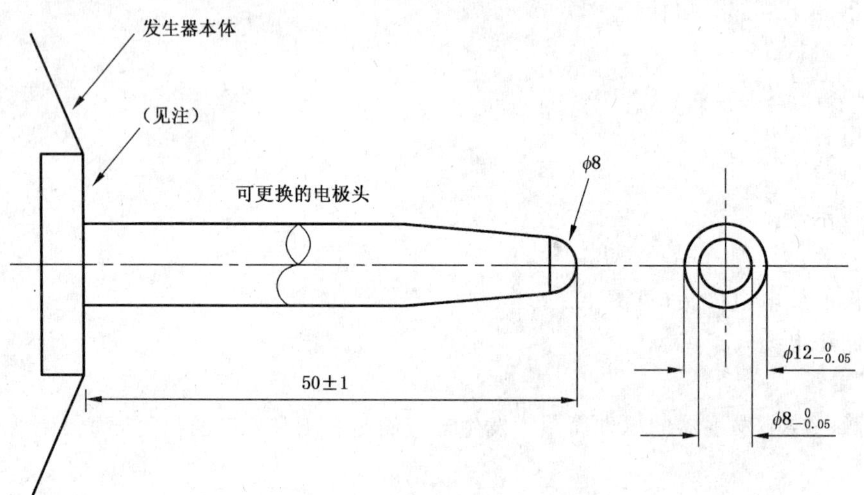

a) 空气放电

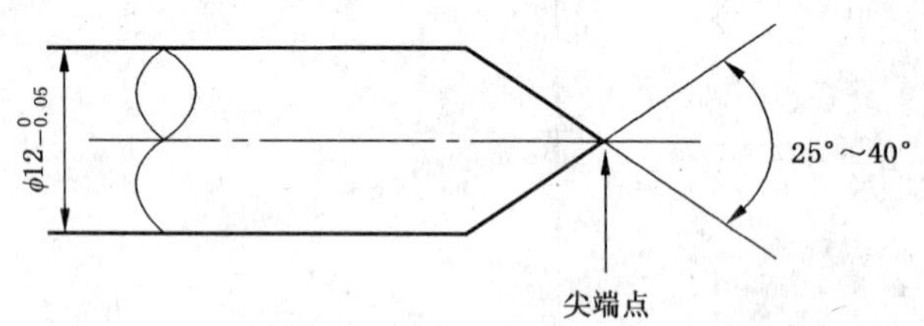

b) 接触放电

注:放电开关应尽可能靠近放电电极头安装。

图 2 静电放电发生器的放电电极

就空气放电试验方法而言,可使用相同发生器,且放电开关必须闭合。发生器应备有图 2 所示的圆形头。

试验发生器中放电回路的电缆一般长为 2 m,其构成应使发生器满足波形的要求。它应有足够的绝缘以防止在静电放电试验期间放电电流不通过其端口而流向人员或导电表面。

若 2 m 长的放电回路电缆不够长(例如有一些受试设备较高),可以采用不超过 3 m 长的电缆,但必须校验是否符合波形的技术规范。

6.2 静电放电发生器特性的校验

为了比较不同试验发生器所获得的试验结果，必须利用试验时所用的放电回路电缆来验证表2所示的特性。

表2 波形参数

等级	指示电压/kV	放电的第一个峰值电流 A(±10%)	放电开关操作时的上升时间 t_r/ns	在30 ns时的电流 A(±30%)	在60 ns时的电流 A(±30%)
1	2	7.5	0.7～1	4	2
2	4	15	0.7～1	8	4
3	6	22.5	0.7～1	12	6
4	8	30	0.7～1	16	8

静电放电发生器在验证过程中的输出电流波形应与图3相符。

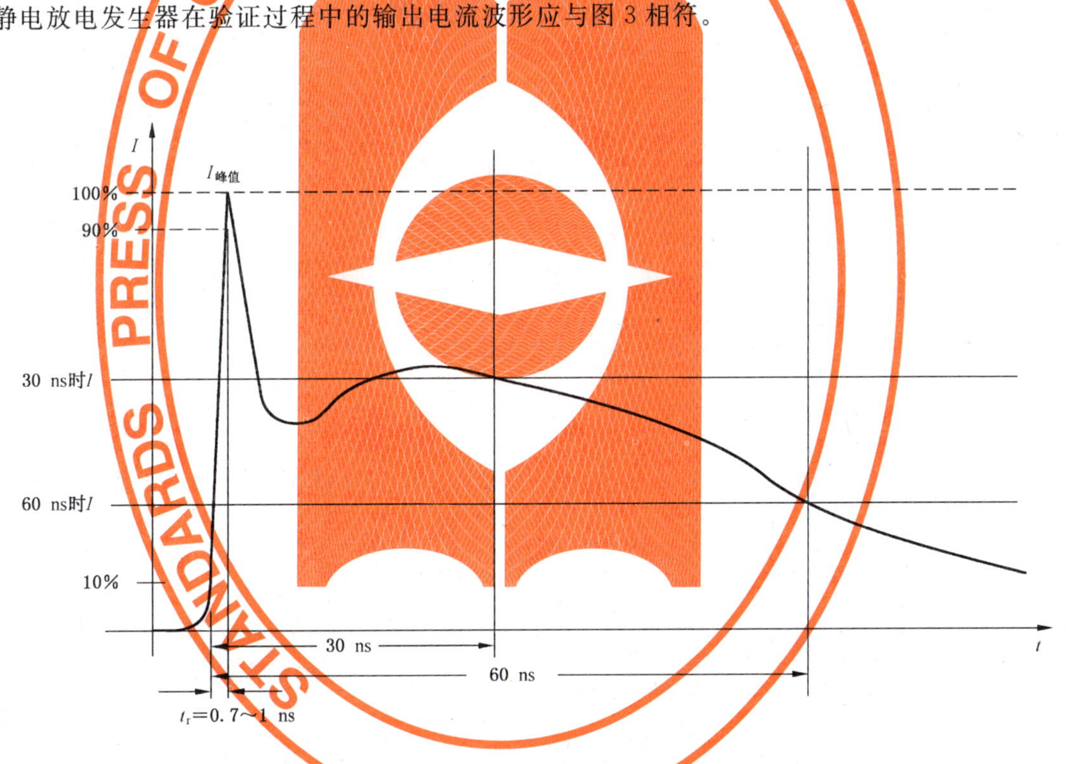

图3 静电放电发生器输出电流的典型波形

放电电流的特性参数应使用1 000 MHz带宽的测量仪器进行验证。

带宽较窄，则意味着上升时间和第一个电流峰值测量值偏小，上升时间偏大。

验证时，放电电极头应与电流传感器直接接触，而且发生器以接触放电方式工作。

图4给出了验证静电放电发生器性能时的典型布置，靶的带宽必须大于1 GHz，附录B中给出了电流传感器结构设计的详细资料。

其他的一些布置，包括使用和图4尺寸不同的实验室法拉第笼，或将法拉第笼与靶平面分开都是允许的。但两种情况下，均应考虑传感器与静电放电发生器接地端点之间的距离(1 m)以及放电回路电缆的布置。静电放电发生器应在规定的时间内，按照认可的质量保证体系重新进行校准。校准是指观察波形参数是否偏离表2给定范围。

STANDARDS PRESS OF CHINA

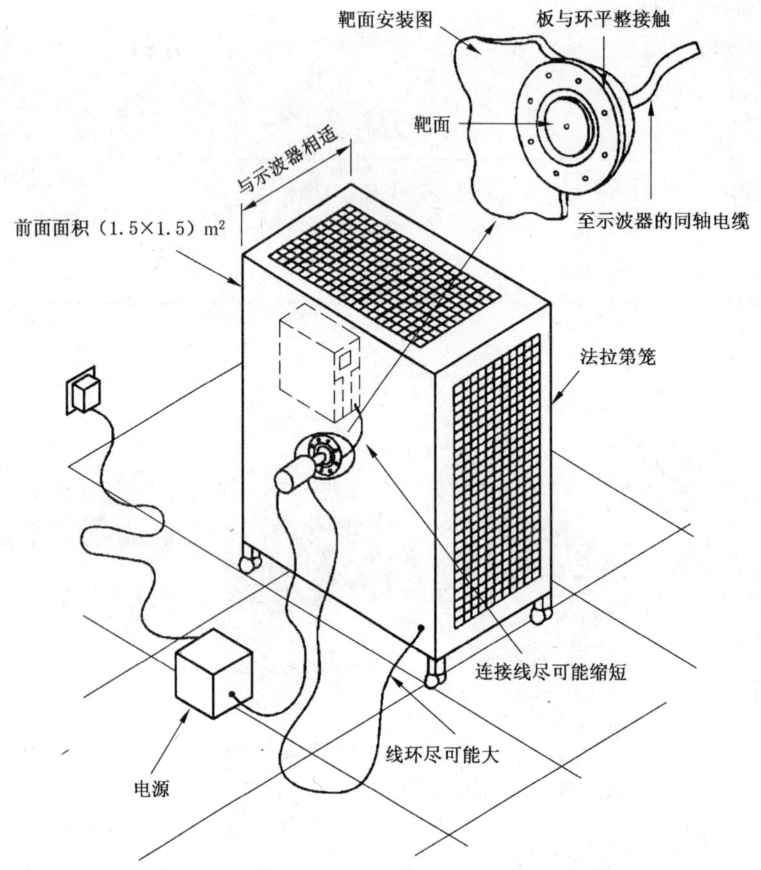

图 4　验证静电放电发生器特性的布置实例

7　试验配置

试验配置由试验发生器、受试设备和以下列方式对受试设备直接和间接放电时所需的辅助仪器组成。

a)　对导电表面和对耦合板的接触放电；

b)　在绝缘表面上的空气放电。

试验可分为两种不同的类型：

——在实验室进行的型式(符合性)试验；

——在最终安装条件下对设备进行的安装后试验。

优先选用的试验方法是在实验室内进行的型式试验。标准试验环境易取得重复性、一致性结果。

受试设备应根据制造厂家的安装说明书进行布置。

7.1　实验室试验的配置

下述要求适用于 8.1 中规定的参考环境条件下的实验室试验。

实验室的地面应设置接地参考平面，它应是一种最小厚度为 0.25 mm 的铜或铝的金属薄板，其他金属材料虽可使用但它们至少应有 0.65 mm 的厚度。

接地参考平面的最小尺寸为 1 m^2，实际的尺寸取决于受试设备的尺寸，而且每边至少应伸出受试设备或耦合板之外 0.5 m，并将它与保护接地系统相连。

应始终遵守国家有关安全规程的规定。

受试设备应按其使用要求布置和连线。

受试设备与实验室墙壁和其他金属性结构之间的距离最小 1 m。

按照受试设备的安装技术条件，应该将它与接地系统连接。不允许有其他附加的接地线。

电源与信号电缆的布置应能反映实际安装条件。

静电放电发生器的放电回路电缆应与接地参考平面连接，该电缆的总长度一般为 2 m。

如果这个长度超过所选放电点需要的长度，如可能应将多余的长度以无感方式离开接地参考平面放置，且与试验配置的其他导电部分保持不小于 0.2 m 的距离。

与接地参考平面连接的接地线和所有连接点均应是低阻抗的，例如在高频场合下采用夹具等。

规定有耦合板的地方，例如允许采用间接放电的地方，这些耦合板采用和接地参考平面相同的金属和厚度，而且经过每端带有一个 470 kΩ 电阻的电缆与接地参考平面连接，当电缆置于接地参考平面上时，这些电阻器应能耐受住放电电压且具有良好的绝缘，以避免对接地参考平面的短路。

不同类型设备的其他技术要求如下。

7.1.1 台式设备

试验设备包括一个放在接地参考平面上 0.8 m 高的木桌。

放在桌面上的水平耦合板(HCP)面积为 1.6 m×0.8 m，并用一个厚 0.5 mm 的绝缘衬垫将受试设备和电缆与耦合板隔离。

如果受试设备过大而不能保持与水平耦合板各边的最小距离为 0.1 m，则应使用另一块相同的水平耦合板，并保证与第一块短边侧距离 0.3 m。但此时必须将桌子扩大或使用两个桌子，这些水平耦合板不必焊在一起，而应经过另一根带电阻电缆接到接地参考平面上。

所有受试设备的安装脚架应保持原位。

图 5 提供了台式设备试验配置的实例。

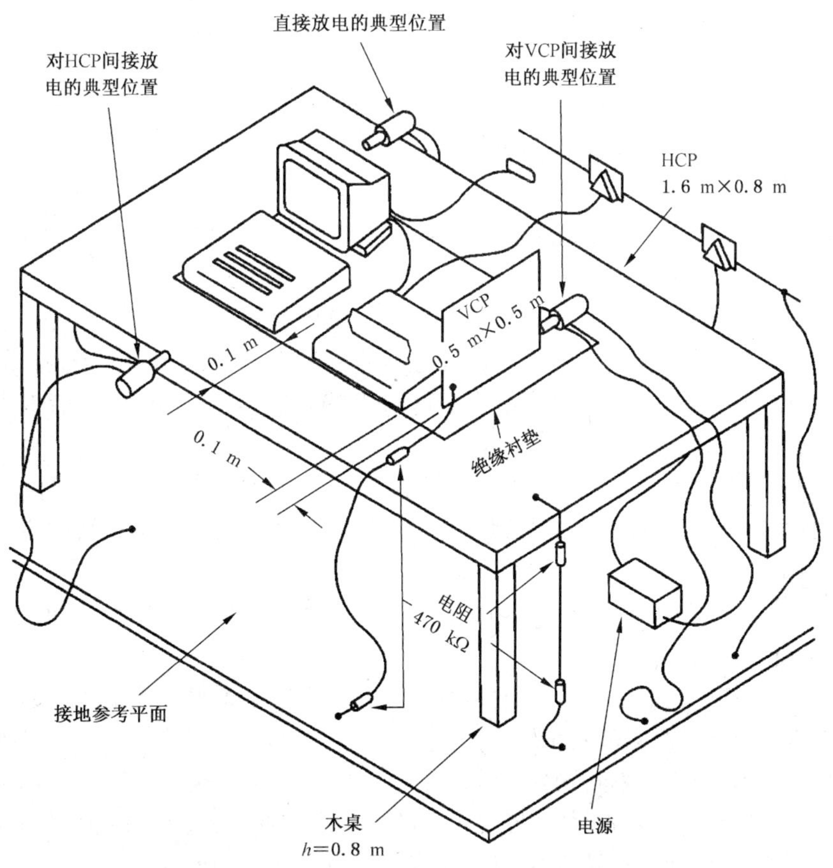

图 5 实验室试验时，台式设备试验布置的实例

7.1.2 落地式设备

受试设备与电缆用厚度约为 0.1 m 的绝缘支架与接地参考平面隔开。

图 6 提供了落地设备试验配置的实例。

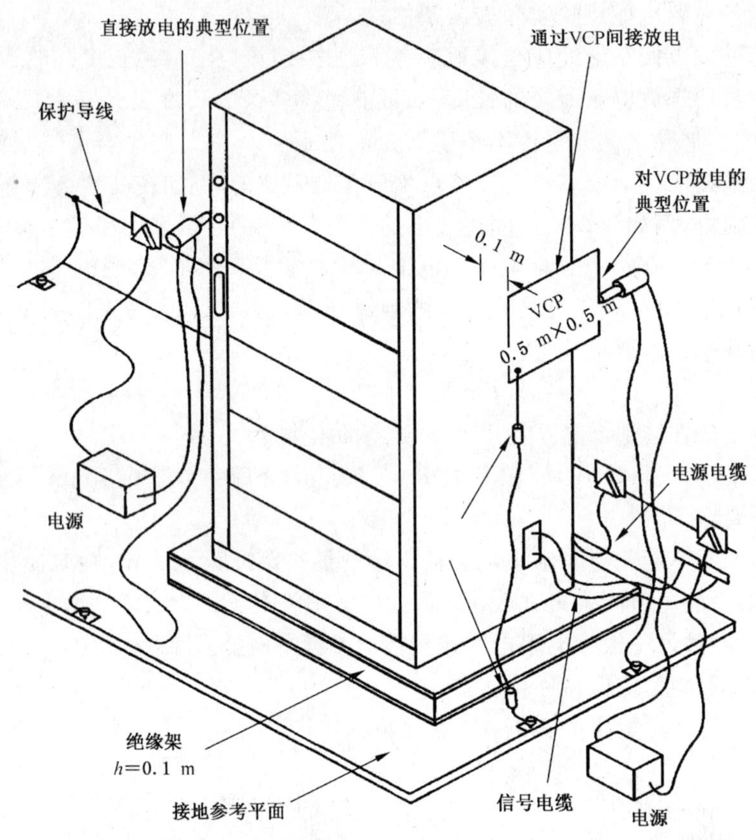

图 6　实验室试验时,落地式设备试验布置的实例

任何与受试设备有关的安装脚架应保持原位。

7.1.3　不接地设备的试验方法

本条款描述的试验方法适用于安装规范或设计不与任何接地系统连接的设备或设备部件。设备或设备部件,包括便携式、电池供电和双重绝缘设备(Ⅱ类设备)。

基本原理:不接地设备或设备的不接地部件不能如Ⅰ类供电设备自行放电。若在下一个静电放电脉冲施加前电荷未消除,受试设备或受试设备的部件上的电荷累积可能使电压为预期试验电压的两倍。因此,双重绝缘设备的绝缘体电容经过几次静电放电累积,可能充电至异常高,然后以高能量在绝缘击穿电压处放电。

试验配置应分别与 7.1.1 和 7.1.2 的描述相同。

为模拟单次静电放电(空气放电或者接触放电),在施加每个静电放电脉冲之前应消除受试设备上的电荷。

在施加每个静电放电脉冲之前,应消除施加静电放电脉冲的金属点或部位上的电荷,如连接器外壳、电池充电插脚、金属天线。

当对一个或几个可接触到的金属部分进行静电放电试验,由于不保证能给出产品上该点和其他点间的电阻,应消除施加静电放电点的电荷。

应使用类似于水平耦合板和垂直耦合板用的带有 470 kΩ 泄放电阻的电缆,见 7.1。

因受试设备和水平耦合板(台式)之间以及受试设备和接地参考平面(落地式)之间的电容取决于受试设备的尺寸,静电放电试验时,如果功能允许,应安装带泄放电阻的电缆。放电电缆的一个电阻应尽可能靠近受试设备的试验点,最好小于 20 mm。第二个电阻应靠近电缆的末端,对于台式设备电缆连接于水平耦合板上(见图 7),对于立式设备电缆连接于接地参考平面上(见图 8)。

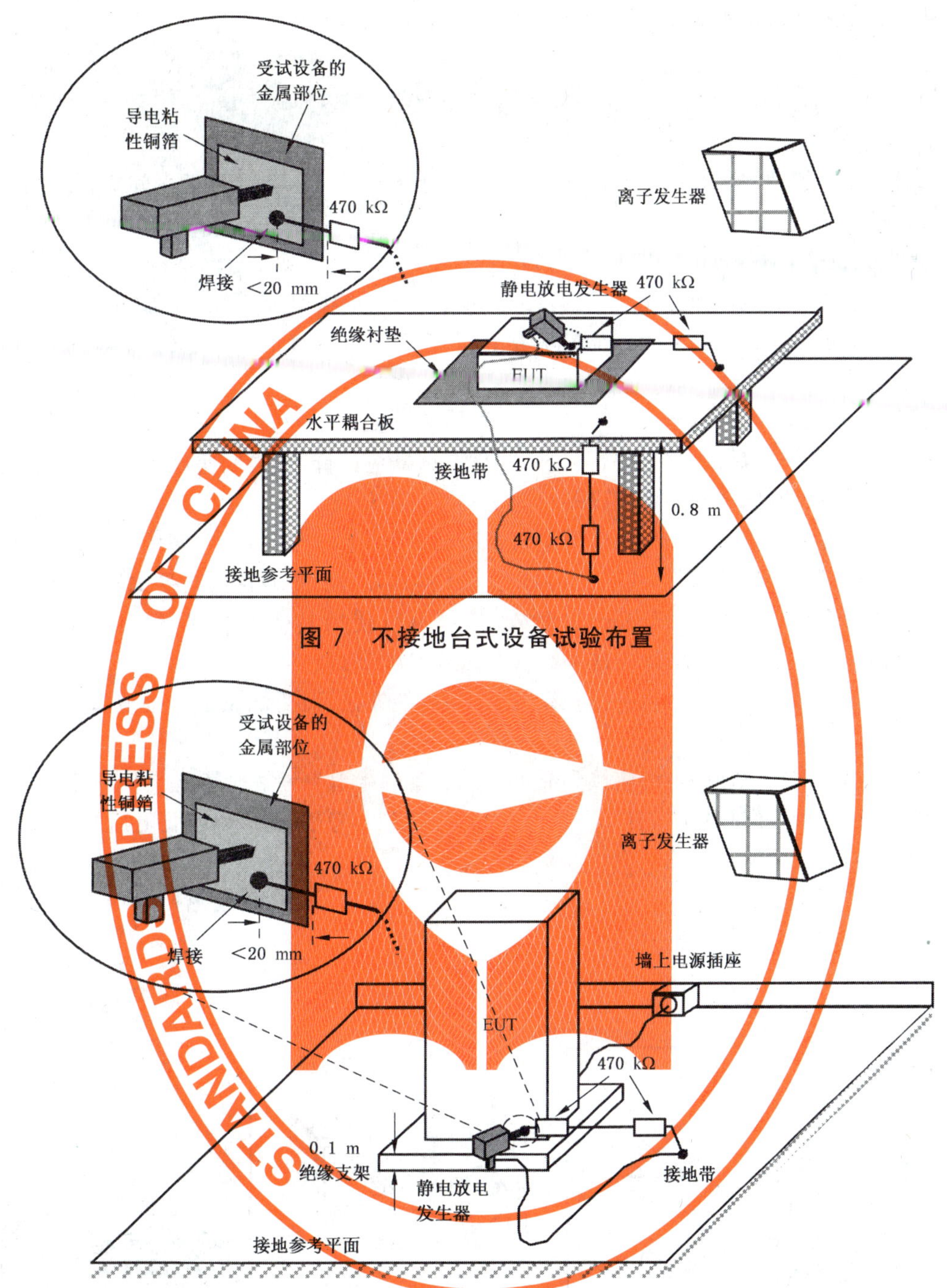

STANDARDS PRESS OF CHINA

图 7　不接地台式设备试验布置

图 8　不接地落地设备试验布置

带泄放电阻电缆的存在会影响某些设备的试验结果。有争议时,若在连续放电之间电荷能有效地衰减,施加静电放电脉冲时断开电缆的试验优先于连接上电缆的试验。

以下选择可作为替代方法:

——连续放电的时间间隔应长于受试设备的电荷自然衰减所需的时间;

——使用带泄放电阻和炭纤维刷的接地电缆(例如,2×470 kΩ);

——使用加速受试设备的电荷"自然"泄放到环境的空气-离子发生器。

当施加空气放电时,离子发生器应关闭。任何替代方法的使用应在试验报告中注明。

注:在电荷衰减有争议时,可用非接触电场计监视受试设备上的电荷。当放电衰减至低于初始值的10%后,受试设备被认为已放电。

静电放电发生器的电极头通常应垂直于受试设备的表面。

7.1.3.1 台式设备

对于台式设备，如7.1.1和图5所述，受试设备放于绝缘衬垫(厚0.5 mm)上，绝缘衬垫位于水平耦合板上。

对受试设备上可触及的金属部分施加静电放电，其金属部分和水平耦合板之间应使用带泄放电阻的电缆连接(见图7)。

7.1.3.2 落地式设备

对于与接地参考平面无任何金属连接的落地式设备，安装应类似于7.1.2和图6。

对受试设备上可触及的金属部分施加静电放电，其金属部分和接地参考平面(GRP)之间应使用带泄放电阻的电缆连接(见图8)。

7.2 安装后试验的配置

对鉴定试验来说，安装后试验只供验证试验并且有选择地进行，不强制实施，只有经制造商和用户双方同意时才能进行。必须考虑相邻的设备可能受到不利的影响。

设备和系统应在其最终安装完毕条件下进行试验。

为了便于放电回路电缆的连接，应将接地参考平面铺设在地面上并保持与受试设备约0.1 m的距离，该平面应当是厚度不小于0.25 mm的铜或铝板，也可使用其他的金属材料，但其最小厚度为0.65 mm。条件允许时接地参考平面应是宽约0.3 m和长约2 m。

应将这个接地参考平面连接到保护接地系统上，如不能连接，而受试设备有接地端能接的话，应连接在此。

静电放电发生器的放电回路电缆应接到靠近受试设备的接地参考平面某个点上。当受试设备安装在金属桌上时，应将桌子通过每端接有470 kΩ的电缆连接到参考平面上，以防止电荷的累积。

图9提供了安装后试验配置的实例。

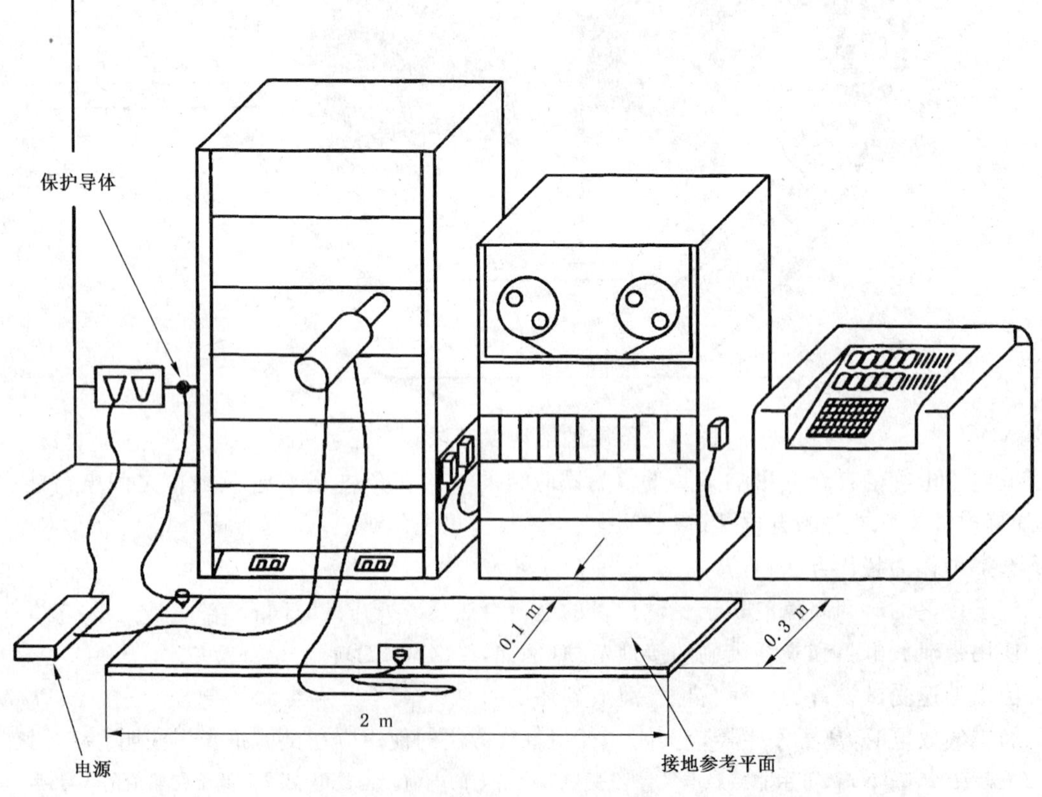

图9 在安装后的试验时，落地式设备试验布置的实例

8 试验程序

8.1 实验室的参考条件

为了使环境参数对试验结果的影响减至最小，试验应在8.1.1和8.1.2规定的气候和电磁参考条件下进行。

8.1.1 气候条件

在空气放电试验的情况下，气候条件应在下述范围内：

——环境温度：15 ℃～35 ℃

——相对湿度：30%～60%

——大气压力：86 kPa～106 kPa

注：其他的数值在产品规范中规定。

受试设备应在其规定的气候条件下工作。

8.1.2 电磁环境条件

实验室的电磁环境不应影响试验结果。

为测试仪器提供的电源，与受测设备供电分开会获得较好的一致性效果。

8.2 受试设备的考核

应对试验程序和软件进行选择，使受试设备执行所有正常运行方式。虽然鼓励采用专门的考核软件，但只有证明该软件能够保证受试设备能得到全面考核时才允许使用。

对于符合性试验，受试设备应在由初步试验所确定的最敏感方式下连续地运行(程序循环)。

如果要求有监测设备，那么为了减少出现故障误指示的可能性，应对监测设备去耦。

8.3 试验的实施

试验应按照试验计划，采用对受试设备直接和间接的放电方式进行，包括：

——受试设备典型工作条件；

——受试设备是按台式设备还是落地式设备进行试验；

——确定施加放电点；

——在每个点上，是采用接触放电还是空气放电；

——所使用的试验等级；

——符合性试验中在每个点上施加的放电次数；

——是否还进行安装后的试验。

为了制定试验计划，可能需要进行某种调查性试验(非正式探测性的)。

8.3.1 对受试设备直接施加的放电

除非在通用标准、产品标准或产品类标准中有其他规定，静电放电只施加在正常使用时人员可接触到的受试设备上的点和面。以下是例外的情况(亦即，放电不施加在下述点)：

a) 在维修时才接触得到的点和表面。这种情况下，特定的静电放电简化方法应在相关文件中注明(制造单位用以提高等级、查找问题等使用)。

b) 最终用户保养时接触到的点和表面。这些极少接触的点，如换电池时接触到的电池、录音电话中的磁带等。

c) 设备安装固定后或按使用说明使用后不再能接触到的点和面，例如，底部和/或设备的靠墙面或安装端子后的地方。

d) 外壳为金属的同轴连接器和多芯连接器可接触到的点。该情况下，仅对连接器的外壳施加接触放电。

   非导电(例如，塑料)连接器内可接触到的点，应只进行空气放电试验。试验使用静电放电发生器的圆形电极头。

通常,应该考虑以下 6 种情况:

例	连接器外壳	涂层材料	空气放电	接触放电
1	金属	无	—	外壳
2	金属	绝缘	涂层	可接触的外壳
3	金属	金属	—	外壳和涂层
4	绝缘	无	a	—
5	绝缘	绝缘	涂层	—
6	绝缘	金属	—	涂层
注:若连接器插脚有防静电放电涂层,涂层或设备上采用涂层的连接器附近应有静电放电告标签。				
a 若产品(类)标准要求对绝缘连接器的各个插脚进行实验,应采用空气放电。				

e) 由于功能原因对静电放电敏感并有静电放电警告标签的连接器或其他接触部分可接触到的点,如测量、接收或其他通讯功能的射频输入端。

基本原理:许多连接器端子用于处理模拟或数字的高频信息,因而不能使用充分的过压保护装置。过压保护二极管的寄生电容妨碍受试设备工作频段内的工作。对于模拟信号,带通滤波器可能是解决方案。

在上述情况中,推荐的特定静电放电简化步骤应在相关文件中注明。

为了确定故障的临界值,试验电压应从最小值到选定的试验电压值逐渐增加(见第 5 章)。最后的试验值不应超过产品的规范值,以避免损坏设备。

试验应以单次放电的方式进行。在预选点上,至少施加 10 次单次放电(最敏感的极性)。

连续单次放电之间的时间间隔建议至少 1 s,但为了确定系统是否会发生故障,可能需要较长的时间间隔。

注:放电点通过以 20 次/s 或以上放电重复率来进行试探的方法加以选择。

静电放电发生器应保持与实施放电的表面垂直,以改善试验结果的可重复性。

在实施放电的时候,发生器的放电回路电缆与受试设备的距离至少应保持 0.2 m。

在接触放电的情况下,放电电极的顶端应在操作放电开关之前接触受试设备。

对于表面涂漆的情况,应采用以下的操作程序:

如设备制造厂家未说明涂膜为绝缘层,则发生器的电极头应穿入漆膜,以便与导电层接触。如厂家指明涂漆是绝缘层,则应只进行空气放电。这类表面不应进行接触放电试验。

在空气放电的情况下,放电电极的圆形放电头应尽可能快地接近并触及受试设备(不要造成机械损伤)。每次放电之后,应将静电放电发生器的放电电极从受试设备移开,然后重新触发发生器,进行新的单次放电,这个程序应当重复至放电完成为止。在空气放电试验的情况下,用作接触放电的放电开关应当闭合。

8.3.2 间接施加的放电

对放置于或安装在受试设备附近的物体的放电,应用静电放电发生器对耦合板接触放电的方式进行模拟。

除了 8.3.1 中论述的程序之外,还需满足 8.3.2.1 和 8.3.2.2 中所提出的要求。

8.3.2.1 在受试设备下面的水平耦合板

对水平耦合板放电应在水平方向对其边缘施加。

在距受试设备每个单元(若适用)中心点前面的 0.1 m 处水平耦合板边缘,至少施加 10 次单次放电(以最敏感的极性)。放电时,放电电极的长轴应处在水平耦合板的平面,并与其前面的边缘垂直。

放电电极应接触水平耦合板的边缘(见图 5)。

另外，应考虑对受试设备的所有面都施加放电试验。

8.3.2.2 垂直耦合板

对耦合板的一个垂直边的中心至少施加10次的单次放电（以最敏感的极性）（图5和图6），应将尺寸为0.5 m×0.5 m的耦合板平行于受试设备放置且与其保持0.1 m的距离。

放电应施加在耦合板上，通过调整耦合板位置，使受试设备四面不同的位置都受到放电试验。

9 实验结果的评价

试验结果应依据受试设备在试验中的功能丧失或性能降低现象进行分类，相关的性能水平由设备的制造商或需要方确定，或由产品的制造商和购买方双方协商同意。推荐按如下要求分类：

a） 在制造商、委托方或购买方规定的限值内性能正常；

b） 功能或性能暂时丧失或降低，但在骚扰停止后能自行恢复，不需要操作者干预；

c） 功能或性能暂时丧失或降低，但需操作者干预才能恢复；

d） 因设备硬件或软件损坏，或数据丢失而造成不能恢复的功能丧失或性能降低。

某些试验项目对受试设备的性能发生影响，但是在实际使用中并不重要，制造商可以提出技术规范，规定试验结果评估时可以不受这些方面的试验结果影响。

上述分类可以由相关产品的通用标准、产品标准和产品类标准所涉及产品的功能的规范性指南。当没有合适的通用产品或产品类标准时，可作为制造商和购买方协商的性能规范的框架。

10 试验报告

试验报告应包括能重现试验的全部信息。特别是下列内容：

——第8章要求的在试验计划中规定的项目内容；

——受试设备和辅助设备的标识，例如商标、产品型号、序列号；

——试验设备的标识，例如商标、产品型号、序列号；

——任何进行试验所需的专门环境条件，例如屏蔽室；

——进行试验所需的任何特定条件；

——制造商、委托方或购买方规定的性能水平；

——在通用、产品或产品类标准中规定的性能要求；

——试验时在骚扰施加期间及以后观察到的对受试设备的任何影响，及其持续时间；

——试验通过/失败的判断原因（根据通用标准、产品标准或产品类标准规定的性能判据或制造商和购买方达成的协议）；

——采用的任何特殊条件，例如电缆长度或类型，屏蔽或接地，或受试设备运行条件，均要符合规定。

STANDARDS PRESS OF CHINA

附 录 A
（资料性附录）
说 明

A.1 一般的考虑

保护设备免受静电放电影响的问题对制造厂和用户来说都是相当重要的。

随着微电子元件的广泛应用，为了提高产品和系统的可靠性，迫切需要确定导致发生静电放电问题的各种因素及其影响，并且寻找解决方法。

静电的累积以及随后放电的问题由于不可控制的环境条件以及设备和系统在厂矿中的广泛使用而变得更加令人关切。

无论什么时候人员对附近物体发生静电放电时，设备都可能遭受电磁能量的侵害。此外，放电还可能在设备附近的金属物体之间，如桌椅之间发生。但是，根据目前得到的有限经验，可以认为，本标准阐明的一些试验足够模拟后者现象的影响。

操作人员放电的影响可以是单纯地使设备误动作或电子元件损坏。其主要影响可以认为是由放电电流的参数引起的（上升时间，持续时间等）。

对这个问题的认识以及需要找出某种手段来防止静电放电对设备所可能产生的不可预见地影响，促使本标准试验程序的制定。

A.2 环境条件对充电量的影响

合成纤维与干燥的气候相结合特别有助于静电电荷的产生。充电过程的变化有多种可能性，一种常见的情况是某操作者在地毯上面走动，每走一步将其身体上的电子传给化纤织物或从化纤物上获得电子，操作者的衣服与其座椅之间的摩擦也会产生电荷的交换。操作者的身体可能被直接充电或静电感应，在后者的情况下，除非操作者是充分通地的，否则，即使导电的地毯也不会对其提供任何保护。

图 A.1 的曲线表示，由大气的相对湿度决定不同纤维的充电电压值。

视合成纤维的种类和环境的相对湿度而定，设备直接遭受放电的电压值可能高达几千伏。

A.3 环境级别与空气和接触放电的关系

静电电压电平是一种可测量的量，实际环境中得到的静电电压电平一直作为抗扰度要求。但是，现已证明，能量转移与其说是放电之前存在的静电电压的函数，不如说是放电电流的函数。此外，还发现在较高的电压电平范围内，放电电流一般不与预放电电压成正比。

预放电电压与放电电流之间的非正比关系的可能原因是：

——高压电荷的放电一般经过使上升时间增加的长电弧通道来实现，因此使得放电电流中的高频分量低于与预放电电压成正比例的值。

——假定在一个典型的充电过程中充电量为常数，那么高充电电压电平更可能出现在小电容量的情况下，反之，大电容两端的高充电电压则需有一系列连续发生的过程，而它不太可能发生，这意味着用户环境中所获得的高充电电压下电荷能量有变成稳定的趋向。

由以上的结论可得出，对于某个给定的用户环境，抗扰度要求根据放电电流的大小来确定。

弄清了这个概念后，测试装置的设计就变得容易了。可通过对充电电压和放电阻抗的合理选择得到所希望的放电电流幅值。

A.4 试验等级的选择

试验等级应按照最切合实际的安装和环境条件来选择，表 A.1 中提供了一个指导原则。

表 A.1 试验登记选择的导则

级别	相对湿度/%	抗静电材料	合成材料	最大电压/kV
1	35			2
2	10	×		4
3	50	×	×	8
4	10		×	15

所推荐的安装与环境的级别与本标准第 5 章列出的试验等级有关。

对于某些材料如木材、混凝土和陶瓷，其可能的电平不大于 2 级。

注：当考虑选择一个适用于特殊环境的试验等级时，弄清楚静电放电效应的关键参数是十分重要的。

最关键的参数也许是放电电流的变化速率，它可通过充电电压、峰值放电电流和上升时间的不同组合来获得。

例如，利用本标准规定的静电放电发生器接触放电的 8 kV/30 A 第 4 级试验，就足以满足 15 kV 合成材料的环境对静电放电的要求。

但是，在非常干燥环境下的合成材料，则会出现高于 15 kV 的电压。

在试验设备具有绝缘表面的情况下，可使用电压高达 15 kV 的空气放电方法。

A.5 试验点的选择

例如，所考虑的试验点可包括以下位置：

——与地绝缘的金属外壳上的一些点；

——控制或键盘区域任何点和人机通讯的其他任何点如开关、键、旋钮、按钮以及其他操作人员易于接近的区域；

——指示器、发光二极管(LED)、缝隙、栅格、连接器罩等。

A.6 使用接触放电方法的技术原理

一般而言，上述试验方法(空气放电)的再现性受放电头接近速度、湿度和试验设备结构的影响，并导致脉冲上升时间、放电电流幅度的差异。

在静电放电试验装置的原先设计中，静电放电的情况是利用充电的电容器通过放电电极头对受试设备放电，即放电头在受试设备表面上形成一个火花间隙来模拟的。

这种火花放电是一种非常复杂的物理现象。现已查明，在移动火花间隙的情况下，当接近速度变化时，由此产生的放电电流的上升时间(上升速率)能从小于 1 ns 和大于 20 ns 范围内发生变化。

即使保持接近速度不变，也不会使上升时间不变。对于电压和速度的某些综合影响，上升时间受到的影响可高达 30 倍。

使上升时间稳定的一个方法是利用一种机械上固定的火花间隙，尽管这个方法能稳定上升时间，但并不推荐它。因为，它所产生的上升时间要比所模拟的自然过程的上升时间慢得多。

实际静电放电过程的高频含量并不能用这个方法来恰当地模拟。另一种可能的方法是利用不同种类的触发装置(例如气体放电管或闸流管等)来取代间隙的火花，但这类触发装置产生的上升时间仍然比实际静电放电过程的上升时间慢得多。

目前已知的唯一能产生可重现和快速上升的放电电流的触发装置是继电器。继电器应有足够的耐压和单次接触性(以避免上升部分的两次放电)，对于较高的电压，真空继电器证明是有用的。经验表明。利用继电器作为触发装置，不仅测量的放电脉冲在其上升部分的可重复性要好得多，而且用实际受试设备作试验的结果重现性也更好。

继电器启动脉冲试验装置是一个能产生特殊电流脉冲(幅值和上升时间)的装置。

这个电流与实际静电放电电压有关，如 A.3 所述。

A.7 静电放电发生器元件的选择

人体电容量的储能电容器，该电容量标称值为 150 pF。

为表示人体握有某个如钥匙或工具等金属物时的源电阻可选用一个 330 Ω 的电阻，现已证明，这种金属放电情况足以严格地表示现场的各种人员的放电。

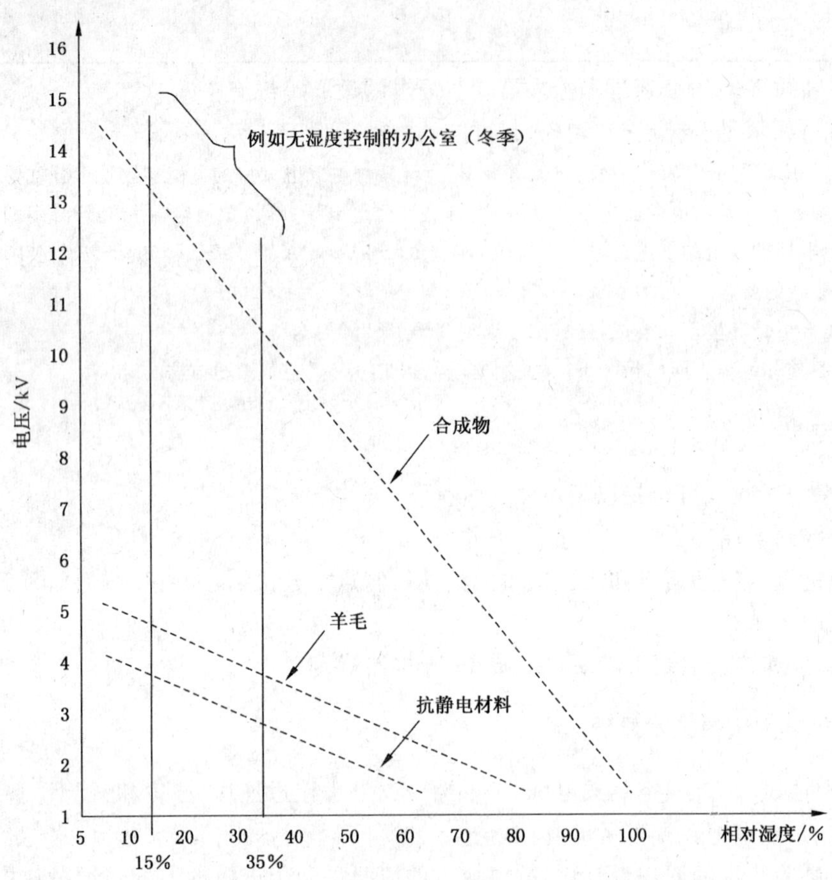

图 A.1 与 A.2 所提到的材料接触时，可能对操作人员充电静电电压的最大值

附 录 B
（规范性附录）
元件的详细结构

B.1 电流传感器

图 B.1～图 B.7 显示电流传感器结构的详细情况。

应遵守以下安装顺序：

1） 将 25 个负载电阻“7”(51 Ω,5%,0.25 W)焊接在输出侧圆盘“3”上，并削平焊接端子。

2） 将 5 个匹配电阻“8”(240 Ω,5%,0.25 W)以五边形排列方式焊接在的 N 型同轴结构的输出连接器上。

3） 利用 4 个 6.5 mm 的 M2.5 圆柱头螺钉，将装好负载电阻的输出侧圆盘“3”安装在输出连接口法兰“1”上。

4） 利用 4 个 M3 螺钉将装好匹配电阻的输出连接器“7”安装在连接器法兰“1”上。

5） 将输入圆盘“4”连同拧紧与焊好的电极“6”的螺钉支座焊接到负载与匹配电阻器上，并削平焊接端子。

6） 将电极盘“5”拧紧在电极“6”的螺钉支座上，然后利用 8 个 6.5 mm 长的 M3 圆柱头螺钉用来固定“2”的支座。

B.2 感性电流探头

其说明和结构的详细情况正在考虑中。

STANDARDS PRESS OF CHINA

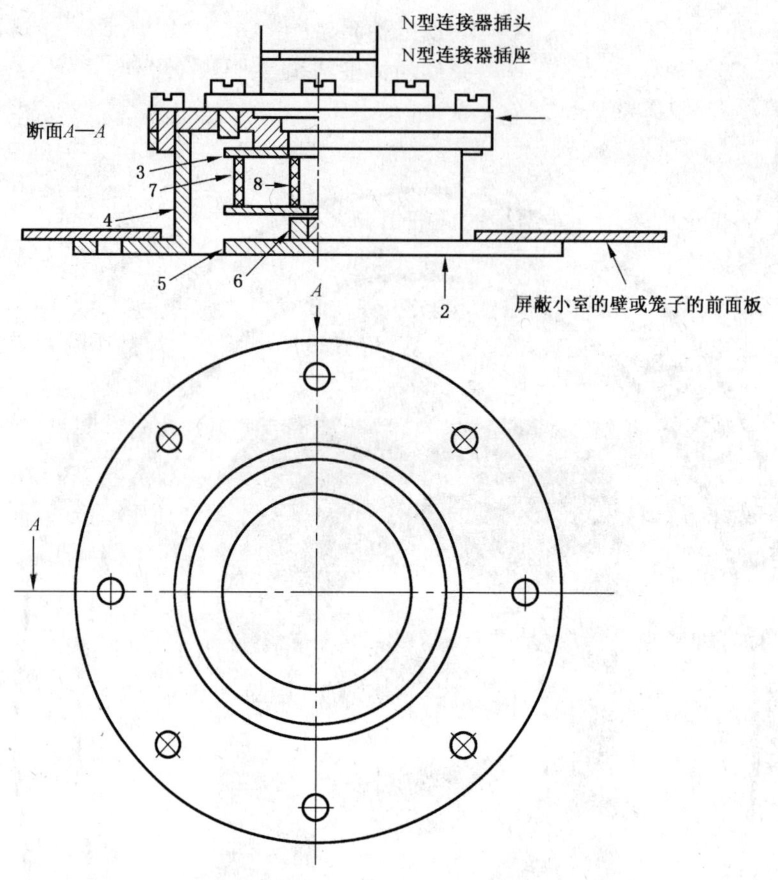

单位为毫米

序号	数量	备　注
1	1	圆柱头螺钉　M3×6.5　12只
2	1	
3	1	圆柱头螺钉　M2.5×5.0　3只
4	1	
5	1	
6	1	
7	25	电阻　51 Ω
8	5	电阻　240 Ω

图 B.1　阻性负载的结构

单位为毫米

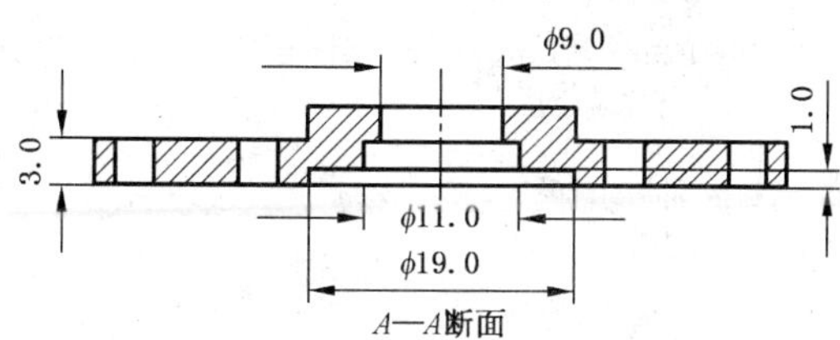

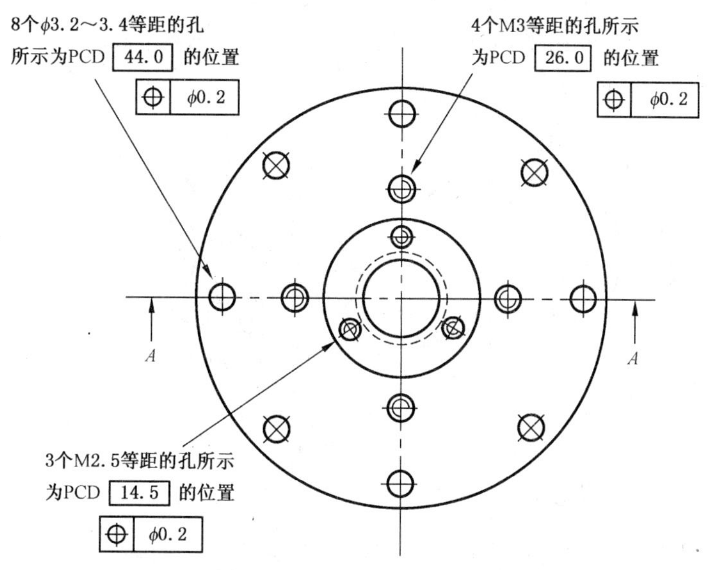

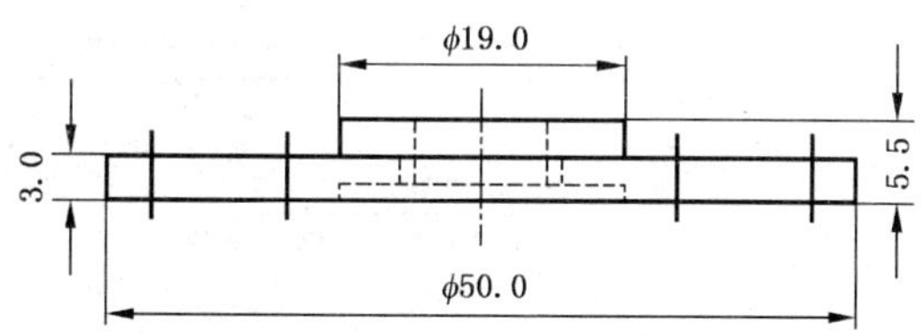

材料及涂层:镀银的铜或镀银的黄铜

图 B.2 结构样图 1

单位为毫米

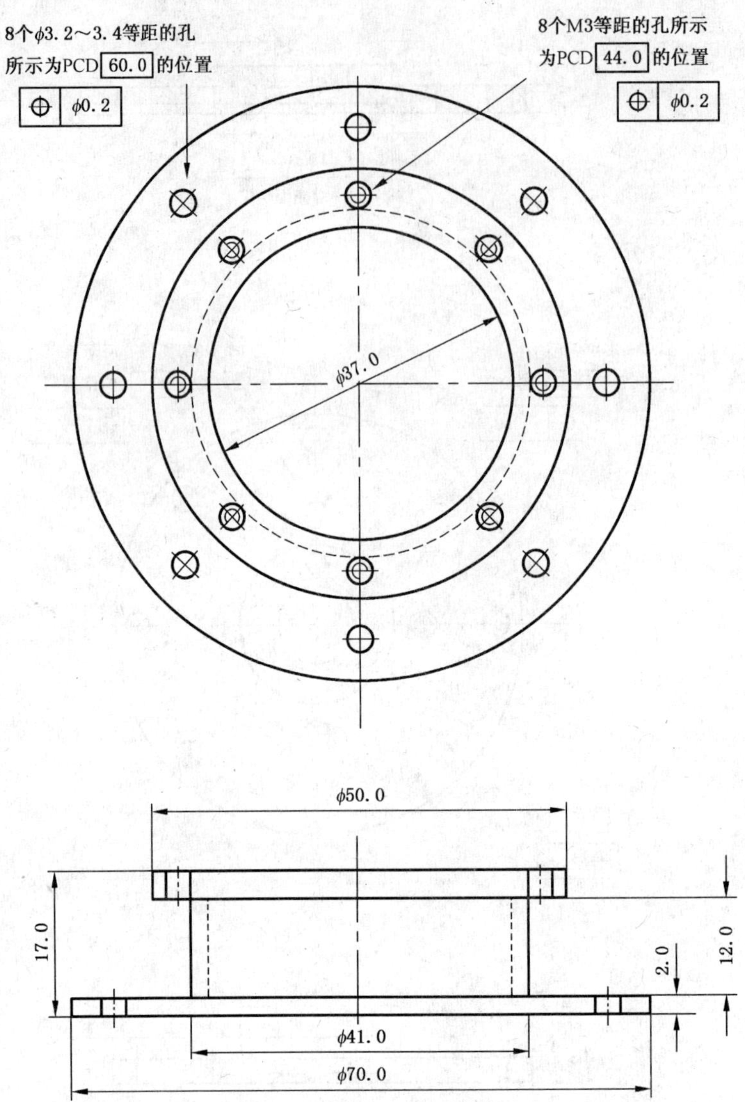

材料及涂层:镀银的铜或镀银的黄铜

图 B.3　结构样图 2

单位为毫米

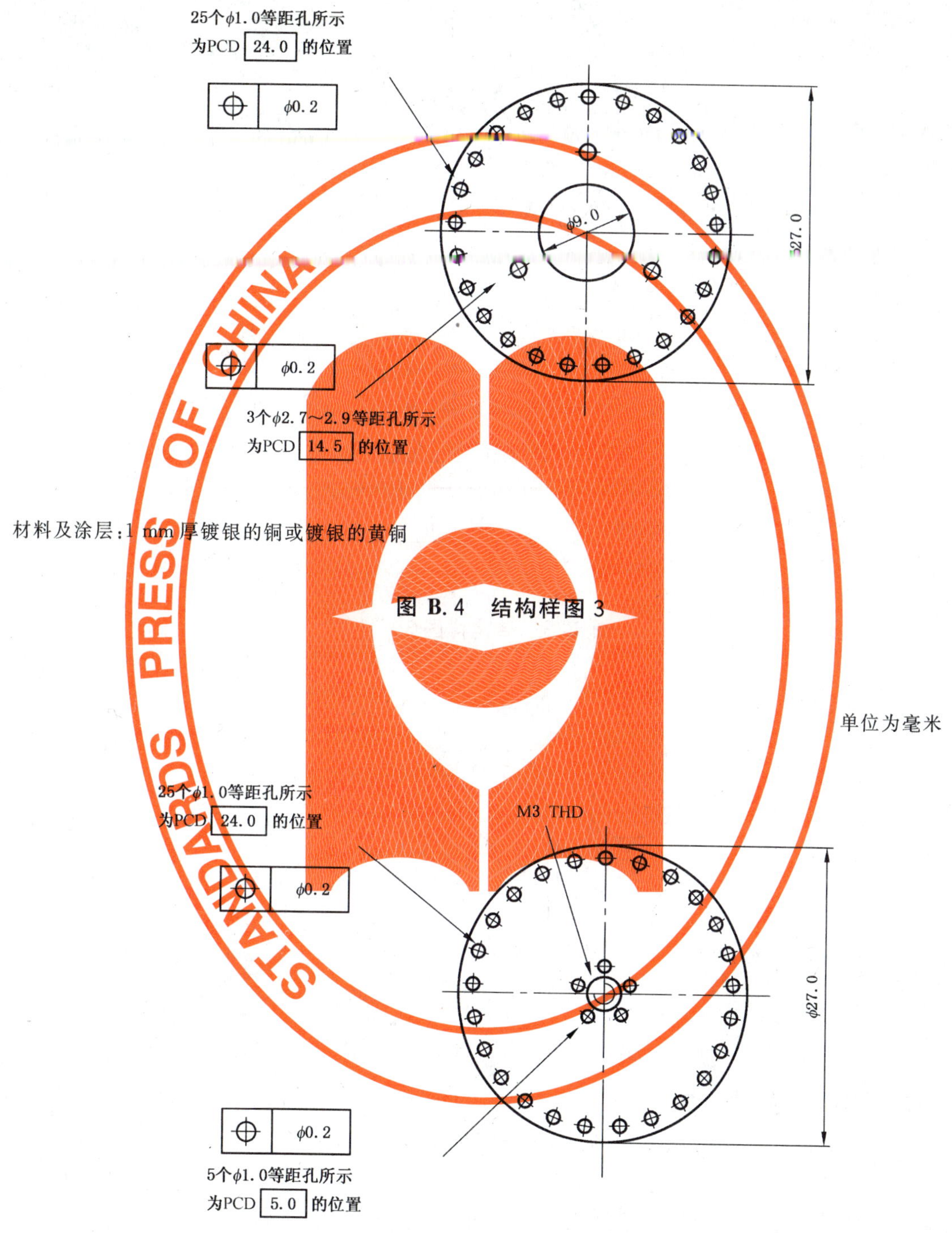

材料及涂层:1 mm厚镀银的铜或镀银的黄铜

图 B.4 结构样图 3

材料及涂层:镀银的铜或镀银的黄铜

图 B.5 结构样图 4

STANDARDS PRESS OF CHINA

单位为毫米

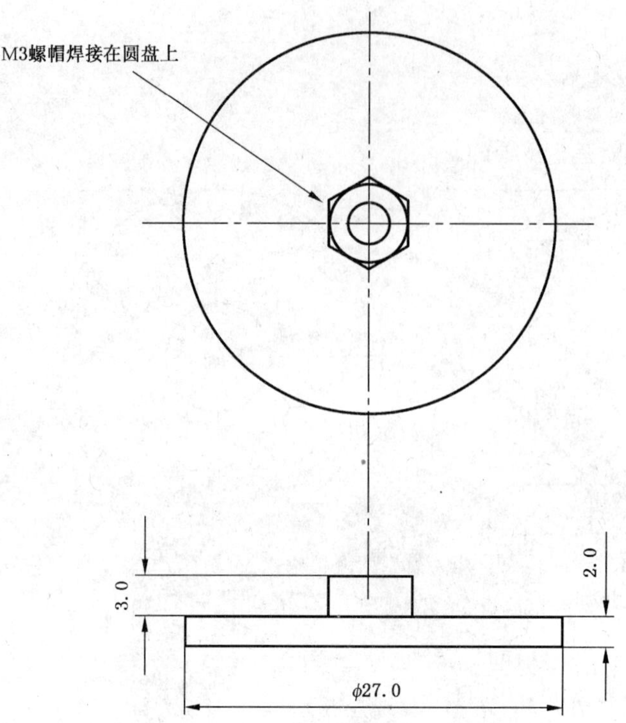

M3螺帽焊接在圆盘上
3.0
2.0
ϕ27.0

材料及涂层:镀银的铜或镀银的黄铜

图 B.6　结构样图 5

单位为毫米

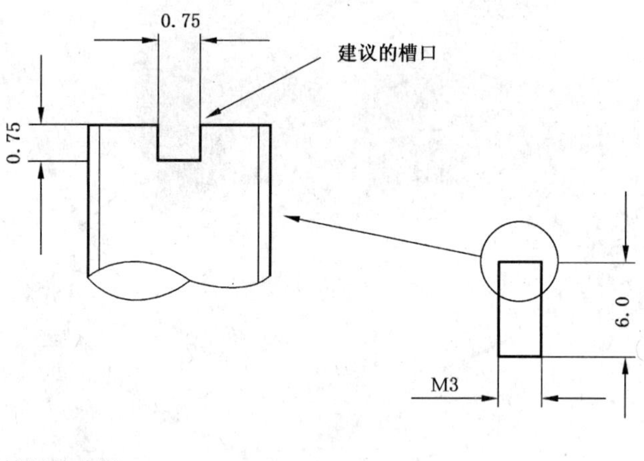

0.75
建议的槽口
0.75
6.0
M3

材料及涂层:镀银的铜或镀银的黄铜

图 B.7　结构样图 6

ICS 25.010;35.020
J 07

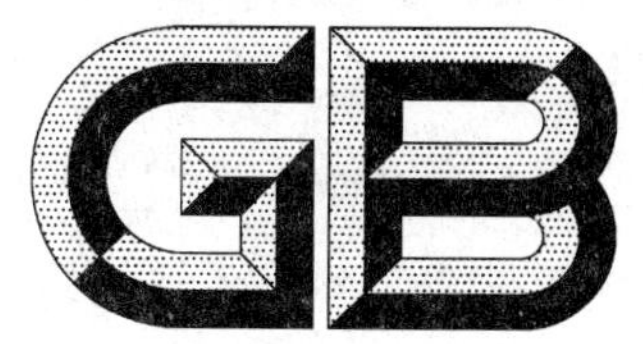

中华人民共和国国家标准

GB/T 24113.1—2009

机械电气设备 塑料机械计算机控制系统 第1部分:通用技术条件

Electrical equipment of machines—Computer control systems for plastics machinery—Part 1:General requirements

2009-06-11 发布　　2009-11-01 实施

中华人民共和国国家质量监督检验检疫总局
中国国家标准化管理委员会　发布

前　言

GB/T 24113《机械电气设备　塑料机械计算机控制系统》系列标准，分为如下几部分：

——第 1 部分：通用技术条件；

——第 2 部分：试验与评价方法；

——第 3 部分：形象化图形符号；

——第 4 部分：电磁兼容(EMC)要求；

——第 5 部分：安全要求；

——第 6 部分：接口与通信协议；

……

本部分为 GB/T 24113《机械电气设备　塑料机械计算机控制系统》的第 1 部分。

本部分的附录 A 和附录 B 为资料性附录。

本部分由中国机械工业联合会提出。

本部分由全国工业机械电气系统标准化技术委员会(SAC/TC 231)归口。

本部分负责起草单位：深圳市珊星电脑有限公司、国家机床质量监督检验中心。

本部分参加起草单位：中国塑料机械工业协会、宁波弘讯科技有限公司。

本部分主要起草人：方志群、黄祖广、刘建荣、杨明洪、冯地纵、丁水保、钱耀恩、何万山。

机械电气设备
塑料机械计算机控制系统
第1部分:通用技术条件

1 范围

GB/T 24113 的本部分规定了塑料机械计算机控制系统的工作条件、技术要求、安全性、功能及性能、标志、包装、储运的一般要求。

本部分规定了塑料机械计算机控制系统制造厂需要提供的资料。

本部分适用于各类塑料机械(详见附录A)及其配套设备(上料机、取出机等)的计算机控制系统(以下简称"控制系统",框图见附录B)。

2 规范性引用文件

下列文件中的条款通过 GB/T 24113 的本部分的引用而成为本部分的条款。凡是注日期的引用文件,其随后所有的修改单(不包括勘误的内容)或修订版均不适用于本部分,然而,鼓励根据本部分达成协议的各方研究是否可使用这些文件的最新版本。凡是不注日期的引用文件,其最新版本适用于本部分。

GB/T 191—2008 包装储运图示标志(ISO 780:1997,MOD)

GB/T 2423.3—2006 电工电子产品环境试验 第2部分:试验方法 试验 Cab:恒定湿热试验(IEC 60068-2-78:2001,IDT)

GB/T 2423.5—1995 电工电子产品环境试验 第2部分:试验方法 试验 Ea 和导则:冲击(idt IEC 68-2-27:1987)

GB/T 2423.8—1995 电工电子产品环境试验 第2部分:试验方法 试验 Ed:自由跌落(idt IEC 68-2-32:1990)

GB/T 2423.10—2008 电工电子产品环境试验 第2部分:试验方法 试验 Fc:振动(正弦)(IEC 60068-2-6:1995,IDT)

GB 4208—2008 外壳防护等级(IP代码)(IEC 60529:2001,IDT)

GB/T 4365—2003 电工术语 电磁兼容(IEC 60050(161):1990,IDT)

GB/T 4588.2—1996 有金属化孔单双面印制板分规范(idt IEC/PQC 90:1990)

GB/T 4588.4—1996 多层印刷板 分规范(idt IEC/PQC 91:1990)

GB 4943—2001 信息技术设备的安全(idt IEC 60950:1999)

GB 5226.1—2002 机械安全 机械电气设备 第1部分:通用技术条件(idt IEC 60204-1:2000)

GB 9969.1—1998 工业产品使用说明书 总则

GB/T 14436—1993 工业产品保证文件 总则

GB/T 15969.2—2008 可编程控制器 第2部分:设备要求和测试(IEC 61131-2:2007,IDT)

GB/T 16978—1997 工业自动化 词汇(idt ISO/TR 11065:1992)

3 术语和定义

下列术语和定义适用于本部分。

3.1 塑料机械及控制系统

3.1.1

塑料机械 plastics machinery

对塑料用机械、物理的方法进行加工处理、成型的机械(详见附录A)。

3.1.2

塑料机械计算机控制系统 computer control system for plastics machinery

对塑料机械的(温度、位置、压力、速度、时间等)工艺参数、工作过程及状态等进行自动控制的计算机系统。

3.1.3

外壳 enclosure

为防护某些外来影响和防止任何方向直接接触而提供的设备防护部件。

[GB 5226.1—2002,定义3.18]

3.1.4

单元 unit subassembly

单元是一个完整的组件。(它可以由在组件插入的或在其内部连接的模块组成)在系统内与其他单元连接在一起,永久固定用电缆连接,手携单元用电缆或其他方法连接。

3.1.5

主处理单元(MPU) main processing unit

控制系统中解释或执行应用程序(主要内容)的部分,MPU可以包括电源,存储器和输入/输出。

3.1.6

响应时间 response time

从输入值发生跃升持续的改变开始,到造成输出值改变,并第一次使稳态变化值达到规定的百分率时所经过的时间。

[GB/T 16978—1997,定义2.535]

3.1.7

"看门狗" watchdog

a) 生产厂家提供的一种装置,当控制系统运行的完整性受到干扰时执行规定动作。
b) 生产厂家提供的一种装置,独立监视内部硬件功能,应用程序功能和操作系统软件功能的持续时间进行监视,如不能在规定的时间内定时复位,会使其执行规定的动作。

3.1.8

诊断功能 diagnostic function

检出故障并识别故障类型的功能单元的能力。

[GB/T 16978—1997,定义2.178]

3.1.9

重新起动 restart

3.1.9.1

冷重新起动 cold restart

控制系统及其应用程序在所有的动态数据(如I/O映像、内部寄存器、定时器、计数器等变量和程序内容)复位到预定的状态后的再起动,这种起动可以是自动的(如在电源故障后,存贮器动态部分的信息丢失等)或手动的(如按钮复位等)。

3.1.9.2

热重新起动 hot restart

电源故障后,在过程相关的最大允许时间内,控制系统恢复如同故障没有发生的重新起动。所有I/O信息和其他动态数据以及应用程序都得到恢复或保持不变。

3.1.9.3

暖重新起动 warm restart

电源故障后的重新起动,由用户预先编程设置的动态数据和系统预先确定应用程序的背景。暖重新起动由一状态标志或一可指示在运行中的控制系统电源故障停机的应用程序等价的方法来识别。

3.1.10

保持数据 retentive data

在掉电/通电前后,使存储的数据保持不变。

3.1.11

污染等级 pollution degree

为了测定电气间隙和爬电距离,将微环境的污染等级定为以下3级。

a) 污染等级1

没有污染或只出现干的,不导电的污染,这种污染没有影响。

b) 污染等级2

在正常情况下只出现不导电污染,但必须预料到凝露时会引起暂时导电。

c) 污染等级3

出现导电污染,或者由于出现干的,不导电污染,而由于凝露会变成导电的污染。

注:1) 外物和水分的结聚会引起被污染的绝缘体导电。

2) 对污染等级2和3给出的最小导电间隙是基于经验而不是原始数据。

3.1.12

交流分量 alternating component

从脉动的分量中去掉直流后得到的量。

注:交流分量有时又称纹波含量(ripple content)

[GB/T 4365—2003,定义2.2]

3.1.13

电气间隙 clearance(electric intermission)

在两个导电零部件之间或导电零部件与设备界面之间的最短空间距离。

[GB 4943—2001,定义1.2.10.1]

3.1.14

爬电距离 creepage distance

沿绝缘表面测得的两个导电零部件之间或导电零部件与设备防护界面之间的最短路径。

[GB 4943—2001,定义1.2.10.2]

3.1.15

标记 marking

用于识别设备、元件和(或)器件的主要符号或铭牌。

[GB 5226.1—2002,定义3.34]

3.1.16

接口 interface

两个功能单元的公共边界,由功能特征、一般物理连接特征、信号特征及其他。适当特征加以定义。

[GB/T 16978—1997,定义2.328]

3.1.17

保护接地电路 protective bonding circuit

参与防护接地故障不良后果的完整的保护导线和导体件系统。

[GB 5226.1—2002,定义3.42]

3.1.18

功能接地 funetional bonding

等电位连接是为电气设备适合的功能所需要的。

3.1.19

安全防护联锁装置 safety interlock

在危险排除前能阻止接触危险区，或者一旦接触时能自动排除危险状态的一种装置。

[GB 4943—2001，定义 1.2.7.6]

3.2 指示及控制

3.2.1

温度指示 temperature indication

测量点的温度在显示单元上的显示值。

3.2.2

温度控制 temperature control

通过控制温度控制元件，使被控点的温度达到设定值。

3.2.3

位置检测 position inspection

检测塑料机械运动部件的当前位置。

3.2.4

压力、速度控制 pressure and speed control

控制系统对塑料机械开模、合模及射胶等的压力、速度的控制。

3.2.5

时间控制 time control

控制系统对塑料机械开模、合模、射胶、保压、预加热、温度等的时间控制。

4 技术要求

4.1 制造质量

4.1.1 外观要求

控制系统外形尺寸应符合设计要求，外观应整洁、布局应合理、造型应美观、色彩应和谐，金属(或塑料)外壳表面不应有凹痕、划痕、裂痕、变形、毛刺、褪色、霉斑及永久性污渍等。

4.1.2 标志

控制系统上的开关、指示灯、按钮(按键)、旋钮等都应有表示功能的标志，这些标志应正确、清晰、端正、牢固。使用形象化图形符号时应在现行有关标准中选用，其他图形符号由供需双方在合同文件中规定，在产品使用说明书(使用手册)中说明。

为了使用方便的目的，可采用形象化图形符号与文字并用的形式。

4.1.3 颜色

控制系统上的连接导线、开关、按钮(按键)及指示灯的颜色应符合 GB 5226.1—2008 中第 13 章的规定。

4.1.4 接线

连接导线和电缆应符合 GB 5226.1—2008 中第 13 章的规定，配线技术应符合 GB 5226.1—2008 中第 14 章的规定。

4.1.5 印制电路板

印制电路板应符合 GB/T 4588.2—1996 中第 5 章和 GB/T 4588.4—1996 中第 5 章的规定。

4.1.6 防护等级

安装在电气柜中的控制系统的防护等级应不低于 GB 4208—2008 的 IP2X。独立安装的控制系统的外壳应有足够的能力防止外界固体物和液体的侵入，防护等级应不低于 GB 4208—2008 的 IP54。特殊防护要求应由供需双方在合同文件中规定，在产品使用说明书(使用手册)中给以说明。

4.1.7 污染等级

制造厂应规定控制系统适合的污染等级。

4.1.8 操作与维修性

控制系统的设计与安装要便于操作和维修，其要求应符合 GB 5226.1—2008 中第 12 章的规定。

4.2 工作环境条件

控制系统在下列工作条件下，应正常运行：

4.2.1 自然环境

4.2.1.1 环境温度

0 ℃～+55 ℃；

4.2.1.2 存放与运输环境温度

−30 ℃～+60 ℃，并能经受温度高达 70 ℃、时间不超过 24 h 的短期运输和存放。

4.2.1.3 相对湿度

制造厂可选择下列 2 等级之一。(见表 1)

表 1 工作环境相对湿度

相对湿度严酷等级	相对湿度范围
相对湿度等级 Ⅰ	30%～95%
相对湿度等级 Ⅱ	5%～95%
注 1：无凝露。 注 2：对静电放电要求，见本标准第 4 部分“电磁兼容性要求”。	

4.2.1.4 大气压

86 kPa～106 kPa。

4.2.1.5 海拔

控制系统在海拔 2 000 M 以下能正常工作。

4.2.2 电源环境

4.2.2.1 电源适应能力

在表 2 所示的电源条件下，控制系统应能正常工作。

表 2 输入电源的额定值及工作范围

电压		频率		注
额定(U_e) V	容差 min/max	额定(f_n) Hz	容差 min/max	
24(DC)	−10%/+10%	—		除电压容差外，还允许存在一个峰值是额定电压5%的交流成分。 对于在表中没有给出的直流 110 V；125 V 等也适用
48(DC)	−10%/+10%	—		
24(AC)	−15%/+15%	50/60	−5%/+5%	交流电压是指在系统输入端测得的总电压均方根值
48(AC)	−15%/+15%	50/60	−5%/+5%	
110(AC)	−15%/+15%	50/60	−5%/+5%	
220(AC)	−15%/+15%	50/60	−5%/+5%	
380(AC)	−15%/+15%	50/60	−5%/+5%	

4.2.2.2 **电磁兼容性(EMC)**

控制系统产生的电磁骚扰不应超过其预期使用场合允许的水平。

控制系统对电磁骚扰应有足够的抗扰度水平,以保证其在预期使用环境中可以正常使用。

注:控制系统的电磁兼容性见本标准第4部分“电磁兼容性要求”。

4.2.3 **机械环境**

4.2.3.1 **振动和冲击**

控制系统应符合GB/T 2423.10—2008、GB/T 2423.5—1995的要求,能承受表3所列条件的振动和冲击,试验后其外观和装配质量不应改变,应能正常工作。

表3 振动和冲击的试验条件

振动(正弦)试验		冲击试验	
频率范围 Hz	10~55	冲击加速度 m/s^2	300
扫频频率 倍频程/分钟	1	冲击波形	正弦波
振幅峰值 mm	0.15	持续时间 ms	15
振动方向	X、Y、Z	方向	垂直于底面
扫频循环数 次/轴	10	冲击次数	3

4.2.3.2 **自由跌落**

在制造厂原包装的控制系统应满足GB/T 2423.8—1995试验Ed的要求,能承受表4所列条件的耐自由跌落要求,试验后,控制系统应能正常工作并没有物理损伤的痕迹。

表4 自由跌落在水泥地上的试验条件
(应用于有制造厂原包装的控制系统)

控制系统净重/kg	随机自由跌落,下落高度/mm	试验次数
<10	1 000	5
10~40	500	5
>40	250	5
注:跌落高度按GB/T 2423.8—1995。		

4.2.4 **特殊工作条件**

当工作条件比标准规定更恶劣或存在其他不利环境时,用户应与制造厂协商。

4.3 **电气安全性要求**

4.3.1 **保护接地**

控制系统箱应具有保护接地并有⏚或PE标志,电源中线N不得与PE端在控制系统箱内部连接。控制系统的保护接地连接应符合GB 5226.1—2008中第8章的要求。保护接地电路的连续性要求应符合GB 5226.1—2008中8.2.3的规定。

4.3.2 **功能接地**

为防止因绝缘失效或因电磁骚扰而引起的控制系统非正常运行,敏感电路应用尽可能短的低阻抗射频导线连接到控制系统箱底版的端子上,并有⏚或FE标志。

4.3.3 **绝缘电阻**

控制系统除不允许做高电压(额定电压≥50 V)试验的电路外,在试验点(包括电源电路)与保护接地端之间,施加DC 500 V时测得的绝缘电阻应≥20 MΩ,经受恒定湿热试验后的绝缘电阻应≥1 MΩ。

4.3.4 **耐电压强度**

控制系统应进行耐电压强度试验,其试验条件应符合GB 5226.1—2008中19.4的规定。耐电压强度试验时间为 30 s,漏电流有效值应≤5 mA。试验中不得有击穿和飞弧现象。

4.3.5 存储器后备电源

在控制系统断电时,用额定容量的电池维持存储信息的存储器的后备电源应能维持存储器保持数据时间至少 2 000 h。

如使用可充电电池,在向其充电时,应不丢失存储器后备部分的数据。

4.3.6 电气间隙和爬电距离

控制系统的电气间隙和爬电距离应符合 GB/T 15969.2—2008 的规定。

4.3.7 连接能力及要求

端子的线号规格应符合国家电气标准规定,端子应与应用中所要求的导线线号、导线数、导线类型(如铜线、铝线等)相符。

与接口类型有关的端子应正确采用不小于表 5 规定的最小线径及要求。

表 5 接线端子的最小线径

接口类型	最小线径/mm²		注
	下限	上限	
数字输入	0.18	1.5	
数字输出	0.5	2	
模拟输入、输出	0.5	1.5	屏蔽线
通讯	0.18	1.5	屏蔽线
主电源	1.0	2	
保护接地	2		
功能接地	1		低阻抗射频导线

4.4 机械安全性要求

4.4.1 绝缘材料的阻燃性要求

控制系统中用的所有非金属材料(即塑料外壳、导线绝缘层等),均要有一定的阻燃性,以防止或减小火焰的蔓延。

如果制造厂能提供该材料在表 6 给出的条件下,符合热灯丝的证明,就不需要再进行试验。

表 6 非金属材料的阻燃性要求

	试验温度	持续时间	熄灭时间
带电部件支架	750 ℃	30 s	≤30 s
外壳	650 ℃	30 s	≤30 s

4.4.2 材料的温度极限

在满负载和正常工作条件下进行试验时,控制系统中部件的温升应不超过表 7 中规定的限值。

表 7 温升限值

控制系统		最大温升/℃
正常运行中要接触的部件	金属	15
	非金属	25
正常运行中不接触的部件	金属	25
	非金属	35
注 1:温升限值基于 4.2.1.1 环境温度。 注 2:正常运行中要接触的部件的温升限值是防止可能对人员引起的灼伤;正常运行中不接触的部件的温升限制是防止绝缘等级下降或安全器件性能降低。		

4.4.3 端子连接

结构要求：

a） 端子应设计成即便是连线松动时，也不会使电气间隙或爬电距离的所有要求降低。

b） 端子上所有维持接触和载流部分，都应是有足够机械强度的金属。

c） 端子应是可以利用螺钉、弹簧或其他相应的手段如绕接、端头、插套连接、夹紧连接来进行连接，以保证在整个工作期间保持必要的接触压力。

d） 端子绝缘应不低于额定值。

4.4.4 可插拔单元的插拔

可插拔单元分为：

a） 接插件；

b） 可插拔单元组件；

在不带电条件下插拔 20 次，单元无损坏，通电后控制系统应能正常工作。

4.5 操作键盘

使用操作键盘的控制系统应符合以下要求：

a） 键应以逻辑方式安排，同类型的键应安排在同一区域。（如：所有数字在一个区域，所有字母在一个区域，所有符号键在一个区域）。

b） 键与键之间要有一定的间隙，在两指同时按下相邻两键时，两指中任何一个不能触及周围的任何键。

c） 提供键响应（如有触觉的，有声的等）带发声的应提供调整或禁止的手段。

4.6 制造厂应提供的资料

a） 电源接口的外部接线端子标志；

b） I/O 接口的定义。

4.7 功能要求

4.7.1 基本功能

控制系统应具有自动、手动操作功能，编程功能、参数设定功能和报警显示等基本功能。

控制系统还应根据所控制的塑料机械的特点具有温度控制功能、压力/速度和位置控制功能、时间控制功能、安全保护功能。

4.7.1.1 自诊断和诊断

控制系统应具有在运行时实行自诊断和诊断的手段：

a） 监控用户应用程序的手段（如“看门狗”定时器等）；

b） 检验存储器完整性的硬件或软件手段；

c） 检验存储器、处理单元与 I/O 模块之间数据交换正确性的手段；

d） 监控主处理单元的手段；

e） 具有报警输出的报警信号；

4.7.1.2 安全防护联锁保护功能

控制系统应具有安全防护联锁保护功能，在被控机器运行时出现“安全门未关”、“锁模未到位”等不符合安全设置的情况以及安全检测元件（例如光栅等）有检测信号时，系统将停止机器运行并发出报警。

安全防护联锁装置的设计应符合以下要求：

a） 联锁装置在设备的正常寿命期不发生失效，即使失效发生也不会引起重大危险。

b） 如果联锁装置在设备的正常寿命期内失效，则各种可能的失效状态均不应对设备所要求的保护产生危害。

4.7.2 特殊功能

控制系统的功能应满足塑料机械的使用要求，特殊功能及要求由供需双方在合同文件中规定，在产品使用说明书(使用手册)中给出详细说明。

4.8 性能要求

4.8.1 数字输入与输出

4.8.1.1 数字输入

数字输入应在表8所给的限值之内工作。

表8 数字输入的标准工作范围

额定电压 U_c V	额定频率 f_n Hz	限值形式	限值 状态"0" U_L V	I_{Lmax} mA	过渡状态 U_T V	I_T mA	状态"1" U_M V	I_M mA
12 (DC)		max	5/2	30	5	30	14	30
		min	0	ND	2	2	8	6
24 (DC)		max	11/5	30	11	30	30	30
		min	−3	ND	5	2	11	6
48 (DC)		max	30/10	30	30	30	60	30
		min	−6	ND	10	2	30	6
24 (AC)	50/60	max	10/5	30	10	30	27	30
		min	0	0	5	4	10	6
48 (AC)	50/60	max	29/10	30	29	30	53	30
		min	0	0	10	4	29	6

注1：表中逻辑信号均为正逻辑，输入开路应被理解为"0"状态信号。

注2：给出的各电压极限值包括所有的交流分量。

注3：ND未作规定。

4.8.1.2 数字输出

输出电压由制造厂根据4.2.2规定，数字输出应符合表9给出的输出值。

表9 数字输出的额定值及工作范围

额定电压 U_c V	额定频率 f_n Hz	限值形式	状态"0" U_L V	I_L mA	状态"1" U_L V	I_L mA
24 (DC)		max	15	30	24	ND
		min	0	ND	18	800
48 (DC)		max	30	30	48	ND
		min	0	ND	32	800
24 (AC)	50/60	max	12	30	24	ND
		min	0	ND	18	800
48 (AC)	50/60	max	24	30	48	ND
		min	0	ND	32	600
220 (AC)	50/60	max	80	30	220	ND
		min	0	ND	180	300

注1：表中逻辑信号均为正逻辑，输出开路应被理解为"0"状态信号。

注2：给出的各电压极限值包括所有的交流分量。

注3：ND未作规定。

STANDARDS PRESS OF CHINA

4.8.1.3 输入、输出指示

输入、输出指示器：每一输入、输出通道均应设有一个指示灯或类似部件，当指示器通电时，以表明输入、输出为“1”状态。

4.8.1.4 保护输出

保护输出：制造厂指定应受保护的输出：

a) 该输出应能承受所有输出电流稳态值大于额定值 1.1 倍的输出，有关的保护装置应能正常工作。

b) 在复原或单独更换保护装置后，控制系统应恢复正常工作。

c) 在过载时，应没有火险或电击现象在任一过载瞬间内，输入输出绝缘的最大温升应不超过 4.4.2 表 7 规定的要求。

4.8.2 模拟输入与输出

4.8.2.1 模拟输入

控制系统模拟输入的信号范围及阻抗的额定值应符合表 10 的规定。

表 10 模拟输入的额定值及阻抗限值

信号范围	输入阻抗限值
−10 V,+10 V	≥10 kΩ
0 V,+10 V	≥10 kΩ
+1 V,+5 V	≥10 kΩ
4 mA,20 mA	≤300 Ω
0 mA,20 mA	≤300 Ω
注：模拟输入可以设计成与标准热电偶及标准热电阻相容。热电偶模拟输入应具有内装冷端补偿。	

4.8.2.2 模拟输出

控制系统模拟输出的信号范围及阻抗的额定值应符合表 11 的规定。

表 11 模拟输出的额定值及阻抗限值

输出信号范围	分辨率	输出负载阻抗限值
−10 V,+10 V	≥8 位	≥1 000 Ω
0 V,+10 V		≥1 000 Ω
+1 V,+5 V		≥500 Ω
4 mA,20 mA		≤600 Ω
0 mA,20 mA		≤600 Ω
0 A,1 A		≤60 Ω

4.8.3 远程输入

控制系统应装有适用的通讯接口模块和制造厂提供的通讯链路，接口类型为 RS232、RS422、RS485、RS511、网络等，数据的传输应无阻碍。

4.8.4 主处理单元和存储器

主处理单元和存储器决定控制系统的响应时间、重新起动能力（冷、暖、热重新起动），因此必须根据主处理单元和存储器的资料进行相关的试验。主处理单元和存储器必须满足有关的工作条件、机械结构、安全、标记的一般要求。

4.8.5 一般性能要求

4.8.5.1 温度指示精度

控制系统的温度指示精度应≤±1%（或±3 ℃）中的较大者。

4.8.5.2 温度控制精度

控制系统的温度控制精度,应在具体产品的专用技术条件中规定。

4.8.5.3 位置检测精度

控制系统的位置检测精度,应在具体产品的专用技术条件中规定。

4.8.5.4 压力、速度控制精度

控制系统的压力、速度控制精度,应在具体产品的专用技术条件中规定。

4.8.5.5 时间控制精度

控制系统的时间控制精度,应在具体产品的专用技术条件中规定。

4.9 特殊性能要求

控制系统特殊性能要求由制造厂在产品的专用技术条件中规定。

4.10 工作环境运行要求

4.10.1 高温连续运行

控制系统应能在 55 ℃±2 ℃温度下,在 4.2.1 规定的工作环境条件及 4.2.2 规定的电源条件下进行不少于 48 h 的连续运行试验,控制系统工作应正常、可靠。

4.10.2 低温运行

控制系统应能在 0 ℃±2 ℃温度下,在 4.2.1 规定的工作环境条件及 4.2.2 规定的电源条件下可靠运行。

4.10.3 高、低温储存

控制系统应能在 4.2.1 规定的环境条件下正常储存,试验后控制系统的性能及外观不应发生改变。

4.10.4 恒定湿热

控制系统应能承受严酷度等级为温度 55 ℃±2 ℃、相对湿度为 93%～95%,并满足 GB/T 2423.3—2006 试验 Cab 的其他要求,历时 48 h 的恒定湿热试验。试验后在箱内测量绝缘电阻,应符合 4.3.3 的要求,产品外观应无明显的锈蚀现象,并能正常工作。

4.11 铭牌

成套产品应有包括型号、名称、制造厂名、制造日期、额定电压或相数、额定电流、功率等内容的铭牌,文字要清晰、美观、耐久。铭牌固定要牢固耐久,易于观察。

4.12 随行文件

4.12.1 技术文件

制造厂应向用户提供内容包括安装、连接、使用、维修等的产品说明文件,产品说明文件中应具有制造厂的详细通信地址。产品说明文件应符合 GB 9969.1—1998 的规定。

4.12.2 保证文件

制造厂应按 GB/T 14436—1993 的规定,向用户提供产品合格证和保修单等文件,同时,产品合格证中应有该产品执行的产品相关标准号等内容。必要时,还可根据用户需要提供产品质量检验报告。

4.13 包装文件

制造厂应向用户提供装箱单,装箱单的内容应基本包括包装箱数、产品型号、名称、数量;随行附件的名称、型号、数量以及技术文件的名称、数量等。

5 包装与储运

5.1 包装

包装箱应符合要求:

——包装箱应牢固可靠,包装材料应使用环保材料,并有防潮湿、防震、防碰撞的措施。

——包装箱面应有小心轻放、向上、怕湿、堆码极限、防雨等图形标志。

——包装箱应写明产品型号、编号、数量、名称、发货单位、收货单位、发站、到站、重量、尺寸等，并有装箱单。所有标志均应清楚、明显，并符合 GB/T 191—2008 的规定。

5.2 储存

产品储存条件应符合本部分 4.2.1 的规定。在制造厂存放超过一年的产品，应重新做出厂检验，合格后方能出厂。

5.3 运输

包装好的产品应适应公路、铁路、水运及航空等运输。长途运输时，产品不应置放在露天的车厢及仓库中，并应注意防雨、防尘和防机械损伤等。

附 录 A
（资料性附录）
塑料机械计算机控制系统适用范围

塑料机械计算机控制系统适用于控制以下机械等：

——塑料注射成型机；

——塑料挤出机；

——塑料制鞋机；

——塑料挤出吹塑中空成型机；

——塑料真空成型机；

——橡胶塑料压延机；

——塑料圆织机；

——塑料制袋机；

——塑料捏合机；

——塑料压力成型机；

——压铸机。

STANDARDS PRESS OF CHINA

附 录 B
（资料性附录）
塑料机械计算机控制系统框图

图 B.1 示出了一个典型的控制系统的框图。

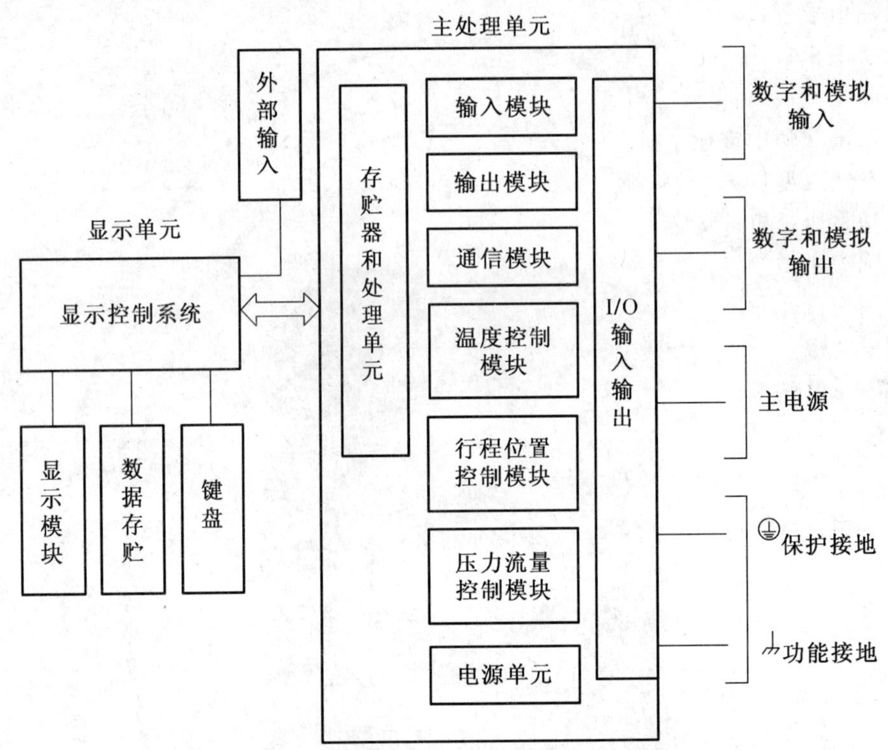

图 B.1 塑料机械计算机控制系统框图

ICS 25.010;35.020
J 07

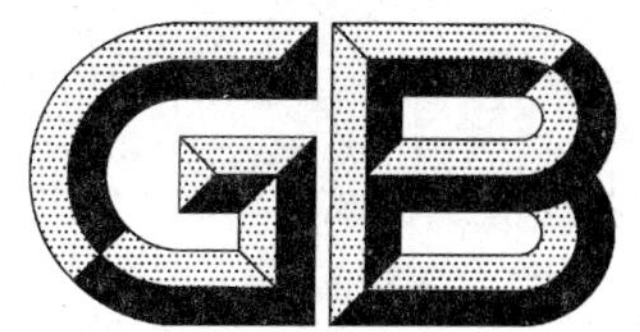

中华人民共和国国家标准

GB/T 24114.1—2009

机械电气设备　刺绣机数字控制系统
第1部分:通用技术条件

Electrical equipment of machines—Digital control system for embroidery machine—Part 1:General requirements

2009-06-11 发布　　2009-11-01 实施

中华人民共和国国家质量监督检验检疫总局
中国国家标准化管理委员会　发布

前　言

GB/T 24114《机械电气设备　刺绣机数字控制系统》分为如下几个部分：

——第1部分：通用技术条件；

——第2部分：控制软件技术条件；

——第3部分：数字控制系统评价；

……。

本部分是GB/T 24114《机械电气设备　刺绣机数字控制系统》的第1部分。

本部分的附录A为资料性附录。

本部分由中国机械工业联合会提出。

本部分由全国工业机械电气系统标准化技术委员会(SAC/TC 231)和全国缝制机械标准化技术委员会(SAC/TC 152)归口。

本部分负责起草单位：深圳市盈宁创业投资有限公司。

本部分参加起草单位：国家机床质量监督检验中心、上海市缝纫机研究所、北京兴大豪科技开发有限公司、上海鲍麦克斯电子科技有限公司、北京北方天鸟智能科技股份有限公司、四川绵阳圣维数控有限公司。

本部分主要起草人：邓少甫、温跃年、黄祖广、周玉竺、张兴国、甄力、李玉鑫、王向东、钱毅、吴基宏、李杰。

机械电气设备　刺绣机数字控制系统
第1部分:通用技术条件

1　范围

GB/T 24114的本部分规定了刺绣机数字控制系统(旧称绣花机电脑控制系统)的技术要求、试验方法、检验规则等。

本部分适用于工业用刺绣机数字控制系统(以下简称:数控系统),家用刺绣机数字控制系统技术条件可参照本部分执行。

2　规范性引用文件

下列文件中的条款通过GB/T 24114的本部分的引用而成为本部分的条款。凡是注日期的引用文件,其随后所有的修改单(不包括勘误的内容)或修订版均不适用于本部分,然而,鼓励根据本部分达成协议的各方研究是否可使用这些文件的最新版本。凡是不注日期的引用文件,其最新版本适用于本部分。

GB/T 191—2008　包装储运图示标志(ISO 780:1997,MOD)

GB/T 2828.1—2003　计数抽样检验程序　第1部分:按接收质量限(AQL)检索的逐批检验抽样计划(ISO 2859-1:1999,IDT)

GB/T 2829—2002　周期检验计数抽样程序及表(适用于对过程稳定性的检验)

GB 4824—2004　工业、科学和医疗(ISM)射频设备　电磁骚扰特性　限值和测量方法(CISPR 11:2003,IDT)

GB/T 4857.18—1992　包装　运输包装件　编制性能试验大纲的定量数据(idt ISO 4180/2:1980)

GB 5226.1—2002　机械安全　机械电气设备　第1部分:通用技术条件(IEC 60204-1:2005,IDT)

GB 5226.4—2005　机械安全　机械电气设备　第31部分:缝纫机、缝制单元和缝制系统的特殊安全和EMC要求(IEC 60204-31:2000,IDT)

GB 9969.1—1998　工业产品使用说明书　总则

GB/T 13384—2008　机电产品包装通用技术条件

GB/T 17626.2—2006　电磁兼容　试验和测量技术　静电放电抗扰度试验(IEC 61000-4-2:2001,IDT)

GB/T 17626.3—2006　电磁兼容　试验和测量技术　射频电磁场辐射抗扰度试验(IEC 61000-4-3:2002,IDT)

GB/T 17626.4—2008　电磁兼容　试验和测量技术　电快速瞬变脉冲群抗扰度试验(IEC 61000-4-4:2004,IDT)

GB/T 17626.5—2008　电磁兼容　试验和测量技术　浪涌(冲击)抗扰度试验(IEC 61000-4-5:2005,IDT)

GB/T 17626.6—2008　电磁兼容　试验和测量技术　射频场感应的传导骚扰抗扰度(IEC 61000-4-6:2006,IDT)

GB/T 17626.11—2008　电磁兼容　试验和测量技术　电压暂降、短时中断和电压变化的抗扰度试验(IEC 61000-4-11:2004,IDT)

STANDARDS PRESS OF CHINA

GB/T 21067—2007 工业机械电气设备 电磁兼容 通用抗扰度要求

QB/T 2151—2006 工业用缝纫机 电脑控制刺绣机

JB/T 6806.3—93 DDZ-S 系列仪表通用技术条件

3 产品分类

见附录 A。

4 术语和定义

下列术语和定义适用于本部分。

4.1

电磁兼容性 EMC electromagnetic compatibility

数控系统在其电磁环境中能正常运行,且不对环境中任何事物构成不能承受的电磁骚扰能力。

4.2

发射 emission

从源向外发出电磁能的现象。

4.3

抗扰度 interference immunity

数控系统在电磁骚扰环境干扰下不降低运行性能的能力。

4.4

电快速脉冲群 burst

一串数量有限的清晰脉冲或一个持续时间有限的振荡。

4.5

静电放电 electrostatic discharge

具有不同静电电位的物体相互靠近或真接接触引起的电荷转移。

4.6

浪涌(冲击) surge

沿线路传送的电流、电压或功率的瞬态波,其特性是先快速上升后缓慢下降。

4.7

电压暂降 voltage dip

在电气系统某一点的电压突然下降,经历半个周期到几秒的短暂持续期后恢复正常。

[GB/T 17626.11—2008,定义 4.3]

5 技术要求

5.1 功能要求

5.1.1 输入和输出

具有花样输入输出功能,至少应能读取 DSB 格式的花样。

5.1.2 花样存储

存储花样不少于 99 个,存储针迹数不少于 50 万针。

5.1.3 数据处理

具有基本花样放大、缩小、旋转、反复等变换功能。

5.1.4 显示

应正确显示当前的工作参数和状态。中国市场销售的具有文字显示功能的数控系统应有中文显示。

5.1.5 自测试

a) 在测试状态时，主轴可以按设定的转速匀速旋转，并测试编码器输入脉冲；

b) 绣框移动和 XY 限位检测；

c) 剪刀、勾刀位置传感器检测（当产品没有此功能时，该项不做要求）；

d) 启动/停止开关（也称拉杆开关）检测。

5.1.6 断电记忆

在切断电源后，数控系统应能记忆内存花样数据、记忆系统参数设定、记忆停车时绣框位置。

5.1.7 控制

5.1.7.1 换色

可以进行手动换色和自动换色，应动作平稳，位置正确（当产品没有此功能时，该项不做要求）。

5.1.7.2 剪线

可以进行手动剪线和自动剪线，不应剪不断线、劈线（当产品没有此功能时，该项不做要求）。

5.1.7.3 手动移框

可以手动高速、低速移框，框移动作应平稳，不应有异常杂音。

5.1.7.4 绣框空走

具有高速和低速空走功能。

5.1.7.5 主轴点动

在停车状态时，主轴低速转动一圈，停止在（100±2.5）°范围内，运转应平稳，停车时不应抖动和反转。

5.1.7.6 自动断线检测和补绣

系统应能自动检测面线和底线断线，并能实现断线头补绣或全头补绣功能。

5.2 性能要求

5.2.1 主轴控制精度

主轴转速 500 r/min 及以下时，允许误差在±10%范围内，主轴转速大于 500 r/min，允许误差在±50 r/min 范围内。停车精度允许误差在±2.5°范围内。

5.2.2 主轴最高转速控制

主轴设定在产品规定的最高转速进行绣作，刺绣花样应不走位。

5.2.3 刺绣性能

刺绣的花样应与输入的花样相符，不应浮面线、断针和跳针，跳跃和越框操作应正确。

5.2.4 噪声

数控系统运转时应稳定可靠，无异常杂音。主轴最高转速下，空载运行噪声声压级不大于 60 dB(A)。

5.3 安全性要求

5.3.1 连接与布线应符合 GB 5226.1—2002 中第 13 章、第 14 章规定的要求。

5.3.2 防接触和触电保护

应符合 GB 5226.1—2002 中 6.2.2～6.2.4 规定，必须采取保护措施防止意外地触及超过 PELV（保持特低电压）电压的带电部件。

5.3.3 保护接地电路连续性

应符合 GB 5226.1—2002 中 8.2.3 规定的要求。

5.3.4 绝缘电阻

湿热试验后的绝缘电阻值应不小于 1 MΩ；正常大气环境下，绝缘电阻值应不小于 50 MΩ。

5.3.5 耐压强度

电源输入端和保护接地端之间应能承受交流 1 kV(50 Hz)、时间为 5 s 的耐压试验，漏电流不大于 10 mA。

5.3.6 紧急停车

应具有紧急情况下的断电停车功能。

5.4 环境适应性要求

5.4.1 高温运行和高温储存

a) 应能在45 ℃高温箱内连续运行48 h,产品应正常运行。

b) 应能在55 ℃高温箱内存放4 h,产品不应出现故障。

5.4.2 低温运行和低温储存

a) 应能在0 ℃低温箱内连续运行4 h,产品应正常运行。

b) 应能在－20 ℃低温箱内存放4 h,产品不应出现故障。

5.4.3 湿热运行和储存

a) 应能在45 ℃、湿度为85%湿热箱内连续运行48 h,产品应正常运行。

b) 应能在55 ℃、湿度为93%湿热箱内存放4 h,产品不应出现故障。

5.4.4 电源适应性

数控系统应在额定输入电压的＋10%、－15%的范围内正常运行。

5.5 机械振动要求

在不通电情况下,产品应承受频率为(10～55)Hz,位移幅值为0.075 mm的振动试验。试验后产品的电气性能应不受影响,不应有机械上的损坏、变形和紧固部位的松动现象,通电后应正常运行。

5.6 碰撞适应性

在不通电情况下,产品应承受峰值加速度100 m/s^2 碰撞试验。试验后产品的电气性能应不受影响,不应有机械上的损坏、变形和紧固部位的松动现象,通电后应正常运行。

5.7 跌落

产品包装件的质量和跌落高度应符合GB/T 4857.18—1992中表4的规定。带包装的产品试验后,电气性能应不受到影响,不应有机械的损坏、变形和紧固部位的松动现象,通电后应正常运行。

5.8 电磁兼容性(EMC)要求

5.8.1 发射

应符合GB 5226.4—2005中表AA.1规定的发射限值;

控制单元、驱动器配马达分别进行试验,均应满足上述要求。

5.8.2 外壳端口抗扰度

符合GB 5226.4—2005中表AA.2的规定。

5.8.3 信号端口抗扰度

应符合GB/T 21067—2007中表2的规定。

5.8.4 交流电源输入/输出端口抗扰度

应符合GB/T 21067—2007中表4的规定。

5.9 连续运行要求

连续运行时间应不低于150 h。

5.10 一般性要求

5.10.1 外观

数控系统外形尺寸应符合设计要求,外观应整洁,金属(或塑料)外壳表面不应有凹痕、划痕、裂痕、变形、毛刺、退色、霉斑及永久性污渍。

5.10.2 标识

电控箱的开关和操作箱面板上的按键以及电控箱内的接线端子、保险座、保护接地端子都应有明显的标识,这些标识应正确、清晰、端正、牢固,耐久。

5.10.3 操作与维修性

电控箱和操作箱的设计与安装应便于操作和维修，其要求按产品技术文件的规定。

5.10.4 随机文件与备件

随机文件与备件应符合产品技术文件的规定。

6 试验方法

6.1 功能检查

6.1.1 输入和输出

进行输入输出操作，目测判定是否正确。

6.1.2 花样存储

输入不大于500针的花样，输入花样个数应符合5.1.2的要求；所有花样针数累计加内存剩余针数的值符合5.1.2的要求。

6.1.3 数据处理

该项目型式试验在绣花机上实测：选择任意花样，设定系统参数，并进行基本花样放大、缩小、旋转、反复等变换，然后刺绣，刺绣花样应满足变换的要求。出厂检验时在模拟试验装置上运行，不要求实际刺绣。

6.1.4 显示

在6.1.3试验过程中，目测观察判定。

6.1.5 自测试

在模拟试验装置上操作，目测判定是否正确。

6.1.6 断电记忆

在进行6.1.3试验过程中，刺绣中途拉杆停车，断电1 min左右，然后上电检查，内存花样和参数设置应不丢失，绣框应保持断电前的位置，继续刺绣花样应不走位。

6.1.7 控制

6.1.7.1 换色

a) 在停车时，通过按键选择任一针位为当前刺绣针位进行换色，目测判定手动换色功能；

b) 在6.1.3试验时，分别设定自动换色或手动换色，检查系统在遇到换色码时是否自动换色或手动换色。

6.1.7.2 剪线

a) 在停车时，通过按键手动剪线，应符合5.1.7.2规定；

b) 在6.1.3试验时，设定系统参数自动剪线，检查系统在遇到剪线码时是否自动剪线，并符合5.1.7.2规定。

6.1.7.3 手动移框

a) 该项目型式试验在绣花机上实测，出厂检验时在模拟试验装置上运行，不要求实际移动绣框；

b) 分别进行手动高速移框和手动低速移框，应满足5.1.7.3规定。

6.1.7.4 绣框空走

在6.1.3试验时，将系统设定为空走状态，检查该功能。

6.1.7.5 主轴点动

手动操作，符合5.1.7.5规定。

6.1.7.6 自动断线检测和补绣

在6.1.3试验刺绣运行中，人为制造断线，系统应停车并显示断线状态；拉杆回退若干针后再拉杆启动，系统应按照参数设定断线头补绣或全头补绣。

6.2 性能试验

6.2.1 主轴控制精度

在测试状态，分别使主轴运转在最高转速、750 r/min、500 r/min、100 r/min，用测速仪测量实际转速，计算其误差，应满足5.2.1的规定。

6.2.2 主轴最高转速控制

该项目在刺绣机上实测：选择任意花样进行绣作，主轴按产品规定的最高转速设定，降速针步5 mm，刺绣花样应不走位。

6.2.3 刺绣性能

选择针数不小于5 000针的花样，其中应有不同长度的线迹和跳跃线迹；采用随机机针，针线为14.8 tex/2sz涤纶缝纫线，梭线为14.5 tex/2sz棉缝纫线，面料中平布加无纺布，主轴最高转速设定750 r/min；刺绣结果应符合5.2.3要求，绣作过程中不应该出现停车不到位故障。

6.2.4 噪声

试验样品包括：控制单元、主轴电机、XY电机，不包括其他执行部件；

将试验样品和模拟试验装置置于消声室内，试品边缘与墙避距离不得小于1 000 mm，周围不应堆放障碍物；

试验时选择任意花样进行模拟绣作，主轴最高转速设定750 r/min，降速针步5 mm；

测试点选试品外侧距离1 000 mm任意点；

测试高度应与电机转轴处于同一水平面；

试验在空载下运行，任意测试点噪声不应超过规定限值。

6.3 安全性检查

6.3.1 连接与布线

按照5.3.1要求以及GB 5226.1—2002中第13章、第14章规定的要求，目测检查各导线的连接与布线的正确性。

6.3.2 防接触和触电保护

按照5.3.2要求，防护触电按GB 5226.1—2008中6.2规定。用外壳作防护可用目测，用绝缘物防护带电部分的可目测判定，残余电压的防护可用示波器或者相应的交流或直流电压表进行测量，时间由秒表控制。

6.3.3 保护接地电路连续性

按照5.3.3要求，用接地电阻检测仪按GB 5226.1—2008中19.2要求，对保护接地进行测试。

6.3.4 绝缘电阻

按照5.3.4要求，将电源开关置于接通位置（不要接入电网）按GB 5226.1—2008中19.3和GB 5226.4—2005中20.3要求进行绝缘电阻的测试。

6.3.5 耐压强度

按照5.3.5要求，将电源开关置于接通位置（不要接入电网）按GB 5226.1—2008中19.4和GB 5226.4—2005中20.4要求进行耐电压强度的测试。试验时间为5 s，漏电流不大于10 mA。

6.3.6 紧急停车

按照5.3.6要求，在刺绣机运行时，按动急停开关并检查设备是否断电停车。

6.4 环境适应性试验

6.4.1 高温运行和高温储存试验

a) 受试产品和模拟试验装置一起放入试验箱内，使箱内温度升至45 ℃，达到温度稳定后接通产品电源，选择任意花样进行模拟绣作，主轴最高转速设定750 r/min，降速针步5 mm。试验在空载下运行，并维持箱内温度在(45±2)℃，输入电源电压作两次循环，连续运行48 h，产品应正常运行。输入电源电压如表1所示。

表 1

输入电源电压	额定值	额定值+10%	额定值	额定值-15%
时间/h	4	8	4	8

b) 将产品电源关闭，调高箱内温度，使箱内温度升到 55 ℃，在此温度条件下，存放 4 h，试验期满后将温度逐渐恢复到正常大气条件，并在此条件下恢复 4 h，然后通电，产品应正常运行。

6.4.2 低温运行和低温储存试验

a) 受试产品和模拟试验装置一起放入试验箱内，使箱内温度降至 0 ℃，保温 4 h，然后接通产品电源，选择任意花样进行模拟绣作，主轴最高转速设定 750 r/min，降速针步 5 mm。试验在空载下运行，运行过程中产品不应出现故障。

b) 将产品电源关闭，调低箱内温度，使箱内温度降到 −20 ℃，在此温度条件下，存放 4 h，试验期满后将温度逐渐恢复到正常大气条件，并在此条件下恢复 4 h，然后通电，产品应正常运行。

6.4.3 湿热运行和储存试验

a) 湿热运行试验和高温运行试验条件基本相同，不同的是电压不必变动，增加了湿度。首先将温度调至 45 ℃后，使温度稳定，然后开始输入水汽，并在 1 h 内(此时间不计入试验时间)使湿度达到 85%(45 ℃不凝露)。接通电源开机运行，试验时间 48 h，试验期满后在正常大气条件下放置 2 h 测量绝缘电阻，应符合 5.3.4 规定。绝缘电阻测量完后把试验产品放回试验箱内。

b) 把试验箱温度调至 55 ℃后，使温度稳定，然后输入水气并在 1 h 内(此时间不计入试验时间)湿度达到 93%。试验时间 4 h，试验期满后在正常大气条件下放置 2 h 测量绝缘电阻，应符合 5.3.4 规定。试验后在正常大气条件下恢复 12 h，然后通电，产品应正常运行。

6.4.4 电源适应性

随 6.4.1 试验一同进行。

6.5 机械振动

按照 5.5 的要求试验，分别在 3 个相互垂直方向进行扫频，每个方向的危险点定频振动时间 10 min。试验时，设备不带包装固定在振动台上。

6.6 碰撞

按照 5.6 的要求试验，分别在 3 个相互垂直方向进行，脉冲持续时间 16 ms，每个方向 10 次。试验时，设备带包装固定在碰撞台上。

6.7 跌落

按照 5.7 的要求试验，跌落次数为 3 次，底面朝下平行地面一次，底面朝下与地面夹角 15°棱、角各一次。试验地面应为平滑的水泥地面。

6.8 电磁兼容性(EMC)试验

6.8.1 发射

按照 5.8.1 要求进行试验，其试验方法按 GB 4824—2004 规定进行。

6.8.2 外壳端口抗扰度

按照 5.8.2 要求进行试验，其中：

射频电磁场调幅试验方法按 GB/T 17626.3—2008 规定进行；

射频电磁场脉冲调制试验方法按 GB/T 17626.3—2008 规定进行；

静电放电试验方法按 GB/T 17626.2—2008 规定进行。

6.8.3 信号端口抗扰度

按照 5.8.3 要求进行试验，其中：

射频共模试验方法按 GB/T 17626.6—2008 规定进行；

快速瞬变试验方法按 GB/T 17626.4—2008 规定进行；

浪涌试验方法 GB/T 17626.5—2008 规定进行。

6.8.4 交流电源输入/输出端口抗扰度

按照 5.8.4 要求进行试验，其中：

射频共模试验方法按 GB/T 17626.6—2008 规定进行；

快速瞬变试验方法按 GB/T 17626.4—2008 规定进行；

浪涌试验方法 GB/T 17626.5—2008 规定进行；

电压暂降和电压中断试验方法 GB/T 17626.11—2008 规定进行。

6.9 连续运行检查

按照 5.9 要求，在 40 ℃±2 ℃环境温度下进行测试，设备在规定的时间内应正常运行，其中试验条件应满足下列要求：

a) 平绣试验条件：在刺绣机实际负载或模拟试验装置情况下进行，机器配置 9 针 20 头单亮片，平绣主轴最高转速设定 850 r/min，亮片绣时主轴最高转速设定 700 r/min，降速针步设定 5 mm。

b) 特种绣试验条件：在刺绣机实际负载或模拟试验装置情况下进行，机器配置 10 头组(特种绣＋平绣)，其中平绣为 6 针，平绣主轴最高转速设定 850 r/min，特种绣时主轴最高转速设定 600 r/min。

6.10 一般性要求的检查

6.10.1 外观

按 5.10.1 要求，在正常工作条件下目测和手检判定，目测距离为 300 mm。

6.10.2 标志

按 5.10.2 要求，在正常工作条件下目测和手检判定，目测距离为 300 mm。

6.10.3 操作与维修性

电控箱和操作箱的操作与维修性按产品技术文件规定检查。

6.10.4 随机文件与备件

随机文件应按照 GB/T 13384—2008 规定检查；

备件应按产品技术文件规定检查。

7 检验规则

7.1 出厂条件

产品应经质量检验部门检验合格并附有检验合格证。

7.2 检验分类

数控系统的检验分为出厂检验和型式检验，检验项目和顺序分别按表 2 的规定。

7.2.1 出厂检验

产品交货时，收货方可按本标准规定的出厂检验项目进行验收。

7.2.2 型式检验

有下列情况之一，需对产品进行全面考核，应进行型式检验：

——正式生产后，如设计、工艺有较大改变，可能影响产品性能时；

——正常生产一年应周期性进行一次检验；

——产品停产一年后，恢复生产时；

——出厂检验结果与上次型式检验有较大差异时；

——上级质量监督机构提出进行型式检验的要求时。

7.2.3 不合格分类与检验分类

不合格分类与检验分类见表 2。

7.3 出厂检验规则

7.3.1 样本抽取

样本应从提交的检查批中随机抽取。

表 2　检验分类及项目

序号	检验项目		技术要求	试验方法	不合格分类			检验分类	
					A	B	C	出厂	型式
1	功能检查	输入和输出	5.1.1	6.1.1	√			√	√
2		花样存储	5.1.2	6.1.2	√			√	√
3		数据处理	5.1.3	6.1.3	√			√	√
4		显示	5.1.4	6.1.4	√			√	√
5		自测试	5.1.5	6.1.5	√			√	√
6		断电记忆	5.1.6	6.1.6	√			√	√
7		控制	5.1.7	6.1.7	√			√	√
8	性能检查	主轴控制精度	5.2.1	6.2.1			√		√
9		主轴最高转速控制	5.2.2	6.2.2			√		√
10		刺绣性能	5.2.3	6.2.3		√			√
11		噪声	5.2.4	6.2.4		√			√
12	安全检查	连接与布线	5.3.1	6.3.1			√	√	√
13		防接触和触电保护	5.3.2	6.3.2	√			√	√
14		保护接地电路连续性	5.3.3	6.3.3	√			√	√
15		绝缘电阻	5.3.4	6.3.4	√			√	√
16		耐压强度	5.3.5	6.3.5	√			√	√
17		紧急停车	5.3.6	6.3.6	√			√	√
18	环境适应性	高温运行和存储	5.4.1	6.4.1			√		√
19		低温运行和存储	5.4.2	6.4.2			√		√
20		湿热运行和存储	5.4.3	6.4.3			√		√
21		电源适应性	5.4.4	6.4.4	√				√
22	机械振动		5.5	6.5			√		√
23	碰撞适应性		5.6	6.6			√		√
24	跌落		5.7	6.7			√		√
25	电磁兼容性	发射	5.8.1	6.8.1		√			√
26		外壳端口抗扰度	5.8.2	6.8.2		√			√
27		信号端口抗扰度	5.8.3	6.8.3		√			√
28		交流端口抗扰度	5.8.4	6.8.4		√			√
29	连续运行要求		5.9	6.9	√				√
30	一般要求	外观	5.10.1	6.10.1			√	√	√
31		标识	5.10.2	6.10.2			√	√	√
32		操作与维修性	5.10.3	6.10.3			√	√	√
33		随机文件与备件	5.10.4	6.10.4			√	√	√

STANDARDS PRESS OF CHINA

7.3.2 抽样方案

出厂检验项目及不合格分类按表 2 规定，正常检验一次抽样方案由生产企业按 GB/T 2828.1—2003 规定的要求确定。

7.3.3 批的可接收判定

根据样本检查的结果，若在样本中发现的 A 类的不合格品数和 B 类、C 类的不合格数，分别小于等对应的接收数(Ac)，则判该检查批是可接收的。若在样本中发现的 A 类的不合格品数和 B 类、C 类的不合格数有一类大于等于对应的不接收数(Re)，则判该检查批是不可接收的。

7.3.4 不接收批的处置

不接收批的处置应按 GB/T 2828.1—2003 中的 7.2 规定执行。

7.3.5 不接收批的再提交

不接收批的再提交应按 GB/T 2828.1—2003 中的 7.6 规定执行。

7.4 型式检验规则

7.4.1 样本的抽取

样本应从本周期制造的并经检验合格的某个批或若干批中随机抽取，并要保证所得到的样本能代表本周期的制造技术水平。

7.4.2 抽样方案

型式检验的一次抽样方案见表 3。

表 3

判别水平	Ⅱ					
抽样方案	一次抽样					
不合格类测	A		B		C	
样本单位检验项目	14		6		13	
不合格质量水平(RQL)	65		150		200	
样本量	Ac	Re	Ac	Re	Ac	Re
2	0	1	2	3	3	4

注 1：样本单位为每台控制系统。

注 2：A 类的 Ac、Re 以不合格品计，B 类、C 类的 Ac、Re 以不合格数计。

7.4.3 型式检验合格或不合格判定

根据样本检查的结果，若在样本中发现的 A 类的不合格品数和 B 类、C 类的不合格数，分别小于等于对应的合格判定数(Ac)，则判该型式检查合格。若在样本中发现的 A 类的不合格品数和 B 类、C 类的不合格数有一类大于等于对应的不合格判定数(Re)，则判该型式检查为不合格。

7.4.4 型式检验后的处置

型式检验后的处置按 GB/T 2829—2002 中 5.12 的规定执行。

8 标志、包装、运输、贮存

8.1 标志

8.1.1 产品标志

产品上应有下列标志：产品型号、商标、安全警示标志、额定电压(V)、额定频率(Hz)、额定功率(W)、制造商名称、制造日期或编号、国家或国际有关认证标识。

8.1.2 产品标准标志

产品或其包装箱上应注明采用的产品标准编号。

8.2 包装

产品包装应符合 GB/T 191—2008 的规定；

产品使用说明书应符合 GB 9969.1—1998 的规定。

8.3 运输

产品运输时，不得放置在露天环境中，注意防雨、防尘和机械损伤，运输条件要符合本部分规定。

8.4 贮存

产品存放条件应符合本部分规定。在制造厂，存放期超过一年的产品，应重新做出厂检验，合格后才能出厂。

附 录 A
（资料性附录）
产品分类

按照使用环境分为：家用刺绣机数控系统和工业用刺绣机数控系统。这种分类主要区别在于工业用刺绣机数控系统对电磁兼容抗扰度要求高于家用刺绣机数控系统。

按照控制要求分为：平绣数控系统和特种绣数控系统。这种分类主要区别在于控制的复杂程度，平绣数控系统基本要求3轴联动，特种绣数控系统基本要求5轴联动。

平绣数控系统3轴联动指绣框驱动（X轴、Y轴）形成针迹、主轴驱动（S轴）带动针杆上下运动将绣线缝制在面料上。

金片绣（或亮片绣）、雕孔绣、植绒绣、绗缝绣等绣作，其运动控制等同于平绣，或在平绣头上附加装置，故归类到平绣数控系统中。

特种绣数控系统五轴联动指绣框驱动（X轴、Y轴）形成针迹、主轴驱动（S轴）带动针杆上下运动将绣线缝制在面料上、针杆跟踪（M轴）跟踪针迹角度实现特定的针法、环梭跟踪（D轴）将链式绣绣线勾到针杆上或锯齿摆动（Z轴）使花样形成不同的锯齿形状。

链式绣、毛巾绣、绳绣（盘带绣）、缠绕绣、锯齿绣、珠绣等绣作归类到特种绣中，特种绣包括特种绣和平绣的组合。

ICS 59.080.01
W 04

中华人民共和国国家标准

GB/T 24115—2009

STANDARDS PRESS OF CHINA

纺织品 干洗后四氯乙烯残留量的测定

Textiles—Determination of the tetrachloroethylene residues after dry cleaned

2009-06-15 发布　　2010-02-01 实施

中华人民共和国国家质量监督检验检疫总局
中国国家标准化管理委员会 发布

前　言

本标准附录A为资料性附录。

本标准由中国纺织工业协会提出。

本标准由全国纺织品标准化技术委员会基础分会(SAC/TC 209/SC 1)归口。

本标准起草单位:重庆市纤维织品检验所。

本标准主要起草人:王茜、刘刚、何勇、高维全、周洋。

纺织品　干洗后四氯乙烯残留量的测定

警告：使用本标准的人员应有正规实验室工作的实践经验。本标准并未指出所有可能的安全问题。使用者有责任采取适当的安全和健康措施，并保证符合国家有关规定条件。

1　范围

本标准规定了采用顶空进样气相色谱-电子俘获检测器（GC/ECD）测定纺织品干洗后四氯乙烯残留量的方法。

本标准适用于各类纺织制品。

2　原理

用顶空进样装置提取样品中残留可挥发的四氯乙烯，采用气相色谱-电子俘获检测器（GC/ECD）进行定性、定量测定。

3　试剂和标准溶液

3.1　四氯乙烯：色谱纯。

3.2　正己烷：色谱纯。

3.3　标准储备液：准确称取适量的色谱纯四氯乙烯（3.1），用正己烷（3.2）配制成质量浓度为 1 000 μg/mL 的标准储备液。

3.4　标准工作溶液：根据需要再用正己烷（3.2）逐级稀释成适用浓度的标准工作液。

注：在 0 ℃～4 ℃冰箱中保存标准储备液有效期为 12 个月，标准工作液有效期为 6 个月。

4　仪器与设备

4.1　自动顶空进样装置。

4.2　气相色谱仪：配有电子俘获检测器（ECD）。

5　分析步骤

5.1　样品的制备

从实验室样品中取有代表性的试样，剪碎至 5 mm×5 mm 以下，混匀。从混匀的试样中称取 1 g，精确至 0.01 g，置于 20 mL 顶空瓶中。然后在顶空瓶中加入 10 mL 正己烷（3.2）溶剂混匀。

5.2　分析仪器条件

由于测试结果取决于所使用的仪器，因此不可能给出色谱分析的普遍参数。采用下列参数已被证明对测试是合适的。

5.2.1　顶空提取条件

a）　载气压力 120 kPa；

b）　加压时间 30 s，进样时间 3 s；

c）　放空时间 20 s；

d）　加热时间 15 min，加热温度 50 ℃；

e）　进样针温度 55 ℃，传输管温度 60 ℃。

5.2.2　色谱条件

a）　色谱柱：TR-1MS　30 m×0.25 mm×0.25 μm 或相当；

b) 程序升温:40 ℃(1 min)50 ℃/min 200 ℃(3 min);

c) 检测器温度:300 ℃;

d) 载气流量:2.0 mL/min 。

5.3 标准曲线

在 20 mL 顶空瓶中加入 10 mL 的 0.05 μg/mL、1.0 μg/mL、10.0 μg/mL、50.0 μg/mL 和 100 μg/mL 标准工作液,按 5.2 仪器分析条件分析并绘制标准曲线。四氯乙烯标准物质气相色谱图(GC/ECD)参见附录 A。

6 结果计算

试样中四氯乙烯的含量按式(1)计算:

$$F = \frac{c \times 10}{m} \qquad (1)$$

式中:

F——试样中四氯乙烯的含量,单位为毫克每千克(mg/kg);

c——标准工作曲线中四氯乙烯的浓度,单位为毫克每升(mg/L);

m——试样质量,单位为克(g)。

计算 2 次结果的平均值,结果保留到小数点后两位。

7 测定低限、回收率和精密度

7.1 测定低限

本方法的测定低限为 0.05 mg/kg。

7.2 回收率

本方法对纺织品中四氯乙烯的回收率为 85%～105%。

7.3 精密度

在同一实验室,由同一操作者使用相同设备,按相同的测试方法,并在短时间内对同一被测对象相互独立进行的测试获得的两次独立测试结果的相对标准偏差不大于 10%。以大于这两个测定值的算术平均值的 10%的情况不超过 5%为前提。

8 试验报告

试验报告至少应给出下列内容:

a) 样品来源及描述;

b) 采用标准的方法和设备;

c) 试验结果;

d) 任何偏离本标准的细节;

e) 试验日期。

附 录 A
（资料性附录）
四氯乙烯标准物质气相色谱图(GC/ECD)

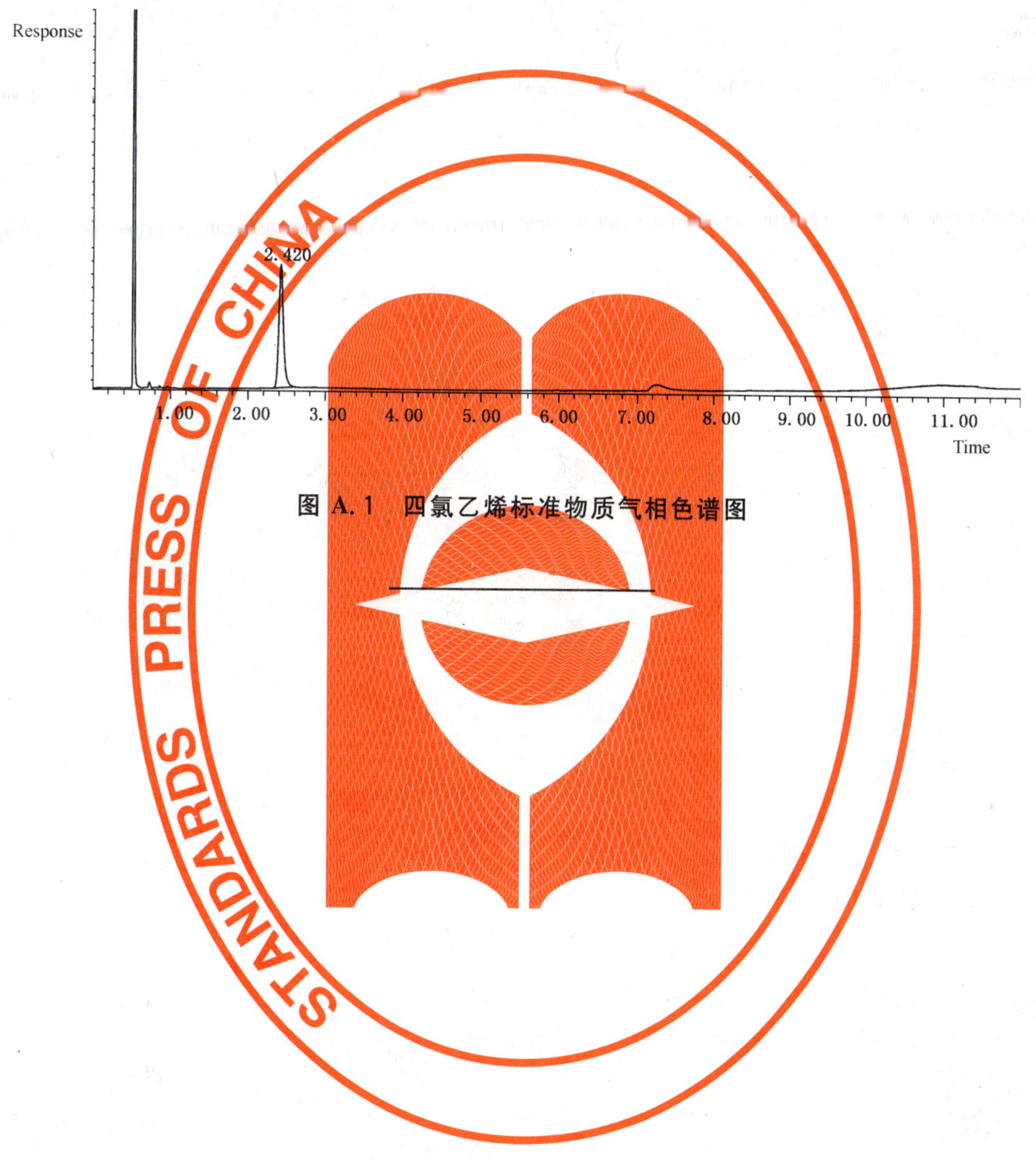

图 A.1 四氯乙烯标准物质气相色谱图

STANDARDS PRESS OF CHINA

ICS 59.080.01
W 12

中华人民共和国国家标准

GB/T 24116—2009

针织用筒子染色纱线

Package dyed yarns for knitting

2009-06-15 发布　　2010-02-01 实施

中华人民共和国国家质量监督检验检疫总局
中国国家标准化管理委员会 发布

前　言

本标准由中国纺织工业协会提出。

本标准由全国纺织品标准化技术委员会(SAC/TC 209)归口。

本标准主要起草单位:福建凤竹纺织科技股份有限公司、上海题桥纺织染纱有限公司。

本标准主要起草人:常向真、潘玉明、谢新平、董勤霞、樊蓉、上官潇岩。

针织用筒子染色纱线

1 范围

本标准规定了针织用筒子染色纱线的要求、试验方法、检验规则、包装、标志和贮运。

本标准适用于采用筒子染色工艺染色的针织用纯棉、涤棉、涤粘、涤纶长丝、涤纶短纤、腈纶纱及股线，其他原料的筒子染色纱线可参照执行。

2 规范性引用文件

下列文件中的条款通过本标准的引用而成为本标准的条款。凡是注日期的引用文件，其随后所有的修改单(不包括勘误的内容)或修订版均不适用于本标准，然而，鼓励根据本标准达成协议的各方研究是否可使用这些文件的最新版本。凡是不注日期的引用文件，其最新版本适用于本标准。

GB/T 250 纺织品 色牢度试验 评定变色用灰色样卡(GB/T 250—2008，ISO 105-A02：1993，IDT)

GB/T 2910(所有部分) 纺织品 定量化学分析

GB/T 2912.1 纺织品 甲醛的测定 第1部分：游离水解的甲醛(水萃取法)

GB/T 3292.1 纺织品 纱线条干不匀试验方法 第1部分：电容法

GB/T 3916 纺织品 卷装纱 单根纱线断裂强力和断裂伸长率的测定(GB/T 3916—1997，eqv ISO 2062：1993)

GB/T 3920 纺织品 色牢度试验 耐摩擦色牢度(GB/T 3920—2008，ISO 105-X12：2001，MOD)

GB/T 3921 纺织品 色牢度试验 耐皂洗色牢度(GB/T 3921—2008，ISO 105-C10：2006，MOD)

GB/T 3922 纺织品耐汗渍色牢度试验方法

GB/T 4743 纺织品 卷装纱 绞纱法线密度的测定

GB/T 5718 纺织品 色牢度试验 耐干热(热压除外)色牢度(GB/T 5718—1997，eqv ISO 105-P01：1993)

GB/T 7573 纺织品 水萃取液 pH 值的测定(GB/T 7573—2002，ISO 3071：1980，MOD)

GB/T 14576 纺织品耐光、汗复合色牢度试验方法

GB/T 17592 纺织品 禁用偶氮染料的测定

GB 18401 国家纺织产品基本安全技术规范

GB/T 23344 纺织品 4-氨基偶氮苯的测定

FZ/T 01053 纺织品 纤维含量的标识

FZ/T 10008 棉及化纤纯纺、混纺本色纱线标志与包装

3 要求

针织用筒子染色纱线技术指标应符合表1的要求。

表1 要求

项目	优等品	一等品	合格品
纤维含量(净干含量)/%	按 FZ/T 01053 规定执行		
甲醛含量/(mg/kg)	按 GB 18401 规定执行		

STANDARDS PRESS OF CHINA

表 1（续）

项目			优等品	一等品	合格品
pH 值			按 GB 18401 规定执行		
可分解致癌芳香胺染料			按 GB 18401 规定执行		
染色均匀度/级	≥		4-5	4	3-4
耐皂洗色牢度/级	≥	变色	4-5	4	3-4
		沾色	4	3-4	3-4
耐汗渍色牢度/级	≥	变色	4	3-4	3
		沾色	3-4	3-4	3
耐摩擦色牢度/级	≥	干摩	4	3-4	3
		湿摩	3-4	3	2-3
耐干热色牢度/级	≥	变色	4	3-4	3
		沾色	4	3-4	3
耐光汗色牢度/级	≥	变色	3-4	3	2-3
		沾色	3-4	3	2-3
断裂强度降低率[a]/%	≤	普梳棉纱	20	20	25
		精梳棉纱	18	20	22
		涤粘混纺纱	16	18	20
		涤棉混纺纱	14	16	18
		涤纶长丝纱	8	12	16
		涤纶短纤纱	8	12	16
		腈纶纱	8	12	16
百米重量偏差百分率/%		普梳棉纱	±6	±7	±8
		精梳棉纱	±5	±6	±7
		涤粘混纺纱	±5	±6	±7
		涤棉混纺纱	±6	±7	±8
		涤纶长丝纱	±4	±5	±6
		涤纶短纤纱	±5	±6	±7
		腈纶纱	±4	±5	±6
单纱断裂强度[b]/(cN/tex)	≥		本色纱标准值×90%		
百米重量变异系数[b]/%	≤		本色纱标准值+1		
条干均匀度变异系数[b]/%	≤		本色纱标准值+1		
断裂强力变异系数[b]/%	≤		本色纱标准值+1.5		
注：本色纱标准值参照有关国家或行业标准相应等级的数据。					
[a] 仅考核加工纱。 [b] 仅考核贸易纱。					

4 试验方法

4.1 纤维含量的测定按 GB/T 2910、FZ/T 01053 规定执行。

4.2 甲醛含量的测定按 GB/T 2912.1 规定执行。

4.3 pH 值的测定按 GB/T 7573 规定执行。

4.4 可分解芳香胺染料的测定按 GB/T 17592 和 GB/T 23344 规定执行。

4.5 染色均匀度的测定按以下方法进行：

取同一筒子的内、中、外层或多层，以及同缸 4 个以上的染色筒子纱线织成袜筒，按 GB/T 250 评定。

4.6 耐皂洗色牢度按 GB/T 3921 的试验方法 C(3)规定执行。

4.7 耐汗渍色牢度按 GB/T 3922 规定执行。

4.8 耐摩擦色牢度按 GB/T 3920 规定执行。

4.9 耐干热(升华)色牢度按 GB/T 5718 规定执行。

4.10 耐光汗色牢度按 GB/T 14576 规定执行。

4.11 单纱断裂强度、断裂强度降低率、断裂强度变异系数按 GB/T 3916 规定执行。并按式(1)计算断裂强度降低率，结果保留一位小数。

$$V_L = \frac{L_1 - L_2}{L_1} \times 100 \qquad \cdots\cdots(1)$$

式中：

V_L——断裂强度降低率，%；

L_1——染前单纱断裂强度，cN/tex；

L_2——染后单纱断裂强度，cN/tex。

4.12 百米重量偏差、百米重量变异系数按 GB/T 4743 规定执行。并按式(2)计算百米重量偏差百分率，结果保留一位小数。

$$V_m = \frac{m_2 - m_1}{m_1} \times 100 \qquad \cdots\cdots(2)$$

式中：

V_m——百米重量偏差百分率，%；

m_1——设计干燥质量，单位为克每百米(g/100 m)；

m_2——染后实际干燥质量，单位为克每百米(g/100 m)。

4.13 条干均匀度变异系数按 GB/T 3292.1 规定执行。

5 检验规则

5.1 组批

同批投料、同品种、同规格的产品为一批。

5.2 抽样

采用随机抽样方法，批量在 2 t 以下者取 2 包(箱)，2 t 及以上者取总包或总箱数的 3%，最多不超过 10 包(箱)。从抽取的样品中随机抽取一个筒子色纱作为测试纤维含量、甲醛含量、pH 值、可分解芳香胺染料和各项牢度指标的试验样品，其余项目以均匀等量原则从剩余样品中抽取。

5.3 结果判定

5.3.1 针织用筒子染色纱线的质量等级分为优等品、一等品、合格品。根据表 1 的项目，检验结果按批评等，以最低一项定等。

5.3.2 如果有不合格项，允许从批样中重新取样，对不合格项进行复验一次，按复验结果判定。

6 包装、标志和贮运

6.1 包装均应标明品种、公称线密度、成分、色别、重量、生产批号、生产日期、厂名、厂址、执行标准、质量等级及所符合的 GB 18401 安全类别。

6.2 包装可按 FZ/T 10008 或供需双方约定的合同规定执行。

6.3 产品装箱运输应防潮、防火、防污染。

6.4 产品应存放在阴凉、通风、干燥、清洁的库房内，并防蛀、防霉。

ICS 59.080.30
W 04

中华人民共和国国家标准

GB/T 24117—2009/ISO 8499:2003(E)

针织物　疵点的描述　术语

Knitted fabrics—Description of defects—Vocabulary

(ISO 8499:2003(E),IDT)

2009-06-15 发布　　　　2010-02-01 实施

中华人民共和国国家质量监督检验检疫总局
中国国家标准化管理委员会　发布

前　言

本标准等同采用 ISO 8499:2003(E)《针织物　疵点的描述　术语》。

本标准与 ISO 8499:2003(E)相比，有如下编辑性修改：

——删除了国际标准中的目录和前言；

——删除了国际标准范围中的“注”；

——将国际标准中的简介纳入第一章范围中的“注”；

——增加了中文索引。

本标准由中国纺织工业协会提出。

本标准由全国纺织品标准化技术委员会基础分会(SAC/TC 209/SC 1)归口。

本标准主要起草单位：天津工业大学、北京雪莲毛纺服装集团公司、上海三枪(集团)有限公司、北京铜牛集团有限公司、浪莎针织有限公司、杭州洪业服饰有限公司、纺织工业标准化研究所。

本标准主要起草人：李津、宋广礼、王卫民、陈东军、刘爱莲、漆小瑾、廖忠华、李亚滨、章辉。

针织物　疵点的描述　术语

1　范围

本标准描述了针织物检测中一般出现的疵点。

疵点可能会降低织物的性能，若疵点出现在由该织物制成的产品的明显部位，可能被用户发现并拒绝购买。

除了特别指出之外，本标准所描述的疵点对经编和纬编都是适用的。

注：本标准用于界定针织物的疵点，即针织物上并非人为有意生成的某些外观特征。这些外观特征并不一定意味着织物是低于标准的。买卖双方需要在认识上对某一外观是否确认为疵点取得一致。如果双方认为存在某一疵点，则需要在考虑产品最终用途的前提下，就疵点的允许范围达成协议。

2　纱线疵点

2.1

亮丝　bright yarn

光泽比邻近(横行或纵列)纱线亮的纱线。

注：疵点的成因是纱线加工中的不规则工艺，例如消光剂使用不均匀，含有不同消光剂(全消光，半消光)的纱线混淆在一起。

2.2

毛丝　broken filaments

(由无捻或低捻的多孔的长丝纱编织的针织物)表面呈现局部的或分散的毛茸状外观的纱线。

注：疵点的成因是在络纱或编织过程中，部分单丝断裂。

2.3

粗纱　coarse yarn

明显比邻近纱线粗的一段纱线。

注：疵点的成因是纱线线密度不匀。

2.4

皱缩纱　cockled yarn

纱线中外观形似小粗节易拉伸、易形成环状的扭曲的纱段。

注：疵点的成因是在牵伸过程中纤维被过度拉伸，当纤维松弛后，会形成纱线的屈曲和纱圈。

2.5

变形不良纱　faulty texturing

卷曲程度和变形特征不同于正常变形纱的一段纱线。

注：疵点的成因是在纱线变形中工艺控制不当。

2.6

细纱　fine yarn;thin end

明显比邻近纱线细的一段纱线。

注：疵点的成因是纱线线密度不匀。

2.7

废纤维纺入　gout

针织物的短纤维纱线中的不规则膨大粗结。

注：疵点的成因是在纺纱过程中，积聚的废纤维被纺入了纱线。

2.8

大肚纱　slub

枣核纱

织物上呈现的两端较细、中部较粗的枣核状纱线片段，其中部直径可能数倍于邻近正常的纱线。

注：该疵点是纱线中含有牵伸失效的粗纱段，或络纱时没有清除的粗节造成的。

2.9

污渍纱　soiled yarn

因尘污、油污或其他污染物的沾染而使颜色发生变化的单独一根纱线。

注：疵点的成因是织物编织前或编织中纱线受到污染。

2.10

裂纱　split yarn

在针织物中明显偏细的一段纱线。

注：疵点的成因是在络纱或编织或过程中的过度摩擦和拉伸，这会导致纱线的部分断裂(例如长丝中的单丝断裂或股线中的一股断裂)，断裂的部分会在纱线中保留下来。

2.11

错纱　wrong end;mixed end

纱线的组分、线密度、长丝类型、捻度、光泽、色泽或颜色等明显不同于正常纱线的一根纱线。

注：疵点的成因是材料的选用不当。

3　横列疵点

3.1

横条　band

沿织物的宽度方向出现的与织物的其他地方不同的条状区域。

注：疵点的区域可能和横列平行，也可能不平行；可能有明显的边界，也可能没有明显的边界。

3.2

横路　barré;stripiness

多路纬编针织物中的一个或多个横列的色泽不同于正常区域的疵点。

注1：疵点的成因是原纱光泽差异，纱线上染率不同，纱线的不均匀染色，纱线线密度不匀，线圈长度控制不一致(例如针盘偏心)，织物不正确的折叠。

注2：该疵点如果仅在织物上出现一次，则可称为“横道”。

3.3

弓状横列　bowing

针织物中的横列有明显的弓形，弓形可能跨过整个织物宽度上，也可能小于织物宽度。

注：疵点的成因是编织过程中牵拉不当或整理过程中拉伸不当。

3.4

喂纱异常　feeder variation

多路编织的织物中出现与正常外观不同的横列，这些横列可能过松或过紧。

注：疵点的成因是该系统供给的纱线长度与其他系统不同。

3.5

缺纱　missing yarn

单纱

在纬编织物中，双纱编织时，由于一根纱线断纱产生的疵点。

注：疵点的成因是在双纱编织时，某一路只剩一根纱线在编织，机器却没有按要求停车。

3.6

脱套　press off;drop-out

掉套

线圈意外从针上脱出的疵点。

注：疵点的成因是在编织时没有喂入纱线。

3.7

停车痕　stop line;stopping line;stark-up mark;stop mark

与正常织物不一致的数个线圈横列形成的条痕。

注：疵点的成因是当停车时由于机器的减速和停止使纱线的张力发生变化。

3.8

厚段　thick place

密路

某些横列的线圈长度比正常织物的线圈长度短，在针织物上形成明显的条痕。

注：疵点的成因是机器启动不正常，给纱不均匀，织物牵拉不良。

3.9

薄段　thin place

稀路

某些横列线圈长度比正常织物的线圈长度长，在针织物上形成明显的条痕。

注：疵点的成因是给纱不均匀或织物牵拉不良。

4　纵行疵点

4.1

紧经　dragging end

在经编织物中一个或多个纵行的垫纱量比正常垫纱量小而形成的条痕。

注：疵点的成因是一根或多根经纱的张力过大。

4.2

断经　end out

沿经编织物的纵向没有垫纱而出现条痕。

注：疵点的成因是经纱断头或经纱用完。

4.3

长漏针　ladder;run

纵行脱散

部分线圈沿纵行方向依次脱散的现象。

注：疵点的成因是漏针或线圈断裂，当织物受到拉伸时，疵点会变得明显。

4.4

稀密路针　needle line;line

针织物中某个线圈纵行与其他纵行稀密不同。

注：疵点的成因是由坏针造成线圈不良。

4.5

线圈扭斜　spirality

纵行扭斜　wale spirality

纬编织物上纵行与横列不垂直的现象。

注：疵点的成因是由于纱线定型不充分而捻度不稳定。

STANDARDS PRESS OF CHINA

4.6

纱头织入　straying end

针织物中被不正常地编织进了一段纱线。

注：疵点的成因是纱线断头后被随机编织到邻近的纵行中。

4.7

大线圈纵行　upward ladder

纬编织物中线圈跨过两个针的纵行。

注：由于电子针织机的选针错误，纱线不是垫在相对针床上的相邻针上，而是垫在了同一针床的相邻针上。

4.8

梳栉错穿　wrong threading; wrong threading of the guide bars

在经编织物中经纱穿纱错乱所造成的疵点。

注：疵点的成因是经纱在穿入梳栉的导纱针时次序错乱。

5　染整，印花，整理后的疵点

5.1

横档印　barriness

在平型针织物上沿织物整个宽度、或在筒状织物上呈螺旋状有横档印，横档印与正常织物相比存在颜色、或纱线性能、或织物组织结构的不同。

注：疵点的成因是横档印中的纱线性能或织物组织结构不同而引起的染色差异。

5.2

渗色　bleeding;colour bleeding

在与液体接触时，印染织物上的染料流失，导致接触的液体、织物本身的相邻部位或接触的其他织物发生明显着色。

注：疵点的成因是染色或印花中使用的染料湿牢度太差。

5.3

失光　blinding;dull

在织物湿整理过程中纤维光泽减弱。

注：疵点的成因是在纤维表面或纤维当中的孔隙或其他颗粒使纤维光泽减弱。

5.4

印染污斑　blotch

在印花织物上出现不应有的色泽均匀的点状颜色。

注：疵点的成因是色浆从印花滚筒或筛网滴落到了织物上。

5.5

铜翳　bronzing

铜光疵

针织物的表面呈现铜一样的光泽。

注：疵点的成因是在染色过程中染料使用过多，或染料的沉淀。

5.6

挤压痕　bruise;bruised place

针织物中局部受挤压的区域。

注：疵点的成因是织物受到过度的挤压或重压。

5.7

布铗痕　clip mark

靠近并平行织物布边处呈现有擦伤、亮光、异色的长方形痕迹。

注：疵点的成因是拉幅布铗的调整不当。

5.8

脱浆　colour out

干版露底

在印花织物上局部没有预期的颜色。

注：疵点的成因是印花筛网堵网或给浆不当。

5.9

拖浆　colour smear

沾浆

色浆被拖沾在印花织物花型以外区域。

注：疵点的成因是色浆黏度不合适，机器调节不当，印花刮刀调节不良或刮刀损坏。

5.10

皱痕　crack marks

针织物上任意方向的永久性皱折或褶痕。

注：疵点的成因是在织物的湿整理过程中不正确的褶皱。

5.11

折痕　crease

针织物上的很难用常规方法去除的严重折皱。

注：疵点的成因是在湿加工过程中纱线出现了扭曲、变形。

例如：裁缝用正常的方法(例如 蒸汽熨烫)不能轻易地去除的衣服上的某些折痕。

5.12

折痕印　crease mark

在针织物加工过程中除去折皱后留在织物上的痕迹。

注：疵点的成因是在折幅过程中，纱线受到永久变形或纤维受到损伤。

5.13

折皱色条　crease streak

在织物的折皱处，通常沿着针织物纵向，出现与相邻织物不同的颜色色条，折皱色条的中部颜色较浅，边部颜色较深。

注：疵点的成因是织物在有褶皱的状态下进行了轧染。

5.14

鸡爪印　crow's feet

织物上呈现程度和大小不等的皱纹，其总体效应如同鸡爪的印迹。

注：疵点是由于湿整理的工艺不当或织物的折叠不当造成的。

5.15

深针痕　deep pinning

在布身出现的明显的拉幅针痕，使织物的有效幅宽变少。

注：疵点的成因是在拉幅机上织物喂入不正确。

5.16

刮刀条花　doctor (blade) streak

刮刀痕

针织物沿长度方向出现色浆过多或涂层过厚的条纹。

注：疵点的成因是刮刀损坏或刮刀安装不当。

5.17

染料迹　dye mark;dye spot;dye stain

色斑

针织物上局部边界明显且色泽不正常的疵点。

注：疵点是由于浓度偏高的染料或印染助剂，或冷凝水污染造成的。

5.18

布端色差　ending;dyeing fault

匹布的一端与其主体的颜色有差异。

注：疵点是由于在连续染色过程中染液过早被耗尽造成的。

5.19

晕疵　halo

印染后的织物在较厚的局部周围呈现的浅色区域。

注：疵点的成因是在轧染过程中，染液渗透到接头、粗节、杂物织入处较少；或在烘干过程中染料的泳移。

5.20

深色档　heavy colour;heavy colour due to machine stop

色档

停车色档

在织物上出现颜色过深的横条。

注：疵点的成因是印花机停车时，过多的色浆渗入了织物。

5.21

边中色差　listing;listing defect

针织物的布边与其门幅中部的颜色差异。

注：疵点的成因是织物在染整过程中堆置不均匀，或织物边部与中部温度或压力有差异。

5.22

对花不准　misregister;out of register

印花错位

在印花针织物表面不同花色的相对位置不准确。

注：疵点的成因是印花滚筒或筛网不同步。

5.23

色花　mottled appearance

斑纹外观

局部或散布的颜色或表面效应不均匀。该疵点不是特定地沿纵向或横向。

注：疵点的成因是染料使用不均匀，染料渗透不均匀，或织物表面受损变形。

5.24

起球　pilling

针织物的表面呈现的由纤维聚积形成的小球。

注：疵点的成因是过长的整理工艺导致的对织物过度的摩擦。

5.25

针洞眼　pin marks

针孔疵

距离织物边部较近且与边部平行的一系列小孔或受损断开的纱线。

注：疵点的成因是拉幅针的弯曲，变钝或调节不当。

5.26

压痕 pressure mark

与邻近正常织物比较,其光泽较亮或厚度较薄的区域。

注:疵点的成因是在织物整理过程中压力不均匀。

5.27

绳状擦伤痕 rope marks;running marks

绳状痕

在经过绳状染色或整理的针织物表面,出现沿长度方向不定位置的长条痕迹。

注:疵点的成因是在绳状湿加工过程中机械超载,导致整理液渗透不匀,形成皱折,并沿折皱磨损或起毛。

5.28

翻边 turned-down selvedge

折边痕

靠近布边处,沿织物的纵向出现条痕色差或表面受损。

注:疵点的成因是织物在加工过程中,由于布边折叠,使相应织物没有得到应有的处理。

5.29

横向色差 shaded;shading

沿针织物的宽度方向颜色出现差异。

注:疵点的成因是染整过程中染料浓度或染色温度不均匀,或在轧染过程中真空吸水不均匀。

5.30

染色斑点 skitteriness

针织物表面或织物中的纱线上中呈现的非预期的颜色斑点。

注:疵点的成因是相邻纤维之间或同一纤维不同部位间的染色深浅不一致。

5.31

经向色条 stripiness

经编织物上有几个纵行宽度的色泽深暗的条状疵点。

注:疵点的成因是在编织的过程中织物宽度方向张力不匀引起了几个纵行的凸起(这会在随后的染整过程中被加剧),或在平幅加工中宽度方向控制不当引起了一些纵行的凸起。

5.32

纵向色差 tailing;tailing dyeing fault

头尾连续色差

沿针织物的长度方向颜色的连续变化。

注:疵点的成因是染浴中染料浓度或温度逐渐发生了变化。

5.33

缺色折皱 undyed crease

印花织物纵向呈现的一条边界清晰未上色的条状疵点。

注:疵点的成因是织物在有皱折状态下通过了印花机。

5.34

水渍 water spot

匹染针织物上一块不正常的浅色区域。

注:疵点的成因是织物染前或染整过程中局部受水污染,使得轧染时局部染液吸收减少。

STANDARDS PRESS OF CHINA

6 一般疵点

6.1

不良气味 bad odour

织物具有令人不悦的气味。

注:疵点的成因是整理树脂的分解,淀粉及霉菌的发酵,或含有其他污染物。

6.2

磨损痕 chafe mark;abrasion mark

针织物上一局部磨损的区域,其特征为纱线发毛或纤维裸露。

注:疵点的成因是织物与坚硬的或粗糙的表面接触受到摩擦所致。

6.3

凹凸不平 cockling

针织物表面不规则的凹凸,使织物不平整。

注:疵点的成因是线圈的歪斜,纱线的不均匀松弛或回缩,或弹性纱线添纱不当。

6.4

纱线割伤 cutting;bursting

在成圈的过程中受到意外损伤的纱线。

注:疵点是由编织元件造成的,该疵点在整理过程中施加张力之前可能会不明显。

6.5

反丝 defective plating

翻纱

添纱针织物的地纱线圈出现在织物的正面。

注:疵点的成因是面纱和地纱线的导纱器调节不当或张力不当。

6.6

衬垫纱错位 displaced inlay yarn

在针织织物中,衬垫纱不符合织物组织的要求。

注1:疵点的成因是控制衬垫纱位置的编织机件出现错误。

注2:该疵点可能在衬垫织物中产生。

6.7

错花 disturbed place

组织结构错乱

在织物的某个区域织物结构出现错误,但纱线没有损坏。

注:疵点原因很多,比如,花纹机构或提花控制机构出现错误。

6.8

漏针 dropped stitch

线圈意外的脱套。

注:疵点的成因是编织针没有垫上纱线。

6.9

接头压痕 emboss mark;impression mark

针织物上的小凹痕。

注:疵点的成因是过大的辊子压力使一些残疵(如粗节)在织物表面产生凹痕。

6.10

跳丝 float;float defect

织物表面出现的横跨几个纵行的没有按要求参与编织的长浮线。

注:疵点的成因是针未能钩住纱线或线圈提前脱圈。

6.11

雾状斑　fogmarking

针织物表面的局部污迹，通常污迹处于折叠处或布边处，有时外观呈条状。

注：疵点的成因是在等待整理或贮存的过程中，大气污物的聚积，通常静电会使污迹加重。

6.12

异物织入　foreign bodies

针织物中含有非纺织纤维材料。

注：疵点的成因是针织机械和针织车间的不清洁。

6.13

异纤维织入　foreign fibres; coloured flecks; coloured fly; coloured lint

针织物中织入了不应织入的纤维。

注：疵点的成因是少量的异色废纤维被纺入纱中；或由于防护不当，使附近的异色或异种纤维被织入织物中。

6.14

破洞　hole

由于一个或几个相邻线圈被纱线断裂而在针织物中出现的孔洞。

注：疵点的成因是纱线接头，织物搬运时不小心，机件损坏，化学损伤，虫蛀，或整理时的损坏(例如烧毛，剪毛时控制不当)。

6.15

漏毛圈　missing terry loops

毛圈织物表面该形成毛圈的地方没有毛圈。

注：疵点的成因是编织机件功能失效。

6.16

多粒结疵点　neppy fabric

在针织物的表面出现的大量纤维小球或结子。

注：疵点的成因是粗梳或精梳的质量较差，或在纺纱准备过程中原料受到污染。

6.17

起绒过度　over-raised

织物表面过度的起毛，地组织可能被破坏，也可能没被破坏。

注：疵点的成因是起毛机械的调试不正确或织物的喂入量不当。

6.18

荷叶边　scallops

木耳边

在平整的织物边缘出现了波纹状的外观。

注：疵点的成因是织物的宽度方向受到过度的拉伸，或在拉幅过程中织物超喂。

6.19

纬斜　skew

针织物中横列与纵行不垂直的现象。

注：疵点的成因是纱线的捻度不稳定，编织过程中牵拉不均匀，或在开幅整理过程中织物的布边对位不准。

6.20

钩丝　snag

在纬编织物的横列方向或经编织物的纵行方向上被勾出来的一段纱线。

注1：在纬编织物中小的钩丝也称为“鱼眼”。

注2：疵点的成因是纱线、纤维或长丝被尖锐的突出物从织物中钩了出来。

6.21

纱线扭结　snarl

小辫纱

织物上出现的较短的扭结在一起的纱圈。

注：疵点的成因是在编织前或编织中，纱线因张力不足或捻度不稳定产生自捻引起的。

6.22

裂纱线圈　split stitch；split stitch defect

纱线被针钩刺穿，使得纱线的一部分位于针钩的里面，另一部分位于针钩的外面的线圈。

注：疵点的成因是纱线没有正确地喂入针钩。

6.23

污迹　stain

针织物上不连续的异色区域。

注：疵点的成因是织物受到污物，油或锈斑的污染。

6.24

条痕　streaks

织物表面形成在颜色上或结构上与其他部位有反差的不规则条状区域，其可能与织物的纵向或横向平行，也可能与织物的纵向或横向不平行。

6.25

花针　tucking；tucking defect；random tacking；bird's eye；bird's eye defect；pin holes

针织物中出现不应有的集圈线圈。

注：疵点的成因是机器没有正确地把旧线圈退到针舌下，或旧线圈没有完全从针头上脱下来，或在双罗纹织物中脱出的线圈又进入针钩里。

6.26

绒面露底　under-raised

起绒针织物的底布覆盖不完全。

注：疵点的成因是起毛机械设定不正确，或织物起毛处理的次数不够。

6.27

外观不匀　uneven appearance

整体外观不够均匀一致、不能被接受的针织物。

注：疵点的成因是众多小缺陷组成的，例如纱线不均匀，小粗节等，在这些小缺陷单独出现时不会对织物的质量构成影响。

6.28

起绒不匀　uneven raising

在起绒织物中，有的地方起绒不足，有的地方起绒过度。

注：疵点的成因是由于起绒前织物在加工中所引起的结构变化，或起绒机件磨损或损坏。

6.29

水损迹　water damage

水印

边界为直线或曲线状、边缘清晰的污渍。

注：该疵点是带有染料、尘土或整理剂的水渗入织物造成的，它表示了水的所抵达的位置。

6.30

水纹印　water mark

不规则的、类似水波纹状的明暗横条疵点。

注：疵点的成因是织物承受了过高的温度和过大的压力，常发生在双面织物中。

中 文 索 引

STANDARDS PRESS OF CHINA

英 文 索 引

A

B

C

I

L

M

N

O

P

R

S

STANDARDS PRESS OF CHINA

T

U

W

ICS 59.080.01
W 04

中华人民共和国国家标准

GB/T 24118—2009/ISO 4915:1991

纺织品　线迹型式　分类和术语

Textiles—Stitch types—Classification and terminology

(ISO 4915:1991,IDT)

2009-06-15 发布　　2010-02-01 实施

中华人民共和国国家质量监督检验检疫总局
中国国家标准化管理委员会　发布

前　言

本标准等同采用 ISO 4915:1991《纺织品　线迹型式　分类和术语》(英文版)。

本标准与 ISO 4915:1991 相比主要有如下编辑性差异:

——删除了国际标准的前言;

——删除了 2.1 线迹构成方式中的“不用缝料”;

——增加了 4.1 中“用三位阿拉伯数字为代号表示某一线迹型式”;

——增加了线迹 606、607、609 图解说明括号中的内容。

本标准由中国纺织工业协会提出。

本标准由全国纺织品标准化技术委员会基础分会(SAC/TC 209/SC 1)归口。

本标准起草单位:天津工业大学、纺织工业标准化研究所、山东耶莉娅服装集团总公司、山东如意科技集团有限公司。

本标准主要起草人:单毓馥、佟立民、王欢、刘玉梅、邱栋。

纺织品　线迹型式　分类和术语

1　范围

本标准规定了缝纫过程中形成的缝纫线迹型式的术语、类别及表示方法，并对其构成进行说明。

2　术语和定义

下列术语和定义适用于本标准。

2.1

线迹(单元)　stitch

一根或一根以上缝线或线圈以自串联圈、互串联圈、穿入或穿透缝料形成的结构单元。

一个线迹可由下列方式构成：

在缝料内部；

穿透缝料；

在缝料表面。

2.1.1

自串联圈　intralooping

一根缝线的线圈穿过同一根缝线的另一个线圈(图 1)。

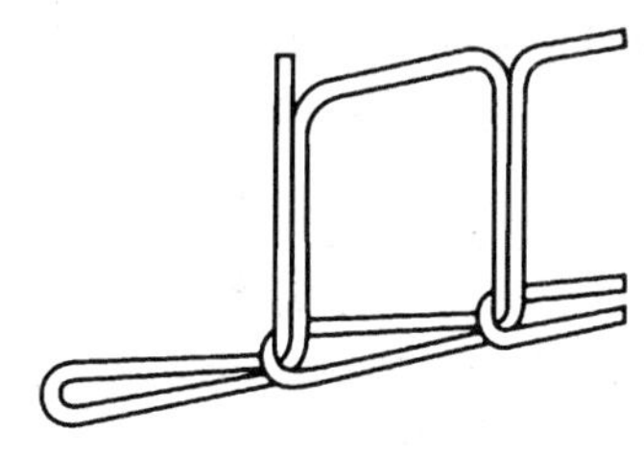

图 1

2.1.2

互串联圈　interlooping

一根缝线的线圈穿过另外缝线的线圈(图 2)。

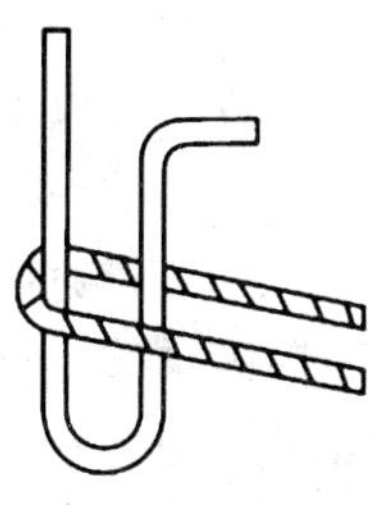

图 2

2.1.3

交叉　interlacing

一根缝线绕过另一根缝线或另一缝线的线圈(图 3)。

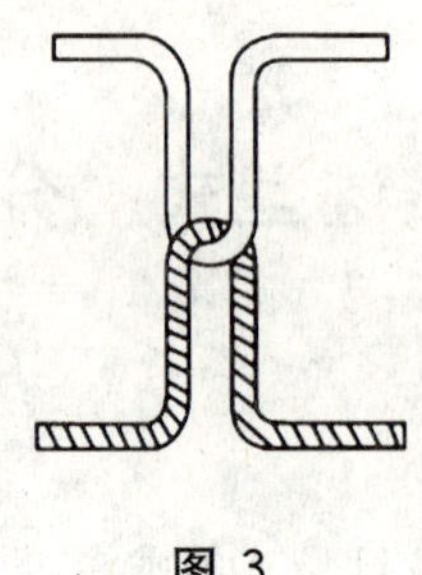

图 3

2.2

线迹型式　stitch type

与缝料有关、可能以方向变化为特征的重复线迹的组合，表明了一种线迹型式的最少线迹数。

2.3

缝线组　group of threads

在线迹型式中，起相同作用的一组缝线。例如面线组、底线组、覆盖线组等。

3　分类

线迹型式分为六个系列，每一系列的特征如下：

3.1　系列 100——链式线迹

此系列线迹中，线迹型式由一根或一根以上缝线构成，以自串联圈为特征。缝线穿透缝料形成线圈，与前一线圈自串联圈，在缝料上形成链状结构。

3.2　系列 200——手工线迹

此系列线迹中，线迹型式最初是用手工进行缝制的，以单根缝线为特征。单根缝线反复穿透缝料并在缝料上形成线迹。

3.3　系列 300——锁式线迹

此系列线迹中，线迹型式由两个或两个以上缝线组构成，其一般特征为两个或两个以上的缝线组交叉。一组缝线的线圈穿透缝料并与第二组的一根或几根缝线联结。

3.4　系列 400——多线链式线迹

此系列线迹中，线迹型式由两个或两个以上缝线组构成，其一般特征为两个缝线组的互串联圈。一组缝线的线圈穿透缝料，并与另一组的线圈以交叉或互串联圈的方式联结。

3.5　系列 500——包缝链式线迹

此系列线迹中，线迹型式由一个或一个以上缝线组构成。其一般特征为至少有一组缝线形成线圈包绕缝料的边。一组缝线穿透缝料形成线圈，在后继的线圈穿透缝料前借自串联圈联结，或在第一组缝线后继的线圈再次穿透缝料前借互串联圈与一个或一个以上互串联圈组的线圈联结。

3.6　系列 600——覆盖链式线迹

此系列线迹中，线迹型式由两个或两个以上缝线组构成。其一般特征为两组缝线横敷在缝料的两个表面。第一组缝线穿过横敷在缝料表面第三组缝线的线圈，然后穿透缝料形成线圈，在此与第二组缝线在缝料下面互串联圈。这种作业的一个例外是线迹型式 601，它仅使用两组线迹，第三组缝线的作用由第一组缝线中的一根线来完成。

4　代号

4.1　线迹型式

采用三位阿拉伯数字为代号表示某一线迹型式。

线迹型式的系列用代号中的第一位数字表示和识别。

每一系列中的各线迹型式用代号中的第二、三位数字表示和识别。

4.2 复合线迹型式

复合线迹型式用各自的线迹型式代号中间加一圆点表示，例如 401・502。如果复合线迹是通过一项操作完成的，要加括号表示，例如(401・502)。

5 图示说明

在线迹型式图解中使用的绘图规定如下：

5.1 所有图解均使用透视图表示，且每根缝线都尽可能清晰地展示出来。

5.2 线迹的形成方向是从右至左。

5.3 每一线迹型式仅用所示每根缝线的线端表示起始和结束，并且面线以垂直方向离开缝料。

5.4 面线用空心线表示，其他线用阴影线表示。

5.5 面线用 1,2,3……表示，底线用 a,b,c……表示，覆盖线用 Z,Y,X……表示。

5.6 仅在有助于清楚表达线迹型式时才将缝料画出来。例如在系列 500 中。

注：在上述绘图规定不能清楚的表示线迹型式的某些情况下，可以采用平面简图。

6 图解

图解中包括下列线迹型式：

系列 100

101　105
102　107
103　108
104

系列 200

201　213
202　214
204　215
205　217
206　219
209　220
211

系列 300

301　311　321
302　312　322
303　313　323
304　314　324
305　315　325
306　316　326
307　317　327
308　318　328
309　319　329
310　320　351

系列 400

401　406　411　416
402　407　412　417
403　408　413
404　409　414
405　410　415

系列 500

501　508　521
502　509　522
503　510
504　511
505　512
506　513
507　514

系列 600

601　606
602　607
603　608
604　609
605

注：线迹型式的图解展示了缝针的多个穿刺点，第一个穿刺点可能不会形成线迹。线迹型式的描述涉及了其构成的线迹单元。

STANDARDS PRESS OF CHINA

系列 100

101

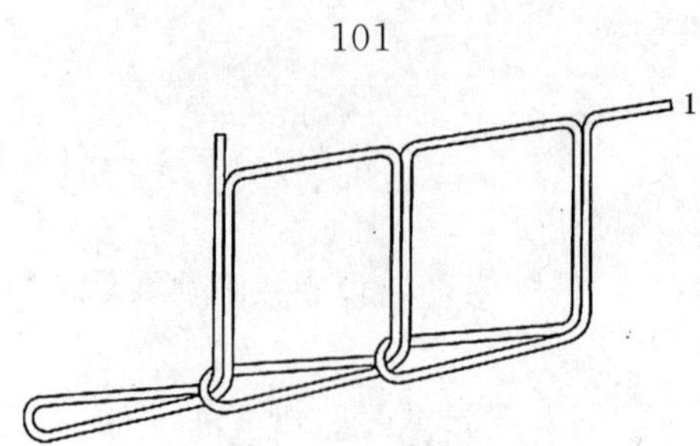

这种线迹型式由一根面线(1)构成。面线穿透缝料形成线圈，与前一线圈自串联圈。缝料下面形成链状结构，缝料表面形成直线结构。

最少用两个线迹来描述这种线迹型式。

102

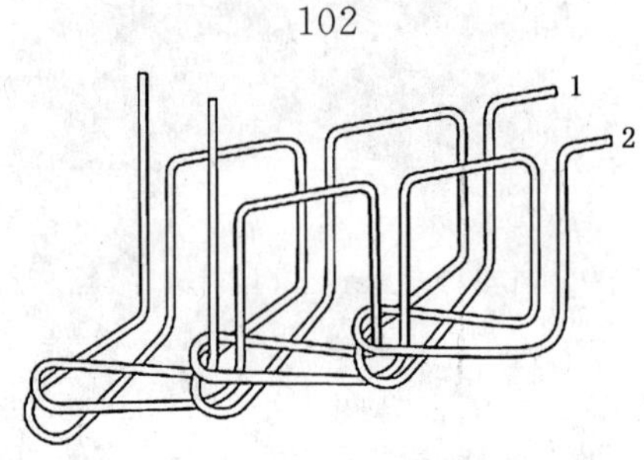

这种线迹型式由两根面线(1 和 2)构成。面线 1 穿透缝料形成线圈。面线 2 穿透缝料形成线圈，与其前一线圈自串联圈，同时与面线 1 形成的线圈互串联圈。缝料下面形成链状结构，缝料表面形成两行平行直线结构。

最少用两个线迹来描述这种线迹型式。

103

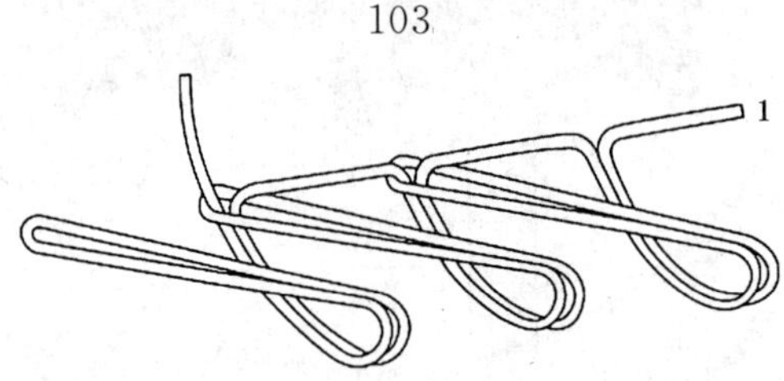

这种线迹型式由一根面线(1)构成。面线与前一线圈自串联圈后穿入缝料，在缝料内横向穿过，并返回缝料表面。形成的线圈敷在缝料表面。

最少用两个线迹来描述这种线迹型式。

104

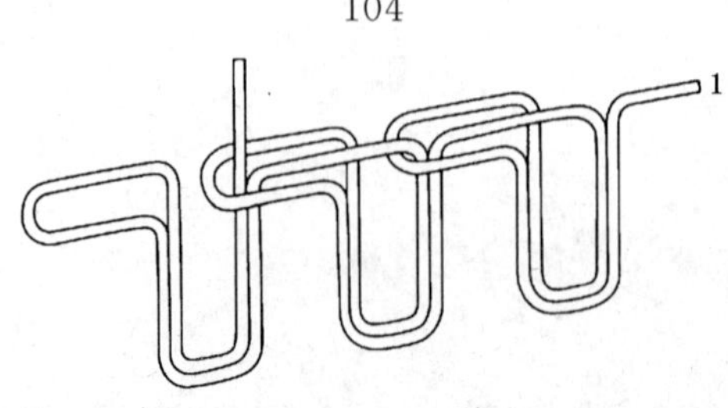

这种线迹型式由一根面线(1)构成。面线穿透缝料形成线圈，此线圈前移一定距离向上返回至缝料

表面。并在下一针穿入缝料处自串联圈。缝料下面形成虚线结构，缝料表面形成单线与三线相间的直线结构。

最少用两个线迹来描述这种线迹型式。

105

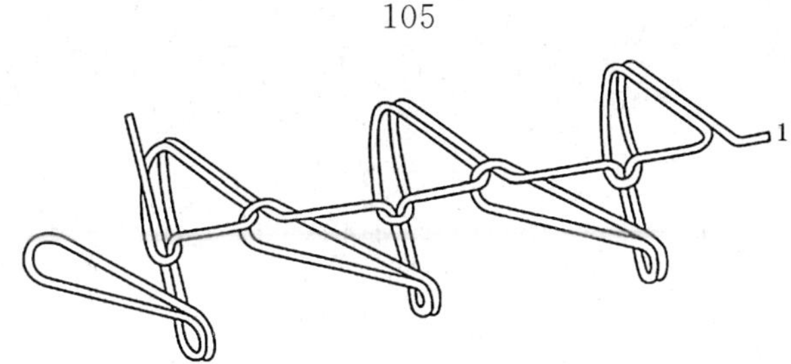

这种线迹型式由一根面线(1)构成。面线与前一线圈自串联圈后穿入缝料，缝料内横向穿过，并返回缝料表面，于线迹型式的轴线上下一针穿入缝料处自串联圈。

最少用两个线迹来描述这种线迹型式。

107

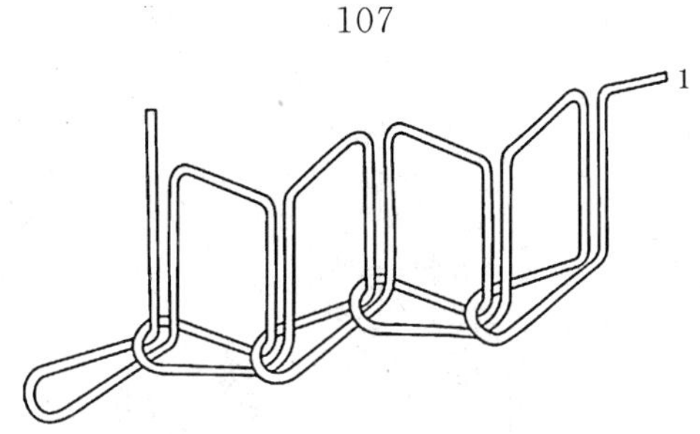

这种线迹型式由一根面线(1)构成。此线迹型式结构与101相似，不同点是面线每次穿透缝料时有一定角度的左右偏移，在缝料表面形成对称的折线结构。

最少用两个线迹来描述这种线迹型式。

108

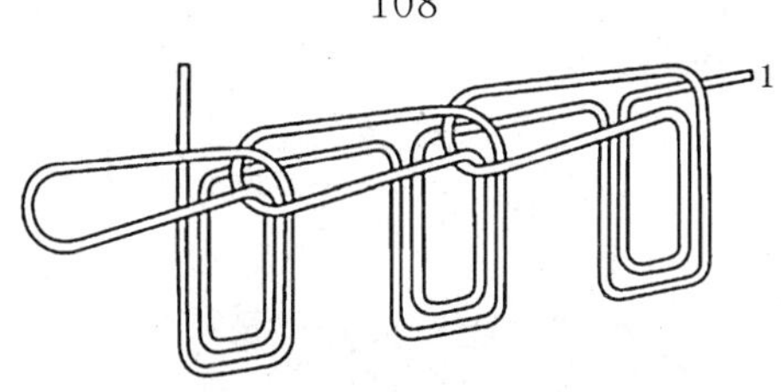

这种线迹型式由一根面线(1)构成。面线穿透缝料形成线圈，此线圈后移一定距离向上返回至缝料表面，并在下一线圈穿透缝料处自串联圈。

最少用两个线迹来描述这种线迹型式。

系列 200

201

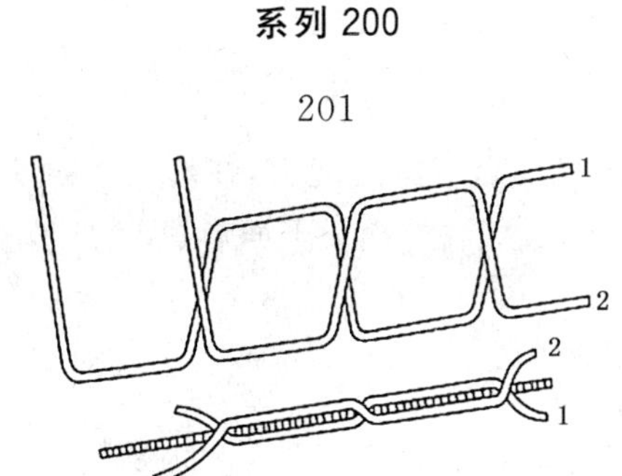

这种线迹型式由两根缝线(1 和 2)构成。两根缝线以相反方向穿透缝料的同一点,分别前移适当距离,再从相反方向穿透另一点。在整个过程中,两根缝线没有交叉或互串联圈。

最少用两个线迹来描述这种线迹型式。

202

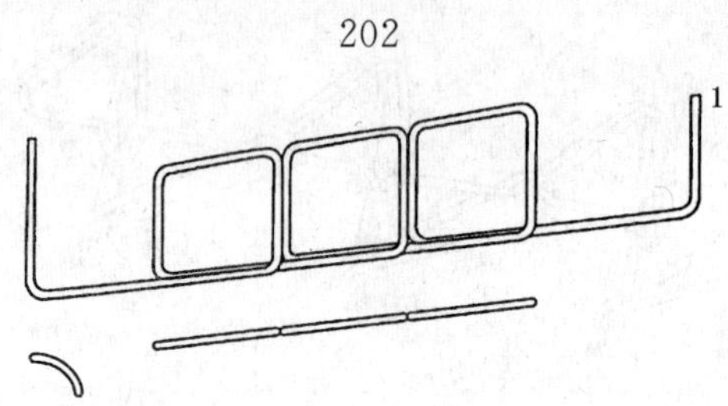

这种线迹型式由一根缝线(1)构成。缝线穿透缝料,在缝料下面前移适当距离向上返回到缝料表面,然后后退前移距离的一半,再次穿透缝料。此线迹型式常用于其他线迹型式的起始端或终止端。

最少用两个线迹来描述这种线迹型式。

204

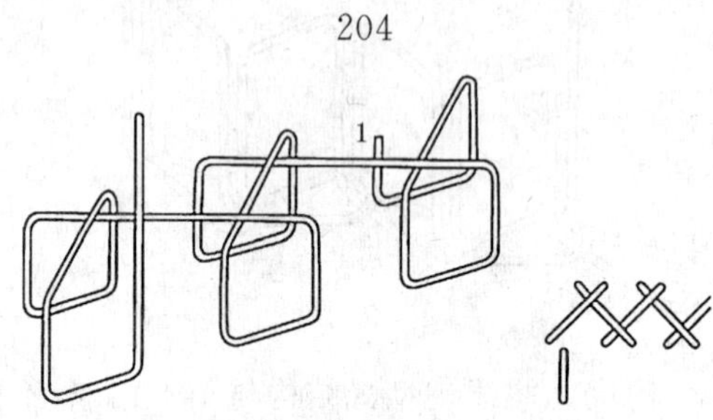

这种线迹型式由一根缝线(1)构成。缝线穿透缝料,在缝料下面后退适当距离向上返回到缝料表面。然后偏斜一定角度穿透缝料。在缝料下面后退相同距离返回到缝料表面,然后偏斜一定角度前移一定距离穿透缝料。缝料下面形成两行平行虚线结构,缝料表面形成交叉花型结构(手工缝制时,这种线迹型式通常是从左向右缝)。

最少用两个线迹来描述这种线迹型式。

205

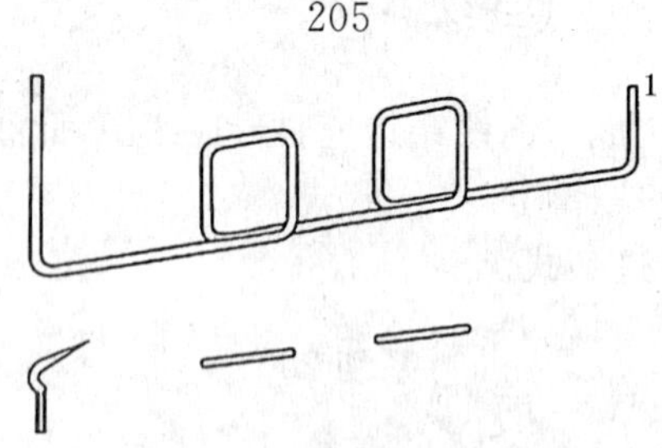

这种线迹型式由一根缝线(1)构成。缝线穿透缝料,在缝料下面前移适当距离,向上返回到缝料表面。然后后退前移距离的 1/3,再次穿透缝料。缝料下面形成单线与双线相间的直线结构,缝料表面形成虚线结构。

最少用两个线迹来描述这种线迹型式。

206

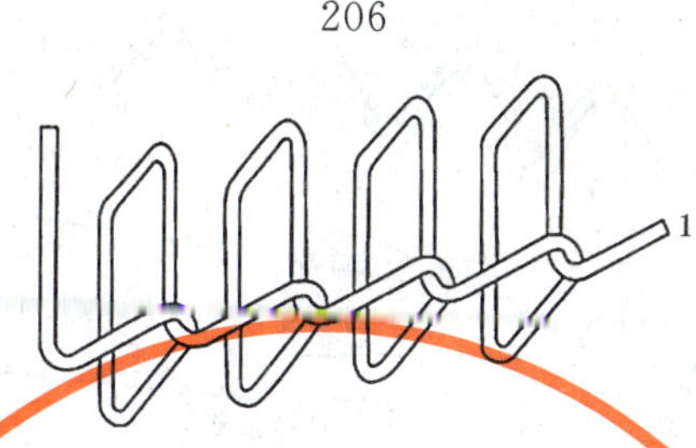

这种线迹型式由一根缝线(1)构成。缝线从缝料下面向上穿透缝料,在缝料表面横向移适当距离向下穿透缝料。在缝料下面的穿透点处与面线交叉后至下一穿透点。

后继的线迹按选定的间距配置,可缝得稀些或密些(手工缝制时,这种线迹类型通常是从左向右缝)。

最少用两个线迹来描述这种线迹型式。

209

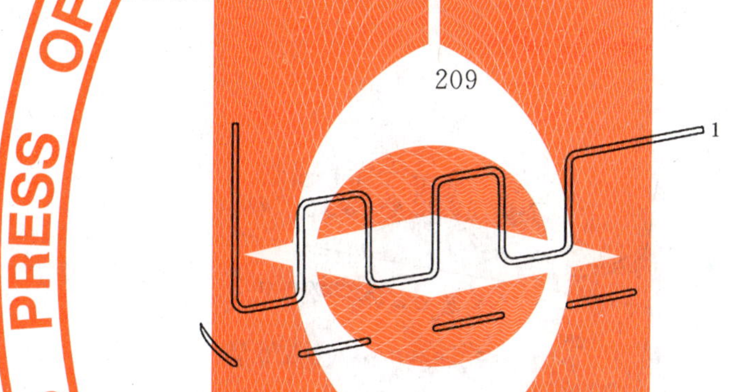

这种线迹型式由一根缝线(1)构成。缝线穿透缝料,在缝料下面前移适当距离,向上返回到缝料表面,再前移适当距离后穿透缝料。缝料两面均形成断续直线结构。

针距可能很密,用于抽褶,或者很稀疏,或者变化的针距互相交替。

最少用两个线迹来描述这种线迹型式。

211

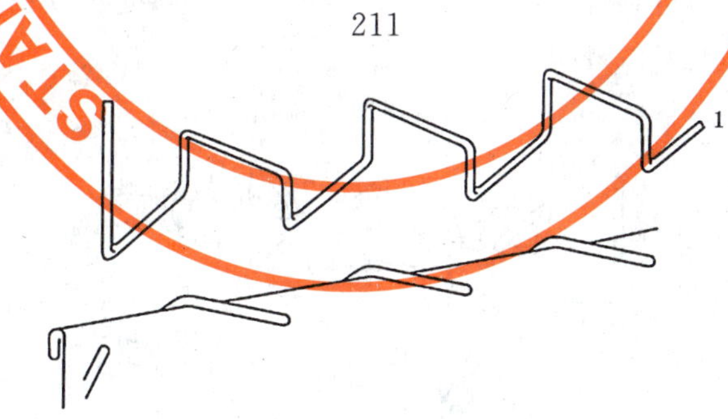

这种线迹型式由一根缝线(1)构成。缝线从缝料下面向上穿透缝料。然后绕过缝料边缘前移适当距离,再次从缝料下面向上穿透缝料,形成包绕缝料边缘的线迹结构。

此线迹型式可用于缝料边缘的处理,通常用在细薄的缝料上。

线迹型式可以采用不同的间距进行缝制。

最少用两个线迹来描述这种线迹型式。

STANDARDS PRESS OF CHINA

213

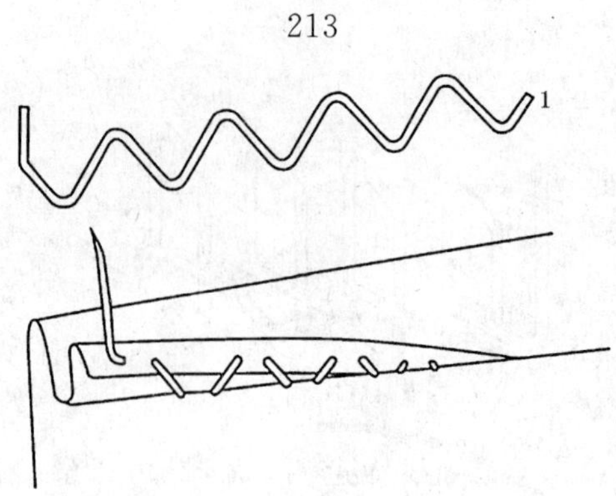

这种线迹型式由一根缝线(1)构成。缝线穿过单层缝料后，向前穿过折边，前移少许距离后露出，并缝住少量的缝料。接着缝线向前偏移适当角度后再次穿过折边下面的缝料，缝住极少量的缝料。

这种线迹型式在希望最终不露出线迹时使用。

最少用两个线迹来描述这种线迹型式。

214

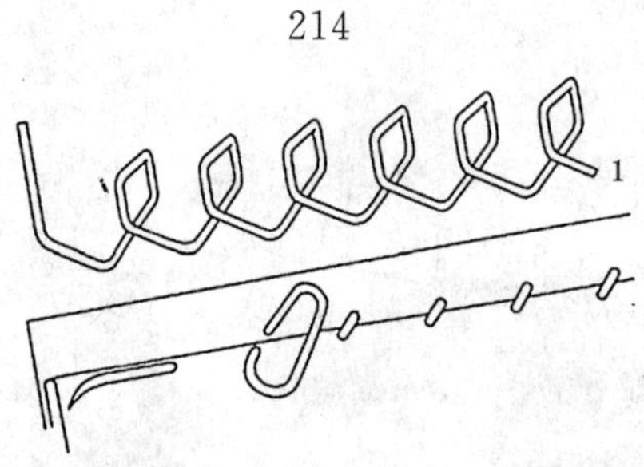

这种线迹型式由一根缝线(1)构成。缝线从单层缝料一侧穿透另一块折叠缝料的边缘，向后偏适当角度后，在折边附近穿透单层缝料。然后缝线向前偏适当角度，移适当距离，再次从单层缝料一侧穿透折边缝料的边缘。

这种线迹型式用于将一种缝料缝在另一种缝料上，例如将里料缝在服装上。

最少用两个线迹来描述这种线迹型式。

215

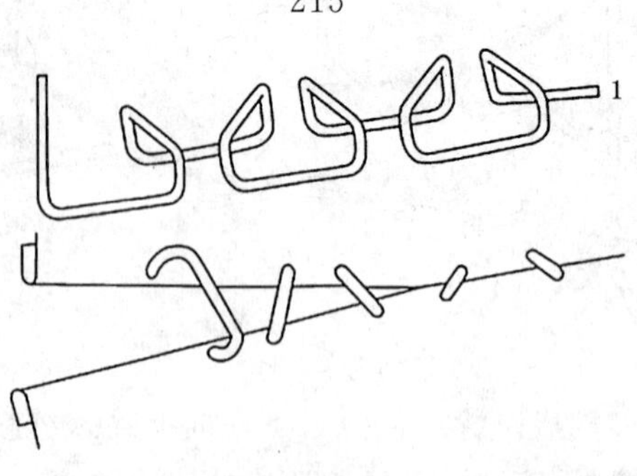

这种线迹型式由一根缝线(1)构成。缝线从一折叠缝料边缘穿入，在折叠层内前移一适当距离后，再向上穿出该折叠缝料。然后缝线向后偏适当角度，从另一块(对面的)折叠缝料边缘穿入，同样在折叠层内前移一适当距离后，向上穿出此折叠缝料。缝线拉直不要拉紧。

这种线迹型式用来将两块经过折边的缝料对接缝在一起，例如衣领和驳头缝在一起。

最少用两个线迹来描述这种线迹型式。

217

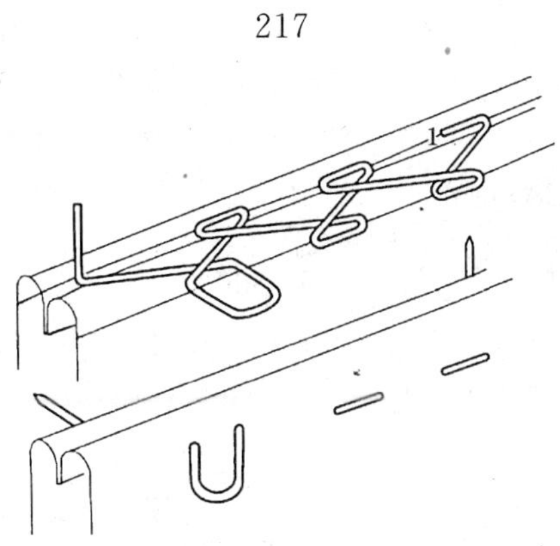

这种线迹型式由一根缝线(1)构成。用于将两块经过折边的缝料重合缝在一起。两块缝料折边向内重叠配置。缝线在缝料边缘由一侧穿入,向前偏适当角度,从另一侧缝料穿出。然后后移一较小距离,再次从缝料边缘穿入。向前偏适当角度,形成两线交叉,从另一侧缝料穿出。然后后移一较小距离,再次从缝料边缘穿入。

这种线迹型式仅在两侧形成微小的凹陷,用于处理精作服装的边缘。

最少用两个线迹来描述这种线迹型式。

219

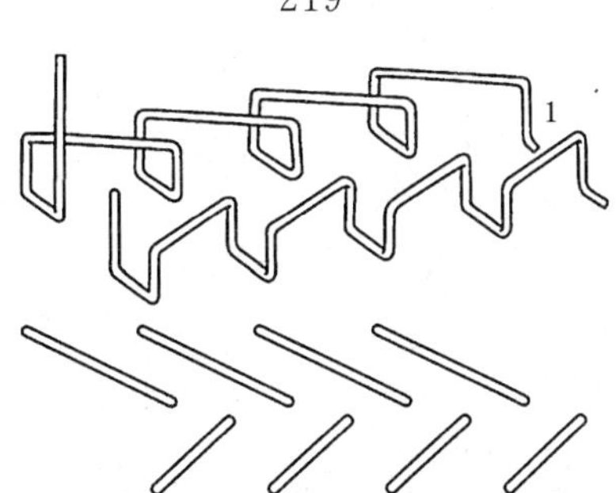

这种线迹型式由一根缝线(1)构成。缝线从缝料表面穿透缝料或穿过缝料的一部分,并在缝料表面露出,所有从缝料两面拉过的缝线与连续的针的穿刺点方向成锐角,针的穿刺点与后继线迹形成的方向成一直线。

在缝料上形成方向相对的、互相错开的交替线迹行列。

这种线迹型式常用于服装缝制中的覆衬。

最少用两个线迹来描述这种线迹型式。

220

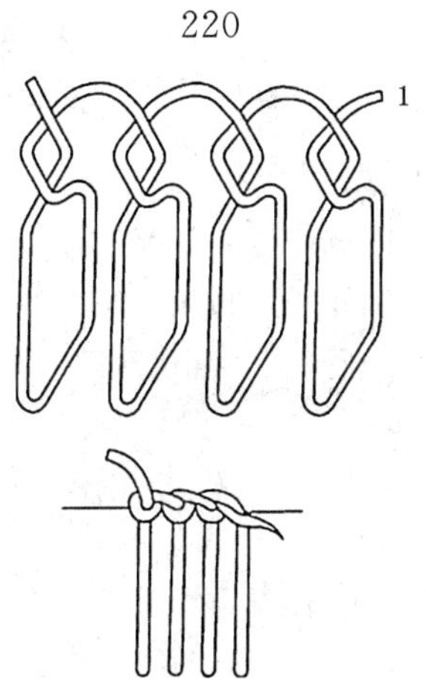

这种线迹型式由一根缝线(1)构成。常用于锁扣眼。面线距孔边一定距离从下向上穿透缝料，与孔边垂直将面线拉至孔边，在此与前一线圈交叉。拉紧面线，在孔边形成纽结，面线前移适当距离再穿透缝料。

最少用两个线迹来描述这种线迹型式。

系列 300

301

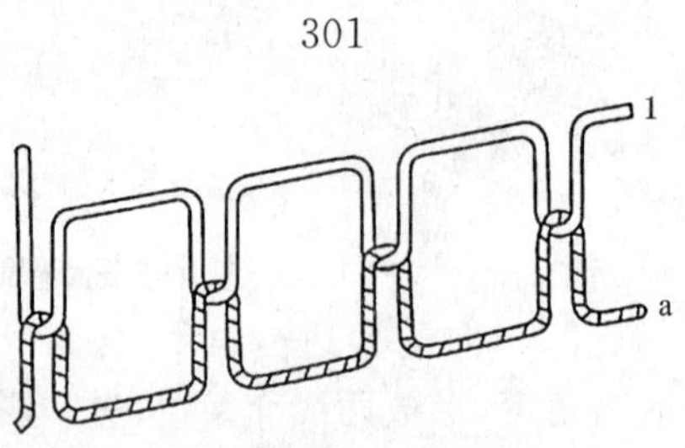

这种线迹型式由一根面线(1)和一根底线(a)构成。面线1穿透缝料形成线圈。此线圈与缝料下面的底线a交叉并向上收紧，使两线交叉点处于缝料厚度的中间位置。缝料两面形成相同的直线结构。

最少用两个线迹来描述这种线迹型式。

302

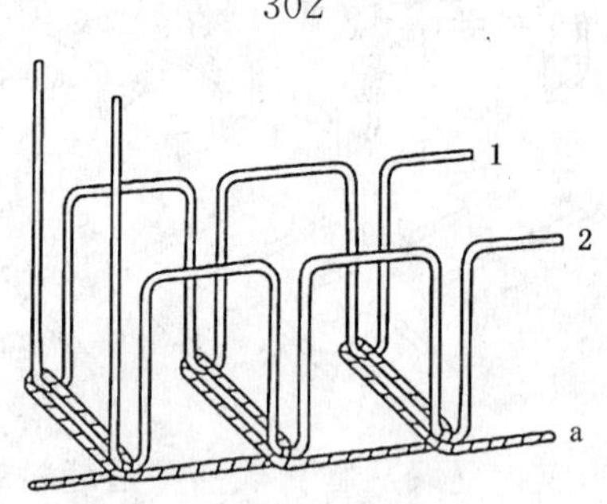

这种线迹型式由两根面线(1和2)和一根底线(a)构成。面线1和2穿透缝料形成线圈。两线圈分别与缝料下面的底线a交叉。缝料下面形成"U"字形锁链结构，缝料表面形成两行平行直线结构。

最少用两个线迹来描述这种线迹型式。

303

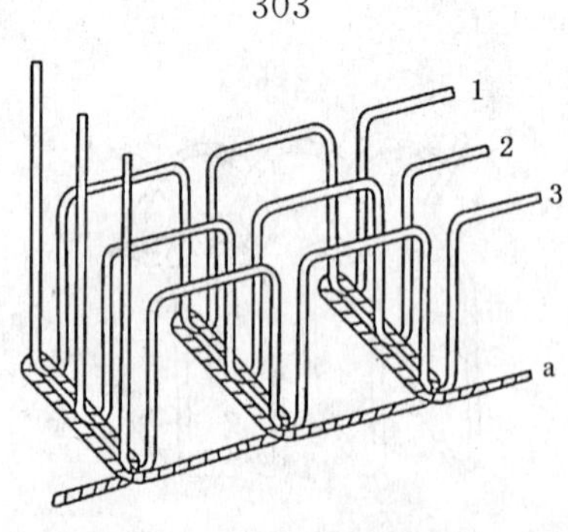

这种线迹型式由三根面线(1、2和3)和一根底线(a)构成。面线1、2和3穿透缝料形成线圈。三个线圈分别与缝料下面的底线a交叉。缝料下面形成"U"字形锁链结构，缝料表面形成三行平行直线结构。

最少用两个线迹来描述这种线迹型式。

304

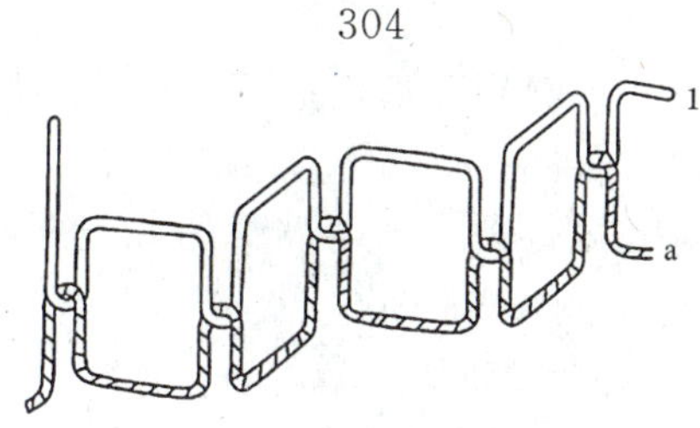

这种线迹型式由一根面线(1)和一根底线(a)构成。面线 1 穿透缝料形成线圈。此线圈与缝料下面的底线 a 交叉并向上收紧,使两线交叉点处于缝料厚度的中间位置。

此线迹型式构成与 301 相似,不同点是面线每次穿透缝料时有一定角度的左右偏移,在缝料两面形成折线结构。

最少用两个线迹来描述这种线迹型式。

305

这种线迹型式由两根面线(1 和 2)和一根底线(a)构成。面线 1 和 2 穿透缝料形成线圈。两线圈分别与缝料下面的底线 a 交叉。

此线迹型式构成与 302 相似,不同点是面线 1 和 2 每次穿透缝料时有一定角度的左右偏移,缝料表面形成两行平行折线结构。

最少用两个线迹来描述这种线迹型式。

306

这种线迹型式由一根面线(1)和一根底线(a)构成。面线 1 穿入缝料,在缝料内横向穿过适当距离并返回缝料表面。在此与缝线 a 交叉。

针的穿刺点与连续线迹形成的方向成直角。

最少用两个线迹来描述这种线迹型式。

307

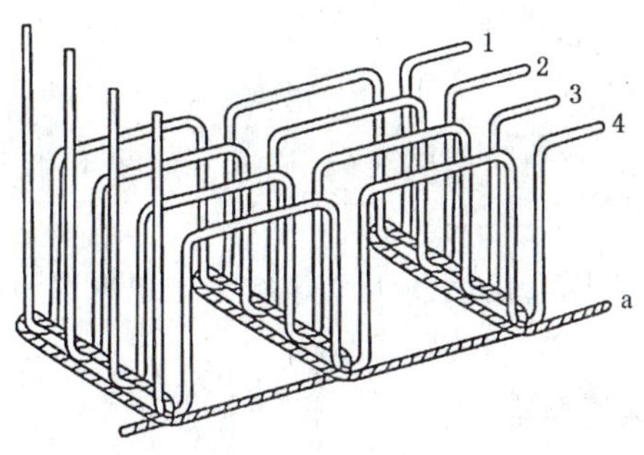

STANDARDS PRESS OF CHINA

这种线迹型式由四根面线(1、2、3 和 4)和一根底线(a)构成。面线 1、2、3 和 4 穿透缝料形成线圈。四个线圈分别与缝料下面的底线 a 交叉。缝料下面形成"U"字形锁链结构,缝料表面形成四行平行直线结构。

最少用两个线迹来描述这种线迹型式。

308

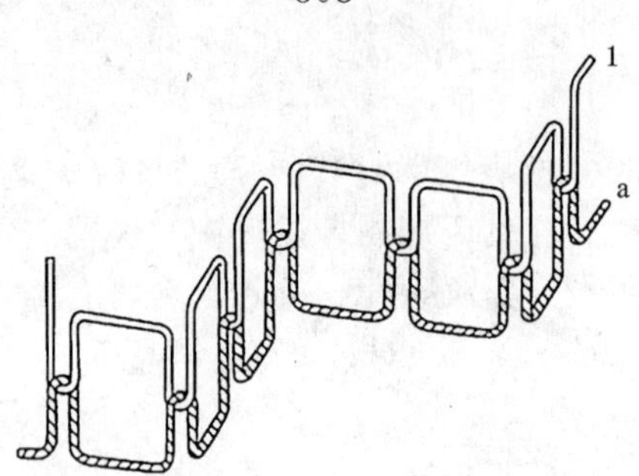

这种线迹型式由一根面线(1)和一根底线(a)构成。面线 1 穿透缝料形成线圈。此线圈与缝料下面的底线 a 交叉并向上收紧,使两线交叉点处于缝料厚度的中间位置。

此线迹型式构成与 301 相似,不同点是面线 1 穿透缝料时,每两针改变一次偏移方向。

最少用四个线迹来描述这种线迹型式。

309

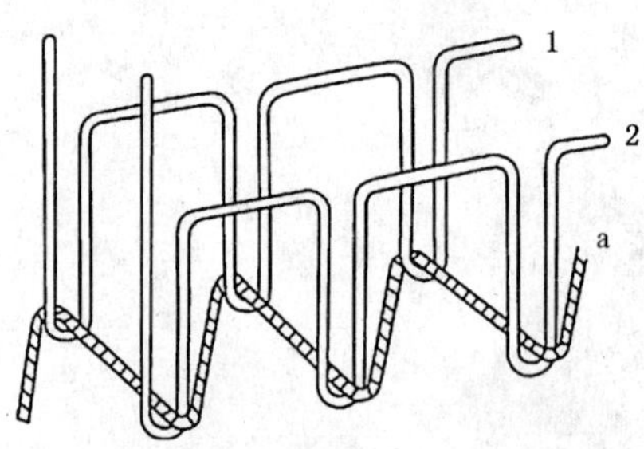

这种线迹型式由两根面线(1 和 2)和一根底线(a)构成。面线 1 和 2 穿透缝料形成线圈。两线圈分别与缝料下面的底线 a 交叉。缝料下面形成折线结构,缝料表面形成两行平行直线结构。

最少用两个线迹来描述这种线迹型式。

310

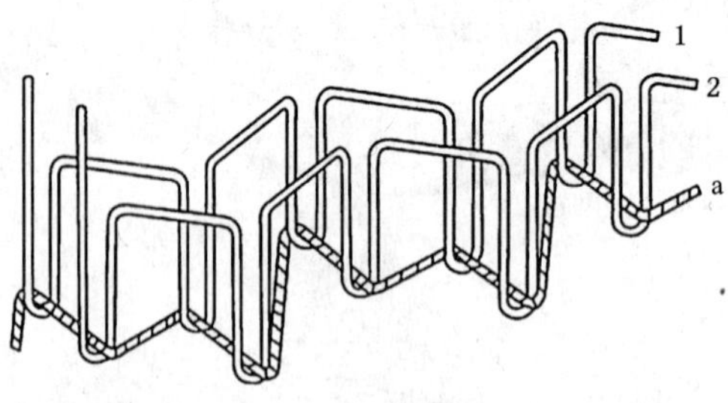

这种线迹型式由两根面线(1 和 2)和一根底线(a)构成。面线 1 和 2 穿透缝料形成线圈。两线圈分别与缝料下面的底线 a 交叉。

此线迹型式构成与 309 相似,不同点是面线 1、2 每次穿透缝料时有一定角度的左右偏移,缝料表面形成两行平行折线结构。

最少用两个线迹来描述这种线迹型式。

311

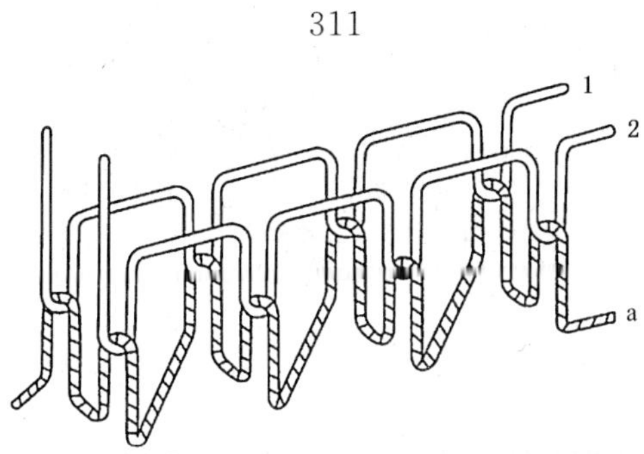

这种线迹型式由两根面线(1 和 2)和一根底线(a)构成。面线 1 和 2 穿透缝料形成线圈。两线圈分别与缝料下面的底线 a 交叉后向上收紧,使交叉点处于缝料厚度的中间位置。缝料表面形成两行平行直线结构。

最少用两个线迹来描述这种线迹型式。

312

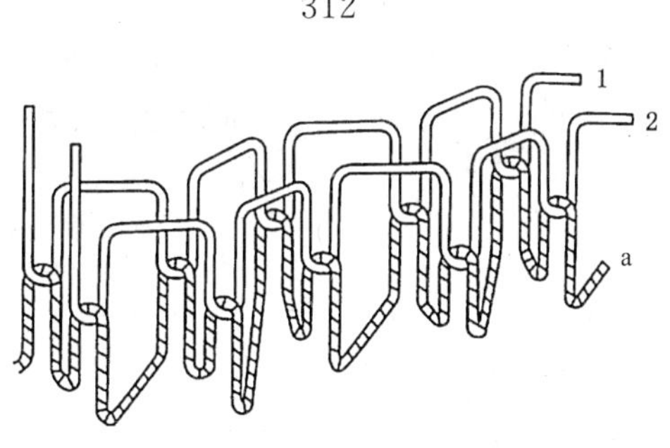

这种线迹型式由两根面线(1 和 2)和一根底线(a)构成。面线 1 和 2 穿透缝料形成线圈。两线圈分别与缝料下面的底线 a 交叉后向上收紧,使交叉点处于缝料厚度的中间位置。缝料表面形成两行平行直线结构。

此线迹型式构成与 311 相似,不同点是面线 1、2 每次穿透缝料时有一定角度的左右偏移,在缝料表面形成两行平行折线结构。

最少用两个线迹来描述这种线迹型式。

313

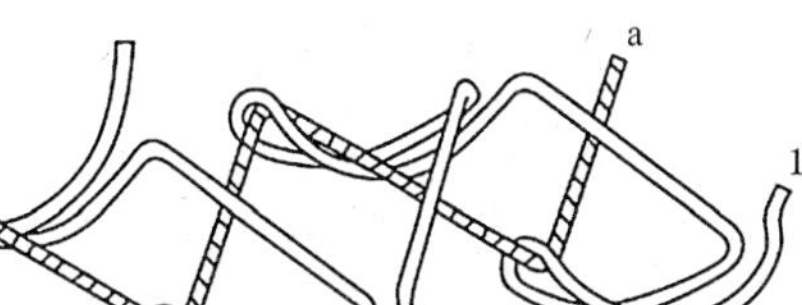

这种线迹型式由一根面线(1)和一根底线(a)构成。此线迹型式构成与 317 相似,不同点是面线 1 每次穿入缝料时有一定角度的左右偏移,在缝料表面形成对称的折线结构。

最少用两个线迹来描述这种线迹型式。

314

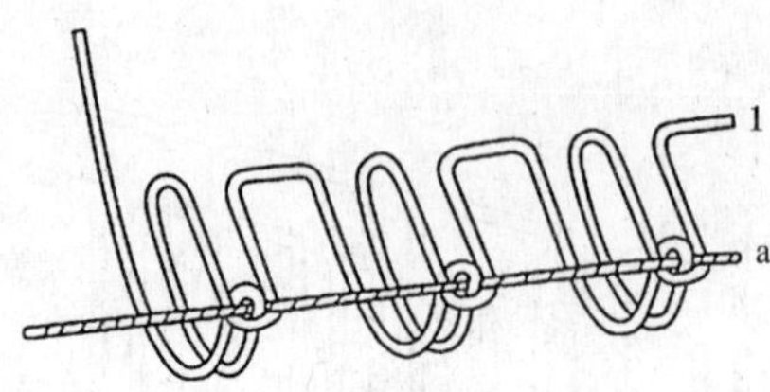

这种线迹型式由一根面线(1)和一根底线(a)构成。面线1穿入缝料,在缝料内横向穿过返回缝料表面,在此其自串联圈,然后与底线a交叉。

最少用两个线迹来描述这种线迹型式。

315

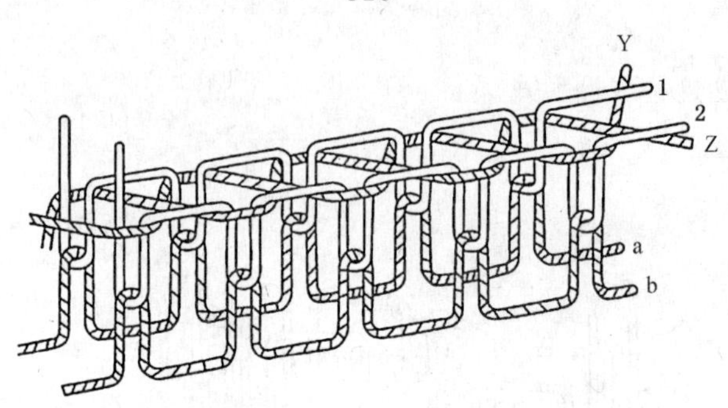

这种线迹型式由两根面线(1和2)、两根底线(a和b)和两根覆盖线(Z和Y)构成。面线1和2穿过横敷在缝料表面覆盖线Z和Y交叉形成的菱形线圈,并穿透缝料形成线圈。两线圈分别与缝料下面的底线a和b交叉后向上收紧,使交叉点处于缝料厚度的中间位置。

缝料下面形成两行平行直线结构,缝料表面形成平行线与菱形线圈交织的花型结构。

最少用两个线迹来描述这种线迹型式。

316

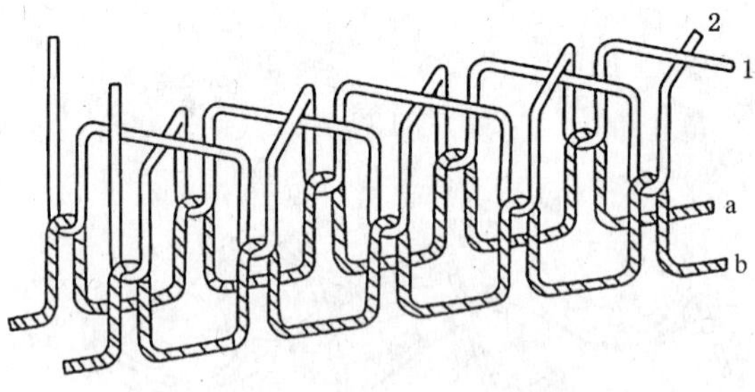

这种线迹型式由两根面线(1和2)和两根底线(a和b)构成。面线1和2穿透缝料分别与底线a和b交叉,并向上收紧,使交叉点处于缝料厚度的中间位置。面线1和2前移再次穿透缝料时,两针交换穿透位置,使面线1和2分别与底线b和a交叉,并向上收紧。缝料下面形成两行平行直线结构,缝料表面形成菱形结构。

最少用两个线迹来描述这种线迹型式。

317

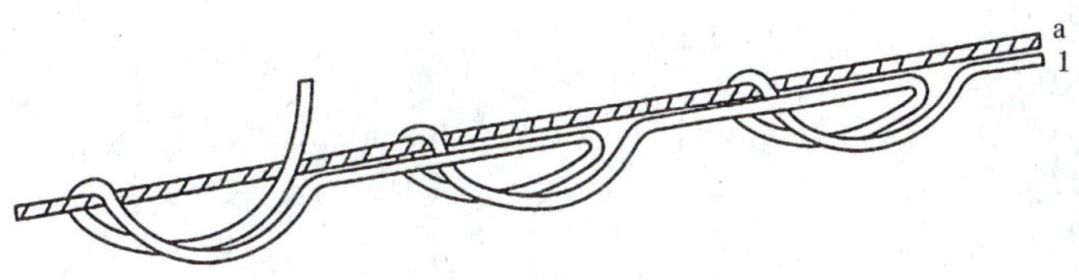

这种线迹型式由一根面线(1)和一根底线(a)构成。面线1穿入缝料，在缝料内向前穿过一定距离并返回缝料表面，在此与底线a交叉。针的穿刺点与后继线迹形成的方向成一直线。

最少用两个线迹来描述这种线迹型式。

318

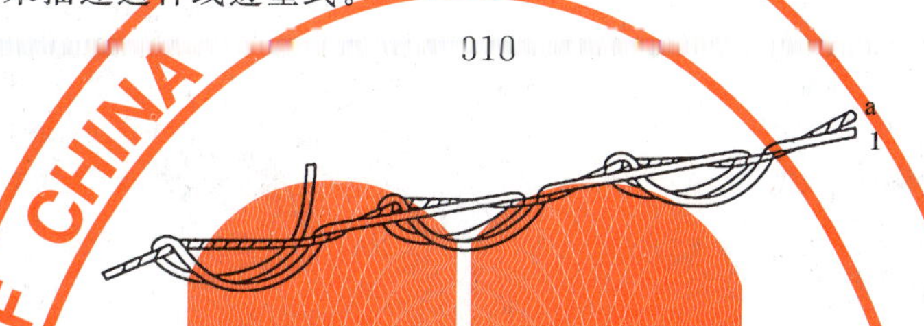

这种线迹型式由一根面线(1)和一根底线(a)构成。面线1与缝线a互串联圈后穿入缝料，在缝料内向前穿过适当距离并返回缝料表面，在此与缝线a交叉。针的穿刺点与后继线迹形成的方向成一直线。

最少用两个线迹来描述这种线迹型式。

319

这种线迹型式由一根面线(1)和一根底线(a)构成。面线1穿透缝料形成线圈。此线圈与缝料下面的底线a交叉并向上收紧，使两线交叉点处于缝料厚度的中间位置。

此线迹型式构成与301相似，不同点是面线1与底线a交叉时产生扭转。

最少用两个线迹来描述这种线迹型式。

320

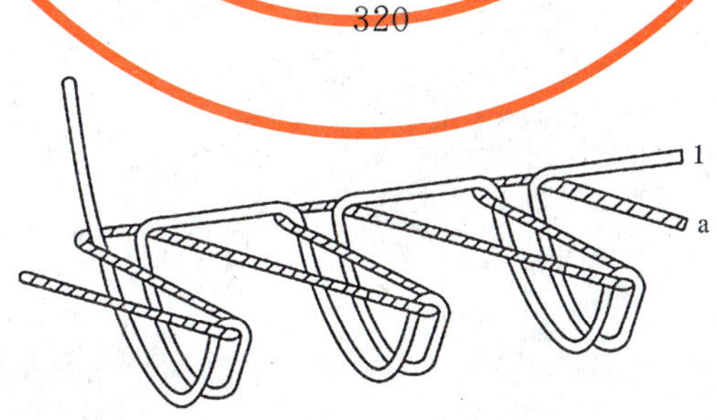

这种线迹型式由一根面线(1)和一根底线(a)构成。面线1穿过底线a的线圈后，在缝料内横向穿过适当距离并返回缝料表面，在此与缝线a交叉。针的穿刺点与后继线迹形成的方向成直角。

最少用两个线迹来描述这种线迹型式。

STANDARDS PRESS OF CHINA

321-327

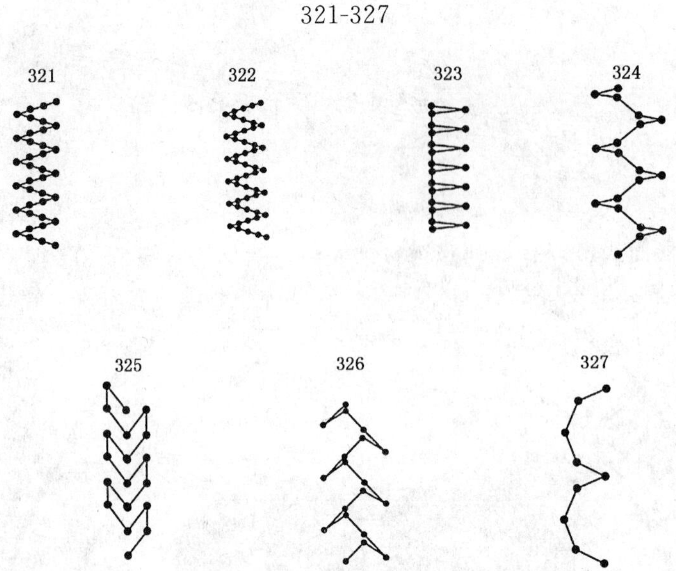

这些线迹型式构成与301相似，在301结构的基础上各有一些变化，形成不同的花型结构，见以上平面简图。

328

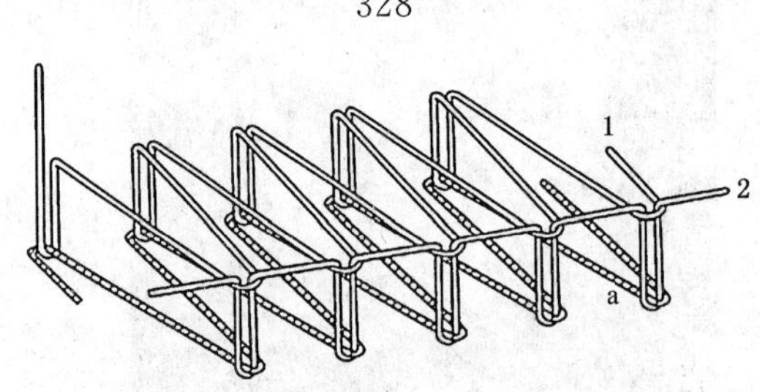

这种线迹型式由两根面线(1和2)和一根底线(a)构成。面线2穿过缝料表面面线1的线圈，然后穿透缝料形成线圈。面线1穿透缝料形成线圈。两线圈分别与缝料下面的底线a交叉。

最少用两个线迹来描述这种线迹型式。

329

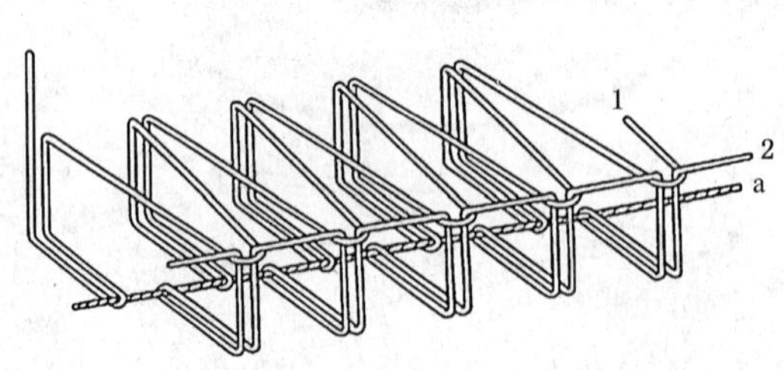

这种线迹型式由两根面线(1和2)和一根底线(a)构成。面线2穿过缝料表面面线1的线圈，然后穿透缝料形成线圈。面线1穿透缝料形成线圈。两线圈分别与缝料下面的底线a交叉，交叉处位于面线1和2露出位置的中间。

最少用两个线迹来描述这种线迹型式。

351

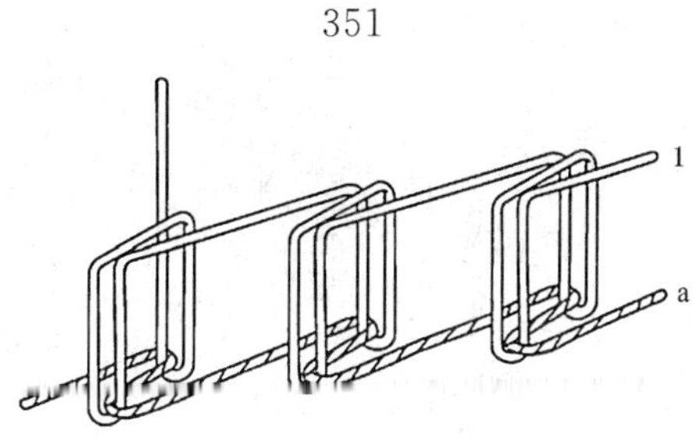

这种线迹型式由一根面线(1)和一根底线(a)构成。面线 1 穿透缝料形成线圈,此线圈与底线 a 交叉。

从一针到下一针的距离长短交替,向前穿入缝料的距离长一些,向后的短一些。

最少用两个线迹来描述这种线迹型式。

系列 400

401

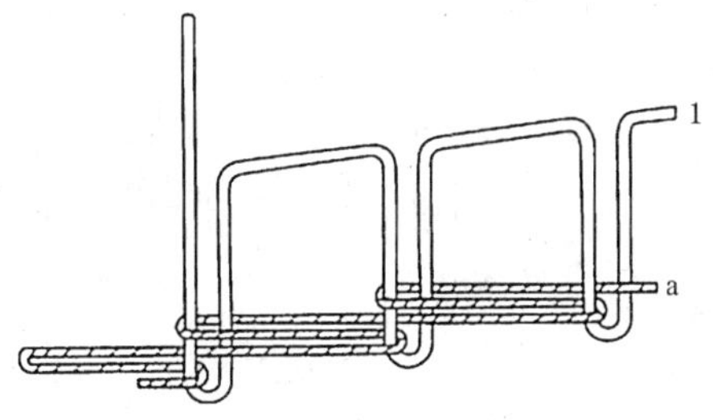

这种线迹型式由一根面线(1)和一根底线(a)构成。面线 1 穿透缝料形成线圈,此线圈穿过底线 a 的一个线圈后,与底线 a 的第二个线圈互串联圈,互串联圈相对于缝料拉紧。缝料下面形成双重锁链状结构,缝料表面形成直线结构。

最少用两个线迹来描述这种线迹型式。

402

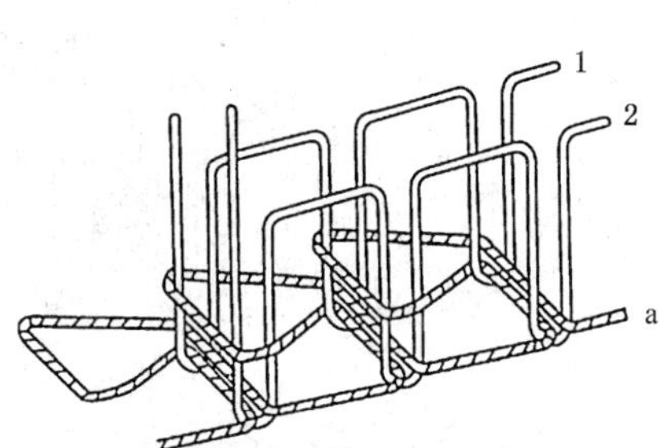

这种线迹型式由两根面线(1 和 2)和一根底线(a)构成。面线 1 和 2 穿透缝料形成线圈。两线圈穿过底线 a 的一个线圈后,与底线 a 第二个线圈互串联圈,互串联圈相对于缝料拉紧。缝料下面形成花式锁链状结构,缝料表面形成两行平行直线结构。

最少用两个线迹来描述这种线迹型式。

403

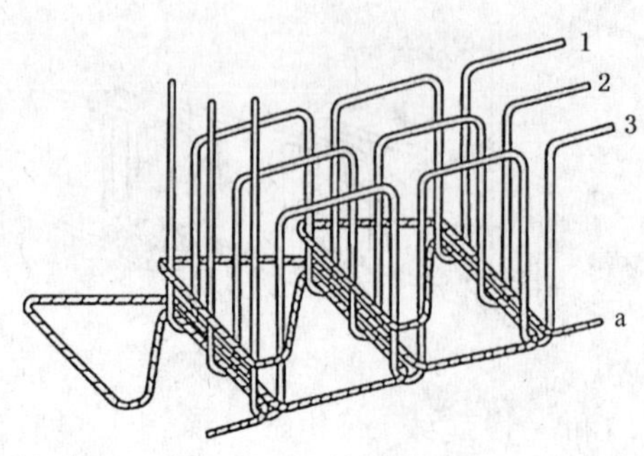

这种线迹型式由三根面线(1、2 和 3)和一根底线(a)构成。面线 1、2 和 3 穿透缝料形成线圈。三个线圈穿过底线 a 的一个线圈后,与底线 a 第二个线圈互串联圈,互串联圈相对于缝料拉紧。缝料下面形成花式锁链状结构,缝料表面形成三行平行直线结构。

最少用两个线迹来描述这种线迹型式。

404

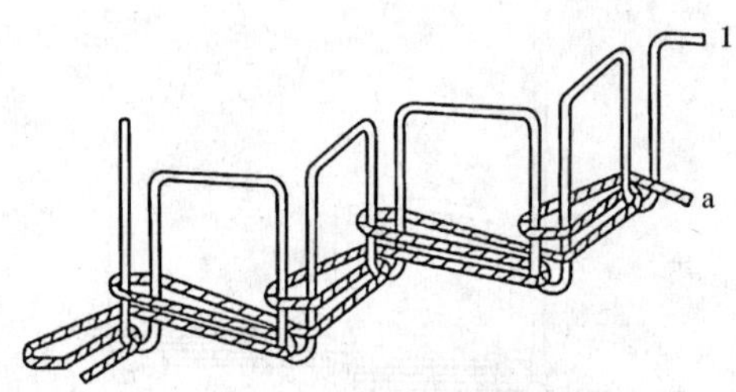

这种线迹型式由一根面线(1)和一根底线(a)构成。面线 1 穿透缝料形成线圈,此线圈穿过底线 a 的一个线圈后,与底线 a 的第二个线圈互串联圈,互串联圈相对于缝料拉紧。在缝料表面形成折线结构。

此线迹型式构成与 401 相似,不同点是面线 1 每次穿透缝料时有一定角度的左右偏移。

最少用两个线迹来描述这种线迹型式。

405

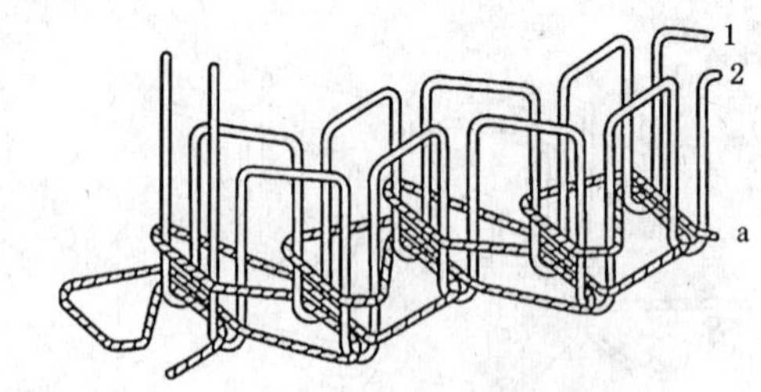

这种线迹型式由两根面线(1 和 2)和一根底线(a)构成。面线 1 和 2 穿透缝料形成线圈。两线圈穿过底线 a 的一个线圈后,与底线 a 第二个线圈互串联圈,互串联圈相对于缝料拉紧。在缝料表面形成两行平行折线结构。

此线迹型式构成与 402 相似,不同点是两根面线每次穿透缝料时有一定角度的左右偏移。

最少用两个线迹来描述这种线迹型式。

406

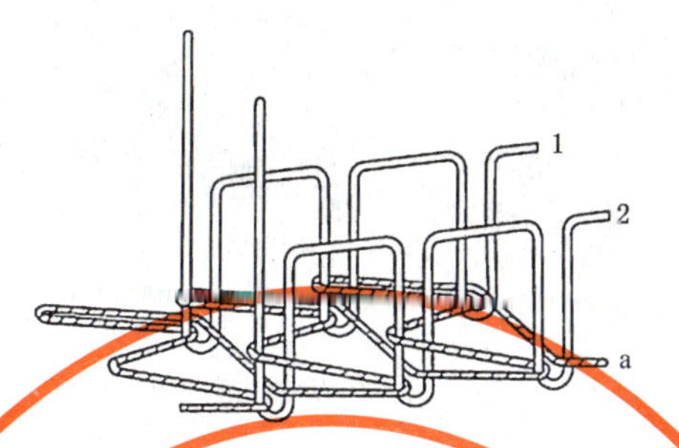

这种线迹型式由两根面线(1 和 2)和一根底线(a)构成。面线 1 和 2 穿透缝料形成线圈。两线圈分别穿过底线 a 的两个独立线圈后,与底线 a 后继的线圈互串联圈,互串联圈相对于缝料拉紧。

最少用两个线迹来描述这种线迹型式。

407

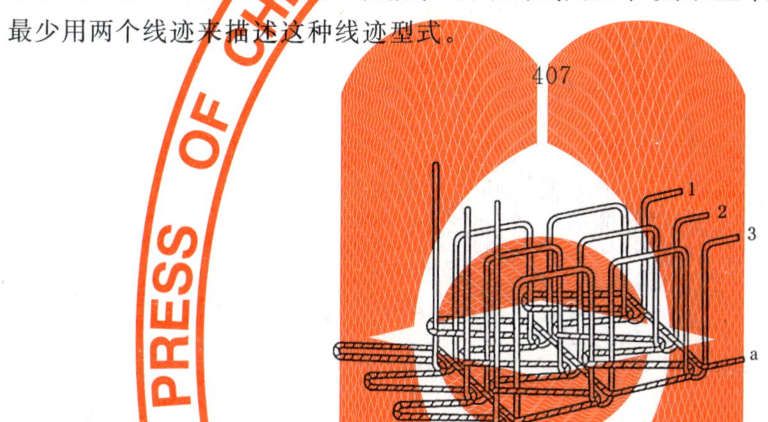

这种线迹型式由三根面线(1、2 和 3)和一根底线(a)构成。面线 1、2 和 3 穿透缝料形成线圈。三个线圈分别穿过底线 a 的三个独立线圈后,与底线 a 后继的线圈互串联圈,互串联圈相对于缝料拉紧。

最少用两个线迹来描述这种线迹型式。

408

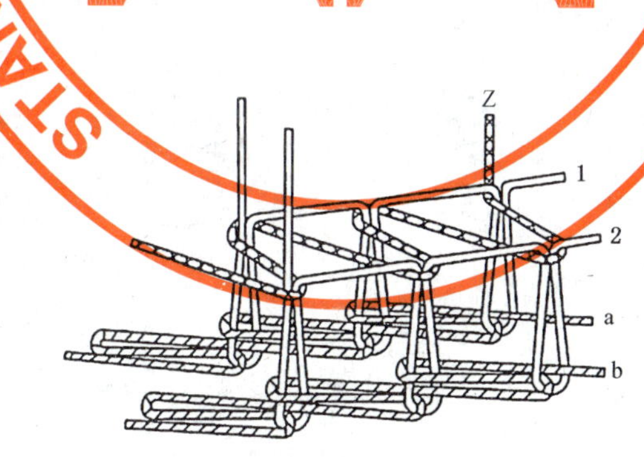

这种线迹型式由两根面线(1 和 2)、两根底线(a 和 b)和一根覆盖线(Z)构成。覆盖线 Z 在缝料表面形成折线结构,面线 1 和 2 分别在覆盖线 Z 的两侧折点处与其互串联圈,并穿透缝料形成线圈。两线圈分别穿过底线 a 和 b 各自的一个线圈后,又分别与底线 a 和 b 各自的第二个线圈互串联圈,互串联圈相对于缝料拉紧。缝料下面形成两行双重锁链结构,缝料表面两行平行直线被覆盖线 Z 串联。

最少用两个线迹来描述这种线迹型式。

409

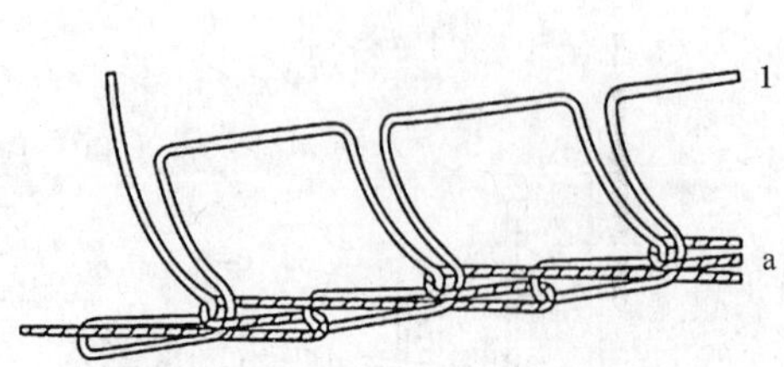

这种线迹型式由一根面线(1)和一根底线(a)构成。面线1穿入缝料形成线圈,此线圈穿过底线a的一个线圈后,与底线a的第二个线圈交叉,然后在缝料内穿过适当距离返回至缝料表面。针的穿刺点与后继线迹形成的方向成直角。

最少用两个线迹来描述这种线迹型式。

410

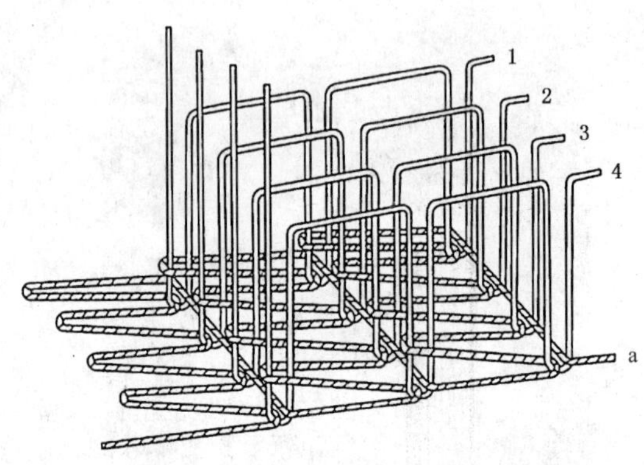

这种线迹型式由四根面线(1、2、3和4)和一根底线(a)构成。面线1、2、3和4穿透缝料形成线圈。四个线圈分别穿过底线a的四个独立线圈后,与底线a后继的线圈互串联圈,互串联圈相对于缝料拉紧。缝料表面形成四行平行直线结构。

最少用两个线迹来描述这种线迹型式。

411-417

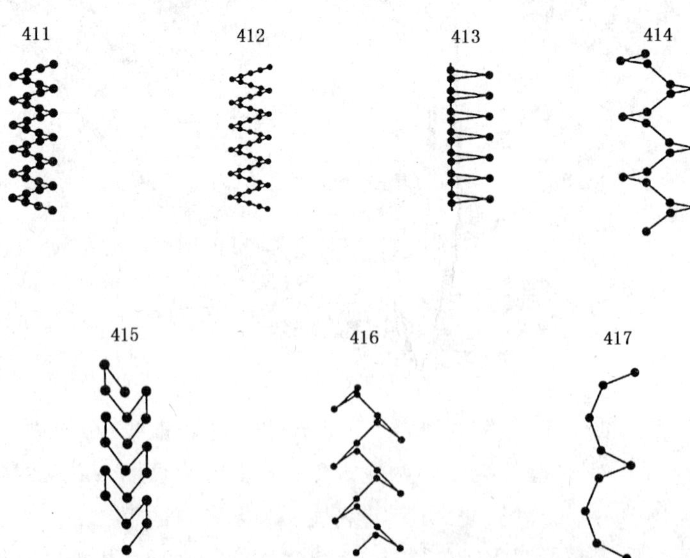

这些线迹型式构成与401相似,在401结构的基础上各有一些变化,形成不同的花型结构,见以上平面简图。

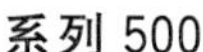

系列 500

501

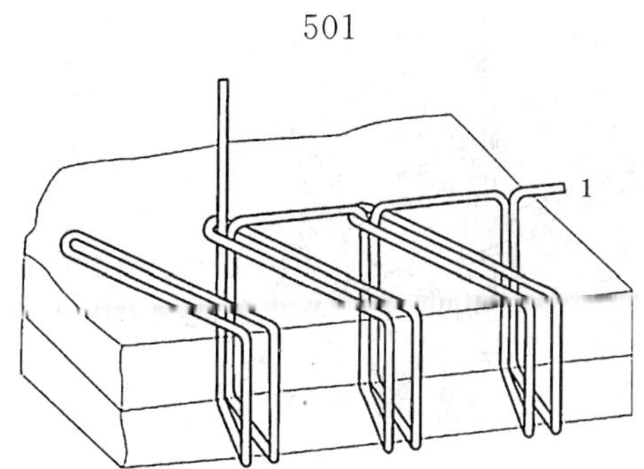

这种线迹型式由一根面线(1)构成。面线穿过在缝料表面前一针形成的线圈,并穿透缝料形成线圈,此线圈绕过缝料的边缘横敷在缝料表面。

最少用两个线迹来描述这种线迹型式。

502

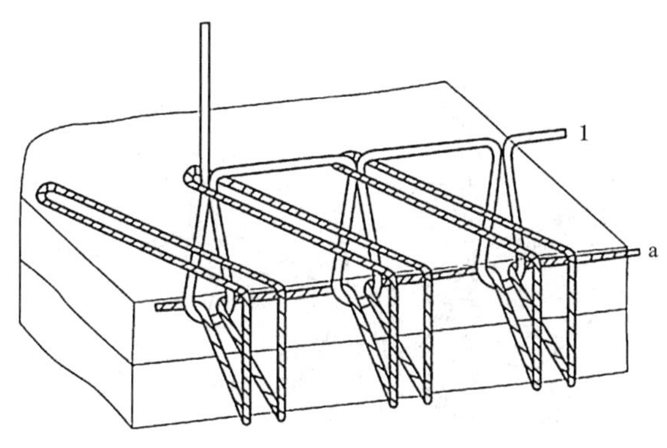

这种线迹型式由一根面线(1)和一根底线(a)构成。面线 1 穿过底线 a 形成的并从缝料下面绕过缝料边缘横敷在缝料表面的线圈,并穿透缝料形成线圈,底线 a 第二个线圈与面线 1 在缝料下面形成的线圈互串联圈,并绕过缝料边缘横敷在缝料表面。

最少用两个线迹来描述这种线迹型式。

503

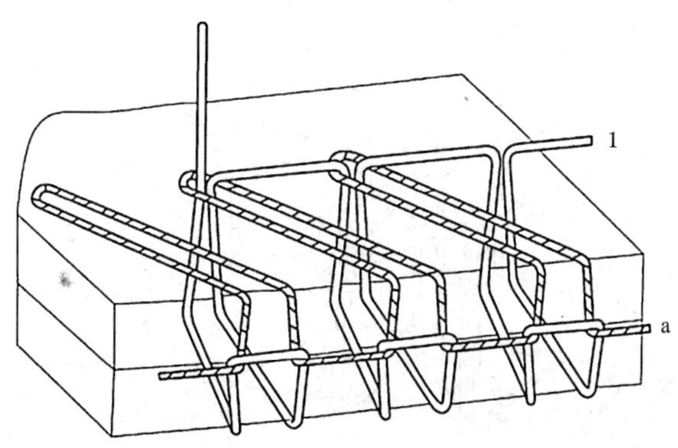

这种线迹型式由一根面线(1)和一根底线(a)构成。面线 1 穿过底线 a 形成的并从缝料边缘横敷在缝料表面的线圈,并穿透缝料形成线圈,此线圈被引向缝料的边缘,底线 a 第二个线圈在缝料边缘与其互串联圈后被引向缝料表面。

最少用两个线迹来描述这种线迹型式。

504

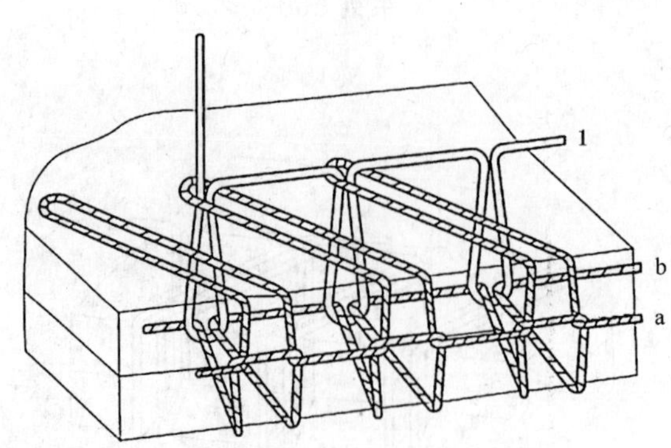

这种线迹型式由一根面线(1)和两根底线(a 和 b)构成。面线 1 穿过底线 a 形成的并从缝料边缘横敷在缝料表面的线圈,并穿透缝料形成线圈,底线 b 的线圈与面线 1 形成的线圈互串联圈后被引向缝料的边缘,底线 a 第二个线圈在缝料边缘与底线 b 的线圈互串联圈后被引向缝料表面。

最少用两个线迹来描述这种线迹型式。

505

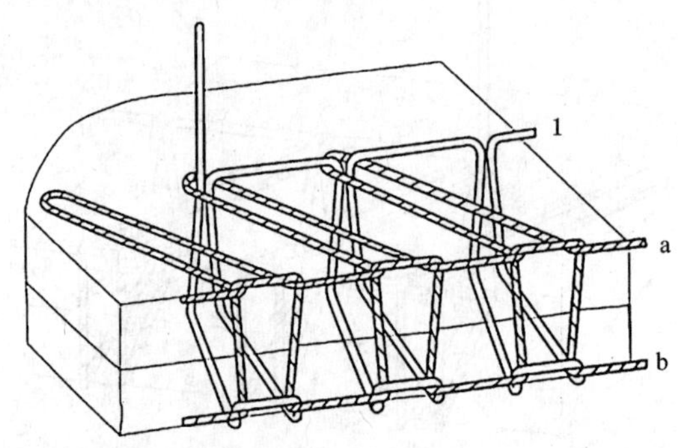

这种线迹型式由一根面线(1)和两根底线(a 和 b)构成。面线 1 穿过底线 a 形成的并从缝料边缘横敷在缝料表面的线圈,并穿透缝料形成线圈。此线圈在缝料下面被引向缝料下边缘,在此与底线 b 的线圈互串联圈。底线 a 第二个线圈在缝料上边缘与底线 b 的线圈互串联圈后被引向缝料表面。

最少用两个线迹来描述这种线迹型式。

506

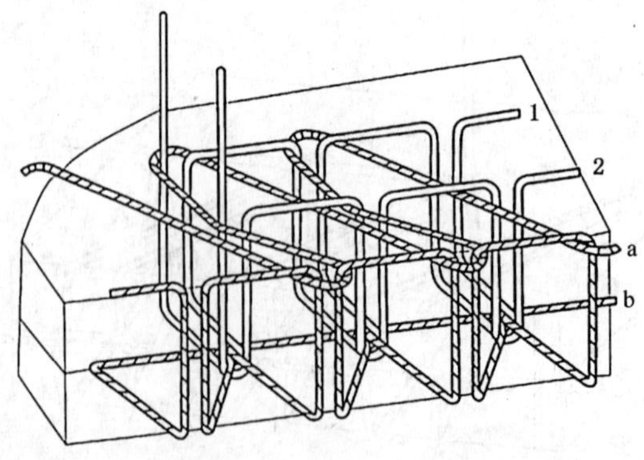

这种线迹型式由两根面线(1 和 2)和两根底线(a 和 b)构成。面线 1 和 2 均穿过底线 a 形成的并从缝料边缘横敷在缝料表面的线圈,并穿透缝料形成线圈,面线 1 的线圈被引至面线 2 在缝料下面的穿出位置,在此底线 b 与面线 1 和 2 的线圈互串联圈。底线 b 的线圈被引至缝料上边缘,在此底线 a 的一个线圈与底线 b 的线圈互串联圈,并横敷在缝料表面。

最少用两个线迹来描述这种线迹型式。

507

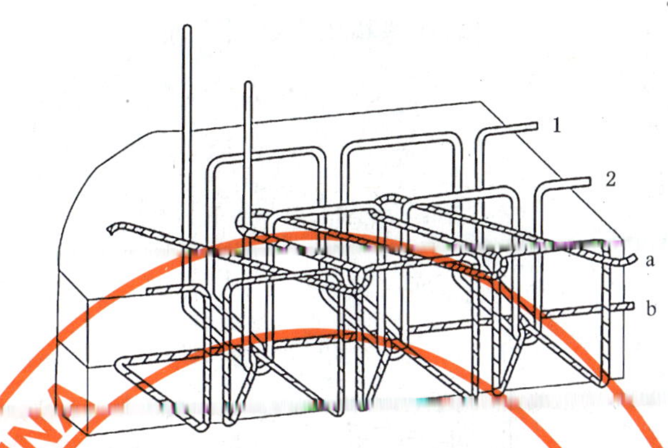

这种线迹型式由两根面线(1 和 2)和两根底线(a 和 b)构成。面线 2 穿过底线 a 形成的并从缝料边缘横敷在缝料表面的线圈,并穿透缝料形成线圈。面线 1 直接穿透缝料形成线圈,此线圈被引至面线 2 在缝料下面的穿出位置,在此底线 b 与面线 1 和 2 的线圈互串联圈。底线 b 的线圈被引至缝料上边缘,在此底线 a 第二个线圈与底线 b 的线圈互串联圈,并横敷在缝料表面。

最少用两个线迹来描述这种线迹型式。

508

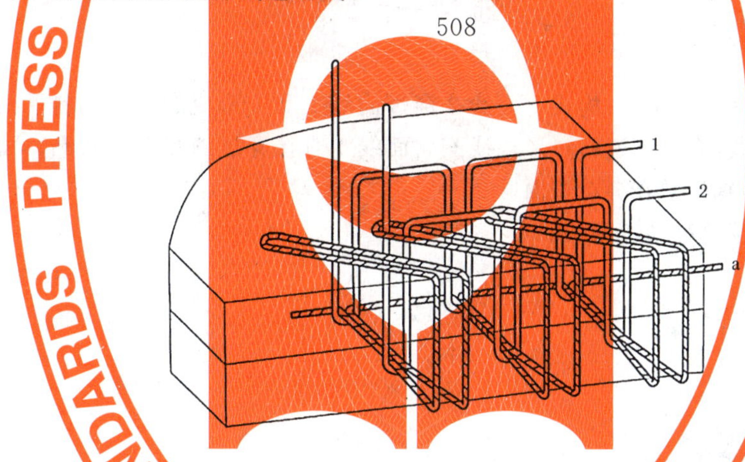

这种线迹型式由两根面线(1 和 2)和一根底线(a 和 b)构成。面线 2 穿过底线 a 形成的并从缝料下面绕过缝料边缘横敷在缝料表面的线圈,并穿透缝料形成线圈。面线 1 直接穿透缝料形成线圈。底线 a 第二个线圈分别与面线 1 和 2 在缝料下面的穿出位置互串联圈,并绕过缝料边缘横敷在缝料表面。

最少用两个线迹来描述这种线迹型式。

509

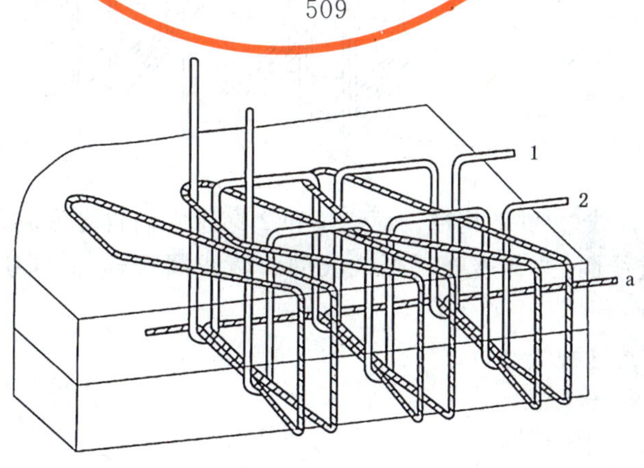

这种线迹型式由两根面线(1 和 2)和一根底线(a)构成。面线 1 和 2 穿过底线 a 形成的并从缝料下面绕过缝料边缘横敷在缝料表面的线圈,并穿透缝料形成线圈。底线 a 第二个线圈分别与面线 1 和 2 在缝料下面的穿出位置互串联圈,并绕过缝料边缘横敷在缝料表面。

最少用两个线迹来描述这种线迹型式。

510

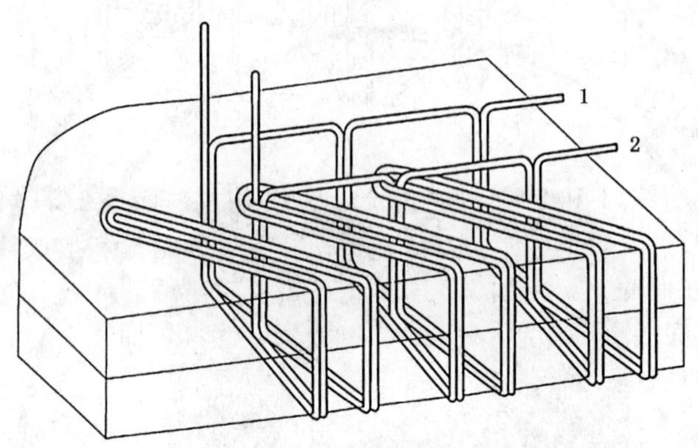

这种线迹型式由两根面线(1 和 2)构成。面线 2 穿过面线 1 和 2 形成的并从缝料下面绕过缝料边缘横敷在缝料表面的双重线圈,并穿透缝料形成线圈。面线 1 直接穿透缝料形成线圈。面线 1 和 2 的线圈重合,共同绕过缝料边缘横敷在缝料表面。

最少用两个线迹来描述这种线迹型式。

511

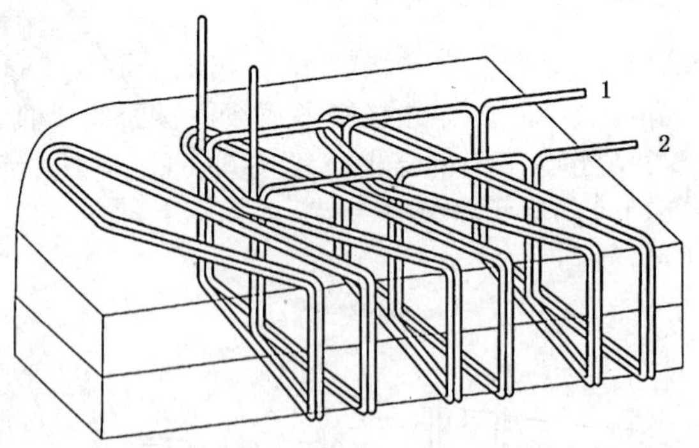

这种线迹型式由两根面线(1 和 2)构成。面线 1 和 2 穿过它们自身形成并从缝料下面绕过缝料边缘横敷在缝料表面的双重线圈,并穿透缝料形成线圈。两线圈重合,共同绕过缝料边缘横敷在缝料表面。

最少用两个线迹来描述这种线迹型式。

512

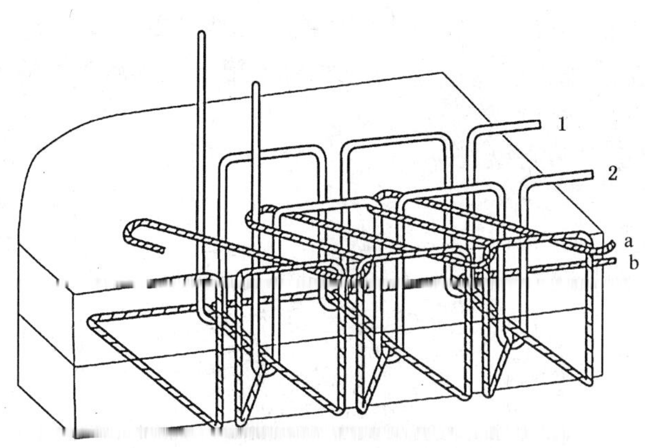

这种线迹型式由两根面线(1 和 2)和两根底线(a 和 b)构成。面线 2 穿过底线 a 形成的并从缝料上边缘横敷在缝料表面的线圈,并穿透缝料形成线圈。面线 1 直接穿透缝料形成线圈。底线 b 的线圈分别与面线 1 和 2 在缝料下面的穿出位置互串联圈,并被引至缝料上边缘,在此底线 a 第二个线圈与底线 b 的线圈互串联圈后横敷在缝料表面。

最少用两个线迹来描述这种线迹型式。

513

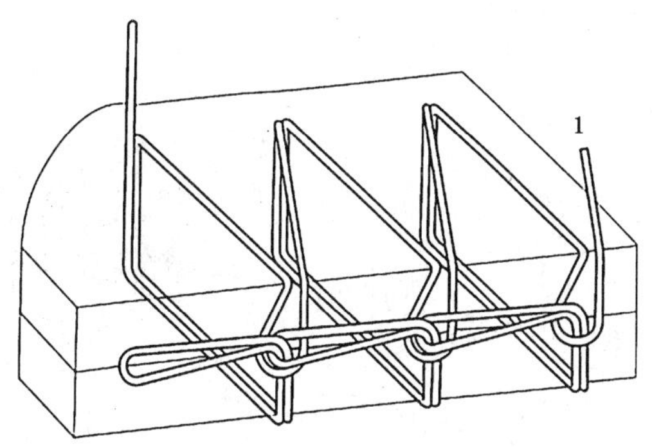

这种线迹型式由一根面线(1)构成。面线 1 穿透缝料形成线圈,此线圈从缝料下面被引至缝料边缘。面线 1 在穿透缝料前所形成的线圈被引至缝料的边缘,并与沿缝料边缘引过来的前一针形成的线圈重合。面线 1 在缝料下面被引至缝料边缘的线圈与重合线圈自串联圈后横敷在缝料边缘。

最少用两个线迹来描述这种线迹型式。

514

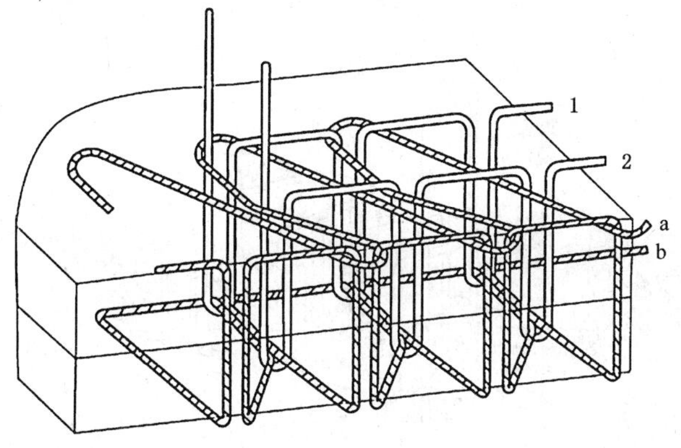

这种线迹型式由两根面线(1 和 2)和两根底线(a 和 b)构成。面线 1 和 2 穿过底线 a 形成的并从缝料上边缘横敷在缝料表面的线圈,并穿透缝料形成线圈。底线 b 的线圈分别与面线 1 和 2 在缝料下面的穿出位置互串联圈,并被引至缝料的上边缘,在此底线 a 第二个线圈与底线 b 的线圈互串联圈后横敷在缝料表面。

最少用两个线迹来描述这种线迹型式。

521

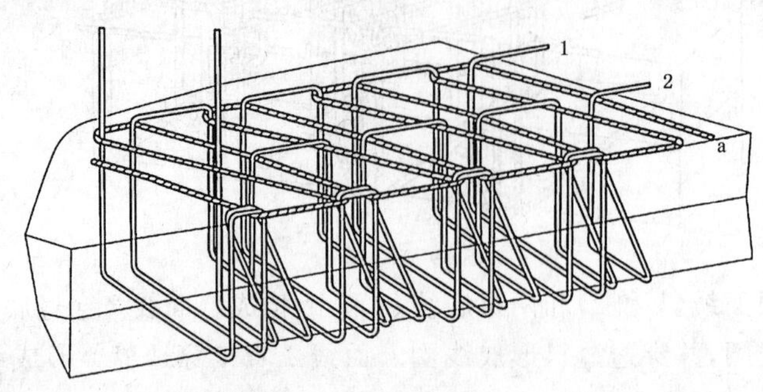

这种线迹型式由两根面线(1 和 2)和一根底线(a)构成。面线 1 和 2 穿过底线 a 形成的并从缝料上边缘横敷在缝料表面的线圈,并穿透缝料形成线圈。面线 1 和 2 的线圈被引至缝料的上边缘,在此底线 a 第二个线圈与面线 1 和 2 的线圈互串联圈后横敷于缝料表面。

最少用两个线迹来描述这种线迹型式。

522

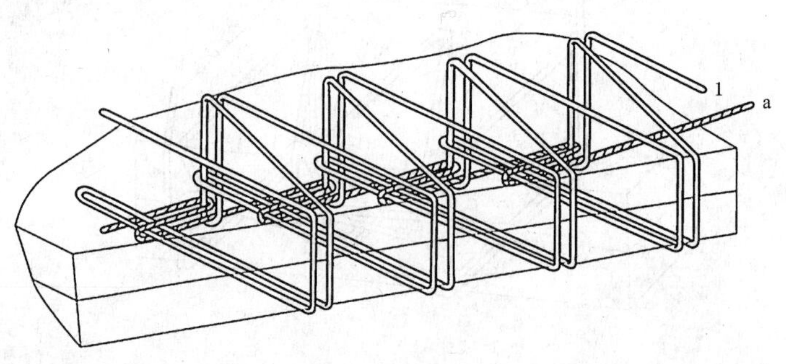

这种线迹型式由一根面线(1)和一根底线(a)构成。面线 1 的线圈从缝料表面绕过边缘并与底线 a 的线圈互串联圈,横敷在缝料下面。然后面线 1 穿透缝料形成线圈,在缝料下面与其先前形成的线圈交叉,同时与底线 a 后继的线圈互串联圈。缝料表面形成对称的曲线结构。

最少用两个线迹来描述这种线迹型式。

系列 600

601

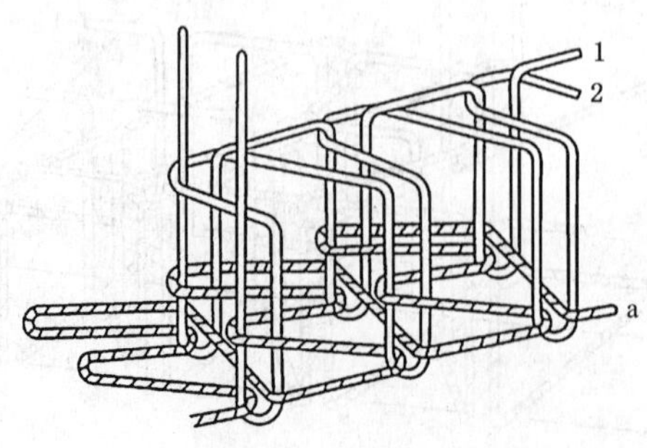

这种线迹型式由两根面线(1 和 2)和一根底线(a)构成。面线 2 穿透缝料形成线圈。面线 1 穿过横

敷在缝料表面的面线 2 的线圈，并穿透缝料形成线圈。面线 1 和 2 的线圈分别穿过底线 a 的两个线圈，并与底线 a 后继的线圈互串联圈，互串联圈相对于缝料拉紧。

这种线迹型式也可用在缝料边上。

最少用两个线迹来描述这种线迹型式。

602

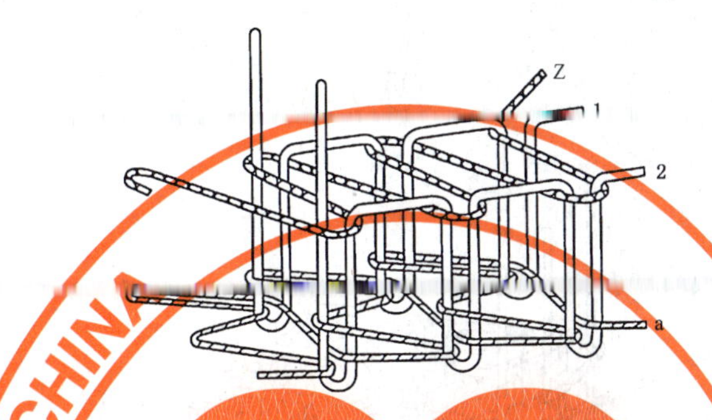

这种线迹型式由两根面线(1 和 2)、一根底线(a)和一根覆盖线(Z)构成。覆盖线 Z 形成折线线圈横敷在缝料表面。面线 1 和 2 分别在两侧折点与覆盖线 Z 的线圈互串联圈，并穿透缝料形成线圈。在缝料下面，面线 1 和 2 的线圈分别穿过底线 a 的两个线圈，并与底线 a 后继的线圈互串联圈，互串联圈相对于缝料拉紧。

最少用两个线迹来描述这种线迹型式。

603

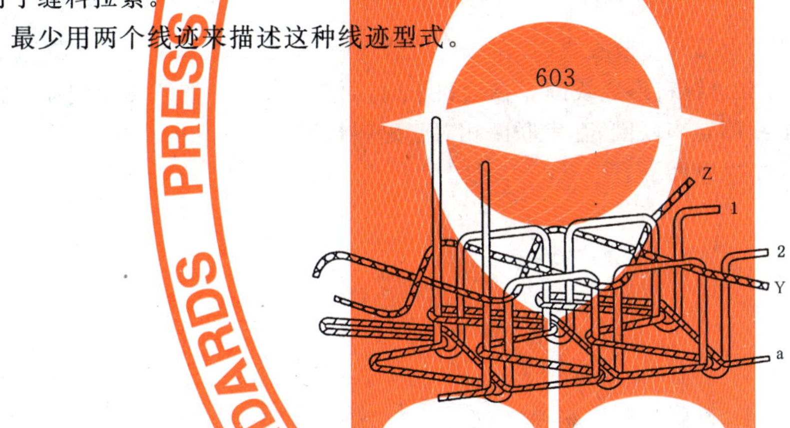

这种线迹型式由两根面线(1 和 2)、一根底线(a)和两根覆盖线(Z 和 Y)构成。覆盖线 Z 和 Y 相互曲折交叉形成菱形线圈横敷在缝料表面。面线 1 和 2 分别在两侧折点与覆盖线 Z 和 Y 的菱形线圈互串联圈，并穿透缝料形成线圈。在缝料下面，面线 1 和 2 的线圈分别穿过底线 a 的两个线圈，并与底线 a 后继的线圈互串联圈，互串联圈相对于缝料拉紧。

最少用两个线迹来描述这种线迹型式。

604

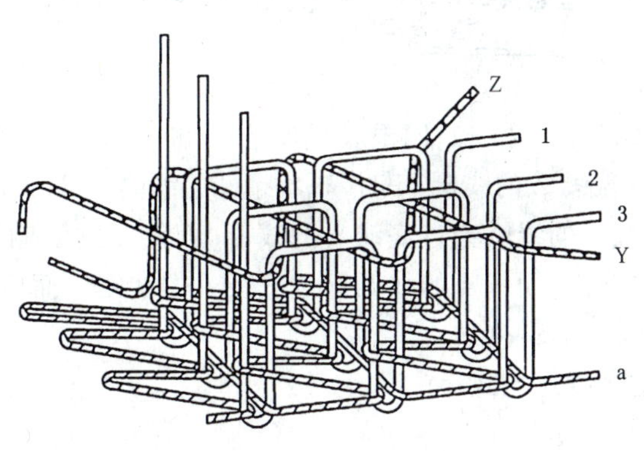

STANDARDS PRESS OF CHINA

这种线迹型式由三根面线(1、2 和 3)、一根底线(a)和两根覆盖线(Z 和 Y)构成。覆盖线 Z 和 Y 相互曲折交叉形成菱形线圈横敷在缝料表面。面线 1、2 和 3 穿过覆盖线 Z 和 Y 的菱形线圈,并穿透缝料形成线圈。在缝料下面,面线 1、2 和 3 的线圈分别穿过底线 a 的三个线圈,并与底线 a 后继的线圈互串联圈,互串联圈相对于缝料拉紧。

最少用两个线迹来描述这种线迹型式。

605

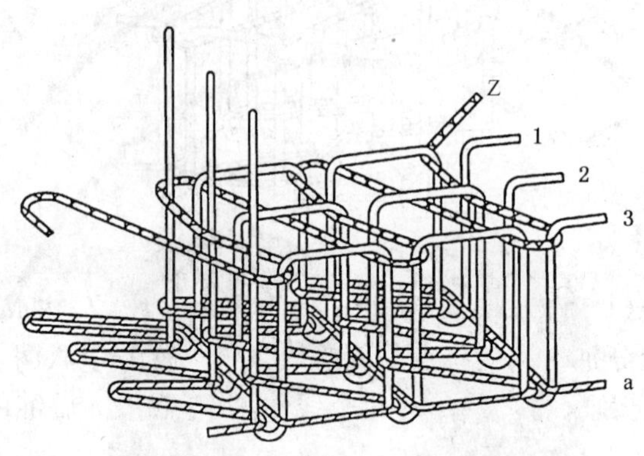

这种线迹型式由三根面线(1、2 和 3)、一根底线(a)和一根覆盖线(Z)构成。面线 1、2 和 3 穿过横敷在缝料表面的覆盖线 Z 的线圈,并穿透缝料形成线圈。在缝料下面,面线 1、2 和 3 的线圈分别穿过底线 a 的三个线圈,并与底线 a 后继的线圈互串联圈,互串联圈相对于缝料拉紧。

最少用两个线迹来描述这种线迹型式。

606

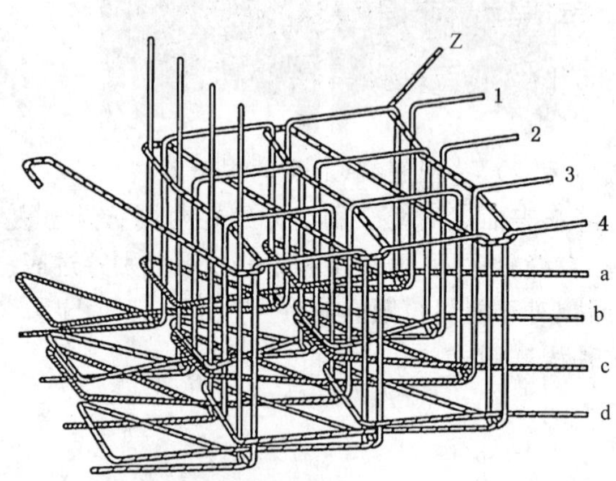

这种线迹型式由四根面线(1、2、3 和 4)、四根底线(a、b、c 和 d)和一根覆盖线(Z)构成。面线 1、2、3 和 4 穿过横敷在缝料表面的覆盖线 Z 的线圈(其中 1、2 穿过的线圈与 3、4 穿过的线圈不同),并穿透缝料形成线圈。在缝料下面,面线 1 的线圈穿过底线 a 的线圈,面线 2 的线圈穿过底线 a、b、c 的线圈,面线 3 的线圈穿过底线 b、c、d 的线圈,面线 4 的线圈穿过底线 d 的线圈。而后,面线 1、2、3、4 的线圈分别与底线 a、b、c、d 的交叉,并相对于缝料拉紧。

最少用两个线迹来描述这种线迹型式。

607

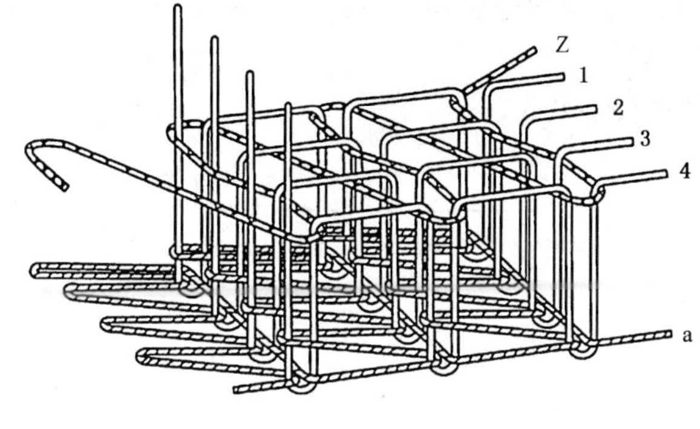

这种线迹型式由四根面线(1、2、3 和 4)、一根底线(a)和一根覆盖线(Z)构成。面线 1、2、3 和 4 穿过横敷在缝料表面的覆盖线 Z 的线圈(其中 1、2 穿过的线圈与 3、4 穿过的线圈不同),并穿透缝料形成线圈。在缝料下面,面线 1、2、3 和 4 的线圈分别穿过底线 a 的四个线圈,并与底线 a 后继的线圈互串联圈,互串联圈相对于缝料拉紧。

最少用两个线迹来描述这种线迹型式。

608

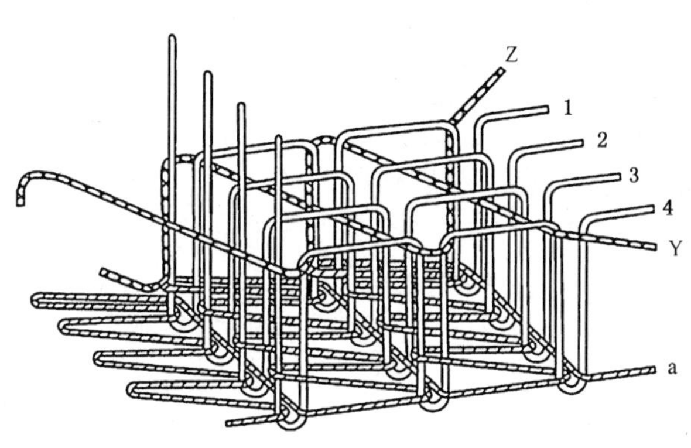

这种线迹型式由四根面线(1、2、3 和 4)、一根底线(a)和两根覆盖线(Z 和 Y)构成。覆盖线 Z 和 Y 相互曲折交叉形成菱形线圈横敷在缝料表面。面线 1、2、3 和 4 穿过覆盖线 Z 和 Y 的菱形线圈,并穿透缝料形成线圈。在缝料下面,面线 1、2、3 和 4 的线圈分别穿过底线 a 的四个线圈,并与底线 a 后继的线圈互串联圈,互串联圈相对于缝料拉紧。

最少用两个线迹来描述这种线迹型式。

609

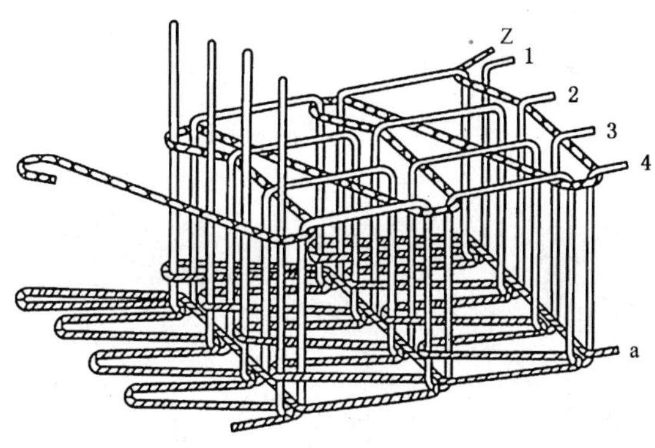

这种线迹型式由四根面线(1、2、3 和 4)、一根底线(a)和一根覆盖线(Z)构成。面线 1、2、3 和 4 穿过

横敷在缝料表面的覆盖线 Z 的线圈(其中 1 穿过的线圈与 2、3、4 穿过的线圈不同),并穿透缝料形成线圈。在缝料下面,面线 1、2、3 和 4 的线圈分别穿过底线 a 的四个线圈,并与底线 a 后继的线圈互串联圈,互串联圈相对于缝料拉紧。

最少用两个线迹来描述这种线迹型式。

ICS 59.080.30
W 55

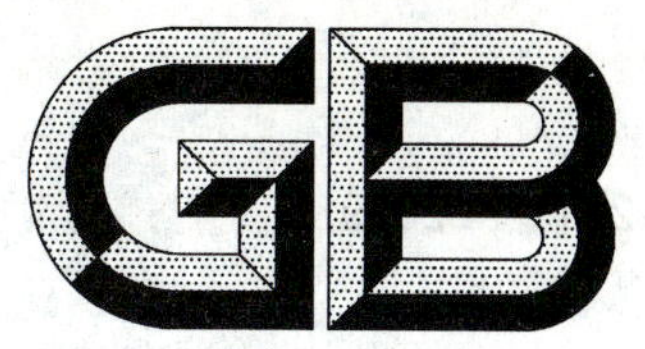

中华人民共和国国家标准

GB/T 24119—2009

机织过滤布透水性的测定

Determination of water permeability of woven filtering fabric

2009-06-15 发布

2010-02-01 实施

中华人民共和国国家质量监督检验检疫总局
中国国家标准化管理委员会
发布

前　言

本标准由中国纺织工业协会提出。

本标准由全国纺织品标准化技术委员会基础标准分会(SAC/TC 209/SC 1)归口。

本标准主要起草单位:中国产业用纺织品行业协会、辽宁天泽产业集团纺织有限公司、辽东学院。

本标准主要起草人:张明光、李桂梅、魏雪梅、梁红艳。

机织过滤布透水性的测定

1 范围

本标准规定了测定机织过滤布透水性的方法。

本标准适用于机织过滤布。

2 术语和定义

下列术语和定义适用于本标准。

2.1

透水性 water permeability

滤布两面存在水压的情况下，透过水的性能。

2.2

透水率 dank ratio

滤布两面在规定的水压差下，单位时间内透过单位面积滤布的水的体积，以 $m^3/(m^2 \cdot s)$表示。

3 原理

在规定的压差条件下，通过测定一定时间内透过滤布的水的质量，计算对应的透水率。

4 仪器和设备

4.1 过滤布透水率测定装置示意图见图 1。

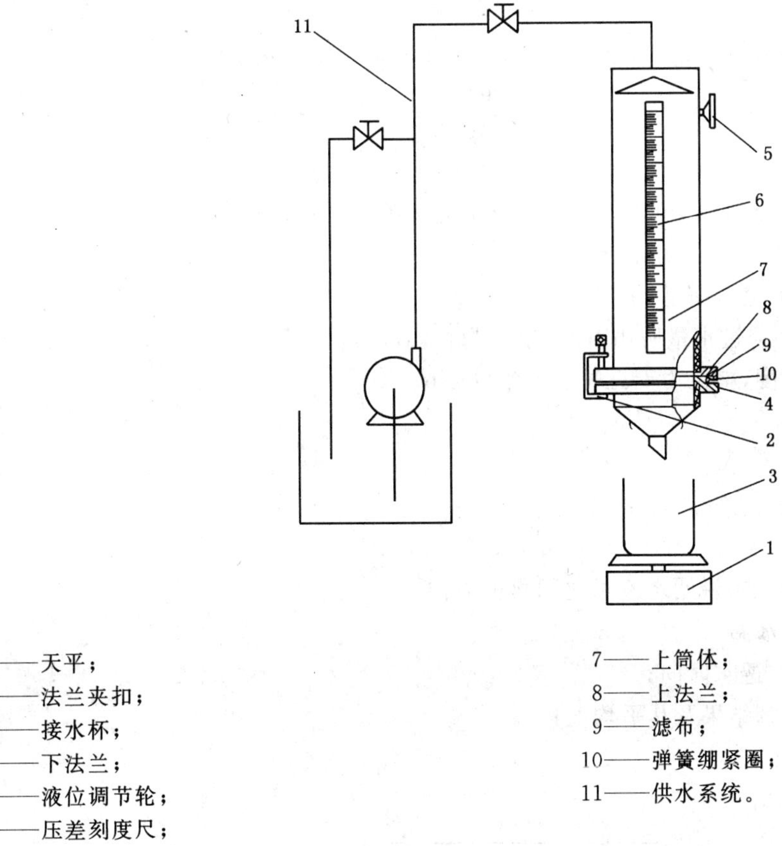

1——天平；
2——法兰夹扣；
3——接水杯；
4——下法兰；
5——液位调节轮；
6——压差刻度尺；
7——上筒体；
8——上法兰；
9——滤布；
10——弹簧绷紧圈；
11——供水系统。

图 1 透水率测定装置示意图

4.2 法兰：法兰内径约为 80 mm；透水面积约为 5.0×10^{-3} m²。

4.3 天平：精度为±1.0 g。

4.4 秒表：精度为±0.01 s。

4.5 温度计(精度为±0.5 ℃)。

4.6 上筒体：在上筒体注水，使滤布上表面有一定液面高度的水柱，与滤布下表面形成压力差。

4.7 试验用水：蒸馏水或离子交换水。

5 试样

5.1 根据产品标准规定的程序或有关各方的协议取样。

5.2 选择有代表性的滤布，在距滤布两边各 1/10 幅宽处，沿滤布幅宽方向均匀裁取 5 个试样，试样尺寸与上下法兰大小相适应。

6 步骤

6.1 将试样置于水中，使其充分浸透。

6.2 将试样平放于测试装置下法兰的安装面中央，压上弹簧绷紧圈；把下法兰轻轻靠到上法兰的底面，注意试样不得有移动，用法兰夹扣扣紧；转动液位调节轮，把溢流口对准选定的压差刻度线。

6.3 启动供水系统，将水注入压差筒内，待水位稳定达到 100 mm 水柱时，将接水杯放在天平上，然后接取透过滤布的水样，同时按下计时器开始计时。当水量达到 200 g 左右时，计时停止。

6.4 在同样的条件下，测定 5 个试样，并记录水温、透水压差、透水面积、透水时间，称取接水质量。

注：当织物正反两面透水性有差异时，应在报告中注明测试面。

7 结果的计算和表示

按式(1)计算每个试样的透水率，并计算平均值，结果修约至三位有效数字。

$$Q=\frac{W}{TA\rho} \qquad \cdots\cdots(1)$$

式中：

Q——试样在某压差点的透水率，单位为立方米每平方米秒[$m^3/(m^2\cdot s)$]；

A——试样的透水面积，单位为平方米(m^2)；

W——试样在某压差点的透水质量，单位为千克(kg)；

T——试样在某压差点的透过水量所用时间，单位为秒(s)；

ρ——测定温度下水的密度，单位为千克每立方米(kg/m^3)。

8 试验报告

试验报告应包括以下内容：

a) 本标准的编号；

b) 试样名称、型号；如需要，说明水流通过织物的方向；

c) 试验时的大气条件、水温；

d) 透水面积、透水压差、透水时间；

e) 各个试验的结果、计算结果及其平均值；

f) 试验日期。

ICS 59.080.30
W 04

中华人民共和国国家标准

GB/T 24120—2009

纺织品　抗乙醇水溶液性能的测定

Textiles—Determination of resistance to water/alcohol solution

STANDARDS PRESS OF CHINA

2009-06-15 发布　　2010-02-01 实施

中华人民共和国国家质量监督检验检疫总局
中国国家标准化管理委员会　发布

前　言

本标准由中国纺织工业协会提出。

本标准由全国纺织品标准化技术委员会基础标准分会(SAC/TC 209/SC 1)归口。

本标准主要起草单位:中纺标(北京)检验认证中心有限公司。

本标准主要起草人:周世香。

纺织品 抗乙醇水溶液性能的测定

1 范围

本标准规定了采用不同表面张力的系列标准试液测试和评估纺织品的抗乙醇等有机溶剂的沾湿和渗透性能的试验方法。

本标准适用于所有纺织织物。

2 规范性引用文件

下列文件中的条款通过本标准的引用而成为本标准的条款。凡是注日期的引用文件，其随后所有的修改单(不包括勘误的内容)或修订版均不适用于本标准，然而，鼓励根据本标准达成协议的各方研究是否可使用这些文件的最新版本。凡是不注日期的文件，其最新版本适用于本标准。

GB/T 6529 纺织品 调湿和试验用标准大气(GB/T 6529—2008，ISO 139:2005，MOD)

3 术语和定义

下列术语和定义适用于本标准。

3.1

抗乙醇等级 water/alcohol solution repellency grade

在规定时间内，不能使织物润湿/渗透的相应乙醇水溶液的最高级数。

4 原理

采用具有不同表面张力的乙醇水溶液所组成的系列标准试液，滴加在试样测试面，在一定时间内，观察标准试液液滴在试样表面的润湿和渗透情况，并确定抗酒精等级。

5 安全预防措施

5.1 乙醇、甲醇、异丙醇等有机溶剂是有毒性的，尤以甲醇毒性最大，且可能引起燃烧。试验室应具备适当的安全防护，如适当的通风或防护面罩。

5.2 在处理上述液体时，宜佩戴防护手套和安全眼罩或防护眼罩。

5.3 不要在明火或其他燃烧源存在的地方进行试验。

6 设备、试剂和材料

6.1 乙醇，化学醇。

注：经相关方同意，也可以采用甲醇、异丙醇等其他试剂。

6.2 去离子水或蒸馏水。

6.3 滴瓶，容量为 60 mL，带有胶头滴管。

6.4 滤纸。

6.5 试验室用常规手套。

6.6 依据表 1 配制标准试液，并标明相应级别数。

表1 标准试液

抗乙醇级别	质量分数/%	
	乙醇[a]	水
0	0	100
1	10	90
2	20	80
3	30	70
4	40	60
5	50	50
6	60	40
7	70	30
8	80	20
9	90	10
10	100	0

[a] 甲醇、异丙醇等其他有机溶剂的使用应经相关方的同意。

6.7 设备，建议采用图1中的装置。

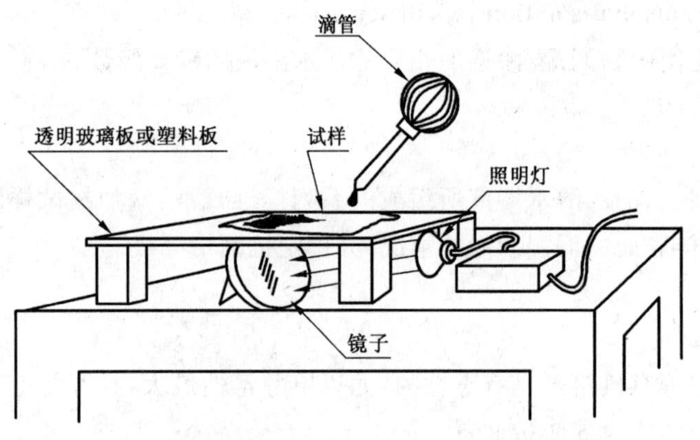

图1 抗乙醇试验装置示意图

7 试样准备

7.1 取代表性样品，距布边10 cm取样。

7.2 试样按GB/T 6529规定调湿，试验前至少调湿4 h。

7.3 裁剪3块试样，每块试样大小为200 mm×200 mm。

8 步骤

8.1 将两块试样测试面朝上平行放置在滤纸(6.4)上，并一起置于平整光滑台面上。当对轻薄型织物进行表面抗湿测试时，测试至少2层织物，否则，试液可能润湿背面，不能准确进行测试，导致读取试验结果时产生偏差。

8.2 在滴加标准试液之前，戴上干净的试验室用常规手套(6.5)，用手轻轻抚平织物表面的绒毛，使绒毛尽可能地顺贴在试样上。

8.3 抗乙醇沾湿性能试验

8.3.1 取其中1块试样，从标准试液的最低级数(0级)开始进行试验。小心将标准试液液滴(直径约5 mm或体积0.05 mL)滴加至试样的5个不同位置。液滴之间的距离宜保持约4.0 cm。在滴液时，滴管管口应与试样表面保持约0.6 cm的高度。试验过程中滴管管口不要碰触到试样。从约45°角方向，观察液滴(30±2)s，按图2和9.1规定评定每个液滴。

8.3.2 如果试样通过该级试液测试，调整液滴滴加位置，继续采用下一较高级数试液进行测试，再观察(30±2)s。

8.3.3 继续进行试验，直到在(30±2)s内观察到试样上的液滴周围出现明显的润湿或芯吸现象为止。记录试样的抗乙醇沾湿等级。

8.3.4 取第2块试样重复8.3.1～8.3.4的操作。可能需要第3块试样(见第10章)。

8.4 抗乙醇渗透性能试验

8.4.1 取其中1块试样，从标准试液的最低级数(0级)开始进行试验。小心将标准试液液滴(直径约5 mm或体积0.05 mL)滴加至试样的5个不同位置。液滴之间的距离宜保持约4.0 cm。当向试样上滴加液滴时，滴管管口宜与试样表面保持约0.6 cm高。试验过程中滴管管口不应接触到织物。从约45°角方向，观察液滴5 min，按9.2规定评定每个液滴。

8.4.2 如果该级液滴在试样上没有渗透，调整液滴滴加位置，继续采用下一较高级数标准试液进行测试，再观察5 min。

8.4.3 继续进行试验，直到在5 min内观察到试样上的液滴渗透为止。记录试样的抗乙醇渗透等级。

8.4.4 取第2块试样重复8.4.1～8.4.3的操作。可能需要第3块试样(见第10章)。

9 抗乙醇等级的评定

9.1 抗乙醇沾湿等级的评定

通常发生5滴中有3滴或以上呈现大接触角的圆珠状(见图2中A)，视为通过。如5滴中的3滴或以上出现局部加深的半球状液滴(见图2中B)，视为不完全通过，该级数表述为最邻近的0.5级，即，产生此种现象的标准试液相应级数减去半级。如5滴中有3滴或以上完全润湿或接触角减小的芯吸(见图2中C、D)，视为不通过。

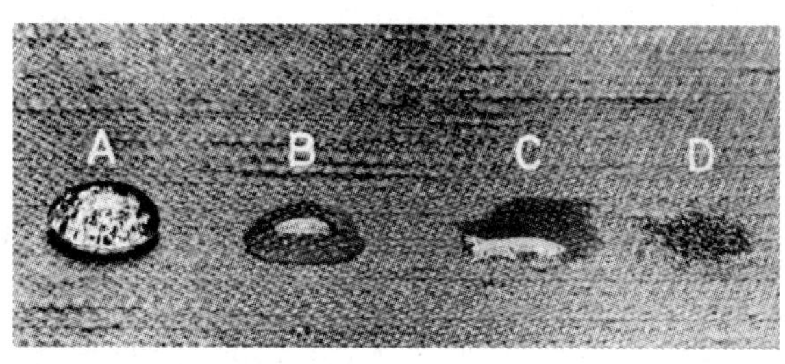

A：通过　明显的球珠状液滴

B：不完全通过　局部加深的半球状液滴

C：不通过　出现芯吸和/或完全润湿

D：不通过　完全润湿

图2 织物表面标准试液液滴状态

9.2 抗乙醇渗透等级的评定

9.2.1 评定乙醇试液是否渗透织物时，可通过观察试样背面的相应液滴位置处的颜色变化。如试样背面液滴处颜色同周围颜色相比，颜色加深可视为渗透；如颜色基本没有变化，可视为未渗透。

9.2.2 在滴加的液滴中发现有1滴渗透试样，即视为不通过。

10 结果

抗乙醇等级测定应在两个独立的试样上进行。如果两个试样所测的抗乙醇级数相同,则报出该值。如果两个试样所测级数不同,则取第3块试样进行测试。如第3块试样测试等级数与前两个测试结果中的1个相同,则报出第3块试样的等级。当第3块试样测试等级与前两个结果都不相同时,报出中间值。例如,在沾湿试验中,如果前两个测试结果为3.0和4.0,第3个测定值为4.5,则报出中间值4.0作为抗乙醇等级。抗乙醇等级取最邻近的0.5级。(见图2和9.1)。结果差异表示试样可能不均匀或者有沾污问题。

11 试验报告

试验报告应包含以下内容:

a) 本标准编号;

b) 试样描述和试验日期;

c) 试验使用的试剂名称,如乙醇、甲醇或异丙醇;

d) 试样数量;

e) 每块试样的抗乙醇沾湿或渗透等级;

f) 样品的抗乙醇沾湿或渗透等级;

g) 如果需要,标明试样的测试面;

h) 任何偏离本程序的细节。

ICS 59.080.01
W 04

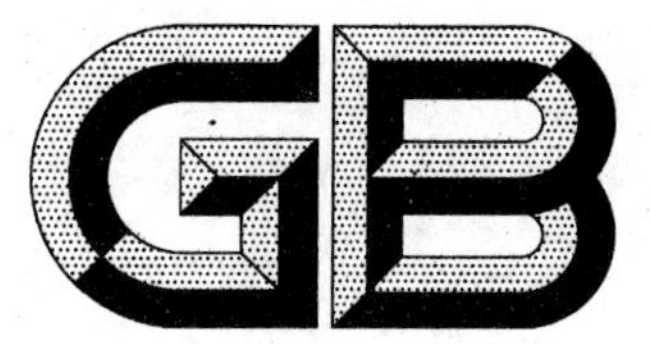

中华人民共和国国家标准

GB/T 24121—2009

纺织制品　断针类残留物的检测方法

Textile products—Determination of the remains of broken sewing needle

2009-06-15 发布　　2010-02-01 实施

中华人民共和国国家质量监督检验检疫总局
中国国家标准化管理委员会　发布

前　言

本标准的附录A为规范性附录。

本标准由中国纺织工业协会提出。

本标准由全国纺织品标准化技术委员会基础标准分会归口。

本标准主要起草单位：中华人民共和国河北出入境检验检疫局、中国纺织科学研究院、波司登股份有限公司、河北雪驰工贸股份有限公司。

本标准主要起草人：裴新华、李自力、高德康、崔毅、咎建兴、王自修、陈优军、李宏涛。

纺织制品　断针类残留物的检测方法

1　范围

本标准规定了采用金属检针机检测纺织制品中断针类或铁磁性金属残留物的方法。

本标准适用于经生产加工的纺织制品。原料、半成品和其他产品可参照使用。

2　原理

利用电磁感应原理，使纺织制品中的断针类或铁磁性金属残留物发生感应，从而被检出。

3　检测设备

3.1　检测设备

根据检测性质、被检纺织制品种类以及相关标准的规定选择配备形式和灵敏度适当的检测设备。

3.1.1　输送式金属检针机：多用于纺织制品生产加工企业，检测纺织制品中遗落的铁针、铁屑等铁磁性物质，也可用于检测机构对纺织制品中的断针类或铁磁性金属残留物的检测。常见检测灵敏度(标准铁球测试卡，又称标准检针测试块)有：0.8 mm、1.0 mm、1.2 mm、1.5 mm、2.0 mm、2.5 mm 和 3.0 mm。

3.1.2　台式金属检测仪：用于对小件、薄件、床上用品等纺织制品中的断针类或铁磁性金属残留物的检测。常见检测灵敏度(标准铁球测试卡，又称标准检针测试块)有：1.0 mm、1.2 mm、1.5 mm 和 2.0 mm。

3.1.3　手持式金属检测仪：用于对小件、薄件等纺织制品中的断针类或铁磁性金属残留物的检测，也可辅助其他检针机准确检出不良品中的断针类或铁磁性金属残留物。常见检测灵敏度(标准铁球测试卡，又称标准检针测试块)有：0.8 mm、1.0 mm 和 1.2 mm。

3.2　工作环境

3.2.1　检测设备应远离磁源(如大型变压器、高压电线、电扇、电机等)和振源。

3.2.2　检测设备周围 1 m 以内不得有任何铁磁性金属物品。

3.3　校准要求

3.3.1　每次校准时，应先关闭电源，擦拭干净检测设备。

3.3.2　检测设备启动至正常运转之后，进行校准。

3.3.3　检测设备每次开始正式检测时，应先进行首次校准。

3.3.4　检测设备连续工作 2 h 内至少应校准一次。

3.3.5　检测结束后，应对检测设备进行末次校准。

3.3.6　应指定专人进行校准和检测，工作人员不得携带手表、手机、钥匙、金属扣龙头皮带等带有磁性的物品。

3.3.7　校准用的铁球测试卡根据设备的灵敏度或拟检出物的大小进行选择。

3.3.8　输送式金属检针机的校准采用九点测试法(见附录 A)进行校准。台式金属检测仪可参照使用。

3.3.9　手持式金属检测仪每次开机后，发出鸣叫并显现发光信号，说明电源满足要求，否则需更换电源；将标准铁球测试卡置于手持式金属检测仪表面上方有效高度内，能够引发警报声，则说明可以满足检测的要求；否则需要检查、修理检测设备，直至标准铁球测试卡拒收报警为止。

4　样品准备

将样品整理成便于检测的形状。如果折叠状样品的高度高于检测设备龙门架高度、宽度大于有效

STANDARDS PRESS OF CHINA

检测宽度时，不得强行挤压测试，应改变样品的折叠方式。

确认样品上的已知金属附件已经消磁。对没有消磁的样品应采取相应的措施以保证不影响检测结果。

5 操作步骤

5.1 样品检测工作区应划分无针区和待检区，两个区域应有明显的界限区分。

5.2 检测设备的检测灵敏度达到规定的要求后，每件样品分两次送入检测设备进行检测，一次正面朝上，一次反面朝上，且样品两次送入检测设备时水平放置、相互垂直。

5.3 当样品两次通过检测设备均没有发出警报，认为该件样品中无断针类或铁磁性金属残留物，作为"无遗留物"样品放入无针区。

5.4 当样品送入检测设备，检测设备发出警报或指示灯闪亮等发出警报时，应将样品作为"疑似有遗留物"样品取出单独存放，并用手持式检测仪进一步寻找断针类或铁磁性金属残留物。

5.5 当手持式检测仪在"疑似有遗留物"产品上找到断针类或铁磁性金属残留物并取出后，该样品应按5.2重新进行检测。如样品送入检测设备没有发出警报，说明该件样品中已无断针类或铁磁性金属残留物，可作为"已检出针"样品放入无针区。

5.6 当手持式检测仪在"疑似有遗留物"产品上找不到断针类或铁磁性金属残留物时，该样品应为"残留物不明"产品。

5.7 连续检测时，样品的投放间距不得小于30 mm。

5.8 连续检测进行再校准和末次校准发现检测设备不合格时，本次校准与上一次校准之间所检样品应全部重新检测。

5.9 记录以下项目作为检测结果：

A. 无遗留物

B. 疑似有遗留物

C. 已检出针

D. 残留物不明

注：A+B=检测样品总量，C+D=B。

6 试验报告

试验报告应包括下列内容：

a） 本标准编号；

b） 样品的说明和试验日期；

c） 所使用的检测设备的型号、灵敏度和结果；

d） 首次校准、连续检测时进行再校准和末次校准的时间和结果；

e） 检出含金属残留物产品数量(见5.9的B)、金属残留物的描述；

f） 检测样品总量；

g） 偏离本标准的细节。

附 录 A
（规范性附录）
检针机校准法

A.1 范围

本方法规定了采用九点测试法校准金属检针机的方法，标准铁球测试卡（又称标准检针测试块）范围为 0.8 mm、1.0 mm、1.2 mm、1.5 mm、2.0 mm、2.5 mm 和 3.0 mm。

本方法适用于输送式金属检针机，台式金属检测仪可参照使用。

A.2 原理

检针设备中，通过不同方位放置的标准铁球测试卡对电磁感应反映的测定，验证检针设备是否能够满足检测的要求。

A.3 校准检测时间

检测设备正式开始检针之前和连续工作 2 h 以内。

A.4 操作步骤

A.4.1 根据检测性质、被检纺织制品种类以及相关标准的规定，将检测设备调到规定的灵敏度。

A.4.2 将标准铁球测试卡（又称标准检针测试块）按图 A.1 所示的 A1、A2、A3……A9 九个位置，分别放入检测设备输送带的上、中、下的左、中、右位置，逐个进行测试。

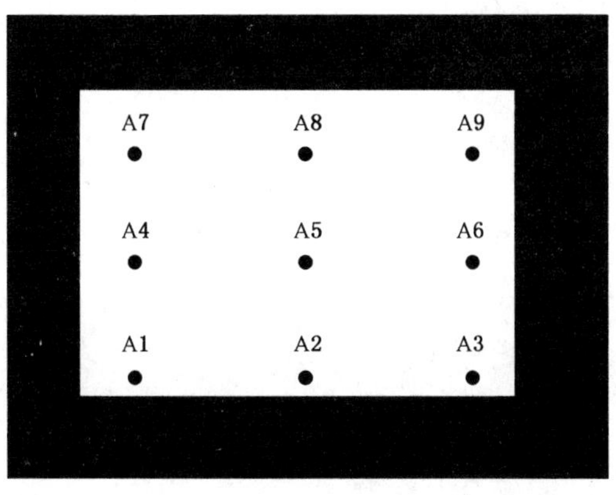

注：黑色为检测设备机体部分，黑框内的白色部分为检测通道。

图 A.1 检针标准铁球测试卡测试中的位置图示

A.4.3 如果铁球测试卡在检测设备中，九次全部引发警报声，说明该检针设备“合格”，能够满足检测的要求；如果铁球测试卡在检测设备中至少有一个点不能引发警报声，说明该检针设备“不合格”，需要检查、修理检测设备，直至铁球测试卡在九个点测试全部被拒收报警为止。

ICS 29.035.01
K 15

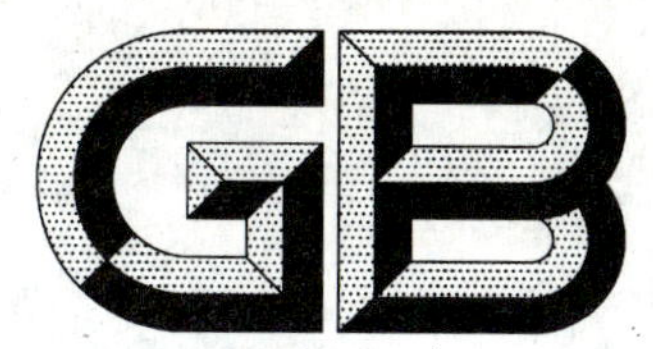

中华人民共和国国家标准

GB/T 24122—2009

耐电晕漆包线用漆

Corona-resistant enamelled wire coatings

2009-06-10 发布　　2009-12-01 实施

中华人民共和国国家质量监督检验检疫总局
中国国家标准化管理委员会　发布

前　言

本标准由中国电器工业协会提出。

本标准由全国绝缘材料标准化技术委员会(SAC/TC 51)归口。

本标准主要起草单位:四川东材科技集团股份有限公司、国家绝缘材料工程技术研究中心、桂林电器科学研究所。

本标准起草人:赵平、杨远华、罗传勇。

本标准为首次制定。

耐电晕漆包线用漆

1 范围

本标准规定了耐电晕漆包线漆的型号、要求、试验方法、检验规则、标志、包装、运输和贮存。

本标准适用于以耐高温聚酯亚胺树脂为基材、以纳米材料为改性剂而制得的耐电晕漆包线用漆。

耐电晕漆包线用漆涂制的绕组线具有优良的耐高频脉冲电压特性、耐热性、电绝缘性、附着性、耐磨性和热冲击性，用于制造具有耐电晕要求的变频电机专用绕组线。

2 规范性引用文件

下列文件中的条款通过本标准的引用而成为本标准的条款。凡是注日期的引用文件，其随后所有的修改单(不包括勘误的内容)或修订版均不适用于本标准，然而，鼓励根据本标准达成协议的各方研究是否可使用这些文件的最新版本。凡是不注日期的引用文件，其最新版本适用于本标准。

GB/T 1981.1—2007 电气绝缘用漆 第1部分:定义和一般要求(IEC 60464-1:1998,IDT)

GB/T 1981.2—2009 电气绝缘用漆 第2部分:试验方法(IEC 60464-2:2001,MOD)

GB/T 3953—2009 电工圆铜线

GB/T 4074.3—2008 绕组线试验方法 第3部分:机械性能(IEC 60851-3:1997,IDT)

GB/T 4074.4—2008 绕组线试验方法 第4部分:化学性能(IEC 60851-4:2005,IDT)

GB/T 4074.5—2008 绕组线试验方法 第5部分:电性能(IEC 60851-5:2004,IDT)

GB/T 4074.6—2008 绕组线试验方法 第6部分:热性能(IEC 60851-6:1996,IDT)

GB/Z 21274—2007 电子电气产品中限用物质铅、汞、镉检测方法

GB/Z 21275—2007 电子电气产品中限用物质六价铬检测方法

GB/Z 21276—2007 电子电气产品中限用物质多溴联苯(PBBs)、多溴二苯醚(PBDEs)检测方法

3 型号

耐电晕漆包线漆的型号为:D085。

4 要求

4.1 耐电晕漆包线漆漆液

漆液的性能要求应符合表1的规定。

表1 耐电晕漆包线漆漆液的性能要求

序号	性能	要求
1	外观	漆液均匀，无机械杂质和颗粒
2	固体含量	(38±3)%
3	黏度	(300～700)s
4	纳米材料含量	≥6.0%

4.2 耐电晕漆包线漆中的限用物质

耐电晕漆包线漆中的限用物质含量应符合表2的规定。

表 2 耐电晕漆包线漆中限用物质的要求

序号	限用物质	单位	要求
1	镉(Cd)	mg/kg	≤100
2	铅(Pb)	mg/kg	≤1 000
3	汞(Hg)	mg/kg	≤1 000
4	六价铬(Cr^{+6})	mg/kg	≤1 000
5	多溴联苯(PBBs)	mg/kg	≤1 000
6	多溴二苯醚(PBDEs)	mg/kg	≤1 000

4.3 耐电晕漆包线漆涂制的绕组线

绕组线的性能要求应符合表 3 的规定。

表 3 耐电晕漆包线漆涂制的绕组线性能要求

序号	性能		要求
1	外观		漆包圆线表面光洁、色泽均匀,无影响性能的缺陷
2	圆棒卷绕		漆膜不开裂(1 d)
3	拉伸		伸长 32%后漆膜不开裂
4	急拉断		漆膜不开裂、不失去附着性
5	刮漆	平均值	不低于 9.5 N
		最小值	不低于 8.1 N
6	耐溶剂		在溶剂中浸泡后漆膜的硬度应不小于“H”
7	耐冷冻剂		萃取物≤0.6%
8	击穿电压	(23±2)℃	5 个线样中至少 4 个不低于 4 900 V
		(180±2)℃	不低于 3 700 V
9	漆膜连续性		每 30 m 长度内缺陷数不超过 5 个
10	耐电晕性		抗高频脉冲电压的能力在规定参数测试条件下寿命应不小于 50 h
11	热冲击(220 ℃/30 min)		漆膜不开裂(2 d)
12	软化击穿		在 320 ℃温度下 2 min 内应不击穿
13	温度指数(RTI)		≥180

5 试验方法

除非另有规定,所有试验应在温度为(25±5)℃,相对湿度为(50±5)%的条件下进行,测量前试样应在上述环境下放置足够的时间进行预处理,使试样达到稳定状态。

5.1 耐电晕漆包线漆漆液

5.1.1 外观

将漆液倒入直径 15 mm 的干燥洁净无色透明的玻璃试管中,在(23±2)℃下静置至气泡消失后,在白昼散射光下对光观察。

5.1.2 固体含量

将玻璃皿(Φ 75 mm,高约 15 mm～20 mm)在(135±2)℃烘箱中加热 30 min,在干燥器中冷却后称量,在皿中加入 1.5 g～2.0 g(精确到 0.1 mg)试样,使其均匀分布在皿底。在空气中放置 30 min 后,水平放置于(200±5)℃的烘箱中烘焙 1 h,取出玻璃皿放入干燥器内冷却到室温,再称量。

按式(1)计算固体含量 X_1：

$$X_1 = \frac{m_2 - m}{m_1 - m} \times 100\% \quad \cdots\cdots(1)$$

式中：

m——玻璃皿的质量，单位为克(g)；

m_1——加热前试样与玻璃皿的质量，单位为克(g)；

m_2——加热后试样与玻璃皿的质量，单位为克(g)。

取三个试样测定值的中间值作为试验结果，取两位有效数字。

5.1.3 黏度

按 GB/T 1981.2—2009 进行，采用 ISO 4 号杯进行试验，试验温度：(20±1)℃。

5.1.4 纳米材料含量

在坩埚内称取大约 5.0 g(精确到 0.1 mg)漆样，经高温焙烧除去有机组分。焙烧条件：(240±5)℃/2 h，(650±5)℃/6 h，至有机物完全除去为止。

按式(2)计算纳米材料含量 X_2：

$$X_2 = \frac{G_0}{G} \times 100\% \quad \cdots\cdots(2)$$

式中：

G_0——焙烧后残余物的质量，单位为克(g)；

G——漆样的质量，单位为克(g)。

取两个试样测定值的中间值作为试验结果，取两位有效数字。

5.2 耐电晕漆包线漆中的限用物质

按 GB/Z 21274—2007、GB/Z 21275—2007 和 GB/Z 21276—2007 的规定进行。

5.3 耐电晕漆包线漆涂制的绕组线

5.3.1 线样制备

用符合 GB/T 3953—2009 规定的 Φ 0.80 mm 电工圆铜线以动态涂线法制备，有关涂制工艺由供需双方协商确定，漆膜厚度为 2 级。

5.3.2 线样外观

用肉眼观察。

5.3.3 圆棒卷绕

按 GB/T 4074.3—2008 中 5.1 的规定进行。

5.3.4 拉伸

按 GB/T 4074.3—2008 中 5.2 的规定进行。

5.3.5 急拉断

按 GB/T 4074.3—2008 中 5.3 的规定进行。

5.3.6 刮漆

按 GB/T 4074.3—2008 中第 6 章的规定进行。

5.3.7 耐溶剂

按 GB/T 4074.4—2008 中第 3 章的规定进行。

5.3.8 耐冷冻剂

按 GB/T 4074.4—2008 中第 4 章的规定进行。

5.3.9 击穿电压

按 GB/T 4074.5—2008 中第 4 章的规定进行。

5.3.10 漆膜连续性

按 GB/T 4074.5—2008 中第 5 章的规定进行。

STANDARDS PRESS OF CHINA

5.3.11 耐电晕性

按 GB/T 4074.5—2008 的规定制作绞线对，用耐电晕测试仪进行测试，测试条件为：

脉冲频率：20 kHz；

脉冲上升时间：≤0.4 μs；

脉冲间隔：0.08 μs～25 μs；

脉冲波形：方波；

脉冲极性：双极；

电压(V_{P-P})：3 kV；

温度：≥90 ℃。

5.3.12 热冲击

按 GB/T 4074.6—2008 中第 3 章的规定进行。

5.3.13 软化击穿

按 GB/T 4074.6—2008 中第 4 章的规定进行。

5.3.14 温度指数

按 GB/T 4074.6—2008 中第 5 章的规定进行。

6 检验规则

6.1 出厂检验

6.1.1 每批产品须经生产单位质检部门检验合格发放合格证后，方可出厂。

6.1.2 组批与抽样

在同一反应釜一次生产的耐电晕漆包线漆为一批。

从耐电晕漆包线漆的包装桶中随机抽取 1 桶～2 桶进行取样，取样量为 500 g～1 000 g。

6.1.3 出厂检验项目

出厂检验项目为本标准的 4.1。

6.1.4 判定规则

试验结果中的任何一项不符合要求时，应在该批产品中另取两组试样对不合格项目进行复试，仍有不合格时，则该批产品为不合格。

6.2 型式检验

每三个月进行一次，有下列情况之一时，也应进行：

a) 产品进行鉴定或评定时；

b) 产品的生产原材料、工艺或设备发生重大改变时；

c) 停产三个月恢复生产时。

6.2.1 抽样

在出厂检验合格的产品中，随机抽取不少于 5% 的总包装桶，最少不低于三桶，在每桶中取大致相等的样品混合均匀作为样本。

6.2.2 型式检验项目

型式检验项目为本标准 4.1 和表 3 中除温度指数外的所有项目。

6.2.3 判定规则

试验结果中的任何一项不符合要求时，应在该批产品中另取两组试样对不合格项目进行复试，仍有不合格时，则该批产品为不合格。

6.3 其他

温度指数为产品鉴定检验项目。

漆中的限用物质每六个月进行一次检验，当生产原材料发生重大变化时也应进行检验。

7 标志、包装、贮存和运输

7.1 耐电晕漆包线漆应包装在洁净干燥的铁桶内，并密封好，每桶净重不超过 200 kg。

7.2 耐电晕漆包线漆的贮存期从出厂之日起为六个月。

7.3 其余应符合 GB/T 1981.1—2007 的有关规定。

ICS 29.035.99
K 15

中华人民共和国国家标准

GB/T 24123—2009

电容器用金属化薄膜

Metallized film for capacitors

2009-06-10 发布　　　　2009-12-01 实施

中华人民共和国国家质量监督检验检疫总局
中国国家标准化管理委员会　发布

前　言

本标准由中国电器工业协会提出。

本标准由全国绝缘材料标准化技术委员会(SAC/TC 51)归口。

本标准起草单位:江门润田实业投资有限公司、浙江南洋科技股份有限公司、佛山塑料集团股份有限公司、桂林电器科学研究所、桂林电力电容器有限责任公司。

本标准主要起草人:柯庆毅、丁邦建、唐晓玲、王先锋、李兆林。

本标准为首次制定。

电容器用金属化薄膜

1 范围

本标准规定了电容器用金属化薄膜的术语、产品分类、性能要求、试验方法、检验规则、标志、包装、运输和贮存。

本标准适用于电容器用金属化聚丙烯薄膜和金属化聚酯薄膜。

2 规范性引用文件

下列文件中的条款通过本标准的引用而成为本标准的条款。凡是注日期的引用文件，其随后所有的修改单(不包括勘误的内容)或修订版均不适用于本标准，然而，鼓励根据本标准达成协议的各方研究是否可使用这些文件的最新版本。凡是不注日期的引用文件，其最新版本适用于本标准。

GB/T 2828.1 计数检验程序 第1部分：按接收质量限(AQL)检索的逐批检验计划(GB/T 2828.1—2003,ISO 2859-1:1999,IDT)

GB/T 13542.2—2009 电气绝缘用薄膜 第2部分：试验方法(IEC 60674-2:1988,MOD)

3 术语和定义

下列术语和定义适用于本标准。

3.1

基膜 base film

电容器用的能在其表面蒸镀一层极薄金属层的塑料薄膜。

3.2

金属化薄膜 metallized film

将高纯铝或锌在高真空状态下熔化、蒸发、沉淀到基膜上，在基膜表面形成一层极薄的金属层后的塑料薄膜。

3.3

自愈作用 self-healing

金属化薄膜介质局部击穿后立即本能地恢复到击穿前的电性能现象。

3.4

留边 margin

为实际制作电容器需要，将金属化薄膜一侧或两侧边缘或中间遮盖而形成不蒸镀金属的空白绝缘条(带)称为留边，其宽度称为留边量。

3.5

方块电阻 square resistance

金属化薄膜上的金属层在单位正方形面积的电阻值称为方块电阻，用Ω/□表示，通常用方块电阻来表示金属镀层的厚度。

注：□含义见表5注。

3.6

金属化安全薄膜 metallized safe film

金属层图案含有保险丝安全结构的金属化薄膜。按保险丝安全结构特点可分网格安全膜、T形安全膜和串接安全膜等。

4 分类

4.1 产品类型

MPPA(MPETA)——单面铝金属化聚丙烯(或聚酯)薄膜,见图1。

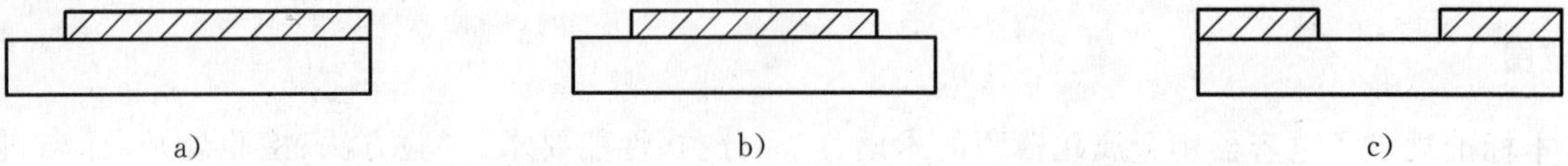

a)　　b)　　c)

图1 MPPA(MPETA)——单面铝金属化聚丙烯(或聚酯)薄膜

MPPAD(MPETAD)——双面铝金属化聚丙烯(或聚酯)薄膜,见图2。

图2 MPPAD(MPETAD)——双面铝金属化聚丙烯(或聚酯)薄膜

MPPAH(MPETAH)——边缘加厚金属层的单面铝金属化聚丙烯(或聚酯)薄膜,见图3。

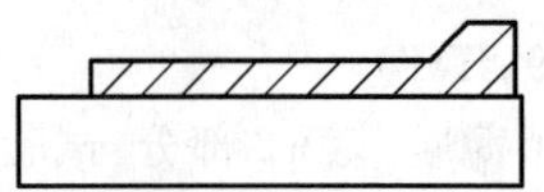

图3 MPPAH(MPETAH)——边缘加厚金属层的单面铝金属化聚丙烯(或聚酯)薄膜

MPPAZH(MPETAZH)——边缘加厚单面锌铝金属化聚丙烯(或聚酯)薄膜,见图4。

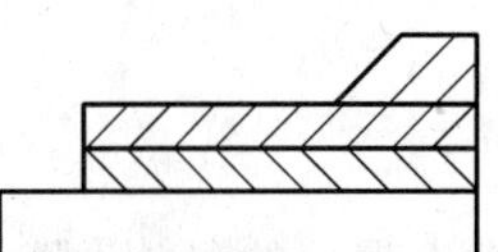

图4 MPPAZH(MPETAZH)——边缘加厚单面锌铝金属化聚丙烯(或聚酯)薄膜

MPPAZHX(MPETAZHX)——边缘加厚金属层的单面锌铝金属化聚丙烯(或聚酯)网格型安全薄膜,见图5。

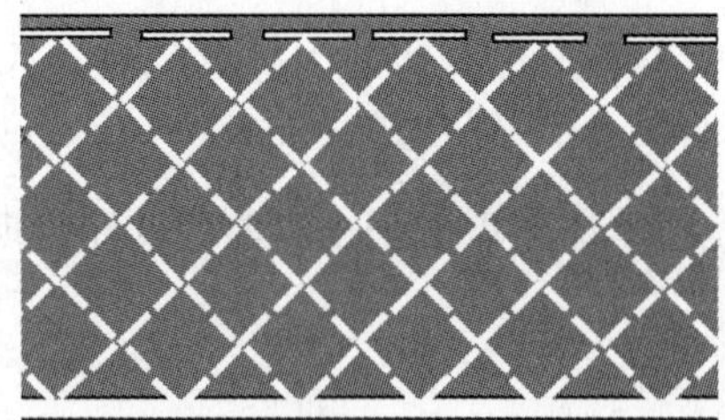

图5 MPPAZHX(MPETAZHX)——边缘加厚金属层的单面锌铝金属化聚丙烯(或聚酯)网格型安全薄膜

MPPAT(MPETAT)——单面铝金属化聚丙烯(或聚酯)T型安全薄膜,见图6。

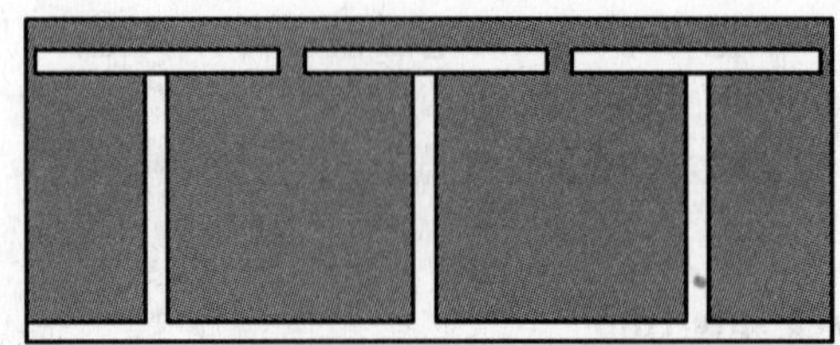

图6 MPPAT(MPETAT)——单面铝金属化聚丙烯(或聚酯)T型安全薄膜

代号中：

M 表示金属化；

PP 表示聚丙烯薄膜；

PET 表示聚酯薄膜；

A 表示镀层金属为铝；

AZ 表示镀层金属为锌铝复合；

D 表示双面金属化；

H 表示边缘加厚金属层；

X 表示网格安全膜；

T 表示 T 形安全膜。

4.2 留边类型

4.2.1 有留边产品的分类及留边字符代号

S——留边在膜的一侧，见图 1a)、图 2a)、图 3 及图 4；

T——留边在膜的两侧，见图 1b)；

M——留边在膜的中间，见图 1c)。

4.2.2 无留边的产品不加留边字符代号，见图 2b)。

4.3 规格

金属化薄膜的规格用三节阿拉伯数字表示，第一节数字表示金属化膜的标称厚度(μm)，第二节数字表示金属化薄膜的宽度(mm)，第三节数字表示金属化薄膜的留边量(mm)，各节数字间分别用乘号(×)相连接。

示例：8×75×2.5 表示金属化薄膜厚度为 8 μm，宽度为 75 mm，留边量为 2.5 mm。

4.4 产品型号

产品型号由产品类型、留边类型和规格三部分组成。

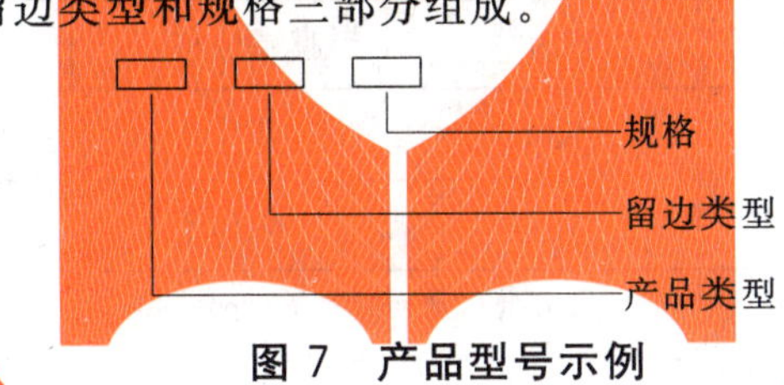

图 7 产品型号示例

4.5 产品型号示例

例 1：MPETA-S-6×8×2

厚度为 6 μm，宽度为 8 mm，留边量为 2 mm，留边在膜一侧的单面铝金属化聚酯薄膜。

例 2：MPPAZH-S-6×10×1.5

厚度为 6 μm，宽度为 10 mm，留边量为 1.5 mm，留边在膜一侧的单面边缘加厚金属化层的锌铝复合金属化聚丙烯薄膜。

例 3：MPETAD-6×35

厚度为 6 μm，宽度为 35 mm，无留边的双面铝金属化聚酯薄膜。

例 4：MPPAZX-S-6×8×2

厚度为 6 μm，宽度为 8 mm，留边量为 2 mm，留边在膜一侧的单面锌铝复合金属化聚丙烯网格型安全薄膜。

5 要求

5.1 膜卷外观

5.1.1 金属化薄膜留边处应清晰，不应有模糊的金属边界。

STANDARDS PRESS OF CHINA

5.1.2 金属化薄膜端面应平整，不允许有纵向皱折，但允许有在正常卷绕张力下能消除的皱折，即允许有少量可消除的皱纹。

5.1.3 金属化薄膜面应清洁，金属层光亮，附着力良好，不应有伤痕，特别不允许有纵向划痕，但允许有不影响膜性能的痕迹和自愈点。

5.1.4 金属化薄膜膜卷端面应平滑，无毛刺，膜卷端面无凹凸，允许在开始卷绕时有半圈以及每个接头处允许有一圈不大于1 mm的膜层凹凸。

5.2 膜卷性能

5.2.1 膜卷尺寸及偏差见表1。

表1 膜卷尺寸及偏差

单位为毫米

膜宽(B)及允许偏差		留边宽度及允许偏差		卷芯内径	膜卷外径
B≤15.0	±0.3	≤1.5	±0.3	75^{+2}_{0}	150^{+10}_{-20}
15.0<B≤25.0	±0.3				180±20
25.0<B≤40.0	±0.4	2.0	±0.4		220±20
B>40.0	±0.5	≥2.5	±0.5		240±20
注：膜卷内芯直径和膜卷外径可由供需双方商定。					

5.2.2 膜卷松动度：膜卷端面应能承受 P_{kg}=0.15 kg×膜宽 B(mm)的轴向重力而不发生松动。

5.2.3 每卷膜接头应不多于两个且两个接头间的最短距离为500 m。每个接头处必须用胶带粘牢并且在正常的卷绕张力下不会断开，且每个接头所产生的凸起不应大于0.15 mm。

5.2.4 膜卷侧向摆动 H、偏心度 S、端面盆形 b、膜卷翘边 A 和膜层位移 C 的要求见表2。

表2 膜卷侧向摆动 H、偏心度 S、端面盆形 b、膜卷翘边 A 和膜层位移 C 的要求

单位为毫米

膜卷外径	偏心度 S	翘边 A	膜层位移 C	端面盆形 b	侧向摆动 H
Φ150	≤0.3	≤0.3	≤0.2	≤0.2	≤0.4
Φ180	≤0.6	≤0.4	≤0.3	≤0.3	≤0.6
Φ220	≤0.7	≤0.5	≤0.4	≤0.3	≤0.7
Φ240	≤0.8	≤0.5	≤0.4	≤0.4	≤0.8
示意图	见图8a)	见图8b)	见图8c)	见图8d)	见图8e)

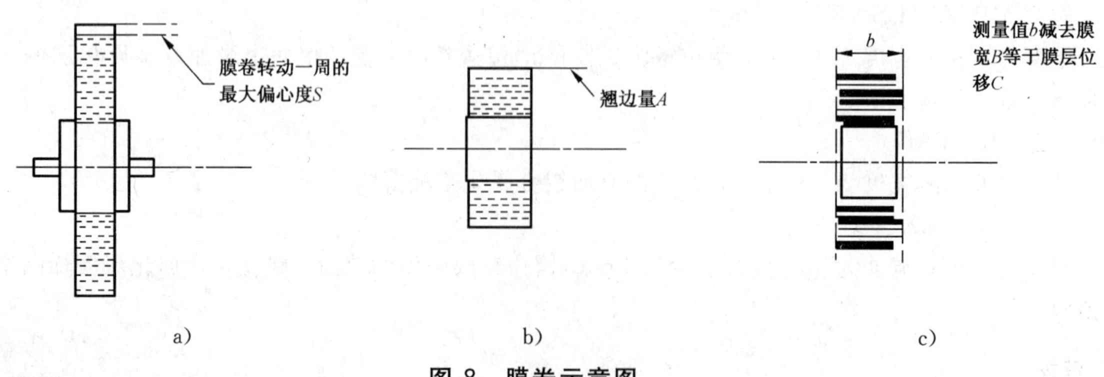

图8 膜卷示意图

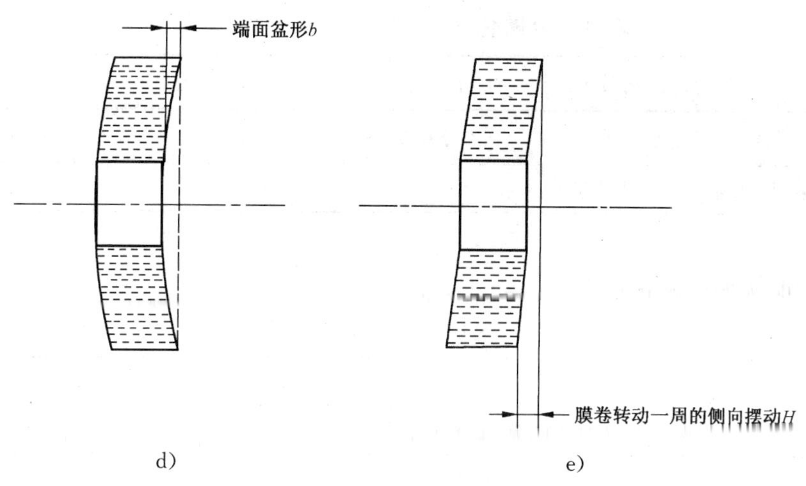

图 8（续）

5.3 金属化安全薄膜

5.3.1 金属化镀层上的安全保护结构应图案清晰，无可见缺陷。

5.3.2 保险丝及图案尺寸偏差

5.3.2.1 金属化网格型安全薄膜的隔离带和保险丝图案（见图 9）尺寸偏差见表 3。

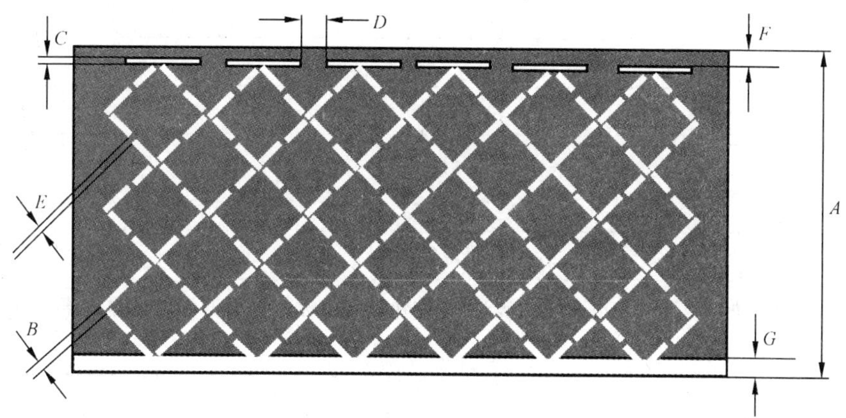

图 9 金属化网格型安全薄膜

表 3 金属化网格型安全薄膜尺寸偏差

单位为毫米

B(网块间隔离带宽)	C(纵向隔离带宽)	D(网边部保险丝)	E(网格部保险丝)	F(网边部宽)
±0.1	±0.2	±0.1	±0.1	±1.0

5.3.2.2 金属化 T 型安全薄膜的隔离带和保险丝图案（见图 10）尺寸偏差见表 4。

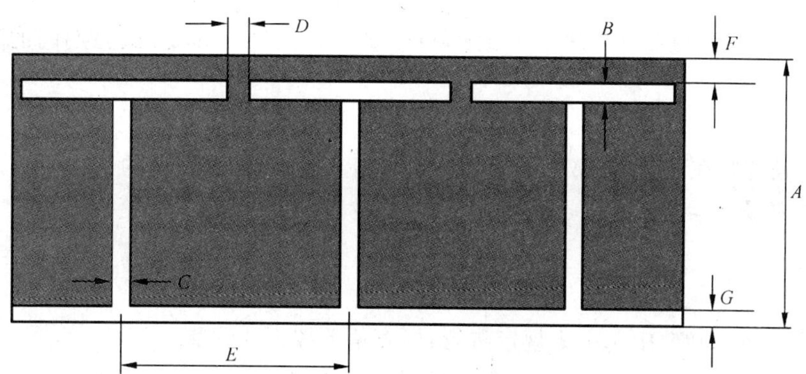

图 10 金属化 T 型安全薄膜

表 4　金属化 T 型安全薄膜尺寸偏差

单位为毫米

B(纵向隔离带宽)	*C*(网块间隔离带宽)	*D*(保险丝宽)	*E*(间隔宽)	*F*(网边部宽)
±0.2	±0.2	±0.2	±1.0	−0.5 +0.7
注：保险丝图案、尺寸偏差可由供需双方商定。				

5.4　性能要求

金属化薄膜性能要求见表 5 规定。

表 5　金属化薄膜性能要求

序号	性能			单位	要　求						
					金属化聚丙烯薄膜				金属化聚酯薄膜		
1	标称厚度			μm	<4	4～6	7～12	>12	<8	8～12	13～20
2	厚度允许偏差			%	±10	±9	±8	±7	±9	±7	±5
3	拉伸强度(纵向)			MPa	≥100				≥180	≥170	≥150
4	热收缩率	纵向		%	≤5				≤4	≤4	≤3
5	直流介电强度	平均值		V/μm	≥330	≥350	≥370	≥400	≥240	≥240	≥240
6	方块电阻	铝		Ω/□	2～4						
		锌铝	加厚边		2～4						
			非加厚边		5～10						
7	金属层附着力			—	金属层应牢固，无脱落现象						
注：表中第 6 项所示方块电阻为制作电容器的优选值，方块电阻指标值可根据制作的电容器不同用途而改变，可由供需双方商定。											

6　试验方法

6.1　试验条件

除非另有规定，所有试验均应按下列规定在正常试验大气条件下进行。

温度：20 ℃～30 ℃；

相对湿度：45%～65%；

洁净度：1 万级。

试验前，试样应在试验温度下存放 2 h 以上，以使试样达到这一温度，试验期间的环境温度应在报告中说明。

6.2　膜卷外观

取 1 000 mm 长的膜在装有 40 W 日光灯管的灯箱上检查。膜面质量的检查可将膜片保持相当于卷绕时的张力下检验。

6.3　尺寸

6.3.1　厚度

按 GB/T 13542.2—2009 中 4.1.1 规定进行，厚度偏差按下式计算：

$$厚度偏差 = \frac{厚度中值 - 标称厚度}{标称厚度} \times 100\%$$

6.3.2 膜宽

按 GB/T 13542.2—2009 第 6 章的规定进行。

6.3.3 留边宽度和安全膜保险丝及图案尺寸

留边宽度测量使用有标尺的放大镜(分辨率为 0.1 mm)或具有同等精度的测量器具进行测量,安全膜保险丝及图案尺寸测量使用有标尺的放大镜(分辨率为 0.05 mm)或具有同等精度的测量器具进行测量,测量时不应在膜的横向和纵向施加压力或拉力。

6.3.4 膜卷偏心度 *S* 和翘边 *A* 的测量

将膜卷放在直径为 *Φ*140 mm 旋转圆盘上,使其轴线与测量底座平板平行,将百分表及磁性表座如图 11 进行安装,将触头接触膜卷表面,将膜卷转动一周,读出最大变动量即为偏心度 *S*;再将膜卷静止不动,把表座沿水平方向移动,读出最大变动量即为翘边 *A*。取两次测量的平均值作为测量结果。

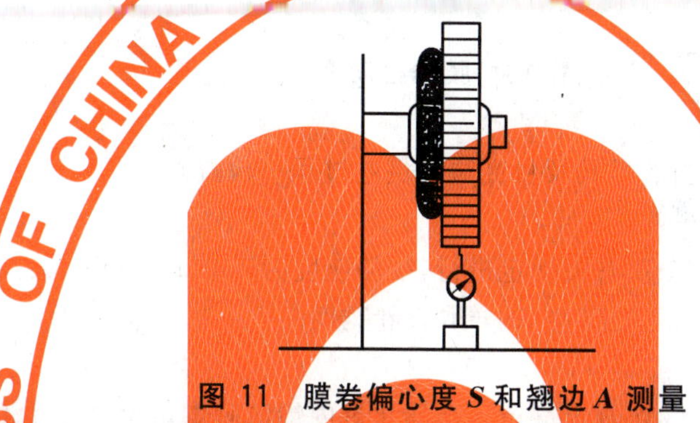

图 11 膜卷偏心度 *S* 和翘边 *A* 测量

6.3.5 膜卷侧向摆动 *H* 和端面盆形 *b*

按第 6.3.4 所述将膜卷安装好,再将表头如图 12 安装在膜卷侧面靠近外径(0.5 mm)处,将膜卷轴转动一周,其表头所示的最大变动量即为膜卷侧向摆动 *H*。再将表靠近膜卷侧面外径(0.5 mm)处,将膜卷静止不动,把表头沿垂直方向往膜卷卷芯方向均匀滑动,直到卷芯处,读出最大变动量即为端面盆形 *b*。取两次测量的平均值作为测量结果。

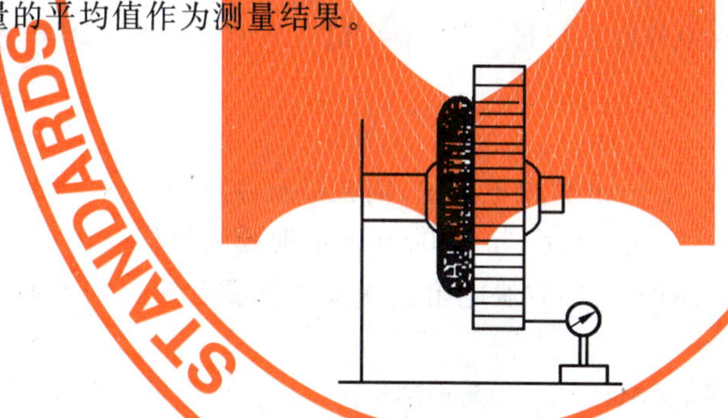

图 12 膜卷侧向摆动 *H* 和端面盆形 *b* 测量

6.3.6 膜层位移 *C*

用分度值为 0.02 mm 游标卡尺,在膜卷上测量膜卷的宽度,将测得值与按第 6.3.2 所测得的膜卷宽度比较,两者之差即为膜层位移 *C*。

6.3.7 卷芯内径及膜卷外径

卷芯内径使用分度值为 0.02 mm 的游标卡尺测量,膜卷外径用钢直尺测量,取三次测量的平均值作为试验结果。

6.3.8 膜卷松动度

6.3.8.1 试验仪器:质量为 *P*(kg)、直径不大于卷芯外径的砝码及外径为 200 mm,内孔直径 120 mm,厚 16 mm 的环形平板。

6.3.8.2 试验步骤:将试样膜卷放在环形平板上,将质量为 *P*(kg)的砝码放在膜卷的芯环上,如图 13 所示,其中 *P*(kg)=0.15×膜卷宽度(mm)。

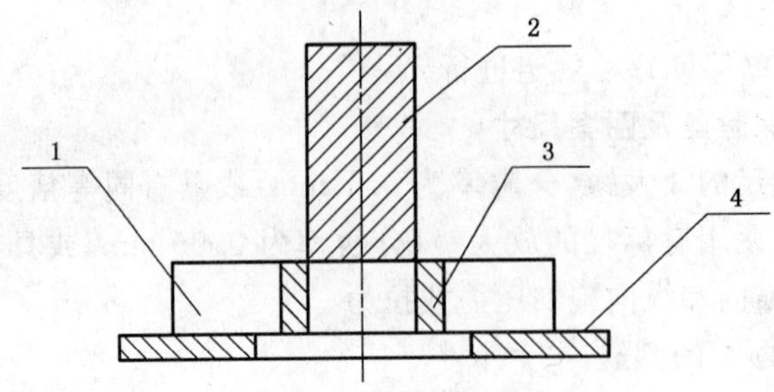

1——膜卷；
2——砝码；
3——卷芯；
4——环形平板。

图 13 膜卷松动度

6.3.9 接头质量检查

将一膜卷装在重卷机上用适当的量具及目测法在倒卷过程中检查。

6.4 拉伸强度

按 GB/T 13542.2—2009 第 11 章有关规定进行，拉伸速度为 100 mm/min、夹具间距为 100 mm±1.0 mm。对于膜卷宽度小于 15 mm 的膜卷，试样取膜卷宽度。

6.5 热收缩率

按 GB/T 13542.2—2009 第 23 章规定进行。金属化聚丙烯薄膜烘焙温度为 120 ℃±2 ℃，烘焙时间为 10 min；金属化聚酯薄膜烘焙温度为 150 ℃±2 ℃，烘焙时间为 15 min。

6.6 直流介电强度

按 GB/T 13542.2—2009 第 18 章中直流试验 50 点电极法规定进行，当薄膜宽度较窄，不适用规定的 Φ25 mm 上电极时，可按供需双方商定，根据薄膜宽度可适当采用较小的电极进行试验。

试验结果应在 50 点击穿测量值中分别去掉最大值，最小值各五点，计算其余 40 点的算术平均值，精确到个位。

6.7 方块电阻

6.7.1 试验仪器：最小分度值为 0.1 Ω/□的方块电阻仪、钢直尺及橡皮垫。

6.7.2 取样：用钢直尺沿膜卷卷绕方向截取长度为 1 000 mm 的薄膜为试样。

6.7.3 将试样放在橡皮垫上（金属层向上），用方块电阻仪探头沿长度方向均匀地取十点进行测量，取十次读数的平均值为试验结果。

注：避免边缘效应对测量结果带来误差，测量探头应距离边缘不小于 2 mm。对 T 型安全薄膜测量点应取单元格的中央位置。对于网格型安全薄膜，需采用探头触点可测量单个网格的方块电阻仪进行测量。

6.8 金属层附着力

附着力试验采用粘结强度为 2 N/cm^2～10 N/cm^2 的胶带，在长度为 1 000 mm 试样上进行，将试样放在有橡皮垫的平面上，用上述胶带均匀地粘贴在试样的金属镀层上，粘接长度为 100 mm，粘贴时用力应均匀，使胶带与金属层完全贴合，然后，将胶带平稳地垂直撕下，观察金属镀层应无明显剥落现象。

7 检验规则

7.1 产品检验分为：出厂检验和型式检验。

7.2 检验批

由相同原料、同一类型、同一规格、相同工艺制造的并一次提交验收的产品为一检验批。

7.3 出厂检验

金属化薄膜出厂检验时以成对金属化膜卷为单位。除非另有规定，出厂检验按 GB/T 2828.1 规定一次抽样方案，具体项目见表 6。

表 6　出厂检验项目

序号	检验项目	要求条款	方法条款	检查水平 1 L	合格质量水平 AQL
1	膜卷外观	5.1	6.2	Ⅱ	2.5
2	薄膜宽度	5.2.1	6.3.2	Ⅱ	2.5
3	留边宽度	5.2.1	6.3.3	Ⅱ	2.5
4	卷芯内径及膜卷外径	5.2.1	6.3.7	Ⅱ	2.5
5	膜卷松动度	5.2.2	6.3.8	Ⅱ	2.5
6	接头个数	5.2.3	6.3.9	Ⅱ	2.5
7	安全膜保险丝及图案尺寸	5.3.2	6.3.3	Ⅱ	2.5
8	薄膜厚度	5.4	6.3.1	S-3	4.0
9	方块电阻	5.4	6.7	Ⅱ	2.5
10	拉伸强度	5.4	6.4	Ⅱ	2.5

7.4　型式检验

在生产中，当产品结构、材料、工艺有改变或生产设备大修理等可能影响金属化膜的性能时应进行型式检验。正常情况下，型式检验应每年进行一次。

型式检验所需的试品，应抽取同一型号、规格的金属化薄膜，型式检验项目见表 7。

表 7　型式检验项目

<table>
<tr><th>组别</th><th>检验项目</th><th>样品数量</th><th>性能要求条款</th><th>方法条款</th><th>每组允许有缺陷数</th><th>允许有缺陷总数</th></tr>
<tr><td rowspan="7">Ⅰ</td><td>薄膜厚度</td><td>4</td><td>5.4</td><td>6.3.1</td><td>2</td><td>2</td></tr>
<tr><td>薄膜宽度</td><td rowspan="3">—</td><td>5.2.1</td><td>6.3.2</td><td rowspan="6">2</td><td rowspan="13">2</td></tr>
<tr><td>留边宽度</td><td>5.2.1</td><td>6.3.3</td></tr>
<tr><td>卷芯内径及膜卷外径</td><td>5.2.1</td><td>6.3.7</td></tr>
<tr><td>安全膜保险丝及图案尺寸</td><td>4</td><td>5.3.2</td><td>6.3.3</td></tr>
<tr><td>膜卷侧向摆动 H、偏心度 S、端面盆形 b、膜卷翘边 A 和膜层位移 C</td><td rowspan="2">—</td><td>5.2.4</td><td>6.3.4
6.3.5
6.3.6</td></tr>
<tr><td>膜卷松动度</td><td>5.2.2</td><td>6.3.8</td></tr>
<tr><td rowspan="2">Ⅱ</td><td>膜卷外观</td><td rowspan="2">2</td><td>5.1.2
5.1.3
5.1.4</td><td>6.2</td><td rowspan="2">1</td></tr>
<tr><td>接头质量</td><td>5.2.3</td><td>6.3.9</td></tr>
<tr><td rowspan="5">Ⅲ</td><td>方块电阻</td><td rowspan="5">4</td><td rowspan="5">5.4</td><td>6.7</td><td rowspan="5">1</td></tr>
<tr><td>直流介电强度</td><td>6.6</td></tr>
<tr><td>拉伸强度</td><td>6.4</td></tr>
<tr><td>金属层附着力</td><td>6.8</td></tr>
<tr><td>热收缩率</td><td>6.5</td></tr>
<tr><td colspan="7">注：允许有缺陷数总数＝受试样品有缺陷的数量×缺陷项目数。</td></tr>
</table>

8 标志、包装、运输、贮存

8.1 标志

8.1.1 每卷金属化薄膜上贴有红或蓝标记，标明左卷或右卷。

8.1.2 包装箱上应贴有包括以下内容的标签：

a) 产品名称及型号；

b) 金属化薄膜厚度；

c) 金属化薄膜宽度；

d) 留边宽度；

e) 方块电阻；

f) 总重及净重；

g) 生产日期或生产批号。

8.1.3 包装箱上应有制造厂商标图案、制造厂名及小心轻放、防潮等标志。

8.2 包装

8.2.1 薄膜应卷绕在硬质轴芯上、每卷膜之间应用软泡沫片隔开，并成对装入放有干燥剂的塑料口袋中，采用真空包装，然后放置在包装箱内，使之在相应的运输、贮存条件下，受到充分保持而不损坏和变质。

8.2.2 合格证应包括：

a) 制造厂名；

b) 产品名称；

c) 规格型号；

d) 净重；

e) 产品标准代号；

f) 检验批号；

g) 检验员；

h) 检验日期。

8.3 运输

在运输过程中，防止雨淋、阳光直射、碰撞和摔打，避免受潮和机械损伤。

8.4 贮存

8.4.1 产品应贮存在温度为10 ℃～35 ℃，湿度不大于70％的库房中，周围环境不应有酸、碱及其他有害气体。

8.4.2 在以上包装和贮存条件下，镀铝金属化膜的贮存期限为生产之日起半年。镀锌铝金属化膜的贮存期限为生产之日起三个月，超过贮存期的产品，按本标准检验合格后仍可使用。

注：包装膜在拆封后应尽快使用完毕，以免金属镀层氧化。

9 订货资料

订购需签订技术协议，作为产品验收标准，其协议必须注明以下内容：

a) 产品型号(包括产品种类和规格)；

b) 方块电阻值；

c) 膜卷内径/外径；

d) 数量；

e) 交货日期。

用户的其他特殊要求须供需双方商定后在协议中写明，协议中没有写明的均按本标准验收。

ICS 29.035.99
K 15

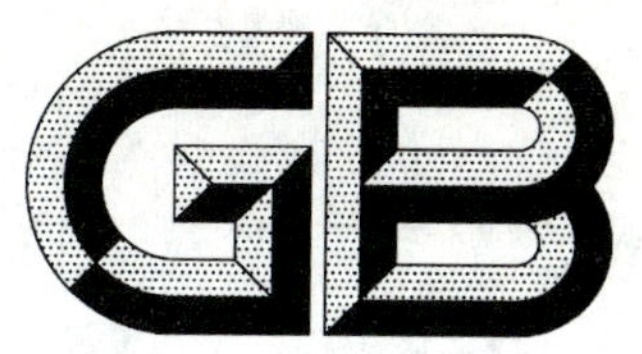

中华人民共和国国家标准

GB/T 24124—2009

C850 系列酚醛棉布层压板

C850 system phenolic resins cotton cloth laminated sheets

2009-06-10 发布　　　　2009-12-01 实施

中华人民共和国国家质量监督检验检疫总局
中国国家标准化管理委员会　发布

前　言

本标准修改采用 MIL-I-24768-13:1992《电工绝缘用酚醛棉布板(FBE)》、MIL-I-24768-14:1992《电工绝缘用酚醛棉布板(FBG)》、MIL-I-24768-15:1992《电工绝缘用酚醛棉布板(FBI)》和 MIL-I-24768-16:1992《电工绝缘用酚醛棉布板(FBM)》。

本标准与 MIL-I-24768-13～24768-16:1992 的主要技术差异如下:

1) "弯曲强度"要求值按 MIL-I-24768 中板厚为 0.5 in 和 0.75 in 的要求值;

2) "平行层向冲击强度"采用简支梁法要求值和对应的试验方法,单位采用 kJ/m^2;

3) 增加了对 D-24/23、D-48/50、E-48/50 等处理条件的说明;

4) 将 MIL-I-24768 标准中所引用的 ASTM 试验方法标准转化为相应的 GB/T 1303.2—2009。

本标准由中国电器工业协会提出。

本标准由全国绝缘材料标准化技术委员会(SAC/TC 51)归口。

本标准起草单位:北京新福润达绝缘材料有限责任公司、桂林电器科学研究所。

本标准主要起草人:刘琦焕、于存海、李学敏。

C850 系列酚醛棉布层压板

1 范围

本标准规定了电气绝缘用 C850 系列酚醛棉布层压板的分类、要求、试验方法和供货要求。

本标准适用于电气绝缘用 C850 系列酚醛棉布层压板。

2 规范性引用文件

下列文件中的条款通过本标准的引用而成为本标准的条款。凡是注日期的引用文件，其随后所有的修改单(不包括勘误的内容)或修订版均不适用于本标准，然而，鼓励根据本标准达成协议的各方研究是否可使用这些文件的最新版本。凡是不注日期的引用文件，其最新版本适用于本标准。

GB/T 1303.1—2009 电气用热固性树脂工业硬质层压板 第 1 部分：定义、命名和一般要求(IEC 60893-1:2004,IDT)

GB/T 1303.2—2009 电气用热固性树脂工业硬质层压板 第 2 部分：试验方法(IEC 60893-2:2003,MOD)

3 分类

C850 系列酚醛树脂棉布层压板按其组成和特性进行分类，见表 1。

表 1 型号、特性与用途

型号	特性与用途
C850.1	机械用(粗布)、电气性能差
C850.2	机械及电气用(粗布)、电气性能好
C850.3	机械用(细布)、电气性能差
C850.4	机械及电气用(细布)、电气性能好

4 要求

4.1 外观

应符合 GB/T 1303.1—2009 中 5.1 的规定。

4.2 尺寸

4.2.1 层压板的宽度和长度的允许偏差应符合表 2 的规定。

表 2 宽度和长度的允许偏差

单位为毫米

宽度和长度	允许偏差
450～1 000	±15
>1 000～2 600	±25

4.2.2 层压板的标称厚度及允许偏差见表 3。

表 3 标称厚度及允许偏差

单位为毫米

标称厚度	允许偏差	
	C850.1 C850.2	C850.3 C850.4
0.4	—	—
0.5	—	±0.13
0.6	—	±0.14
0.8	±0.19	±0.15
1.0	±0.20	±0.16
1.2	±0.22	±0.17
1.5	±0.24	±0.19
2.0	±0.26	±0.21
2.5	±0.29	±0.24
3.0	±0.31	±0.26
4.0	±0.36	±0.32
5.0	±0.42	±0.36
6.0	±0.46	±0.40
8.0	±0.55	±0.49
10.0	±0.63	±0.56
12.0	±0.70	±0.64
14.0	±0.78	±0.70
16.0	±0.85	±0.76
20.0	±0.95	±0.87
25.0	±1.10	±1.02
30.0	±1.22	±1.12
35.0	±0.34	±1.24
40.0	±1.45	±1.35
45.0	±1.55	±1.45
50.0	±1.65	±1.55
60.0	—	—
70.0	—	—
注1：对于标称厚度不在本表所列的优选厚度时，其公差应采用最接近的优选标称厚度的公差。 注2：其他公差要求可由供需双方商定。		

4.2.3 层压板切割板条宽度及偏差

层压板切割板条的宽度及偏差见表4。

表 4 层压板切割板条的宽度及偏差(均为负偏差)

单位为毫米

标称厚度 d	标称宽度(所有型号)					
	$3<b\leqslant50$	$50<b\leqslant100$	$100<b\leqslant160$	$160<b\leqslant300$	$300<b\leqslant500$	$500<b\leqslant600$
0.4	0.5	0.5	0.5	0.6	1.0	1.5
0.5	0.5	0.5	0.5	0.6	1.0	1.5
0.6	0.5	0.5	0.5	0.6	1.0	1.5
0.8	0.5	0.5	0.5	0.6	1.0	1.0
1.0	0.5	0.5	0.5	0.6	1.0	1.0
1.2	0.5	0.5	0.5	1.0	1.2	1.2

表 4（续）

单位为毫米

标称厚度 d	标称宽度（所有型号）					
	3＜b≤50	50＜b≤100	100＜b≤160	160＜b≤300	300＜b≤500	500＜b≤600
1.5	0.5	0.5	0.5	1.0	1.2	1.2
2.0	0.5	0.5	0.5	1.0	1.2	1.5
2.5	0.5	1.0	1.0	1.5	2.0	2.5
3.0	0.5	1.0	1.0	1.5	2.0	2.5
4.0	0.5	2.0	2.0	3.0	4.0	5.0
5.0	0.5	2.0	2.0	3.0	4.0	5.0
注：表中所列宽度的公差均为单向负公差。其他公差可由供需双方商定。						

4.3 平直度

平直度要求见表 5。

表 5 平直度

单位为毫米

厚度 d	直尺长度	
	1 000	500
3＜d≤6	10	2.5
6＜d≤8	8	2.0
d＞8	6	1.5

4.4 性能要求

层压板的性能要求见表 6。

表 6 性能要求

序号	性能		单位	适合试验用板材的标称厚度 mm	要求			
					C850.1	C850.2	C850.3	C850.4
1	垂直层向弯曲强度	纵向	MPa	≥1.6	≥110	≥107	≥107	≥103
		横向			≥103	≥93	≥97	≥90
2	粘合强度	常态时	N	≥12.7	≥8 000	≥8 000	≥7 100	≥7 100
		D-48/50			≥7 100	≥7 100	≥6 600	≥6 600
3	平行层向冲击强度（简支梁法、缺口试样）E-48/50		kJ/m²	≥5	≥8.8	≥7.8	≥7.0	≥6.0
4	相对介电常数（1 MHz）	常态时	—	≥0.8	—	—	—	≤5.8
		D-24/23		≥3.0	—	—	—	≤6.0
5	介质损耗因数（1 MHz）	常态时	—	≥0.8	—	—	—	≤0.055
		D-24/23		≥3.0	—	—	—	≤0.070
6	平行层向击穿电压（20 ℃±5 ℃油中）	常态	kV	＞3	15.0	35.0	15.0	40.0
		D-48/50			—	2.5		3.0
7	吸水率		%	全部	见表 7			
注：表 6 中的试样处理条件：D-48/50 为 50 ℃水中 48 h；D-24/23 为 23 ℃水中 24 h；E-48/50 为 50 ℃空气中 48 h。								

STANDARDS PRESS OF CHINA

表 7 吸水率

试样厚度平均值 mm	吸水率(%)			
	C850.1	C850.2	C850.3	C850.4
0.8	8.00	4.50	6.00	4.00
1.6	4.40	2.20	2.50	1.95
2.4	3.20	1.80	1.90	1.55
3.2	2.50	1.60	1.60	1.30
4.8	1.90	1.30	1.30	1.00
6.4	1.60	1.10	1.10	0.95
12.7	1.20	0.75	0.90	0.70
19.0	1.10	0.70	0.75	0.60
25.4	1.00	0.65	0.70	0.55
>25.4	1.00	0.65	0.70	0.55
注：如果测得的试样厚度算术平均值介于表中两厚度之间，则其要求值应取较小厚度的值。如果测得的厚度算术平均值低于表中给出的最小厚度，则吸水性要求值相当于最小厚度的那个值。如果标称厚度超过25.4 mm，则应从单面加工至25.4 mm，且加工平面应光滑。				

5 试验方法

5.1 总则

试验分出厂检验和型式试验。出厂试验为4.1、4.2、4.3、4.4表6中“弯曲强度”和“平行层向击穿电压”。型式试验为全部性能项目。

5.2 外观

目测检查。

5.3 尺寸

5.3.1 厚度

按GB/T 1303.2—2009中4.1的规定。

5.3.2 宽度及长度

用分度值为0.5 mm的直尺或量具至少测量三处，并报告其平均值。

5.4 平直度

按GB/T 1303.2—2009中4.2的规定。

5.5 弯曲强度

适用于试验的板材标称厚度为大于或等于1.5 mm，按GB/T 1303.2—2009中5.1的规定。

5.6 粘合强度

5.6.1 适用于试验的板材标称厚度为大于或等于12.7 mm，每组试样不少于五个，尺寸为长25 mm±0.2 mm，宽度25 mm±0.2 mm，厚为标称厚度12.7 mm。标称厚度12.7 mm以上者，应从两边加工至12.7 mm±0.2 mm。标称厚度12.7 mm以下者不予试验。试验两相邻面应互相垂直。

5.6.2 示值误差不超过1%的材料试验机，试样破坏的负荷量应在试验机的刻度范围(15～85)%之间，试验机压头上装有Φ10 mm的钢球。

5.6.3 试验前需将试样进行预处理，预处理及试验条件按GB/T 1303.2—2009中第3章规定进行。

5.6.4 将试样置于下夹具平台的中央，调整钢球与试样位置，使其如图1所示，然后以(10 mm±2 mm)/min的速度施加压力，直至试样破坏读取负荷值。

5.6.5 粘合强度以试样破坏所施加压力值表示，取每组试样的算术平均值，个别值对平均值的允许偏差为±15%。

单位为毫米

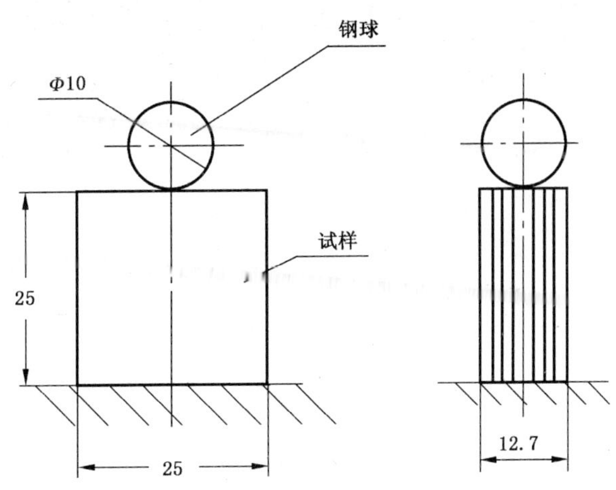

图 1 粘合强度试验装置

5.7 冲击强度

5.7.1 平行层向简支梁冲击强度

适用于试验的板材标称厚度为大于或等于 5.0 mm，按 GB/T 1303.2—2009 中 5.4.2 的规定。

5.8 1 MHz 下介电常数

按 GB/T 1303.2—2009 中 6.2 的规定。

5.9 1 MHz 下介质损耗因数

按 GB/T 1303.2—2009 中 6.2 的规定。

5.10 平行层向击穿电压

按 GB/T 1303.2—2009 中 6.1.3.2 的规定，试验报告应报告电极的类型。

5.11 吸水率

按 GB/T 1303.2—2009 中 8.2 的规定，计算出百分率。

6 供货要求

应符合 GB/T 1303.1—2009 中 5.4 的规定。

ICS 59.080.20
W 12

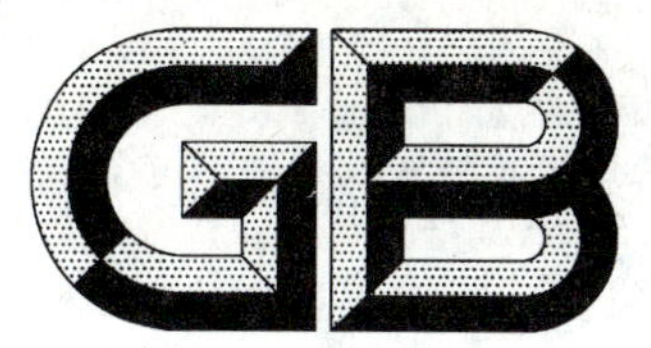

中华人民共和国国家标准

GB/T 24125—2009

不锈钢纤维与棉涤混纺本色纱线

Stainless steel fibre and cotton, polyester blended grey yarns

STANDARDS PRESS OF CHINA

2009-06-15 发布　　　　2010-01-01 实施

中华人民共和国国家质量监督检验检疫总局
中国国家标准化管理委员会　发布

前 言

本标准的附录 A 为规范性附录。

本标准由中国纺织工业协会提出。

本标准由全国纺织品标准化技术委员会(SAC/TC 209)归口。

本标准起草单位:无锡纺织工业协会、无锡贝斯特纺织新材料有限公司、江苏天圣达集团有限公司。

本标准主要起草人:王纪立、王可虎、金永良、唐鹤泰。

不锈钢纤维与棉涤混纺本色纱线

1 范围

本标准规定了不锈钢纤维与棉涤混纺本色纱线的产品分类、要求、试验方法、检验规则、标志和包装。

本标准适用于不锈钢纤维(净干质量百分率≤30%)与棉、涤纶混纺的牵切环锭纺机制的本色纱线。

2 规范性引用文件

下列文件中的条款通过本标准的引用而成为本标准的条款。凡是注日期的引用文件,其随后所有的修改单(不包括勘误的内容)或修订版均不适用于本标准,然而,鼓励根据本标准达成协议的各方研究是否可使用这些文件的最新版本。凡是不注日期的引用文件,其最新版本适用于本标准。

GB/T 2910.1 纺织品 定量化学分析 第1部分:试验通则

GB/T 2910.11 纺织品 定量化学分析 第11部分:纤维素纤维与聚酯纤维的混合物(硫酸法)

GB/T 3916 纺织品 卷装纱 单根纱线断裂强力和断裂伸长率的测定(GB/T 3916—1997, eqv ISO 2062:1993)

GB/T 4743 纱线线密度的测定 绞纱法

GB/T 9996.2 棉及化纤纯纺、混纺纱线外观质量黑板检验方法 第2部分:分别评定法

FZ/T 01053 纺织品 纤维含量的标识

3 产品分类和代号

3.1 产品分类

不锈钢纤维与棉涤混纺本色纱线按原料分为:棉不锈钢纤维混纺本色纱线、棉涤不锈钢纤维混纺本色纱线和涤不锈钢纤维混纺本色纱线。

3.2 产品代号

不锈钢纤维与棉涤混纺本色纱线的原料代号:棉为C,涤纶为T,不锈钢纤维为S。混纺比的写法规定为:棉含量/涤纶含量/不锈钢纤维含量。例如:棉50%、涤纶30%、不锈钢纤维20%,表示为C50/T30/S20。

4 要求

4.1 不锈钢纤维要求

服用织物纱线的不锈钢纤维的单纤维直径应在4 μm~8 μm,产业用布纱线的不锈钢纤维的单纤维直径应在4 μm~12 μm,直径偏差率不大于2.5%。体积质量为7.96 g/cm^3~8.02 g/cm^3,断裂强度为600 N/mm^2~1 250 N/mm^2,断裂伸长率≥0.8%,比电阻不大于75 μΩ·cm,无明显疵点和色差,分纤性良好。

4.2 纤维含量偏差

不锈钢纤维与棉涤混纺本色纱线的棉、涤纶纤维含量允许偏差执行FZ/T 01053,不锈钢纤维含量偏差下限不大于标称值的5%。

4.3 纱线质量要求

4.3.1 普梳棉不锈钢纤维混纺本色纱的要求见表1。

表1 普梳棉不锈钢纤维混纺本色纱的要求

公称线密度/tex（英制支数）	不锈钢纤维含量/%	等别	质量指标					
			单纱断裂强力变异系数CV/% ≤	百米重量变异系数CV/% ≤	黑板条干均匀度10块板比例（优：一：二：三）≥	黑板棉杂总粒数/（粒/g）≤	单纱断裂强度/（cN/tex）≥	百米重量偏差/%
14～15（43～37）	≤10	优	11.0	2.5	7：3：0：0	60	9.9	±2.5
		一	15.5	3.7	0：7：3：0	120		
		合	20.0	5.0	0：0：7：3	185		
16～20（36～29）		优	10.5	2.5	7：3：0：0	60	10.1	
		一	15.0	3.7	0：7：3：0	120		
		合	19.5	5.0	0：0：7：3	185		
21～30（28～19）		优	10.0	2.5	7：3：0：0	60	10.1	
		一	14.5	3.7	0：7：3：0	120		
		合	19.0	5.0	0：0：7：3	185		
31～34（19～17）		优	9.5	2.5	7：3：0：0	75	10.1	
		一	14.0	3.7	0：7：3：0	145		
		合	18.5	5.0	0：0：7：3	225		
14～15（43～37）	>10 ≤20	优	11.0	2.5	7：3：0：0	51	8.8	
		一	15.5	3.7	0：7：3：0	102		
		合	20.0	5.0	0：0：7：3	157		
16～20（36～29）		优	10.5	2.5	7：3：0：0	51	9.0	
		一	15.0	3.7	0：7：3：0	102		
		合	19.5	5.0	0：0：7：3	157		
21～30（28～19）		优	10.0	2.5	7：3：0：0	51	9.0	
		一	14.5	3.7	0：7：3：0	102		
		合	19.0	5.0	0：0：7：3	157		
31～34（19～17）		优	9.5	2.5	7：3：0：0	64	9.0	
		一	14.0	3.7	0：7：3：0	123		
		合	18.5	5.0	0：0：7：3	191		
14～15（43～37）	>20 ≤30	优	11.0	2.5	7：3：0：0	48	7.7	
		一	15.5	3.7	0：7：3：0	96		
		合	20.0	5.0	0：0：7：3	148		
16～20（36～29）		优	10.5	2.5	7：3：0：0	48	7.8	
		一	15.0	3.7	0：7：3：0	96		
		合	19.5	5.0	0：0：7：3	148		

表 1（续）

公称线密度/tex（英制支数）	不锈钢纤维含量/%	等别	质量指标 单纱断裂强力变异系数 CV/% ≤	百米重量变异系数 CV/% ≤	黑板条干均匀度 10 块板比例（优：一：二：三） ≥	黑板棉杂总粒数/（粒/g） ≤	单纱断裂强度/（cN/tex） ≥	百米重量偏差/%
21～30（28～19）	>20 ≤30	优	10.0	2.5	7∶3∶0∶0	48	7.8	±2.5
		一	14.5	3.7	0∶7∶3∶0	96		
		合	19.0	5.0	0∶0∶7∶3	148		
31～34（19～17）		优	9.5	2.5	7∶3∶0∶0	60	7.8	
		一	14.0	3.7	0∶7∶3∶0	116		
		合	18.5	5.0	0∶0∶7∶3	180		

4.3.2 普梳棉不锈钢纤维混纺本色线的要求见表 2。

表 2 普梳棉不锈钢纤维混纺本色线的要求

公称线密度/tex（英制支数）	不锈钢纤维含量/%	等别	质量指标 单纱断裂强力变异系数 CV/% ≤	百米重量变异系数 CV/% ≤	黑板棉杂总粒数/（粒/g） ≤	单线断裂强度/（cN/tex） ≥	百米重量偏差/%
14×2～20×2（42/2～29/2）	≤10	优	8.5	2.0	45	11.6	±2.5
		一	12.5	3.0	90		
		合	16.5	4.0	135		
21×2～30×2（28/2～19/2）		优	8.0	2.0	45	11.6	
		一	12.0	3.0	90		
		合	16.0	4.0	135		
31×2～36×2（18/2～16/2）		优	7.5	2.0	55	11.6	
		一	11.5	3.0	105		
		合	15.5	4.0	160		
14×2～20×2（42/2～29/2）	>10 ≤20	优	8.5	2.0	38	10.3	
		一	12.5	3.0	77		
		合	16.5	4.0	115		
21×2～30×2（28/2～19/2）		优	8.0	2.0	38	10.3	
		一	12.0	3.0	77		
		合	16.0	4.0	115		
31×2～36×2（18/2～16/2）		优	7.5	2.0	47	10.3	
		一	11.5	3.0	89		
		合	15.5	4.0	136		

STANDARDS PRESS OF CHINA

表 2（续）

公称线密度/tex（英制支数）	不锈钢纤维含量/%	等别	质量指标				
			单纱断裂强力变异系数 CV/% ≤	百米重量变异系数 CV/% ≤	黑板棉杂总粒数/（粒/g） ≤	单线断裂强度/（cN/tex） ≥	百米重量偏差/%
14×2～20×2（42/2～29/2）	>20 ≤30	优	8.5	2.0	36	9.0	±2.5
		一	12.5	3.0	72		
		合	16.5	4.0	108		
21×2～30×2（28/2～19/2）		优	8.0	2.0	36	9.0	
		一	12.0	3.0	72		
		合	16.0	4.0	108		
31×2～36×2（18/2～16/2）		优	7.5	2.0	44	9.0	
		一	11.5	3.0	84		
		合	15.5	4.0	128		

4.3.3 精梳棉不锈钢纤维混纺本色纱的要求见表 3。

表 3 精梳棉不锈钢纤维混纺本色纱的要求

公称线密度/tex（英制支数）	不锈钢纤维含量/%	等别	质量指标					
			单纱断裂强力变异系数 CV/% ≤	百米重量变异系数 CV/% ≤	黑板条干均匀度 10 块板比例（优：一：二：三） ≥	黑板棉杂总粒数/（粒/g） ≤	单纱断裂强度/（cN/tex） ≥	百米重量偏差/%
14～15（43～37）	≤10	优	10.0	2.5	7：3：0：0	25	11.2	±2.5
		一	14.5	3.7	0：7：3：0	55		
		合	19.0	5.0	0：0：7：3	80		
16～20（36～29）		优	9.5	2.5	7：3：0：0	25	11.2	
		一	14.0	3.7	0：7：3：0	55		
		合	18.5	5.0	0：0：7：3	80		
21～30（28～19）		优	9.0	2.5	7：3：0：0	25	11.3	
		一	13.5	3.7	0：7：3：0	55		
		合	18.0	5.0	0：0：7：3	80		
31～36（18～16）		优	8.5	2.5	7：3：0：0	25	11.3	
		一	13.0	3.7	0：7：3：0	55		
		合	17.5	5.0	0：0：7：3	80		
14～15（43～37）	>10 ≤20	优	10.0	2.5	7：3：0：0	21	9.9	
		一	14.5	3.7	0：7：3：0	47		
		合	19.0	5.0	0：0：7：3	68		

表 3（续）

公称线密度/tex（英制支数）	不锈钢纤维含量/%	等别	质量指标					
			单纱断裂强力变异系数 CV/% ≤	百米重量变异系数 CV/% ≤	黑板条干均匀度 10 块板比例（优：一：二：三）≥	黑板棉杂总粒数/（粒/g）≤	单纱断裂强度/（cN/tex）≥	百米重量偏差/%
16～20（36～29）	>10 ≤20	优	9.5	2.5	7：3：0：0	21	9.9	±2.5
		一	14.0	3.7	0：7：3：0	47		
		合	18.5	5.0	0：0：7：3	68		
21～30（28～19）		优	9.0	2.5	7：3：0：0	21	10.1	
		一	13.5	3.7	0：7：3：0	47		
		合	18.0	5.0	0：0：7：3	68		
31～36（18～16）		优	8.5	2.5	7：3：0：0	21	10.1	
		一	13.0	3.7	0：7：3：0	47		
		合	17.5	5.0	0：0：7：3	68		
14～15（43～37）	>20 ≤30	优	10.0	2.5	7：3：0：0	20	8.7	
		一	14.5	3.7	0：7：3：0	44		
		合	19.0	5.0	0：0：7：3	64		
16～20（36～29）		优	9.5	2.5	7：3：0：0	20	8.7	
		一	14.0	3.7	0：7：3：0	44		
		合	18.5	5.0	0：0：7：3	64		
21～30（28～19）		优	9.0	2.5	7：3：0：0	20	8.8	
		一	13.5	3.7	0：7：3：0	44		
		合	18.0	5.0	0：0：7：3	64		
31～36（18～16）		优	8.5	2.5	7：3：0：0	20	8.8	
		一	13.0	3.7	0：7：3：0	44		
		合	17.5	5.0	0：0：7：3	64		

4.3.4 精梳棉不锈钢纤维混纺本色线的要求见表 4。

表 4 精梳棉不锈钢纤维混纺本色线的要求

公称线密度/tex（英制支数）	不锈钢纤维含量/%	等别	质量指标				
			单纱断裂强力变异系数 CV/% ≤	百米重量变异系数 CV/% ≤	黑板棉杂总粒数/（粒/g）≤	单线断裂强度/（cN/tex）≥	百米重量偏差/%
14×2～20×2（42/2～29/2）	≤10	优	8.0	2.0	20	13.4	±2.5
		一	12.0	3.0	40		
		合	16.0	4.0	55		

表 4（续）

公称线密度/tex（英制支数）	不锈钢纤维含量/%	等别	质量指标				
			单纱断裂强力变异系数 CV/% ≤	百米重量变异系数 CV/% ≤	黑板棉杂总粒数/(粒/g) ≤	单线断裂强度/(cN/tex) ≥	百米重量偏差/%
21×2～30×2（28/2～19/2）	≤10	优	7.5	2.0	20	13.4	±2.5
		一	11.5	3.0	40		
		合	15.5	4.0	55		
31×2～36×2（18/2～16/2）		优	7.0	2.0	24	13.4	
		一	11.0	3.0	48		
		合	15.0	4.0	66		
14×2～20×2（42/2～29/2）	>10 ≤20	优	8.0	2.0	17	11.9	
		一	12.0	3.0	34		
		合	16.0	4.0	47		
21×2～30×2（28/2～19/2）		优	7.5	2.0	17	11.9	
		一	11.5	3.0	34		
		合	15.5	4.0	47		
31×2～36×2（18/2～16/2）		优	7.0	2.0	20	11.9	
		一	11.0	3.0	41		
		合	15.0	4.0	56		
14×2～20×2（42/2～29/2）	>20 ≤30	优	8.0	2.0	16	10.4	
		一	12.0	3.0	32		
		合	16.0	4.0	44		
21×2～30×2（28/2～19/2）		优	7.5	2.0	16	10.4	
		一	11.5	3.0	32		
		合	15.5	4.0	44		
31×2～36×2（18/2～16/2）		优	7.0	2.0	19	10.4	
		一	11.0	3.0	38		
		合	15.0	4.0	52		

4.3.5 针织用普梳棉不锈钢纤维混纺本色纱的要求见表 5。

表 5 针织用普梳棉不锈钢纤维混纺本色纱的要求

公称线密度/tex（英制支数）	不锈钢纤维含量/%	等别	质量指标					
			单纱断裂强力变异系数 CV/% ≤	百米重量变异系数 CV/% ≤	黑板条干均匀度10块板比例（优：一：二：三）≥	黑板棉杂总粒数/(粒/g) ≤	单纱断裂强度/(cN/tex) ≥	百米重量偏差/%
14～15（43～37）	≤10	优	10.0	2.3	7：3：0：0	45	9.9	±2.5
		一	14.5	3.5	0：7：3：0	85		
		合	19.0	5.0	0：0：7：3	125		

表 5（续）

公称线密度/tex（英制支数）	不锈钢纤维含量/%	等别	质量指标 单纱断裂强力变异系数 CV/% ≤	百米重量变异系数 CV/% ≤	黑板条干均匀度 10 块板比例（优：一：二：三）≥	黑板棉杂总粒数/（粒/g）≤	单纱断裂强度/（cN/tex）≥	百米重量偏差/%
16~20（36~29）	≤10	优	9.5	2.3	7：3：0：0	45	10.1	±2.5
		一	14.0	3.5	0：7：3：0	85		
		合	18.5	5.0	0：0：7：3	125		
21~30（28~19）		优	9.0	2.3	7：3：0：0	45	10.1	
		一	13.5	3.5	0：7：3：0	85		
		合	18.0	5.0	0：0：7：3	125		
31~34（18~17）		优	9.0	2.3	7：3：0：0	50	10.1	
		一	13.5	3.5	0：7：3：0	90		
		合	18.0	5.0	0：0：7：3	135		
14~15（43~37）	>10 ≤20	优	10.0	2.3	7：3：0：0	38	8.8	
		一	14.5	3.5	0：7：3：0	72		
		合	19.0	5.0	0：0：7：3	106		
16~20（36~29）		优	9.5	2.3	7：3：0：0	38	9.0	
		一	14.0	3.5	0：7：3：0	72		
		合	18.5	5.0	0：0：7：3	106		
21~30（28~19）		优	9.0	2.3	7：3：0：0	38	9.0	
		一	13.5	3.5	0：7：3：0	72		
		合	18.0	5.0	0：0：7：3	106		
31~34（18~17）		优	9.0	2.3	7：3：0：0	43	9.0	
		一	13.5	3.5	0：7：3：0	77		
		合	18.0	5.0	0：0：7：3	115		
14~15（43~37）	>20 ≤30	优	10.0	2.3	7：3：0：0	36	7.7	
		一	14.5	3.5	0：7：3：0	68		
		合	19.0	5.0	0：0：7：3	100		
16~20（36~29）		优	9.5	2.3	7：3：0：0	36	7.8	
		一	14.0	3.5	0：7：3：0	68		
		合	18.5	5.0	0：0：7：3	100		
21~30（28~19）		优	9.0	2.3	7：3：0：0	36	7.8	
		一	13.5	3.5	0：7：3：0	68		
		合	18.0	5.0	0：0：7：3	100		
31~34（18~17）		优	9.0	2.3	7：3：0：0	40	7.8	
		一	13.5	3.5	0：7：3：0	72		
		合	18.0	5.0	0：0：7：3	108		

4.3.6 针织用精梳棉不锈钢纤维混纺本色纱的要求见表6。

表6 针织用精梳棉不锈钢纤维混纺本色纱的要求

公称线密度/tex（英制支数）	不锈钢纤维含量/%	等别	质量指标					
			单纱断裂强力变异系数CV/% ≤	百米重量变异系数CV/% ≤	黑板条干均匀度10块板比例（优：一：二：三）≥	黑板棉杂总粒数/（粒/g）≤	单纱断裂强度/（cN/tex）≥	百米重量偏差/%
14～15（43～37）	≤10	优	9.5	2.3	7：3：0：0	20	11.2	±2.5
		一	14.0	3.5	0：7：3：0	50		
		合	18.5	5.0	0：0：7：3	75		
16～20（36～29）		优	9.0	2.3	7：3：0：0	20	11.2	
		一	13.5	3.5	0：7：3：0	50		
		合	18.0	5.0	0：0：7：3	75		
21～30（28～19）		优	8.5	2.3	7：3：0：0	20	11.3	
		一	13.0	3.5	0：7：3：0	50		
		合	17.5	5.0	0：0：7：3	75		
31～36（18～16）		优	8.0	2.3	7：3：0：0	20	11.3	
		一	12.5	3.5	0：7：3：0	50		
		合	17.0	5.0	0：0：7：3	75		
14～15（43～37）	>10 ≤20	优	9.5	2.3	7：3：0：0	17	9.9	
		一	14.0	3.5	0：7：3：0	43		
		合	18.5	5.0	0：0：7：3	64		
16～20（36～29）		优	9.0	2.3	7：3：0：0	17	9.9	
		一	13.5	3.5	0：7：3：0	43		
		合	18.0	5.0	0：0：7：3	64		
21～30（28～19）		优	8.5	2.3	7：3：0：0	17	10.1	
		一	13.0	3.5	0：7：3：0	43		
		合	17.5	5.0	0：0：7：3	64		
31～36（18～16）		优	8.0	2.3	7：3：0：0	17	10.1	
		一	12.5	3.5	0：7：3：0	43		
		合	17.0	5.0	0：0：7：3	64		
14～15（43～37）	>20 ≤30	优	9.5	2.3	7：3：0：0	16	8.7	
		一	14.0	3.5	0：7：3：0	40		
		合	18.5	5.0	0：0：7：3	60		
16～20（36～29）		优	9.0	2.3	7：3：0：0	16	8.7	
		一	13.5	3.5	0：7：3：0	40		
		合	18.0	5.0	0：0：7：3	60		

表 6（续）

公称线密度/tex（英制支数）	不锈钢纤维含量/%	等别	质量指标					
			单纱断裂强力变异系数 CV/% ≤	百米重量变异系数 CV/% ≤	黑板条干均匀度 10 块板比例（优：一：二：三） ≥	黑板棉杂总粒数/（粒/g） ≤	单纱断裂强度/（cN/tex） ≥	百米重量偏差/%
21～30（28～19）	>20 ≤30	优	8.5	2.3	7：3：0：0	16	8.8	±2.5
		一	13.0	3.5	0：7：3：0	40		
		合	17.5	5.0	0：0：7：3	60		
31～36（18～16）		优	8.0	2.3	7：3：0：0	16	8.8	
		一	12.5	3.5	0：7：3：0	40		
		合	17.0	5.0	0：0：7：3	60		

4.3.7 普梳棉涤不锈钢纤维混纺本色纱的要求见表 7。

表 7 普梳棉涤不锈钢纤维混纺本色纱的要求

公称线密度/tex（英制支数）	不锈钢纤维含量/%	等别	质量指标					
			单纱断裂强力变异系数 CV/% ≤	百米重量变异系数 CV/% ≤	黑板条干均匀度 10 块板比例（优：一：二：三） ≥	黑板棉杂总粒数/（粒/g） ≤	单纱断裂强度/（cN/tex） ≥	百米重量偏差/%
14～16（44～36）	≤10	优	14.5	2.5	7：3：0：0	30	11.7	±2.5
		一	18.5	3.7	0：7：3：0	60		
		合	22.5	5.0	0：0：7：3	90		
17～20（36～29）		优	14.0	2.5	7：3：0：0	30	12.1	
		一	18.0	3.7	0：7：3：0	60		
		合	22.0	5.0	0：0：7：3	90		
21～24（28～24）		优	13.5	2.5	7：3：0：0	30	12.4	
		一	17.5	3.7	0：7：3：0	60		
		合	21.5	5.0	0：0：7：3	90		
25～36（23～19）		优	13.0	2.5	7：3：0：0	30	12.8	
		一	17.0	3.7	0：7：3：0	60		
		合	21.0	5.0	0：0：7：3	90		
14～16（44～36）	>10 ≤20	优	14.5	2.5	7：3：0：0	23	10.4	
		一	18.5	3.7	0：7：3：0	45		
		合	22.5	5.0	0：0：7：3	68		
17～20（36～29）		优	14.0	2.5	7：3：0：0	23	10.7	
		一	18.0	3.7	0：7：3：0	45		
		合	22.0	5.0	0：0：7：3	68		

表 7（续）

公称线密度/tex（英制支数）	不锈钢纤维含量/%	等别	质量指标					
			单纱断裂强力变异系数 CV/% ≤	百米重量变异系数 CV/% ≤	黑板条干均匀度 10 块板比例（优：一：二：三）≥	黑板棉杂总粒数/（粒/g）≤	单纱断裂强度/（cN/tex）≥	百米重量偏差/%
21～24（28～24）	>10 ≤20	优	13.5	2.5	7：3：0：0	23	11.0	±2.5
		一	17.5	3.7	0：7：3：0	45		
		合	21.5	5.0	0：0：7：3	68		
25～36（23～19）		优	13.0	2.5	7：3：0：0	23	11.4	
		一	17.0	3.7	0：7：3：0	45		
		合	21.0	5.0	0：0：7：3	68		
14～16（44～36）	>20 ≤30	优	14.5	2.5	7：3：0：0	22	9.1	
		一	18.5	3.7	0：7：3：0	43		
		合	22.5	5.0	0：0：7：3	65		
17～20（36～29）		优	14.0	2.5	7：3：0：0	22	9.4	
		一	18.0	3.7	0：7：3：0	43		
		合	22.0	5.0	0：0：7：3	65		
21～24（28～24）		优	13.5	2.5	7：3：0：0	22	9.7	
		一	17.5	3.7	0：7：3：0	43		
		合	21.5	5.0	0：0：7：3	65		
25～36（23～19）		优	13.0	2.5	7：3：0：0	22	9.9	
		一	17.0	3.7	0：7：3：0	43		
		合	21.0	5.0	0：0：7：3	65		

4.3.8 普梳棉涤不锈钢纤维混纺本色线的要求见表 8。

表 8 普梳棉涤不锈钢纤维混纺本色线的要求

公称线密度/tex（英制支数）	不锈钢纤维含量/%	等别	质量指标				
			单纱断裂强力变异系数 CV/% ≤	百米重量变异系数 CV/% ≤	黑板棉杂总粒数/（粒/g）≤	单线断裂强度/（cN/tex）≥	百米重量偏差/%
14×2～16×2（44/2～36/2）	≤10	优	10.5	2.0	25	14.7	±2.5
		一	13.0	3.0	40		
		合	16.0	4.0	70		
17×2～20×2（35/2～29/2）		优	10.0	2.0	25	14.9	
		一	12.5	3.0	40		
		合	15.5	4.0	70		

表 8（续）

公称线密度/tex（英制支数）	不锈钢纤维含量/%	等别	质量指标 单纱断裂强力变异系数 CV/% ≤	百米重量变异系数 CV/% ≤	黑板棉杂总粒数/(粒/g) ≤	单线断裂强度/(cN/tex) ≥	百米重量偏差/%
21×2～24×2 (28/2～24/2)	≤10	优	9.5	2.0	25	15.2	±2.5
		一	12.0	3.0	40		
		合	15.0	4.0	70		
25×2～36×2 (23/2～19/2)		优	9.0	2.0	25	15.2	
		一	11.5	3.0	40		
		合	14.5	4.0	70		
14×2～16×2 (44/2～36/2)	>10 ≤20	优	10.5	2.0	19	13.0	
		一	13.0	3.0	30		
		合	16.0	4.0	53		
17×2～20×2 (35/2～29/2)		优	10.0	2.0	19	13.2	
		一	12.5	3.0	30		
		合	15.5	4.0	53		
21×2～24×2 (28/2～24/2)		优	9.5	2.0	19	13.5	
		一	12.0	3.0	30		
		合	15.0	4.0	53		
25×2～36×2 (23/2～19/2)		优	9.0	2.0	19	13.5	
		一	11.5	3.0	30		
		合	14.5	4.0	53		
14×2～16×2 (44/2～36/2)	>20 ≤30	优	10.5	2.0	18	11.4	
		一	13.0	3.0	29		
		合	16.0	4.0	50		
17×2～20×2 (35/2～29/2)		优	10.0	2.0	18	11.6	
		一	12.5	3.0	29		
		合	15.5	4.0	50		
21×2～24×2 (28/2～24/2)		优	9.5	2.0	18	11.8	
		一	12.0	3.0	29		
		合	15.0	4.0	50		
25×2～36×2 (23/2～19/2)		优	9.0	2.0	18	11.8	
		一	11.5	3.0	29		
		合	14.5	4.0	50		

4.3.9　精梳棉涤不锈钢纤维混纺本色纱的要求见表 9。

表 9　精梳棉涤不锈钢纤维混纺本色纱的要求

公称线密度/tex（英制支数）	不锈钢纤维含量/%	等别	质量指标：单纱断裂强力变异系数 CV/% ≤	百米重量变异系数 CV/% ≤	黑板条干均匀度 10 块板比例（优：一：二：三） ≥	黑板棉杂总粒数/（粒/g） ≤	单纱断裂强度/（cN/tex） ≥	百米重量偏差/%
14～16（44～36）	≤10	优	14.5	2.5	7：3：0：0	16	12.2	±2.5
		一	17.8	3.5	0：7：3：0	28		
		合	20.3	4.5	0：0：7：3	40		
17～20（35～29）		优	14.0	2.5	7：3：0：0	14	12.4	
		一	17.3	3.5	0：7：3：0	26		
		合	19.8	4.5	0：0：7：3	38		
21～24（28～24）		优	13.3	2.5	7：3：0：0	14	12.9	
		一	16.8	3.5	0：7：3：0	26		
		合	19.3	4.5	0：0：7：3	38		
25～30（23～19）		优	12.8	2.5	7：3：0：0	14	13.5	
		一	16.3	3.5	0：7：3：0	26		
		合	18.8	4.5	0：0：7：3	38		
31 及以上（18 及以下）		优	12.0	2.5	7：3：0：0	13	14.3	
		一	15.5	3.5	0：7：3：0	25		
		合	18.0	4.5	0：0：7：3	37		
14～16（44～36）	>10 ≤20	优	14.5	2.5	7：3：0：0	12	10.8	
		一	17.8	3.5	0：7：3：0	21		
		合	20.3	4.5	0：0：7：3	30		
17～20（35～29）		优	14.0	2.5	7：3：0：0	11	11.0	
		一	17.3	3.5	0：7：3：0	20		
		合	19.8	4.5	0：0：7：3	29		
21～24（28～24）		优	13.3	2.5	7：3：0：0	11	11.5	
		一	16.8	3.5	0：7：3：0	20		
		合	19.3	4.5	0：0：7：3	29		
25～30（23～19）		优	12.8	2.5	7：3：0：0	11	12.0	
		一	16.3	3.5	0：7：3：0	20		
		合	18.8	4.5	0：0：7：3	29		
31 及以上（18 及以下）		优	12.0	2.5	7：3：0：0	10	12.7	
		一	15.5	3.5	0：7：3：0	19		
		合	18.0	4.5	0：0：7：3	28		

表 9（续）

公称线密度/tex（英制支数）	不锈钢纤维含量/%	等别	质量指标					
			单纱断裂强力变异系数CV/% ≤	百米重量变异系数CV/% ≤	黑板条干均匀度10块板比例（优：一：二：三）≥	黑板棉杂总粒数/（粒/g）≤	单纱断裂强度/（cN/tex）≥	百米重量偏差/%
14～16（44～36）	>20 ≤30	优	14.5	2.5	7：3：0：0	12	9.5	±2.5
		一	17.8	3.5	0：7：3：0	20		
		合	20.3	4.5	0：0：7：3	29		
17～20（35～29）		优	14.0	2.5	7：3：0：0	10	9.6	
		一	17.3	3.5	0：7：3：0	19		
		合	19.8	4.5	0：0：7：3	27		
21～24（28～24）		优	13.3	2.5	7：3：0：0	10	10.0	
		一	16.8	3.5	0：7：3：0	19		
		合	19.3	4.5	0：0：7：3	27		
25～30（23～19）		优	12.8	2.5	7：3：0：0	10	10.5	
		一	16.3	3.5	0：7：3：0	19		
		合	18.8	4.5	0：0：7：3	27		
31 及以上（18 及以下）		优	12.0	2.5	7：3：0：0	9	11.1	
		一	15.5	3.5	0：7：3：0	18		
		合	18.0	4.5	0：0：7：3	27		

4.3.10 精梳棉涤不锈钢纤维混纺本色线的要求见表 10。

表 10 精梳棉涤不锈钢纤维混纺本色线的要求

公称线密度/tex（英制支数）	不锈钢纤维含量/%	等别	质量指标				
			单纱断裂强力变异系数CV/% ≤	百米重量变异系数CV/% ≤	黑板棉杂总粒数/（粒/g）≤	单线断裂强度/（cN/tex）≥	百米重量偏差/%
14×2～16×2（44/2～36/2）	≤10	优	9.3	2.0	11	15.3	±2.5
		一	11.5	3.0	18		
		合	14.0	4.0	28		
17×2～20×2（35/2～29/2）		优	9.0	2.0	11	15.8	
		一	11.3	3.0	17		
		合	13.8	4.0	28		
21×2～24×2（28/2～24/2）		优	8.3	2.0	11	16.4	
		一	10.8	3.0	17		
		合	13.3	4.0	28		

表 10（续）

公称线密度/tex（英制支数）	不锈钢纤维含量/%	等别	质量指标				
			单纱断裂强力变异系数 CV/% ≤	百米重量变异系数 CV/% ≤	黑板棉杂总粒数/（粒/g） ≤	单线断裂强度/（cN/tex） ≥	百米重量偏差/%
25×2～30×2（23/2～19/2）	≤10	优	8.3	2.0	11	17.1	±2.5
		一	10.8	3.0	17		
		合	13.3	4.0	28		
31×2 及以上（18/2 及以上）		优	7.8	2.0	9	18.2	
		一	10.3	3.0	16		
		合	12.8	4.0	26		
14×2～16×2（44/2～36/2）	>10 ≤20	优	9.3	2.0	8	13.6	
		一	11.5	3.0	13		
		合	14.0	4.0	21		
17×2～20×2（35/2～29/2）		优	9.0	2.0	8	14.0	
		一	11.3	3.0	13		
		合	13.8	4.0	21		
21×2～24×2（28/2～24/2）		优	8.3	2.0	8	14.6	
		一	10.8	3.0	13		
		合	13.3	4.0	21		
25×2～30×2（23/2～19/2）		优	8.3	2.0	8	15.2	
		一	10.8	3.0	13		
		合	13.3	4.0	21		
31×2 及以上（18/2 及以上）		优	7.8	2.0	7	16.2	
		一	10.3	3.0	12		
		合	12.8	4.0	20		
14×2～16×2（44/2～36/2）	>20 ≤30	优	9.3	2.0	8	11.9	
		一	11.5	3.0	13		
		合	14.0	4.0	20		
17×2～20×2（35/2～29/2）		优	9.0	2.0	8	12.3	
		一	11.3	3.0	12		
		合	13.8	4.0	20		
21×2～24×2（28/2～24/2）		优	8.3	2.0	8	12.8	
		一	10.8	3.0	12		
		合	13.3	4.0	20		

表 10（续）

公称线密度/tex（英制支数）	不锈钢纤维含量/%	等别	质量指标				
			单纱断裂强力变异系数 CV/% ≤	百米重量变异系数 CV/% ≤	黑板棉杂总粒数/（粒/g） ≤	单线断裂强度/（cN/tex） ≥	百米重量偏差/%
25×2～30×2（23/2～19/2）	>20 ≤30	优	8.3	2.0	8	13.3	±2.5
		一	10.8	3.0	12		
		合	13.3	4.0	20		
31×2 及以上（18/2 及以上）		优	7.8	2.0	6	14.1	
		一	10.3	3.0	11		
		合	12.8	4.0	19		

4.3.11　涤不锈钢纤维混纺本色纱的要求见表 11。

表 11　涤不锈钢纤维混纺本色纱的要求

公称线密度/tex（英制支数）	不锈钢纤维含量/%	等别	质量指标				
			单纱断裂强力变异系数 CV/% ≤	百米重量变异系数 CV/% ≤	黑板条干均匀度 10 块板比例（优：一：二：三） ≥	单纱断裂强度/（cN/tex） ≥	百米重量偏差/%
14～16（43～36）	≤10	优	12.5	2.5	7：3：0：0	24.3	±2.5
		一	15.5	3.5	0：7：3：0	20.7	
		合	20.5	4.5	0：0：7：3	18.0	
17～20（35～29）		优	12.0	2.5	7：3：0：0	25.2	
		一	15.0	3.5	0：7：3：0	21.6	
		合	20.0	4.5	0：0：7：3	18.9	
21～24（28～24）		优	11.5	2.5	7：3：0：0	26.1	
		一	14.5	3.5	0：7：3：0	22.5	
		合	19.5	4.5	0：0：7：3	19.8	
25～30（23～19）		优	11.0	2.5	7：3：0：0	27.0	
		一	14.0	3.5	0：7：3：0	23.4	
		合	19.0	4.5	0：0：7：3	20.7	
31～36（18～16）		优	10.5	2.5	7：3：0：0	27.9	
		一	13.5	3.5	0：7：3：0	24.3	
		合	18.5	4.5	0：0：7：3	21.6	
14～16（43～36）	>10 ≤20	优	12.5	2.5	7：3：0：0	21.6	
		一	15.5	3.5	0：7：3：0	18.4	
		合	20.5	4.5	0：0：7：3	16.0	

STANDARDS PRESS OF CHINA

表 11（续）

公称线密度/tex（英制支数）	不锈钢纤维含量/%	等别	质量指标				
			单纱断裂强力变异系数 CV/% ≤	百米重量变异系数 CV/% ≤	黑板条干均匀度 10 块板比例（优：一：二：三）≥	单纱断裂强度/（cN/tex）≥	百米重量偏差/%
17～20（35～29）	>10 ≤20	优	12.0	2.5	7：3：0：0	22.4	±2.5
		一	15.0	3.5	0：7：3：0	19.2	
		合	20.0	4.5	0：0：7：3	16.8	
21～24（28～24）		优	11.5	2.5	7：3：0：0	23.2	
		一	14.5	3.5	0：7：3：0	20.0	
		合	19.5	4.5	0：0：7：3	17.6	
25～30（23～19）		优	11.0	2.5	7：3：0：0	24.0	
		一	14.0	3.5	0：7：3：0	20.8	
		合	19.0	4.5	0：0：7：3	18.4	
31～36（18～16）		优	10.5	2.5	7：3：0：0	24.8	
		一	13.5	3.5	0：7：3：0	21.6	
		合	18.5	4.5	0：0：7：3	19.2	
14～16（43～36）	>20 ≤30	优	12.5	2.5	7：3：0：0	18.9	
		一	15.5	3.5	0：7：3：0	16.1	
		合	20.5	4.5	0：0：7：3	14.0	
17～20（35～29）		优	12.0	2.5	7：3：0：0	19.6	
		一	15.0	3.5	0：7：3：0	16.8	
		合	20.0	4.5	0：0：7：3	14.7	
21～24（28～24）		优	11.5	2.5	7：3：0：0	20.3	
		一	14.5	3.5	0：7：3：0	17.5	
		合	19.5	4.5	0：0：7：3	15.4	
25～30（23～19）		优	11.0	2.5	7：3：0：0	21.0	
		一	14.0	3.5	0：7：3：0	18.2	
		合	19.0	4.5	0：0：7：3	16.1	
31～36（18～16）		优	10.5	2.5	7：3：0：0	21.7	
		一	13.5	3.5	0：7：3：0	18.9	
		合	18.5	4.5	0：0：7：3	16.8	

4.3.12 涤不锈钢纤维混纺本色线的要求见表12。

表12 涤不锈钢纤维混纺本色线的要求

公称线密度/tex（英制支数）	不锈钢纤维含量/%	等别	质量指标			
			单纱断裂强力变异系数CV/% ≤	百米重量变异系数CV/% ≤	单线断裂强度/(cN/tex) ≥	百米重量偏差/%
14×2~16×2（44/2~36/2）	≤10	优	8.5	2.2	27.9	±2.5
			11.0	3.2	24.3	
		合	14.0	4.2	20.7	
17×2~20×2（35/2~29/2）		优	8.0	2.2	28.8	
		一	10.5	3.2	25.2	
		合	13.5	4.2	21.6	
21×2~24×2（28/2~24/2）		优	8.0	2.2	29.7	
		一	10.5	3.2	26.1	
		合	13.5	4.2	22.5	
25×2~30×2（23/2~19/2）		优	7.5	2.2	29.7	
		一	10.0	3.2	26.1	
		合	13.0	4.2	22.5	
31×2~36×2（18/2~16/2）		优	7.0	2.2	30.6	
		一	9.5	3.2	27.0	
		合	12.5	4.2	23.4	
14×2~16×2（44/2~36/2）	>10 ≤20	优	8.5	2.2	24.8	
		一	11.0	3.2	21.6	
		合	14.0	4.2	18.4	
17×2~20×2（35/2~29/2）		优	8.0	2.2	25.6	
		一	10.5	3.2	22.4	
		合	13.5	4.2	19.2	
21×2~24×2（28/2~24/2）		优	8.0	2.2	26.4	
		一	10.5	3.2	23.2	
		合	13.5	4.2	20.0	
25×2~30×2（23/2~19/2）		优	7.5	2.2	26.4	
		一	10.0	3.2	23.2	
		合	13.0	4.2	20.0	
31×2~36×2（18/2~16/2）		优	7.0	2.2	27.2	
		一	9.5	3.2	24.0	
		合	12.5	4.2	20.8	

表 12（续）

公称线密度/tex（英制支数）	不锈钢纤维含量/%	等别	质量指标			
			单纱断裂强力变异系数CV/% ≤	百米重量变异系数CV/% ≤	单线断裂强度/(cN/tex) ≥	百米重量偏差/%
14×2～16×2（44/2～36/2）	>20 ≤30	优	8.5	2.2	21.7	±2.5
		一	11.0	3.2	18.9	
		合	14.0	4.2	16.1	
17×2～20×2（35/2～29/2）		优	8.0	2.2	22.4	
		一	10.5	3.2	19.6	
		合	13.5	4.2	16.8	
21×2～24×2（28/2～24/2）		优	8.0	2.2	23.1	
		一	10.5	3.2	20.3	
		合	13.5	4.2	17.5	
25×2～30×2（23/2～19/2）		优	7.5	2.2	23.1	
		一	10.0	3.2	20.3	
		合	13.0	4.2	17.5	
31×2～36×2（18/2～16/2）		优	7.0	2.2	23.8	
		一	9.5	3.2	21.0	
		合	12.5	4.2	18.2	

注：各类纱线的实际捻系数控制范围为 280～340。

4.4 产品分等

4.4.1 以同一品种规格的交货批为一批进行试验，按表 1～表 12 中项目的最低一项定等。

4.4.2 纱线等级分为优等品、一等品和合格品，低于合格品者为等外品。

4.4.3 不锈钢纤维含量达不到要求为等外品。

5 试验方法

5.1 纤维含量试验按附录 A 执行。

5.2 单纱(线)断裂强度及单纱(线)断裂强力变异系数的试验方法按 GB/T 3916 执行。

5.3 百米重量变异系数、百米重量偏差按照 GB/T 4743 执行。

5.4 黑板条干均匀度、一克内棉结杂质总粒数按 GB/T 9996.2 执行。

5.5 纱线公定重量的测定和计算按以下方法执行：

按 GB/T 4743 测定纱线的实际回潮率，并按式(1)计算公定重量。其中，不锈钢纤维与棉涤混纺本色纱线的公定回潮率，以棉公定回潮率 8.5%、涤纶公定回潮率 0.4%和不锈钢纤维公定回潮率 0.0%按式(2)计算，保留小数一位。

$$\text{公定回潮率重量} = \text{实际重量} \times \frac{100 + \text{公定回潮率}(\%)}{100 + \text{实际回潮率}(\%)} \qquad \cdots\cdots(1)$$

$$W = \frac{W_c \times P_c + W_T \times P_T + W_S \times P_S}{100} \qquad \cdots\cdots(2)$$

式中：

W——公定回潮率，%；

W_c——棉公定回潮率，%；

W_T——涤纶公定回潮率，%；

W_S——不锈钢纤维公定回潮率，%；

P_c——棉含量比例，%；

P_T——涤纶含量比例，%；

P_S——不锈钢纤维含量比例，%。

5.6 结果的修约

纱线的各种试验结果修约按表13规定。

表13 试验结果的数字修约规定

项目	要求小数点后有效位数
单纱(线)断裂强度/(cN/tex)	1
单纱(线)断裂强力变异系数(CV)/%	1
百米重量变异系数(CV)/%	1
黑板条干均匀度/块	整数
一克内棉结杂质总粒数/(粒/g)	整数
百米重量偏差/%	1
百米重量(每批平均)/(g/100 m)	3
平均特克斯数/tex	1
折算重量用回潮率/%	2
捻系数	整数

6 检验规则

6.1 以同一品种规格的交货批作为一批。

6.2 随机取样，取样数量和各项物理指标的试验按产品标准规定执行。

6.3 每批产品重量，500 kg及以下取2包称重，超过加倍取样。

6.4 如果有不合格项，允许重新取样对不合格项进行复验一次，以复验结果判定。

7 标志、包装

7.1 产品定重包装，每包重量由供需双方协定。

7.2 包装质量应符合产品防护要求，不易破损，防潮、防污，便于搬运。

7.3 包装应标明品种、原料成分、代号、纱支、重量、品等、执行标准、生产日期、生产企业名称和地址。

STANDARDS PRESS OF CHINA

附 录 A
（规范性附录）
纤维含量试验

A.1 试验通则

试验通则按 GB/T 2910.1 执行。

A.2 不锈钢纤维与棉混纺本色纱线的含量分析（75%硫酸法）

按 GB/T 2910.11 执行，其中，不锈钢纤维为不溶性纤维，净干质量百分率按 GB/T 2910.1 计算，d 值按式（A.1）求得：

$$d = \frac{m_0}{m_1} \quad \cdots\cdots\cdots\cdots\cdots\cdots\cdots\cdots\cdots\cdots（A.1）$$

式中：

m_0——纯不锈钢纤维试剂处理前的质量，单位为克（g）；

m_1——纯不锈钢纤维试剂处理后的质量，单位为克（g）；

d——不锈钢纤维质量修正系数。

在没有纯不锈钢纤维试样时，d=1.0。

A.3 不锈钢纤维与涤纶混纺本色纱线的含量分析（浓硫酸法，ρ=1.84 g/mL）

样品经预处理及准备后，准确称量 1 g 左右，精确至 0.1 mg，放入 250 mL 玻璃烧杯中，按 1 g 试样：100 mL 浓硫酸的比例加入 23 ℃～25 ℃浓硫酸，用振荡器剧烈振荡至少 10 min，溶解聚酯纤维。将其通过称量过的砂芯坩埚抽吸过滤后，依次用等量、同温的浓硫酸及足量的水冲洗砂芯坩埚上的残余部分。然后将其移至另一个容量为 250 mL 以上的烧杯中，按 1 g 试样：50 mL 稀氨水（约 1%）的比例加入稀氨水浸泡中和，再将其通过砂芯坩埚抽吸过滤，砂芯坩埚上的残余部分用水洗净。将砂芯坩埚及残余纤维烘干、冷却、称量。净干质量百分率按 GB/T 2910.1 计算，其中 d 值按式（A.1）求得。

A.4 不锈钢纤维与棉、涤混纺本色纱线的含量分析（75%硫酸法和浓硫酸法）

取二个试样，第一个试样按 A.2 用 75%硫酸法将棉纤维溶解，剩余的不溶纤维为涤纶纤维和不锈钢纤维。第二个试样按 A.3 用浓硫酸法（ρ=1.84 g/mL）将棉纤维和涤纶纤维溶解，剩余的不溶纤维为不锈钢纤维。对第一个试样不溶纤维称重，从溶解失重算出棉纤维的百分含量。对第二个试样的不溶纤维称重，算出不锈钢纤维百分含量。涤纶纤维含量可从差值中求出。

净干质量百分率按公式（A.2）、（A.3）和（A.4）计算。

$$p_1 = 100 - (p_2 + p_3) \quad \cdots\cdots\cdots\cdots\cdots\cdots\cdots\cdots\cdots\cdots（A.2）$$

$$p_2 = 100 \times \frac{d_1 r_1}{m_1} - \frac{d_1}{d_2} \times p_3 \quad \cdots\cdots\cdots\cdots\cdots\cdots\cdots\cdots\cdots\cdots（A.3）$$

$$p_3 = \frac{d_3 r_2}{m_2} \times 100 \quad \cdots\cdots\cdots\cdots\cdots\cdots\cdots\cdots\cdots\cdots（A.4）$$

式中：

p_1——棉纤维的净干含量百分率，%；

p_2——涤纶纤维的净干含量百分率，%；

p_3——不锈钢纤维的净干含量百分率，%；

m_1——第一个试样经预处理后干质量，单位为克(g)；

m_2——第二个试样经预处理后干质量，单位为克(g)；

r_1——第一个试样经75%硫酸法处理，不溶的涤纶和不锈钢纤维的干质量，单位为克(g)；

r_2——第二个试样经第二种试剂(浓硫酸法)处理，不溶的不锈钢纤维的干质量，单位为克(g)；

d_1——涤纶纤维在75%硫酸中的质量损失修正系数，$d_1=1.0$；

d_2——不锈钢纤维在75%硫酸中的质量损失修正系数，按式(A.1)求得；

d_3——不锈钢纤维在浓硫酸中的质量损失修正系数，按式(A.1)求得。

在没有纯不锈钢纤维试样时，$d_2=1.0$，$d_3=1.0$。

ICS 83.140.40;23.040.70
G 42

中华人民共和国国家标准

GB/T 24126—2009/ISO/TR 17784:2003

橡胶和塑料软管及软管组合件 采购者、组装者、安装者和操作者使用指南

Rubber and plastics hoses and hose assemblies—
Guide for use by purchasers, assemblers, installers and operating personnel

(ISO/TR 17784:2003, IDT)

2009-06-15 发布 2010-02-01 实施

中华人民共和国国家质量监督检验检疫总局
中国国家标准化管理委员会 发布

前　言

本标准等同采用 ISO/TR 17784:2003《橡胶和塑料软管及软管组合件　采购者、组装者、安装者和操作者使用指南》(英文版)。

本标准等同翻译 ISO/TR 17784:2003。

考虑我国的国情,本标准做了如下修改:

——将单位 bar 改用为我国的法定计量单位 MPa;

——本标准的参考文献用现行的国家标准取代了相应的国际标准;

——用“本标准”一词代替“本国际标准”;

——本标准标点符号采用汉语的标点符号;

——删除了国际标准的前言。

本标准由中国石油和化学工业协会提出。

本标准由全国橡胶与橡胶制品标准化技术委员会软管分技术委员会(SAC/TC 35/SC 1)归口。

本标准起草单位:沈阳橡胶研究设计院、沈阳第四橡胶(厂)有限公司。

本标准主要起草人:刘惠春、王姝、董桂芬。

引 言

软管被用于刚性连接一个连接点或在两点之间进行刚性连接不可能的地方或需要曲挠的地方，以便输送各类介质。例如：吸引软管和压力软管，排吸软管，以及移动的和震动设备两个部件之间的连接管。软管被用于输送各类介质，并通常在系统给予的压力作用下工作。另外，软管还被用于那些频繁连接硬管一端或两端存在问题的地方。用户常常要求软管供应商，能否制造一些特殊软管供他们应用。一个软管供应商或制造者，只有当他完全明了规定的操作环境时，才可能提出最佳建议。这就是说，在实践中由于缺少了解可能会给出错误的建议，致使软管的供应和安装不能满足预定用途。所以用户和软管制造商之间的密切沟通则非常必要。本标准的主要作用就是提供信息资源，在做决定时给予帮助。

橡胶和塑料软管及软管组合件 采购者、组装者、安装者和操作者使用指南

1 范围

本标准提供了橡胶和塑料软管的性能及其实际应用的综合信息。包括软管中所用材料的性能，贮存软管应采取的预防措施，以及安装和装配软管及其接头时应注意的事项。还提供了软管在进行试验时的安全措施。本标准预定提供给系统的设计者、采购者、组装者、安装者和操作人员使用以改善软管和软管组合件的操作安全性。

注：金属软管不包括在本标准中。有关金属软管的情况可参阅下列标准：GB/T 18615，GB/T 18616，ISO 8444，ISO 8445，ISO 8446，ISO 8447，ISO 8448，ISO 8449，ISO 8450 以及 ISO 10380。

在实际应用中，本标准不可能包括所有的情况，因此其内容大部分以实例说明。并希望这些实例将对一系列不同的实际情况提供足够的信息。

2 术语和定义

GB/T 7528—2002 确立的术语和定义适用于本标准。

3 软管通则

3.1 软管型别的选择

3.1.1 概述

选择软管型别的首要原则为：

——软管的内衬层和外覆层对将要接触的介质（空气、油类、水、蒸汽和化学品）和（或）外界影响（臭氧、紫外线以及气候）的耐受能力；

——最大工作压力，包括所有峰压；

——工作期间可达到的最高温度和最低温度；

——工作条件，如：静态、动态、船到岸、地面拖拽；

——介质的危害类型；

——要求的使用寿命。

大多数软管制造商会在其软管资料中附一份“耐介质明细”，说明其软管材料可抵抗何种介质。需要记住的是，这份明细仅涉及特定制造商使用的材料，这些制造商会使用由集合名称表示的自己产品配方。表示允许压力与特定温度关系的温度-压力图表易于得到，且这些图表有时相当全面，但依然不够。软管不宜在制造商建议的温度范围外使用。

为正确地选择材料，宜向软管供货商提供软管需符合的全部要求，包括化学、物理和机械要求。未按标准采购的软管，只可用于制造商的明细中建议的介质。如果有任何疑问，如某种软管对特定用途的适用性，宜向制造商寻求建议。

3.1.2 最大工作压力、试验压力和最小爆破压力

软管制造商提供关于软管最大工作压力、试验压力和爆破压力（关于工作压力于爆破压力之比可参见 GB/T 9574—2001）的信息。用户提供额定系统压力和工作压力的信息。

按照惯例，软管工作压力的选择宜大于用户体系的额定压力。

注：压力有时分为三个等级，即：“低压”、“中压”和“高压”。然而，软管制造商不使用这些压力分类，而且也不宜使用这些术语，因为国家标准或国际标准并未提及这些术语。

某一制造商可称工作压力 1 MPa 的软管为“中级”软管,而另一制造商或许仍将 20 MPa 的软管称为“低压”软管。

软管的耐压强度主要由其增强层决定。非增强软管(不带增强层的软管)的耐压强度取决于其管壁的厚度和构造材料。

3.2 导电性

3.2.1 概述

软管分为导电的(即电连接)、导静电和非导静电(非连续导电或绝缘)三个型别。

3.2.2 电连接软管的设计

电连接软管的设计根据软管的型别区分。电连接橡胶和塑料软管带有导线(见图 1)。在制造过程中,这些导线总是缠绕铺放,并宜交叉或平行排列。这些金属线与软管端部的金属接头相连接,这样在将软管组合件装配起来以后,便在整根组合件上形成一条不间断的低电阻通道。“复合软管”或多层软管(见 6.3)没有导线,但是有两根可导电的金属螺旋线。在这种情况下,这两根螺旋线宜牢固地与软管管接头相连接。在实际应用中,由于装配失误,可能会出现遮盖住的内侧螺旋线两端头之一未连接的问题,而另一根金属线仍然可以保证导电。这样以来,在进行导电测量时,不会发现制造失误。该未连接的内螺旋线可能会引起火花。因此,被遮盖住的内螺旋线宜设计得和外螺旋线一样可进行电连接检查。这可通过外螺旋线的连接方式达到,即采用在测量内螺旋线与管接头电连接性时能将外螺旋线与管接头断开的方式。

图 1　带金属导线的软管

3.2.3 导静电软管的设计

导静电软管的结构与 3.2.2 中描述的完全不同,它没有导线与管接头的连接。橡胶配合中包括有一些特殊的导电炭黑,使得软管的外覆层有导电性。软管管接头通过装置中安装软管的连接点,或者通过接地来释放静电。在软管的制造过程中通常加入抗弯折螺旋线,但它不是与管接头形成导电连接的。此类软管宜使用无金属线的套箍(见 GB/T 10546—2003,HG/T 3041,ISO 1823 和 ISO 5772)。

3.2.4 非导静电(非电连续性或绝缘)软管的设计

制造此类非导静电软管的材料不宜有导电性。

如果在软管结构中使用了金属材料,那么它们不宜与管接头连接或发生接触。

3.3 静电

3.3.1 概述

可通过选择适当的操作环境来避免产生静电电荷:

——调整液体流速(尽可能小);

——调整气体流速(尽可能小);

——调整气动输送的粉尘浓度比;

——所有导电部件接地;

——加速电荷转移,例如:增加传输材料的导电性(如:加入导电添加剂)。

注1：在高相对湿度下，静电电荷的转移也将被加速，例如：大于70%。

注2：关于与静电连接，参阅"Hazards of static electricity" (chapter 5 of document AI-25)["静电的危害"(AI-25号文件中的第5章)]。如果适用也可参阅最新版"Static Electricity Guidelines"("静电指南")。

3.3.2 接地和直通连接

接地和直通连接的目的是减少伤亡风险和由如下原因导致的对设备的损害：

——带电导线与非导电金属部件之间的故障；

——大气放电；

——静电电荷积累。

3.3.3 用于装卸装置的软管

公路和铁路油槽车装卸用软管可用外部柔性大截面积铜制电缆接地。当连接柔性接地导线时，至关重要的是要使用一个不产生火花的装置。

可由导静电或半导静电软管输送的物质列举如下：

——石油馏出物；

——石油气；

——水或与低导电性的石油产品充分混合的含有油相后续沉淀物的水溶化学物质；

——固体(如：粉末或颗粒)。

当操作条件安全时，可使用非导电软管。条件列举如下：

——不能形成电荷堆积(如：有足够高的导电率)；

——无爆炸性气体混合物；

——不产生静电荷(如：低流速时)。

注：在石油工业中安全产品流速条件如下：

a) 在启动阶段及与该产品有关数据未知时，则通常为1 m/s；

b) 启动阶段之后，对于在无微孔过滤器(水分离器)或其他过滤装置的管道中有潜在危险的产品，速度为7 m/s；

c) 如果安全条件有保障和(或)输送的是安全产品时，则无速度限制。

3.3.4 岸和船间用软管

带有装卸装备的码头和油轮通过水自然接地，这样以来，从静电角度来看，金属部件与在海岸和轮船提供微弱额外抗静电保护的接地电缆之间一定具有良好的直通连接。然而，经验证发现，如果连接不正确，这些导电连接是危险的。例如，阴极防护装置就可造成海岸与轮船间产生相对高的电流。当拆卸连接管和(或)软管连接器时，在液体可能发生流溢那一点极易产生火星。

根据"IMO (International Maritime Organization) Regulations"[IMO(国际海洋组织)规则]，船和岸之间的装置应相互电绝缘。为此，可使用如下方法：

a) 每个软管系统中一个绝缘法兰，用于连接油轮；或

b) 一根导电软管连接于岸和船之间。

位于绝缘设备岸上一侧的这部分装载软管应与岸上装置形成电连接，而位于船上一侧的软管应与船电连接。

如果使用绝缘法兰，那么在每一线路或装载臂上仅可使用一个绝缘法兰。

如果软管用于连接岸上软管和船上软管，那么该连接宜有恰当长度以满足最大位移，且宜与其他相关的管道系统的(金属)管线形成电连接。

装卸轮船用软管宜悬挂起来以防止出现弯折现象。特殊的是，大口径软管，不可用缆绳悬挂。对于此种软管，可采用"吊带"，将软管置于环中。套着软管的吊带可用起重装置搬运。当将此吊带放置于其他软管中时，应符合轮船检验局的安全要求。也可使用一个可称为滚杠的装置临时搬运软管。

3.4 软管的内径和接头

虽然软管公称内径和实际内径之间有关联，但在实际操作中，内径和与其相连的接头之间的连接最

为重要。

对于液压软管来说，管接头号码的最后一个数字与软管内径相对应。SAE 公称软管尺寸通常包括接头编码，如—4，—6，—8 等(参见表 1，第 6 栏)。

表 1 软管内径列表

实际尺寸			对照指标		
规格(符合 GB/T 9575) mm	内径		欧洲 mm	英国/美国 in	美国(液压)(短横式符号) 1/16 in
	mm	GB/T 2351[a]			
3	3.2	3.2	3(3.2)	1/8	—2
4	4±0.4	—	4±0.4	—	—
5	4.8	5	5	3/16	—3
6.3	6.4	6.3	6	1/4	—4
8	7.9	8	8	5/16	—5
10	9.5	10	10	3/8	—6
12.5	12.7	12.5	12(13)	1/2	—8
16	15.9	16	16	5/8	—10
19/20	19.1	19/20	20	3/4	—12
22	22.2	31.5	22	7/8	—14
25	25.4	25	25	1	—16
31.5	31.8	31.5	32	1 1/4	—20
38/40	38.1	38/40	40	1 1/2	—24
50/51	50.8	50/51	50	2	—32
63	63.5	—	60	2 1/2	—40
80/76	78.6/76.2	—	75	3	—48
—	88.9	—	90	3 1/2	—56
100	101.6	—	100	4	—64
125	125±1.6	—	—	5	—
160	150±2	—	—	6	—
200	200±2.5	—	—	8	—
250	250±3	—	—	10	—
315	315±3	—	—	12	—
注：数据来自 SAE、DIN 和 ISO 标准。					
[a] GB/T 2351 液压气动系统用硬管外径和软管内径。					

软管接头的连接可以为：

——埋入式；

——扣压式；

——压接式；

——对壳式；

——带箍式；

——装配导电式；

——螺纹式(可重复使用)。

注：参见第7章，端部接头的连接。

3.5 压力和安全因素

3.5.1 概述

软管不可作为系统的安全装置。当为某一特殊用途选择软管时，无论软管的材质如何，软管最大允许压力应大于其所在系统的工作压力。这一点也适用于总成软管的端部连接。用户宜将制造商文件中提供的最大工作压力与将装配的端部管接头的最大允许压力联系起来考虑，反之亦然。

软管的最大工作压力、验证压力和最小爆破压力通常都在软管制造商的相关文件中明示，这些数据都没有考虑端部连接因素。例如，对于制造商给出的在－10 ℃～＋38 ℃下最大工作压力为4 MPa的软管装配以较低压力的接头后，该组合件的最大工作压力将会降低。宜检验该软管组合件是否达到所需的压力。

3.5.2 压力型式

3.5.2.1 恒定压力

当软管施压力后压力不再变化时，即为恒定压力。在需要知道软管是否适用于该工作环境时，仅需要检测恒定压力。

3.5.2.2 波动压力

波动压力以某一固定规律在最小和最大压力间变化。如果变化发生得不快，则检查软管是否适用于最大操作压力就足够了。

3.5.2.3 脉冲压力

波动压力或“循环压力”在固定的间隔内持续变化，例如配有活塞泵的系统。材料的应力会随每一次脉冲增大，从而加快材料的疲劳。为延长有效工作寿命，与脉冲压力相关的爆破压力与工作压力之比至少为4∶1。

3.5.2.4 间歇压力

例如，使用快速管壁密封单元(快速闭合阀门)以无规律时间间隔产生的峰压。如果使用慢动压力表，则可能无法显示峰压，这很有可能在短时间内造成软管的损坏和泄漏。

如果预期有峰压，则可利用示波器测得。为了使软管能达到合理的工作寿命，宜采用的爆破压力与工作压力之比为5∶1。

注：建议用于在有脉冲压力或间歇压力系统时，宜与制造商或供货商商讨。

3.6 软管的安装和操作

3.6.1 概述

每种类型的软管都有不同的弯曲半径。软管的标准通常包括对最小弯曲半径的要求。一根带有螺旋线增强层的50 mm口径软管的最小弯曲半径要小于不带螺旋线的50 mm口径的软管。无论一根波纹管是否带有螺旋线，其最小弯曲半径要小于外表“平整”的软管，见图2和图3。

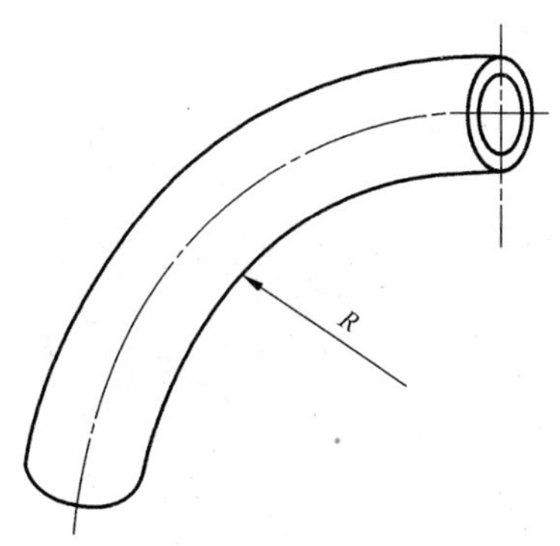

图2 弯曲半径

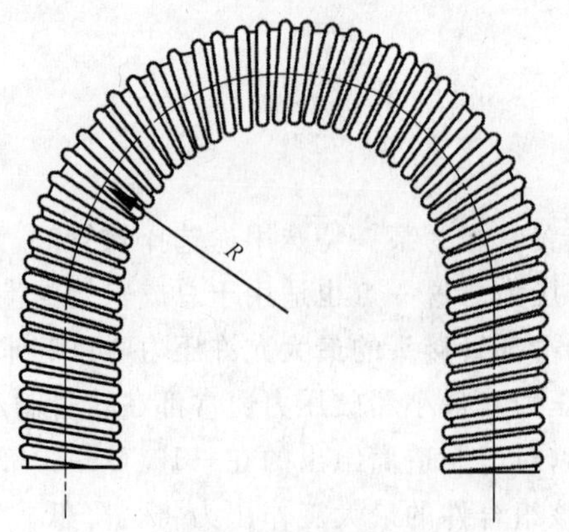

图 3 螺纹波纹管的弯曲半径

软管安装时应小心谨慎。图 4～图 18 给出了软管正确和错误的安装。软管长度应恰当，并且不宜在连接点处施加张力。如果软管安装有误，邻近固定连接处的弯曲应力将会过大。

图 4 表示了错误的安装方式以及软管如何在邻近管接头处发生弯折。软管在此之后的使用寿命会大大缩短。图 5 中所示的软管的安装将会大大延长使用寿命。

应牢记的是，软管最薄弱点通常位于靠近接头的位置。安装时所需的软管的长度可以通过内径的 6～10 倍加上弯曲弧长来计算(见图 5)。

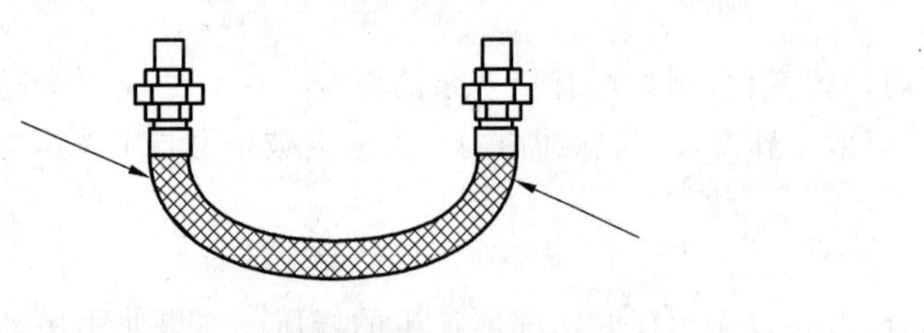

图 4 错误方式

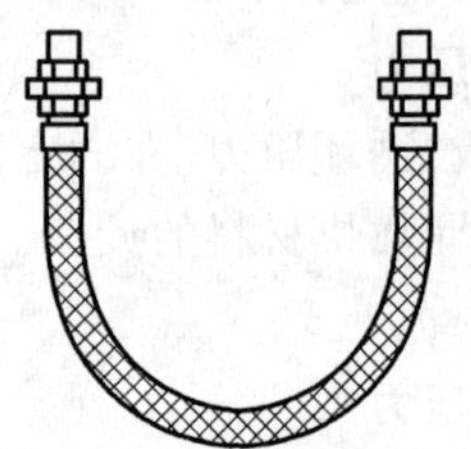

图 5 正确方式

软管不宜如图 6，图 7 和图 8 中所示方式安装。如果软管安装在震动强烈处，其使用寿命会更加降低。图 9 为正确的装配方式。当两个连接点都配以肘形连接时，会大大延长软管使用寿命。

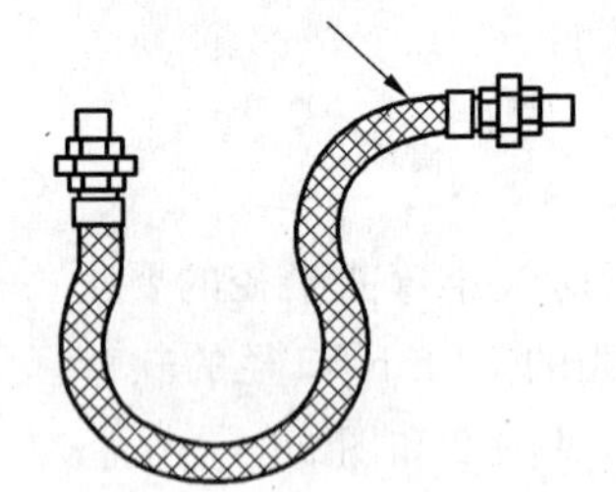

图 6 错误方式

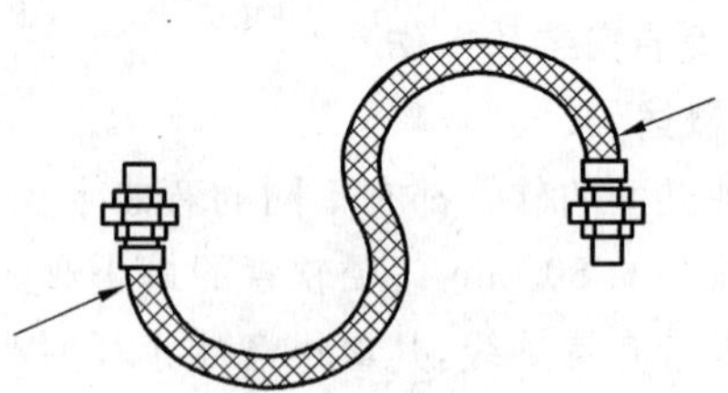

图 7 错误方式

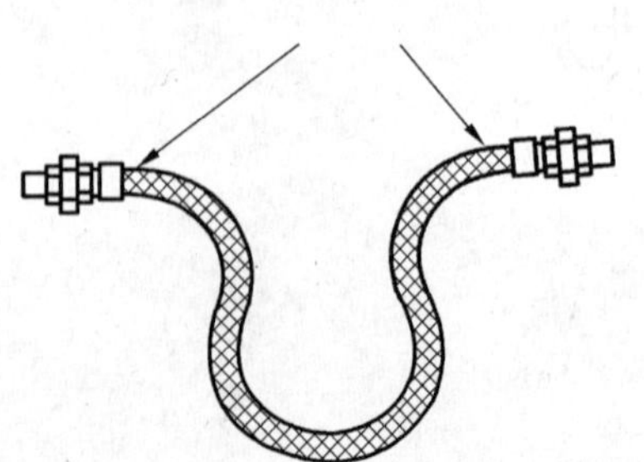

图 8 错误方式

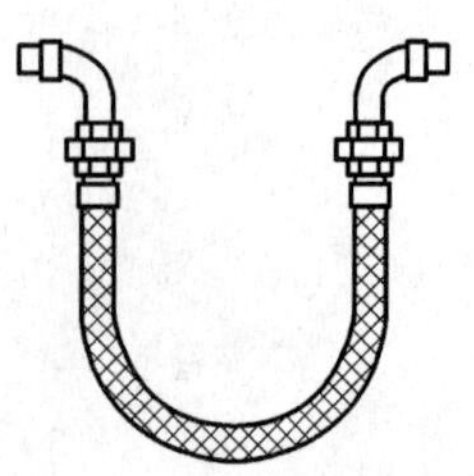

图 9 正确方式

错误的安装可导致沿轴线纵向压缩。此种缺陷可在安装过程(如图 10)和运动过程(如图 11)中产生。

图 10　错误方式

图 11　错误方式

错误的安装方式通常产生软管的扭转运动,这将加速软管的破裂,如图 12 所示。应确保软管的中线平行,如图 13,使运动方向位于相同平面内。

图 12　错误方式

图 13　正确方式

旋转可造成扭曲,配螺纹接头的软管则更易扭曲。因此装配时,宜用另一个扳子夹持固定。如图 14,可避免扭曲。

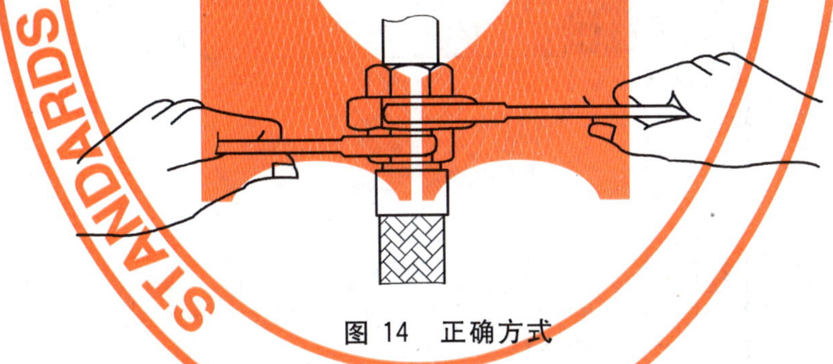

图 14　正确方式

图 15 和图 16 均为错误的安装方式。

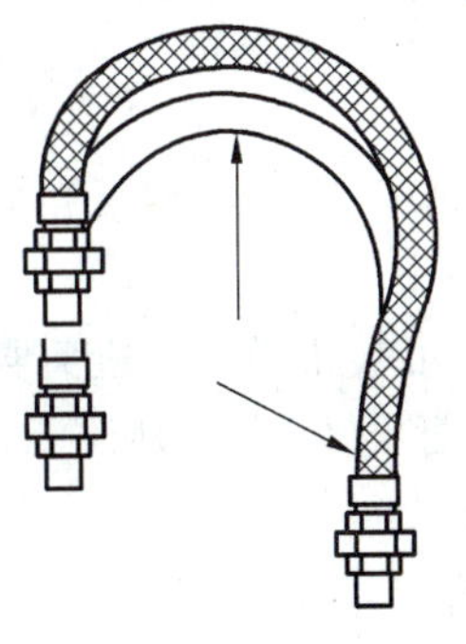

图 15　错误方式

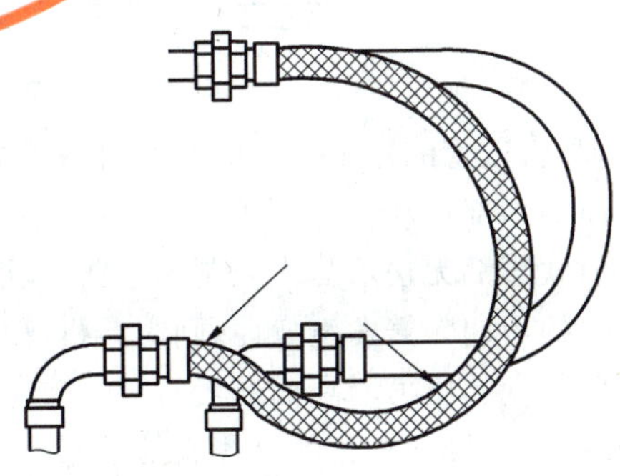

图 16　错误方式

STANDARDS PRESS OF CHINA

如果能提供支撑,则可避免软管的形变和扭矩,如图 17 和图 18 所示。

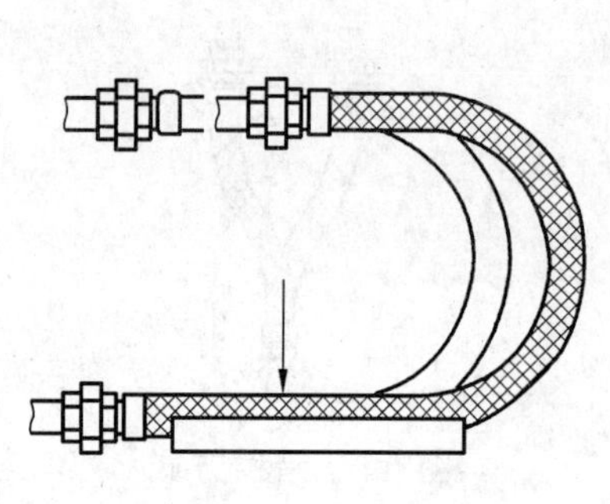

图 17　正确方式

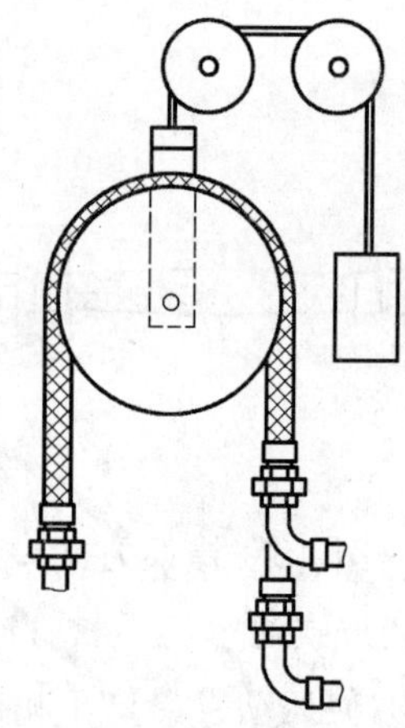

图 18　正确方式

如图 17 或图 18 所示可使用一个一定形状的支撑以避免下垂(图 16)。如果提供的支撑同时带有一个平衡重物,软管也会保持良好的弯曲半径而不使软管接头负荷过重(图 18)。

在管线系统中,安装两个“永久”法兰使螺栓孔精确排列成一直线并不容易。为了防止带法兰接头的软管发生扭转,软管宜装配“旋转”(绕轴旋转)法兰。直径超过 50 mm 的软管可带一条跨其全长的色带,称为“纵向”色带。此色带可显示软管在安装过程中是否发生扭转。如果扭转则将软管卸下,再重新安装。使用时,软管有时不得不同时处于水平和竖直运动中。这时软管内产生的扭矩将是致命的伤害。正确的安装方式可称为“狗腿式”,即在两根软管间用一个 90°的肘形金属弯管连接(见图 19)。

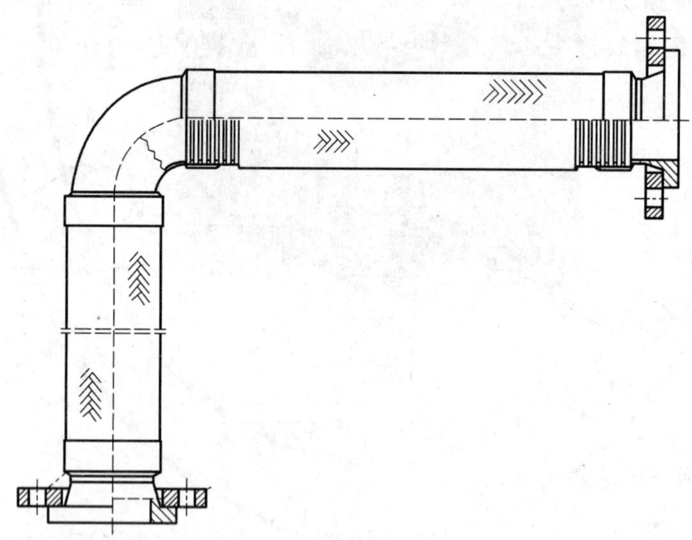

图 19　“狗腿式”安装

原理是,软管的一条“腿”吸收了另一条“腿”的扩张,反之亦然。软管也可彼此缓和从而吸收不位于同一平面的局部运动。

任何软管都无法承受无限制的弯曲。软管不能减缓轴向力且不可被扭曲。应避免剧烈的弯曲。如果以规律的周期频繁发生弯曲,则应严格符合制造商给出的最小弯曲半径,应特别注意,最小弯曲半径值随操作温度和压力增高而变大。

安装时,连接到软管的管线应给予充分的支撑,绝不可让软管承受其重力,因为这可导致增强编织层“扭曲”进而无法支撑增强层下面的软管壁抵抗内部压力。

3.6.2　与介质的接触

软管的内部或外部一般不宜接触油、溶剂、腐蚀性物质等介质,除非该软管经特殊设计专用于该用途。若有疑问，宜向制造商咨询。

3.6.3 端部连接

软管的端部接头，除由制造商在生产过程中安装好的以外，其设计（包括组合接头）宜经由制造商批准。

警告——如果未遵守制造商关于软管保管、维护和贮存（见 4.5 和 5.5）的说明，可导致软管无法正常工作，并造成人身伤害和（或）财物损害。

3.7 检测和试验

3.7.1 概述

应用于恶劣的条件下的软管，宜定期进行试验。应用的环境越恶劣，试验应越频繁。为此可参考制造商提供的资料。已有大量标准规定了软管试验方法，适用时宜采用。见参考文献。

不同的公司或团体规定了某些软管的定期检验。那么这些软管就宜根据型别、用途和使用频率在推荐下进行试验。

3.7.2 目视检查

应目视检查软管和接头有无损坏、气泡以及外覆层是否存在未粘合部分。应检查橡胶软管是否有薄弱部分以及其增强层是否开胶。

软管组合件最薄弱的部分通常位于距软管连接端部大约 3 倍软管直径长的地方。有气泡或脱胶的外覆层则应进行压力试验，或该软管应被撤下。应检查接头的运动情况，应对发生移动造成的偏离直线的组合件和（或）撕裂或暴露部位进行检查。发现任何接头移动的迹象，在允许情况下，都应更新软管或重新组装接头并且重新对软管和接头组合件进行试验。

软管外覆层上的小部分龟裂和弯折以及布纹痕迹若未穿透整个外覆层，则不需要更换。

注：制造商对软管刺孔，如：对蒸汽和气体用软管刺孔，是有益的操作步骤。不应质疑经均匀刺孔的软管的品质。刺孔的深度不宜超过外覆层的厚度。

3.7.3 周期性试验

软管应按照 GB/T 5563 在相应产品标准或 GB/T 9574 给出的压力下进行周期性试验。压力试验应用水进行。试验的软管应平直放置。如下特殊要求应予以注意：

a) 高压空气或其他压缩气体不可作为试验介质，因为如果软管未能承受试验压力，会有爆炸的危险。如果采取了可行的预防措施，可进行水下空气试验。通常利用低压空气对软管与接头部位或多孔软管壁进行泄漏试验。

b) 软管中填充试验介质时，应通过一个阀门排出空气。

c) 为防止软管破裂时急剧抖动，应采取分步试验。但此方法不限制软管在压力下沿纵向的辐射形膨胀。

d) 软管自由端应牢固，防止松动的接头被喷射出去；这可通过例如，用线缆将两端的接头连接起来的方式完成（线缆应留出有效的长度，允许组合件在压力下扩张）。

e) 进行试验的工作人员不应站在被试验软管接头的前端或后端。

f) 试验过程中，软管应完全展开至其本身长度，不打结或扭结的放置于干燥、清洁的地方。软管的外覆层，如果可能的话，包括内衬层都应进行检查，看是否有气泡、严重的损坏或龟裂；端部接头也应进行检查。

3.7.4 压力试验

在按照 GB/T 5563 的要求进行压力试验之前，应将符合目视检查要求的软管连接到压力泵上，并用夹钳、螺栓和螺母固定好。

将快动阀门安装到软管一端。确保所有连接头都已紧固，将软管注满水，同时打开阀门将软管该端头抬起以便排出空气。

当空气排尽时关闭快动阀门。用压力泵向软管内加压至 GB/T 9574 规定的值。检查软管，尤其是其接头处是否有泄漏。注意找出所有发生鼓包或膨胀部位。任何表现出膨胀、泄漏或破裂的软管都应视为不合格。受损部位应切掉。剩下的软管可重新装上接头并进行压力试验。如果不再有泄漏，则可视为该软管和其接头安全可靠，并可用于标准工作环境。

注：当进行压力试验时，遵守3.7.3中提到的预防事项是十分必要的。

3.7.5 真空试验

根据需要，吸引软管可以在真空条件下进行试验。吸引和排出软管也应进行真空试验以检查内衬层-增强层层间粘合的完整性，试验时，软管两端用足够厚的有机玻璃(聚2-甲基丙烯酸甲酯)板密封。

3.7.6 电连续性

如果需要有电连续性，此项试验应在压力试验完成后进行。应在不导电的支架上进行试验，用适当量程的电阻表测定管接头之间的电阻率(参见GB/T 9572)。

3.7.7 维修

如果允许，应与供应商商议后进行维修。维修后，应重新对软管进行检测和压力试验。

3.7.8 拒收

如果软管存在任何下列操作安全相关问题，则应拒收：

a) 内衬层和(或)外覆层管壁的弯折和严重损坏，内增强层的龟裂或损坏，织物层或钢丝层的损坏，或者钢丝层的移位；
b) 外层铠装层或金属编织层的磨损、撕裂或腐蚀；
c) 橡胶和增强层的膨胀或松散；
d) 软管连接头的腐蚀或损坏；
e) 管接头紧固方式错误导致泄漏并无法固定；
f) 整个管材的泄漏；
g) 对于导电软管或半导电软管，其电阻与规定电阻的偏差过大。

拒收软管应拆卸掉两端接头或法兰后予以报废。软管拒收后卸下的接头，若仍可使用，则可与软管供应商协商后继续使用。

3.7.9 记录

应对高频率使用的和(或)所传输的介质苛刻的软管进行记录。这些记录应包括检测卡片，上面记载软管情况，如：软管识别号、生产商、软管型别、符合的标准、验收和交付日期、订单号和检测日期。此外，也可在卡片上列出软管长度、直径和软管端部接头。检测卡片应这样列出所有的检测数据。检测卡片编号或代码应标记在软管上。

3.8 质量保证书

3.8.1 新软管

供应商(生产商)应为用于传输恶劣或危险介质的新软管提供质量保证书。质量保证书上应至少表述如下信息：

——生产商；
——订单号(日期)；
——软管的型别、规范以及软管系列号(可选)；
——试验压力；
——软管试验所依据的标准，如：国家标准、欧洲标准或行业标准；
——试验日期；
——所要求的橡胶和组合软管电阻值。

3.8.2 重新检测和维修过的软管

经供货商(生产商)重新检测和(或)维修过的软管，在重新发货时应附有包括相关试验结果的试验报告。如果软管需符合一定的导电性或电阻要求，报告上应出示该测量值。

4 橡胶软管

4.1 材料

4.1.1 概述

天然橡胶或合成橡胶和许多配合剂以一定比例混合，通过混炼装置使其微粒均匀混合分布，由此即得到未硫化橡胶混炼胶。除了橡胶原材料本身，所添加的化学助剂决定了随后最终产品的性能。

4.1.2 橡胶的类型

虽然天然橡胶仍在广泛应用，但是合成橡胶已占有更为重要的地位。尤其是第二次世界大战之后，此类型橡胶的应用变得更为普遍。合成橡胶比天然橡胶更适用于某些特殊目的。尤其是它的耐油、耐汽油以及耐其他碳氢化合物的特性，意味着它可更广泛地应用于化学和石油化学工业。橡胶的主要类型以及其特性详见表2(也可参见ISO/TR 7620)。

表2 橡胶的类型和特性

橡胶类型	代号	温度/℃	一般抗耐性	一般不抗耐性	特殊性能
天然橡胶 异戊二烯橡胶	NR IR	−50～+70 −50～+70	大多数无腐蚀性化学剂、有机酸、酒精、醛类、酮类	臭氧、强酸、脂肪、油和多数碳氢化合物类	高弹性和高机械强度
丁苯橡胶	SBR	−40～+80	同NR/IR	同NR/IR	高机械强度
丁基橡胶	IIR	−40～+130	耐动植物脂肪和油类、酒精和酮，强氧化性化学剂	矿物油、溶剂、芳香族碳氢化合物	气密性
乙丙橡胶	EP(D)M	−50～+130	比IIR和ER更高的耐臭氧性，其他方面同IIR	同IIR	低吸水性
丁腈橡胶	NBR	−25～+110	很多碳氢化合物、脂肪、油类、液压液体	臭氧、氯化物和硝基碳氢化合物类，酮类、酯类和醛类	高耐油性
氯丁橡胶	CR	−25～+100	有效地耐臭氧、油和脂肪、各种溶剂	强氧化酸、酯类、酮类、氯化芳香族和硝基碳氢化合物类	阻燃性
氯磺化聚乙烯橡胶(海帕隆)	CSM	−25～+130	同CR	同CR	阻燃性
聚醚型聚氨酯橡胶 聚酯型聚氨酯橡胶	EU AU	−20～+80	有效地耐臭氧、碳氢化合物类、脂肪和油类	浓缩酸、酮类和酯类，氯化物和硝基碳氢化合物类	耐磨性
硅橡胶	MQ	−70～+200	有效地耐臭氧和氧化剂	浓缩酸、多种油和溶剂	适用温度范围宽
氟橡胶	FMK	−25～+200	有效地耐所有脂肪族、芳香族和氯化碳氢化合物类	酮类、简单酯类和含硝基的化合物	耐芳香族物质
注：所得的性能不仅是对橡胶相关类型进行了测定，更主要的是对混炼胶的成分进行了测定。					

4.1.3 橡胶混炼胶

橡胶混炼胶可由如下成分组成：

——橡胶：天然或合成橡胶；

——硫磺:实现硫化;

——促进剂:提高硫化速度;

——活化剂:活化促进剂的效应;

——填料:具有或不具有补强性能;

——软化剂:使橡胶更加柔软可曲挠;

——抗氧剂:防止橡胶受氧老化;

——着色剂:使制品具有特定颜色。

4.1.4 橡胶混炼胶的加工

由柔软胶团组成的均匀混合的橡胶混炼胶(见4.1.3)在橡胶生产工厂里逐步加工成所需的制品。由于制造方法不同加工过程会有所不同。产品应在预成型后硫化。

硫化过程的温度通常在135 ℃～160 ℃之间,发生的化学反应使橡胶混合物从柔软的胶团转变为形状稳定的具有弹性的材料。

4.2 性能

由橡胶制成的软管宜满足许多要求。例如:对制造软管内衬层橡胶的硬度的要求。硬度通常由刻度值从1～100的硬度计测定。硬度一般用IRHD表示。

其他性能要求见3.1。

4.3 结构

4.3.1 概述

橡胶软管主要由一层内衬层、包围在内衬层上的增强层(单层或多层)以及一层外覆层构成。这些结构在4.3.2～4.3.7中详述。

4.3.2 内衬层

内衬层用于在软管内输送介质。内衬层保护紧靠它的软管内层不受所输送介质的损坏。内衬层可由许多类型橡胶制造(见表2)。内衬层结构取决于该软管用途。有时候,特殊应用决定了内衬层应由各种材料共同组成,从而形成具有不同性能的复合体。

4.3.3 内衬层的制造

制造内衬层时,应将不同橡胶混合,以得到所需的结构和性能。橡胶内衬层可经挤出、缠绕制造,也可通过一种称为“装配法”的方法制造。在这种方法中,胶片或胶条应非常均匀地卷绕在管芯上。管芯的外径与软管要求的内径相同。

4.3.4 增强层

当通过软管输送介质时,通常施加一定的压力。这一直接的影响是软管需要被增强加固。

增强层的类型取决于不同的压力。对于低压用软管,增强层可由棉或合成织物线构成,铺放在内衬层上。

有时候,可使用金属丝或者金属和织布复合线。

在某一特定压力范围内,增强层的选择和增强层在内衬层外的应用方法取决于曲挠性、尺寸和价格。

对于低压用软管,有时候仅需要一层织物层或外覆层,而对于高压用软管,可能需要6～8层钢丝层,例如:压力大于或等于80 MPa以上时。

当在内衬层外铺放增强层时,在工艺上会使用如下术语:

——针织(织物);

——缠绕(金属或织物线);

——编织(金属或织物线);

——夹布(织物或金属帘布)。

增强层的类型和数量决定了软管的曲挠性。

根据用途的不同，软管可以用几层外加的钢丝螺旋线增强(见图 20)。这种外加增强层的软管适用于真空情况，或者适用于需要较小弯曲半径而不弯折的情况。

该螺旋线通常硫化在软管内部。

螺旋线增强有四种方式：

——完全埋入或“覆盖”螺旋缠绕；

——半埋入或“半覆盖”螺旋缠绕；

——无粘接内部螺旋缠绕；

——无粘接外部螺旋缠绕。

使用最多的为埋入式螺旋缠绕软管。

图 20 带埋入螺旋线和波纹外覆层的夹布软管

4.3.5 外覆层

外表面或“外覆层”保护增强层不受损坏，并阻止外界所有的有害因素。

在绝大多数应用中，外覆层直接影响到软管的使用寿命。

4.3.6 外覆层类型

4.3.6.1 概述

在实际应用中，外覆层有如下六种类型：

——光滑橡胶外覆层；

——有凹槽或凸棱的外覆层(纵向的)；

——有织布压痕的外覆层；

——浸胶织物外覆层；

——织物或金属编织外覆层；

——波纹状外覆层(螺旋状)。

这些描述表示出制造外覆层的方法。

4.3.6.2 光滑橡胶外覆层和有凹纹或凸棱的外覆层

外面的橡胶外覆层成型以后，围绕外覆层挤压一层外套，例如包铅，包铅之后用蒸汽进行硫化。硫化之后，铅层外套可以取下并可再用。现在多采用环保工艺，包括盐浴和“裸硫化”，或者围绕外覆层挤压特殊的塑料外套而不再包铅。

外覆层可以直接贴着增强层外挤出。由此工艺制造的软管外表光滑或有轻微的凹纹。理论上讲，此类型软管制造的长度无限制。最终产品可绕转轴盘卷成卷并且长度可达几百米。

4.3.6.3 带织布压痕的外覆层

在管芯上制造的软管，在硫化前，外覆层上要用织物布带缠绕。此时软管被绑成“绷带状”。之后组合件用蒸汽硫化。用此法在橡胶与增强层间产生的粘合性与用包铅或包塑料外套相同。硫化后，取下包覆的织物布带。见图 21。

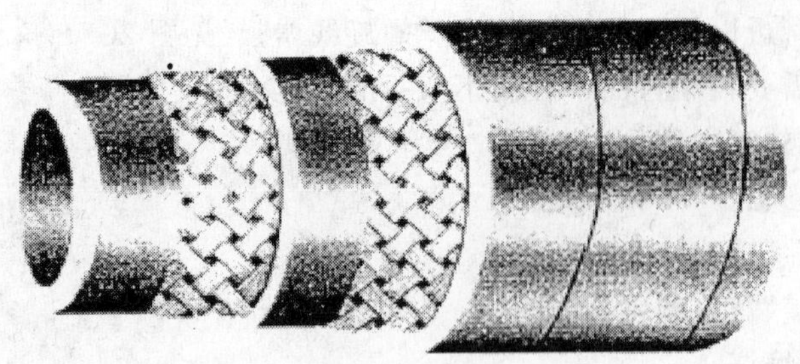

图21 带棉线压痕的外覆层

4.3.6.4 浸胶织物外覆层

此外覆层带有浸渍橡胶的织布。此外覆层的优点是使软管的质量比之前提到的要轻。此外覆层可透气而不会发生气泡或脱胶现象。此类型软管一般用于低压情况，如：机车燃油管。

4.3.6.5 织物或金属编织外覆层

此外覆层由织物编织或金属编织而成。金属编织外覆层有很强的热传递性，此外同样可以透气而无气泡或脱胶现象。见图22。

图22 棉线编织外覆层

4.3.6.6 波纹状外覆层

此类外覆层由螺旋线及包覆在螺旋线外的橡胶外层构成。

4.3.7 外覆层刺孔

气体总有穿透软管壁，逃逸到外界的趋势，在高压下尤其如此。

首先，气体透过内衬层并可聚积在中间层（增强层）。如果外覆层的气密性大于内衬层，气体会形成气泡并在该处胀破。为防止此现象，软管在制造过程中先进行刺孔。就是说，在软管的外覆层上刺出非常小的孔，深度到增强层为止。如果气体渗透过内衬层，就通过增强层和小孔释放到外界。因此，刺孔可被视为一项安全措施。

4.4 标识

4.4.1 概述

软管通常都根据特定的用途而设计。为了某一特定用途，例如：输送空气、油或水，就需要多用途的软管。考虑安全因素，制造商应根据制造软管时所执行标准对软管做标记。此外，软管的用户也可提出在软管上标记任何关于其性能的信息，确保以安全的方式使用和操作。

警告：使用没有识别标记的软管可能会导致严重的人身伤害和/或软管性能的破坏。

4.4.2 标记方法

一些标准未对标记方法作特殊规定。如果标准没有明确表述，那么标记方法可选。然而，所进行的标记宜能够持久存在并不易磨损。以下详述一些通用的方法。

标记可沿软管壁纵向印于特殊的位置。这些标记的规格和形状应能包括所要求的标记符号。但是软管的周长和在特定的部位进行标记所用的设备可能限制标记的规格。标记应符合相关的标准。

4.4.3 硫化标记

4.4.3.1 用金属压模机（模压）

最持久的标记类型是使用金属或塑料模板压印出凸起标记。在硫化前，用此模具在软管的外覆层上压模，从而使标记硫化在软管的外表面上。硫化后卸下模具。

相反的方法是标记不硫化在软管表面，而是刻在软管外覆层里。

4.4.3.2 用反差颜色的橡胶

与压印凸起标记不同，也使用与软管颜色反差大的颜色标记。用此种方法时，将一层未硫化的彩色橡胶贴到软管上，然后压上金属模具。硫化过程中，彩色橡胶层会粘合到软管外覆层上，硫化后卸下模具。此种标记方法成本较高，且一般只用于带嵌入式接头的软管。

4.4.3.3 用连续标记带

另一种凸起的标记方法，是在制造非常长的软管时，使用连续的标记带。此方法需要事先将刻有标记的模板以固定间距清晰地印在细长的金属或塑料带上。

将该标记带贴在尚未硫化的软管的外表面，通常贴在软管插入铅制管套或织布缠绕的部位。硫化后撤下标记带，之后整根软管纵向会具有清晰的连续印记。此类型的标记比单一、分散的标记更加明显，且在跟随软管整个使用期间会保持清晰。

4.4.3.4 标签

标签是一张带有所需要求内容的胶片，贴在未硫化软管的外覆层上，然后与软管一起硫化。

4.4.4 压印法标记

此方法是用热的印模或压印滚将标记模压到软管表面。因此，此法只适用于具有热塑性外覆层的软管。

4.4.5 印刷标识

如今标识通常都是印刷到软管上，因为此法成本较低，尤其在制造较长的软管时更是如此。用此法做标记，在硫化前或硫化后都可连续地将标记印在软管外覆层表面。

标记通常沿着软管的纵向，不间断地印刷在整个管体上。

印刷的长度仅取决于给软管做标记的设备以及实际应用中软管的最短长度。

4.4.6 标记的顺序

软管宜以下列顺序标记下列内容：

a) 制造商名称或商标；

b) 所执行标准的编号和年份；

c) 类型(型别、类别等)；

d) 内径或标准口径；

e) 最大工作压力；

f) 制造的年份和季度。

软管规格标准的典型标记示例如下：

制造商/ISO 2398/7B/50/25 MPa/4Q98。

4.5 贮存

包括软管在内的所有的橡胶产品，在贮存期间，都会因受到氧气、臭氧、热、光、潮湿、油类、溶剂及其他腐蚀性液体或蒸汽的影响而发生物理性质的改变，并可能最终无法使用。因此，软管应存放在凉爽、黑暗、无蒸汽的地方，且应避免以上所有影响因素。此外还应避免接触焦油浸渍木材。

贮存的详细说明在 GB/T 9576—2001 的 2.2 中给出。

5 塑料软管

5.1 材料

塑料软管制品采用挤出机和(或)缠绕装置制造。用挤出机制造，其工艺是连续的。

用于制造塑料软管的材料一般包括：

——热塑性聚酰胺弹性体；

——热塑性聚氨酯弹性体；

——热塑性聚烯烃弹性体；

STANDARDS PRESS OF CHINA

——热塑性聚酯弹性体。

制造塑料软管的材料大不相同，而且绝大多数情况为不同塑料的混合物。塑料软管的应用也极不相同。因此，所制造的塑料软管既可以带增强层也可不带增强层。

塑料软管，像橡胶软管和金属软管一样，是不同的运作系统中的重要部件。它们应与管道、阀门和接头组成安全可靠的完整系统。选择正确的材料和设计可实现这些要求。

5.2 设计

5.2.1 内衬层

内衬层通常为挤出的柔性非增强软管，是经挤出工艺得到的，其外表光滑、无接合缝，并且可生产的无限长。

5.2.2 增强层

增强层可由不同种材料(塑料纤维、织物纤维、钢丝绳等)配以钢丝螺旋线或塑料螺旋线铠装结构组成。

带有增强层的软管壁具有耐受内部压力的性能，增强层承受了绝大部分的压力。

5.2.3 外覆层

外覆层通常为挤出的包覆在增强层外的柔性管，它起保护增强层和柔性的内衬层不受外界影响(机械和化学影响)的作用，并且：

——可通过其特殊的颜色或其上的标记进行标识；

——在端部接头处提供密封作用。

与橡胶软管相似，对于输送气体用的塑料软管，如果气体透过内衬层溢出速度大于外覆层，那么宜在外覆层上刺孔。

5.3 其他结构

5.3.1 输送液体用“复合”或“多层”软管

传输液体用复合软管由用内外金属和(或)塑料螺旋线缠绕在一起的热塑性塑料箔片和(或)薄壁无缝非增强软管组成。根据用途不同，此软管类型的组成材料不同。见图 23。

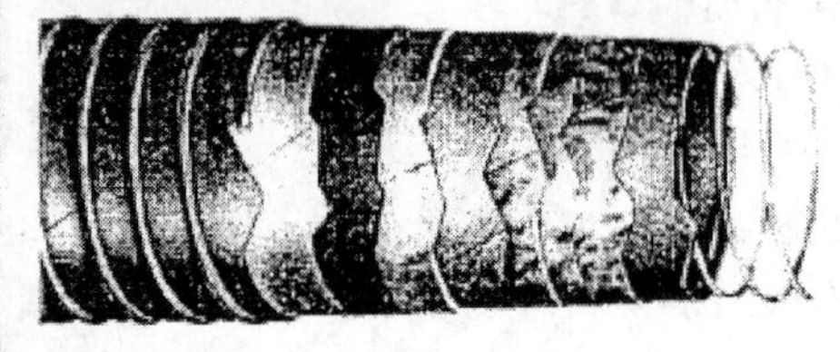

图 23 传输液体用“多层”或“复合”软管

对于液压用软管，用于内层的材料有 PTFE、FEP 和聚丙烯箔或片材层，非增强软管以及织物。用于外层的材料，通常为一层或多层尼龙(或 PVC)。

对于低温液化气体用软管，其内外都为聚酰胺和(或)聚酯片层，非增强软管和织物。

根据软管的用途不同，用作金属螺旋线的材料有热浸镀锌钢、聚丙烯涂覆钢或奥氏体不锈钢(ISO 683-13，型别 19 或型别 20)或等效材料。

复合软管的典型性能如下：

——良好的普适耐化学性；

——合理的机械强度；

——弯曲半径小；

——质量小；

——易于搬运；

——易于着色标识。

此类型的复合软管的端部连接头应经过特殊设计。

注：金属螺旋线的电连续性连接见 3.2.2。

5.3.2 输送气体和固体用多层(复合)软管

输送气体和固体用多层软管由织物和片层与金属或塑料螺旋增强层经缠接、焊接或粘接在一起而构成(见图 24)。这些软管主要用于如气动输送、空气处理和抽提系统。根据用途不同，制造软管的材料不同。示例如下：

a) 经塑料浸渍的合成织物并缠有螺旋线。此软管的材料应符合 ISO/TR 5924 关于火焰蔓延和燃烧性的规定。用于高压和低压空气抽提系统，此软管应有隔音隔热的设计，如用玻璃纤维包覆及添加镀金属箔外壁。

b) 带有螺旋线的包覆的塑料片。例如：用于私人家庭的空气抽提系统，蒸汽抽出罩等。

c) 带 PVC 涂层钢丝螺旋线的用 PVC 带缠绕的管壁。可作木工机床用排吸软管，轿车国体维修及客车建造车间的加热器软管。重型软管可作工业真空吸尘器用软管和电缆保护用软管。

d) 带有镀铜弹簧钢丝螺旋线，且经氯丁二烯橡胶(CR)浸渍的单层或多层玻璃纤维织层，软管外层带有 CR 包覆玻璃纤维绳。

应用范围包括：飞机建造、机械工程、化学工业和气体处理中冷热空气供给和排出。用于极热的空气和腐蚀性蒸气时，织物和线绳应以硅胶浸渍或包覆。

e) 经塑料浸渍的合成织物并缠有镀锌钢丝螺旋线，软管外部缠绕耐磨带。一般有如下几种：

——用 PVC 浸渍的聚酰胺织物；

——用氯丁橡胶浸渍的玻璃纤维织物；

——用硅橡胶浸渍的玻璃纤维织物。

应用范围包括：重工业抽提体系；空气、蒸汽和粉尘的输送；油罐换气，热空气鼓风机等。

f) 浸胶帆布织物和埋入式钢丝螺旋线。用于抽排蒸汽、烟雾、粉尘和锯屑等，以及用作柴油机供气软管。

g) 浸胶帆布织物、埋入式钢丝螺旋线，以及光滑耐磨内管壁。用于抽吸木屑和其他磨蚀材料。

h) 透明聚氨酯箔片、埋入式金属螺旋线。用于抽吸颗粒、碎屑和磨料，以及在石化工业中做通风软管。

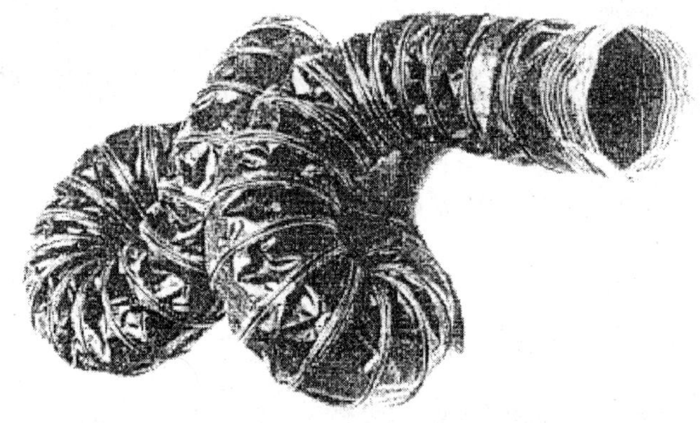

图 24 输送气体和固体用“复合”软管

随着新技术的发展，为满足特殊应用的需要，其他合成材料也可用于制造组合软管。

5.3.3 波纹塑料软管

5.3.2 中所介绍的“光滑”的直的塑料软管中的另一类型软管可称为“波纹”塑料软管，通常由聚四氟乙烯(PTFE)制成。此类型软管可经挤出或夹布方式制造，具有像金属软管那样的波纹(螺旋状或平行波纹状)外形。

优点:软管很柔软,可具有更小的弯曲半径。

缺点:软管带有平行波纹(像此类型的金属软管)不易清洁,因为介质易滞留在波纹处。

5.3.4 “内衬”端部连接

有时候有必要避免腐蚀性介质与金属部件接触,如:接头,以及带焊接或活套法兰的软管接头芯管。可用塑料保护金属部件。将一层塑料内衬层延伸至法兰的密封面。此法也可保证法兰不与介质接触。当组装软管时,可以不用法兰。此种保护可称为“软衬”。见图25。

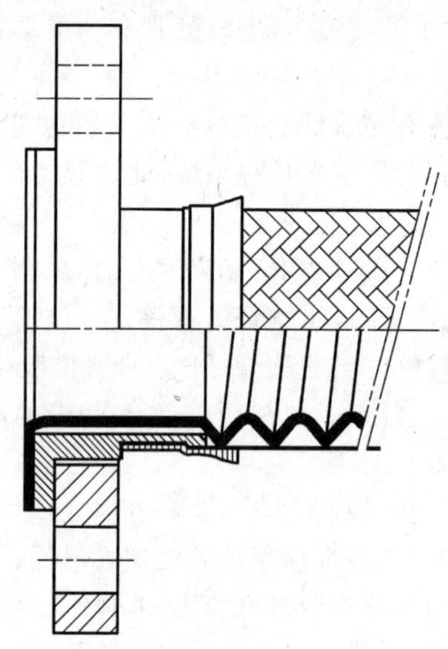

图25 接头和密封面的保护

另一种保护金属部件的方法为“涂层”,即用喷涂设备在端部接头的金属部分涂一层保护物质。

5.3.5 塑料内衬软管

塑料内衬软管即带塑料内衬层的橡胶软管。内衬金属软管与波纹金属软管制造方法相似。将塑料内管插入到固定尺寸的金属管中,然后铺放波纹外层和编织层。见图26。

图26 塑料内衬层和橡胶外覆层

对于在特定条件下使用的塑料软管可经下列方法制造:在预成型的塑料软管上用合成纱线或不锈钢丝编织层增强,外层用橡胶包覆。

在整根软管内施加内压用“直接”蒸汽进行硫化。硫化温度保持在在硫化过程中塑料(内侧)软管不受损坏的程度。在硫化过程中,橡胶亦渗入到编织层上。

5.4 标识

5.4.1 概述

软管通常都根据特定的用途而设计。对于某些特定用途,例如:输送空气、油或水,多用途软管就可满足。考虑安全因素,制造商应根据制造软管时所执行标准对软管做标记。此外,软管的用户也可要求在软管上标记关于其性能的信息以确保软管以安全的方式使用和处理。

警告:使用没有标识的软管可能会导致严重的人身伤害和(或)财产的损坏。

5.4.2 **标记方法**

一些标准未对标记方法作特殊规定。如果标准没有明确表述，那么标记方法可选。重要的是所使用的标记方法要能给出久存牢固的标识。以下给出一些常用的方法：

a) 标记可沿软管壁纵向置于特定的位置。这些标记的大小和形状最好能包括所要求的标志符号。但是软管的周长和在特定的部位进行标记所用的设备可能限制标记的尺寸。标记宜符合相关的标准。

b) 外覆层平滑的塑料软管，如高压软管，可通过沿软管纵向涂刷特殊涂料来识别。

c) 不锈钢编织的复合软管或波纹塑料软管，可通过在一端或两端的端部连接上用冲模标识或将一个小标签焊接到法兰盘的后面。

5.4.3 **标记的顺序**

软管宜以下列顺序标记下列内容：

a) 制造商名称或商标；

b) 所执行标准的编号和年号；

c) 分类(型别、类别等)；

d) 内径或公称内径；

e) 最大工作压力；

f) 制造的年份和季度。

软管产品标准中典型的标记示例如下：

制造商/ISO 5774C/25/16 MPa/4Q98。

5.5 **贮存**

塑料软管应贮存在阴凉、背光、无蒸汽的地方。不宜暴露于紫外线下。不同类型的塑料软管存放时不宜相互接触。

关于贮存的详细说明见 GB/T 9576—2001 中的 2.2。

软管绝不宜悬挂在横梁或管道上，最好垂直悬挂。

6 橡胶和塑料软管及软管组合件的应用

注：对各种使用场所应分别执行国家相应的安全标准和法规。

6.1 **液压软管**

液压软管的使用范围可从低压到非常高的高压，宜符合相关产品标准的要求，如：GB/T 3683.1，GB/T 10544，GB/T 15908，GB/T 15329.1 和 ISO 11237。质量合格的液压软管的最小爆破压力可达 180 MPa 左右。如同其他软管一样，其结构决定了软管适用的工作压力。

软管的选择，由最大工作压力及其工作条件所决定。所需的压力范围决定了用何种类型增强层来支撑内衬层。增强层的材料可以是棉线或合成纤维线，编织或缠绕在内衬层上。有时候，也可使用铜丝、青铜丝或钢(镀黄铜或不锈钢)丝。

对于某一特殊压力范围，当选择增强层的材料和它们在内衬层上的铺放方法时，曲挠性和尺寸尤为重要。增强层可由织物和螺旋缠绕层组成，以达到所期望的软管压力范围。双层缠绕使用与用编织增强层编织钢丝相同的间距。用双层缠绕加一层编织增强层代替两层增强层，可使软管的压力范围增加，而这两种软管可使用相同的端部连接。

塑料液压软管(同橡胶软管)可应用于不同的液压系统中。选择塑料软管还是橡胶软管，由以下使用条件和准则决定：

——耐化学试剂性能：化学品的范围种类相当大，应与供货商协商确定；

STANDARDS PRESS OF CHINA

——质量(重量):由于塑料材质密度较低(不到橡胶软管的70%),故塑料软管质量较小;

——温度:带增强层的塑料软管允许的最高工作温度比带增强层的橡胶软管高,而橡胶软管的最低工作温度比塑料软管的低。

宜根据软管的最终用途决定是橡胶软管还是塑料软管更适合,因为它们的耐化学品性能(耐温度性能)不同。

缠绕和编织增强层可相互加强以增强耐压性。在制造过程中,可通过适当的拉力铺放钢丝,并选择钢丝增强层相互交叉角度完成。见图27。

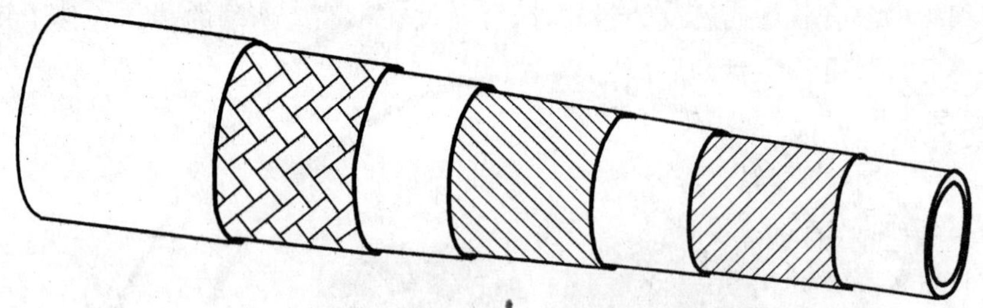

图27 带双层缠绕增强层和单层编织增强层的液压软管

多层缠绕的液压软管如图28所示。此时,每层的缠绕方向应与相邻层的缠绕方向相反。当软管被施加压力时,每个缠绕层或编织增强层应按照预先计算的方式延伸。在上述软管的每个类型的增强层之间铺放橡胶中胶片,这样可确保不同层间的粘合性并且可填补钢丝间的缝隙。

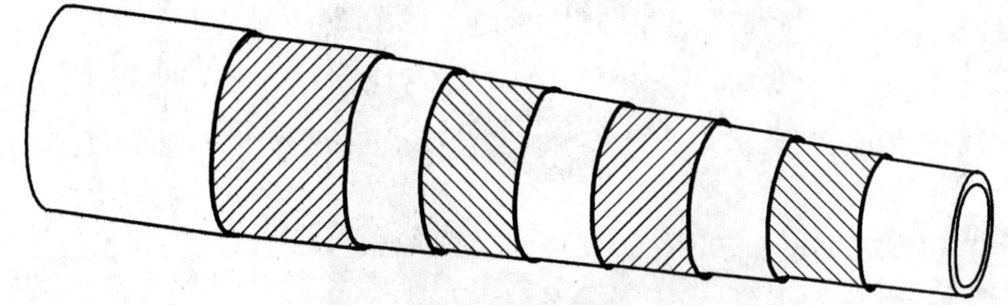

图28 带四层缠绕层的液压软管

选择端部接头的类型时,应搜求供货商或制造商的建议。错误的选择可导致人身伤害和(或)财产的损失。装配接头的液压软管的示例在图29中给出。

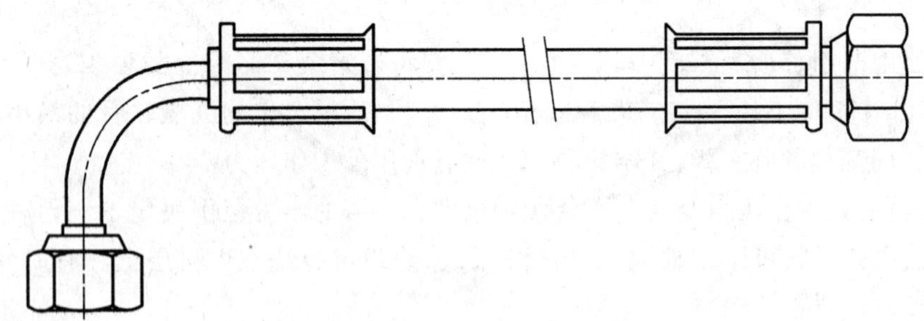

图29 带接头的液压软管

6.2 近海用软管

近海用软管用于单点系泊(SPM)装置或者通用浮筒系泊装置在公海输送和排出原油和石油产品。有时候,也可输送其他产品。

近海用软管的类型有两种,分别称为"漂浮"软管(见图30)和"水下"软管(见图31)。

图 30　海上漂浮软管(使用中的)

图 31　海上水下软管(出厂弯曲试验中的)

这些软管(用于输送特殊产品如 LPG,氨水等的一些软管除外)具有光滑的内层(无未粘合的内螺旋钢丝)并且可配以一股、两股或三股层中螺旋线,或者也可完全不带螺旋金属线。在后一种情况下,螺旋金属线的作用被以特定角度缠绕的附加增强层所代替。

漂浮软管一般带有一体化的漂浮单元(即硫化或粘合在骨架上),该装置当充以海水后软管约有20%露在水面以上。"水下"软管不带漂浮装置,但有时候安装管环,管环硫化在软管上,用以串住单个浮标,使软管悬浮在水中。

实际上,所有海上软管的设计都是将软管端部连接头硫化在内衬层上,从而确保得到最大的密封性。软管接着芯管装配有"对焊"型法兰,该法兰是焊接到套管上的,而某些用途的软管("水下"软管或"PLEM"软管)可在其一端装配旋转型法兰。还有另一个可选的结构,其标准设计为在骨架中嵌入法兰,并用钢环增强。直径在±150 mm 和±600 mm(6 in ～24 in)之间的软管通常应符合 OCIMF 规范"Guide to purchasing,manufacturing and testing of loading and discharge hoses for offshore moorings"("海上系泊用排吸软管的采购、制造和试验指南")的要求。

标准额定压力为 1.5 MPa 但是如果用户有特殊要求也可为 1.9 MPa。安全系数为 5 倍的额定压力(在 5 倍设计压力下保持 15 min,然后升高压力到爆破)。试验压力(在工厂和在工作场地)应一直等于额定压力,并保持 10 min,但是采购方可能会要求附加 1.5 倍额定压力的试验压力并保持较短时间(5 min)。弯曲试验、真空试验、粘合性试验、电阻测量也应符合 OCIMF 的要求。采购方也可能会要求进行煤油试验。

每根软管应具有一系列完整资料和详尽的试验证明。关于软管的检测,推荐采用 OCIMF 出版的"Guide to the handling,storage,inspection and testing of hoses in the field"("软管在工作场地的搬运、贮存、检测和试验指南")。

6.3　焊接型软管

6.3.1　概述

除 3.7,4.5 和 5.5 中关于检验、维修和贮存的建议外,宜注意本章节的推荐。这些建议是关于氧炔焊接以及相似工艺,如切割、软焊和火焰喷射,其中氧气的工作压力为 2 MPa,而乙炔的为 1 MPa。

尤为重要的是,根据使用的燃气来正确选择软管。适合使用乙炔或氧气的软管,如果使用了液化石油气(LPG)、丙烷、丙烯或类似气体,则会受到影响。制造商可推荐适合后面这些气体的专用软管。也可参见 GB/T 2550—2007。这些软管可组合成双子软管。见图 32。

图 32　双子软管(焊接型软管)

每个季度,应对焊接型软管进行一次泄漏、损坏或严重劣化检查。应目视检查软管是否发生外覆层破损、中间层(增强层)撕裂或脱胶以及端部接头附件的安全性。

出现严重损坏、撕裂、气泡、扭曲或中间层脱胶的软管应立即退出服役。松动或错位的接头应加固后再重新使用。如果怀疑有问题,宜按照 3.7.3 中的要求进行压力试验。也可向供货商咨询。

6.3.2　安全措施

为阻止气体通过软管壁逃逸,最好在停止给气体燃烧器供气之后再关闭气体容器的阀门。

注:为防止在软管内回火,在未停止给燃烧器供气之前不宜关闭气体容器阀门。

由于经常发生气体渗透软管壁的现象,因此宜避免易爆混合气体或有害气体的聚积,并且用于存放或使用该设备的空间应始终保持适当的通风。

请查询国家有关安全规章规定。

6.4　丁烷、丙烷和液化石油气(LPG)软管

6.4.1　概述

如果组合件上使用鞍形夹具、带形夹具或安全卡瓦(壳式),那么这些夹具不宜有锋利的边缘或其他表面缺陷。夹具不宜夹得太紧,否则可导致软管紧挨连接头的部位迅速劣化。

正常使用的软管和非增强软管宜一年进行两次试验。如果在目视检查时发现严重的损坏或出现气泡、扭曲,出现弱或软斑,或者如果增强层脱胶,那么宜替换该软管或非增强软管。

6.4.2　安全措施

由于经常发生气体渗透过软管壁的现象,宜避免易爆混合气体或有害气体的聚积。

LPG 的密度大于空气,有聚积的风险,如:在船上或房车地板下等空旷的空间。所以,设备停用一段时间后,在点燃该装置前,宜保证适当的通风以避免气体的聚积。

6.5　蒸汽软管

除 3.7 中规定的准则外,对于设计工作压力为 1.6 MPa 及以下、工作温度为 204 ℃及以下的蒸汽软管,还宜遵循本条的建议。这些建议适用于内径最大为 50 mm 的软管。

在蒸汽软管投入使用前宜对夹具进行检查,使用过程中也要经常检查。如果软管在接头上装配有套环和安全夹具,则还应多关注这些设施。确保安全夹具的钩爪牢固地扣在套环上并且管头部件之间紧密连接。宜定期检查夹具,如果必要,与可能发生蠕变或收缩的软管橡胶材料相连接的螺栓也宜进行定期检查。

如有需要,螺栓宜统一重新拧紧。如果因长期使用使得蒸汽软管上夹具的两半互相接触,则应将发生形变的软管部分切下,并在未受损的软管新端部重新组装管头和夹具。

正常使用的蒸汽软管在第一年使用中,宜每 6 个月进行一次试验。该蒸汽软管宜按照 HG/T 3036 的要求进行目视评估和压力试验。

一年之后,建议增加对软管进行试验的频率。高强度使用的蒸汽软管,如:在粗糙表面上拖拽的蒸汽软管,以及经过紧密弯曲盘卷贮存的或持续暴露于天候下的软管,与被精心保养的软管相比老化速度更快。建议这些高强度使用的软管在安装之后,宜每月进行一次试验(见 3.7.3)。

6.6　制冷剂软管

制冷剂软管是那些用于冷却装置中的软管。此种软管设计得尽可能少地通过管壁渗漏而造成的制冷剂(氟利昂,Caltron 等)的损失(用每年每米软管渗漏的千克数衡量)。

STANDARDS PRESS OF CHINA

6.7 喷涂软管

喷涂软管预定用于通过压力喷涂介质。该管区别如下：

——“气体”喷射：通过压缩空气低压喷涂（最大 0.9 MPa）；

——“无气体”喷射：此种需用耐高脉冲压力的塑料软管（达到 20 MPa）。

6.8 消防软管

消防软管（承压时）应是柔软的，且当展开时宜口径小、质量“轻便”。关于耐压、耐磨和耐老化的性能要求列于不同标准中。

消防软管由带有抗渗水内衬层和耐磨外覆层的编织套构成。内衬层和外覆层由高度耐老化的胶料制造。制造的方法之一为包附着织物与其同时挤出（以确保各层间最大粘合强度）。

除耐磨之外，外覆层还宜有高度的耐热性。对于其内衬层和外覆层通过一次生产挤出的软管，其外覆层宜进行刺孔以防止出现气泡。软管的外覆层可带有纵向罗纹（凹槽状外覆层）以减少摩擦。

消防软管的内衬层和外覆层都宜尽可能地耐油、耐油脂和耐化学剂，同时耐臭氧和紫外线的影响。

如果消防软管在维修后仍可满足原来要求，那么可对其进行维修。

如果在使用时消防软管横跨马路放置，则宜用水带护桥保护软管。

7 接头

7.1 概述

所有种类和型别的软管都可装配“永久性”端部接头。型别、种类和式样的范围包括快速接头、爪型连接头、螺纹连接头和法兰（焊接或不焊接在软管管头芯管上）。所有软管的端部接头都宜适合其所在系统的试验压力。接头的材料也应适合所输送的介质。端部接头宜符合关于公称内径、材料类型和压力等级的国际标准和国家标准。

最常用的端部接头如下：

——法兰接头；

——螺纹接头；

——快速接头。

所有使用带螺母-螺栓接头的组合件都应进行定期检查。如果螺母松动，接头则失去作用并导致泄漏。

7.2 法兰接头

7.2.1 概述

虽然这里提到的各种橡胶和塑料软管的结构不同，但它们都可装配法兰接头。法兰接头通过将芯管（见图 33）插入软管的方法组装在橡胶软管上。该软管接头芯管上有凸棱，以防其从软管滑落。橡胶软管也可装配硫化式软管接头芯管。该芯管在制造过程中嵌入软管端部，然后硫化。

该芯管可包括一个固定的或可转动的法兰。最好在软管的一端装配固定法兰，而在另一端装配旋转法兰。组装过程中，先将带固定法兰的接头安装到管道系统中，随后安装旋转法兰。旋转法兰可防止软管扭曲。带非硫化式芯管的软管组合件用卡箍（夹持条 7.2.4）、扣压套管（7.2.3）或安全夹具（壳式夹具）（7.2.2，见图 34）完成组装。

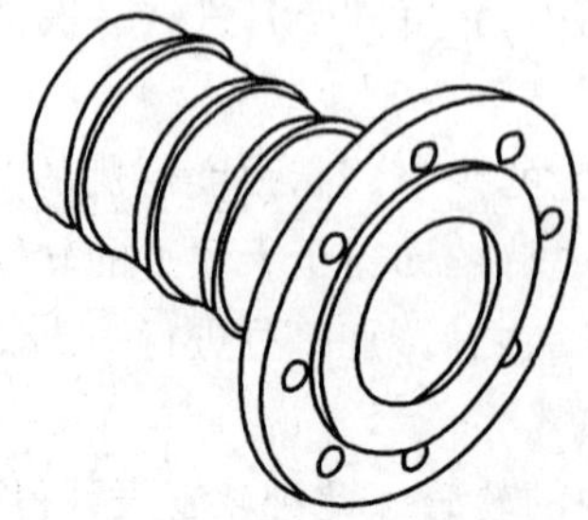

图 33 通过硫化或夹具组装的带轮缘的软管接头芯管

7.2.2 带安全夹具(壳式)的法兰接头

最好选择壳式夹具,尤其是针对大口径软管。这些夹具在内侧带凹槽,当附带的六角圆柱头螺栓(凹头螺栓)拧紧时,凹槽可抓紧软管外壁。这种夹具也配有套环,当螺栓拧紧时该套环扣在软管芯管的套环上。此方法可防止接头从软管上拨脱。壳式夹具的优点之一是,当软管因任何原因从系统中卸下来时,该壳式夹具和带法兰的芯管可轻易拆卸并重复使用。见图 34 和图 35。

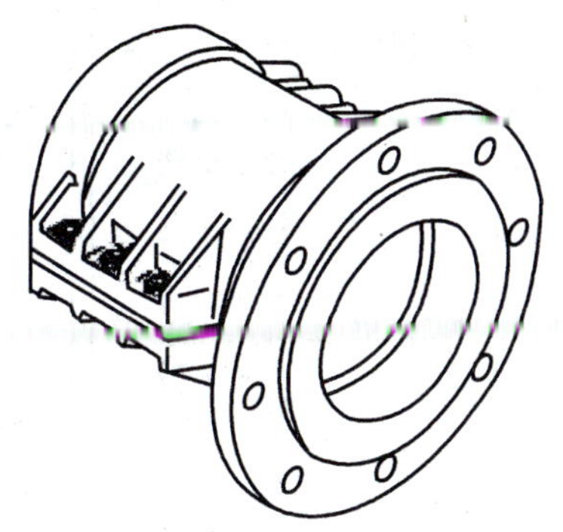

图 34 壳式夹具

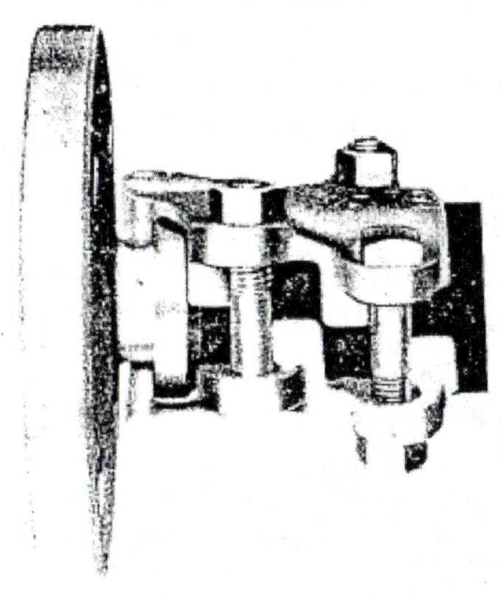

图 35 带螺栓和螺母的壳式夹具

同样广泛使用的是软管-法兰-软管芯管组合件,用带螺栓和螺母的夹具固定在软管芯管上。这些夹具一侧带有“手柄”,当螺母被拧紧时,其被固定在软管芯管上的“套环”后侧。螺母不应拧得过紧,使软管端部“收缩”,这样减弱了接头的密封性。夹具壳一般由轻合金金属、黄铜或铸钢制成。黄铜夹具通常用于终端装卸设备上,用以防止产生火花。

7.2.3 带扣压套管的法兰接头

另一种完全不同的制造法兰接头的方式是将“套管”扣压到软管端部的芯管外部。扣压套管的优点是在软管端部没有凸出的部分。见图 36。

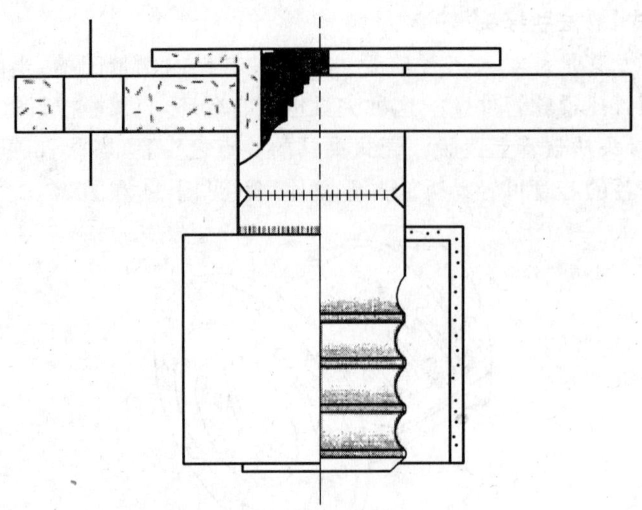

图 36 外部带扣压套管的法兰接头

7.2.4 带夹持条的法兰接头

与前面软管芯管型接头相比,不常用的方法为用夹持条夹紧的方法。该夹条有时候会松动并且夹条(危险的)锋利的端部可导致损坏。通常使用三个夹持条,而其中只有一个夹持条起作用,而另外两个不工作。对准备用带压管线系统的带特殊端部接头的软管,如果连接接头是薄弱环节,用户和周围环境的安全可能会受到威胁。

7.2.5 带接头的不锈钢软管或带焊接接头的橡胶和塑料软管

带端部接头的不锈钢软管通常带有焊接管和套环。软管端部被焊接。建议在投入使用前对软管上带端部接头的焊接点进行检测。见图 37 和图 38。

图 37 焊接式法兰

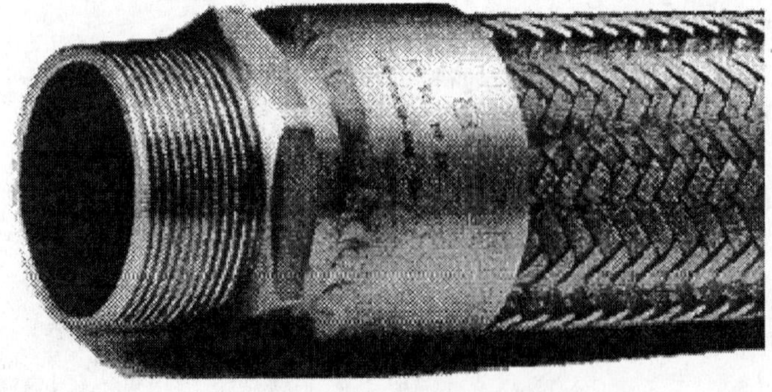

图 38 焊接式螺纹接头

7.2.6 塑料内衬软管的螺纹接头

内衬塑料的金属软管不焊接到芯管上。用特殊的机器将此螺纹接头扣压到软管上。此机器的压力经调节可得到有效的密封。见图 39 和图 40。

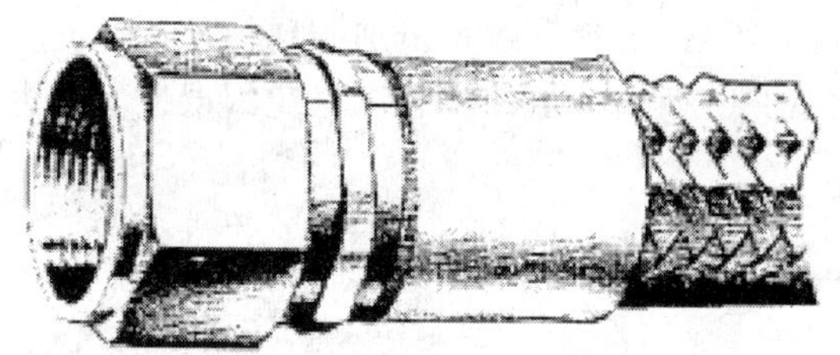

图 30 带扣压螺纹接头塑料软管

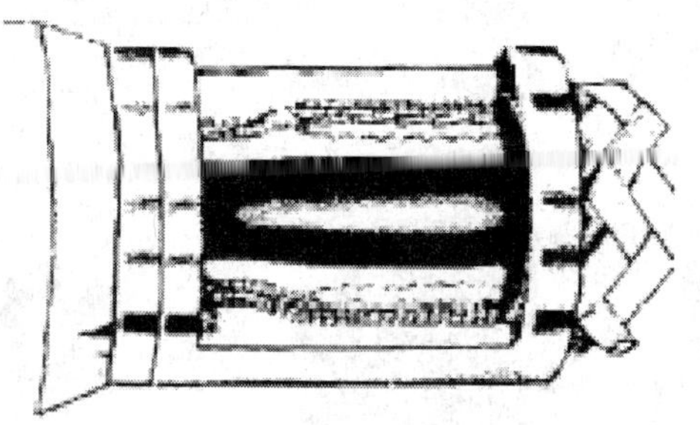

图 40 扣压式接头详图

7.2.7 扣压式接头

另一种类型的高压接头可称为扣压式接头，此法用于高压和超高压软管。当组装此类型的接头时，先对软管端部进行特殊处理，之后用压模将接头扣压到软管上。在扣压过程中，重压施加在接头(软管接头)上，并产生防漏连接。此种接头为永久接头并且不可拆卸。

7.2.8 橡胶软管的螺纹接头

高压橡胶软管上的某些类型的高压接头是可分离的并适合重复使用。此类型的接头有时也被称为“螺纹接头”。见图 41。

螺纹套管接头是用于高压橡胶软管的扣压套管接头另外一种选择(见图 41)。接头应由专业人员安装，通常可用简单工具现场完成。缺点是此接头可被非专业人员拧下来。

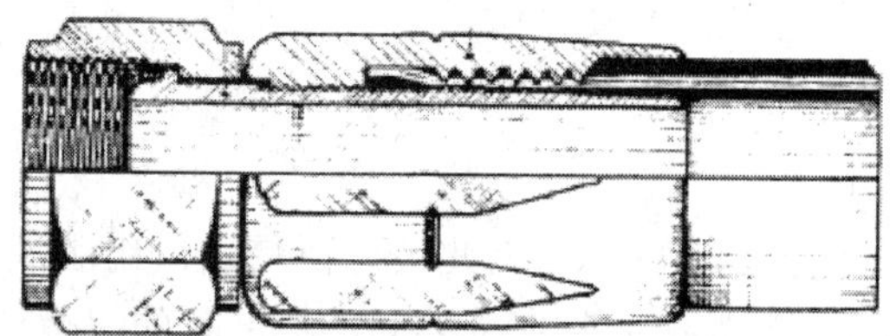

图 41 螺纹套管接头

7.3 螺纹接头

可安装螺纹接头来代替法兰接头。当往软管上安装螺纹接头时，会遇到和法兰接头一样的问题。制造螺纹接头的材料会有很大差别，如：不锈钢、铝、黄铜、铸钢等。大量不同种类的螺纹接头都适用。

7.4 快速接头

7.4.1 概述

为快速连接软管，可采用“快速接头”。选择此种接头尤为广泛。在此简要介绍一些快速接头的类型。

注：在此声明，这里介绍的接头并非比没提到的其他接头更好。

当采购并使用快速接头时，应牢记的是接头安装时要用密封圈，密封圈可由各种橡胶或塑料制造。软管和接头以及接头上密封圈的选择取决于所输送介质的温度和工作压力。

在压力系统中组装和拆卸快速接头可能会发生危险。

7.4.2 承插式接头

承插式接头尤其用在输送压缩空气、气体、水和蒸汽软管的连接。承插式接头可与高压枪组合用于清洗作业。见图 42 和图 43。

使用承插式接头时，插管滑入承管，由销钉或弹簧加载球锁住。

有些承插式接头设计得插管只能插入特定的承管以避免因误接而发生危险。这种管接头用于混接会有潜在致命后果的地方。

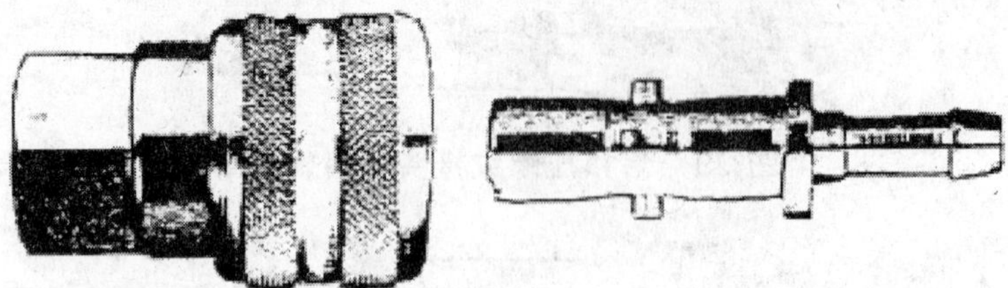

图 42　承插式接头

图 43　不同接合原理的承插式接头

图 44 给出了五种不同接头承管的示例。就是说，可输送五种不同的介质，并与其“各自”端部接头连接。

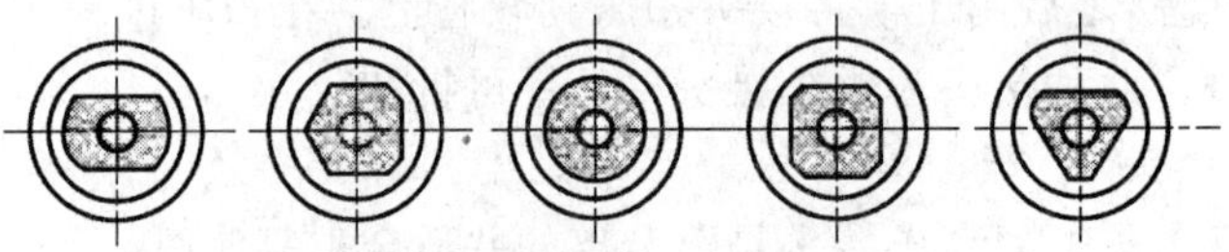

图 44　接头承管

根据使用需要，接头可设计成嵌入式闭塞阀。其优点为，接头破坏时，如果快速接头安装在紧靠阀门后的部位，可防止泄漏。承插式接头可设计得带有类似的救急设施。这样可防止软管从系统中卸掉后仍保持受压力状态。

7.4.3　爪式接头

7.4.3.1　概述

由于带爪式接头的连接体系十分简单快捷，因此被广泛使用。组装或拆卸时，无论何种形式，只要将接头相对旋转四分之一圈即可。卡爪内突起部分之间的标准化的间距可使同种类型不同直径的接头可以相互连接。“DIN”型爪式接头的防脱棱比“USA”型的夹持爪的高。这种差别可用锉刀修整，因为接头部分可很好地互相接合。见图 45 和图 46。

警告：应避免这样做。如果软管发生扭转，连接会因防脱棱被除掉而断开。

图 45　可调式爪式接头

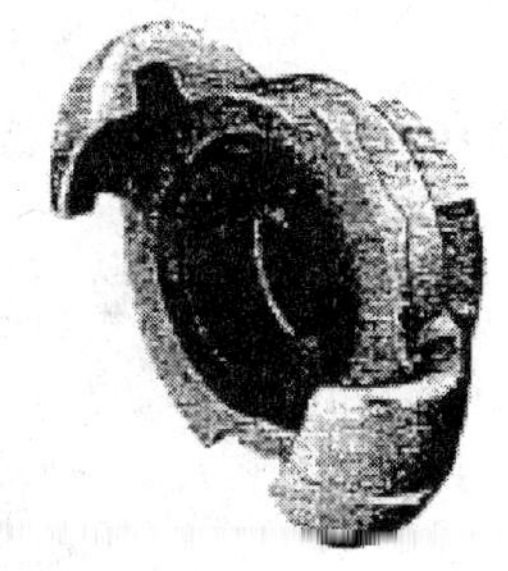

图 46 爪式接头

宜采纳的步骤摘要如下：

——接头上宜使用可起牢固夹持作用的止动销。如果安装了止动销，接头则决不会松动。不可使用金属线，因为其无法提供可靠的接合力。

——确保卡爪凹处与接头的第二个防脱棱相吻合，防脱棱保证接头连接的可靠性。

——使用螺纹连接器上的螺母夹持住的可调接头，拧紧螺母使其紧靠罩体，让两半接头互相接触最大。

——不使用接合部位防脱棱被全部或部分锉掉的接头。

——对于一些特殊用途，可用安全绳或安全链将两个接头穿起来。如果卡爪连接偶然脱开，它能防止软管的“抽动”现象。

通常所知并广泛应用的接头是“爪式接头”，以不同的规格的软管端部接头和设计供货，例如：

——“DIN”接头(7.4.3.2)；与 ISO 标准不一致；

——“USA”接头(7.4.3.3)；与 ISO 标准不一致；

——可调式“DIN”接头(7.4.3.4)；与 ISO 标准不一致。

DIN 型和 USA 型之间的区别是尺寸不同。接头可由黄铜、铸钢或铸铁制造。密封圈可由橡胶、PTFE 或铜制造。

7.4.3.2 DIN 接头(与 ISO 标准不一致)

此接头符合 DIN 3481，DIN 3482。材质为镀锌铸铁。

两个接头由卡爪上沟槽与罩体凸部相吻合而夹持住。

7.4.3.3 USA 接头(与 ISO 标准不一致)

USA 接头为非标准化接头且与 DIN 接头非常相似，但是这两种接头不可互换。其基本的安全性是通过将两半接头对接后在相对的孔中插入止动弹簧销来实现的。

此夹持方法的缺陷是当两半接头对接的时候，安装人员可能忘记安装止动弹簧销。这意味着软管在使用中受压力时，经转动(扭转)，接头的连接可能会断开。因此，接头应始终用止动销固定(见图 47)。

图 47 止动销

7.4.3.4 可调式接头(与 ISO 标准不一致)

根据 DIN 标准生产的相似接头为“可调式”接头。此接头具有与 7.4.3.2 中介绍的 DIN 接头几乎完全相同的止动部件。拧紧其中半个接头后侧的螺纹式连接器可实现有效接合。由此，连接器的两个瓣接合得比无调节式爪式接头更容易。

此类型接头的优点为：

a) 易于装卸；

b) 凸棱和密封环的摩损小；

c) 安全的密封，因为其受外力(如：扭力)作用不会松动。

7.4.4 消防软管接头

此类接头在许多欧洲国家的消防水系统(系统储存器)中做通用连接器。它们由一个凸轮环、一个软管连接芯管、带凹纹的橡胶密封圈和一个安全锁紧环构成。见图48。

图48 消防软管接头

连接部件以内外管螺纹连接。消防软管连接应符合国家标准或相关法规要求。接头通常用黄铜或铝制造。

为防止污染接头和系统中的管线，在不使用时，宜将其用螺纹盖密封。见图49。

图49 消防软管管头的螺纹盖

7.4.5 带阀门的快速接头

油槽汽车正越来越多的装配有带快速接头和阀门的装卸连接器。因此，加油站用软管都配有带阀门的快速接头。此接头有两个作用：首先作接头使用，其次作阀门使用。快速接头具有嵌入式回弹阀，它在连接时打开。断开时，如果阀门在反连接器上，则关闭。见图50。

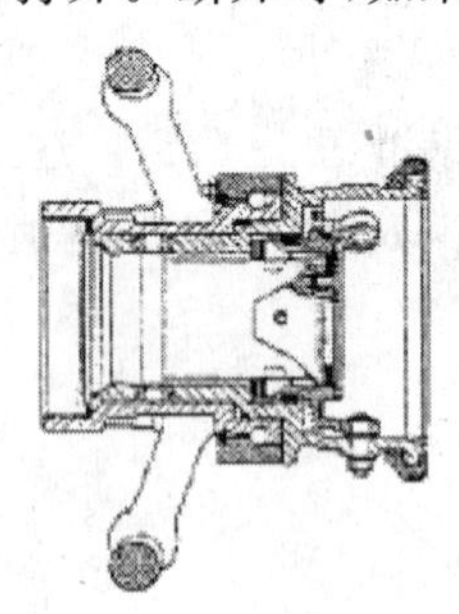
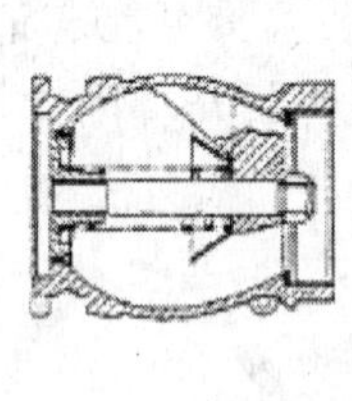

图50 带阀门和螺纹盖的快速接头

此接头的优点是它可进行快速连接，缺点是在装载系统中会产生峰压。因此，当不连接软管且阀门关闭时，接头所连接的软管内也会产生峰压。停用后软管和接头内仍然充满介质。这意味着在温暖的天气，软管的内部将产生压力。因此，建议使用后软管不宜暴露在阳光下存放。制造接头的材质为：铝青铜、铜、不锈钢、蒙乃尔高强度耐蚀镍铜合金、铝、青铜和铸钢。材质和密封件的选择取决于所输送的介质。

7.4.6 螺旋式接头(带凸起转轴)

螺旋式接头用于装卸用铁路油槽车,或用于“海上”作业,它一半是内外部都带螺纹的部件,另一半是内部带螺纹的圆锥形部件。整个接头穿过一个松动的、凸起形转轴。制造接头的材质包括钢、不锈钢和青铜。后者一般用于需避免产生火花的部位。安装时,可使用青铜锤。该接头的设计和材质的类型,能承受 7 MPa～100 MPa 的压力。此类型接头执行不同的 API 标准。见图 51。

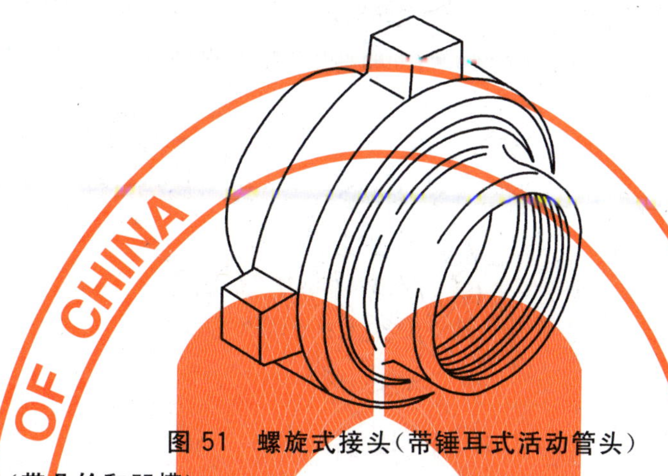

图 51 螺旋式接头(带锤耳式活动管头)

7.4.7 快速接头(带凸轮和凹槽)

另一种快速接头由一个外套和一个适配件构成。接头可用不同材质制造,如:不锈钢、青铜、铝和聚丙烯。外套通常带有两个手柄和支撑环,可用多种方式组合,如连接内部或外部带螺纹的软管芯管。操作非常容易,适配件应插入外套,抬起手柄,即可固定。见图 52 和图 53。

图 52 外套

图 53 适配件

7.4.8 公路(或铁路)油槽车用接头

油槽车用接头,也被称为“德式接头”,通常用于公路(或铁路)油槽车(R/RT)的接头。此接头因接外套带有“齿轮状环”易于辨识。外套用特殊的组合扳手安装在管道系统中。见图 54、图 55 和图 56。

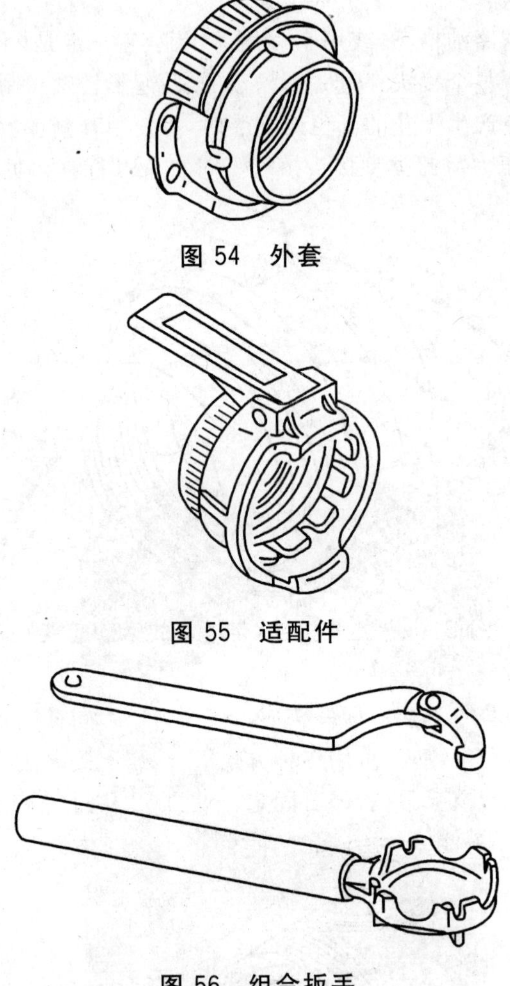

图 54 外套

图 55 适配件

图 56 组合扳手

7.4.9 “球”型接头

在某种程度上说,球型接头是那种在连接前能匹配未对正软管的管接头。接头包括三个部件,分别为一个球状体、一个夹具和一个“杯体”。接头的凹面和凸面锥形设计可跟随软管的错位。接头的两个瓣用夹具夹合在一起。制造接头的材质可以为黑色的(可焊接的)或镀锌的[热浸或不热浸(不可焊接)]冷轧钢。见图 57 和图 58。

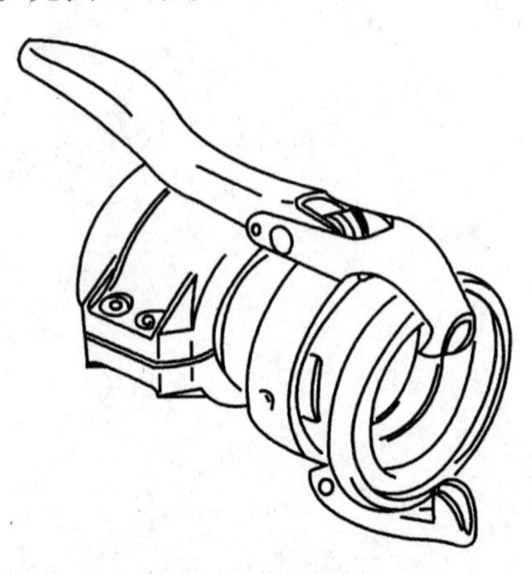

图 57 杯体和夹具

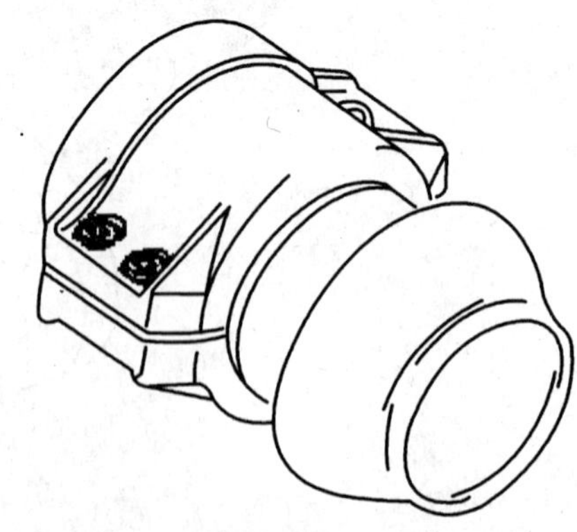

图 58 球型体

7.4.10 “法式”接头

由不锈钢或铝或聚丙烯制造的对称的接头称为“法式”接头。

接头通过将两个接头组件合并，并旋转四分之一的方式连接。拧紧位于接头组件后侧的螺母固定。这并不是说止动螺母是这种接头上的标准件。可向供应商咨询。见图 59 和图 60。

图 59 带外螺纹的半“法式”接头

图 60 带内螺纹的“法式”接头

参 考 文 献

[1] GB/T 1186—2007 压缩空气用织物增强橡胶软管(ISO 2398:1995,IDT)

[2] GB/T 2550—2007 气体焊接设备 焊接、切割和类似作业用橡胶软管(ISO 3821:1998,IDT)

[3] GB/T 3683.1—2006 橡胶软管及软管组合件 钢丝编织增强液压型 规范 第1部分:油基流体适用(ISO 1436-1:2001,IDT)

[4] GB/T 5107—2008 气焊设备 焊接、切割和相关工艺设备用软管接头

[5] GB/T 5563—2006 橡胶和塑料软管及软管组合件 静液压试验方法(ISO 1402:1994,IDT)

[6] GB/T 5564—2006 橡胶及塑料软管 低温曲挠试验(ISO 4672:1997,IDT)

[7] GB/T 5565—2006 橡胶或塑料增强软管和非增强软管 弯曲试验(ISO 1746:1998,IDT)

[8] GB/T 5567—2006 橡胶和塑料软管及软管组合件 耐吸扁性能的测定(ISO 7233:1991,IDT)

[9] GB/T 5568—2006 橡胶或塑料软管及软管组合件 无挠曲液压脉冲试验(ISO 6803:1994,IDT)

[10] GB 6969—2005 消防吸水胶管(ISO 4641:1991,NEQ)

[11] GB/T 7127.1—2000 使用非石油基制动液的道路车辆 液压制动系统用制动软管组合件(eqv ISO 3996:1995)

[12] GB/T 7127.2—2000 使用石油基制动液的道路车辆 液压制动系统用制动软管组合件(eqv ISO 6120:1995)

[13] GB/T 7129—2001 橡胶或塑料软管 容积膨胀的测定(idt ISO 6801:1983)

[14] GB/T 7528—2002 橡胶和塑料软管及软管组合件 术语(ISO 8330:1998,MOD)

[15] GB/T 9572—2001 橡胶和塑料软管及软管组合件 电阻的测定(idt ISO 8031:1993)

[16] GB/T 9573—2003 橡胶、塑料软管及软管组合件尺寸测量方法(ISO 4671:1999,IDT)

[17] GB/T 9574—2001 橡胶和塑料软管及软管组合件 试验压力、爆破压力与设计工作压力的比率(idt ISO 7751:1991)

[18] GB/T 9575—2003 工业通用橡胶和塑料软管内径尺寸及公差和长度公差(ISO 1307:1992,IDT)

[19] GB/T 9576—2001 橡胶和塑料软管及软管组合件 选择、贮存、使用和维护指南(idt ISO 8331:1991)

[20] GB/T 10544—2003 钢丝缠绕增强外覆橡胶的液压橡胶软管和软管组合件(ISO 3862-1:2001,IDT)

[21] GB/T 10546—2003 液化石油气(LPG)用橡胶软管和软管组合件 散装输送用(ISO 2928:1986,MOD)

[22] GB/T 12721—2007 橡胶软管 外覆层耐磨耗性能的测定(ISO 6945:1991,IDT)

[23] GB/T 12722—2008 橡胶和塑料软管组合件 屈挠液压脉冲试验(半Ω试验)(ISO 8032:1997,IDT)

[24] GB/T 14904—1994 钢丝增强的橡胶、塑料软管和软管组合件 屈挠液压脉冲试验(neq ISO 6802:1991)

[25] GB/T 14905—1994 橡胶和塑料软管各层间粘合强度测定(eqv ISO 8033:1991)

[26] GB/T 15329.1—2003 橡胶软管及软管组合件 织物增强液压型 第1部分:油基流体用(ISO 4079-1:2001,MOD)

[27] GB/T 15907—2008 橡胶、塑料软管 燃烧试验方法(ISO 8030:1995,IDT)

[28] GB/T 15908—1995 织物增强液压型热塑性塑料软管和软管组合件(eqv ISO 3949:1991)

[29] GB/T 16591—1996 输送无水氨用橡胶软管及软管组合件(eqv ISO 5771:1994)

[30] GB/T 18422—2001 橡胶和塑料软管及软管组合件 透气性的测定(eqv ISO 4080:1991)

[31] GB/T 18423—2001 橡胶和塑料软管及非增强软管 液体壁透性测定(idt ISO 8308:1993)

[32] GB/T 18424—2001 橡胶和塑料软管 氙弧灯曝晒 颜色和外观变化的测定(eqv ISO 11758:1995)

[33] GB/T 18425—2001 蒸汽橡胶软管试验方法(idt ISO 4023:1991)

[34] GB/T 18615—2002 波纹金属软管用非合金钢和不锈钢接头(eqv ISO 10806:1994)

[35] GB/T 18616—2002 爆炸性环境保护电缆用的波纹金属软管(eqv ISO 10807:1994)

[36] GB/T 18947—2003 矿用钢丝增强液压软管及软管组合件(ISO 6805:1994,MOD)

[37] GB/T 18948—2003 轿车和轻型商用车辆 冷却系统用纯胶管和橡胶软管(ISO 4081:1987,MOD)

[38] GB/T 18949—2003 橡胶和塑料软管 动态条件下耐臭氧性能的评定(ISO 10960:1994,IDT)

[39] GB/T 18950—2003 橡胶和塑料软管 静态下耐紫外线性能测定(ISO 8580:1987,IDT)

[40] GB/T 19090—2003 矿用输送空气和水的织物增强橡胶软管及软管组合件(ISO/TR 8354:1987,MOD)

[41] GB/T 20023—2005 无气喷涂用橡胶和/或塑料软管及软管组合件(ISO 8028:1999,IDT)

[42] GB/T 20024—2005 内燃机用橡胶和塑料燃油软管 可燃性试验方法(ISO 13774:1998,IDT)

[43] GB/T 20025.2—2005 汽车空调用橡胶和塑料软管及软管组合件 耐制冷剂134a(ISO 8066-2:2001,IDT)

[44] GB/T 20026—2005 橡胶和塑料软管 内衬层耐磨性测定(ISO 7662:1988,IDT)

[45] GB 20414—2006 机动车用液化石油气的橡胶软管和软管组合件(ISO 8789:1994,IDT)

[46] GB/T 20461—2006 汽车动力转向系统用橡胶软管和软管组合件 规范(ISO 11425:1996,IDT)

[47] GB 20689—2006 分配液化石油气(LPGs)用橡胶软管及软管组合件规范(ISO 11759:1999,IDT)

[48] GB/T 24015—2003 环境管理 现场和组织的环境评价(EASO)(ISO 14015:2001,IDT)

[49] GB/T 24031—2001 环境管理 环境表现评价 指南(idt ISO 14031:1999)

[50] HG/T 3036—1999 蒸汽用橡胶软管及软管组合件(idt ISO 6134:1992)

[51] HG/T 3041—2008 油槽车用橡胶软管(ISO 2929:2003,IDT)

[52] ISO 1823-1, Rubber hoses and hose assemblies—Part 1: On-shore oil suction and discharge—Specification

[53] ISO 1823-2, Rubber hoses and hose assemblies—Part 2: Ship/dockside discharge—Specification

STANDARDS PRESS OF CHINA

[54] ISO 1825, Rubber hoses and hose assemblies for aircraft ground fuelling and defuelling—Specification

[55] ISO 3861,Rubber hoses for sand and grit blasting—Specification

[56] ISO 3994,Plastics hoses—Helical-thermoplastic-reinforced thermoplastics hoses for suction and discharge of aqueous materials—Specification

[57] ISO 4132,Unplasticized polyvinyl chloride(PVC) and metal adaptor fittings for pipes under pressure—Laying lengths and size of threads—Metric series

[58] ISO 4639-1,Rubber tubing and hoses for fuel circuits for internal-combustion engines—Specification—Part 1:Conventional liquid fuels

[59] ISO 4639-2,Rubber tubing and hoses for fuel circuits for internal-combustion engines—Specification—Part 2:Oxygenated fuels

[60] ISO 4639-3,Rubber tubing and hoses for fuel circuits for internal-combustion engines—Specification—Part 3:Oxidized fuels

[61] ISO 4642,Rubber products—Hoses,non-collapsible,for fire-fighting service

[62] ISO 5031,Continuous mechanical handling equipment for loose bulk materials—Couplings and hose components used in pneumatic handling—Safety code

[63] ISO 5359,Low-pressure hose assemblies for use with medical gases

[64] ISO 5772,Rubber hoses and hose assemblies for measured fuel dispensing—Specification

[65] ISO 5774,Plastics hoses,textile reinforced,for compressed air—Specification

[66] ISO/TR 5924,Fire tests—Reaction to fire—Smoke generated by building products(dual-chamber test)

[67] ISO/TR 5987,Inland navigation—Water fire-fighting system—Couplings of fire hoses—General technical requirements

[68] ISO 6224,Plastics hoses,textile-reinforced,for general-purpose water applications—Specification

[69] ISO 6772,Aerospace—Fluid systems—Impulse testing of hydraulic hose,tubing and fitting assemblies

[70] ISO 6804,Rubber hoses and hose assemblies for washing-machines and dishwashers—Specification for inlet hoses

[71] ISO 6806,Rubber hoses and hose assemblies for use in oil burners—Specification

[72] ISO 6807,Rubber hoses and hose assemblies for rotary drilling and vibration applications—Specification

[73] ISO 6808,Plastics hoses and hose assemblies for suction and low-pressure discharge of petroleum liquids—Specification

[74] ISO 7258,Polytetrafluoroethylene(PTFE) tubing for aerospace applications—Methods for the determination of the density and relative density

[75] ISO 7313,Aircraft—High temperature convoluted hose assemblies in polytetrafluoroethylene(PTFE)

[76] ISO 7326,Rubber and plastics hoses—Assessment of ozone resistance under static conditions

[77] ISO/TR 7620,Rubber materials—Chemical resistance

[78] ISO 8029, Plastics hose—General purpose collapsible water hose, textile reinforced—Specification

[79] ISO 8066-1, Rubber and plastics hoses and hose assemblies for automotive air conditioning—Specification—Part 1: Refrigerant 12

[80] ISO 8207, Gas welding equipment—Specification for hose assemblies for equipment for welding, cutting and allied processes

[81] ISO 8444, Pipework—Double overlap flexible metal hoses (copper packing, limited tightness, circular section, in protected carbon steel)

[82] ISO 8445, Pipework—Double overlap flexible metal hoses (with packing, leakproof, circular section, in protected carbon steel)

[83] ISO 8446, Pipework—Double overlap flexible metal hoses (with packing, leakproof, circular section, in austenitic stainless steel)

[84] ISO 8447, Pipework—Single overlap flexible metal hoses (rubber packing, limited tightness, circular or polygonal section, in protected carbon steel)

[85] ISO 8448, Pipework—Double overlap flexible metal hoses (unpacked, limited tightness, circular or polygonal section, in protected carbon steel)

[86] ISO 8449, Pipework—Single overlap flexible metal hoses (with packing, limited tightness, circular or polygonal section, in protected carbon steel)

[87] ISO 8450, Pipework—Single overlap flexible metal hoses (unpacked, no tightness, circular or polygonal section, in protected carbon steel)

[88] ISO 8575, Aerospace—Fluid systems—Hydraulic system tubing

[89] ISO 8829, Aerospace—Polytetrafluoroethylene (PTFE) hose assemblies—Test methods

[90] ISO 10380, Pipework—Corrugated metal hoses and hose assemblies

[91] ISO 11424, Rubber hoses and tubing for air and vacuum systems for internal-combustion engines—Specification

[92] ISO 12170, Gas welding equipment—Thermoplastic hoses for welding and allied processes

[93] ISO 14113, Gas welding equipment—Rubber and plastics hoses assembled for compressed or liquefied gases up to a maximum design pressure of 450 MPa

[94] BS 336, Specification for fire hose couplings and ancillary equipment

[95] BS 5958-1, Code of practice for control of undesirable static electricity—Part 1: General considerations

[96] BS 5958-2, Code of practice for control of undesirable static electricity—Part 2: Recommendations for particular industrial situations

[97] DIN 86200, Fire extinguishing and wash deck installation—Hose couplings, armatures, hoses, accessories—Summary of types for shipbuilding

[98] NEN 3374, Fire fighting equipment—Fire hose couplings and ancillary equipment

[99] Prevention of serious accidents due to dangerous materials, Document No. AI-25, published by Directorate-General of Labour, Dutch Ministry of Social Affairs

[100] Richtlinien Statische Elektrizität (Static electricity guidelines), 4th edition, 1980 (guidelines to avoid ignition risks as a result of electro-static charges), Chemical Industry Employers Liability Association, Guideline No. 4, 1980, published by Franz Spiller, 1 Berlin 36/Verlag Chemie GmbH,

Weinheim Bergstrasse,Germany

[101] IMO(International Maritime Organization) Regulations

[102] Hose standards—Guide to purchasing,manufacturing and testing of loading and discharge hoses for offshore moorings,4th edition,1991,Oil Companies International Marine Forum(OCIMF), distributors:Witherby & Co Ltd,32 Aylesbury Street,London EC1R 0ET,UK

[103] Hose standards—Guide to the handling,storage,inspection and testing of hoses in the field,Oil Companies International Marine Forum(OCIMF),distributors:Witherby & Co Ltd,32 Aylesbury Street,London EC1R 0ET,UK

[104] Model code of practice in the petroleum field(Institute of Petroleum)—Part 1:Electrical safety code,6th edition,1991,Elsevier Applied Science Publications,Crown House,Linton Road,MPaking,Essex,1G11 8JU,UK

ICS 83.080
G 31

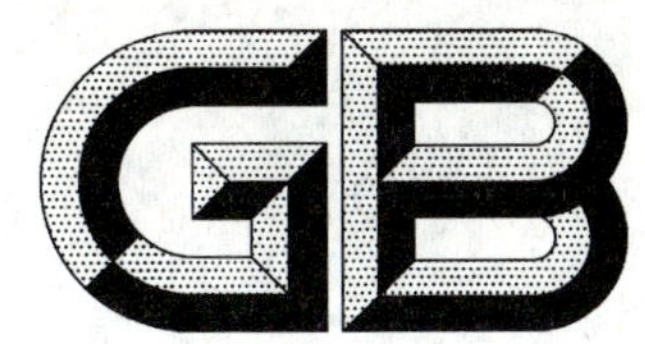

中华人民共和国国家标准

GB/T 24127—2009

塑料抗藻性能试验方法

Testing method for determining algal resistance of plastics

2009-06-15 发布　　　　2010-02-01 实施

中华人民共和国国家质量监督检验检疫总局
中国国家标准化管理委员会　发布

前 言

本标准与 ASTM G 29:1996(2002)《塑料膜抗藻性能标准测试方法》(英文版)一致程度为非等效。

本标准由中国石油和化学工业协会提出。

本标准由全国塑料标准化技术委员会老化方法分技术委员会(SAC/TC 15/SC 5)归口。

本标准负责起草单位:广东省微生物研究所、珠海市远康企业有限公司、北京加成助剂研究所、广州合成材料研究院有限公司、北京崇高纳米科技有限公司。

本标准参加起草单位:金发科技股份有限公司。

本标准主要起草人:谢小保、欧阳友生、王浩江、谢振平、李杰、陈仪本、杨育农、李毕忠。

本标准为首次发布。

塑料抗藻性能试验方法

1 范围

本标准规定了塑料抗藻性能试验方法，适用于塑料抗藻性能评定。

本标准不涉及相关安全问题，使用标准之前由使用人员制定安全和健康操作规范，并确定适用和限制范围。

2 原理和概要

本标准测试方法模拟自然界藻类生长的环境条件，按藻类生长的生理特点设计人工模拟试验，用以测定塑料对藻类的抑制和杀灭效果，并通过直观检验的方式判定藻类生长的程度来评价塑料抗藻性能。

本标准是在室温条件下将测试塑料试样悬挂在玻璃烧杯里，并暴露在日光灯下，直接接触培养基中的丝状蓝绿色藻中的颤藻(Oscillatoria)，每隔 2 d～3 d 向样品测试瓶接种新鲜藻种。用未经处理的塑料作对照试样，试验在 21 d 后或在对照样品上有密集的藻类生长时结束。

3 意义和用途

农业方面，大量塑料被用于制造地膜、育秧薄膜、大棚膜和排灌管道、鱼网、养殖浮标等；工业方面的应用更加广泛，如水管、户外建筑管材、潜水泵、舰船建材等。由于在潮湿和光照的气候环境条件下，藻类能在塑料或塑料制品的表面大量生长繁殖，藻类及其代谢产物(如酸、酶和其他化学物质)不仅影响塑料本身外观，也影响到塑料或塑料制品的性能。

在游泳池、人工池塘、灌溉沟渠等设施中，通常设有内衬塑料薄膜。当气候条件适宜时，藻类易于生长，它们会在塑料上产生黏稠和有碍观瞻的膜层。本方法是用来评价塑料的抗藻等级。

4 仪器设备

4.1 光照恒温培养箱

温度能保持在 25 ℃±2 ℃，日光灯光照强度 2 000 lx～10 000 lx。

4.2 二级生物安全柜或超净工作台

4.3 电子天平

精密度 0.01 g。

4.4 分析天平

精密度 0.000 1 g。

4.5 高压蒸汽灭菌锅

压力可维持在 0.10 MPa～0.11 MPa。

4.6 均质器

转速不小于 10 000 r/min。

4.7 烧杯

容量 1 000 mL。

4.8 培养皿

直径 9 cm。

4.9 pH 计或精密 pH 试纸

精密度 0.1。

4.10　三角瓶

容量 50 mL、100 mL、250 mL 和 500 mL。

5　材料和试剂

5.1　试剂纯度

除非另有规定，所有的试验宜使用化学纯试剂。在使用其他纯度级别的试剂时，要确保该纯度的试剂不会降低测试的精确性。

5.2　水的纯度

除非另有规定，所用的水应为蒸馏水或与之纯度相当的水。

5.3　藻种繁殖培养液

Arnon's 微量元素液	1.0 mL
乙二胺四乙酸二钠($C_{10}H_{14}N_2O_8Na_2 \cdot 2H_2O$)	0.003 g
柠檬酸铁铵($C_{12}H_{22}FeN_3O_{14}$)	0.057 g
硫酸镁($MgSO_4 \cdot 7H_2O$)	0.67 g
磷酸氢二钾(K_2HPO_4)	0.82 g
硝酸钾(KNO_3)	0.81 g
柠檬酸钠($Na_3C_6H_5O_7$)	0.13 g
10%硫酸(H_2SO_4)	0.67 mL
蒸馏水	1 000 mL

本培养基不需要灭菌

注：Arnon's 微量元素液

硼酸(H_3BO_3)	2.86 g
硫酸铜($CuSO_4 \cdot 5H_2O$)	0.079 g
氯化锰($MnCl_2 \cdot 4H_2O$)	1.18 g
氧化钼(MoO_3)	0.018 g
硫酸锌($ZnSO_4 \cdot 7H_2O$)	0.22 g
蒸馏水	1 000 mL

5.4　试验培养液

将 50 mL 培养液(5.3)加入到 950 mL 自来水中稀释，待用。

5.5　藻种琼脂培养基

5.5.1　成分

Arnon's 微量元素液	1.0 mL
乙二胺四乙酸二钠($C_{10}H_{14}N_2O_8Na_2 \cdot 2H_2O$)	0.003 g
柠檬酸铁铵($C_{12}H_{22}FeN_3O_{14}$)	0.057 g
硫酸镁($MgSO_4 \cdot 7H_2O$)	0.67 g
磷酸氢二钾(K_2HPO_4)	0.82 g
硝酸钾(KNO_3)	0.81 g
柠檬酸钠($Na_3C_6H_5O_7$)	0.13 g
10%硫酸(H_2SO_4)	0.67 mL
蒸馏水	1 000 mL

琼脂 1.5%～2.0%

pH 7.2～7.5

5.5.2 制备

将柠檬酸铁铵除外的上述各成分溶解于蒸馏水中，用 0.01 mol·L^{-1} NaOH 溶液调 pH 值至 7.2～7.5，并分装到三角瓶中，放入高压蒸汽灭菌锅于 121 ℃、0.10 MPa～0.11 MPa 蒸汽压力下灭菌 20 min。在培养基温度降至 45 ℃～50 ℃时，加入 1/100 体积经单独灭菌的柠檬酸铁铵溶液(6.7%)。

柠檬酸铁铵溶液(6.7%)：称取 6.7 g 柠檬酸铁铵于 100 mL 蒸馏水中溶解，装入三角瓶，按上述同样灭菌条件高压蒸汽灭菌，备用。

6 试验样品

6.1 塑料试样制备

从待测塑料样品中随机取样，并裁剪成 25 mm×65 mm 规格试片，每个样品制备 3 片。

6.2 对照样品的制备

为了验证测试藻的活性，制备 3 片同样大小的未经处理的塑料对照样品，按测试样品相同的方法进行制备和测试。如果对照样品表面没有密集的藻类生长，则判定测试结果无效并重新试验。

7 试验步骤

7.1 样品的固定

用夹子将测试样品或对照样品固定在玻璃棒上，并放入不同烧杯中，每个样品共做 3 个平行试验。

注：所使用的夹子不抑制藻类生长。

7.2 试验接种

7.2.1 藻种

颤藻(*Oscillatoria sp*)FACHB 247

根据产品的特殊用途或客户要求，也可增加其他藻种作为测试藻种，如丝藻(*Ulothrix sp*)FACHB 493 和四尾栅藻(*Scenedesmus quadricauda*)FACHB 43 等，藻种应来自国家级藻类保藏机构。

注：FACHB 代表中国科学院典型培养物保藏委员会淡水藻种库。

7.2.2 藻种的保存

储存的藻种每 2 个月转种 1 次，转种次数不超过 10 代，藻种在自然光室温下保存。

7.2.3 接种液的制备

将藻种接种到藻种琼脂培养基表面，在温度 25 ℃±2 ℃、光照强度 2 000 lx～10 000 lx 条件下(每天光照 12 h)培养 7 d～14 d，藻种培养好后加入 10 mL 无菌水于培养皿中，将藻种洗脱并收集藻类培养物，加入无菌水至 100 mL，用均质器均质后作为接种液。接种液应没有大的可见颗粒。

7.2.4 接种

向每个烧杯中加入 100 mL 接种液，并用试验培养液(5.4)注满。

7.3 培养

将接种后的烧杯放入恒温光照培养箱(温度 25 ℃±2 ℃、光照强度为 2 000 lx～10 000 lx)培养，每天光照 12 h，继而黑暗 12 h，如此光暗交替。为了模拟自然条件下不断有新鲜的接种液流入，每 2 d～3 d 加入 100 mL 的接种液于烧杯底部，多出的培养液自顶部溢出。21 d 后，对照样品表面有一层均一的密集藻膜生长。

7.4 试验结束

21 d 后，或当对照样品表面有密集的藻类生长时，从烧杯中取出试验样品并放在白色滤纸表面检查。

8 结果评定

按表 1 评定样品的抗藻等级：

表 1 藻类生长情况及抗藻等级

样品上藻类生长情况	等级
未生长	0
微量生长(生长面积<10%)	1
轻度生长(生长面积为10%～<30%)	2
中度生长(生长面积为30%～<60%)	3
重度生长(生长面积为≥60%)	4

9 不确定度

因未得到实验室间的试验数据,因此还未得到试验方法的不确定度。当获得实验室间数据后,将在下次修订版本给出不确定度的说明。

10 试验报告

报告应包括下列内容:

a) 试验是按本标准进行的;

b) 试验藻种名称、编号;

c) 试验温度、光照强度和试验周期;

d) 藻类生长情况和抗藻等级;

e) 试验人员和试验日期;

f) 任何偏离本标准的情况。

ICS 83.080
G 31

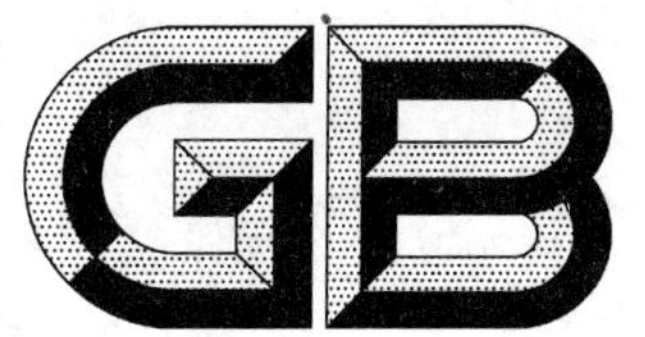

中华人民共和国国家标准

GB/T 24128—2009

塑料防霉性能试验方法

Method for testing resistance of plastics to mold

2009-06-15 发布　　2010-02-01 实施

中华人民共和国国家质量监督检验检疫总局
中国国家标准化管理委员会　发布

前　言

本标准修改采用 ASTM G21:1996(2002)《合成聚合物材料防霉性能测定标准惯例》(英文版)。

本标准根据 ASTM G21:1996(2002)重新起草。

考虑到我国国情,在采用 ASTM G21:1996(2002)时,本标准做了一些修改。有关技术性差异已编入正文中,并在附录 A 中给出了这些技术性差异及其原因一览表以供参考。

为便于使用,对于 ASTM G21:1996(2002)还做了下列编辑性修改:

a) “ASTM 标准”一词改为“国家标准”;

b) 删除了 ASTM G21:1996(2002)的说明;

c) 删除了 ASTM G21:1996(2002)的出版注释;

d) 删除了 ASTM G21:1996(2002)的引用标准注释;

e) 增加了国家标准的前言;

f) 删除了 ASTM G21:1996(2002)的英寸、华氏(℉)等单位;

g) 删除了关键词。

本标准的附录 A 为资料性附录。

本标准由中国石油和化学工业协会提出。

本标准由全国塑料标准化技术委员会老化方法分技术委员会(SAC/TC 15/SC 5)归口。

本标准负责起草单位:广东省微生物研究所、金发科技股份有限公司、北京加成助剂研究所、广州合成材料研究院有限公司、浙江金海三喜空调网业有限公司、上海环谷新材料科技发展有限公司、珠海市远康企业有限公司、北京崇高纳米科技有限公司。

本标准参加起草单位:上海市工业微生物研究所。

本标准主要起草人:欧阳友生、彭红、王浩江、宁凯军、李杰、洪贤良、陶志清、谢振平、陈仪本、朱艳静、李毕忠。

本标准为首次发布。

塑料防霉性能试验方法

1 范围

1.1 本标准规定了塑料材料及其管、棒、片和薄膜等制品的防霉性能测试，本标准适用于测定霉菌生长引起的塑料光学、机械及电性能变化的影响。

1.2 本标准不涉及相关安全问题，使用本标准之前由使用人员事先制定合适的安全与健康规程，并确定适用和限制范围。

2 规范性引用文件

下列文件中的条款通过本标准的引用而成为本标准的条款。凡是注日期的引用文件，其随后所有的修改单(不包括勘误的内容)或修订版均不适用于本标准。然而，鼓励根据本标准达成协议的各方研究是否可使用这些文件的最新版本。凡是不注日期的引用文件，其最新版本适用于本标准。

GB/T 2918—1998 塑料试样状态调节和试验的标准环境(idt ISO 291:1997)

3 概要

本标准包含有下列程序：选择合适的样品；给样品接种合适的霉菌；把接种后的样品暴露于适合霉菌生长的环境中，检测并评价霉菌的生长等级；取出样品，经状态调节后进行后续试验。

注：由于测试过程涉及到使用霉菌，建议由受过微生物学培训的人员使用霉菌和接种样品。

4 用途和意义

4.1 塑料中聚合物成分不具有霉菌生长所需的碳源，对霉菌生长有抑制作用。而塑料中的其他成分如增塑剂、纤维填充剂、润滑剂、稳定剂和着色剂等往往是造成霉菌侵染的主要原因。在材料最易遭受霉菌侵染的环境下(温度 2 ℃～38 ℃和相对湿度 60%～100%)，验证其抵抗霉菌侵染的能力是很重要的。

4.2 预期影响如下：

a) 塑料及其制品受霉菌侵染后，可观察到塑料及其制品表面被腐蚀、褪色和透光性下降等现象。

b) 除去材料中的增塑剂、改性剂和润滑剂，会导致塑料的模量(刚性)增加，重量、尺寸和其他物理性能发生变化，以及电性能如绝缘性能、介电常数、功率因数和绝缘强度降低。

4.3 通常电性能变化主要取决于塑料表面霉菌生长以及由于霉菌分泌代谢产物引起的湿度、pH 值改变，因增塑剂、润滑剂和其他加工助剂的分布不均引起的霉菌优势生长也对电性能变化有影响。霉菌侵蚀材料后经常会留下离子导电通道。显著的物理变化从薄膜产品上的变化可以观测到，因为薄膜的比表面积大，当表面的营养物质如增塑剂和润滑剂被霉菌利用后，能够持续从薄膜内部迁移出来。

4.4 霉菌在材料表面局部生长或受抑制的几率大，引起检测结果的重现性很低。为了保证评价结果的可靠，宜以观察到的最大损坏程度作为试验结果。

4.5 经过水淋、自然老化和热处理等条件作用后，样品的防霉性能会受到影响，本标准不包括这些影响的测试。

5 仪器设备

5.1 主要仪器设备

5.1.1 恒温恒湿培养箱

温度能保持在 28 ℃±2 ℃，相对湿度能保持在 90%±5%。

5.1.2 **高压蒸汽灭菌锅**

温度设定 105 ℃～126 ℃，压力达到 0.145 MPa～0.165 MPa。

5.1.3 **干热灭菌箱**

温度能保持在 162 ℃±2 ℃。

5.1.4 **天平**

精度 0.000 1 g。

5.1.5 **pH 计**

精度 0.1。

5.1.6 **离心机**

转速能达到 4 000 r/min。

5.1.7 **霉菌孢子液接种箱**

5.1.8 **显微镜**

普通光学显微镜。

5.1.9 **二级生物安全柜(也允许用超净工作台)**

5.1.10 **冰箱**

温度能保持在 2 ℃～10 ℃。

5.1.11 **雾化器**

压力能达到 110 kPa。

5.2 **培养器皿**

宜采用玻璃或塑料培养皿盛放样品。根据样品的尺寸,作如下建议:

a) 直径小于 75 mm 的样品,用 100 mm×100 mm 的塑料盒或者 ϕ150 mm 有盖培养皿。

b) 直径不小于 75 mm 或更大的样品,如可拉伸的和坚硬的样条,可用尺寸为 400 mm×500 mm 大小的器皿。

6 试剂和材料

6.1 试剂纯度

除另有规定,所有试验均使用化学纯的试剂,在使用其他纯度级别的试剂时,确保该纯度的试剂不会降低测试的精确性。

6.2 水

除另有规定,所用的水应为蒸馏水或与之纯度相当的水。

6.3 营养盐培养基(供培养样品使用)

6.3.1 组分

磷酸二氢钾(KH_2PO_4)	0.7 g
硫酸镁($MgSO_4 \cdot 7H_2O$)	0.7 g
硝酸铵(NH_4NO_3)	1.0 g
氯化钠(NaCl)	0.005 g
硫酸亚铁($FeSO_4 \cdot 7H_2O$)	0.002 g
硫酸锌($ZnSO_4 \cdot 7H_2O$)	0.002 g
硫酸锰($MnSO_4 \cdot H_2O$)	0.001 g
磷酸氢二钾(K_2HPO_4)	0.7 g
琼脂	15.0 g
水	1 000 mL

6.3.2 制法

将6.3.1组分加热溶解，用0.01 mol・L^{-1} NaOH溶液调pH达到6.0～6.5，分装，121 ℃高压灭菌20 min。

6.3.3 为试验需要准备充足的培养基。

6.4 营养盐溶液（稀释孢子液用）

除不加琼脂外营养盐溶液与6.3.1的其他组分相同，加热溶解，用0.01 mol・L^{-1} NaOH溶液调pH达到6.0～6.5，分装，121 ℃高压灭菌20 min。

6.5 马铃薯蔗糖培养基（培养霉菌用）

6.5.1 组分

马铃薯	200 g
蔗糖	20 g
琼脂	20 g
水	1 000 mL

6.5.2 制法

取新鲜无霉烂的马铃薯，去皮切片，在蒸馏水中煮沸20 min后过滤，取汁，按6.5.1要求加入其余组分，定容，试管分装，121 ℃高压灭菌20 min，趁热取出试管并倾斜摆放，自然凝固成斜面后，存放备用。

6.6 混合霉菌孢子悬浮液

6.6.1 试验所用霉菌见表1。

表1 塑料防霉试验菌种名称

序号	中文名称	拉丁名	菌株号
1	黑曲霉	*Aspergillus niger*	AS3.315
2	绿粘帚霉	*Gliocladium virens*	AS3.3987
3	球毛壳霉	*Chaetomium globosum*	AS3.3601
4	出芽短梗霉	*Aureobasidium pullulans*	AS3.837
5	绳状青霉	*Penicillium funiculosum*	AS3.3875
注：根据产品的使用要求或客户意见，也可适当增加其他菌种作为检测菌种。所有菌种来源于国家级微生物菌种保藏中心的典型菌种。 AS为中国科学院微生物研究所的菌种缩写。			

在合适的培养基如马铃薯葡萄糖琼脂培养基上分别将这些霉菌进行连续培养，培养好的霉菌在3 ℃～10 ℃条件下保存，时间不能超过4个月。孢子悬浮液应使用28 ℃～30 ℃下经7 d～20 d再次培养的霉菌制备。

6.6.2 向每种再次培养的霉菌菌种中倒入10 mL无菌水或含有0.05 g/L的无毒润湿剂（如硫化丁二酸钠）无菌液，用接种环在无菌操作条件下轻轻地刮取霉菌培养物表面的孢子，制成孢子悬浮液，备用。

注：在制备霉菌孢子悬浮液前，不能取下装有菌种的试管塞子，一支打开的菌种试管应只制备一次孢子悬浮液。

6.6.3 将孢子液倒入125 mL带有塞子的无菌锥形瓶中，瓶内装有45 mL无菌水和10个～15个直径5 mm的玻璃珠。用力振荡锥型瓶以打散孢子团并使孢子从子实体中释放出来。

6.6.4 将带有无菌玻璃棉的玻璃漏斗置于无菌锥形瓶上，把振荡后的孢子悬浮液倒入漏斗内过滤，以除去菌丝碎片。

6.6.5 无菌条件下以4 000 r/min的速度离心已过滤的孢子悬浮液，去掉上清液，将孢子沉淀物用50 mL无菌水重新制作悬浮液并再离心。

6.6.6 用上述方法清洗孢子3次，将清洗离心之后的孢子沉淀物用营养盐溶液稀释，使悬浮液中含有孢子8×10^5 cfu/mL～1.2×10^6 cfu/mL（可用计数器计算）。

6.6.7 试验中用到的每种霉菌均重复以上操作，并等量混合，获得混合的孢子悬浮液。

6.6.8 每次试验都要准备新鲜的孢子悬浮液，或者将孢子悬浮液在 3 ℃～10 ℃保存不超过 4 d。

7 孢子活力检查

裁剪边长为 25 mm 正方形大小的 3 片滤纸，灭菌后，分别将滤纸平放在装有营养盐培养基的平皿中，再用灭菌的喷雾器将混合孢子悬浮液(6.6)均匀向滤纸表面喷洒，使混合孢子悬浮液湿润整个滤纸表面(喷雾压力≥110 kPa)，并将已接种的平皿置于 28 ℃～30 ℃，相对湿度不低于 85%的条件下培养到 14 d 后检测，在 3 片滤纸上均应有明显可见霉菌生长，如果没有生长，重新试验。

8 试验样品

8.1 样品可以是 50 mm×50 mm 的方片，或直径 50 mm 的圆片，或者从被试验的材料上切取不小于 76 mm 长的片(杆或管)，整个产品材料或者其上的一部分均可作为检测的样品。样品试验结果仅限于观测其外观、菌生长密度、光的反射或透射，或硬度等物理性能变化的评估。

8.2 薄膜材料以 50 mm×25 mm 的尺寸作为样品进行试验。

8.3 目测评估需要接种 3 个平行样品，如果样品的正反面不同，样品的正反面都要进行试验。

注：设计一个用于检测霉菌作用期间和作用后定量变化的试验程序，确定一个有效的数据评价样品的初始性能需足量的样品。如确定一种薄膜材料的拉伸强度需要 5 个平行的样品，那么每个暴露周期均需选择相同数量的样品。在霉菌作用的各阶段材料的物理性能的期望值是不同的，而最大降解的数值是最有效的(4.4)。

9 试验步骤

9.1 接种

向灭菌的平皿中倒入厚度约 3 mm～6 mm 营养盐培养基，当培养基凝固后，将样品放置在该培养基表面。

用灭菌后的喷雾器混合孢子悬浮液(6.6)均匀向样品表面喷洒，使混合孢子悬浮液湿润整个样品表面(喷雾压力≥110 kPa)。

9.2 培养控制

9.2.1 培养

盖好已接种的试验样品的平皿，并将它置于温度 28 ℃～30 ℃，相对湿度≥85%的条件下培养。

注：将营养琼脂的器皿盖上盖子是为了保持所需要的湿度，大的器皿必要时加用封条密封。

9.2.2 培养时间

试验标准的培养时间为 28 d，当试样表面生长的霉菌达到 2 级或更高等级时，也可少于 28 d 终止试验。最终的报告应详述培养的持续时间。

9.3 可见效果观察

如试验仅为检测可见效果，可以将样品从培养箱中拿出，直接进行如下评级(表 2)。

表 2 样品上霉菌的生长情况及评价

样品上霉菌的生长情况	等级
不生长	0
痕量生长(在显微镜观察，长霉面积<10%)	1
少量生长(长霉面积≥10%，并<30%)	2
中度生长(长霉面积≥30%，并<60%)	3
重度生长(长霉面积≥60%，并≤100%)	4
确定痕量生长或不生长(1 级或 0 级)应通过显微镜观测证实，因为在没有形成孢子情况下，不借助显微镜很难判断。报告应记录使用显微镜的放大倍数以证实观测有效。	

痕量生长(1级)可定义为分散的、稀少的霉菌生长,如霉菌培养物中有一定量的孢子萌发,或含有外部的污物如指纹、昆虫的粪便等。连续的网状的生长延伸到整个样品,但未覆盖整个样品,应评价为2级。

9.4 物理性能、光学性能、电性能的影响

将样品上的霉菌洗掉,浸入氯化汞溶液(体积比1∶1 000)中5 min,再用自来水清洗,室温干燥8 h~12 h。按GB/T 2918—1998中规定,在温度23 ℃±1 ℃,相对湿度50%±5%的试验条件下进行状态调节。对照样品的状态调节也按GB/T 2918—1998中规定进行。

注:对于某些电性能的测试,如绝缘和耐电弧性,样品可以不经过清洗,在使之润湿的情况下进行测试。其测试值会受到表面霉菌生长和其湿度的影响。

10 试验报告

试验报告应包括以下内容:

a) 使用的霉菌;

b) 培养的时间(如果提前结束试验,在报告中注明);

c) 可见霉菌生长等级(见9.3);

d) 列出物理、光学及电性能随着培养时间的变化,给出观测的样品数量及其相关性能变化的平均值和最大值。

11 不确定度

因未得到实验室间的试验数据,因此还未得到试验方法的不确定度。当获得实验室间数据后,将在下次修订版本给出不确定度的说明。

STANDARDS PRESS OF CHINA

附 录 A
（资料性附录）
本标准与 ASTM G21:1996(2002)技术性差异及其原因

表 A.1 给出了本标准与 ASTM G21:1996(2002)技术性差异及其原因一览表。

表 A.1 本标准与 ASTM G21:1996(2002)技术性差异及原因

本标准的章条编号	技术性差异	原　因
2	用 GB/T 2918—1998 代替 ASTM D618 塑料测试的试验条件的操作	使用方便
4.3	删除了涂料的相关性能描述	本标准不涉及涂料
5.1	强调了如下几种仪器设备： 恒温恒湿培养箱、湿热蒸汽灭菌锅、干热灭菌箱、pH 计、天平、离心机、霉菌孢子液喷雾箱、显微镜、生物安全柜、冰箱、雾化器、玻璃或塑料密闭容器	对一些仪器参数进行相应规定，更具操作性
6.4	增加的该条款对营养液(稀释孢子液用)进行了具体规定	更具体、明确
6.5	增加的该条款对马铃薯-蔗糖培养基(培养霉菌用)作了具体规定	更具体、明确
6.6.1	试验所用霉菌 AS 级别。国家标准中增加了与相应的国际标准条款同等地位的条款，作为对该国际标准条款的另一种选择	符合我国国情
6.6.2	增加了"注"	对操作人员起提示作用
6.6.5	规定离心机的转速为：4 000 r/min	对转速进行明确规定，更具操作性
8.2	删除了涂料的制备及其制备内容	本标准不涉及涂料
9.4	室温干燥 8 h～12 h	更具体、更明确
参考文献	用国家标准代替相应的 ASTM 标准	使用方便
	删除了以下 3 个标准 TAPPI 标准： T 451-CM-484 纸的弯曲性能试验方法 美国联邦政府(FED)标准： FED 标准 191 方法 5204 织物的刚性，定向，悬臂梁自重法 FED 标准 191 方法 5206 织物的皱折和褶曲的刚性，悬臂弯曲法	这些标准与塑料无关

参 考 文 献

GB/T 1037—1988 塑料薄膜和片材透水蒸气性试验方法 杯式法

GB/T 1040.1—2006 塑料 拉伸性能的测定 第1部分:总则(ISO 527-1:1993,IDT)

GB/T 1040.2—2006 塑料 拉伸性能的测定 第2部分:模塑和挤塑塑料的试验条件(ISO 527-2:1993,IDT)

GB/T 1040.3—2006 塑料 拉伸性能的测定 第3部分:薄膜和薄片的试验条件(ISO 527-3:1993,IDT)

GB/T 1408.1—2006 绝缘材料电气强度试验方法 第1部分:工频下试验(ISO 60243.1:1998,IDT)

GB/T 1411—2002 固体绝缘材料 耐高电压、小电流电弧放电的试验(ISO 61621:1997,IDT)

GB/T 1693—2007 硫化橡胶 介电常数和介质损耗角正切值的测定方法

GB/T 1695—2005 硫化橡胶 工频击穿电压强度和耐电压的测定方法

GB/T 2410—1980 透明塑料透光率和雾度的测定

GB/T 9341—2008 塑料 弯曲性能的测定(ISO 178:1993,IDT)

GB/T 9342—1988 塑料洛氏硬度试验方法(eqv ISO 2039.2:1981)

GB/T 10064—2006 测定固体绝缘材料绝缘电阻的试验方法(ISO 60167:1964,IDT)

GB/T 20146—2006 色度学用CIE标准照明体(CIE S 005:1999,IDT)

HG/T 3840—2006 塑料弯曲性能小试样试验方法

ICS 61.060
Y 78

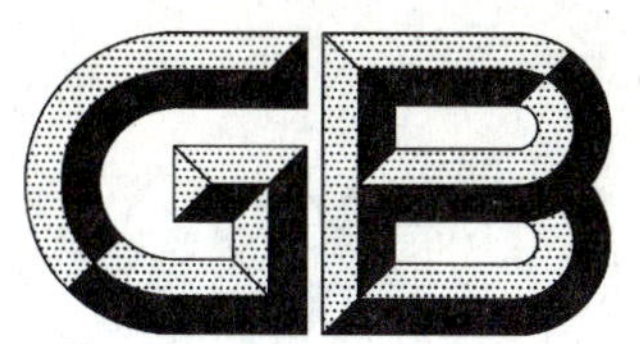

中华人民共和国国家标准

GB/T 24129—2009

胶鞋、运动鞋外底不留痕试验方法

Testing method for the non-marking outsole of rubber shoes and sports shoes

STANDARDS PRESS OF CHINA

2009-06-15 发布　　2010-02-01 实施

中华人民共和国国家质量监督检验检疫总局
中国国家标准化管理委员会　发布

前　言

本标准由中国石油和化学工业协会提出。

本标准由全国橡胶与橡胶制品标准化技术委员会胶鞋分技术委员会(SAC/TC 35/SC 9)归口。

本标准起草单位:福建制鞋行业技术开发(莆田)基地、福建省鞋服质量检测中心、莆田市产品质量监督检验所、中华人民共和国莆田出入境检验检疫局、福建泉州匹克体育用品有限公司、莆田艾力艾鞋服有限公司、国辉(中国)有限公司、中华人民共和国晋江出入境检验检疫局、温州市诚志机电设备仪器有限公司。

本标准主要起草人:陈元水、尤永谊、黄德春、傅以忠、戴建辉、章金銮、丁国斯、陈斌、吴承荣、施一苇、佘集锋、刘勇、陈建锋。

胶鞋、运动鞋外底不留痕试验方法

警告1——使用本标准的人员应该熟悉正规实验室的操作规程。本标准并未指出所有可能的安全问题。使用者有责任采取适当的安全和健康措施,并保证符合国家有关法规规定的条件。

警告2——本标准的某些步骤中生成的物质和废料可能对当地的环境有所损害。应制定使用后安全处理的有关文件说明。

1 范围

本标准规定了胶鞋、运动鞋外底不留痕试验方法。

本标准适用于各类胶鞋、运动鞋外底不留痕迹的试验。

2 规范性引用文件

下列文件中的条款通过本标准的引用而成为本标准的条款。凡是注日期的引用文件,其随后所有的修改单(不包括勘误的内容)或修订版均不适用于本标准,然而,鼓励根据本标准达成协议的各方研究是否可使用这些文件的最新版本。凡是不注日期的引用文件,其最新版本适用于本标准。

GB 251—1995 评定沾色用灰色样卡(idt ISO 105/A03:1993)

GB/T 2941—2006 橡胶物理试验方法试样制备和调节通用程序(ISO 23529:2004,IDT)

3 原理

胶鞋、运动鞋在穿用过程中,在压力和摩擦力的作用下,胶鞋、运动鞋外底和地面产生滑移,导致带颜色的胶鞋、运动鞋鞋底物质转移在运动场地上,并留下痕迹。本试验方法是将试样置于规定的白色或黑色PU标准板表面上,以规定的压力、次数、行程和频率进行往复式的试验。在达到试验规定的试验次数后,在标准板上观察是否留有试样的痕迹,并用沾色用灰色样卡进行比对并评估其留痕程度。

4 仪器和材料

4.1 不留痕试验仪

4.1.1 试验台

试验台要求如下:

a) 水平金属平台;

b) 固定夹,将标准面板固定在平台上;

c) 使水平金属平台能水平移动(100±2)mm的行程装置。

4.1.2 试验柱及试验头

试验柱和试验头总质量(300±5)g,试验柱和试验头要求如下:

a) 试验柱。试验柱上装负荷加载装置,下装试验头,可上下自由活动。

b) 试验头用于夹持试样。试样槽为圆柱形直径为($11.4^{+0.2}_{0}$)mm,槽深(4.0±0.2)mm。

c) 调节试验头的装置,使试样表面与试验平台上的标准板接触,并保持平行。

d) 砝码(600±5)g。加载后使试样负荷总质量为(900±10)g。

e) 调节装置,调节试验柱,使试验头上试样与PU标准板保持水平接触。

4.1.3 驱动试验往复运动装置

试验台前后往复运动行程(100.0±2.0)mm,频率(40±2)次/min(往返记作一次)。

4.1.4 **可预置计数的记数装置**

4.2 **标准板材料**

标准板为白色或黑色 PU 板,其尺寸为(175±5)mm×(70±5)mm,静态摩擦系数为 0.6±0.02,硬度为(邵氏 A)(80±2)度。

4.3 **裁刀**

旋转裁刀,裁刀的内径为($11.4_{-0.1}^{0}$)mm,转速大于 1 000 r/min。

4.4 **游标卡尺**

分度值为 0.02 mm。

4.5 **评定沾色用灰色样卡**

应符合 GB 251—1995。

5 试样

5.1 从外底前掌取 2 个试样(见图 1)。从外底的跖趾部位,距边沿(12±1)mm 处内外侧各取一个试样,再从外底鞋跟中央距最后端(12±1)mm 处裁取一个试样(如图 1)。如厚度不够可将试片粘在同类材料的基片上。

5.2 每组试样不应少于 6 个,试样为圆柱形,其尺寸为:直径($11.4_{-0.1}^{0}$)mm,高度(6.0±0.2)mm。

单位为毫米

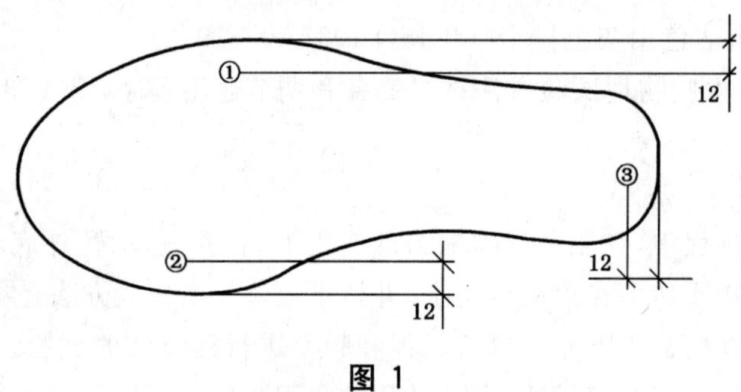

图 1

6 环境调节

试验前,将试样放置在 GB/T 2941—2006 规定的条件下进行环境调节,时间至少 6 h。

7 程序

7.1 白色试样用黑色标准板,其他颜色试样用白色标准板。

7.2 将经过环境调节的试样装进试验头的凹槽内。

7.3 在试验柱上加载砝码,使试验头的总质量为(900±10)g。

7.4 使试样与摩擦平台上标准板保持水平接触。

7.5 启动开关,摩擦次数为 20 次。

7.6 在达到规定摩擦次数后,停机,试验结束。

8 结果表示

8.1 按 GB 251—1995 规定的灰色样卡评定试样在标准板上的留痕程度。

8.2 以留痕程度最严重的为最终结果。

9 试验报告

试验报告包括以下内容:

a） 采用本标准名称的代号；

b） 试验样品的名称、货号、规格和生产厂家；

c） 试验条件；

d） 试验结果；

e） 试验日期、试验者及其他。

ICS 83.040.10
G 40

中华人民共和国国家标准

GB/T 24130—2009

柔性包装胶乳　取样

Rubber latex in flexible packing—Sampling

2009-06-15 发布　　2010-02-01 实施

中华人民共和国国家质量监督检验检疫总局
中国国家标准化管理委员会　发布

前　言

本标准的附录A为资料性附录。

本标准由中国石油和化学工业协会提出。

本标准由全国橡胶与橡胶制品标准化技术委员会(SAC/TC 35)归口。

本标准起草单位:辽宁出入境检验检疫局。

本标准主要起草人:潘延弟、刘卫东、郭力、张勇、李雪峰、刘文庆。

引 言

随着技术的不断进步和发展，胶乳的运输包装由传统的桶装、罐装，发展出了一种柔性包装形式，以适应集装箱运输方式。该包装称之为集装箱液袋。

本标准描述了使用分流取样器进行柔性包装胶乳取样的方法。

柔性包装胶乳　取样

警告：使用本标准的人员应有正规实验室工作的实践经验。本标准并未指出所有可能的安全问题。使用者有责任采取适当的安全和健康措施，并保证符合国家有关法规规定的条件。

1　范围

本标准规定了柔性包装胶乳取样的方法。

本标准适用于集装箱液袋（参见附录A）等柔性包装（以下简称液袋）包装的天然胶乳、合成胶乳的取样。

注：桶装胶乳、用胶乳罐车装运的胶乳以及贮胶罐（池）中的胶乳的取样见GB/T 8290—2008和SH/T 1149—2006。

2　术语和定义

下列术语和定义适用于本标准。

2.1

单元　unit

定量包装的液袋。

2.2

单元样品　unit sample

从一个单元中抽取的代表一个单元的一定数量的胶乳。

2.3

批　lot

为进行检验而划定的一个或多个单元的集合。

2.4

样品　sample

从一批中每一个单元抽取的一定数量的胶乳混合物。

2.5

实验室样品　laboratory sample

用于实验室检验和试验并能代表一批品质的一定量的胶乳。

2.6

试样　test sample

将实验室样品过滤所得到的用于测试的一定量的胶乳。

3　原理

将一个特殊设计的分流取样器安装在柔性包装的出口软管和卸货软管之间进行全程采集样品。分流取样器由球形阀、喇叭口收集器和过滤挡板组成。

4　仪器设备

4.1　分流取样器

可以随时关闭，调节流量，见图1。

STANDARDS PRESS OF CHINA

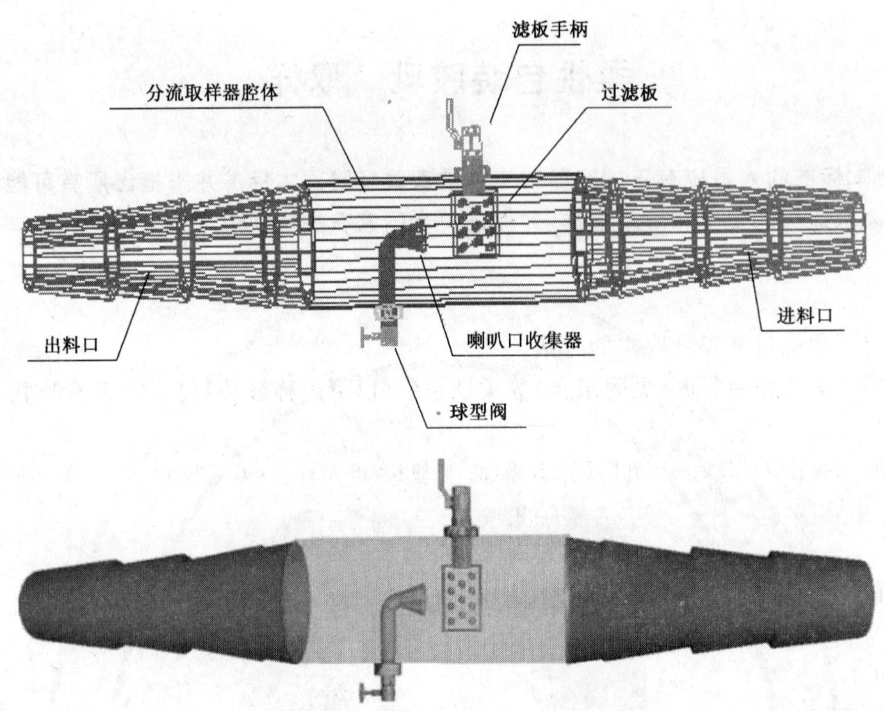

图 1　分流取样器示意图

分流取样器阀体中间部位设计安装与阀体横截面平行的喇叭口样品收集器和过滤挡板。收集器下安装一个球形阀，根据取样量控制流速；挡板的旋转角度为45°，由阀体上端的手柄控制，定时转动以冲洗板上杂物及结皮。

注：过滤板上均匀分布的过滤孔径为 ϕ5 mm～6 mm。

4.2　盛样桶

塑料或不锈钢制半封闭桶，容量为50 L，见图2。其中一个孔连接取样软管(4.3)，另一个孔设计得只可使空气单向排出。

单位为毫米

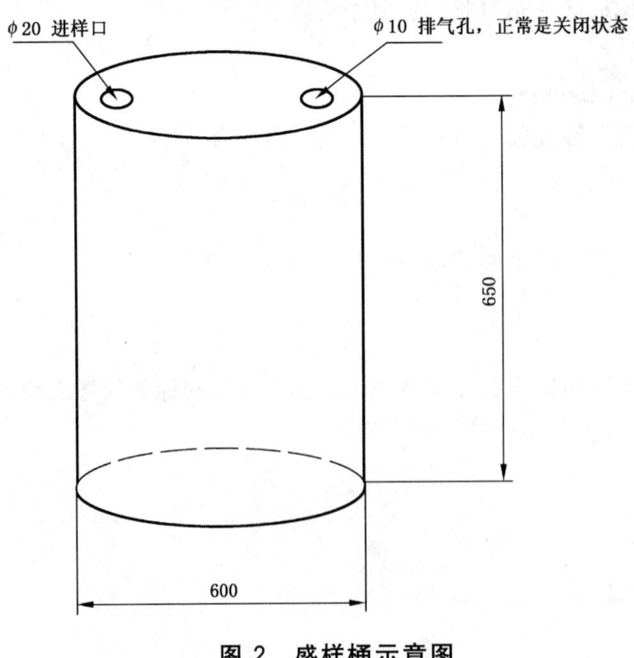

图 2　盛样桶示意图

4.3 取样软管

连接于球形阀与盛样桶(4.2)之间的可观察胶乳流动状态透明软管。

4.4 取样器

玻璃或不锈钢制品,用于半封闭盛样桶中抽取样品。取样器内径 10 mm～15 mm,长度至少 800 mm,两端开口,见图 3。

单位为毫米

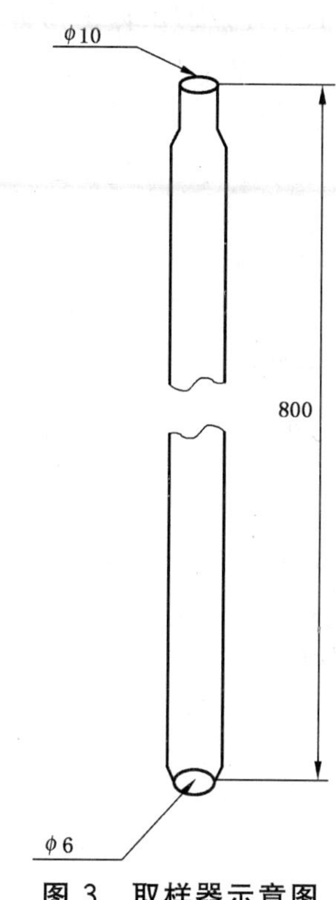

图 3 取样器示意图

4.5 样品瓶

磨口玻璃瓶,容量 1 000 mL。

4.6 过滤网

不锈钢钢丝网,孔径为(180±10)μm。

5 操作程序

5.1 抽取单元样品

5.1.1 将分流取样器(4.1)一端接于集装箱液袋进出软管,另一端接于卸货软管,并检查确保两端连接处密封性良好。

5.1.2 为减少新鲜胶乳在空气中暴露时间过长,应采用盛样桶(4.2)盛装采取的单元样品。

5.1.3 将取样软管(4.3)连接到盛样桶(4.2)上。

5.1.4 卸货同时打开分流取样器(4.1)的开关进行取样,根据取样量控制胶乳流量。

5.1.5 当发现胶乳流速减慢时,应关闭球形阀开关,暂停取样,通过手柄旋转过滤板以使板上胶乳结皮和杂物瞬间被冲洗掉,然后将过滤板复位,然后打开球形阀开关。

5.1.6 在一个单元卸货全过程获取的胶乳即为该单元样品。

5.1.7 目视检查并记录胶池中胶乳的性状,包括皱皮、凝块、胶皮、外来物以及气味、颜色等。

5.2 抽取实验室样品

5.2.1 取样器(4.4)应保证清洁、干燥,取样时用取样器充分搅拌使胶乳均匀化,再将取样器慢慢插入半封闭盛样桶底部，待取样器中样品吸入后，用拇指封住取样器上端从桶中取出，并将取样器下端移至样品瓶内壁，松开拇指使样品流入样品瓶(4.5)中。

5.2.2 一批仅由一个单元组成时，应抽取约 2 000 mL 样品分装于两个样品瓶内，所抽取的胶乳样品即为实验室样品；样品瓶应保留 2%～5%的空间，给胶乳热膨胀留有空间。一瓶留样备查，一瓶送实验室检测。

5.2.3 当一批由几个单元组成时，重复 5.1.1～5.1.6，抽取不同单元的单元样品，然后用取样器按比例从各单元样品中抽取一定量胶乳置于两个样品瓶中作为该批的样品；样品瓶应保留 2%～5%的空间，给胶乳热膨胀留有空间。一瓶留样备查，一瓶送实验室检测。

6 试样的制备

6.1 过滤

采用清洁、干燥的过滤网(4.6)对送检样品进行过滤。

6.2 样品送检

将所过滤的胶乳移装于 1 000 mL 样品瓶中，检测前将样品瓶充分滚动和搅拌，使其均匀，然后称量样品检测。

7 实验室样品的标记

样品都应清楚贴上标签，标签上至少应标明以下内容：

a) 样品的唯一标识；

b) 原料说明(如原产地、颜色、气味等)；

c) 货物包装形式(液袋)；

d) 供货商；

e) 取样地点、日期；

f) 取样人姓名。

8 填写取样报告

取样报告至少应包括以下内容：

a) 本标准编号；

b) 取样时的天气；

c) 取样次数；

d) 取样过程中发现的异常现象；

e) 与本标准不一致的任何操作。

附 录 A
（资料性附录）
装有柔性包装胶乳的集装箱图片

图 A.1 集装箱及集装箱液袋

参 考 文 献

[1] GB/T 8290—2008 浓缩天然胶乳 取样
[2] SH/T 1149—2006 合成橡胶胶乳 取样

ICS 83.060
G 40

中华人民共和国国家标准

GB/T 24131—2009

生橡胶　挥发分含量的测定

Rubber, raw—Determination of volatile matter content

(ISO 248:2005, MOD)

2009-06-15 发布　　2010-02-01 实施

中华人民共和国国家质量监督检验检疫总局
中国国家标准化管理委员会　发布

前　言

本标准修改采用国际标准 ISO 248:2005《生橡胶　挥发分含量的测定》(英文版)。

本标准根据 ISO 248:2005 重新起草。

考虑到我国实验室及国产橡胶的具体情况,在采用 ISO 248:2005 时,本标准做了如下技术性修改:

——删除了 ISO 248:2005 中的均化步骤(见 4.2.1.1);

——辊距由 0.25 mm±0.05 mm 修改为 0.30 mm±0.05 mm(见 4.2.1.2、4.2.2、5.2.2.1);

——增加了关于热辊法 B 使用现象的说明注解,即条文注 2(见 4.2.2);

——修改了热辊法 A 的计算公式,公式由:$w_1=\left[1-\frac{m_2\times m_4}{m_1\times m_3}\right]\times 100$ 改为:$w_1=\frac{m_1-m_2}{m_1}\times 100$(见 4.3.1);

——增加了方法的允许差内容(见 6.2);

——按照本标准分析步骤的顺序对试样的质量符号的下脚标重新进行编号,每个质量符号所表征的内容均在其对应的公式中给出解释。

为便于使用,本标准还做了以下编辑性修改:

——“本国际标准”一词改为“本标准”;

——删除国际标准的前言;

——增加了关于试样形状与干燥效果的提示性注解,即条文注 2(见 5.2.2.2)。

本标准的附录 A、附录 B 为资料性附录。

本标准由中国石油和化学工业协会提出。

本标准由全国橡胶与橡胶制品标准化技术委员会(SAC/TC 35)归口。

本标准负责起草单位:中国石油天然气股份有限公司兰州化工研究中心。

本标准参加单位:中国热带农业科学院农产品加工研究所。

本标准主要起草人:方芳、孙丽君、沈海陇、卢光。

生橡胶 挥发分含量的测定

警告1——使用本标准的人员应熟悉正规实验室的操作规程。本标准并未指出所有可能的安全问题。使用者有责任采取适当的安全和健康措施,并保证符合国家有关法规规定的条件。

警告2——本标准的某些步骤中生成的物质和废料可能对当地的环境有所损害。应制定使用后安全处理的有关文件。

1 范围

本标准规定了测定生橡胶中水分和其他挥发性物质含量的两种方法:热辊法和烘箱法。

本标准适用于测定列入GB/T 5576—1997中“R”组橡胶的挥发分含量。“R”组橡胶是指含有不饱和碳链的橡胶,例如天然橡胶和至少部分由二烯烃聚合的合成橡胶。

本标准也可能适用于测定其他类橡胶。在这种情况下,应验证质量的改变仅仅是由于原有的挥发性物质的损失而不是橡胶降解所致。

热辊法不适用于天然橡胶和合成异戊二烯橡胶或者在热辊上难以处理的橡胶,也不适用于片状或粉末状橡胶。

这两种方法不一定能得到相同的结果。因此,在有争议的情况下,宜使用烘箱法A。

2 规范性引用文件

下列文件中的条款通过本标准的引用而成为本标准的条款。凡是注日期的引用文件,其随后所有的修改单(不包括勘误的内容)或修订版均不适用于本标准,然而,鼓励根据本标准达成协议的各方研究是否可使用这些文件的最新版本。凡是不注日期的引用文件,其最新版本适用于本标准。

GB/T 5576—1997 橡胶与乳胶 命名法(idt ISO 1629:1995)

GB/T 6038 橡胶试验胶料 配料、混炼及硫化设备及操作程序(GB/T 6038—2006,ISO 2393:1994,MOD)

GB/T 14838 橡胶与橡胶制品 试验方法标准精密度的确定(GB/T 14838—2009,ISO/TR 9272:2005,IDT)

GB/T 15340 天然、合成生橡胶取样及其制样方法(GB/T 15340—2008,ISO 1795:2002,IDT)

3 原理

3.1 热辊法

试样在加热的开炼机上辊压直到所有的挥发分被赶除,辊压过程中的质量损失即为挥发分含量。

3.2 烘箱法

如果样品不是粉末状,则按照GB/T 15340的规定用实验室开炼机进行均匀化。无论是从均匀化后的试样上取样,还是直接从粉末状橡胶中取样,都要将试样压成薄片,在烘箱中干燥至恒重,此过程中质量损失与该试样在均匀化过程中的质量损失之和计算为挥发分含量。

4 热辊法

4.1 设备

4.1.1 开炼机:应符合GB/T 6038的要求。

4.2 操作步骤

4.2.1 热辊法A

4.2.1.1 按照GB/T 15340规定称取约250 g试样(质量m_1)精确到0.1 g。

4.2.1.2 按 GB/T 6038 的规定，用窄铅条调整开炼机辊距为 0.30 mm±0.05 mm，辊筒表面温度保持在 105 ℃±5 ℃。

4.2.1.3 将已称量的试样在开炼机(4.1.1)上反复通过 4 min，不允许试样包辊，并小心操作以防止试样损失；称量试样，精确至 0.1 g。再将试样在开炼机上通过 2 min，再称量。如果在 4 min 末和 6 min 末的质量差小于 0.1 g，可计算挥发分的含量。否则，将试样在开炼机上再通过 2 min，直至连续两次称量值之差小于 0.1 g(最终质量 m_2)。在每次称量前，将试样放在干燥器中冷却至室温。

4.2.1.4 如果橡胶在开炼机上易成碎片或粘辊，导致称量困难或难以称量，则应采用烘箱法(步骤 5.2.1.2)。

4.2.2 热辊法 B

称取约 250 g 试样，精确至 0.1 g(质量 m_3)，调整辊距为 0.30 mm±0.05 mm，辊筒表面温度保持在 105 ℃±5 ℃。将试样至少通过辊筒两次，称量，精确至 0.1 g；再次将试样至少通过辊筒两次，并称量。当前后两次质量差小于 0.1 g 时，可以认为试样已完全干燥。否则，继续将试样通过辊筒两次，直至连续两次称量值之差小于 0.1 g(最终质量 m_4)。

注 1：虽然水分含量并不影响测定结果，称量前还是有必要将试样放在干燥器中。

注 2：对于挥发分含量较小的橡胶，用热辊法 B 进行快速分析效果较好。

4.3 结果表示

4.3.1 热辊法 A

试样中挥发分含量 w_1 以质量分数(%)计，按式(1)计算：

$$w_1 = \frac{m_1 - m_2}{m_1} \times 100 \qquad (1)$$

式中：

m_1——过辊前试样的质量，单位为克(g)；

m_2——过辊后最终试样的质量，单位为克(g)。

4.3.2 热辊法 B

试样中挥发分含量 w_2 以质量分数(%)计，按式(2)计算：

$$w_2 = \frac{m_3 - m_4}{m_3} \times 100 \qquad (2)$$

式中：

m_3——过辊前试样的质量，单位为克(g)；

m_4——过辊后最终试样的质量，单位为克(g)。

5 烘箱法

5.1 设备

5.1.1 烘箱：能进行空气循环，温度可控制在 105 ℃±5 ℃。

5.2 操作步骤

5.2.1 烘箱法 A

5.2.1.1 天然橡胶

5.2.1.1.1 对于非粉末状橡胶，称取胶样约 600 g 并按照 GB/T 15340 进行均匀化。称量均匀化前后胶样的质量，精确到 0.1 g，(质量分别为 m_5 和 m_6)。在最后称量前，将胶样冷却至室温。

5.2.1.1.2 从均匀化后的胶样中称取约 10 g 试样，精确至 1 mg(质量 m_7)。

5.2.1.1.3 将开炼机辊温调至 70 ℃±5 ℃，将辊距调至可压出胶片厚度小于 2 mm，将试样在辊筒间通过两次。

5.2.1.1.4 如果橡胶为粉末状，可随机称取约 10 g 试样，置于表面皿或便于称量的铝碟中称量。精确到 1 mg(质量 m_7)。

5.2.1.2 **合成橡胶**

5.2.1.2.1 如果橡胶不是粉末状，称取约 250 g 胶样，并按照 GB/T 15340 中均匀化天然橡胶的步骤进行均匀化。称量均匀化前后胶样的质量，精确至 0.1 g(质量分别为 m_5 和 m_6)。

5.2.1.2.2 将开炼机辊温调至 70 ℃±5 ℃，辊距调至可压出胶片厚度小于 2 mm。从均匀化后的胶样中称取 10 g 试样，精确至 1 mg(质量 m_7)，将试样在辊筒间通过两次。

5.2.1.2.3 如果橡胶不能压成片，则从均匀化后的胶样中取 10 g 试样，手工剪成约 2 mm 的小块，置于表面皿或便于称量的铝碟中称量。精确到 1 mg(质量 m_7)。

5.2.1.2.4 如果橡胶为粉末状，可随机称取约 10 g 试样，置于表面皿或便于称量的铝碟中称量，精确到 1 mg(质量 m_7)。

5.2.1.3 **样品在烘箱中的处理(天然和合成橡胶)**

将按照 5.2.1.1 或 5.2.1.2 得到的试样放入 105 ℃±5 ℃的烘箱(5.1.1)中干燥 1 h，同时打开烘箱的通风口，如果安装了循环风扇亦打开，在放置试样时应尽可能使其与热空气有最大的接触面。取出试样放入干燥器中冷却至室温称量；再干燥 30 min，并冷却称量，如此反复，直到连续两次称量值之差不大于 1 mg(最终质量 m_8)。

5.2.2 **烘箱法 B**

5.2.2.1 称取样品约 250 g，在表面温度约 30 ℃、辊距为 0.30 mm±0.05 mm 的辊筒上压成薄片。在此薄片中随机取两份约 50 g 的试样，精确至 0.01 g(质量 m_9)。

5.2.2.2 如果橡胶粘辊而不能压成薄片，则直接从样品中取两份约 10 g 试样，分别将其剪成约 2 mm 的小块，置于深 15 mm、直径 60 mm 的铝碟或相同形状的容器中，称量，精确至 1 mg(质量 m_9)。将盛有试样的容器放入温度为 105 ℃±5 ℃的烘箱中干燥 1 h，取出，置于干燥器中冷却至室温，再称量(质量 m_{10})。

注 1：天然橡胶需要均匀化，因此烘箱法 B 不适用。

注 2：将压成薄片的试样再剪成小碎片，可以增大试样与热空气的接触面积，干燥效果更佳。

5.3 **结果表示**

5.3.1 **烘箱法 A**

5.3.1.1 当试样是从均匀化后的胶样中取出时(见 5.2.1.1.2 和 5.2.1.2.2)，试样中挥发分含量 w_3 以质量分数(%)计，按式(3)计算：

$$w_3 = \left[1 - \frac{m_6 \times m_8}{m_5 \times m_7}\right] \times 100 \qquad \cdots\cdots(3)$$

式中：

m_5——均匀化前胶样的质量，单位为克(g)；

m_6——均匀化后胶样的质量，单位为克(g)；

m_7——从均化后的胶样中取出的试样的质量，单位为克(g)；

m_8——经烘箱干燥后试样的质量，单位为克(g)。

5.3.1.2 当试样是直接从粉末状橡胶中取出时(见 5.2.1.1.4 和 5.2.1.2.4)，试样中挥发分含量 w_4 以质量分数(%)计，按式(4)计算：

$$w_4 = \frac{m_7 - m_8}{m_7} \times 100 \qquad \cdots\cdots(4)$$

式中：

m_7——从样品中取出的试样的质量，单位为克(g)；

m_8——经烘箱干燥后试样的质量，单位为克(g)。

5.3.2 烘箱法 B

试样中挥发分含量 w_5 以质量分数(%)计,按式(5)计算:

$$w_5 = \frac{m_9 - m_{10}}{m_9} \times 100 \qquad \cdots\cdots(5)$$

式中:

m_9——干燥前试样的质量,单位为克(g);

m_{10}——干燥后试样的质量,单位为克(g);

所得结果取平行试验结果的平均值。

6 精密度

6.1 重复性

本标准按照 GB/T 14838 开展实验室间精密度试验,详细信息见附录 A。有关精密度的概念和术语参考 GB/T 14838。

本标准的附录 B 对重复性和再现性的应用作了说明。

6.2 允许差(适用于合成生橡胶)

6.2.1 热辊法 A 允许差

挥发分含量不大于 0.10%时,两次平行测定结果之差不大于 0.02%;

挥发分含量在 0.11%~0.20%时,两次平行测定结果之差不大于 0.04%;

挥发分含量在 0.21%~0.40%时,两次平行测定结果之差不大于 0.12%;

挥发分含量在 0.41%~0.70%时,两次平行测定结果之差不大于 0.15%。

6.2.2 烘箱法 A 允许差

挥发分含量不大于 0.22%时,两次平行测定结果之差不大于 0.04%;

挥发分含量在 0.23%~0.70%时,两次平行测定结果之差不大于 0.15%;

挥发分含量在 0.71%~1.00%时,两次平行测定结果之差不大于 0.22%;

挥发分含量在 1.01%~1.50%时,两次平行测定结果之差不大于 0.35%。

7 试验报告

试验报告应包括以下内容:

a) 本标准的编号;

b) 有关样品的详细说明;

c) 使用的方法(热辊法或烘箱法);

d) 10 g 试样是取自均匀化后的试片(见 5.2.1.1.2 和 5.2.1.2.2)还是直接取自粉末状样品(见 5.2.1.1.4和 5.2.1.2.4);

e) 每个试样的测定结果;

f) 测定过程中的任何异常情况;

g) 不包括在本标准之中的任何自选的操作;

h) 试验日期。

附 录 A
（资料性附录）
实验室间精密度试验

A.1 1984 年版的实验室间精密度信息

A.1.1 1984 年末，由马来西亚橡胶研究院组织了一次实验室间精密度试验，在 5 月和 7 月，每个实验室对两种类型的样品独立进行了试验，这两种样品是：

a) A 和 B 两种橡胶的混合样品；

b) A 和 B 两种橡胶的非混合样品。

A.1.2 对上述混合的和非混合的样品，以 3 个独立测试结果的平均值作为试验结果。

A.1.3 通常采用烘箱法 A 来测定挥发分。

A.1.4 1 型精密度是按照实验室间试验程序测定的。在规定的时间周期内，分别由 14 个实验室对混合样品、13 个实验室对非混合样品开展试验，确定出再现性和重复性。

A.2 2003 年版实验室间精密度信息

A.2.1 2003 年 4 月和 5 月，在多个实验室开展了实验室间精密度试验。7 个实验室参加了热辊法 B 试验，8 个实验室参加了烘箱法 B 试验。

A.2.2 热辊法 B 和烘箱法 B 均使用生橡胶样品 C(SBR1500)和 D(非充油 BR)。

A.2.3 表 A.3 和表 A.4 分别给出了烘箱法 B、热辊法 B 的平均值和精密度估计值，这些结果是根据多家实验室对两种材料进行重复试验而确定的。

A.3 精密度结果

1984 年版的精密度结果分别列于表 A.1(混合样品)、表 A.2(非混合样品)。

2003 年版的精密度结果分别列于表 A.3(烘箱法 B)、表 A.4(热辊法 B)。

如果没有这些精密度参数适用于某些特殊的材料和特殊的试验方法的协议文件，该精密度值不能用于判断接受/拒绝材料的依据。

表 A.1 烘箱法 A——混合样品试验

橡胶样品	平均挥发分含量(质量分数)/%	同一实验室重复性		实验室间再现性	
		r	(r)	R	(R)
A	0.37	0.031	8.54	0.154	41.9
B	0.37	0.032	8.71	0.151	40.7
合并值	0.37	0.032	8.62	0.152	41.3

各符号的定义如下：

r——重复性，以质量分数计；

(r)——重复性，以平均值的(相对)百分数计；

R——再现性，以质量分数计；

(R)——再现性，以平均值的(相对)百分数计。

表 A.2　烘箱法 A——非混合样品试验

橡胶样品	平均挥发分含量(质量分数)/%	同一实验室重复性		实验室间再现性	
		r	(r)	R	(R)
A	0.35	0.081	22.9	0.257	73.1
B	0.40	0.091	23.1	0.299	74.5
合并值	0.37	0.086	23.0	0.279	74.6
各符号的定义见表 A.1。					

表 A.3　烘箱法 B——挥发分含量试验

橡胶样品	平均挥发分含量(质量分数)/%	同一实验室重复性			实验室间再现性		
		s_r	r	(r)	s_R	R	(R)
C(SBR)	0.10	0.02	0.04	45.7	0.02	0.06	67.6
D(BR)	0.22	0.03	0.08	35.1	0.08	0.22	99.2
各符号的定义如下： s_r——重复性标准偏差； s_R——再现性标准偏差； 其他符号的定义见表 A.1。							

表 A.4　热辊法 B——挥发分含量试验

橡胶样品	平均挥发分含量(质量分数)/%	同一实验室重复性			实验室间再现性		
		s_r	r	(r)	s_R	R	(R)
C(SBR)	0.07	0.02	0.07	97.8	0.03	0.10	137.3
D(BR)	0.23	0.04	0.10	44.7	0.06	0.18	80.5
各符号的定义如下： s_r——重复性标准偏差； s_R——再现性标准偏差； 其他符号的定义见表 A.1。							

附 录 B
（资料性附录）
精密度结果应用指南

B.1 一般程序

使用精密度结果的一般程序如下：用符号$|X_1-X_2|$表示任意两个测量值的正差（即忽略正负号）。

a） 选择合适的精密度表，根据所开展的试验参数，在表中找出与试验数据平均值最接近的“挥发分含量平均值”处，查相应精密度表。该行就会给出相应的用于判断的 r,(r),R 和(R)。

b） 对于 r 和(r)值，通常可用 B.2 的一般重复性说明来作判断。

c） 对于 R 和(R)值，通常可用 B.3 的一般再现性说明来作判断。

B.2 一般重复性说明

B.2.1 绝对差

在正常和正确操作的试验程序下，对于标称为相同材料的样品所得到的两次试验（值）平均值的差$|X_1-X_2|$，平均每 20 次不会多于 1 次超过表中的重复性 r。

B.2.2 两次试验（值）平均值之差的百分数

在正常和正确操作的试验程序下，对于标称为相同材料的样品所得到的 2 次试验（值）平均值之差的百分数$[|X_1-X_2|/(X_1+X_2)/2]\times100$，平均每 20 次不会多于 1 次超过表中的重复性(r)。

B.3 一般再现性说明

B.3.1 绝对差

两个实验室在正常和正确操作的试验程序下，对于标称为相同材料的样品所得到的 2 个独立测量试验（值）平均值的差$|X_1-X_2|$，平均每 20 次不会多于 1 次超过表中再现性 R。

B.3.2 两个试验（值）平均值之差的百分数

两个实验室在正常和正确操作的试验程序下，对于标称为相同材料的样品所得到的 2 个独立测量试验（值）平均值之差的百分数$[|X_1-X_2|/(X_1+X_2)/2]\times100$，平均每 20 次不会多于 1 次超过表中再现性(R)。

ICS 59.080.40;97.140
G 42

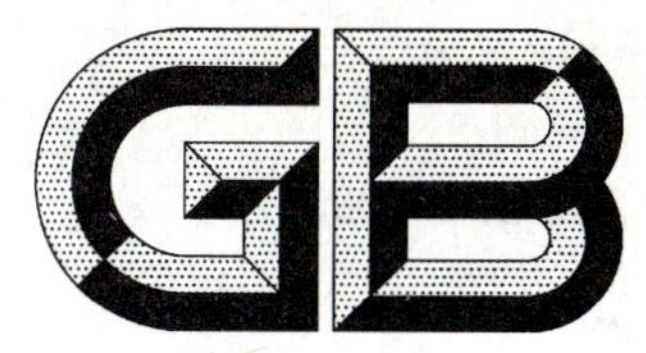

中华人民共和国国家标准

GB/T 24132.1—2009

室内装饰用塑料涂覆织物 第1部分:PVC涂覆针织物规范

Plastics-coated fabrics for upholstery—
Part 1:Specification for PVC-coated knitted fabrics

(ISO 7617-1:2001,MOD)

2009-06-15 发布 2010-02-01 实施

中华人民共和国国家质量监督检验检疫总局
中国国家标准化管理委员会 发布

前　言

GB/T 24132《室内装饰用塑料涂覆织物》包括3个部分：

——第1部分：PVC涂覆针织物规范；

——第2部分：聚氯乙烯涂覆编织织物规范；

——第3部分：聚氨酯涂覆编织织物规范。

本部分为GB/T 24132的第1部分，修改采用国际标准ISO 7617-1：2001《室内装饰用塑料涂覆织物　第1部分：PVC涂覆针织物规范》(英文版)。

本部分与ISO 7617-1：2001的章条结构差异如下：

原标准“3　取样”调整顺序至“4　取样”，将原标准“4　试验和适应性”调整顺序至“5　试验和适应性”，将原标准“5　技术要求”调整顺序至“3　技术要求”。

本部分与ISO 7617-1：2001的主要技术性差异如下：

因其他两部分没有试验报告要求，为与其保持结构一致本部分删除了国际标准的第7章试验报告。

为便于使用，本部分做了下列编辑性修改：

a)　“本国际标准”一词改为“本部分”；

b)　用小数点“.”代替作为小数点的逗号“,”；

c)　删除国际标准的前言。

本部分的附录A、附录B、附录C、附录D和附录E为规范性附录。

本部分由中国石油和化学工业协会提出。

本部分由全国橡胶与橡胶制品标准化技术委员会涂覆制品分技术委员会(SAC/TC 35/SC 10)归口。

本部分起草单位：凯迪西北橡胶有限公司。

本部分主要起草人：杨奋、付宝强、王丽华。

室内装饰用塑料涂覆织物
第1部分:PVC涂覆针织物规范

1 范围

GB/T 24132的本部分规定了PVC涂覆织物(简称涂覆织物)的技术要求。涂覆织物是在针织物的单面充分连续均匀地涂覆一层弹性聚氯乙烯高聚物或主要成分是聚氯乙烯的共聚物而制成,这种涂层称为聚氯乙烯涂覆层。

本部分适用于致密性聚氯乙烯涂覆织物,也适用于其他两种类型的发泡聚氯乙烯涂覆织物。

2 规范性引用文件

下列文件中的条款通过GB/T 24132的本部分的引用而成为本部分的条款。凡是注日期的引用文件,其随后所有的修改单(不包括勘误的内容)或修订版均不适用于本部分,然而,鼓励根据本部分达成协议的各方研究是否可使用这些文件的最新版本。凡是不注日期的引用文件,其最新版本适用于本部分。

GB/T 250 纺织品 色牢度试验 评定变色用灰色样卡(GB/T 250—2008, ISO 105-A02:1993, IDT)

GB/T 3920—1997 纺织品 色牢度试验 耐摩擦色牢度(eqv ISO 105-X12:1993)

GB/T 8426 纺织品 色牢度试验 耐光色牢度:日光(GB/T 8426—1998,eqv ISO 105-B01:1994)

GB/T 8427 纺织品 色牢度试验 耐人造光色牢度:氙弧(GB/T 8427—2008, ISO 105-B02:1994,MOD)

GB/T 12586—2003 橡胶或塑料涂覆织物 耐屈挠破坏性的测定(ISO 7854:1995,IDT)

GB/T 12588 塑料涂覆织物 聚氯乙烯涂覆层 融合程度快速检验法(GB/T 12588—2003, ISO 6451:1982,IDT)

GB/T 20027—2005 橡胶或塑料涂覆织物 破裂强度的测定(ISO 3303:1990,IDT)

GB/T 24133 橡胶或塑料涂覆织物 调节和试验的标准环境(GB/T 24133—2009,ISO 2231:1989,IDT)

GB/T 24135—2009 橡胶或塑料涂覆织物 加速老化试验(ISO 1419:1995,IDT)

HG/T 2580—2008 橡胶或塑料涂覆织物 拉伸强度和拉断伸长率的测定(ISO 1421:1998,IDT)

HG/T 2715 橡胶或塑料涂覆织物 抗粘合性的测定(HG/T 2715—1995,eqv ISO 5978:1990)

HG/T 3048—2009 橡胶或塑料涂覆织物 耐组合剪切曲挠和摩擦性能的测定(ISO 5981:2007, IDT)

HG/T 3050(所有部分) 橡胶或塑料涂覆织物 整卷特性的测定(HG/T 3050.1～3050.3—2001, ISO 2286-1～2286-3:1998,IDT)

HG/T 3052 橡胶或塑料涂覆织物 涂覆层粘合强度的测定(HG/T 3052—2008,ISO 2411:2000,IDT)

3 技术要求

3.1 预检

3.1.1 通则

在做详细的检查和昂贵试验前，应按照 3.1.2 和 3.1.3 的要求进行预检，目的是确保样品没有肉眼就能观察到的不允许的缺陷。如果发现有这样的缺陷，检测将会停止。样品被认为不符合本部分的要求。并在试验报告中予以说明。

3.1.2 外观

涂覆层应均匀，没有肉眼能直接观测到的缺陷和龟裂。允许局部有瑕疵，试样裁切时离缺陷部位的距离不小于 5 cm。

在放大六倍进行检查时，检查 10 处 2 cm×2 cm 的面积，这 10 处均匀地分布在样品的有效宽度和长度范围内。针眼的密度每平方分米不应超过 10 个。这项要求不适用于要求有微孔的产品。

注 1：要求有微孔的产品通常提供专门的清理说明。

除非涂覆层要求是透明的，否则通常透过涂层不应看到基布。当涂覆织物松弛时或用手轻轻拉扯时，它的内部轮廓不应被看见。它不像涂料和表面漆性能那样明显。如果基布在以上任何情况下可见，试验继续，但此情况要在试验报告中说明。

注 2：如果织物卷得太紧的话，表面就可能会形成窝气，这样的窝气是可接受的。它很容易识别，把一小片涂覆织物放入 100 ℃左右的老化箱几分钟后窝气消失。

涂覆层向外弯曲 180°后没有明显露白，如果有露白，试验继续，但在经纬向试验报告中要对此说明。

3.1.3 粘合性

按照 GB/T 12588 的规定检查涂层和基布的粘合性，如果两者粘合强度没有达到表 2 要求，停止试验。

3.2 颜色、压纹和表面修饰

不管涂覆织物是平的还是多彩的，涂覆织物的颜色、压纹和表面修饰的质量由供方和买方共同协商决定。这个协议以参考样品为基础，给出可接受的偏差。

颜色的比较按照 GB/T 8426 规定进行。

注 1：如果双方同意的话，试样与参考样品的颜色可通过仪器来完成测试，但必须指出这种方法不是没有任何问题，这个结果受涂覆层光泽度和表面状态的影响。另外，在颜色本身相同的情况下，压纹和表面光泽稍微不同也会引起结果很大的变化。必须运用一体化分光光度计可使这种变化值部分消除。因此在新的仪器测定颜色的方法出台前，测定不熟悉样品时，双方用已判断合格的产品或没按照 GB/T 8426 检测的样品作对比试验，精确地测定出最佳的试验条件和允许的偏差。

注 2：光泽性可用具有镜面反射功能的光泽计或反射计测量，这种设备的灵敏度依据光泽和闪光程度会随着入射角度的变化而变化。20°、60°、85°是测定涂层光泽度、半光泽度和无光泽度常用的角度。对无光泽材料灵敏度低。另外压纹图案的不同，表面不同部位反射会有明显的变化。记住从一台设备到另一台设备会有不同的反应。双方如果决定用此法测光泽度的话，首先要确认所供涂覆织物试验仪器的生产能力。

3.3 尺寸

3.3.1 有效宽度

涂覆织物有效宽度按照 HG/T 3050.1 的规定测定，应由用户和供货方商定可用涂覆织物的宽度。术语“有效宽度”是指以一种符合 3.1 要求的方法完成涂覆后的产品宽度。（另见 3.3.2）。

3.3.2 整卷涂覆织物长度

按 HG/T 3050.1 规定测定整卷涂覆织物的长度，应由用户和供货方共同协商决定，包括长度和允许的公差。

注：如果涂覆织物以预先切片供应的话，长度和有效宽度的定义就没有意义，在这种情况下，切片的形状、尺寸和尺寸公差应在用户和供货商双方协议中明确规定，建议协议中有比例绘图。

3.3.3 厚度

按照 HG/T 3050.2 规定测定涂覆织物的厚度，2 kPa 压力下，应符合表 1 的要求。

表 1 涂覆织物的厚度和单位面积的涂层质量

项　　目	致密涂层	微发泡涂层	发泡涂层	试验方法
涂层单位面积质量/(g/m²)	≥480	≥480	≥600	HG/T 3050.2
涂覆织物厚度/mm	0.75～1.0	0.85 ～1.15	1.10～1.40	HG/T 3050.3
厚度公差/mm	±0.07	±0.10	±0.15	

3.4 物理要求

3.4.1 单位面积的涂层质量

按照 HG/T 3050.2 的规定测定单位面积的涂层质量，应符合表 1 的要求。

3.4.2 机械性能

涂覆织物机械性能应符合表 2 的要求。

表 2 物理机械性能要求

性　　能	致密涂层	微发泡涂层	发泡涂层	试验方法
拉伸强度/N 经向 纬向	 ≥250 ≥150	 ≥250 ≥150	 ≥250 ≥150	HG/T 2580—2008， 方法 1
拉断伸长率/% 经向 纬向	 ≥50 ≥100	 ≥50 ≥100	 ≥50 ≥100	HG/T 2580—2008 方法 1
爆破压力/kPa	≥700	≥400	≥700	GB/T 20027—2005， 方法 B
静态伸长率/% 经向 纬向	 ≥5 ≥35	 ≥12 ≥80	 ≥8 ≥70	附录 B
弹性恢复/% 经向 纬向	 ≥80 ≥80	 ≥80 ≥80	 ≥80 ≥80	附录 B
耐曲挠性/次 或耐剪切曲挠摩擦性/行程	≥400 000 ≥50 000	≥400 000 ≥50 000	≥400 000 ≥50 000	GB/T 12586—2003， 方法 B HG/T 3048—2009， 方法 B
耐磨性[a]/次	≥700	≥700	≥700	附录 D
涂覆层粘合强度/N 经向 纬向	 ≥30 ≥20	 ≥30 ≥20	 ≥30 ≥20	HG/T 3052

[a] 循环次数不包括暴露出外覆层下的中间层。

STANDARDS PRESS OF CHINA

3.4.3 表面性能

涂覆织物表面性能应符合表3的要求。

表3 表面性能

性 能	致密涂层	微发泡涂层	发泡涂层	试验方法
印花耐磨性	≥3	≥3	≥3	附录C
光色牢度	≥6	≥6	≥6	GB/T 8427
耐干磨色牢度	≥(4～5)	≥(4～5)	≥(4～5)	附录E
耐湿磨色牢度	≥(4～5)	≥(4～5)	≥(4～5)	附录E
耐肥皂水磨损色牢度[a]	≥(4～5)	≥(4～5)	≥(4～5)	附录E
耐粘连性	表面无损坏情况下分离			HG/T 2715
[a] 除了用4%的肥皂水替代水外,其他条件和湿摩擦相同。				

3.4.4 老化后性能

按GB/T 24135—2009规定的方法A,在85 ℃下加速老化168 h后,涂覆织物老化后性能应符合表4的要求。

表4 老化性能

性 能	致密涂层	微发泡涂层	发泡涂层	试验方法
耐曲挠性/次	≥400 000	≥400 000	≥400 000	GB/T 12586—2003,方法B
耐剪切曲挠磨损性/行程	≥50 000	≥50 000	≥50 000	HG/T 3048—2009,方法2

3.4.5 燃烧性能

涂覆织物的燃烧性能应符合现行的地方或国家规范要求。

注:确定燃烧性的预期性能要求是不可能的,由涂覆织物和各种填充物及不同结构制成的最终产品应满足防火要求。这些危险性直接依赖于所使用的环境。所以要求涂覆织物生产商提供给用户有关产品燃烧性能的信息,以保证他们生产出更符合安全规范要求的家用设施。

4 取样

如果每个整卷是以从生产批次区分,从每批中至少取一个试样,每个试样能代表这批产品的特征,并保持各试样和批次之间的一致性。

5 试验和适应性

首先按3.1中各项,对试样进行初步的检查,排除涂覆织物有明显缺陷的样品,如果样品满足3.1中的各项要求,试验按下面步骤继续进行。

对按附录A要求从样品中选择的试样进行试验,如果试验表明试样满足表1～表4规定的要求,则以样品为代表的这批涂覆织物符合本部分的要求。

如果测试的试样的任何一项不满足表1～表4规定的要求,将失败的试样试验项目,再重复做两次。两个另加的样品应和刚开始的样品来源相同,从每个样品上裁取试样后,重复上面的试验。如果所有的重复试验结果满足表1～表4规定的要求,说明以样品为代表的这批涂覆织物满足本部分的要求。如果重新试验的结果不能满足表1～表4的要求,那么这批涂覆织物不符合本部分的要求。

6 标志

每卷涂覆织物应标志以下信息:

a) 生产者的名称、注册商标和证明涂覆织物的全部必要说明;

b） 涂覆织物的类型：致密涂层、微发泡涂层或发泡涂层；

c） 如须查询涂覆织物，涂覆织物的卷号、批次号；

d） 颜色；

e） 涂覆织物整卷的长度；

f） 有效宽度；

g） 本部分标准编号。

附 录 A
（规范性附录）
选取试样的方法

试样应按图 A.1 所示的示意图从样品上选取两个。该示意图给出了进行每种试验试样的选取位置，预检和表面检查的试样在靠边的位置裁切。除了放大 6 倍检验针孔的试样从给出的斜角裁切外（见 3.1.2），每种颜色的色牢度试验应用两个试样，如果产品颜色较为复杂，则每个试样应包括所有颜色。图 A.1 所示的试样的裁切位置不是绝对的，它们可在有效宽度内进行适当的位置调整。

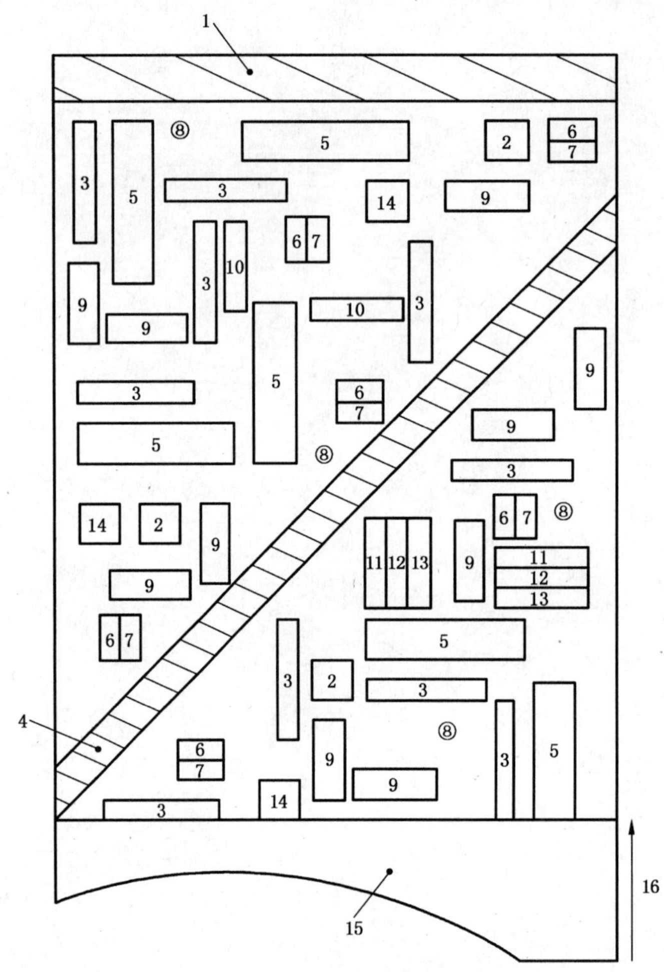

1. 厚度的测定；
2. 单位面积的质量；
3. 拉伸强度和拉断伸长率；
4. 破裂强度和针眼的检查；
5. 给定拉力下的伸长和弹性恢复；
6. 老化前的曲挠性或剪切曲挠摩擦性；
7. 老化后的曲挠性或剪切曲挠摩擦性；
8. 耐磨性；
9. 涂覆层粘合强度；
10. 印染耐磨性；
11. 干磨色牢度；
12. 湿磨色牢度；
13. 肥皂水色牢度；
14. 耐粘连性；
15. 预检和表面性能；
16. 纵向方向。

图 A.1 试样的选择示意图

附 录 B
（规范性附录）
伸长率和弹性恢复的测定

B.1 通则

给试样在一定的时间内施加一个恒定的拉力，涂覆织物被拉伸。当拉力去除后，涂覆织物有返回到原来长度的趋势。实际上，弹性聚氯乙烯的黏弹性导致一定的永久伸长变形，伸长变形的程度取决于诸多因素，比如，拉力的大小、力的持续时间、样品的宽度、涂覆织物的弹性、试验时的温度和湿度、撤去拉力后允许恢复的时间。产品的涂层弹性好，那么它在使用过程中才有小的永久伸长率。

涂覆层的伸长率用绝对值表示，不用给出具体的涂覆织物的弹性值，永久伸长率用初始伸长率的百分比表示。它更多的是表示松弛阶段的初始伸长率。这个参数就是弹性恢复。

在大多数给出足够精确度情况下，试验长度为 200 mm 就足够了，但对于低延展性的涂覆织物，有必要增加试验长度，在试验报告中要写明这一情况，计算也要做相应的调整。

B.2 仪器

B.2.1 试样夹持器应能夹住 10 cm 宽的试样，上夹持器固定在结实的支架上，只有这样，当试样放在夹持器的中央部位后用钳夹夹紧时，试样才能悬挂在垂直面上。下夹持器设计成能施加重块，且施加重块后总质量能达到 10 kg，支架的高度能使试样自由伸长后不能接触到地板或实验台。

B.2.2 尺子，精确到 0.5 mm。

B.3 试样

按照附录 A 示意图的要求沿其长度纵向裁切 3 个 400 mm×100 mm 的试样，然后横向裁切另外 3 个试样，给试样做上纵向和横向标记。

B.4 试验程序

将试样在 GB/T 24133 规定的大气环境下进行调节。并在相同的大气环境下对试样进行试验。

对试样在其垂直于最长尺寸方向画上两条直线，距每边端部 100 mm，使两条线间距为 200 mm，再垂直于上两条直线画上第三条直线，从中心点裁开，沿着这条线测量。

将试样一端夹到上夹持器中央，钳夹夹到上部的画线距离不超过 50 mm，另一端以相同的方法夹到下夹持器上，上夹持器固定在支架上，缓慢地在下夹持器上放上加重块，使总质量达到 10 kg 时记下时间，10 min 后测量并记录下两线之间的距离 L_1，精确到 0.5 mm。

拿下重块，从夹持器上取下试样，放在水平平面上，10 min 后测量并记录两线间的距离 L_2，精确到 0.5 mm。

剩下的试样重复上述试验程序。

B.5 结果表示

B.5.1 伸长率用所画的两条线的初始距离的百分比表示，公式如下：

$$\left(\frac{L_1-200}{200}\right)\times 100\%$$

L_1——给固定的拉力后两线之间的距离，单位为毫米(mm)。

B.5.2 弹性恢复用下面公式计算：

$$\left(\frac{L_2 - L_1}{L_1 - 200}\right) \times 100\%$$

L_2——弹性恢复后两线之间的距离。

B.5.3 计算纵向和横向的伸长率和弹性恢复时，分别取不同方向的3个试样的平均值，并精确到0.5%，如果试验条件不同于上述条件，应在报告中说明。

附 录 C
（规范性附录）
印花耐磨性的测定

C.1 原理

试样在一定的压力下用磨料均匀地磨损 500 次，用灰色样卡比较摩擦和未摩擦部分颜色的变化。

C.2 设备

试验设备应是 GB/T 3920 规定的设备，但有如下改动：

a) 加在磨头上的负荷为 1 500 g；

b) 设备运行频率为 0.25 Hz(即每秒钟 0.5 个行程，每个循环包括来回两个行程)；

c) 作为磨料的棉布织物应经过脱浆和漂洗、未使用荧光增白剂、pH 值不超过 8、单位面积的质量为 93 g/m^2，每单位长度纱线根数经向 40 根/cm、纬向 39 根/cm，纱线线密度为经向 11.4 tex，纬向 9.2 tex；

d) 用灰色样卡来评价颜色的变化。

C.3 试样

在涂覆织物样品上纵向和横向分别裁切 230 mm×50 mm 的试样各一个，另外再裁切两个直径为 30 mm 的圆形漂白的棉布织物，裁切时避开有结块和拉毛的位置。

注：开始，裁切 4 个棉布磨料，两倍厚度的棉布装在磨头上，以便只有与试样接触的最外层可在每次试验时更新换掉。

C.4 试验程序

按照 GB/T 24133 的规定对试样和棉布织物进行调节。

用夹具把试样牢固地固定在试验台上，涂覆层朝上，要有足够的张力使试样平整，施加拉力使其拉长大概 9%。在试验前先用干净抹布把试样擦干净。

把调节好的棉布织物安全地固定在磨头上，确保缎纹面对准试样，也就是使棉布织物的棱纹面和磨头接触。降低磨头至试样后使仪器运行 500 次。剩下的试样和棉布织物样重复上述的试样程序。

按照 GB/T 250 规定，用灰色样卡作为比测尺来评价试样印花耐磨损的程度。如果一个试样比另一个磨损严重，以 2 个试验结果较严重的试样做为试验结果。

C.5 结果表示

参照灰色样卡来评价颜色变化，报告试样磨损和未磨损部位的颜色变化。

附　录　D
（规范性附录）
涂覆织物涂层耐磨性测定

D.1　范围

这个试验适用于有发泡中间层的塑料涂覆织物，也适用于肉眼就区分表层和中间层的致密涂覆织物，对于分不清层的材料不适用。

D.2　仪器

D.2.1　马丁代尔型实验机，详情见参考文献[1]，应满足下列要求：

外销钉旋转速率：(47.5±2.50)r/min

速度比（外销钉：内销钉）　32：30

外销钉行程　60.5 mm

内销钉行程　60.5 mm

试样夹持器的工作面积　645 mm^2

压力　9.05 kPa

试样夹持器和磨台都应是水平的，它们的整个表面平行。驱动设备的马达和计算装置和开关相连，便于显示外销钉的转数，还有机器到达预设的次数后可自动停机。

D.2.2　磨料：P180 的金钢砂布。

D.2.3　硬的尼龙刷。

D.3　试样

从待测的涂覆织物上裁切试样，直径 38.0 mm，除了织边外，可在任何位置上裁切试样。

D.4　试验程序

D.4.1　试样的调节

按照 GB/T 24133 的规定调节试样。

D.4.2　仪器的校正

按下列步骤校验仪器是否正常，如果 4 个机头中的一个给出与其他 3 个不同的结果，检查仪器并纠正故障错误。

磨损机安装在固定的、水平的平台上。将 3 个皮碗和钢球清洗干净并用油润滑。每个夹持器的芯杆自由配合，并且润滑，避免单向的摩擦。

夹持器平行于平坦的金属板至关重要，如果不平行的话，大部分磨损会发生在试样的边缘部位。装配后和一定时间间隔后检查平行度。检查的一种方法如下：夹持器上不夹试样的时候，每个夹持器放在铜板的位置，两者间任何位置不能伸进 0.025 mm 塞尺。

变换夹持器位置，再用同样的方法校验几次。如果校验发现机器有问题，可能是以下原因引起的：

a)　夹持器芯轴弯曲；

b)　夹持器支架有问题；

c)　磨台和铜板移动的平面不平行。

如果是 c)造成的，用如下的方法纠正：

从 3 个驱动盘上取下定位销后，在夹持器的位置放一个数字显示器，当用手使铜板移动时芯轴在磨台上方移动，通过整个磨台表面，当读数偏差超过 0.05 mm，松开固定磨台和基座的螺钉，垫上点薄纸或金属垫片后再测量。

D.4.3　测量

把 4 个圆形试样分别悬挂在 4 个夹持器上，试样承受金属板的拉力，用螺丝固紧。裁切 4 块新的磨蚀剂，每个尺寸为 125 mm×125 mm，每块分别固定在 4 个磨台上，每块磨蚀剂承受放在上面的加重块的拉力，在规定的载力下把圆形的夹持器固定在可移动的平面上，每次实验时换上新的方形的磨蚀剂。

安装和卸下试样时一定要小心，不应该贴着机器的金属部分，如果发生此类现象，更换此试样，重新准备新的试样。

按表 2 规定的最少循环次数进行试验，每隔 200 个循环时停顿一次，用刷子清理磨料并吹走磨屑（见 D.2.3）。

每片磨料所用次数不超过 1 000 次循环。

D.5　结果表示

经过规定次数的磨损后，用 50 mm 的圆盘卡片观察磨损部位的状况。报告微孔层任何暴露的情况（或不发泡的中间层）。

附 录 E
（规范性附录）
摩擦色牢度的测定

摩擦色牢度的测定方法应符合 GB/T 3920—1997 的规定，但有如下的改动：

a) 设备的运行频率为 0.25 Hz(即每秒钟 0.5 个行程，每个循环包括一个去的行程和一个来的行程)；

b) 行程数为 20(10 个来的行程和 10 个去的行程)；

c) 试样的摩擦色牢度试验应按照本部分附录 C 的规定进行。

参 考 文 献

［1］ MARTINDALE. J. Text. Ins. 33(1942). T151

ICS 59.080.40;97.140
G 42

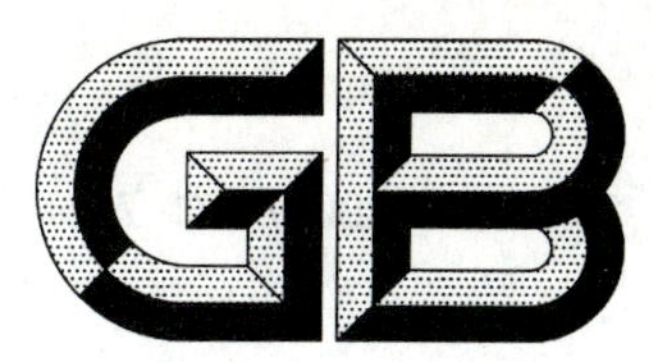

中华人民共和国国家标准

GB/T 24132.2—2009/ISO 7617-2:2003

室内装饰用塑料涂覆织物
第2部分:聚氯乙烯涂覆编织织物规范

Plastics-coated fabrics for upholstery—
Part 2:Specification for PVC-coated woven fabrics

(ISO 7617-2:2003,IDT)

STANDARDS PRESS OF CHINA

2009-06-15 发布　　2010-02-01 实施

中华人民共和国国家质量监督检验检疫总局
中国国家标准化管理委员会　发布

前　言

GB/T 24132《室内装饰用塑料涂覆织物》包括3个部分：

——第1部分：PVC涂覆针织物规范；

——第2部分：聚氯乙烯涂覆编织织物规范；

——第3部分：聚氨酯涂覆编织织物规范。

本部分为GB/T 24132的第2部分，等同采用国际标准ISO 7617-2:2003《室内装饰用塑料涂覆织物　第2部分：聚氯乙烯涂覆编织织物规范》(英文版)。

本部分第2章引用的HG/T 2581.1—2009《橡胶或塑料涂覆织物　耐撕裂性能的测定　第1部分：恒速撕裂法》是修改采用ISO 4674-1:2003，在本部分中涉及的方法A内容与国际标准一致。

为便于使用，本部分做了下列编辑性修改：

a) “本国际标准”一词改为“本部分”；

b) 用小数点“.”代替作为小数点的逗号“,”；

c) 删除国际标准的前言。

本部分的附录A、附录B、附录C为规范性附录。

本部分由中国石油和化学工业协会提出。

本部分由全国橡胶与橡胶制品标准化技术委员会涂覆制品分技术委员会(SAC/TC 35/SC 10)归口。

本部分起草单位：凯迪西北橡胶有限公司。

本部分主要起草人：杨奋、付宝强、王丽华。

室内装饰用塑料涂覆织物 第2部分:聚氯乙烯涂覆编织织物规范

1 范围

GB/T 24132的本部分规定了装饰用聚氯乙烯涂覆织物的技术要求。该涂覆织物是在编织织物的单面充分均匀地涂覆一层弹性聚氯乙烯高聚物或主要成分是聚氯乙烯的共聚物而制成,这种涂层称为聚氯乙烯涂覆层。

本部分适用于A和B两个级别的聚氯乙烯涂覆织物。

2 规范性引用文件

下列文件中的条款通过GB/T 24132的本部分的引用而成为本部分的条款。凡是注日期的引用文件,其随后所有的修改单(不包括勘误的内容)或修订版均不适用于本部分,然而,鼓励根据本部分达成协议的各方研究是否可使用这些文件的最新版本。凡是不注日期的引用文件,其最新版本适用于本部分。

GB/T 250 纺织品 色牢度试验 评定变色用灰色样卡(GB/T 250—2008,ISO 105-A02:1993,IDT)

GB/T 12586 橡胶或塑料涂覆织物 耐屈挠破坏性的测定(GB/T 12586—2003,ISO 7854:1995,IDT)

GB/T 24133 橡胶或塑料涂覆织物 调节和试验的标准环境(GB/T 24133—2009,ISO 2231:1989,IDT)

HG/T 2580—2008 橡胶或塑料涂覆织物 拉伸强度和拉断伸长率的测定(ISO 1421:1998,IDT)

HG/T 2581.1—2009 橡胶或塑料涂覆织物 耐撕裂性能的测定 第1部分:恒定速率撕裂法(ISO 4674-1:2003,MOD)

HG/T 3050.1 橡胶或塑料涂覆织物 整卷特性的测定 第一部分:测定长度、宽度和净质量的方法(HG/T 3050.1—2001,idt ISO 2286-1:1998)

HG/T 3052 橡胶或塑料涂覆织物 涂覆层粘合强度的测定(HG/T 3052—2008,ISO 2411:2000,IDT)

ISO 105-B01[1)] 纺织品 色牢度试验 耐光色牢度:日光

ISO 105-B02[2)] 纺织品 色牢度试验 耐人造光色牢度:氙弧

ISO 105-X12[3)] 纺织品 色牢度试验 耐摩擦色牢度

ISO 176 塑料增塑剂损失的测定——碳活化法

ISO 5978[4)] 橡胶或塑料涂覆织物 抗粘合性的测定

3 技术要求

3.1 物理性能要求

材料物理性能应符合表1的要求。

1) 与ISO 105-B01:1994对应的国家标准是GB/T 8426—1998。

2) 与ISO 105-B02:1994对应的国家标准是GB/T 8427—2008。

3) 与ISO 105-X12:2001对应的国家标准是GB/T 3920—2008。

4) 与ISO 5978:1990对应的化工行业标准是HG/T 2715—1995。

表1 物理性能要求

性 能	极限	要求		试验方法
		等级A	等级B	
单位面积总质量/(g/m²)[a]	最小	550	420	HG/T 3050.1
单位面积的涂层质量/(g/m²)[a]	最小	300	240	HG/T 3050.1
撕裂强度/N 经向 纬向	 最小 最小	 44 44	 31 31	HG/T 2581.1—2009 方法A
涂覆层粘合强度/(N/50 mm)	最小	26	26	HG/T 3052
断裂拉力/N 经向 纬向	 最小 最小	 580 580	 450 450	HG/T 2580—2008 方法2
曲挠龟裂[b]/次	最小	400 000	300 000	GB/T 12586
老化(涂履层的损失率)/%	最大	5	5	ISO 176
印花摩擦(表面的变化)	最小	3	3	附录B
2 kPa下的厚度/mm	最小	0.4	0.4	HG/T 3050.1
耐粘连性	—	不损坏表面的情况下分离		ISO 5978

[a] 单位面积的基布质量不能由单位面积的总质量和单位面积的涂层质量最小值相减得到。

[b] 此试验项目应采用GB/T 12586的方法B(Schildkmecht法)。

3.2 色牢度要求

材料色牢度应符合表2的要求。

表2 色牢度要求

性 能	极限	要求		试验方法
		等级A	等级B	
耐人造光色牢度(氙弧)	最小	6	6	ISO 105-B02
干磨损和湿磨损	最小	4	4	附录C

3.3 外观

涂覆层应均匀,没有肉眼直接能观测到的缺陷和龟裂。用10倍放大镜观察没有针孔。除非涂层是无色涂层,否则透过涂覆层看时不能看见基布。

3.4 颜色、压纹和表面装饰

无论涂覆层是单色的还是多彩的,涂覆层的颜色、压纹和表面装饰的质量由供方和买方共同协商决定。

涂覆织物颜色应在ISO 105-B01要求的条件下进行比较。

3.5 有效宽度

涂覆织物有效宽度按照HG/T 3050.1的规定测定,应由用户和供货方商定可用涂覆织物的宽度。术语“有效宽度”是指以一种符合3.3要求的方法完成涂覆后的产品宽度。

3.6 燃烧性能

涂覆织物的燃烧性能应符合现行的地方或国家规范要求。

4 取样

如果每个整卷能够从生产批次区分,从每批中至少取一个样品,视为每个样品能代表这批的特征,用合适的方法记录下各样品和批次之间的一致性。

如果个别的涂覆织物卷不能从生产批次区分,能代表这批涂覆织物的样品的代号应在用户和供货方的协议中确定下来。

5 试验

从每个样品上裁取一批试样进行试验。

从每个样品上裁取试样的方法应符合附录A的要求。如果试验的试样试验后符合表1和表2列出的要求,则认为该试样所代表的这批涂覆织物符合本部分的要求。

如果任一试样不符合表1和表2的要求,失败的试验项目,再重复做2次。两个另加的样品应和刚开始的样品来源相同,从每个样品上裁取试样后,重复上面的试验。如果所有的重复试验结果符合表1和表2的要求,说明以样品为代表的这批涂覆织物符合本部分的要求。如果重新做的结果不符合表1和表2的要求,那么这批涂覆织物则不符合本部分的要求。

6 标志

每卷涂覆织物应附有如下信息的标签:

a) 生产者的名称、注册商标和证明涂覆织物的全部必要说明;

b) 卷号、批次号;

c) 颜色;

d) 涂覆织物长度;

e) 有效宽度;

f) 本部分标准编号。

附　录　A
（规范性附录）
试样选择的方法

供试验用的试样应按照符合图 A.1 所示的示意图所规定的方式裁取，该图给出了进行每种类型的试验样品所裁取的位置。测定色牢度和热老化的试样可在样品任何合适的位置裁取，在多种颜色的样品的情况下，试样裁取时应尽可能包括所有的颜色。如果不能包括所有的颜色的话，应选取足够的试样，进行所有颜色试验。

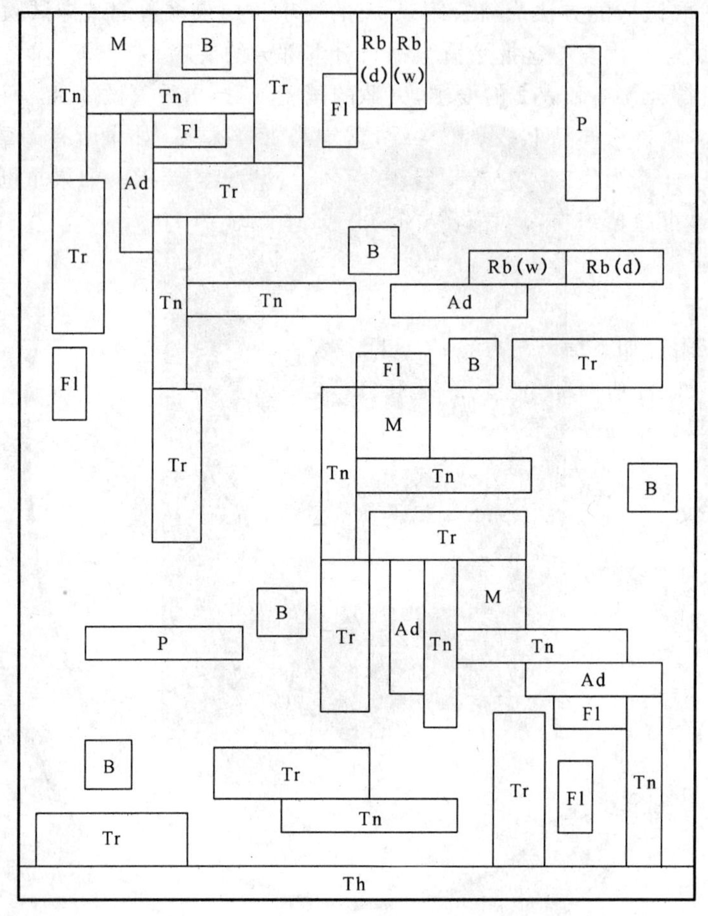

M 质量测定；
Tr 撕裂强度(经线)；
Tr 撕裂强度(纬线)；
Tn 断裂载荷(经向)；
Tn 断裂载荷(纬向)；
Ad 涂覆层粘合强度；
Fl 曲挠龟裂(经向)；
Fl 曲挠龟裂(纬向)；
加热老化(在任何方便的位置)；
Rb(w)湿磨色牢度；
Rb(d)干磨色牢度；
P 印花磨损；
B 粘连性；
Th 厚度测定。

图 A.1　试样选择示意图

附 录 B
（规范性附录）
印花耐磨性的测定

B.1 原理

试样在一定的压力下用磨料均匀的摩擦500次，用灰色样卡比较磨损和未磨损部分颜色的变化。

B.2 设备

设备应采用ISO 105-X12中规定的设备，但有如下改动：

a) 磨头上放上加重块或销钉，使得玻璃板承受1 500 g的总质量；

b) 设备工作频率为0.25 Hz(即每秒钟0.5个行程，每个循环包括一个去的行程和一个来的行程)；

c) 作为磨料的棉布织物必须经过脱浆和漂洗、未使用荧光增白剂、流动度不超过8、单位面积的质量为93 g/m^2，每单位长度纱线根数经向40/cm、纬向39/cm，纱线线密度为经向11.36 tex，纬向9.23 tex；

d) 用灰色样卡评价颜色的变化(见GB/T 250)。

B.3 试样

在样品上以纵向和横向分别裁切230 mm×50 mm的试样各一个，另外再裁切两个直径为30 mm的漂洗的圆形棉布织物，试样裁切时避开有结块和拉毛的位置。

注：开始，裁切4个棉布磨料，两倍厚度的棉布装在磨头上，以便只有最外层能很好地接触每次试验时要换掉的试样。

B.4 程序

对试样和漂洗的棉布织物按照GB/T 24133的规定进行调节。

用夹具把试样安全地固定在试验机平台上，涂覆层朝外，施加撑力使试样展平。在试验前先用干净抹布把试样上灰尘擦掉。

把调节好的棉布织物安全地固定在铜磨头底部，确保缎纹面对准试样，也就是使棉布织物的棱纹面和磨头接触。将磨头降低至试样后运行500次。剩余的试样和棉布织物样重复上述的试样程序。

按照GB/T 250的规定，用灰色样卡来评价试样磨损的程度。如果一个试样比另一个磨损严重，以严重磨损的试样作为结果。

B.5 试验结果表示

比照灰色样卡来评价试样磨损和未磨损部位的颜色变化。

附 录 C
（规范性附录）
磨损色牢度的测定

该试验方法应符合 ISO 105-X12 规定，但有如下改动：

a) 设备的运行频率为 0.25 Hz（即每秒钟 0.5 个行程，每个循环包括一个去的行程和一个来的行程）；

b) 行程数为 20（10 个来的行程和 10 个去的行程）；

c) 试样的磨损应按照本部分的附录 B 的规定进行。

参 考 文 献

[1] GB/T 3920—2008 纺织品 色牢度试验 耐摩擦色牢度(ISO 105-X12:2001,MOD)

[2] GB/T 8426—1998 纺织品 色牢度试验 耐光色牢度:日光(eqv ISO 105-B01:1994)

[3] GB/T 8427—2008 纺织品 色牢度试验 耐人造光色牢度:氙弧(ISO 105-B02:1994,MOD)

[4] HG/T 2715—1995 橡胶或塑料涂覆织物 抗粘合性的测定(eqv ISO 5978:1990)

ICS 59.080.40;97.140
G 42

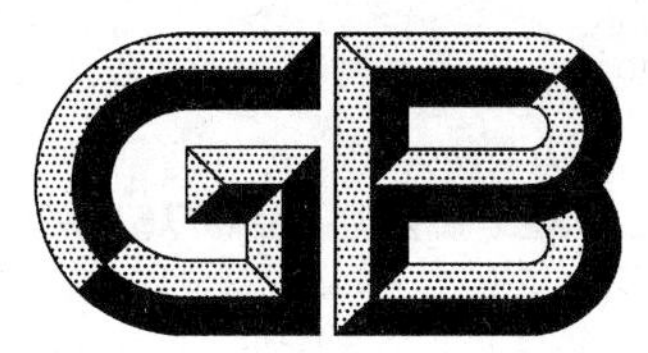

中华人民共和国国家标准

GB/T 24132.3—2009/ISO 7617-3:1988

室内装饰用塑料涂覆织物　第3部分：聚氨酯涂覆编织织物规范

Plastics-coated fabrics for upholstery—Part 3: Specification for polyurethane-coated woven fabrics

(ISO 7617-3:1988,IDT)

2009-06-15 发布　　2010-02-01 实施

中华人民共和国国家质量监督检验检疫总局
中国国家标准化管理委员会　发布

前言

GB/T 24132《室内装饰用塑料涂覆织物》包括3个部分:

——第1部分:PVC涂覆针织物规范;

——第2部分:聚氯乙烯涂覆编织织物规范;

——第3部分:聚氨酯涂覆编织织物规范。

本部分为GB/T 24132的第3部分,等同采用国际标准ISO 7617-3:1988《室内装饰用塑料涂覆织物 第3部分:聚氨酯涂覆编织织物规范》(英文版)。

本部分第2章引用的HG/T 2581.1—2009《橡胶或塑料涂覆织物 耐撕裂性能的测定 第1部分:恒速撕裂法》是修改采用ISO 4674-1:2003,在本部分中涉及的方法A内容与国际标准一致。

为便于使用,本部分做了下列编辑性修改:

a) "本国际标准"一词改为"本部分";

b) 用小数点"."代替作为小数点的逗号",";

c) 删除国际标准的前言。

本部分的附录A、附录B为规范性附录。

本部分由中国石油和化学工业协会提出。

本部分由全国橡胶与橡胶制品标准化技术委员会涂覆制品分技术委员会(SAC/TC 35/SC 10)归口。

本部分起草单位:凯迪西北橡胶有限公司。

本部分主要起草人:杨奋、付宝强、王丽华。

室内装饰用塑料涂覆织物 第3部分：聚氨酯涂覆编织织物规范

1 范围

GB/T 24132的本部分规定了室内装饰用聚氨酯涂覆织物的技术要求。它是在编织织物的单面充分均匀地涂覆一层聚氨酯高聚物而制成。

2 规范性引用文件

下列文件中的条款通过GB/T 24132的本部分的引用而成为本部分的条款。凡是注日期的引用文件，其随后所有的修改单(不包括勘误的内容)或修订版均不适用于本部分，然而，鼓励根据本部分达成协议的各方研究是否可使用这些文件的最新版本。凡是不注日期的引用文件，其最新版本适用于本部分。

GB/T 250 纺织品 色牢度试验 评定变色用灰色样卡(GB/T 250—2008,ISO 105-A02:1993,IDT)

GB/T 12586—2003 橡胶或塑料涂覆织物 耐屈挠破坏性的测定(ISO 7854:1995,IDT)

GB/T 24133 橡胶或塑料涂覆织物 调节和试验的标准环境(GB/T 24133—2009,ISO 2231:1989,IDT)

HG/T 2580—2008 橡胶或塑料涂覆织物 拉伸强度和拉断伸长率的测定(ISO 1421:1998,IDT)

HG/T 2581.1—2009 橡胶或塑料涂覆织物 耐撕裂性能的测定 第1部分:恒定速率撕裂法(ISO 4674-1:2003,MOD)

HG/T 3050.1 橡胶或塑料涂覆织物 整卷特性的测定 第一部分:测定长度、宽度和净质量的方法(HG/T 3050.1—2001,idt ISO 2286-1:1998)

HG/T 3052 橡胶或塑料涂覆织物 涂覆层粘合强度的测定(HG/T 3052—2008,ISO 2411:2000,IDT)

ISO 105-B01[1] 纺织品 色牢度试验 耐光色牢度:日光

ISO 105-B02[2] 纺织品 色牢度试验 耐人造光色牢度:氙弧

ISO 105-X12[3] 纺织品 色牢度试验 耐摩擦色牢度

ISO 5978[4] 橡胶或塑料涂覆织物 抗粘合性的测定

3 技术要求

3.1 物理性能要求

材料物理性能应符合表1的要求。

1) 与ISO 105-B01:1994对应的国家标准是GB/T 8426—1998。

2) 与ISO 105-B02:1994对应的国家标准是GB/T 8427—2008。

3) 与ISO 105-X12:2001对应的国家标准是GB/T 3920—2008。

4) 与ISO 5978:1990对应的化工行业标准是HG/T 2715—1995。

STANDARDS PRESS OF CHINA

表1 物理性能要求

<table>
<tr><th colspan="2">项　目</th><th>极限</th><th>要求</th><th>试验方法</th></tr>
<tr><td colspan="2">单位质量/(g/m²)</td><td>最小</td><td>300</td><td>HG/T 3050.1</td></tr>
<tr><td colspan="2">单位涂层质量/(g/m²)</td><td>最小</td><td>100</td><td>HG/T 3050.1</td></tr>
<tr><td colspan="2">撕裂强度/N
经向
纬向</td><td>
最小
最小</td><td>
50
50</td><td>HG/T 2581.1—2009
方法 A</td></tr>
<tr><td colspan="2">层间粘合强度(每 50 mm 的宽度)/N</td><td>最小</td><td>35</td><td>HG/T 3052</td></tr>
<tr><td colspan="2">断裂拉力/N
经向
纬向</td><td>
最小
最小</td><td>
450
450</td><td>HG/T 2580—2008
方法 2</td></tr>
<tr><td colspan="2">曲挠龟裂/次</td><td>最小</td><td>700 000</td><td>GB/T 12586—2003
方法 B</td></tr>
<tr><td rowspan="2">老化后耐曲挠性</td><td>暴露在 95%的相对湿度、70 ℃下 336 h</td><td>最小</td><td>300 000 次,达到最小的涂层粘合强度</td><td>GB/T 12586—2003
方法 B 和 HG/T 3052</td></tr>
<tr><td>暴露在 GB/T 8427 要求的条件下 100 h</td><td>最小</td><td>300 000 次</td><td>GB/T 12586—2003
方法 B</td></tr>
<tr><td colspan="2">印花摩擦(表面的变化)</td><td>最小</td><td>3</td><td>附录 B</td></tr>
<tr><td colspan="2">耐粘连性</td><td>—</td><td>不损坏表面的情况下分离</td><td>ISO 5978</td></tr>
<tr><td colspan="5">注:单位面积的基布质量不能由单位面积的质量和单位面积的涂层质量最小值相减得到。</td></tr>
</table>

3.2 色牢度要求

材料色牢度应符合表2的要求。

表2 色牢度要求

性　能	极限	要求	试验方法
耐人造光色牢度(氙弧)	最小	6	ISO 105-B02
干磨损和湿磨损	最小	4	ISO 105-X12

3.3 外观

涂覆层应均匀,没有肉眼能直接观测到的缺陷和龟裂。用10倍放大镜观察没有针孔。除非涂层是无色涂层,否则透过涂层观察时不能看见基布。

3.4 颜色、压纹和表面装饰

无论涂覆层是单色的还是多彩的,涂覆层的颜色、压纹和表面装饰的质量由供方和买方共同协商决定。

涂覆织物颜色应在 ISO 105-B01 要求的条件下进行比较。

3.5 有效宽度

涂覆织物有效宽度按照 HG/T 3050.1 的规定进行测定,应由用户和供货方商定。术语"有效宽度"是指以一种符合3.3要求的方法完成涂覆后的材料宽度。

3.6 燃烧性能

涂覆织物的燃烧性能应符合现行的地方或国家规范要求。

4 取样

如果每个整卷能够从生产批次区分，从每批中至少取一个样品，每个样品能代表这批产品的特征，用合适的方法保持各样品和批次的一致。

如果个别的涂覆织物卷不能用生产批次区分，能代表这些涂覆织物的样品的数量应在用户和供货方的协议中确定。这类样品应随机抽取。

5 试验

从每个样品上裁取一批试样进行试验。

从每个样品上裁取试样的方法应符合附录 A 的要求。如果试验的试样试验后符合表 1 和表 2 的要求，则认为该试样所代表的这批涂覆织物符合本部分的要求。

如果任一试样不符合表 1 和表 2 的要求，失败的试验项目，再重复做两次。两个另加的样品应和刚开始的样品来源相同，从每个样品上裁取试样后，重复上面的试验。如果所有的重复试验结果符合表 1 和表 2 的要求，说明以样品为代表的这批涂覆织物符合本部分的要求。如果重新做的结果不符合表 1 和表 2 的要求，那么这批涂覆织物则不符合本部分的要求。

6 标志

每卷涂覆织物应附有如下信息的标签：

a) 生产者的名称、注册商标和证明涂覆织物的全部必要说明；

b) 卷号、批次号；

c) 颜色；

d) 涂覆织物长度；

e) 有效宽度；

f) 本部分编号。

附 录 A
（规范性附录）
试样选择的方法

供试验用的试样应从符合图 A.1 示出的示意图所规定的样品中选择，表明了从进行每种类型的试验样品上裁切的位置。测定色牢度和热老化的试样可在样品任何合适的位置裁切，在多种颜色的样品的情况下，试样裁切时应尽可能包括所有的颜色。如果不能包括所有的颜色的话，应选取足够的试样，进行所有颜色试验。

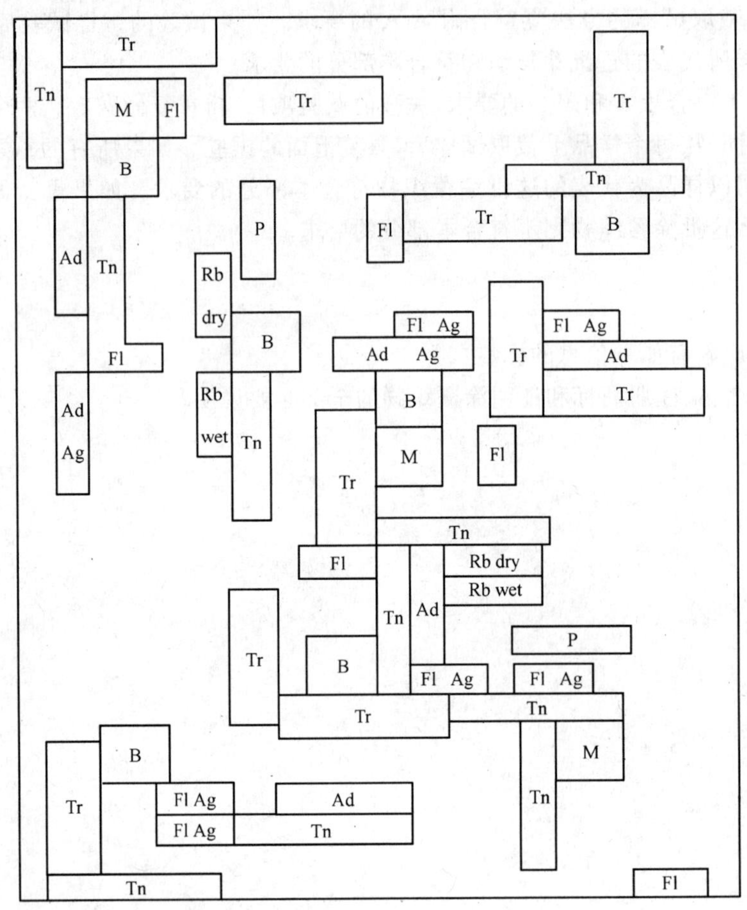

M　质量测定
Tr　撕裂强度(经向)
Tr　撕裂强度(纬向)
Tn　断裂载荷(经向)
Tn　断裂载荷(纬向)
Ad　涂覆层粘合强度
Fl　曲挠龟裂(经向)
Fl　曲挠龟裂(纬向)
Ag　老化
Rb　干磨和湿磨色牢度
Ad　Ag 老化后粘合强度
Fl　Ag 老化后曲挠
B　粘连性
P　印花磨损

图 A.1　试样选择示意图

附 录 B
（规范性附录）
印花耐磨性的测定

B.1 原理

试样在一定的压力下用磨料均匀地磨损 500 次，用灰度尺比较磨损和未磨损部分颜色的变化。

B.2 设备

设备要求见 ISO 105-X12，但有如下改动：

a) 磨头上放上加重块或销钉，使得玻璃板承受 1 500 g 的总质量；

b) 作为磨料的棉布织物必须经过脱浆和漂洗、未使用荧光增白剂、流动度不超过 8、单位面积的质量为 93 g/m^2，每单位长度纱线根数经向 40/cm、纬向 39/cm，纱线线密度为经向 11.36 tex，纬向 9.23 tex；

c) 用灰色样卡评价颜色的变化(见 GB/T 250)。

B.3 试样

在样品上以纵向和横向分别裁切 230 mm×50 mm 的试样各一个，另外再裁切两个直径为 30 mm 的漂洗的圆形棉布织物，试样裁切时避开有结块和拉毛的位置。

注：开始，裁切 4 个棉布磨料，两倍厚度的棉布装在磨头上，以便只有最外层能很好地接触每次试验时要换掉的试样。

B.4 程序

对试样和漂洗的棉布织物按照 GB/T 24133 的规定进行调节。

用夹具把试样安全地固定在试验机平台上，涂履层朝外，施加撑力使试样展平。在试验前先用干净抹布把试样上灰尘擦掉。

把调节好的棉布织物安全地固定在铜磨头底部，确保缎纹面对准试样，也就是使棉布织物的棱纹面和磨头接触。将磨头降低至试样后运行 500 次。剩余的试样和棉布织物样重复上述的试样程序。

按照 GB/T 250 的规定，用灰色样卡来评价试样磨损的程度。如果一个试样比另一个磨损严重，以严重磨损的试样作为结果。

B.5 试验结果表示

比照灰色样卡来评价试样磨损和未磨损部位的颜色变化。

参 考 文 献

[1] GB/T 3920—2008 纺织品 色牢度试验 耐摩擦色牢度(ISO 105-X12:2001,MOD)

[2] GB/T 8426—1998 纺织品 色牢度试验 耐光色牢度:日光(eqv ISO 105-B01:1994)

[3] GB/T 8427—2008 纺织品 色牢度试验 耐人造光色牢度:氙弧(ISO 105-B02:1994,MOD)

[4] HG/T 2715—1995 橡胶或塑料涂覆织物 抗粘合性的测定(eqv ISO 5978:1990)

ICS 59.080.40
G 42

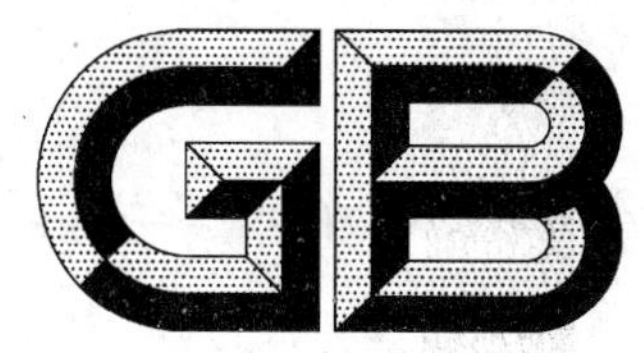

中华人民共和国国家标准

GB/T 24133—2009/ISO 2231:1989

橡胶或塑料涂覆织物 调节和试验的标准环境

Rubber-or plastics-coated fabrics—Standard atmospheres for conditioning and testing

(ISO 2231:1989,IDT)

2009-06-15 发布　　2010-02-01 实施

中华人民共和国国家质量监督检验检疫总局
中国国家标准化管理委员会　发布

前 言

本标准等同采用ISO 2231:1989《橡胶或塑料涂覆织物 调节和试验的标准环境》(英文版)。

本标准等同翻译ISO 2231:1989。

为了便于使用,本标准做了下列编辑性修改:

a) “本国际标准”一词改为“本标准”;

b) 用小数点“.”代替作为小数点的逗号“,”;

c) 删除国际标准的前言。

本标准由中国石油和化学工业协会提出。

本标准由全国橡胶与橡胶制品标准化技术委员会涂覆制品分技术委员会(SAC/TC 35/SC 10)归口。

本标准起草单位:上海橡胶制品研究所。

本标准主要起草人:卞正军、杨晨耘。

橡胶或塑料涂覆织物
调节和试验的标准环境

1 范围

本标准规定了橡胶或塑料涂覆织物的调节要求和调节方法。

2 规范性引用文件

下列文件中的条款通过本标准的引用而成为本标准的条款。凡是注日期的引用文件，其随后所有的修改单(不包括勘误的内容)或修订版均不适用于本标准，然而，鼓励根据本标准达成协议的各方研究是否可使用这些文件的最新版本。凡是不注日期的引用文件，其最新版本适用于本标准。

ISO 554:1976 调节和/或试验用标准大气 规范

3 术语和定义

下列术语和定义适用于本标准。

3.1

参比环境 reference atmosphere

为一理论环境。如果已知其相关的换算系数，则在不同环境条件下测得的特征值可与此理论环境相联系。

注：标准参比环境 ISO 554 中作了规定。

3.2

调节和试验的标准环境 standard atmosphere for conditioning and testing

进行试验的实际环境。

3.3

调节方法 method of conditioning

涂覆织物进行试验时的环境特征以及暴露于该环境中的时间。

3.4

标准条件 standard condition

涂覆织物在调节和试验的标准环境中达到平衡状态时的条件。

3.5

水分平衡 moisture equilibrium

涂覆织物暴露于流动的空气中之后，达到质量上无明显变化时的平衡。

4 预调节

当织物底布为强吸湿性材料，或试验方法要求精度高时，应将试样放在相对湿度不大于 10%，温度为 60 ℃～70 ℃的环境中进行调节，使试样达到平衡(见 3.5)。

注：相对湿度为 65%，温度为 20 ℃的空气，在恒定压力下加热到 60 ℃～70 ℃时，相对湿度大约为 5%，湿度再高将导致某些涂覆层发生变化。

STANDARDS PRESS OF CHINA

5 试验环境特征

根据每项试验或材料所规定的标准或规范，选用下列诸环境中的一种。对于这些环境的选择与我国的采用惯例和不同的应用有关，并应在试验报告中说明。

5.1 环境 A

——温度为 20 ℃±2 ℃；

——相对湿度为 65%±5%。

5.2 环境 B

——温度为 23 ℃±2 ℃；

——相对湿度为 50%±5%。

5.3 环境 C(热带地区)

——温度为 27 ℃±2 ℃；

——相对湿度为 65%±5%。

5.4 环境 D(仅控制温度)

——温度为 23 ℃±2 ℃。

5.5 环境 E(热带地区仅控制温度)

——温度为 27 ℃±2 ℃。

6 调节方法

根据每项试验或材料所规定的标准或规范，选用下列调节方法中的一种。

6.1 调节方法 1

试样应自由暴露于标准环境 A、B 或 C 中，直至达到平衡状态为止。自由暴露于流动空气中的试样逐次质量(每次间隔时间为 2 h)相差小于 0.1%，即认为是达到了本标准环境下的平衡状态。

对于单面涂覆织物，建议最少暴露 16 h。

对于双面涂覆织物，建议最少暴露 24 h。

6.2 调节方法 2

试样应自由暴露于标准环境 D 或 E 中，暴露时间为 3 h。

ICS 23.040.70
G 42

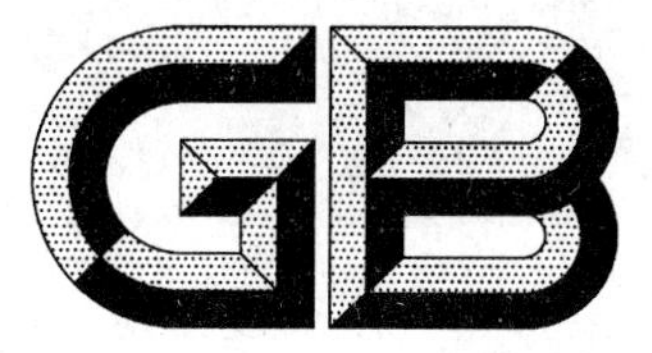

中华人民共和国国家标准

GB/T 24134—2009/ISO 7326:2006

橡胶和塑料软管　静态条件下耐臭氧性能的评价

Rubber and plastics hoses—Assessment of ozone resistance under static conditions

(ISO 7326:2006,IDT)

2009-06-15 发布　　2010-02-01 实施

中华人民共和国国家质量监督检验检疫总局
中国国家标准化管理委员会　发布

前　　言

本标准等同采用 ISO 7326:2006《橡胶和塑料软管　静态条件下耐臭氧性能的评价》(英文版)。

本标准等同翻译 ISO 7326:2006。

在本标准规范性引用文件中,GB/T 7762—2003 在技术内容中引用的 5.1、5.2、5.3、5.4、5.5、5.6(标准规定使用的臭氧箱和试验架)与 ISO 1431-1:1989 中的 5.1、5.2、5.3、5.4、5.5、5.6 完全一致。

为了便于使用,本标准还做了下列编辑性修改:

a)　删除了国际标准的前言;

b)　“本国际标准”一词改为“本标准”;

c)　pphm 的表示方法用 10^{-8} 代替,因为 pphm 不是法定计量单位;

d)　用小数点“.”代替作为小数点的逗号“,”。

本标准由中国石油和化学工业协会提出。

本标准由全国橡胶与橡胶制品标准化技术委员会软管分技术委员会(SAC/TC 35/SC 1)归口。

本标准起草单位:沈阳第四橡胶(厂)有限公司、平顶山市矿益胶管制品有限公司、埃迪亚(沈阳)橡胶制品有限公司、山东美晨汽车部件有限公司。

本标准起草人:董桂芬、李洪臣、梁西正、李玉平、赵术英。

引　言

本标准描述的方法提供了一个软管在静态条件下耐受大气中臭氧有害作用能力的评价方法。

橡胶和塑料软管　静态条件下耐臭氧性能的评价

警告:使用本标准的人员应熟悉正规实验室操作规程。本标准无意涉及因使用本标准可能出现的所有安全问题。制定相应的安全和健康制度并确保符合国家法规是使用者的责任。

1　范围

本标准规定了5种测定软管外覆层耐臭氧性能的方法。

——方法1:适用于内径25 mm及以下的软管,用软管进行试验;

——方法2:适用于内径大于25 mm的软管,用从软管壁上切取的试样进行试验;

——方法3:适用于内径大于25 mm的软管,用软管外覆层上切取的试样进行试验;

——方法4:适用于所有规格的软管,用软管进行试验;

——方法5:适用于所有规格的软管,试验实施于可扩张软管,如:有织物增强层的软管。

注:对带有埋入式管接头的不可切取试样的软管,其耐臭氧性能可根据GB/T 7762,使用硫化程度相同的聚合物混炼胶制成的试样进行评定。

2　规范性引用文件

下列文件中的条款通过本标准的引用而成为本标准的条款。凡是注日期的引用文件,其随后所有的修改单(不包括勘误的内容)或修订版均不适用于本标准,然而,鼓励根据本标准达成协议的各方研究是否可使用这些文件的最新版本。凡是不注日期的引用文件,其最新版本适用于本标准。

GB/T 2941　橡胶物理试验方法试样制备和调节通用程序(GB/T 2941—2006,ISO 23529:2004,IDT)

GB/T 7762—2003　硫化橡胶或热塑性橡胶　耐臭氧龟裂静态拉伸试验(ISO 1431-1:1989,MOD)

3　概述

方法1和方法2是通常采用的试验方法,方法3是只有在不能按方法2进行试验时才采用的试验方法。方法4适用于所有规格的软管。方法5的试验专门用于处于扩张状态的可扩张软管。

按方法1得到的结果与用方法2或方法3得到的结果不可比,即使试验用软管的外覆层胶料的配方和硫化程度完全相同。产品标准中应规定采用哪种试验方法。

4　试验装置

所有置于试验箱中的试验器材都应由不吸收或不分解臭氧的材料制成。

4.1　臭氧箱,如GB/T 7762—2003中所述,配有能产生臭氧和检测、控制臭氧浓度的装置。

4.2　试样夹具,如图1所示(适用于方法1)。

4.3　试样夹具,如图2所示,例如:用油漆或铝粉喷涂的木料制成。

4.4　夹具,用于拉伸试样(适用于方法3)。

应符合GB/T 7762—2003中5.6的详细规定。

4.5　圆辊,如图3所示,外径为受试软管外径的8倍(适用于方法4)。

4.6　圆杆,如图4所示,外径为受试软管内径的1.2倍(适用于方法5)。

5 试样

5.1 试样类型

5.1.1 方法1

试样为一根软管样品，其长度按式(1)计算：

$$L = \pi(r_b + d_{ext}) + 2d_{ext} \quad \cdots\cdots(1)$$

式中：

L——试样的长度；

r_b——所试验的软管的弯曲半径，按8.1.1的规定；

d_{ext}——所试验的软管的外径。

5.1.2 方法2

试样应为从软管轴向切取的条状试样。其长度应为150 mm，宽度为25 mm。

5.1.3 方法3

试样应为从软管轴向切取的外覆层的条状试样，其宽度为25 mm。按照GB/T 2941的要求轻轻打磨条状试样内侧，以去掉增强层的印痕，确保其沿着试样条纵向均匀拉伸。

5.1.4 方法4

试样应为一根足够长的软管样品，至少能绕试验中使用的圆辊一周。

5.1.5 方法5

试样应为大约50 mm长的直的软管。

5.2 试样数量

应使用3个试样进行试验。

6 试样的调节

在制造后的24 h之内不应进行试验。

制造和试验的间隔时间应符合GB/T 2941的规定。对于要进行对比评价时，试验应尽可能在制造后的相同时间间隔进行。

按照所述的相应步骤安装的试样，应置于标准温度下(见GB/T 2941)且在基本不含臭氧的黑暗或光线柔和的环境下调节48 h。

7 试验条件

除非在相应的软管规范中另有规定，试样应在臭氧体积分数为$(50\pm5)\times10^{-8}$、温度在(40 ± 2)℃的臭氧箱中暴露$(72_{-2}^{\ 0})$h。

注：已发现当试样暴露于10^{-8}体积分数表示的恒定臭氧浓度中时，大气压力的差异能影响臭氧龟裂。这种影响可通过将臭氧化空气中臭氧含量以分压(单位mPa)表示，并在恒定臭氧分压下进行对比来分析这种影响。在标准大气压力和温度下(101 kPa，273 K)，1×10^{-8}的臭氧浓度相当于1.01 mPa分压。

8 试验步骤

8.1 方法1

8.1.1 按图1所示，将每个试样安装到试样夹具(4.2)上。半径r_b应等于对所试验的软管规定的最小弯曲半径，如果没有规定，则应为软管内径的6倍。

8.1.2 用防尘帽密封试样的两端，防止软管内衬层和增强层吸收臭氧。

8.1.3 将试样置于臭氧环境下2 h、4 h、24 h、48 h和72 h后，在保持拉伸状态下放大两倍检查试样，靠近试样两端固定点的部位忽略不计。如果发现龟裂，记录龟裂特征及首次发现龟裂的时间。

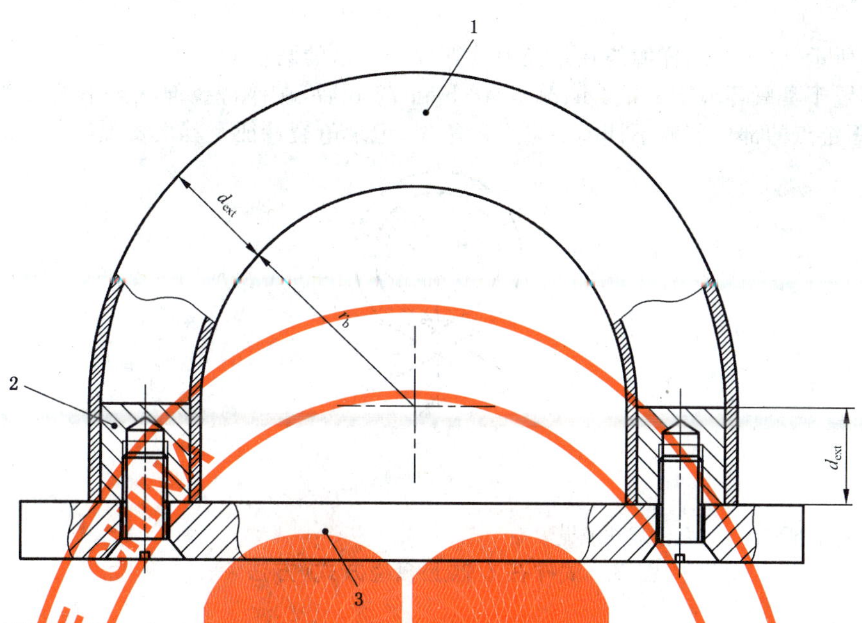

1——软管试样长度[$L=\pi(r_b+d_{ext})+2d_{ext}$]；

2——铝制管塞；

3——铝制底板。

图 1 软管安装的装配方式(方法 1)

8.2 方法 2

8.2.1 按图 2 所示，将每个试样安装到试样夹具(4.3)上，达到在 20 mm 长的软管外覆层所需要的伸长率。如果无特殊规定，外覆层的伸长率应为 20%。每个试样的边缘和内胶层应涂上防臭氧漆。

8.2.2 将试样置于臭氧环境下 2 h、4 h、24 h、48 h 和 72 h 后，在保持拉伸状态下放大两倍检查试样，靠近试样两端固定点的部位忽略不计。如果发现龟裂，记录龟裂特征及首次发现龟裂的时间。

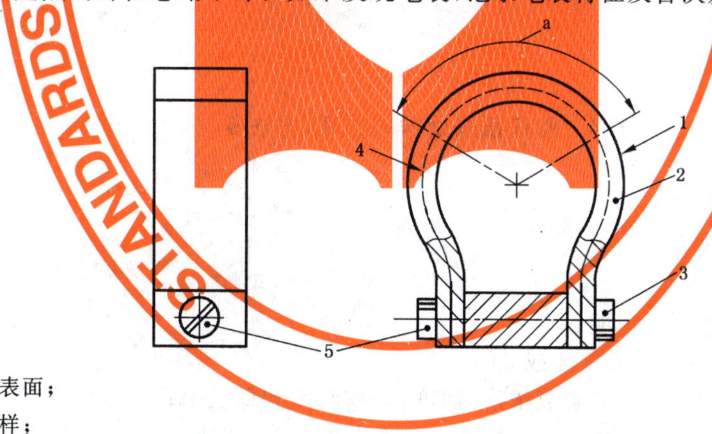

1——软管外表面；

2——条状试样；

3——夹具；

4——软管增强层；

5——夹紧螺栓。

[a] 测量距离。

图 2 试样在夹具上的安装方式(方法 2)

8.3 方法 3

8.3.1 将每个试样安装在夹具(4.4)上，使其伸长率为 20%。

8.3.2 将试样置于臭氧环境下 2 h、4 h、24 h、48 h 和 72 h 后，在保持拉伸状态下放大两倍检查试样，靠近试样两端固定点的部位忽略不计。如果发现龟裂，记录龟裂特征及首次发现龟裂的时间。

8.4 方法 4

8.4.1 按图 3 所示，将每个试样缠绕在外径为软管外径 8 倍的圆辊上。

8.4.2 将试样置于臭氧环境下 2 h、4 h、24 h、48 h 和 72 h 后，在保持拉伸状态下放大两倍检查试样，靠近试样两端固定点的部位忽略不计。如果发现龟裂，记录龟裂特征及首次发现龟裂的时间。

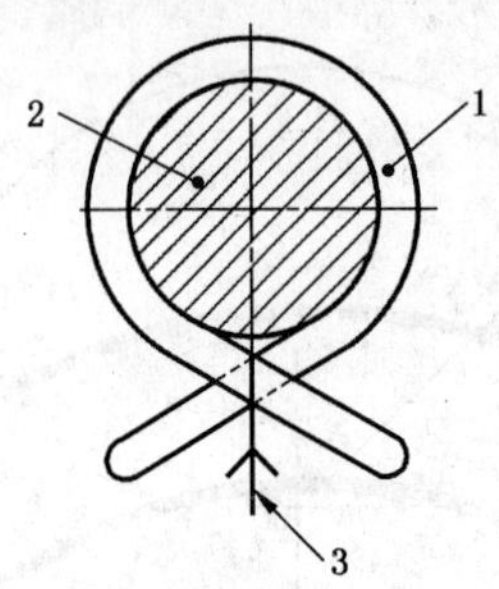

1——试样；

2——圆辊；

3——将试样两端捆绑在一起的金属线或绳索等。

图 3 试样在圆辊上缠绕方式(方法 4)

8.5 方法 5

8.5.1 按图 4 所示，将外径为软管内径 1.2 倍的圆杆插入到每个试样里。

8.5.2 将试样置于臭氧环境下 2 h、4 h、24 h、48 h 和 72 h 后，在保持拉伸状态下放大两倍检查试样，靠近试样两端固定点的部位忽略不计。如果发现龟裂，记录龟裂特征及首次发现龟裂的时间。

单位为毫米

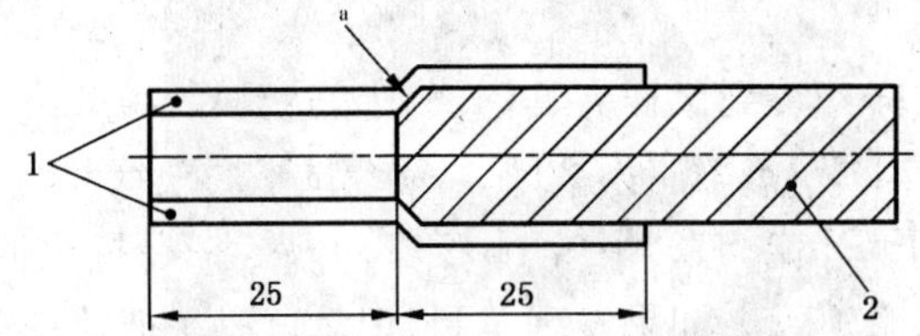

1——试样；

2——圆杆。

a 圆杆端有圆形倒角。

图 4 圆杆插入试样的方式(方法 5)

9 试验报告

试验报告应包含如下内容：

a) 本标准编号；

b) 进行试验的软管的详细说明；

c) 使用的试验方法(方法 1、2、3、4 或 5)；

d) 试验条件的具体说明，例如：臭氧浓度，温度，暴露时间和伸长率；

e) 观察是否出现龟裂，如发现，记录其特征及首次发现龟裂的时间；

f) 试验日期。

ICS 59.080.40
G 42

中华人民共和国国家标准

GB/T 24135—2009/ISO 1419:1995

橡胶或塑料涂覆织物　加速老化试验

Rubber-or plastics-coated fabrics—Accelerated-ageing tests

(ISO 1419:1995,IDT)

2009-06-15 发布　　2010-02-01 实施

中华人民共和国国家质量监督检验检疫总局
中国国家标准化管理委员会　发布

前　言

本标准等同采用 ISO 1419:1995《橡胶或塑料涂覆织物　加速老化试验》(英文版)。

本标准等同翻译 ISO 1419:1995。

为了便于使用,本标准做了下列编辑性修改:

a) “本国际标准”一词改为“本标准”;

b) 删除国际标准的前言。

本标准由中国石油和化学工业协会提出。

本标准由全国橡胶与橡胶制品标准化技术委员会涂覆制品分技术委员会(SAC/TC 35/SC 10)归口。

本标准起草单位:沈阳第四橡胶(厂)有限公司、上海橡胶制品研究所。

本标准主要起草人:郑发家、郝晓菲、卞正军。

橡胶或塑料涂覆织物 加速老化试验

警告——使用本标准的人员应熟悉正规实验室操作规程。本标准无意涉及使用本标准可能出现的所有安全问题。制定相应的安全和健康制度并确保符合国家法规是使用者的责任。

1 范围

本标准规定了四种评价涂覆织物耐加速老化性能的试验方法。

2 规范性引用文件

下列文件中的条款通过本标准的引用而成为本标准的条款。凡是注日期的引用文件,其随后所有的修改单(不包括勘误的内容)或修订版均不适用于本标准,然而,鼓励根据本标准达成协议的各方研究是否可使用这些文件的最新版本。凡是不注日期的引用文件,其最新版本适用于本标准。

GB/T 24133—2009 橡胶或塑料涂覆织物 调节和试验的标准环境(ISO 2231:1989,IDT)

HG/T 3050.1～3050.3 橡胶涂覆织物整卷特性的测定(HG/T 3050.1～3050.3—2001,ISO 2286-1～2286-3:1998,IDT)

3 方法 A:增塑 PVC 涂覆织物受热挥发性物质的损失

3.1 概述

由于自然老化结果,PVC 涂覆织物可能会因挥发而损失增塑剂,并且这迟早会对涂覆层的性能有不利的影响。某种材料被影响的程度取决于涂覆层的组成,因此,希望能够有一个方法来评价这一特性。本方法是将试样暴露于高温下来加速挥发分的损失,然后测定涂覆层质量的损失。

3.2 仪器

3.2.1 空气烘箱

烘箱内要有每小时的变化不小于三次不多于十次的缓慢的空气循环,并且要装有适用的控制和测量气流速度的装置。烘箱内还应有能将温度保持在所要求的温度的装置。为了测量其工作条件,要插入温度测量装置。进入的空气应达到规定温度后才能与试样接触。屏蔽用于加热进入空气的电气元件,以避免对试样的直接辐射。烘箱的老化箱部分不应含铜或铜合金。烘箱的大小应能确保试样的总体积不超过烘箱自由空间的 10%。烘箱内应有垂直悬挂试样的装置,每个试样之间的距离不小于 10 mm,离烘箱内壁的距离不小于 50 mm。烘箱的温度应保持在 100 ℃±1 ℃。

3.2.2 温度计

或其他温度显示装置,用于监视烘箱的温度。

3.2.3 天平

测量精度为 1 mg。

3.3 试样的制备

从样品一端到另一端尽可能等间距地切取六个面积为 100 cm^2±1 cm^2 的试样,但要离开样品边缘 50 mm 以外。

3.4 试样调节和质量的测量

试样按 GB/T 24133—2009 规定在环境 A、B 或 C 中进行调节,根据 HG/T 3050.3 测量并记录每

个试样的质量 m_1，精确到 1 mg。根据 HG/T 3050.1～3050.3 测定三个试样涂覆层的单位面积质量 ρ_{A_c}。

3.5 程序

选取三个经过调节的试样，记下每个试样调节后的质量 m_1。将烘箱预热到试验温度 100 ℃±1 ℃。将试样放入烘箱，试样应无变形，并使其两面皆暴露于自由流通的空气中，经过 16 h，将试样从烘箱中取出，并使其冷却。按 3.4 所述将试样再进行调节，并根据 HG/T 3050.1～3050.3 的规定测量并记录每个试样的质量 m_2，精确到 1 mg。

注：如果制备试样按 3.4 所述进行调节后从滞后曲线湿侧接近平衡，则可能由于老化后从滞后曲线干侧再调节引起滞后损失而导致实验结果不准确。对高吸湿性衬底的试样，这种情况更为明显。在这些情况下，建议在将试样按 3.4 规定进行调节前在干燥环境下(即在相对湿度小于 10%的环境下)进行预调节。

3.6 结果表示

用式(1)计算每个试样质量的损失，以涂覆层质量的百分数表示：

$$\Delta m(\%)=\frac{m_1-m_2}{m_1}\times\frac{\rho_{A_t}}{\rho_{A_c}}\times100 \qquad \cdots\cdots(1)$$

式中：

Δm——涂覆织物涂层质量损失百分比，%；

m_1——老化前试样的质量，单位为克(g)；

m_2——老化后试样的质量，单位为克(g)；

ρ_{A_t}——被试验材料单位面积的质量，单位为克每平方米(g/m^2)；

ρ_{A_c}——涂覆层单位面积的质量，单位为克每平方米(g/m^2)。

3.7 试验报告

试验报告应包括下列内容：

a) 本标准的编号及所用的方法(即方法 A)；

b) 被试验的涂覆织物的详细说明；

c) 所用的调节环境；

d) 以涂覆层质量的百分数表示的每个试样的质量损失，及其平均值；

e) 与规定的试验程序的差异。

4 方法 B：一般方法

4.1 概述

本老化试验是使试样在高温和大气压力下受空气的作用，然后对涂覆织物的状态进行评价。在本试验中，氧的浓度比较低，如果氧化作用进行得很快，则氧不能很快地扩散到涂覆层中以保持均匀的氧化作用。因此，除非涂覆层非常薄，否则本试验可能会给出涂覆层耐老化的错误结论。

如果需要，可将选定的样品在大大超过规定的试验周期下进行老化，以确保样品发生降解，用这样的样品说明老化作用。

4.2 仪器

4.2.1 空气烘箱

除另有规定外，烘箱温度能保持在 70 ℃±1 ℃，其他如 3.2.1 所述。

4.2.2 温度计

或其他温度显示装置，用于监视烘箱的温度。

4.3 试样

试样的数量和尺寸应符合所选取的暴露后的特殊物理试验的要求。试样不应在样品边缘 50 mm 以内裁取。

注：建议在任何情况下，老化后的对比试验应至少选取五个试样。

4.4 程序

4.4.1 将烘箱预热到工作温度，然后把试样放入烘箱中，试样应无变形，试样的两面皆暴露于自由流通的空气中，并避免光的照射。确保烘箱内的空气压力不超过大气压力。应避免不同类型胶料同时进行老化，以确保硫或抗氧剂不发生迁移。

4.4.2 经过 168 h(7 d)或 336 h(14 d)或其倍数的老化周期后，将试样从烘箱中取出，然后按 GB/T 24133—2009规定的环境 A、B 或 C 进行调节。

4.5 评价

将老化材料的性能与未老化材料的性能用相应的试验方法进行对比。

4.6 试验报告

试验报告应包括下列内容：

a) 本标准的编号及所用的方法(即方法 B)；

b) 被试验的涂覆织物的详细说明；

c) 所用的环境调节；

d) 按 4.5 进行的评价结果；

e) 在空气烘箱中的暴露周期和条件；

f) 任何与规定的试验程序的差异。

5 方法 C：湿热试验

5.1 概述

某些聚合物材料明显地受湿度以及高温的影响，并且在其某些应用场合要经受非常高的湿度并伴随相应的高温作用。当可能遇到这样的应用条件时，由于因素的相互影响，最好将材料同时暴露于这两种条件下进行试验。本章规定的老化试验，就是将涂覆试样暴露于空气的相对湿度至少为 95%温度为 70 ℃的环境中经过一定的周期。对某些特殊应用，可适当选用替代的相对湿度、温度和暴露时间。应提请注意，本试验不适用于那些使用过程中连续浸泡在水中的材料。

5.2 仪器

5.2.1 空气烘箱

除保持温度为 70 ℃±1 ℃及相对湿度至少为 95%外，其他应符合 3.2.1 的规定。不应采用通入 71 ℃以上的直接蒸汽作为达到要求的相对湿度的手段。

5.2.2 温度计

或其他温度显示装置，用于监视烘箱的温度。

5.2.3 湿度测量装置

用于监视实际的相对湿度。

5.3 试样

试样的数量和尺寸应符合所选取的暴露后的特殊物理试验的要求。试样不应在样品边缘 50 mm 以内裁取。

注：建议在任何情况下，老化后的对比试验应至少选取五个试样。

5.4 程序

将烘箱预热到 70 ℃±1 ℃及至少 95%的相对湿度。然后把试样放入烘箱中,试样应无变形,试样的两面皆暴露于空气的自由流通中,并避免光的照射。确保烘箱内的空气压力不超过大气压力。应避免不同类型化合物同时进行老化,以保证硫或抗氧剂不发生迁移。

经过 168 h(7 d)或 336 h(14 d)或其他倍数的老化周期后,将试样从烘箱中取出,然后按 GB/T 24133—2009规定的环境 A、B或C进行调节。

5.5 评价

将老化材料的性能与未老化材料的性能用相应的试验方法进行对比。

5.6 试验报告

试验报告应包括下列内容:

a) 本标准的编号及所用的试验方法(即方法 C);

b) 被试验涂覆织物的详细说明;

c) 所用的调节环境;

d) 按 5.5 进行的评价结果;

e) 在空气烘箱中的暴露周期和条件;

f) 任何与规定的试验程序的差异。

6 方法 D:硝化纤维型涂覆层用的老化试验

6.1 概述

与 PVC 涂覆织物相似,硝化纤维涂覆织物可能因挥发而损失增塑剂,并且这迟早会对涂覆层的曲挠性能有不利的影响。这特别与装订有关,而装订是这类产品主要的最终用途。在折合处要求有长期的耐曲挠性能。本试验试图模拟和加速该过程,因此,试验的终点是基于目视检查而不是质量损失。

6.2 仪器

6.2.1 试管

150 mm×ϕ25 mm,三个。

6.2.2 清洁的软木塞

堵塞试管用,三个。

6.2.3 空气烘箱

除能保持温度为 70 ℃±1 ℃以外,其他应符合 3.2.1 的规定。

6.3 试样的制备

从样品一端到另一端尽可能等间距地切取三个试样,每个试样的尺寸为 150 mm×75 mm,要离开样品边缘 50 mm 以外,并且其长边为样品的纵向或横向。

6.4 程序

使涂覆层朝外将每个试样沿其长度方向卷起并插入一个 150 mm×ϕ25 mm 的试管中。然后将每个试管用清洁新鲜的软木塞轻轻盖上,将此组合件放入烘箱中,温度保持在 70 ℃±1 ℃。

在该温度下保持 168 h(7 d),然后将试管从烘箱中取出,取出试样,并在 GB/T 24133—2009 规定的环境 A、B 或 C 中进行调节。

仍保持在标准环境中,沿试样长度方向使涂覆层朝外用手指压折每个试样。然后检验试样并记录涂覆层任何龟裂现象。

6.5 试验报告

试验报告应包括下列内容：

a) 本标准的编号及所用的试验方法(即方法 D)；

b) 被试验涂覆织物的详细说明；

c) 所用的调节环境；

d) 涂覆层是否有龟裂现象；

e) 任何与规定的试验程序的差异。

ICS 59.080.40
G 42

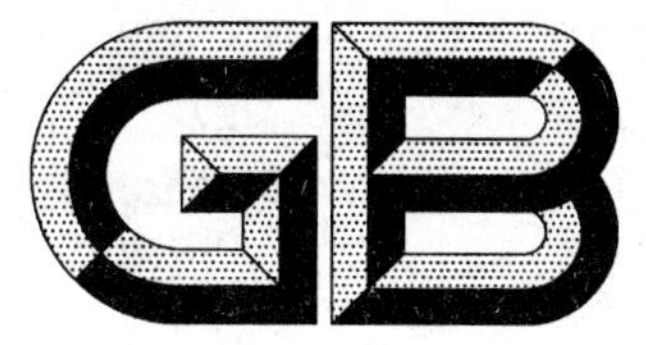

中华人民共和国国家标准

GB/T 24136—2009/ISO 6450:2005

橡胶或塑料涂覆织物
耐液体性能的测定

Rubber-or plastics-coated fabrics—Determination of resistance to liquids

(ISO 6450:2005,IDT)

2009-06-15 发布　　　　2010-02-01 实施

中华人民共和国国家质量监督检验检疫总局
中国国家标准化管理委员会　发布

前　言

本标准等同采用 ISO 6450:2005《橡胶或塑料涂覆织物——耐液体性能的测定》(英文版)。

本标准等同翻译 ISO 6450:2005。

为了便于使用,本标准做了下列编辑性修改:

a) “本国际标准”一词改为“本标准”;

b) 用小数点“.”代替作为小数点的逗号“,”;

c) 删除国际标准的前言;

d) 在 A.2.2 中增加注 2,说明可以使用国产 1# 标准油、2# 标准油和 3# 标准油。

本标准的附录 A 和附录 B 为资料性附录。

本标准由中国石油和化学工业协会提出。

本标准由全国橡胶与橡胶制品标准化技术委员会涂覆制品分技术委员会(SAC/TC 35/SC 10)归口。

本标准起草单位:上海橡胶制品研究所。

本标准主要起草人:卞正军、杨晨耘。

橡胶或塑料涂覆织物 耐液体性能的测定

1 范围

本标准规定了通过测量在选择的试验液体中浸泡前后材料的选择性能，评价塑料或硫化橡胶涂覆织物耐液体性能的两种方法(方法1和方法2)。

这两种方法的区别如下：

方法1，浸泡后，用擦拭去除试样上的剩余液体。

方法2，试样浸泡在挥发性液体中，然后用烘箱干燥方法去除剩余液体。

2 规范性引用文件

下列文件中的条款通过本标准的引用而成为本标准的条款。凡是注日期的引用文件，其随后所有的修改单(不包括勘误的内容)或修订版均不适用于本标准，然而，鼓励根据本标准达成协议的各方研究是否可使用这些文件的最新版本。凡是不注日期的引用文件，其最新版本适用于本标准。

GB/T 24133 橡胶或塑料涂覆织物 调节和试验的标准环境(GB/T 24133—2009，ISO 2231:1989，IDT)

HG/T 3050.1 橡胶或塑料涂覆织物 整卷特性的测定 第1部分：测定长度、宽度和净质量的方法(HG/T 3050.1—2001，ISO 2286-1:1998，IDT)

3 原理

本标准提供了在规定的温度和时间条件下，使试样承受液体影响的程序。按照相关试验方法标准测定选择的性能。然后将试样浸泡在选择的液体中，再测定选择的性能。浸泡前后的性能百分比变化或值为材料的耐选择液体能力。

4 试验液体

安全预防措施——在制备和处理试验液体，尤其是那些已知为有毒腐蚀性或易燃性的液体时，应采取适当的安全预防措施。散发烟雾的产品应在有效通风罩下处理，腐蚀性产品不允许与皮肤或普通服装接触；易燃性产品应远离火源。

此外，还应注意腐蚀性试验液体可能对试验设备(例如夹持器或夹具)的损坏。

由于商品化液体不一定含有完全稳定的成分，应最好使用由一种完全确定的化合物或这种化合物的混合物构成的标准浸泡液体。适合的液体在附录A中给出。

如果使用商品化液体，试验报告中应注明所有可能获得的关于其原产地、成分、性能(如黏度、苯胺点等)和批号的资料。

注：为了试验目的，通常需要使用在使用过程中涂覆织物与之相接触的液体。当测定化学品溶液的影响时，溶液的浓度应适合于应用要求。

5 试验条件

5.1 温度

如果合适，使用接近使用过程中遇到的浸泡温度 T。将浸泡温度保持在 $T\pm2$ ℃范围内。

STANDARDS PRESS OF CHINA

首选的浸泡温度在附录B中给出。

5.2 浸泡时间

建议使用下列浸泡时间：

22 h±0.25 h、46 h±0.25 h、72 h±2 h、168 h±2 h、7 d±2 h的倍数

注：当测定物理性能变化时，建议使用长到足以保证达到平衡的浸泡时间。为了确定平衡点，建议使用若干不同的浸泡时间进行初步测量，记录结果与时间的关系。如实际可行，总浸泡时间应大于达到最大性能变化所需的时间。

5.3 光

浸泡试验应在没有直接光照的情况下进行。

5.4 制造与试验之间的时间间隔

制造与试验之间的最小时间间隔应为16 h。

6 调节环境

浸泡之前，除非在与所要测定的性能相关的标准中另有规定，试样调节环境应按GB/T 24133的规定选择。

7 试验设备

所使用的试验设备应根据浸泡的温度、试验液体的挥发性、试样的尺寸和测定选择性能所需试样数量确定。在明显低于试验液体沸点的温度下，使用带塞子的容器(如玻璃瓶或管)，其尺寸应是试样能完全浸泡在规定体积的试验液体中，并且所有表面能不受限制地暴露于液体；在接近试验液体沸点的温度下，给容器安装一回流器或其他能尽量减少试验液体蒸发的适当装置，而不用塞子。

8 方法1——浸泡然后用擦拭方法去除剩余液体

8.1 试样制备

选择被认为与最终使用相关的性能(例如拉伸强度、涂层粘合强度、单位面积质量、撕裂强度和/或低温性能)。

对每项性能，按相关试验方法标准规定在可用宽度(按HG/T 3050.1规定)范围内裁切两组试样。

所有试样按第6章进行调节(常用的试验方法标准见参考文献)。

8.2 浸泡前初始性能的测定

使用相关的试验方法标准测定第一组试样的选择性能。

8.3 浸泡

将试样适当分离放在第7章所述的试验容器中，试验液体的体积(见第4章)至少是全部试样体积的15倍，足以使试样完全浸没。如果试验条件不必使用回流器，则用塞子将容器塞住。在整个试验过程中将试验液体保持在试验温度 T，公差为±2 ℃。

8.4 测试浸泡后性能的试样制备

浸泡之后，如果需要，将试样置于试验温度，最好将试样快速转入一份处于这一温度的新试验液体中，并使其保持5 min～10 min。

从试验液体中取出试样，用合适的方法去除试样表面的剩余液体。去除液体的方法可因液体的性质而异。当使用低黏度的挥发性液体(如异辛烷和甲苯)时，使用滤纸或无绒织物擦拭试样；用这种方法完全去除黏性的非挥发性液体可能会有些困难，可能需要将试样迅速浸入适合的挥发性液体(如甲醇)，然后用滤纸或无绒织物擦拭。

对照一片未浸泡的试样目视评价试样的外观。注意是否出现变化并说明。

8.5 浸泡后性能的测定

去除液体后，立即按标准测定相关的物理性能。

8.6 结果表示

报告浸泡前后的测量值,或者以浸泡前测定的初始值的百分数报告值的变化。

9 方法2——在挥发性液体中浸泡,然后干燥试样

9.1 试样的制备

按8.1规定制备试样。

9.2 浸泡前初始性能的测定

按8.2规定测定试样初始性能。

9.3 浸泡

按8.3规定浸泡试样。

9.4 试样干燥

在规定的浸泡时间后,取出试样,将其悬挂在70 ℃±2 ℃循环空气烘箱中2 h±0.1 h,然后取出试样,使其冷却至室温。

9.5 浸泡和干燥后性能的测定

从干燥箱中取出试样到试验之前的时间间隔不应少于1 h和多于2 h。按标准测定相关的物理性能。

9.6 结果表示

报告浸泡前后测量的值,或者以浸泡前测定的初始值的百分数报告值的变化。

10 试验报告

试验报告应包括下列内容:

a) 本标准的编号;

b) 试验日期;

c) 调节和试验环境;

d) 试验涂覆织物标识细节;

e) 试验液体的说明(见第4章);

f) 使用的方法(方法1或方法2);

g) 浸泡温度;

h) 浸泡时间;

i) 浸泡后试样外观的说明;

j) 浸泡前后测量的性能的值或性能的百分比变化;

k) 与规定程序的偏离。

附 录 A
（资料性附录）
标 准 液 体

警告——制备和处理试验液体，尤其是那些已知为有毒腐蚀性或易燃性的液体时，应采取适当的安全预防措施。散发烟雾的产品应在有效通风罩下处理，腐蚀性产品不允许与皮肤或普通服装接触；易燃性产品应远离火源。

A.1 标准模拟燃油

商品化燃油即使处于同一品级（即爆震率）和来自同一供应源，其成分也有很大区别。有含或不含氧化合物的烃基燃油，还有乙醇基燃油。添加芳香族化合物或含氧化合物能提高汽油的品级，但是这些添加剂会增强燃油对通常耐燃油的橡胶的影响。汽油成分随汽油市场上的形势和地域而不同，并且迅速变化。因此，表 A.1 和表 A.2 建议使用几种实际中使用的试验液体，以便包含不同成分的范围。它们也可用作其他适合试验液体配方的指南。配制试验液体的材料应为分析试剂级。已知所涉及的燃油无乙醇，则不应使用含有乙醇的试验液体。

表 A.1 不含氧化物的标准模拟燃油

液体	组成	含量（体积分数）/%
A	2,2,4-三甲基戊烷（异辛烷）	100
B	2,2,4-三甲基戊烷（异辛烷）	70
	甲苯	30
C	2,2,4-三甲基戊烷（异辛烷）	50
	甲苯	50
D	2,2,4-三甲基戊烷（异辛烷）	60
	甲苯	40
E	甲苯	100
F	直链烷烃（C_{12}～C_{18}）	80
	1-甲基萘	20
注：液体 B、C 和 D 模拟不含氧化物的石油衍生燃油。液体 F 模拟柴油、民用取暖油和类似的轻炉油。		

表 A.2 含氧化物（酒精）的标准模拟燃油

液体	组成	含量（体积分数）/%
1	2,2,4-三甲基戊烷（异辛烷）	30
	甲苯	50
	二异丁烯	15
	乙醇	5
2	2,2,4-三甲基戊烷（异辛烷）	25.35[a]
	甲苯	42.25[a]
	二异丁烯	12.68[a]
	乙醇	4.22[a]

表 A.2（续）

液体	组成	含量(体积分数)/%
2	甲醇	15.00
	水	0.50
3	2,2,4-三甲基戊烷(异辛烷)	45
	甲苯	45
	乙醇	7
	甲醇	3
4	2,2,4-三甲基戊烷(异辛烷)	42.5
	甲苯	42.5
	甲醇	15
5	2,2,4-三甲基戊烷(异辛烷)	43
	异辛烷(iso-octane)	43
	甲基叔丁基醚	10
	乙醇	2
	甲醇	2

[a] 这四种成分的体积和占液体 1 总体积的 84.5%。

A.2 标准油

A.2.1 常规定义

A.2.1.1 1[#] 标准油(ASTM No. 1)

是一种“低体积膨胀”油，由溶剂精制、化学处理和脱蜡后的石蜡族残油和中性油精确控制的矿物油混合物。

A.2.1.2 2[#] 标准油(IRM 902)

是一种“中体积膨胀”油，由经选择的海湾环烷基原油的高黏度馏出液，通过溶剂精制和酸白土处理获得。

A.2.1.3 3[#] 标准油(IRM 903)

是一种“高体积膨胀”油，由经选择的海湾环烷基原油通过减压蒸馏获得的精确控制的混合物。

A.2.1.4 预定用途

这些标准油为代表性低附加石油。高附加或合成油的标准油正在制备中。

A.2.2 要求

这些标准油除了可能有微量(约 0.1%)的倾点降凝剂外不应含有其他添加剂，并且应具有表 A.3 规定的性能。表 A.4 给出的性能是这些油的特殊性能，但是供应商不能够保证这些性能。

使用标准油做试验，标准油应由经认可符合标准油生产要求的指定厂家生产。若不容易获得标准油，也可用性能完全符合 A.3，长期用于橡胶测试，对于相同配方同一批次橡胶，在相同测试条件下，测试结果与标准油相同的代用油。

STANDARDS PRESS OF CHINA

表 A.3 标准油的技术要求

性能	要求			试验方法
	1#	2#	3#	
苯胺点/℃	124±1	93±3	70±1	GB/T 262
运动黏度/(m^2/s)($\times 10^{-6}$)	20±1[a]	20±1[a]	33±1[b]	ISO 3104
闪点/℃ 最小	243	240	163	GB/T 3536
密度(15 ℃)/(g/cm^3)	0.886±0.002	0.933±0.006	0.921±0.006	GB/T 1884
黏度-重力保持常数	—	0.865±0.005	0.880±0.005	
环烷含量(体积分数)c_N/%	—	≥35	≥40	
石蜡含量(体积分数)c_P/%	—	≤50	≤45	

[a] 测定温度 99 ℃;

[b] 测定温度 37.8 ℃。

表 A.4 标准油的特殊性能

性能	要求			试验方法
	1#	2#	3#	
倾点/℃	—	−12	−31	GB/T 3535
折射率(20 ℃)	1.486 0	1.510 5	1.502 6	ISO 5661
芳香烃含量(体积分数)c_A/%	—	12	14	
硫含量(体积分数)/%	0.3	0.3	0.3	GB/T 8039

注 1:1# 标准油、2# 标准油和 3# 标准油等同于 ASTM D471:1995《橡胶性能标准试验方法——液体的影响》中规定的分别为 ASTM 1 号油、IRM 902 油和 IRM 903 油。标准油 IRM 902 油和 IRM 903 油分别代替前版 ASTM D471:1991 中的 2# 标准油和 3# 标准油。这些"老"油等同于现已撤销的 ISO 1817:1985 中的 2# 标准油和 3# 标准油,而 1# 标准油未变。

表 A.3、表 A.4 中给出了标准油的技术要求和性能,关键在于浸泡后这些油对橡胶性能的影响。一些试验证明,新的 2# 标准油和 3# 标准油的影响小于"老"油。因此,如果产品标准等规范中要求使用"老"的 2# 标准油和 3# 标准油,应尽量使用"老"油。如果必须使用"新"油,建议制定一试验方案,对"老"油与"新"油对具体胶料和产品的影响进行直接对比。

注 2:如有需要可以使用国产 1# 标准油、2# 标准油和 3# 标准油,但应在报告中说明。

A.3 模拟工作液

A.3.1 101 液体

101 液体模拟合成酯型润滑油。它是一种由质量分数为 99.5%的癸二酸二辛酯和质量分数为 0.5%的吩噻嗪组成的混合物。

A.3.2 102 液体

102 液体模拟某种高压液压油。

它是一种由质量分数为 95%1# 标准油和质量分数为 5%碳氢混合添加剂组成的混合物,其中添加剂中含有 29.5%~33%的硫,1.5%~2%的磷,0.7%的氮。适合的添加剂可在市场买到。

A.3.3 103 液体

103 液体模拟飞机用磷酸酯液压油。它是三-n-丁基磷酸。

A.4 化学试剂

用化学试剂的试验应使用与产品预定使用中所遇到的相同浓度的相同化学品进行。一般，若不知道技术要求，可使用 GB/T 11547 给出的化学试剂。

附　录　B
（资料性附录）
浸泡的标准温度

建议使用表 B.1 给出的试验温度 T。温度公差为±2 ℃。

表 B.1　建议的试验温度　　　单位为摄氏度

−70	−55	−40	−25	−10
0	+20	−23	+27	
+40	+70	+85	+100	+125
+175	+200	+225	+250	

参 考 文 献

[1] GB/T 262—1988 石油产品苯胺点测定法(neq ISO 2977:1974)

[2] GB/T 1884—2000 原油和液体石油产品密度实验室测定法(密度计法)(eqv ISO 3675:1998)

[3] GB/T 3535—2006 石油产品倾点测定法(ISO 3016:1994,MOD)

[4] GB/T 3536—1983 石油产品闪点和燃点测定法(克利夫兰开口杯法)(neq ISO 2592:1973)

[5] GB/T 8039—1987 焦化苯类产品全硫含量的还原分光光度测定方法(eqv ISO 5282:1982)

[6] GB/T 11547—1989 塑料耐液体化学药品(包括水)性能测定方法(eqv ISO 175:1981)

[7] GB/T 18426—2001 橡胶或塑料涂覆织物 低温弯曲试验(ISO 4675:1990,IDT)

[8] GB/T 24135—2009 橡胶或塑料涂覆织物 加速老化试验(ISO 1419:1995,IDT)

[9] HG/T 2580—2008 橡胶或塑料涂覆织物 拉伸强度和拉断伸长率的测定(ISO 1421:1998,IDT)

[10] HG/T 2581.1—2009 橡胶或塑料涂覆织物 耐撕裂性能的测定 第1部分:恒速撕裂法(ISO 4674-1:2003,MOD)

[11] HG/T 2581.2—2009 橡胶或塑料涂覆织物 耐撕裂性能的测定 第2部分:冲击摆锤法(ISO 4674-2:1998,IDT)

[12] HG/T 3050.2—2001 橡胶或塑料 整卷特性的测定 第二部分:测定单位面积的总质量、单位面积的涂覆质量和单位面积的底布质量的方法(ISO 2286-2:1998,IDT)

[13] HG/T 3050.3—2001 橡胶或塑料 整卷特性的测定 第三部分:测定厚度的方法(ISO 2286-3:1998,IDT)

[14] HG/T 3052—2008 橡胶或塑料涂覆织物 涂覆层粘合强度测定方法(ISO 2411:2000,IDT)

[15] ISO 3104 Petroleum products—Transparent and opaque liquids—Determination of kinematic viscosity and calculation of dynamic viscosity

[16] ISO 5661 Petroleum products—Hydrocarbon liquids—Determination of refractive index

[17] EN 1875-3 Rubber-or plastics-coated fabrics—Determination of tear strength—Part 3:Trapezoidal method

[18] EN 1876-2 Rubber-or plastics-coated fabrics—Low temperature tests—Part 2:Impact test on loop

STANDARDS PRESS OF CHINA

ICS 91.100.99
Q 18

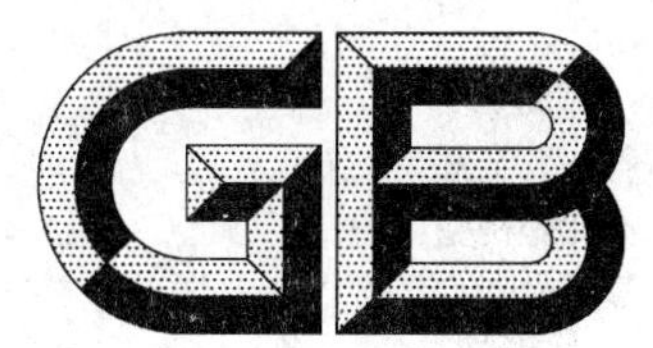

中华人民共和国国家标准

GB/T 24137—2009

木塑装饰板

Wood-plastic composite decorative boards

2009-06-15 发布　　2010-02-01 实施

中华人民共和国国家质量监督检验检疫总局
中国国家标准化管理委员会　发布

前 言

本标准与 ASTM D 7032：06a《木塑复合铺板和护拦系统性能评价规范》的一致性程度为非等效。

本标准由中国石油和化学工业协会提出。

本标准由全国塑料标准化技术委员会(SAC/TC 15)归口。

本标准负责起草单位：国家建筑装修材料质量监督检验中心、佛山市南海区绿可建材有限公司、森朗环保装饰建材有限公司。

本标准参加起草单位：广州市建筑材料工业研究所有限公司、常熟市安居木塑科技有限公司、山东福润志环境科技发展有限公司。

本标准起草人：赵有源、张玉东、陈坚、陈元文、朱迎、张文胜、童荣辉、杨英昌、刘雪宁、冯俊明、管淑玉、马亿珠、孟飞燕。

本标准为首次发布。

木 塑 装 饰 板

1 范围

本标准规定了木塑装饰板的术语和定义、分类与标记、要求、试验方法、检验规则以及包装、运输和贮存等。

本标准适用于通过各种工艺加工而成的室内外装饰用木塑板材和装饰线条类。

2 规范性引用文件

下列文件中的条款通过本标准的引用而成为本标准的条款。凡是注日期的引用文件，其随后所有的修改单(不包括勘误的内容)或修订版均不适用于本标准，然而，鼓励根据本标准达成协议的各方研究是否可使用这些文件的最新版本。凡是不注日期的引用文件，其最新版本适用于本标准。

GB 250 纺织品 色牢度试验 评定变色用灰色样卡

GB/T 2411 塑料和硬橡胶 使用硬度计测定压痕硬度(邵氏硬度)

GB/T 2828.1 计数抽样检验程序 第1部分:按接收质量限(AQL)检索的逐批检验抽样计划(GB/T 2828.1—2003,ISO 2859-1:1999,IDT)

GB 8624 建筑材料及制品燃烧性能分级

GB/T 15036.2—2001 实木地板 检验和试验方法

GB/T 15102—2006 浸渍胶膜纸饰面人造板

GB/T 16422.2 塑料实验室光源暴露试验方法 第2部分:氙弧灯

GB/T 17657—1999 人造板及饰面人造板理化性能试验方法

GB/T 18102—2007 浸渍纸层压木质地板

GB 18580 室内装饰装修材料 人造板及其制品中甲醛释放限量

GB 18584 室内装饰装修材料 木家具中有害物质限量

GB/T 19367.1—2003 人造板 板的厚度宽度及长度的测定

LY/T 1279—2008 聚氯乙烯薄膜饰面人造板

3 术语和定义

下列术语和定义适用于本标准。

3.1

木塑装饰板 wood-plastic composite decorative boards

室内外装饰用非结构型木塑复合板材。主要有墙板、壁板和天花类等。

3.2

饰面木塑装饰板 surface decorated wood-plastic composite boards

以木塑复合板为基材经涂饰或以各种装饰材料饰面而成的板材。

4 分类与标记

4.1 分类

4.1.1 按表面是否有装饰层分:

STANDARDS PRESS OF CHINA

a) 饰面木塑装饰板 (S)

b) 裸面木塑装饰板 (L)

4.1.2 根据使用场所分：

a) 室外用木塑装饰板 (W)

b) 室内用木塑装饰板 (N)

4.1.3 根据老化时间分：

a) Ⅰ级木塑装饰板(老化时间 1 000 h)

b) Ⅱ级木塑装饰板(老化时间 500 h)

c) Ⅲ级木塑装饰板(老化时间 300 h)

4.2 标记

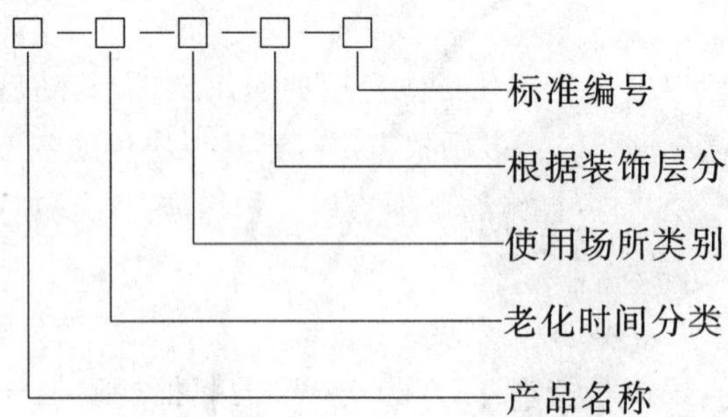

示例：老化时间为 1 000 h、室外用、有饰面的木塑装饰板标记为：木塑装饰板-I-W-S-GB/T 24137—2009。

5 要求

5.1 外观质量

5.1.1 浸渍胶膜纸饰面木塑装饰板外观质量应不低于 GB/T 15102—2006 中合格品的要求。

5.1.2 聚氯乙烯薄膜饰面木塑装饰板外观质量应不低于 LY/T 1279—2008 中合格品的要求。

5.1.3 表面涂饰木塑装饰板外观质量应符合表 1 规定。

表 1 表面涂饰木塑装饰板外观质量要求

缺陷名称	要 求
漆膜划痕	轻微，且长度不大于 10 mm，每平方米不超过 2 处
漆膜鼓泡	不允许
漏漆	不允许
漆膜皱皮	不允许
漆膜粒子	不允许
漆膜上针孔	直径不大于 0.5 mm，每平方米不超过 2 个
非工艺性凹凸不平	不允许
颜色差异	同批板材基本一致，可由供需双方商定
表面压痕	每平方米允许有一处不明显压痕

5.1.4 无装饰面木塑装饰板外观质量应符合表 2 规定。

表 2 无装饰面木塑装饰板外观质量要求

缺陷名称	要求
开裂	不允许
划痕	轻微，且长度不大于 10 mm，每平方米不超过 2 处
鼓泡	不允许
亏料痕迹	不允许
非工艺性凹凸不平	不允许
边角缺损	不允许
颜色差异	同批板材基本一致，可由供需双方商定
表面压痕	每平方米允许有一处不明显压痕

5.2 规格尺寸及偏差

产品形状及幅面尺寸可以根据用户要求生产，由供需双方商定。

尺寸偏差应符合表 3 规定。

表 3 木塑装饰板尺寸偏差要求

项目	要求
厚度	公称厚度 t_n<15 mm 时，公称厚度 t_n 与平均厚度 t_a 之差绝对值不大于 0.5 mm；厚度最大值 t_{max} 与厚度最小值 t_{tmin} 之差不大于 0.5 mm 公称厚度 t_n≥15 mm 时，公称厚度 t_n 与平均厚度 t_a 之差绝对值不大于 1.0 mm；厚度最大值 t_{max} 与厚度最小值 t_{min} 之差不大于 1.0 mm
长度	公称长度 l_n 与每个测量值 l_m 之差绝对值不大于 5 mm
宽度	公称宽度 w_n<90 mm 时，公称宽度 w_n 与平均宽度 w_a 之差绝对值不大于 0.5 mm 公称宽度 w_n≥90 mm 时，公称宽度 w_n 与平均宽度 w_a 之差绝对值不大于 1.0 mm
边缘直度	边缘直度最大值 s_{max}≤0.30 mm/m

5.3 物理性能

木塑装饰板的物理性能应符合表 4 规定。

表 4 木塑装饰板的物理性能要求

项目	性能要求		备注
	室外用	室内用	
含水率/%	≤2.0		
抗弯强度/MPa	平均值：≥20.0		
	最小值：≥16.0		
抗弯弹性模量/MPa	≥1 800		
尺寸稳定性/%	≤1.5		
板面握螺钉力/N	≥800		对厚度不大于 12 mm 和采用外连接方式的木塑装饰板不作要求
邵氏硬度(HD)	≥55		
吸水厚度膨胀率/%	≤0.5		

表 4（续）

项　目		性能要求		备　注
		室外用	室内用	
剥离力/N		≥40		仅对 PVC 薄膜饰面木塑装饰板的木塑装饰板进行测试
表面胶合强度/MPa		≥0.60		仅对浸渍胶膜纸饰面木塑装饰板的木塑装饰板进行测试
漆膜附着力/级		≤3		仅对表面涂饰木塑装饰板进行测试
抗冻融性能	抗弯强度保留率/%	≥80	—	
	表面质量	无龟裂、鼓泡	—	
表面耐污染腐蚀		无污染无腐蚀	—	
抗人工气候老化	抗弯强度保留率/%	≥80	—	Ⅰ级木塑装饰板老化 1 000 h Ⅱ级木塑装饰板老化 500 h Ⅲ级木塑装饰板老化 300 h
	耐光色牢度（灰色样卡）/级	≥3	—	

5.4 有害物质限量

室内用木塑装饰板的有害物质限量值应符合表 5 规定。

表 5 木塑装饰板的有害物质限量

检验项目		限量值
甲醛释放量(室内用)/(mg/L)		E_0 级：≤0.5
		E_1 级：≤1.5
重金属含量/(mg/kg)	可溶性铅	≤90
	可溶性镉	≤75
	可溶性铬	≤60
	可溶性汞	≤60

5.5 防火性能

适用时，室内用木塑装饰板的防火性能应符合 GB 8624 相应等级的要求。

6 试验方法

6.1 外观质量

采用目测对木塑装饰板的外观质量按 5.1 规定进行逐项检验。

6.2 规格尺寸及偏差

6.2.1 量具

6.2.1.1 千分尺，精度为 0.01 mm。

6.2.1.2 钢板尺，精度为 0.5 mm。

6.2.1.3 钢卷尺，精度为 1 mm。

6.2.1.4 直角尺，精度为 0.02 mm/300 mm。

6.2.1.5 游标卡尺，精度为 0.02 mm。

6.2.2 长度、宽度

按 GB/T 19367.1—2003 中 5.2 测量。

6.2.3 厚度尺寸

按 GB/T 19367.1—2003 中 5.1 测量。

6.2.4 边缘直度

按 GB/T 18102—2007 中 6.1.2.5 测量。

6.3 物理性能

6.3.1 试样和试件的制取

6.3.1.1 取样

样本及试样应该在存放 48 h 以上的产品中抽取，按 7.2 的规定抽取样本。物理性能的检验项目应在每一个样本上制得试件(如果试件数量为 3，样本数量为 6，试件可以在任意 3 个样本上制取)。有害物质限量项目的试样可以随机抽取样本进行测试。

6.3.1.2 测试条件和状态调节处理

通常情况下测试试样无需做恒温和恒湿处理。如有特殊要求，可在温度(20±2)℃以及湿度(50±5)%的环境条件下调节处理 48 h。

6.3.1.3 试件尺寸

6.3.1.4 割据试件要求

根据测试要求将样本锯成试样，再根据检测项目依据的标准锯成试件。试件的边楞应平直，相邻两边为直角；中空产品按测试项目要求可割据至试件表面实体部分。

6.3.1.5 物理性能试件规格尺寸、数量按表 6 规定进行。

STANDARDS PRESS OF CHINA

表 6 木塑装饰板物理性能试件

检验项目	试件尺寸/mm	试件数量/块	备 注
含水率	100×100	3	如产品宽度小于 100 mm，试件宽度取产品宽度
抗弯强度	[(20 h+50)±2]×b	6	h——产品厚度；试件长度最小为 150 mm，最大为 1 050 mm；当产品宽度不小于 100 mm 时，试件宽度 b 取 100 mm，当产品宽度小于 100 mm 时，试件宽度 b 取产品宽度；中空产品按图 1 取样
抗弯弹性模量	[(20 h+50)±2]×b	6	
尺寸稳定性	(140±0.8)×(12.7±0.4)	12	
板面握螺钉力	150×b	3	试件宽度 b≥40 mm
邵氏硬度	100×100	3	如产品宽度小于 100 mm，试件宽度取产品宽度
吸水厚度膨胀率	50.0×b	6	当产品宽度不小于 100 mm 时，试件宽度 b 取 100 mm，当产品宽度小于 100 mm 时，试件宽度 b 取产品宽度
剥离力	100×25	6	
表面胶合强度	50.0×50.0	6	
漆膜附着力	250×b	3	试件宽度 b≥50 mm
抗冻融性能	[(20 h+50)±2]×b	6	同本表中抗弯强度要求
表面耐污染腐蚀	100×b	1	试件宽度 b≥50 mm
抗人工气候老化	[(20 h+50)±2]×b	6	同本表中抗弯强度要求

6.3.1.6 木塑装饰板的有害物质限量的试件尺寸和数量分别按 GB 18580 和 GB 18584 执行。

6.3.2 含水率

6.3.2.1 按 GB/T 17657—1999 中的 4.3 规定进行，测试三个试件。

6.3.2.2 测试三个试件，被测试样的含水率为三个试件含水率的算术平均值，精确至 0.1%。

6.3.3 抗弯强度和抗弯弹性模量

6.3.3.1 按 GB/T 17657—1999 中的 4.9 规定进行，测定跨距为公称厚度的 20 倍，且最小为 150 mm，最大为 1 050 mm。对于管孔平行于挤压方向的挤压板或类似结构的板，试件宽度至少为各管孔单元宽度的两倍，试件的横断面如图 1。

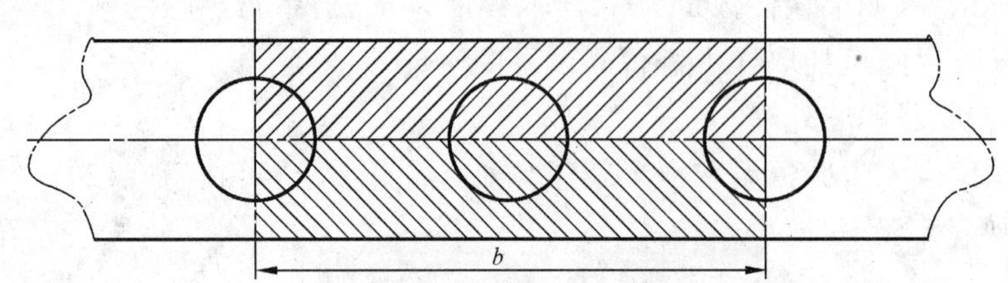

图 1 管孔板的横断面

试验机横梁加载速率见式(1)：

$$R = 0.001\,85 \times L^2/h \quad \cdots\cdots(1)$$

式中：

R——横梁加载速率，单位为毫米每分(mm/min)；

L——测试跨距，单位为毫米(mm)；

h——试件公称厚度，单位为毫米(mm)。

抗弯强度采用试件破坏时的载荷值来计算，抗弯弹性模量根据抗弯试验应力-应变曲线，按最大应力的 10%和 40%所对应的应力-应变计算抗弯弹性模量。

6.3.3.2 测试六个试件，抗弯强度和抗弯弹性模量为六个试件的算术平均值，抗弯强度精确至 0.1 MPa，抗弯弹性模量精确至 1 MPa。

6.3.3.3 找出六个试件中抗弯强度的最小值。

6.3.4 尺寸稳定性

6.3.4.1 按 GB/T 17657—1999 中的 4.35 规定进行，干热和高湿度试验各六个试件。

6.3.4.2 一块板的长度变化率是同一板内各组试件中横向和纵向长度变化率的算术平均值，精确到 0.05%。计算横向和纵向总变化率尺寸时，若尺寸变化方向相反，则总尺寸变化是干热和高湿度试验平均变化尺寸的绝对值之和；若尺寸变化相同，则两者中绝对值大者将作为总尺寸变化。

6.3.5 板面握螺钉力

6.3.5.1 按 GB/T 17657—1999 中的 4.10 规定进行，测试三个试件。

6.3.5.2 被测试样的板面握螺钉力为三个试件九个测量点的算术平均值，精确至 1 N。

6.3.6 邵氏硬度

6.3.6.1 按 GB/T 2411 的规定进行。

6.3.6.2 试件的硬度用三个试件 15 个测量点的算术平均值表示。

6.3.7 吸水厚度膨胀率

6.3.7.1 按 GB/T 17657—1999 中 4.5 的规定进行，试样全部浸入水中 72 h，测试中心点的厚度，测试六个试件。

6.3.7.2 被测试样的吸水厚度膨胀率为六个试件的算术平均值，精确至 0.1%。

6.3.8 剥离力

6.3.8.1 按 LY/T 1279—2008 中 6.3.2.10 规定进行，测试九个试件。

6.3.8.2 被测试样的剥离力为九个试件的算术平均值，精确至1 N。

6.3.9 表面胶合强度

6.3.9.1 按GB/T 17657—1999中4.13规定进行，测试六个试件。

6.3.9.2 被测试样的表面胶合强度为六个试件的算术平均值，精确至0.01 MPa。

6.3.10 漆膜附着力测定

按GB/T 15036.2—2001中3.3.2.3规定进行。

6.3.11 抗冻融性能

6.3.11.1 原理

确定木塑装饰板对结冰/融雪环境的抵抗能力。

6.3.11.2 仪器

6.3.11.2.1 水槽。

6.3.11.2.2 低温冰箱，温度可达−35 ℃。

6.3.11.2.3 万能力学试验机，精度10 N。

6.3.11.3 方法

室温下将试件整体全部浸入水中24 h后取出，然后在(−29±1)℃温度下冷冻24 h，最后将试件取出放置在室温环境中24 h。这一过程组成一个湿热周期，再重复上述过程两次。三次冻融循环完成后，目测表面是否有龟裂、鼓泡等变化。按6.3.3测试试件的弯曲强度，测试六个试件。

6.3.11.4 结果表示

计算六个试件弯曲强度的算术平均值，精确至0.1 MPa。试样抗弯强度的保留率按式(2)计算：精确至1%。

$$B = (1-(P_1-P_2)/P_1)\times 100 \qquad \cdots\cdots(2)$$

式中：

B——抗弯强度的保留率，%；

P_1——试验前的抗弯强度，单位为兆帕(MPa)；

P_2——试验后的抗弯强度，单位为兆帕(MPa)。

6.3.12 表面耐污染腐蚀

按GB/T 17657—1999中的4.37规定进行。

6.3.13 抗人工气候老化

6.3.13.1 按GB/T 16422.2规定进行，将5个试件放入试验箱进行氙弧灯曝晒，另一个试件遮光保存。试验箱内黑板温度为(63±3)℃，相对湿度(65±5)%；喷水周期：每次喷水时间为(18±0.5)min，两次喷水之间的无水时间为(102±0.5)min；Ⅰ级木塑装饰板进行1 000 h曝晒，Ⅱ级木塑装饰板进行500 h曝晒，Ⅲ级木塑装饰板进行300 h曝晒后终止试验。

6.3.13.2 氙弧灯老化后抗弯强度按6.3.4规定进行测试，氙弧灯老化后抗弯强度为五个试件的平均值，精确至0.1 MPa。试样抗弯强度的保留率按6.3.11.4计算。

6.3.13.3 用GB 250规定的灰色样卡评定试件变色等级，用试件中较差的等级表示耐光色牢度。

6.4 有害物质限量检验方法

6.4.1 甲醛释放量

按GB 18580中的规定进行，使用40 L干燥器检测。

6.4.2 可溶性重金属

按GB 18584中的规定进行。

6.5 防火性能

按GB 8624中的规定进行。

7 检验规则

7.1 检验分类

产品检验分出厂检验和型式检验。

7.1.1 出厂检验包括：

a) 外观质量

b) 规格尺寸及偏差

c) 物理性能中的含水率、邵氏硬度、吸水厚度膨胀率和尺寸稳定性。

7.1.2 型式检验包括外观质量、规格尺寸及偏差、物理性能和有害物质限量。

7.1.3 有下列情况之一时，应进行型式检验：

a) 当原辅材料及生产工艺发生较大变动时；

b) 停产三个月以上，恢复生产时；

c) 正常生产时，每年检验不少于一次；

d) 新产品投产或转产时；

e) 国家质量监督机构提出型式检验要求时。

7.2 抽样方案和判断规则

7.2.1 外观质量

外观质量检验采用GB/T 2828.1中正常检验二次抽样方案，其检验水平为Ⅱ，接收质量限(AQL)为4.0，见表7。

表7 外观质量抽样方案

单位为张

批量范围/N	样本大小		第一判定数		第二判定数	
	$n_1=n_2$	$\sum n$	接收数	拒收数	接收数	拒收数
≤150	13	26	0	3	3	4
151～280	20	40	1	3	4	5
281～500	32	64	2	5	6	7
501～1 200	50	100	3	6	9	10

7.2.2 规格尺寸及偏差

规格尺寸检验采用GB/T 2828.1中的正常检验二次抽样方案，检验水平为Ⅰ，接收质量限(AQL)为6.5，见表8。

表8 规格尺寸抽样方案

单位为张

批量范围/N	样本大小		第一判定数		第二判定数	
	$n_1=n_2$	$\sum n$	接收数	拒收数	接收数	拒收数
≤150	5	10	0	2	1	2
151～280	8	16	0	3	3	4
281～500	13	26	1	3	4	5
501～1 200	20	40	2	5	6	7

7.2.3 物理性能和有害物质限量

7.2.3.1 物理性能和有害物质限量检验的抽样方案见表9，木塑装饰板物理性能和有害物质限量的检验应从外观质量和规格尺寸检验合格的样品中随机抽取。初检抽样的样本检验结果有某项指标不合格时，允许进行复检一次，按复检数量抽取样本。如果产品幅面小，抽样数量不能满足试验要求时，可适当增加抽样数量。

表 9 物理性能和有害物质限量检验抽样方案

单位为张

提交检查批的成品板数量	初检抽样数	复检抽样数
≤1 000	3	6
≥1 001	6	12
注：如样品规格小，按以上方案抽取的样品不能满足试验要求时，可适当增加抽样数量。		

7.2.3.2 当木塑装饰板所需进行的各项物理性能检验均合格时，该批产品的物理性能判为合格，否则判为不合格。

7.2.3.3 当木塑装饰板所需进行的有害物质限量各项检验均合格时，该批产品的有害物质限量判为合格，否则判为不合格。

7.2.4 综合判定

产品的外观质量、规格尺寸、物理性能和有害物质限量均合格时，该批产品判为合格，否则判为不合格。

8 标志、包装、运输和贮存

8.1 标志

8.1.1 产品标志

产品入库前，应在产品适当的部位标记产品名称、规格和生产日期等。

8.1.2 包装标志

在产品包装上应有生产厂家名称、地址、产品标记、生产日期、商标、规格、数量及防潮、防晒等。

8.2 包装、运输

产品出厂时应按产品类别、规格、等级分别包装。企业应根据自己产品的特点提供详细的中文安装和使用说明书。包装和运输时产品应避免划伤表面和磕碰，且防雨防潮。包装和运输要求亦可以由供需双方商定。

8.3 贮存

产品在贮存过程中应平整堆放，板垛高度不宜超过 1.5 m，防止污损，不得受潮、雨淋和曝晒。贮存时应按类别、规格、等级分别堆放，每堆应有相应的标记。

STANDARDS PRESS OF CHINA

ICS 83.080.20
G 32

中华人民共和国国家标准

GB/T 24138—2009

石 油 树 脂

Petroleum resin

2009-06-15 发布　　2010-02-01 实施

中华人民共和国国家质量监督检验检疫总局
中国国家标准化管理委员会　发布

前言

本标准附录A、附录B为规范性附录。

本标准由中国石油和化学工业协会提出。

本标准由全国塑料标准化技术委员会塑料树脂通用方法和产品分会(SAC/TC 15/SC 4)归口。

本标准负责起草单位:山东齐隆化工股份有限公司。

本标准参加起草单位:大庆华科股份有限公司、广东省茂名华粤集团有限公司、兰州汇丰石化有限公司。

本标准主要起草人:郝守增、王春玉、廉燕、申在华、王芹、王禹、阚一群、刘国英。

本标准首次发布。

石　油　树　脂

1　范围

本标准规定了石油树脂(PR)的术语和定义、产品型号、要求、试验方法、检验规则及标志、包装、运输、贮存。

本标准适用于以乙烯装置副产物为原料生产的石油树脂。

2　规范性引用文件

下列文件中的条款通过本标准的引用而成为本标准的条款。凡是注日期的引用文件，其随后所有的修改单(不包括勘误的内容)或修订版均不适用于本标准，然而，鼓励根据本标准达成协议的各方研究是否可使用这些文件的最新版本。凡是不注日期的引用文件，其最新版本适用于本标准。

GB/T 601—2002　化学试剂　标准滴定溶液的制备

GB/T 603—2002　化学试剂　试验方法中所用制剂及制品的制备

GB/T 2294—1997　焦化固体类产品软化点　测定方法

GB/T 2295—2008　焦化固体类产品灰分测定方法

GB/T 2895—2008　塑料　聚酯树脂　部分酸值和总酸值的测定

GB/T 6678—2003　化工产品采样总则

GB/T 6679—2003　固体化工产品采样通则

GB/T 6682—2008　分析实验室用水规格和试验方法

GB/T 24148.4—2009　塑料　不饱和聚酯树脂(UP-R)　第4部分:黏度的测定

GB/T 22295—2008　透明液体颜色测定方法(加德纳色度)

HG/T 3660—1999　热熔胶黏剂熔融黏度的测定

YB/T 5095—2005　固体古马隆-茚树脂酸碱度测定方法

3　术语和定义

下列术语和定义适用于本标准。

3.1

溴值

在一定实验条件下，与100 g试样反应的以克表示的溴的质量。

4　产品型号

4.1　型号划分

本产品按其原料预处理工艺和软化点划分型号。

4.1.1　原料预处理工艺

原料预处理工艺分两类：

PR1——精馏；

PR2——粗馏。

4.1.2　按软化点划分型号

软化点用阿拉伯数字表示，其型号和温度范围见表1。

表 1 软化点的温度范围

型号	软化点/℃	型号	软化点/℃
PR-80	>70～80	PR-130	>120～130
PR-90	>80～90	PR-140	>130～140
PR-100	>90～100	PR-150	>140～150
PR-110	>100～110	PR-160	>150～160
PR-120	>110～120	PR-170	>160～170

4.2 型号编制

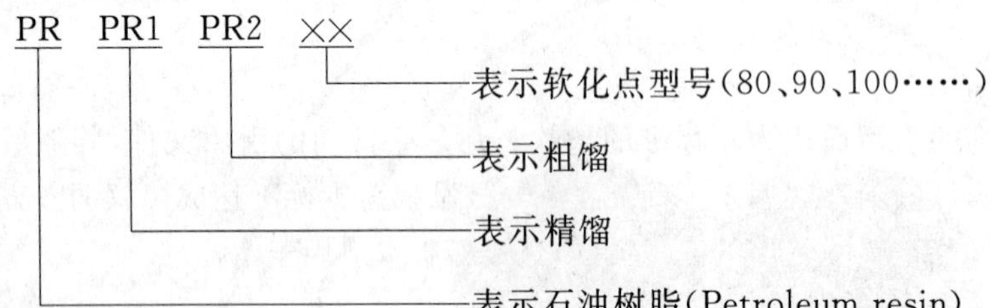

示例 1：PR PR1 100　PR：表示石油树脂；PR1：表示生产过程经过精馏；100：表示软化点。

示例 2：PR PR2 90　PR：表示石油树脂；PR2：表示生产过程经过粗馏；90：表示软化点。

5 要求

5.1 外观

乳白色至深褐色粒状或片状固体。

5.2 理化性能

石油树脂的理化性能应符合表 2 和表 3 的规定。

表 2 PR1 理化性能

型号	指标														
	软化点/℃	色泽/号 ≤		酸值(以氢氧化钾计)/(mg/g)≤		灰分/% ≤		溴值/(g/100 g)		溶剂黏度/(MPa·s)		熔融黏度/(MPa·s)		正庚烷容纳度(25 ℃)/(mL/2 g)	
		优等品	合格品	优等品	合格品	优等品	合格品	优等品	合格品	优等品	合格品	优等品	合格品	优等品	合格品
PR1-80	>70～80	9	13	0.2	0.8	0.05	0.08	根据客户需要协商确定		根据客户需要协商确定		根据客户需要协商确定		根据客户需要协商确定	
PR1-90	>80～90														
PR1-100	>90～100														
PR1-110	>100～110														
PR1-120	>110～120														
PR1-130	>120～130														
PR1-140	>130～140														
PR1-150	>140～150														
PR1-160	>150～160														
PR1-170	>160～170														

表 3　PR2 理化性能

<table>
<tr><th rowspan="3">型号</th><th colspan="7">指　　标</th></tr>
<tr><th rowspan="2">软化点/℃</th><th colspan="2">色泽/号　≤</th><th colspan="2">灰分/(%)　≤</th><th colspan="2">酸碱度(pH)</th></tr>
<tr><th>优等品</th><th>合格品</th><th>优等品</th><th>合格品</th><th>优等品</th><th>合格品</th></tr>
<tr><td>PR2-80</td><td>>70~80</td><td rowspan="10">15</td><td rowspan="10">18</td><td rowspan="10">0.1</td><td rowspan="10">0.3</td><td colspan="2" rowspan="10">7±1</td></tr>
<tr><td>PR2-90</td><td>>80～90</td></tr>
<tr><td>PR2-100</td><td>>90～100</td></tr>
<tr><td>PR2-110</td><td>>100～110</td></tr>
<tr><td>PR2-120</td><td>>110～120</td></tr>
<tr><td>PR2-130</td><td>>120～130</td></tr>
<tr><td>PR2-140</td><td>>130～140</td></tr>
<tr><td>PR2-150</td><td>>140～150</td></tr>
<tr><td>PR2-160</td><td>>150～160</td></tr>
<tr><td>PR1-170</td><td>>160～170</td></tr>
</table>

6　试验方法

6.1　外观

目测。

6.2　软化点的测定

按 GB/T 2294—1997 中规定的(方法 A)方法进行测定。

6.3　色泽的测定

按 GB/T 22295—2008 中规定的方法进行测定(*m*(试样)∶*m*(甲苯)=1∶1)。

6.4　灰分的测定

按 GB/T 2295—2008 中规定的方法进行测定。

6.5　酸值的测定

按 GB/T 2895—2008 中规定的方法进行测定。

6.6　溶剂黏度的测定

按 GB/T 24148.4—2009 中规定的方法进行测定(*m*(试样)∶*m*(溶剂)=1∶2)。

6.7　熔融黏度的测定

按 HG/T 3660—1999 中规定的方法进行测定。

6.8　酸碱度的测定

按 YB/T 5095—2005 中规定的方法进行测定。

6.9　溴值的测定

按附录 A 中规定的方法进行测定。

6.10　正庚烷容纳度的测定

按附录 B 中规定的方法进行测定。

7　检验规则

7.1　检验型式

分出厂检验，型式检验。

7.2 出厂检验

7.2.1 产品由本公司质量检验部门进行检验,检验合格并附检验合格证方可出厂。合格证上应标明生产厂名、厂址、产品名称、批号、产品规格、型号、取样日期及检验人等。

7.2.2 本标准 PR1 的出厂检验项目为外观、软化点、色泽、酸值。

7.2.3 本标准 PR2 的出厂检验项目为外观、软化点、色泽、酸碱度(pH)。

7.2.4 产品出厂检验按批进行,由同一条生产线,在相同的原料配比和相同工艺条件下,以连续法生产并混合均匀的产品为一批,每批不大于 10 t。

7.2.5 取样单元采用 GB/T 6678—2003 中的规定,取样方法采用 GB/T 6679—2003 中的规定进行。每批产品取样量不得少于 500 g。将所取的样品装入两个清洁干燥的塑料袋中,并贴上标签,注明生产厂家、产品名称、生产日期、批号等,一袋由检验部门检验,另一袋作为留样备查。

7.3 型式检验

7.3.1 型式检验在下列之一情况下进行:

a) 新产品试制阶段;

b) 工艺配方或原料有重大改变时;

c) 在正常生产情况下溴值、黏度、正庚烷容纳度每周抽检一次;灰分为每月抽检一次;

d) 正常投产时,产品型式检验指标每半年检测一次。

7.3.2 型式检验项目为本标准要求的全部项目。

7.4 判定规则

若某项检验结果不符合本标准规定时,应从该批产品的包装件中,按两倍于原取样量的标准重新取样,对不合格项目进行复检,以复检结果判定产品等级。

7.5 交货验收与仲裁

7.5.1 使用单位如需对所收到的产品进行检验,应按本标准规定进行。

7.5.2 如供需双方对产品发生异议时,由双方协商解决或由仲裁单位按本标准的规定仲裁。

8 标志、包装、运输、贮存

8.1 标志

每批产品应有质量检验报告单,外包装件上应有清晰、牢固的标志,标明产品名称、商标、型号、等级、净质量及生产单位。

8.2 包装

采用内衬聚乙烯薄膜袋的聚丙烯编织袋或其他包装形式。包装材料应保证在运输、码放、贮存时不污染和泄漏,每袋净质量 25 kg、40 kg、50 kg、500 kg,如顾客有其他要求签定合同执行。

8.3 运输

本产品为非危险品。在运输和装卸过程中严禁使用铁钩等锐利工具,切忌抛掷。运输工具应保持清洁、干燥并备有厢棚或苫布。运输时不得与沙土、碎金属、煤炭及玻璃等混合装运,更不可与有毒及腐蚀性或易燃物混装。严禁在阳光下暴晒或雨淋。

8.4 贮存

本产品应贮存在通风、阴凉、干燥,清洁并保持有良好消防设施的仓库内。贮存时,产品要离地、离墙(10～20)cm,码垛高度为小于 3 m;垛与垛之间应有适当间隔,以保证物料干燥,防止受潮、防止阳光直接照射,仓库内物料在常温不大于 35 ℃,相对湿度不大于 85%环境中贮存。贮存期为 1 年,超过贮存期,可按本标准规定进行复验,若复验结果符合本标准要求,仍可使用。

附 录 A
（规范性附录）
石油树脂(PR)溴值的测定方法

A.1 方法提要

将试样溶解在四氯化碳中，在室温下加入冰乙酸和过量的溴标准滴定溶液，用碘化钾还原过量的溴，然后用硫代硫酸钠标准滴定溶液滴定游离的碘，计算出和试样反应的溴的量。

A.2 试剂和溶液

本试验方法中所用的试剂均为分析纯，试验室用水符合 GB/T 6682—2008 中三级用水的规格。

A.2.1 四氯化碳(分析纯)；

A.2.2 冰乙酸(分析纯)；

A.2.3 溴标准滴定溶液：$c(1/2Br_2)=0.5$ mol/L。

A.2.3.1 配制

称取 15 g 溴酸钾及 50 g 溴化钾，溶于 1 000 mL 水中，摇匀。

A.2.3.2 标定

A.2.3.2.1 用移液管量取 5 mL[$c(1/2Br_2)=0.5$ mol/L]溴标准滴定溶液及 25 mL 水，置于碘量瓶中，加 2 g 碘化钾及 5 mL 盐酸溶液(20%)摇匀，于暗处放置 5 min。加 150 mL 水(15 ℃～20 ℃)，用硫代硫酸钠标准滴定溶液[$c(Na_2S_2O_3)=0.1$ mol/L]滴定，接近终点时加 2 mL 淀粉指示液(10 g/L)，继续滴定至溶液蓝色消失。同时作空白试验。

A.2.3.2.2 溴标准滴定溶液的浓度[$c(1/2Br_2)$]，数值以摩尔每升(moL/L)表示，按式(A.1)计算：

$$c\left(\frac{1}{2}Br_2\right)=\frac{(V_1-V_2)c_1}{V} \qquad \text{(A.1)}$$

式中：

V_1——硫代硫酸钠标准滴定溶液的体积的数值，单位为毫升(mL)；

V_2——空白试验硫代硫酸钠标准滴定溶液的体积的数值，单位为毫升(mL)；

c_1——硫代硫酸钠标准滴定溶液的浓度的准确数值，单位为摩尔每升(mol/L)；

V——溴溶液的体积的准确数值，单位为毫升(mL)。

A.2.4 硫代硫酸钠标准滴定溶液：$c(Na_2S_2O_3)=0.1$ mol/L，采用 GB/T 601—2002 规定的方法进行配制和标定；

A.2.5 碘化钾溶液：将 150 g 碘化钾溶解在水中，稀释至 1 L；

A.2.6 淀粉指示液：5 g/L 淀粉水溶液，采用 GB/T 603—2002 规定的方法进行配制。

A.3 仪器

A.3.1 三角瓶：50 mL；

A.3.2 碘量瓶：500 mL；

A.3.3 量筒：50 mL，100 mL；

A.3.4 滴定管：50 mL，10 mL；

A.3.5 分析天平：感量 0.1 mg；

A.3.6 托盘天平：感量 0.1 g；

A.3.7 乙醇温度计：温度范围 0 ℃～100 ℃，分刻度 1 ℃。

A.4 分析步骤

a) 称取约 0.4 g 粉末试样，精确至 0.1 mg，放入 500 mL 碘量瓶内；

b) 加 10 mL 四氯化碳使之溶解；

c) 加 50 mL 冰乙酸在避免阳光照射下置入(25±1)℃的水浴中，边摇动边以每秒(1～2)滴的速度滴入(6～7)mL 溴标准滴定溶液，滴加完毕后迅速盖上瓶塞；

d) 用 2 mL 碘化钾溶液封闭瓶塞，在水浴中振荡(40～50)s 后松动瓶塞，使碘化钾溶液流入瓶内；

e) 用 3 mL 碘化钾溶液冲洗瓶塞，盖紧瓶塞激烈振荡 1 min 之后，用 100 mL 水冲洗瓶塞、瓶口及内壁，然后用硫代硫酸钠标准滴定溶液进行回滴，接近终点时加入 1 mL 淀粉指示液继续滴定，以颜色消失并在 1 min 之内不回色为滴定终点；

f) 记录硫代硫酸钠标准滴定溶液的用量。

A.5 分析结果的表述

试样溴值按式(A.2)进行计算：

$$x = \frac{(c_1V_1 - c_2V_2) \times 0.079\ 92}{m} \times 100 \qquad \text{(A.2)}$$

式中：

x——试样的溴值，单位为克每一百克(g/100 g)；

c_1——溴标准滴定溶液的实际浓度，单位为摩尔每升(mol/L)；

V_1——溴标准滴定溶液的用量，单位为毫升(mL)；

c_2——硫代硫酸钠标准滴定溶液的实际浓度，单位为摩尔每升(mol/L)；

V_2——硫代硫酸钠标准滴定溶液的用量，单位为毫升(mL)；

m——试样的质量，单位为克(g)；

0.079 92——与 1.00 mL 硫代硫酸钠标准滴定溶液[$c(Na_2S_2O_3)$=1.000 mol/L)相当的、以克表示的溴的质量。

两个平行测定结果之差不大于 2 g/100 g，取其算术平均值作为测定结果，保留至小数点后一位数字。

附 录 B
(规范性附录)
正庚烷容纳度的测定方法

B.1 试剂和溶液

B.1.1 正庚烷(分析纯);

B.1.2 胡麻油(双漂)。

B.2 仪器

B.2.1 高型称量瓶 30 mm×50 mm;

B.2.2 注射器 5 mL;

B.2.3 水银温度计:温度范围 0 ℃～360 ℃,分刻度 1 ℃;

B.2.4 乙醇温度计:温度范围 0 ℃～100 ℃,分刻度 1 ℃;

B.2.5 托盘天平:感量 0.1 g。

B.3 测定步骤

B.3.1 称研细的试样 10 g,放入 50 mL 烧杯中,再称 20 g 胡麻油,加入同一烧杯中,加热至 250 ℃热解,冷至室温待测;

B.3.2 取以上试样 2 g,置于高型称量瓶中,放入 25 ℃水浴槽中(水浴槽中放有一支乙醇温度计)。边搅拌,边用 5 mL 注射器吸取正庚烷,慢慢加入高型称量瓶中,记录加入量,直至从高型称量瓶上部向下目视透过试样,看不见水中红色温度计的柱为止(试样变混浊不再透明为止),此时所用的正庚烷毫升数就是此试样的正庚烷容纳度,用 mL/2 g(25 ℃)表示。

ICS 59.080.40
G 42

中华人民共和国国家标准

GB/T 24139—2009/ISO 8095:1990

PVC涂覆织物　防水布规范

PVC-coated fabrics for tarpaulins—Specification

(ISO 8095:1990,IDT)

2009-06-15 发布　　2010-02-01 实施

中华人民共和国国家质量监督检验检疫总局
中国国家标准化管理委员会　发布

前　言

本标准等同采用 ISO 8095:1990《防水布用 PVC 涂覆织物规范》(英文版)。

本标准等同翻译 ISO 8095:1990。

本标准第 2 章引用的 HG/T 2581.1—2009《橡胶或塑料涂覆织物　耐撕裂性能的测定　第 1 部分:恒速撕裂法》修改采用 ISO 4674-1:2003,在本标准中涉及的方法 B 内容与国际标准一致。

为了便于使用,本标准对 ISO 8095:1990 做了下列编辑性修改:

——"本国际标准"一词改为"本标准";

——用小数点"."代替作为小数点的逗号",";

——删除国际标准的前言。

本标准的附录 A 为规范性附录。

本标准由中国石油和化学工业协会提出。

本标准由全国橡胶与橡胶制品标准化技术委员会涂覆制品分技术委员会(SAC/TC 35/SC 10)归口。

本标准起草单位:中橡集团沈阳橡胶研究设计院。

本标准主要起草人:常大勇、刘月冬、于雅洁。

PVC涂覆织物　防水布规范

1　范围

本标准规定了用经过适当塑化、着色或其他处理的聚氯乙烯或主要组成为氯乙烯的共聚物单、双面涂覆的防水布的要求。

2　规范性引用文件

下列文件中的条款通过本标准的引用而成为本标准的条款。凡是注日期的引用文件，其随后所有的修改单(不包括勘误的内容)或修订版均不适用于本标准，然而，鼓励根据本标准达成协议的各方研究是否可使用这些文件的最新版本。凡是不注日期的引用文件，其最新版本适用于本标准。

GB/T 12588　塑料涂覆织物　聚氯乙烯涂覆层　融合程度快速检验法(GB/T 12588—2003，ISO 6451:1982，IDT)

GB/T 18426　橡胶或塑料涂覆织物　低温弯曲试验(GB/T 18426—2001，idt ISO 4675:1990)

HG/T 2580　橡胶或塑料涂覆织物　拉伸强度和拉断伸长率的测定(HG/T 2580—2008，ISO 4675:1990，IDT)

HG/T 2581.1—2009　橡胶或塑料涂覆织物　耐撕裂性能的测定　第1部分：恒速撕裂法(ISO 4674-1:2003，MOD)

HG/T 2582　橡胶或塑料涂覆织物　耐透水性测定(HG/T 2582—2008，ISO 1420:2001，IDT)

HG/T 3050.2　橡胶或塑料涂覆织物　整卷特性　第2部分：测定单位面积的总质量、单位面积的涂覆质量和单位面积的底布质量的方法(HG/T 3050.2—2001，idt ISO 2286-2:1998)

HG/T 3052　橡胶或塑料涂覆织物　涂覆层粘合强度的测定(HG/T 3052—2008，ISO 2411:2000，IDT)

HG/T 12586—2003　橡胶或塑料涂覆织物　耐屈挠破坏性的测定(ISO 7854:1995，IDT)

ISO 105-B02[1)]　纺织品　色牢度试验　耐人造光色牢度：氙弧

ISO 176　塑料增塑剂损耗的测定　活性碳法

ISO 5978[2)]　橡胶或塑料涂覆织物　抗粘合性的测定

ISO 7771[3)]　纺织品　织物因冷水浸渍而引起的尺寸变化的测定

3　标志

每卷防水布应附有下列内容的标签：

a)　制造厂的名称和/或其特殊标志以及制造批号；

b)　本标准编号；

c)　基布的纤维类型，聚酰胺(1型或2型)或聚酯；

d)　有关清洁涂覆表面的建议方法，对单面涂覆的防水布也包括最合适的清洁基布材料的方法。

4　取样

所取样品应能代表所制造的一批产品，试样应从所取样品中按图A.1规定裁取。在有争议的情况

---

1)　根据ISO 105-B02:1994转化的国家标准为GB/T 8427—2008。

2)　根据ISO 5978:1990转化的化工行业标准为HG/T 2715—1995。

3)　根据ISO 7771:1985转化的国家标准为GB/T 8631—2001。

下，由检查机构按照附录A进行取样。

5 合格和复试

如果任何试样不符合表1规定的任何要求，则对试样不合格的试验项目应取双倍试样重复进行试验，只要可能，试样应从原样品上选取；否则另取样品，以便裁取新的试样。

如果所有的复试结果符合表1规定的相应要求，则裁取复试试样的样品，连同原样品代表的一批应被认为符合本标准的要求。

如果任何复试结果不符合表1的规定，则这些样品所代表的一批应被认为不符合本标准的要求。

6 要求

6.1 物理性能和色牢度

防水布物理性能和色牢度应符合表1的规定。

表1 防水布物理性能和色牢度

项目		指标			试验方法
		聚酰胺基布		聚酯基布	
		1型	2型		
单位面积的总质量/(g/m²)		≥550	≥400	≥600	HG/T 3050.2
单位面积的涂覆质量/(g/m²)		≥350	—	≥350	
拉断力/N	经向	≥2 500	≥1 500	≥2 750	HG/T 2580
	纬向	≥2 250	≥1 500	≥2 500	
拉断伸长率/%	经向	20～40	20～40	15～35	
	纬向	20～40	20～40	15～35	
撕裂强力(用200 mm×150 mm的试样)/N	经向	≥250	≥180	≥300	HG/T 2581.1—2009 方法B
	纬向	≥250	≥180	≥300	
涂覆层粘合强度/(N/50 mm)	经向	≥80	≥60	≥80	HG/T 3052
	纬向	≥80	≥60	≥80	
抗低温性(−25 ℃)		无裂纹			GB/T 18426
抗粘连性		不粘			ISO 5978
热老化涂覆质量损失率/%		≤5	≤5	≤5	ISO 176
耐光色牢度		≥6	≥6	≥6	ISO 105-B02
浸水后尺寸变化率(水温为27 ℃±2 ℃)/%	伸长	≤1.0	≤1.0	≤0.5	ISO 7771
	收缩	≤2.0	≤2.0	≤1.0	
融合程度		涂覆面无裂纹或孔眼			GB/T 12588
耐水渗透性/cm(水柱)		≥150	≥150	≥150	HG/T 2582
耐屈挠性(屈挠周期数)/次		≥5×10⁵	≥5×10⁵	≥5×10⁵	HG/T 12586—2003 方法B

6.2 燃烧性能

防水布阻燃性能应符合国家相应规定。

附 录 A
（规范性附录）
取样和裁取试样的方法

A.1 在有争议的情况下，应遵守下列取样要求。

A.2 样品应从符合第 3 章规定的每一批产品中选取，每 1 000 延长米至少应取一件样品。

A.3 样品应从整卷防水布的端部选取。

A.4 取自每一批产品的样品量应能保证其总量足以满足完成表 1 规定的试验所需要的试样量。

A.5 试验用的试样应从 A.4 规定的样品上裁取，使所有样品都应有一个按表 1 要求进行试验的代表试样。

A.6 对多种颜色的样品，所有颜色均应进行表 1 规定的色牢度试验。

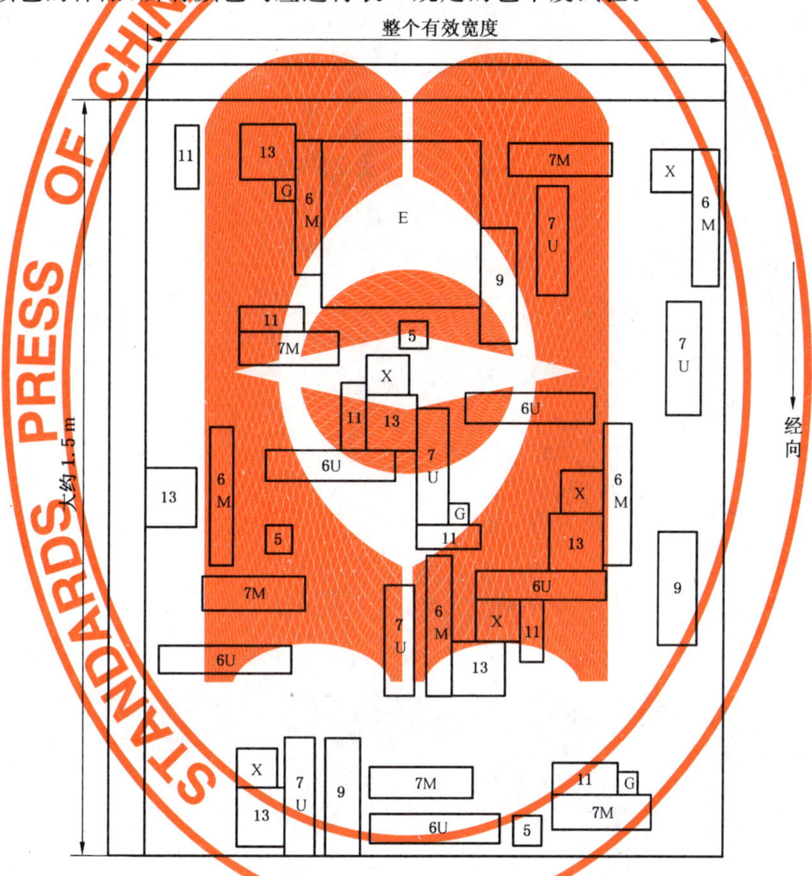

5——质量测定；
6——拉断力；
7——撕裂强力；
9——涂覆层粘合强度；
11——耐屈挠性；
13——抗粘连性；
D——浸水后尺寸变化率；
F——融合程度；
L——经向；
T——纬向；
W——耐水渗透性。

注：抗低温性、热老化涂覆质量损失率和耐光色牢度试验的试样从该样品上任意合适的地方选取。

图 A.1 试样裁取示意图

STANDARDS PRESS OF CHINA

参 考 文 献

[1] GB/T 8427 纺织品 色牢度试验 耐人造光色牢度:氙弧(GB/T 8427—2008,ISO 105-B02:1994,MOD)

[2] GB/T 8631 纺织品 织物因冷水浸渍而引起的尺寸变化的测定(GB/T 8631—2001,eqv ISO 7771:1985)

[3] HG/T 2715 橡胶或塑料涂覆织物 抗粘合性的测定(HG/T 2715—1995,eqv ISO 5978:1990)

ICS 27.020;83.140.40
G 42

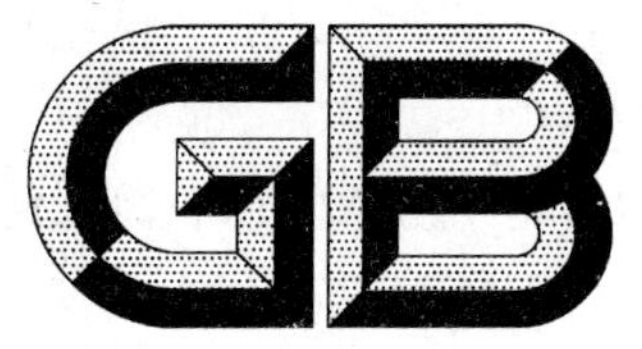

中华人民共和国国家标准

GB/T 24140—2009/ISO 11424:1996

内燃机空气和真空系统用橡胶软管和纯胶管　规范

Rubber hose and tubing for air and vacuum systems for internal-combustion engines—Specification

(ISO 11424:1996,IDT)

2009-06-15 发布　　2010-02-01 实施

中华人民共和国国家质量监督检验检疫总局
中国国家标准化管理委员会　发布

前言

本标准等同采用 ISO 11424:1996《内燃机空气和真空系统用橡胶软管和纯胶管　规范》(英文版)。

本标准等同翻译 ISO 11424:1996。

本标准第 2 章引用的 HG/T 3042—1989 是等效采用国际标准 ISO 4639.1:1987,本标准所涉及的附录 A、附录 D 的试验方法与国际标准一致;引用的 GB/T 1690—2006 是修改采用国际标准 ISO 1817:2005,本标准所涉及的试验液体和试验方法与国际标准一致。

为便于使用,本标准做了下列编辑性修改:

a) “本国际标准”一词改为“本标准”;

b) 用小数点“.”代替作为小数点的逗号“,”;

c) 删除国际标准前言。

本标准由中国石油和化学工业协会提出。

本标准由全国橡胶与橡胶制品标准化技术委员会软管分技术委员会(SAC/TC 35/SC 1)归口。

本标准起草单位:沈阳新飞宇橡胶制品有限公司、沈阳橡胶研究设计院。

本标准主要起草人:刘家新、李飒。

内燃机空气和真空系统用橡胶软管和纯胶管　规范

1　范围

本标准规定了供内燃机的各种空气和真空系统用的橡胶软管和纯胶管的要求。本标准不适用于卡车和拖车用直接动力制动软管，也不适用于客舱的进气口和导风用软管。本标准规定的最高温度的软管通常用在涡轮增压器系统。所有的软管当温度降到－40 ℃时仍可使用。

注：虽然真空这个术语通常被使用，其实用途之一是用于降低各种发动机系统构件的制动或控制的空气压力，软管输送的气体可能是清洁的没被污染的气体也可能含有油、燃油和由于安装和使用引起的它们的被污染了的蒸气气体。

2　规范性引用文件

下列文件中的条款通过本标准的引用而成为本标准的条款。凡是注日期的引用文件，其随后所有的修改单(不包括勘误的内容)或修订版均不适用于本标准，然而，鼓励根据本标准达成协议的各方研究是否可使用这些文件的最新版本。凡是不注日期的引用文件，其最新版本适用于本标准。

GB/T 528　硫化橡胶或热塑性橡胶　拉伸应力应变性能的测定(GB/T 528—2009,ISO 37:2005,IDT)

GB/T 1690—2006　硫化橡胶或热塑性橡胶耐液体试验方法(ISO 1817:2005,MOD)

GB/T 3672.1　橡胶制品的公差　第1部分:尺寸公差(GB/T 3672.1—2002,ISO 3302-1:1996,IDT)

GB/T 5563　橡胶和塑料软管及软管组合件　静液压试验方法(GB/T 5563—2006,ISO 1402:1994,IDT)

GB/T 5564—2006　橡胶及塑料软管　低温曲挠试验(ISO 4672:1997,IDT)

GB/T 5565　橡胶或塑料增强软管和非增强软管　弯曲试验(GB/T 5565—2006,ISO 1746:1998,IDT)

GB/T 5567—2006　橡胶和塑料软管及软管组合件　耐吸扁性能的测定(ISO 7233:1991,IDT)

GB/T 6031　硫化橡胶或热塑性橡胶硬度的测定(10～100 IRHD)(GB/T 6031—1998,idt ISO 48:1994)

GB/T 9573　橡胶、塑料软管及软管组合件尺寸测量方法(GB/T 9573—2003,ISO 4671:1999,IDT)

GB/T 14905　橡胶和塑料软管　各层间粘合强度的测定(GB/T 14905—2009,ISO 8033:2006,IDT)

GB/T 24134　橡胶和塑料软管　静态条件下耐臭氧性能的评价(GB/T 24134—2009,ISO 7326:2006,IDT)

HG/T 3042—1989　内燃机燃油系统输送常规液体燃油用纯胶管和橡胶软管(eqv ISO 4639.1:1987)

STANDARDS PRESS OF CHINA

ISO 188[1)] 硫化橡胶　加速老化或耐热性能试验

ISO 815[2)] 硫化橡胶或热塑性橡胶　常温、高温及低温下压缩永久变形测定

ISO 1629　橡胶和乳胶　术语

3　型别和级别

本标准规定的橡胶软管和纯胶管按预定的工作环境划分为2种型别和10个等级。

型别

A型:工作压力不大于0.3 MPa的内部增强橡胶软管;

B型:工作压力不大于0.12 MPa的均质纯胶管。

级别

1级:长期工作温度不超过70 ℃,最高工作温度不超过100 ℃,推荐不用于要求耐油、燃油及其混合物蒸气的场合。

注:通常,可采用丁苯橡胶(SBR)[3)]。

2级:长期工作温度不超过100 ℃,最高工作温度不超过125 ℃,耐油及其混合蒸气的场合。

注:通常,可采用氯丁橡胶(CR)。

3级:长期工作温度不超过100℃,最高工作温度不超过150 ℃,耐油、燃油及其混合蒸气的场合。

注:通常,可采用丁腈橡胶(NBR)。

4级:长期工作温度不超过125 ℃,最高工作温度不超过150 ℃,推荐不用于要求耐油、燃油及其混合蒸气的场合。

注:通常,可采用乙丙橡胶(EPM或EPDM)。

5级:长期工作温度不超过125 ℃,最高工作温度不超过150 ℃,耐油及其混合蒸气的场合。

注:通常,可采用氯化聚乙烯或氯磺化聚乙烯(CM或CSM)。

6级:长期工作温度不超过125 ℃,最高工作温度不超过150 ℃,耐油、燃油及其混合蒸气的场合。

注:通常,可采用氯醇或氢化丁腈橡胶(CO,ECO或HNBR)。

7级:长期工作温度不超过150 ℃,最高工作温度不超过175 ℃,推荐不用于要求耐油、燃油及其混合蒸气的场合。

注:通常,可采用硅橡胶(VMQ)。

8级:长期工作温度不超过150 ℃,最高工作温度不超过175 ℃,耐油及其混合蒸气的场合。

注:通常,可采用丙烯酸酯橡胶(ACM或AEM)。

9级:长期工作温度不超过150 ℃,最高工作温度不超过175 ℃,耐油、燃油及其混合蒸气的场合。

注:通常,可采用氟橡胶或氟硅橡胶(FKM或FVMQ)。

10级:长期工作温度不超过175 ℃,最高工作温度不超过200 ℃,耐油及其混合蒸气的场合。

注:通常,可采用氟橡胶或氟硅橡胶(FKM或FVMQ)。

软管因此可用两个字符描述表明,例如:A4型或B6型等。

事实上A型橡胶软管的外覆层和内衬层可用不同级别的材料制造,可用这样的三个字符描述:A9/5型,第二个字符代表内衬层材料,第三个字符代表外覆层材料。

同样地B型纯胶管是复合结构,也用这样的三个字符描述:B3/2型。

4　橡胶软管和纯胶管内壁

所有的橡胶软管和纯胶管的内壁应当清洁,目视检查时不应有任何污染。

1) 根据ISO 188:1998转化的国家标准为GB/T 3512—2001。

2) 根据ISO 815:1991转化的国家标准为GB/T 7759—1996。

3) 术语见ISO 1629。

5 尺寸和公差

5.1 橡胶软管

按 GB/T 9573 规定的方法测量时，尺寸和公差应符合表 1 所示值。

表 1 橡胶软管的尺寸和公差

单位为毫米

内　　径	内径公差	壁　　厚	外　　径	外径公差
3.5	±0.3	3	9.5	±0.4
4		3	10	
5		3	11	
6		3	12	
7		3	13	
7.5		3	13.5	
8		3	14	
9		3	15	
11		3.5	18	
12		3.5	19	

5.2 纯胶管

按 GB/T 9573 规定的方法测量时，内径和壁厚应当符合表 2 的规定。公差应当在 GB/T 3672.1 规定的适宜范围内进行选择。

表 2 纯胶管的内径和壁厚

单位为毫米

公称内径	标准壁厚
2	2
2.5	3
4	3.5
5	4
7 或 13	4.5

6 取样

如可能的话，应当在成品上裁取试样进行试验。如不可能，则应从与产品相同硫化程度的标准试验胶片上裁取试样。压缩永久变形应采用橡胶软管的外覆层、内衬层和纯胶管用的胶料制备的标准试样进行的测定。

7 物理性能要求

7.1 硬度

按照 GB/T 6031 测量时，硬度应符合表 3 给出的值。

7.2 拉伸强度和拉断伸长率

按照 GB/T 528 的规定使用 2 号哑铃状试样进行测定时，拉伸强度和拉断伸长率应符合表 3 给出的值。

7.3 热老化后的性能变化

按照 ISO 188 的规定，在通风干燥箱中，在下面 a)项和 b)项条件下使用 7.1 和 7.2 规定的试样进行加热老化试验，硬度、拉伸强度和拉断伸长率的变化应符合表 3 给出的值。

1 级

a) 在 100 ℃下,(70^{+2}_{0})h

b) 在 70 ℃下,(1 000±5)h。

2 级和 3 级

a) 在 125 ℃下,(70^{+2}_{0})h。

b) 在 100 ℃下,(1 000±5)h。

4 级、5 级和 6 级

a) 在 150 ℃下,(70^{+2}_{0})h。

b) 在 125 ℃下,(1 000±5)h。

7 级、8 级和 9 级

a) 在 175 ℃下,(70^{+2}_{0})h。

b) 在 150 ℃下,(1 000±5)h。

10 级

a) 在 200 ℃下,(70^{+2}_{0})h。

b) 在 175 ℃下,(1 000±5)h。

7.4 压缩永久变形

按照 ISO 815 使用 A 型试样在以下条件下进行测定时,压缩永久变形应符合表 3 给出的值。

1 级:在 70 ℃下,(70^{+2}_{0})h。

2 级和 3 级:在 100 ℃下,(70^{+2}_{0})h。

4 级、5 级和 6 级:在 125 ℃下,(70^{+2}_{0})h。

7 级、8 级和 9 级:在 150 ℃下,(70^{+2}_{0})h。

10 级:在 175 ℃下,(70^{+2}_{0})h。

7.5 耐氧化燃油

本要求仅适用于 A 型橡胶软管的内衬层和 B 型纯胶管的 3 级、6 级和 9 级。

按照 GB/T 1690—2006 进行测定,在 23 ℃±2 ℃下于体积比为 85 份的液体 C(见 GB/T 1690—2006)和 15 份的甲醇的混合液中浸渍(70^{+2}_{0})h 后,性能的任何变化应符合表 3 给出的值。

7.6 耐 3 号油

本项要求仅适用于 A 型橡胶软管的外覆层、内衬层和 B 型纯胶管的 2 级、3 级、5 级、6 级、8 级、9 级和 10 级。

按照 GB/T 1690—2006 进行测定,在下列温度下于 3 号标准油中浸渍(70^{+2}_{0})h 后,性能的任何变化应符合表 3 给出的值。

2 级和 3 级:(100±2)℃

5 级和 6 级:(125±2)℃

8 级、9 级和 10 级:(150±2)℃

7.7 最小爆破压力

按照 GB/T 5563 进行测定时,最小爆破压力应符合表 3 给出的值。

7.8 粘合强度

本项要求仅适用于 A 型橡胶软管的所有级别。

按照 GB/T 14905 进行测定时,橡胶软管外覆层和内衬层之间的粘合强度应符合表 3 给出的值。

7.9 耐臭氧性能

按照 GB/T 24134 的规定在下面条件下进行测定时,耐臭氧性能应符合表 3 给出的值。

臭氧浓度:(50±5)mPa;

持续时间:(70^{+2}_{0})h;

伸长率:20%;

温度:(40±2)℃。

7.10 加热老化后的低温曲挠性能

加热老化后的低温曲挠性应符合表 3 规定的要求。

按照 GB/T 5564—2006 规定的方法 B,在-40 ℃±2 ℃下调节 24 h,以橡胶软管公称内径 12 倍,纯胶管公称内径 25 倍的弯曲半径,按照 7.3 规定的所有级别的一系列 b)项条件,对热老化后的橡胶软管和纯胶管进行低温曲挠性试验。

7.11 抽出物的数量

按照 HG/T 3042—1989 的附录 A 的规定进行测定时,按体积计用 85 份的液体 C(见 GB/T 1690—2006)和 15 份的甲醇的混合液,抽出物的数量应符合表 3 给出的值。

7.12 耐撕裂性能

本要求仅适用于 B 型纯胶管。

当按 HG/T 3042—1989 的附录 D 的规定进行测定时,耐撕裂性能应符合表 3 给出的值。

7.13 耐负压性能

耐负压性能应符合表 3 规定的要求。

本试验应按 GB/T 5567—2006 规定,方法 A,仅在直的橡胶软管和纯胶管上按下列条件进行测试:

试验压力:低于大气压(80±1)kPa;

时间周期:15 s~60 s;

球直径:0.8×橡胶软管或纯胶管的公称内径。

7.14 耐弯折性能

本要求适用于内径不大于 16 mm 的直的纯胶管和橡胶软管。按照 GB/T 5564 规定进行试验时,使用的芯轴直径:

——对于内径不大于 11 mm 的软管和非增强软管为 140 mm;

——对于内径大于 11 mm 的软管和非增强软管为 220 mm。

变形系数(T/D)应符合表 3 给出的值。

表 3 物理性能要求

章条号	性 能	单 位	要 求		
			A 型橡胶软管		B 型纯胶管
			内衬层	外覆层	
7.1	标准硬度和公差	IRHD	70±10	70±10	70±10
7.2	拉伸强度 最小				
	1 级	MPa	10	10	10
	2 级	MPa	10	10	10
	3 级	MPa	10	10	10
	4 级	MPa	10	10	10
	5 级	MPa	10	10	10
	6 级	MPa	10	10	10
	7 级	MPa	6	6	6
	8 级	MPa	8	8	8
	9 级	MPa	6	6	6
	10 级	MPa	6	6	6

STANDARDS PRESS OF CHINA

表 3（续）

章条号	性能		单位	要求		
				A 型橡胶软管		B 型纯胶管
				内衬层	外覆层	
7.2	拉断伸长率	最大				
	1 级		%	250	250	250
	2 级		%	250	250	250
	3 级		%	250	250	250
	4 级		%	200	200	200
	5 级		%	250	250	250
	6 级		%	250	250	250
	7 级		%	150	150	150
	8 级		%	150	150	150
	9 级		%	150	150	150
	10 级		%	150	150	150
7.3	热老化					
	硬度变化	最大	IRHD	±15	±15	±15
				硬度最大值 90 IRHD		
	拉伸强度变化	最大	%	−30	−30	−30
				拉伸强度最小值 5 MPa		
	拉断伸长率变化	最大	%	−50	−50	−50
				拉断伸长率最小值 100%		
7.4	压缩永久变形，所有级别	最大	%	50	50	50
7.5	耐氧化燃油，3 级、6 级和 9 级，					
	硬度变化	最大	IRHD	−25	—	−25
				硬度最小值 40 IRHD		
	拉伸强度变化	最大	%	−50	—	−50
				拉伸强度最小值 5 MPa		
	拉断伸长率变化	最大	%	−50	—	−50
				拉断伸长率最小值 100%		
	体积变化	最大	%	+70	—	+70
7.6	耐 3 号油，2 级、3 级、5 级、6 级、8 级、9 级和 10 级					
	硬度变化	最大	IRHD	−25	−25	−25
				硬度最小值 40 IRHD		
	拉伸强度变化	最大	%	−50	−50	−50
				拉伸强度最小值 5 MPa		
	拉断伸长率变化	最大	%	−50	−50	−50
				拉断伸长率最小值 100%		
	体积变化	最大	%	+60	+60	+60

表 3（续）

章条号	性　　能	单　　位	要　　求		
			A 型橡胶软管		B 型纯胶管
			内衬层	外覆层	
7.7	最小爆破压力	MPa	1.5	1.5	0.5
7.8	粘合强度(分离力)　最小	kN/mm	1.5	1.5	—
7.9	耐臭氧性能		在放大 2 倍下无龟裂迹象		
7.10	加热老化后低温曲挠性能		在放大 2 倍下无龟裂迹象		
7.11	抽出物　最大	g/m^2	10	10	10
7.12	耐撕裂性能　最小	kN/m	—	—	8
7.13	耐负压性能		球完全通过		
7.14	耐弯折性能 变形系数(T/D)　最大		0.7	0.7	0.7

8　标志

除非组件太小不能加标记，纯胶管和橡胶软管应标记下列内容：

a)　本标准号；

b)　制造厂名或商标；

c)　橡胶软管或纯胶管型别和级别；

d)　制造年月。

ICS 27.020;83.140.40
G 42

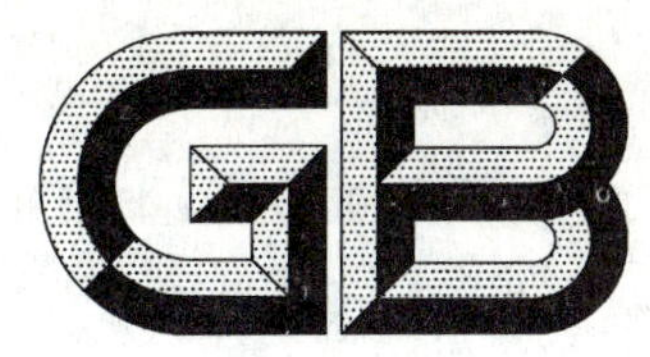

中华人民共和国国家标准

GB/T 24141.1—2009/ISO 19013-1:2005

内燃机燃油管路用橡胶软管和纯胶管规范　第1部分:柴油燃料

Rubber hoses and tubing for fuel circuits for internal combustion engines—Specification—Part 1:Diesel fuels

(ISO 19013-1:2005,IDT)

2009-06-15 发布　　2010-02-01 实施

中华人民共和国国家质量监督检验检疫总局
中国国家标准化管理委员会　发布

前　言

GB/T 24141《内燃机燃油管路用橡胶软管和纯胶管　规范》包括下列2部分：

——第1部分：柴油燃料；

——第2部分：汽油燃料。

本部分为GB/T 24141的第1部分。

本部分等同采用ISO 19013-1:2005《内燃机燃油管路用橡胶软管和纯胶管　规范　第1部分：柴油燃料》(英文版)。

本部分等同翻译ISO 19013-1:2005。

本部分第2章引用的GB/T 1690—2006是修改采用ISO 1817:2005，在本部分试验中涉及引用的IRM903号标准油、液体C和液体F与国际标准一致。

为便于使用，本部分还做了下列编辑性修改：

a) "本国际标准"一词改为"本部分"；

b) 用小数点"."代替作为小数点的逗号","；

c) 删除国际标准前言。

本部分中的附录A、附录B、附录C、附录D、附录F、附录G为规范性附录，附录E、附录H为资料性附录。

本部分由中国石油和化学工业协会提出。

本部分由全国橡胶与橡胶制品标准化技术委员会软管分技术委员会(SAC/TC 35/SC 1)归口。

本标准主要起草单位：中车集团南京七四二五工厂。

本标准主要起草人：孙克俭、张英稳。

内燃机燃油管路用橡胶软管和纯胶管规范　第1部分:柴油燃料

警告:使用GB/T 24141的本部分的人员应有正规实验室工作的实践经验。本部分并未指出所有可能的安全问题,使用者有责任采取适当的安全和健康措施,并保证符合国家有关法规规定的条件。

1　范围

GB/T 24141的本部分规定了内燃机柴油燃油管路中使用的橡胶软管和纯胶管的要求,所适用的柴油燃料包括"生物柴油",它是在普通柴油中添加最高20%体积分数油菜籽油甲酯组成。另外,本部分也可作为一种分类方法,应用于使原装设备制造厂(OEM)能够为有些试验未被规定的主要类型所包括的特定应用选定"标注"的试验(参见附录E示例)。在这种情况下,橡胶软管和纯胶管不应附有任何表明本部分号的标记,但可以详细记载其部件图上所显示的OEM自己的标识标记。

2　规范性引用文件

下列文件中的条款通过GB/T 24141的本部分的引用而成为本部分的条款。凡是注日期的引用文件,其随后所有的修改单(不包括勘误的内容)或修订版均不适用于本部分,然而,鼓励根据本部分达成协议的各方研究是否可使用这些文件的最新版本。凡是不注日期的引用文件,其最新版本适用于本部分。

GB/T 1690—2006　硫化橡胶或热塑性橡胶耐液体试验方法(ISO 1817:2005,MOD)

GB/T 2941　橡胶物理试验方法试样制备和调节通用程序(GB/T 2941—2006,ISO 23529:2004,IDT)

GB/T 3672.1—2002　橡胶制品公差　第1部分:尺寸公差(ISO 3302-1:1996,IDT)

GB/T 5563　橡胶和塑料软管及软管组合件　静液压试验方法(GB/T 5563—2006,ISO 1402:1994,IDT)

GB/T 5564—2006　橡胶和塑料软管　低温曲挠试验(ISO 4672:1997,IDT)

GB/T 5565　橡胶或塑料增强软管和非增强软管　弯曲试验(GB/T 5565—2006,ISO 1746:1998,IDT)

GB/T 5567—2006　橡胶和塑料软管及软管组合件　耐吸扁性能的测定(ISO 7233:1991,IDT)

GB/T 5576　橡胶与胶乳　命名法(GB/T 5576—1997,idt ISO 1629:1995)

GB/T 9572　橡胶和塑料软管及软管组合件　电阻的测定(GB/T 9572—2001,idt ISO 8031:1993)

GB/T 9573　橡胶、塑料软管及软管组合件尺寸测量方法(GB/T 9573—2003,ISO 4671:1999,IDT)

GB/T 12833　橡胶和塑料　撕裂强度和粘合强度测定中的多峰曲线分析(GB/T 12833—2006,ISO 6133:1998,IDT)

GB/T 14905　橡胶和塑料软管　各层间粘合强度的测定(GB/T 14905—2009,ISO 8033:2006,IDT)

GB/T 24134—2009　橡胶和塑料软管　静态条件下耐臭氧性能的评价(ISO 7326:2006,IDT)

ISO 188[1)]　硫化橡胶或热塑性橡胶　加热老化和耐热试验

ISO 4926　道路车辆　液压制动系统　非石油基流体

---

1)　与ISO 188:1998对应的国家标准是GB/T 3512—2001。

SAE J2027　汽油管线路非增强软管外保护层的标准

SAE J2044:2002　液体燃料和蒸气/排气系统用的快速连接连接器

SAE J2260　单层或多层非金属燃油系统非增强软管

EN 14214　机动车燃料　柴油机用脂肪酸甲酯(FAME)　要求和试验方法

3　分类

产品应由挤出的橡胶材料构成,带有或不带有整体的增强层,增强层可亦可不必在最后硫化之前预成型。产品还可有一层橡胶或热塑性塑料镶衬层,作为内覆层或形成内衬,以增强耐液体性能和(或)降低燃油蒸气的渗透性。

特定应用的7种橡胶软管和纯胶管规定如下:

1型:A级:从燃油箱到发动机舱的加压(工作压力0.7 MPa)供油和回油管路(−40 ℃～+80 ℃)。

　　B级:从燃油箱到发动机舱的加压(工作压力0.2 MPa)供油和回油管路(−40 ℃～+80 ℃)。

2型:A级:发动机舱中的加压(工作压力0.7 MPa)供油和回油管路(−40 ℃～+100 ℃)。

　　B级:发动机舱中的加压(工作压力0.2 MPa)供油和回油管路(−40 ℃～+100 ℃)。

3型:A级:发动机舱中的加压(工作压力0.7 MPa)供油和回油管路(−40 ℃～+125 ℃)。

　　B级:发动机舱中的加压(工作压力0.2 MPa)供油和回油管路(−40 ℃～+125 ℃)。

4型:低压(工作压力0.12 MPa)加油漏斗、排气口和蒸气处理(−40 ℃～+80 ℃)。

4　尺寸

4.1　纯胶管

当用GB/T 9573所述的方法测定时,内径和壁厚应符合表1给出的值。

公差应从GB/T 3672.1—2002规定的相应种类进行选择:模压软管M3;挤出纯胶管E2。

如有镶衬层,其厚度应包括在表1所示的所有公称壁厚中。

表1　纯胶管的内径和壁厚　　单位为毫米

内　径	壁　厚
3.5	3.5
4	3.5
5	4
7	4.5
9	4.5
11	4.5
13	4.5

注:提示,与纯胶管相配的接头具有下列直径:4 mm,4.5 mm,6 mm或6.35 mm,8 mm,10 mm,12 mm和14 mm。

4.2　橡胶软管

当用GB/T9573所述的方法测定时,软管的尺寸和同心度应符合表2和表3给出的值。

如有镶衬层,其厚度应包括在表2所示的所有公称壁厚中。

表2　橡胶软管尺寸　　单位为毫米

内　径	内径公差	壁　厚	外　径	外径公差
3.5	±0.3	3	9.5	±0.4
4	±0.3	3	10	±0.4

表 2(续)

单位为毫米

内　　径	内径公差	壁　　厚	外　　径	外径公差
5	±0.3	3	11	±0.4
6	±0.3	3	12	±0.4
7	±0.3	3	13	±0.4
7.5	±0.3	3	13.5	±0.4
8	±0.3	3	14	±0.4
9	±0.3	3	15	±0.4
11	±0.3	3.5	18	±0.4
12	±0.3	3.5	19	±0.4
13	±0.4	3.5	20	±0.6
16	±0.4	4	24	±0.6
21	±0.4	4	29	±0.6
31.5	$^{+0.5}_{-1}$	4.25	40	±1
40	$^{+0.5}_{-1}$	5	50	±1

表 3　橡胶软管同心度

单位为毫米

内　　径	同心度的最大偏差
3.5 以下(包括 3.5)	0.4
大于 3.5	0.8

5　橡胶软管和纯胶管的性能要求

根据成品的性能要求,橡胶软管或纯胶管的每种试验应从下列试验中选择。橡胶软管或纯胶管的型式试验(如第 6 章所规定的)在附录 F 中给出。

a)　爆破压力

当按 GB/T 5563 测定时,1 型、2 型和 3 型 A 级的最小爆破压力应为 3.0 MPa,B 级应为 1.2 MPa,4 型应为 0.5 MPa。另外,耐燃油性能试验 m)之后,橡胶软管和纯胶管爆破压力应不低于初始爆破压力的 75%。

b)　粘合强度(仅适用于所有具有两层或两层以上粘合层的结构)

当按 GB/T 14905 相应程序测定时,每对粘合层间的粘合强度应不小于 1.5 kN/m。

c)　低温曲挠性

按 GB/T 5564—2006 方法 B 进行试验,一段橡胶软管或纯胶管预先充满 GB/T 1690—2006 中的液体 C,在 21 ℃±2 ℃下保持 72 h±2 h,然后在−40 ℃±2 ℃下保持 72 h±2 h,将半径为橡胶软管公称内径 12 倍或纯胶管公称内径 25 倍的芯轴也做低温处理,接着仍在−40 ℃±2 ℃低温下,将橡胶软管或纯胶管弯曲,放大两倍观察时,不应出现任何龟裂迹象,这时该橡胶软管或纯胶管应符合试验 a)爆破压力的要求。

d)　内部清洁度

当按附录 A 进行测定时,不溶性杂质不应超过 5 g/m²,燃油可溶物不应超过 3 g/m²。

e)　萃取蜡状物

当按附录 A 进行测定时,萃取蜡状物不应超过 2.5 g/m²。

f)　撕裂强度(仅适用于纯胶管)

当按附录 B 进行测定时，最小撕裂强度应为 4.5 kN/m。

g) 耐臭氧性能

当按 GB/T 24134—2009 的方法 1 在下列条件下进行试验，试验后放大两倍观察时，橡胶软管或纯胶管应无龟裂。

试验条件：

臭氧分压：50 mPa±3 mPa；

时间：72 h±2 h；

温度：40 ℃±2 ℃；

伸长率：20%。

h) 耐热老化性能

按 ISO 188 在下列一个或一个以上时间和温度条件下老化后，所有的结构应符合粘合强度试验 b)、低温曲挠性试验 c) 和耐臭氧性能试验 g) 的要求：

1) 80 ℃下 1 000 h；

2) 100 ℃下 1 000 h；

3) 125 ℃下 1 000 h；

4) 100 ℃下 168 h；

5) 125 ℃下 168 h；

6) 140 ℃下 168 h。

注：1 000 h 试验温度代表长期工作温度，168 h 试验温度代表短期峰值工作温度。

i) 耐机油表面污染性能

按附录 C 使用 GB/T 1690—2006 的 IRM903 号标准油进行试验时，所有的结构应符合粘合强度试验 b)、低温曲挠性试验 c) 和耐臭氧性能试验 g) 的要求。

j) 耐非石油基液压(刹车/离合器)流体表面污染性能

按附录 C 使用 ISO 4926 的液压流体进行试验时，所有的结构应符合粘合强度试验 b)、低温曲挠性试验 c) 和耐臭氧试验 g) 的要求。

k) 耐折曲性能(此要求仅适用于公称内径小于或等于 16 mm 的直的橡胶软管和纯胶管)

按 GB/T 5565 进行测定时，最大变形系数(T/D)不应超过 0.7。公称内径 11 mm 以下的橡胶软管和纯胶管所用的芯型直径为 140 mm，公称内径为 12 mm～16 mm 之间的橡胶软管和纯胶管所用的芯型直径为 220 mm。

l) 耐负压性能(此要求仅适用于直的橡胶软管和纯胶管)

当橡胶软管或纯胶管按 GB/T 5567—2006 程序 A 进行试验，在 0.08 MPa 绝对压力下进行 15 s～60 s 时，用直径为胶管公称内径 0.8 倍的球，球应能在整根软管内通过。

m) 耐燃油性能

按 SAE J2260 使用下列一种或多种试验燃油在 80 ℃±2 ℃燃油温度下试验 5 000 h，所有的结构应符合粘合强度试验 b)、低温曲挠性试验 c)、耐臭氧性能试验 g)、耐折曲性能试验 k) 和耐负压性能试验 l) 的要求：

1) 100%体积分数液体 F(GB/T 1690—2006)；

2) 80%体积分数液体 F(GB/T 1690—2006)与 20%油菜籽油甲酯(EN 14214)的混合物。

n) 耐烧穿性能

按 SAE J2027 规定的要求进行耐烧穿性能试验，橡胶软管或纯胶管承受最少 60 s 火焰暴露而无压力损失。

o) 电阻

当按 GB/T 9572 进行测定时，电阻不应超过 10 MΩ。

p) 寿命周期试验(仅1、2和3型)

当按附录D进行试验时,橡胶软管和纯胶管应符合粘合强度试验b)、低温曲挠性试验c)和耐臭氧性能试验g)的要求。

6 试验频次

型式试验和例行试验分别在附录F和附录G中作了规定。

型式试验是制造厂家证明其生产方式和软管设计符合本标准所有要求的依据,最多每隔5年进行一次,或者每当制造方法或材料发生变化时应进行试验。

例行试验应在发送之前对每根成品软管进行。

生产验收试验是附录H中规定的那些试验,由制造厂进行,以便控制其制造质量。附录H规定的试验频次仅作指南用。

7 标志

所有的结构应连续标志下列内容:

a) 制造厂名称或商标;

b) 本国家标准号;

c) 按第3章的分类;

d) 内径,mm;

e) 燃料,例如:柴油;

f) 制造日期(年/月);

g) 按GB/T 5576规定的结构材料代码。

实例:MAN GB/T 24141.1 2型 A级 11 柴油 08/05 NBR

附　录　A
（规范性附录）
清洁度和萃取试验

A.1　范围

本附录对用于液体燃油管路中橡胶软管和纯胶管中存在的不溶性杂质（“污物”）、液体C可溶物和萃取蜡状物的数量规定了测定方法。

A.2　原理

取一段橡胶软管或纯胶管试样，注入GB/T 1690—2006液体C，在常温下停放24 h。然后将试样倒空，通过液体C的自流冲洗其内壁。

收集全部溶液，滤出不溶性物质，干燥并称重，将剩余溶液蒸发到干燥状态，计算液体C可溶物的总含量。用甲醇从残余物中溶解出蜡状可萃取物，将得到的溶液蒸发到干燥状态并称量蜡状萃取物。

A.3　仪器和材料

A.3.1　玻璃过滤漏斗。

A.3.2　蒸发皿（2个）。

A.3.3　烧杯（250 cm^3）。

A.3.4　燃油蒸发器，装配有萃取罩。

A.3.5　通风干燥箱，应保持在85 ℃±5 ℃。

A.3.6　天平，精确至0.1 mg。

A.3.7　烧结玻璃过滤器，孔隙度为P3。

A.3.8　液体C，符合GB/T 1690—2006规定。

A.3.9　甲醇，最低纯度为99%。

A.3.10　金属塞，用于封闭橡胶软管/纯胶管端部。

A.4　程序

取一段300 mm～500 mm长的橡胶软管或纯胶管，测量其内径。将试样垂直悬挂，用金属塞（A.3.10）将其下端塞住。充注液体C（A.3.8），用另一个金属塞将其上端封闭。计算与液体C接触的内表面积，要考虑到与塞子接触的面积。将试样在21 ℃±2 ℃下停放24 h。

然后，拔掉其中一个金属塞，将内含物倒入烧杯（A.3.3）中，再拔掉另一个金属塞，将橡胶软管或纯胶管垂直悬挂在烧杯的上方。借助玻璃过滤漏斗（A.3.1），用20 cm^3 液体C冲洗橡胶软管或纯胶管的内部，共淋洗5次。

使用少量新鲜液体C冲洗烧杯，通过事先称重的烧结玻璃过滤器（A.3.7）过滤烧杯中的全部内含物。将滤液收集在事先称重的蒸发皿（A.3.2）中。在85 ℃±5 ℃通风干燥箱（A.3.5）中干燥过滤器，直至质量恒定。

计算不溶性杂质的总质量。

将蒸发皿及其内含物放置在萃取罩下的燃油蒸发器（A.3.4）上，将液体蒸发到干燥程度。在85 ℃±5 ℃干燥箱中干燥剩余物，直至质量达到恒定。

计算液体C萃取的可溶物质的总质量。

将萃取罩下蒸发皿中的干燥剩余物在21 ℃±5 ℃下保持16 h，然后在同一温度下将剩余物溶解在

30 cm^3 的甲醇(A.3.9)中。将溶液通过烧结玻璃过滤器过滤到第二个事先称重的蒸发皿中。用10 cm^3 新鲜的甲醇冲洗第一个蒸发皿,并如前所述进行过滤,再冲洗和过滤一次。

将第二个盛有过滤溶液的蒸发皿放置在萃取罩下的燃油蒸发器上,蒸发掉全部甲醇。在 85 ℃±5 ℃干燥箱中干燥剩余物,直至质量达到恒定。

计算每单位内部表面积甲醇溶解的蜡状萃取物的质量,用 g/m^2 表示。

附 录 B
（规范性附录）
纯胶管的耐撕裂性能

B.1 范围

本附录规定了内径与外径之比值小于或等于0.5的纯胶管耐撕裂性能试验的方法。

B.2 原理

使用拉力试验机测量试样扩延起始撕裂所需要的力。

B.3 仪器

B.3.1 刀：仔细磨快的刀或剃刀刀片。

B.3.2 拉力机：具有下列特点：

a） 记录负荷和夹具移动的装置；

b） 夹具恒定移动速度为100 mm/min±10 mm/min；

c） 能够固定试样而不使试样损坏或滑脱的夹具。

B.3.3 壁厚计：例如比较仪或螺纹计量器。

B.4 试样

B.4.1 形状和尺寸

每个试样的形状和尺寸如图B.1所示。

单位为毫米

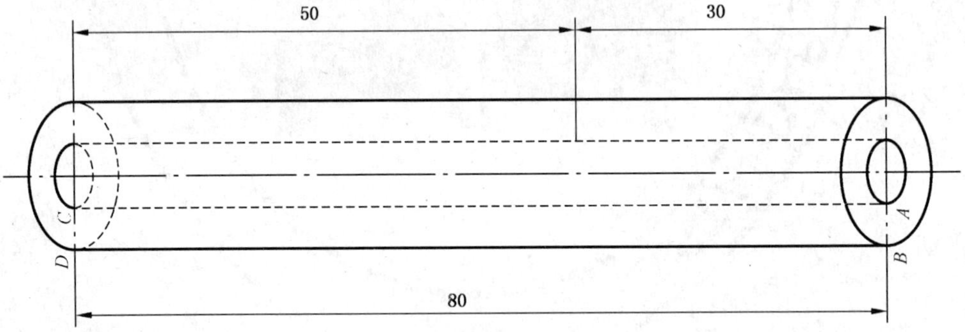

图B.1 试样的形状和尺寸

B.4.2 制备

用刀或刀片(B.3.1)从纯胶管上切取长80 mm±1 mm的试样。从一端开始，将试样沿纵向30 mm ±1 mm距离切成两半。继续按图B.1中A、B、C和D点标志的截面纵切一侧管壁。

B.4.3 数量

最少应试验3个试样。

B.4.4 调节

按GB/T 2941调节每个试样。

B.5 程序

用壁厚计(B.3.3)测量每个试样的壁厚。

将试样安装在夹具上(见图 B.2)。

调节负荷标度,施加拉力,直到试样沿其长度方向撕开。

其余试样重复上述程序。

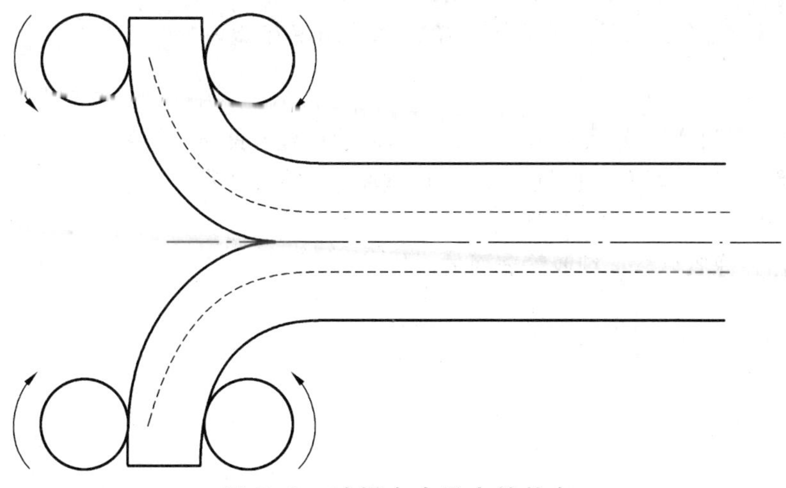

图 B.2　试样在夹具中的状态

B.6　结果的表示

负荷/时间图通常与图 B.3 所示相似。

根据 GB/T 12833 从每个图测定撕裂试样所需的峰值力中值。

用试样的峰值力中值除以该试样的壁厚(m),计算每个试样的撕裂强度(kN/m)。

计算所试验全部试样的平均撕裂强度。

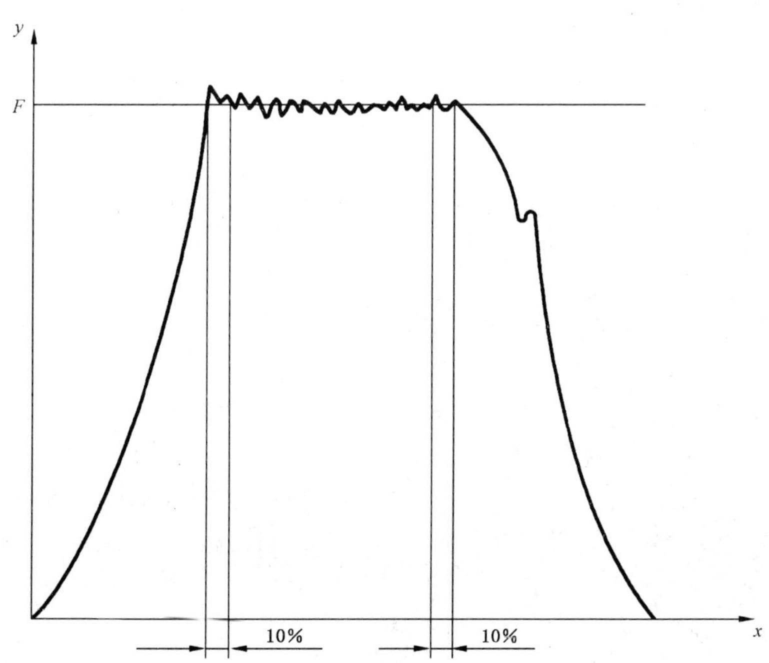

x——时间;

y——负荷。

图 B.3　纯胶管耐撕裂性能试验期间所获得的典型记录

附 录 C
（规范性附录）
耐表面污染性能的测定方法

紧紧塞住适当长度的橡胶软管或纯胶管的端头，以使粘合性能试验[第 5 章，试验 b)]、低温曲挠性试验[第 5 章，试验 c)]和耐臭氧性能试验[第 5 章，试验 g)]能够进行。

将每个试验试样在 60 ℃下完全浸泡在规定的污染流体中 2 h。

浸泡结束后，擦掉橡胶软管或纯胶管表面的流体，按规定进行试验。

附 录 D
（规范性附录）
寿命周期试验

D.1 范围

本附录描述了为了保证暴露于压力、振动和温度周期的燃油橡胶软管和纯胶管的材料和结构满足燃油系统功能要求而进行的寿命周期试验。

D.2 仪器

D.2.1 合适的试验箱：应满足 SAE J2044:2002 的 6.5 的要求。由于该试验要求燃油在流动和压力状态下加热，试验箱应安装在适当的防爆设施中。

D.3 程序

本试验应按 SAE J2044:2002 的 6.5（寿命周期试验）进行，但是每一周期的高温段，1 型橡胶软管和纯胶管为 80 ℃，2 型橡胶软管和纯胶管为 100 ℃，3 型橡胶软管和纯胶管为 125 ℃。

附　录　E
（资料性附录）
原装设备制造厂(OEM)如何使用矩阵规定非标准型别橡胶软管或纯胶管的示例

GB/T 24141.1—2009,第5章的软管：

a	×
b	×
c	×
d	×
e	N. A
f	N. A
g	×
h1	N. A
h2	N. A
h3	×
h4	N. A
h5	N. A
h6	×
i	N. A
j	N. A
k	×
l	×
m1	×
m2	×
n	×
o	×
p	×
z1	×
z2	×
注1：表中 z1,z2,…表示 OEM 规定的附加试验。 注2：×表示要求的试验,N. A 表示不适用的试验。	

附 录 F
（规范性附录）
型式试验
（如第6章规定）

试验（见第5章）	适用性			
	1型	2型	3型	4型
a	×	×	×	×
b	×	×	×	×
c	×	×	×	×
d	×	×	×	×
e	×	×	×	×
f	×	×	×	×
g	×	×	×	×
h1	×	N. A	N. A	×
h2	N. A	×	N. A	N. A
h3	N. A	N. A	×	N. A
h4	×	N. A	N. A	×
h5	N. A	×	N. A	N. A
h6	N. A	N. A	×	N. A
i	N. A	×	×	N. A
j	N. A	×	×	N. A
k	×	×	×	×
l	×	×	×	×
m1	×	×	×	×
m2	×	×	×	×
n	×	×	×	×
o	×	×	×	×
p	×	×	×	×
注：×应进行的试验； N. A不适用的试验。				

附 录 G
（规范性附录）
例行试验
（如第 6 章规定）

试验	适用性
尺寸	×
同心度	×
第 5 章试验	
a	N. A
b	N. A
c	N. A
d	N. A
e	N. A
f	N. A
g	N. A
h	N. A
i	N. A
j	N. A
k	N. A
l	N. A
m	N. A
n	N. A
o	N. A
p	N. A
注：×应进行的试验； N. A 不适用的试验。	

附 录 H
（资料性附录）
生产验收试验

生产验收试验是表中所示的每批或每10批所进行的试验。一批定义为1 000 m所生产的橡胶软管或纯胶管。

试　验	每　批	每10批
尺寸	×	×
同心度	×	×
第5章试验		
a	×	×
b	×	×
c	×	×
d	×	×
e	×	×
f	N. A	×
g	N. A	×
h(168h试验)	N. A	×
i	N. A	N. A
j	N. A	N. A
k	×	×
l	×	×
m	N. A	N. A
n	N. A	×
o	×	×
p	N. A	N. A
注：×应进行的试验； N. A不适用的试验。		

STANDARDS PRESS OF CHINA

参 考 文 献

[1] GB/T 3512—2001 硫化橡胶或热塑性橡胶 热空气加速老化和耐热试验(eqv ISO 188:1998)

ICS 27.020;83.140.40
G 42

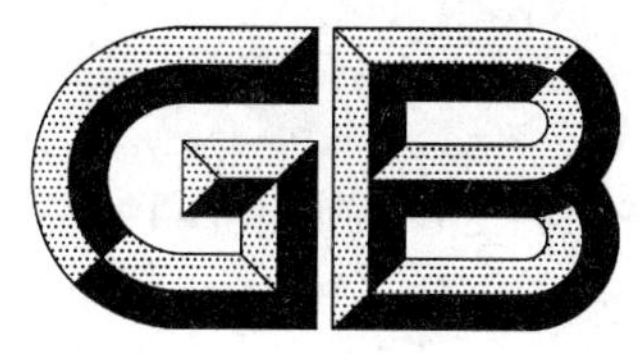

中华人民共和国国家标准

GB/T 24141.2—2009/ISO 19013-2:2005

内燃机燃油管路用橡胶软管和纯胶管规范 第2部分:汽油燃料

Rubber hoses and tubing for fuel circuits for internal combustion engines—Specification—Part 2:Gasoline fuels

(ISO 19013-2:2005,IDT)

2009-06-15 发布

2010-02-01 实施

中华人民共和国国家质量监督检验检疫总局
中国国家标准化管理委员会 发布

前言

GB/T 24141《内燃机燃油管路用橡胶软管和纯胶管　规范》包括下列2部分：

——第1部分：柴油燃料；

——第2部分：汽油燃料。

本部分为GB/T 24141的第2部分。

本部分等同采用ISO 19013-2:2005《内燃机燃油管路用橡胶软管和纯胶管　规范　第2部分：汽油燃料》(英文版)。

本部分等同翻译ISO 19013-2:2005。

本部分第2章引用的GB/T 1690—2006是修改采用ISO 1817:2005，在本部分试验中涉及引用的IRM903号标准油和液体C与国际标准一致。

为便于使用，本部分还做了下列编辑性修改：

a) "本国际标准"一词改为"本部分"；

b) 用小数点"."代替作为小数点的逗号","；

c) 删除国际标准前言。

本部分中的附录A、附录B、附录C、附录D、附录E、附录F、附录H、附录I为规范性附录，附录G、附录J为资料性附录。

本部分由中国石油和化学工业协会提出。

本部分由全国橡胶与橡胶制品标准化技术委员会软管分技术委员会(SAC/TC 35/SC 1)归口。

本部分主要起草单位：中车集团南京七四二五工厂。

本部分主要起草人：孙克俭、张英稳。

内燃机燃油管路用橡胶软管和纯胶管规范 第2部分:汽油燃料

警告:使用GB/T 24141的本部分的人员应有正规实验室工作的实践经验。本部分并未指出所有可能的安全问题,使用者有责任采取适当的安全和健康措施,并保证符合国家有关法规规定的条件。

1 范围

GB/T 24141的本部分规定了内燃机汽油燃油管路中使用的橡胶软管和纯胶管的要求,所适用的汽油燃料包括含有氧化物质如甲醇和甲基叔丁基醚的燃料和已经氧化的燃料(酸性气体)。此外,本部分可作为一种分类方法,应用于使原装设备制造厂(OEM)能够为有些试验未被所规定的主要型别所包括的特定应用选定"标注"的试验(参见附录G中的示例)。在这种情况下,橡胶软管和纯胶管不应附有任何表明本部分号的标记,但可详细记载其部件图纸上所显示的OEM自己的标识标志。

2 规范性引用文件

下列文件中的条款通过GB/T 24141的本部分的引用而成为本部分的条款。凡是注日期的引用文件,其随后所有的修改单(不包括勘误的内容)或修订版均不适用于本部分,然而,鼓励根据本部分达成协议的各方研究是否可使用这些文件的最新版本。凡是不注日期的引用文件,其最新版本适用于本部分。

GB/T 1690—2006 硫化橡胶或热塑性橡胶耐液体试验方法(ISO 1817:2005,MOD)

GB/T 2941 橡胶物理试验方法试样制备和调节通用程序(GB/T 2941—2006,ISO 23529:2004,IDT)

GB/T 3672.1—2002 橡胶制品的公差 第1部分:尺寸公差(ISO 3302-1:1996,IDT)

GB/T 5563 橡胶和塑料软管及软管组合件 静液压试验方法(GB/T 5563—2006,ISO 1402:1994,IDT)

GB/T 5564—2006 橡胶和塑料软管 低温曲挠试验(ISO 4672:1997,IDT)

GB/T 5565 橡胶或塑料增强软管和非增强软管 弯曲试验(GB/T 5565—2006,ISO 1746:1998,IDT)

GB/T 5567—2006 橡胶和塑料软管及软管组合件 耐吸扁性能的测定(ISO 7233:1991,IDT)

GB/T 9572 橡胶和塑料软管及软管组合件 电阻的测定(GB/T 9572—2001,idt ISO 8031:1993)

GB/T 9573 橡胶、塑料软管及软管组合件尺寸测量方法(GB/T 9573—2003,ISO 4671:1999,IDT)

GB/T 12833 橡胶和塑料 撕裂强度和粘合强度测定中的多峰曲线分析(GB/T 12833—2006,ISO 6133:1998,IDT)

GB/T 14905 橡胶和塑料软管 各层间粘合强度的测定(GB/T 14905—2009,ISO 8033:2006,IDT)

GB/T 24134—2009 橡胶和塑料软管 静态条件下耐臭氧性能的评价(ISO 7326:2006,IDT)

ASTM D 130 石油产品对铜的腐蚀性的铜条试验标准试验方法

ISO 188[1] 硫化橡胶或热塑性橡胶 加热老化和耐热试验

ISO 1629 橡胶和胶乳 术语

1) 与ISO 188:1998对应的国家标准是GB/T 3512—2001。

STANDARDS PRESS OF CHINA

ISO 4926　道路车辆　液压制动系统　非石油基流体

SAE J1737　测定燃油管、软管、接头和燃油管道总成中因循环而引起的碳氢化合物损失的试验程序

SAE J2027　汽油管路非增强软管外保护层的标准

SAE J2044:2002　液体燃料和蒸气/排气系统用的快速连接连接器

SAE J2260　单层或多层非金属燃油系统非增强软管

3　分类

产品应由挤出的橡胶材料构成，带有或不带有整体的增强层，增强层可亦可不在最后硫化之前预成型。产品还可有一层橡胶或热塑性塑料镶衬层，作为内覆层或形成内衬，以增强耐液体性能和(或)降低燃油蒸气的渗透性。

特定应用的7种橡胶软管和纯胶管规定如下：

1型　A级：从燃油箱到发动机舱的加压(工作压力0.7 MPa)供油和回流管路(−40 ℃～+80 ℃)，
　　B级：从燃油箱到发动机舱的加压(工作压力0.2 MPa)供油和回流管路(−40 ℃～+80 ℃)；

2型　A级：发动机舱中的加压(工作压力0.7 MPa)供油和回流管路(−40 ℃～+100 ℃)，
　　B级：发动机舱中的加压(工作压力0.2 MPa)供油和回流管路(−40 ℃～+100 ℃)；

3型　A级：发动机舱中的加压(工作压力0.7 MPa)供油和回流管路(−40 ℃～+125 ℃)，
　　B级：发动机舱中的加压(工作压力0.2 MPa)供油和回流管路(−40 ℃～+125 ℃)；

4型　低压(工作压力0.12 MPa)加油漏斗、排气口和蒸气处理(−40 ℃～+80 ℃)。

所有型别和级别还可标示较低燃油蒸气渗透性(RP)，例如，1型A级RP。

4　规格

4.1　纯胶管

当用GB/T 9573所述的方法测定时，内径和壁厚应符合表1给定的值。

公差应从GB/T 3672.1—2002规定的相应种类进行选择：模制软管M3和挤出纯胶管E2。

如有镶衬层，其厚度应包括在表1所示的所有公称壁厚中。

表1　纯胶管的内径和壁厚　　单位为毫米

内　径	壁　厚
3.5	3.5
4	3.5
5	4
7	4.5
9	4.5
11	4.5
13	4.5

注：提示，与纯胶管相配的接头具有下列直径：4 mm，4.5 mm，6 mm或6.35 mm，8 mm，10 mm，12 mm和14 mm。

4.2　橡胶软管

当用GB/T 9573所述的方法测定时，橡胶软管的尺寸和同心度应符合表2和表3给出的值。

如有镶衬层，其厚度应包括在表2所示的所有公称壁厚中。

表 2　橡胶软管尺寸

单位为毫米

内　径	内径公差	壁　厚	外　径	外径公差
3.5	±0.3	3	9.5	±0.4
4	±0.3	3	10	±0.4
5	±0.3	3	11	±0.4
6	±0.3	3	12	±0.4
7	±0.3	3	13	±0.4
7.5	±0.3	3	13.5	±0.4
8	±0.3	3	14	±0.4
9	±0.3	3	15	±0.4
11	±0.3	3.5	18	±0.4
12	±0.3	3.5	19	±0.4
13	±0.4	3.5	20	±0.6
16	±0.4	4	24	±0.6
21	±0.4	4	29	±0.6
31.5	$^{+0.5}_{-1}$	4.25	40	±1
40	$^{+0.5}_{-1}$	5	50	±1

表 3　橡胶软管同心度

单位为毫米

内　　径	同心度的最大偏差
3.5 以下(包括 3.5)	0.4
大于 3.5	0.8

5　橡胶软管和纯胶管的性能要求

根据成品的性能要求，橡胶软管或纯胶管的每种试验应从下列试验中选择。橡胶软管或纯胶管的型式试验(如第 6 章所规定的)在附录 H 中给出。

a)　爆破压力

按 GB/T 5563 测定时，1 型，2 型和 3 型 A 级的最小爆破压力应为 3.0 MPa，B 级应为 1.2 MPa，4 型应为 0.5 MPa。另外，耐燃油性能试验 m)之后，橡胶软管和纯胶管的爆破压力应不小于初始爆破压力的 75%。

b)　粘合强度(仅适用所有具有两层或多层粘合层的结构)

当用 GB/T 14905 的相应程序测定时，每对粘合层之间的粘合强度应不小于 1.5 kN/m。

c)　低温曲挠性

按 GB/T 5564—2006 方法 B 进行试验，一段橡胶软管或纯胶管预先充满 GB/T 1690—2006 中的液体 C，在 21 ℃±2 ℃下保持 72 h±2 h，然后在－40 ℃±2 ℃下保持 72 h±2 h，将半径为橡胶软管公称内径 12 倍或纯胶管公称内径 25 倍的芯轴也做低温处理，接着仍在－40 ℃±2 ℃ 低温下，将橡胶软管或纯胶管弯曲，放大两倍观察时，不应出现任何龟裂迹象，这时该橡胶软管或纯胶管应符合试验 a)爆破压力的要求。

d)　内部清洁度

当按附录 A 测定时，不溶性杂质不应超过 5 g/m²，燃油可溶物不应超过 3 g/m²。

e) 萃取蜡状物

当按附录A测定时,萃取蜡状物不应超过2.5 g/m²。

f) 抗撕强度(仅适用于纯胶管)

当按附录B测定时,最小撕裂强度应为4.5 kN/m。

g) 耐臭氧性能

当按GB/T 24134—2009的方法1在下列条件下进行试验,试验后放大两倍观察时,橡胶软管或纯胶管应无龟裂。

试验条件:

臭氧分压:　　50 mPa±3 mPa;

时间:　　72 h±2 h;

温度:　　40 ℃±2 ℃;

伸长率:　　20%。

h) 耐热老化性能

按ISO 188在下列一个或一个以上时间和温度条件下老化后,所有的结构应符合粘合强度试验b)、低温曲挠性试验c)和耐臭氧性能试验g)的要求:

1) 80 ℃下1 000 h;
2) 100 ℃下1 000 h;
3) 125 ℃下1 000 h;
4) 100 ℃下168 h;
5) 125 ℃下168 h;
6) 140 ℃下168 h。

注:1 000 h试验温度代表长期工作温度,168 h试验温度代表短期峰值工作温度。

i) 耐机油表面污染

按附录C使用GB/T 1690—2006的IRM903号标准油进行试验时,所有的结构应符合粘合强度试验b)、低温曲挠性试验c)和耐臭氧性能试验g)的要求。

j) 耐非石油液压(刹车/离合器)流体表面污染性能

按附录C使用ISO 4926的液压流体进行试验时,所有的结构应符合粘合强度试验b)、低温曲挠性试验c)和耐臭氧性能试验g)的要求。

k) 耐折曲性能(此要求仅适用于公称内径小于或等于16 mm的直的橡胶软管和纯胶管)

按GB/T 5565进行测定时,最大变形系数(T/D)不应超过0.7。公称内径11 mm以下的橡胶软管和纯胶管所用的芯型直径为140 mm,公称内径12 mm～16 mm之间的橡胶软管和纯胶管所用的芯型直径为220 mm。

l) 耐负压性能(此要求仅适用于直的橡胶软管和纯胶管)

当橡胶软管或纯胶管按GB/T 5567—2006程序A进行试验,在0.08 MPa绝对压力下进行15 s～60 s时,用直径为胶管公称内径0.8倍的球,球应能在整根软管内通过。

m) 耐燃油性能

按SAE J2260耐甲醇燃料试验方法进行检测时,使用下列一种或多种试验燃油在60 ℃±2 ℃燃油温度下试验5 000 h,所有的结构应符合粘合强度试验b)、低温曲挠性试验c)、耐臭氧性能试验g)、耐折曲性能试验k)和耐负压性能试验l)的要求:

1) 85%体积分数液体C(GB/T 1690—2006)与15%体积分数甲醇的混合物;
2) 75%体积分数液体C(GB/T 1690—2006)与25%体积分数甲醇的混合物;
3) 50%体积分数液体C(GB/T 1690—2006)与50%体积分数甲醇的混合物;
4) 85%体积分数甲醇与15%体积分数液体C(GB/T 1690—2006)的混合物;

5) 85%体积分数液体 C(GB/T 1690—2006)与 15%体积分数甲基叔丁基醚的混合物;
6) 65%体积分数液体 C(GB/T 1690—2006)、20%体积分数甲醇与 15%体积分数甲基叔丁基醚的混合物;
7) 100%体积分数甲醇;
8) 按附录 D 制备并且过氧化到过氧化值 90 的混合物。每 70 h 试验后,使用附录 D 第 D.5 章所给出的方法重新检查试验燃油的过氧化值。如果过氧化值下降到低于 80,更换新鲜的试验燃油。

n) 耐烧穿性能

按 SAE J2027 规定的要求进行耐烧穿性能试验,橡胶软管或纯胶管承受最少 60 s 火焰暴露而无压力损失。

o) 循环燃油渗透速率(仅 RP 类橡胶软管和纯胶管)

用 75%体积分数液体 C(GB/T 1690—2006)与 25%体积分数甲醇的混合物在 60 ℃ 和 13.8 kPa 条件下按 SAE J1737 进行测定时,渗透速率不应超过 60 g/(m^2 · 24 h)。

p) 电阻

当按 GB/T 9572 进行测定时,电阻不应超过 10 MΩ。

q) 铜腐蚀和结晶盐形成

当按附录 E 进行试验时,铜条上的锈蚀不应大于 ASTM D130 的 1 级。在铜条、内衬材料或试验管的底部上也不应形成结晶物质。

r) 寿命周期试验(仅 1、2 和 3 型)

当按附录 F 进行试验时,橡胶软管或纯胶管应符合粘合强度试验 b)、低温曲挠性试验 c)和耐臭氧性能试验 g)的要求。

6 试验频次

型式试验和例行试验分别在附录 H 和附录 I 中作了规定。

型式试验是制造厂家证明其生产方式和软管设计符合本部分所有要求的依据,最多每隔 5 年进行一次,或者每当制造方法或材料发生变化时应进行试验。

例行试验应在发送之前对每根成品软管进行。

生产验收试验是附录 J 中规定的那些试验,由制造厂进行,以便控制其制造质量。附录 J 所规定的试验频次仅作指南用。

7 标志

所有的结构应连续标志下列内容:

a) 制造厂名称或商标;
b) 本国家标准号;
c) 按第 3 章的分类;
d) 内径,mm;
e) 燃料,即汽油;
f) 制造日期(年/月);
g) 按 ISO 1629 规定的结构材料代码。

实例:MAN GB/T 24141.2 2A RP 11 汽油 08/05 NBR/FKM

STANDARDS PRESS OF CHINA

附 录 A
（规范性附录）
清洁度和可萃取物试验

A.1 范围

本附录对用于液体燃油管路中橡胶软管和纯胶管中存在的不溶性杂质（“污物”）、液体 C 可溶物和萃取蜡状物的数量规定了测定方法。

A.2 原理

取一段橡胶软管或纯胶管试样，注入 GB/T 1690—2006 液体 C，在常温下停放 24 h。然后将试样倒空，通过液体 C 的自流冲洗其内壁。

收集全部溶液，滤出不溶性物质，干燥并称重，将剩余溶液蒸发到干燥状态，计算液体 C 可溶物的总含量。用甲醇从残余物中溶解出蜡状可萃取物，将得到的溶液蒸发到干燥状态并称量蜡状萃取物。

A.3 仪器和材料

A.3.1 玻璃过滤漏斗。

A.3.2 蒸发皿（2 个）。

A.3.3 烧杯（250 cm^3）。

A.3.4 燃油蒸发器，装配有萃取罩。

A.3.5 通风干燥箱，应保持在 85 ℃±5 ℃。

A.3.6 天平，精确至 0.1 mg。

A.3.7 烧结玻璃过滤器，孔隙度为 P3。

A.3.8 液体 C，符合 GB/T 1690—2006 规定。

A.3.9 甲醇，最低纯度为 99%。

A.3.10 金属塞，用于封闭橡胶软管/纯胶管端部。

A.4 程序

取一段 300 mm～500 mm 长的橡胶软管或纯胶管，测量其内径。将试样垂直悬挂，用金属塞（A.3.10）将其下端塞住。充注液体 C（A.3.8），用另一个金属塞将其上端封闭。计算与液体 C 接触的内表面积，要考虑到与塞子接触的面积。将试样在 21 ℃±2 ℃下停放 24 h。

然后，拔掉其中一个金属塞，将内含物倒入烧杯（A.3.3）中，再拔掉另一个金属塞，将橡胶软管或纯胶管垂直悬挂在烧杯的上方。借助玻璃过滤漏斗（A.3.1），用 20 cm^3 液体 C 冲洗橡胶软管或纯胶管的内部，共淋洗 5 次。

使用少量新鲜液体 C 冲洗烧杯，通过事先称重的烧结玻璃过滤器（A.3.7）过滤烧杯中的全部内含物。将滤液收集在事先称重的蒸发皿（A.3.2）中。在 85 ℃±5 ℃通风干燥箱（A.3.5）中干燥过滤器，直至质量恒定。

计算不溶性物质的总质量。

将蒸发皿及其内含物放置在萃取罩下的燃油蒸发器（A.3.4）上，将液体蒸发到干燥程度。在 85 ℃±5 ℃干燥箱中干燥剩余物，直至质量达到恒定。

计算液体 C 萃取的可溶物质的总质量。

将萃取罩下蒸发皿中的干燥的剩余物在 21 ℃±5 ℃下保持 16 h，然后在同一温度下将剩余物溶解在 30 cm^3 的甲醇(A. 3. 9)中。将溶液通过烧结玻璃过滤器过滤到第二个事先称重的蒸发皿中。用 10 cm^3 新鲜的甲醇冲洗第一个蒸发皿,并如前所述进行过滤,再冲洗和过滤一次。

将第二个盛有过滤溶液的蒸发皿放置在萃取罩下的燃油蒸发器上,蒸发掉全部甲醇。在 85 ℃±5 ℃ 干燥箱中干燥剩余物,直至质量达到恒定。

计算每单位内部表面积甲醇溶解的蜡状萃取物的质量,用 g/m^2 表示。

附 录 B
（规范性附录）
纯胶管的耐撕裂性能

B.1 范围

本附录规定了内径与外径之比值小于或等于 0.5 的纯胶管耐撕裂性能试验的方法。

B.2 原理

使用拉力试验机测量试样扩延起始撕裂所需要的力。

B.3 仪器

B.3.1 刀：仔细磨快的刀或剃刀刀片。

B.3.2 拉力机：具有下列特点：

a) 记录负荷和夹具移动的装置；

b) 夹具恒定移动速度为 100 mm/min±10 mm/min；

c) 能够固定试样而不使试样损坏或滑脱的夹具。

B.3.3 壁厚计：例如比较仪或螺纹计量器。

B.4 试样

B.4.1 形状和尺寸

每个试样的形状和尺寸如图 B.1 所示。

单位为毫米

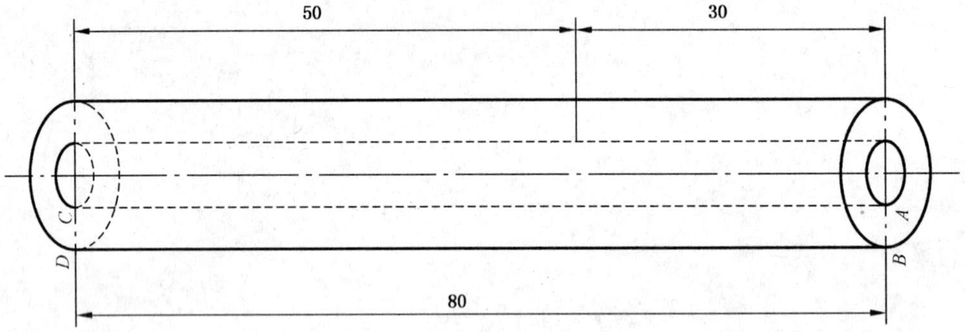

图 B.1 试样的形状和尺寸

B.4.2 制备

用刀或刀片(B.3.1)从纯胶管上切取长 80 mm±1 mm 的试样。从一端开始，将试样沿纵向 30 mm±1 mm 距离切成两半。继续按图 B.1 中 A、B、C 和 D 点标志的截面纵切一侧管壁。

B.4.3 数量

最少应试验 3 个试样。

B.4.4 调节

按 GB/T 2941 调节每个试样。

B.5 程序

用壁厚计(B.3.3)测量每个试样的壁厚。

将试样安装在夹具上(见图 B.2)。

调节负荷标度,施加拉力,直到试样沿其长度方向撕开。

其余试样重复上述程序。

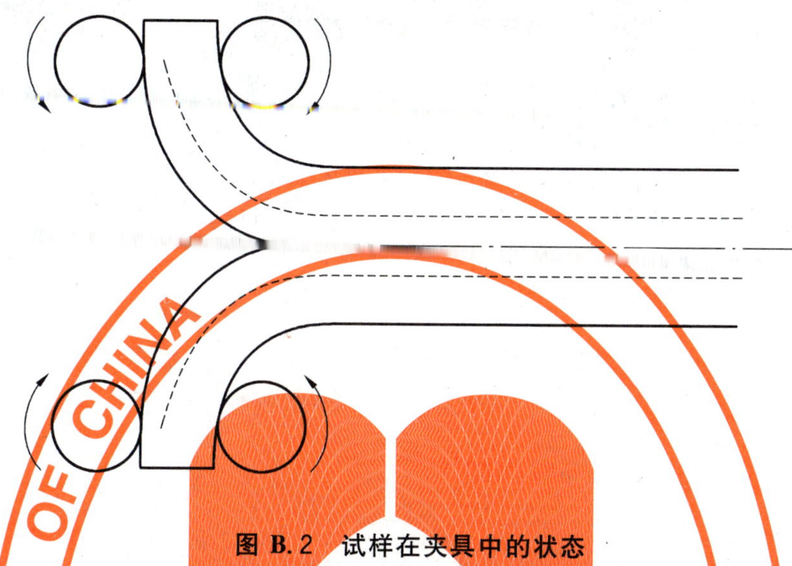

图 B.2 试样在夹具中的状态

STANDARDS PRESS OF CHINA

B.6 结果的表示

负荷/时间图通常与图 B.3 所示相似。

根据 GB/T 12833 从每个图测定撕裂试样所需的峰力值中值。

用试样的峰力值中值除以该试样的壁厚(m),计算每个试样的撕裂强度(kN/m)。

计算所试验全部试样的平均撕裂强度。

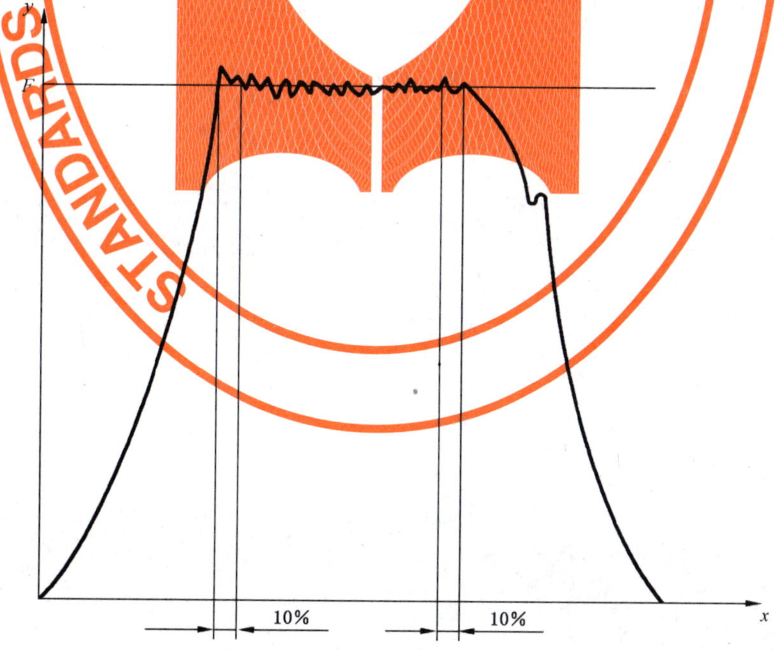

x——时间;

y——负荷。

图 B.3 纯胶管耐撕裂性能试验期间所获得的典型记录

附　录　C
（规范性附录）
耐表面污染性能的测定方法

紧紧塞住适当长度的橡胶软管或纯胶管的端头，以使粘合性能试验[第5章，试验b)]、低温曲挠性试验[第5章，试验c)]和耐臭氧性能试验[第5章，试验g)]能够进行。

将每个试验试样在60℃下完全浸泡在规定的污染流体中2 h。

浸泡结束后，擦掉橡胶软管或纯胶管表面的流体，按规定进行试验。

附 录 D
（规范性附录）
过氧化试验燃油的制备

D.1 范围

本附录规定了制备过氧化（“酸性”）汽油试验溶液的方法，这些溶液用于测定其对弹性体、塑料和金属材料及各组件的影响。本附录适用于利用叔-丁基过氧化氢（70%水溶液）、可溶性铜离子（0.01 mg/dm^3）和含有80%（体积分数）GB/T 1690—2006液体C、15%（体积分数）甲醇和5%（体积分数）2-甲基丙-2-醇（叔-丁基醇）的基本燃油制备的过氧化值为90的溶液。当工程图纸或规范要求时，可使用其他基本燃油和过氧化值，但应注意某些基本燃油可能产生含过氧化氢物溶液的水相分离。

本附录还说明了试验燃油过氧化值的测定。

D.2 试剂

D.2.1 叔-丁基过氧化氢：70%（体积分数）水溶液，密度 ρ=0.935 g/cm^3。

D.2.2 铜离子浓缩液：以适当的烃类作溶剂，含铜量为6%～12%的环烷酸铜溶液。

D.2.3 2,2,4-三甲基戊烷（异辛烷）。

警告——低闪点。

D.2.4 甲苯。

警告——低闪点。

D.2.5 甲醇。

警告——低闪点。

D.2.6 2-甲基丙-2-醇（叔丁基醇）。

警告——低闪点。

D.3 仪器

D.3.1 聚乙烯瓶：容量1 000 cm^3，广口带螺纹盖。

D.3.2 玻璃容量瓶：容量1 000 cm^3。

D.3.3 刻度移液管：容量10 cm^3。

D.3.4 刻度玻璃量筒：容量100 cm^3 和1 000 cm^3。

D.4 程序

警告——本程序必须在通风橱中进行，必须穿戴防护镜和一次性塑料手套。

D.4.1 试验液体的制备

D.4.1.1 基础燃油混合物

将等体积的2,2,4-三甲基戊烷（D.2.3）和甲苯（D.2.4）混合而制备GB/T 1690—2006的液体C，贮存在深色玻璃瓶内。

将GB/T 1690—2006液体C、甲醇（D.2.5）和2-甲基丙-2-醇（D.2.6）按80∶15∶5体积比例混合，制备基本燃油，贮存在深色玻璃瓶内。

D.4.1.2 铜离子储备溶液（1 mg/dm^3）

将适量体积的铜离子浓缩液（D.2.2）加入基础燃油中制成浓度为1.140 mg/cm^3 的1 000 cm^3 铜离

子溶液(Cu-1),贮存在深色玻璃瓶内。

将 100 cm^3Cu-1 加入到 1 040 cm^3 基础燃油中制成 0.1 mg/cm^3 铜离子溶液(Cu-2),贮存在深色玻璃瓶内。

将 10 cm^3Cu-2 加入到 990 cm^3 基础燃油中制成 1.0 mg/dm^3 铜离子储备溶液(CSS),贮存在深色玻璃瓶内。

D.4.1.3　过氧化试验燃油的制备

使用表 D.1 中规定的混合液制成过氧化值为 90 的试验燃油,放在聚乙烯瓶中在暗处贮存,贮存不超过 4 周。在混合之后立即使用第 D.5 章所述的滴定试验方法检查过氧化值,在使用之前也应检查过氧化值。

用 1 000 cm^3 容量瓶(D.3.2)盛 500 cm^3 基础燃油,加入叔-丁基过氧化氢溶液(D.2.1)和铜离子储备溶液(CSS)(D.4.1.2),然后用基础燃油补充至 1 000 cm^3,充分摇动以溶解基础燃油乙醇相中过氧化氢溶液中的水。

表 D.1　过氧化试验燃油的制备

过氧化值	70%叔丁基过氧化氢溶液	铜离子储备溶液 CSS)	基础燃油
90	12.39 cm^3	10 cm^3	到 1 000 cm^3

D.5　过氧化试验燃油过氧化值的滴定测定

D.5.1　总则

本章规定了测定第 D.4 章规定的程序制备的氧化(“酸化”)试验燃油过氧化值的滴定法。

本方法可用于在浸泡或循环试验过程中测定过氧化试验燃油的过氧化值。但是应遵循下列注意事项:

a) 大多数涉及弹性体的试验都会因橡胶中添加剂的抽出而使试验液体变黄。这一点应在确定滴定终点时予以考虑;

b) 从试验的材料中抽出的添加剂,本身就有可能能够从碘化物溶液中释放游离碘。因此,应使用不含过氧化氢物的基础燃油进行重复浸泡或循环试验作为空白试验。

D.5.2　试剂

除非另有说明,只使用认可的分析级试剂和蒸馏水或等纯度的水。

D.5.2.1　碘化钾:100 g/dm^3 溶液。贮存在深色试剂瓶里,如果进行空白滴定时,该溶液的过氧化值为 2 或大于 2,则废弃。

D.5.2.2　硫代硫酸钠:标准溶液,$c(Na_2S_2O_3)=0.1$ mol/dm^3。

D.5.2.3　乙酸/丙-2-醇混合液:将 100 cm^3 冰醋酸与 1 150 mL 丙-2-醇混合,贮存在玻璃瓶里。

D.5.3　仪器

D.5.3.1　锥形瓶(爱伦美氏烧瓶):容量 250 cm^3,带磨砂玻璃颈口。

D.5.3.2　冷凝器:阿林或李比希水冷式,带磨砂玻璃接头以便与锥形瓶(D.5.3.1)相连接。

D.5.3.3　玻璃量筒:容量为 100 cm^3。

D.5.3.4　热板或其他加热工具:适用于加热装配有冷凝器管的锥形瓶,以便回流试剂。

D.5.3.5　玻璃滴定管:容量 10 cm^3。

D.5.4　步骤

D.5.4.1　将 25 cm^3 乙酸/丙-2-醇混合液(D.5.2.3)加到 250 cm^3 锥形瓶(D.5.3.1)中。

D.5.4.2　将 10 cm^3 碘化钾溶液(D.5.2.1)加到该锥形瓶中。

D.5.4.3　用移液管(D.3.3)精确地把 2 cm^3 按 D.4.1.3 制备的过氧化试验液体输送到锥形瓶中。

D.5.4.4　将冷凝器(D.5.3.2)安装到锥形瓶上,并在热板上温和地回流 5 min,以释放游离碘。

D.5.4.5 在冷水槽中将该瓶冷却，并以 5 cm^3 水冲洗冷凝器。

D.5.4.6 取下冷凝器，用硫代硫酸钠溶液滴定瓶内溶液，直到黄颜色恰好消失。记录所消耗的硫代硫酸钠溶液的体积 V_1。

D.5.4.7 重复 D.5.4.1～D.5.4.6 的步骤进行空白测定，但省略过氧化试验燃油（步骤 D.5.4.3），记录所消耗的硫代硫酸钠溶液的体积 V_2，该体积不应超过 0.1 cm^3。

D.5.5 结果的表示

用下列方程计算过氧化试验燃油的过氧化值。

$$过氧化值 = \frac{(V_1 - V_2) \times c \times 1\ 000}{2V_0}$$

式中：

V_0——测定所用的过氧化试验燃油的体积，单位为立方厘米（cm^3）；

V_1——实际滴定所用的硫代硫酸钠溶液的体积，单位为立方厘米（cm^3）；

V_2——空白滴定所用的硫代硫酸钠溶液的体积，单位为立方厘米（cm^3）；

c——所用的硫代硫酸钠溶液的浓度，单位为摩尔每立方厘米（mol/cm^3）。

附 录 E
（规范性附录）
铜腐蚀和结晶盐的形成

E.1 范围

本附录说明了内衬层材料中燃油萃取化合物使燃油系统的电触点和部件中清洁的纯铜表面的腐蚀即表面锈蚀的可能性的评价程序。该程序还检测因与内衬层材料中燃油萃取化合物相互作用而形成晶体铜化合物，这些化合物可能引起燃油系统机械故障或堵塞。该程序依据 ASTM D130。

E.2 仪器与材料

E.2.1 试管：容量 250 mL，带有磨砂玻璃颈口，以便与水冷凝器连接。

E.2.2 水冷凝器：带有磨砂玻璃插座，以便与 250 mL 试管连接。

E.2.3 从橡胶软管或纯胶管上切取的内衬层材料：12.5 mm（宽）×75 mm（长）×内衬层厚。

E.2.4 铜条：符合 ASTM D130 规定。

E.2.5 试样夹具：由不锈钢丝制作，能使内衬层材料和铜条相隔 10 mm，并彼此平行。

E.2.6 抛光材料：符合 ASTM D130 规定。

E.2.7 水槽：恒温控制能使温度保持在 60 ℃±1 ℃。

E.3 试验燃油

试验燃油是 85%体积分数液体 C(GB/T 1690—2006)与 15%体积分数甲醇的混合物。

E.4 程序

E.4.1 按 ASTM D130 制备并清洁铜条。

E.4.2 将铜条（在清洁后 1 min 之内）和一片内衬层材料放置在试样夹具上，然后放在试管内。

E.4.3 加 200 mL 试验燃油，覆盖住试样，安装水冷凝器，放在水槽中，保持 168 h。

E.4.4 按 ASTM D130 检查和评价铜条。报告锈蚀程度和任何结晶物质的存在。

附 录 F
（规范性附录）
寿命周期试验

F.1 范围

本附录说明了为了保证暴露于压力、振动和温度周期的燃油橡胶软管和纯胶管的材料和结构满足燃油系统功能要求而进行的寿命周期试验。

F.2 仪器

F.2.1 合适的试验箱:应满足 SAE J2044:2002 的 6.5 的要求。由于该试验要求燃油在流动和压力状态下加热,试验箱应安装在适当的防爆设施中。

F.3 程序

本试验应按 SAE J2044:2002 的 6.5(寿命周期试验)进行,但是每一周期的高温段,1 型橡胶软管和纯胶管为 80 ℃,2 型橡胶软管和纯胶管为 100 ℃,3 型橡胶软管和纯胶管为 125 ℃。

附 录 G
（资料性附录）
原装设备制造厂(OEM)如何使用矩阵规定非标准型别橡胶软管或纯胶管的示例

GB/T 24141.2—2009，第5章的软管：

a	×
b	×
c	×
d	×
e	N.A
f	N.A
g	×
h1	N.A
h2	N.A
h3	×
h4	N.A
h5	N.A
h6	×
i	N.A
j	N.A
k	×
l	×
m1～m8	×
n	×
o	N.A
p	N.A
q	×
r	×
z1	×
z2	×

注1：表中z1，z2…表示OEM规定的附加试验。

注2：×表示要求的试验，N.A表示不适用的试验。

附 录 H
（规范性附录）
型式试验

（如第 6 章规定）

试验 （见第 5 章）	适用性			
	1 型	2 型	3 型	4 型
a	×	×	×	×
b	×	×	×	×
c	×	×	×	×
d	×	×	×	×
e	×	×	×	×
f	×	×	×	×
g	×	×	×	×
h1	×	N. A	N. A	×
h2	N. A	×	N. A	N. A
h3	N. A	N. A	×	N. A
h4	×	N. A	N. A	×
h5	N. A	×	N. A	N. A
h6	N. A	N. A	×	N. A
i	N. A	×	×	N. A
j	N. A	×	×	N. A
k	×	×	×	×
l	×	×	×	×
m1～m8	×	×	×	×
n	×	×	×	×
o	×	×	×	×
p	×（仅 RP）	×（仅 RP）	×（仅 RP）	×（仅 RP）
q	×	×	×	×
r	×	×	×	N. A
注：×表示应进行的试验；N. A 表示不适用的试验。				

STANDARDS PRESS OF CHINA

附 录 I
（规范性附录）
例行试验

（如第6章所规定）

试验	适用性
尺寸	×
同心度	×
第5章试验	
a	N. A
b	N. A
c	N. A
d	N. A
e	N. A
f	N. A
g	N. A
h	N. A
i	N. A
j	N. A
k	N. A
l	N. A
m	N. A
n	N. A
o	N. A
p	N. A
q	N. A
r	N. A
注：×表示应进行的试验；N. A表示不适用的试验。	

附 录 J
（资料性附录）
生产验收试验

生产验收试验是表中所示的每批或每 10 批所进行的试验。一批定义为 1 000 m 所生产的橡胶软管或纯胶管。

试验	每批	每 10 批
尺寸	×	×
同心度	×	×
第 5 章试验		
a	×	×
b	×	×
c	×	×
d	×	×
e	×	×
f	N. A	×
g	N. A	×
h(168 h 试验)	N. A	×
i	N. A	N. A
j	N. A	N. A
k	×	×
l	×	×
m	N. A	N. A
n	N. A	×
o	N. A	N. A
p	×	×
q	N. A	×
r	N. A	N. A
注：×表示应进行的试验；N. A 表示不适用的试验。		

参 考 文 献

［1］ GB/T 3512—2001 硫化橡胶或热塑性橡胶 热空气加速老化和耐热试验（eqv ISO 188：1998）